国家出版基金项目
NATIONAL PUBLICATION FOUNDATION

合成生物学丛书

环境合成生物学

廖春阳　江桂斌　主编

山东科学技术出版社 | 科 学 出 版 社
济　南　　　　北　京

内 容 简 介

合成生物学是 21 世纪初新兴的生物学研究领域。合成生物学在基因工程基础上，利用生物学前沿技术，结合特定生物元件，构建具有独特生理功能的全新生物系统或生命体。环境合成生物学将环境科学与合成生物学交叉融合，是利用合成生物学的原理和方法，发展针对环境污染物研究与控制的生物传感监测、毒性评价、智能降解和资源化利用等技术的一门新学科。

本书可供环境生态学、健康风险监控、污染治理、公共卫生、生命科学和医学领域的高年级本科生、研究生和科研人员参考使用，也可为相关领域的技术人员提供参考。

图书在版编目（CIP）数据

环境合成生物学 / 廖春阳，江桂斌主编. -- 北京 ：科学出版社 ；济南 ：山东科学技术出版社，2025. 3. (合成生物学丛书).
ISBN 978-7-03-081330-5

Ⅰ. X17；Q503

中国国家版本馆 CIP 数据核字第 2025XQ5026 号

责任编辑：王 静 罗 静 岳漫宇 刘 晶 陈 昕 张 琳
责任校对：杨 赛 / 责任印制：王 涛 肖 兴
封面设计：无极书装 / 封面图片制作：北京静远嘲风动漫传媒科技中心

山东科学技术出版社 和 科学出版社 联合出版
北京东黄城根北街 16 号
邮政编码：100717
http://www.sciencep.com
北京中科印刷有限公司印刷
科学出版社发行 各地新华书店经销
*
2025 年 3 月第 一 版 开本：720×1000 1/16
2025 年 3 月第一次印刷 印张：23 1/4
字数：469 000

定价：248.00 元

（如有印装质量问题，我社负责调换）

“合成生物学丛书”

编委会

《环境合成生物学》

编委会

主　　编　廖春阳　江桂斌

编写人员（按姓氏汉语拼音排序）

蔡　勇　曹梦西　陈博磊　陈路锋

陈旸升　崔浩天　崔颖璐　邓教宇

段义爽　高　佳　郭瑛瑛　郝　迪

胡海洋　江桂斌　雷春阳　李准洁

梁　勇　廖春阳　刘　欢　刘　琳

刘　双　刘艳伟　缪　炜　聂　舟

庞少臣　彭颖蓓　彭仲婵　涂家薇

王　玲　王　璞　王　赟　王婉懿

韦　薇　向玉萍　谢群慧　熊　杰

胥奔锋　徐锦添　徐昭勇　许　平

薛　峤　颜思程　杨仁君　阴永光

殷诺雅　张爱茜　张文娟　赵　斌

郑　瑜　周　珍　Francesco Faiola

丛 书 序

21 世纪以来，全球进入颠覆性科技创新空前密集活跃的时期。合成生物学的兴起与发展尤其受到关注。其核心理念可以概括为两个方面：“造物致知”，即通过逐级建造生物体系来学习生命功能涌现的原理，为生命科学研究提供新的范式；“造物致用”，即驱动生物技术迭代提升、变革生物制造创新发展，为发展新质生产力提供支撑。

合成生物学的科学意义和实际意义使其成为全球科技发展战略的一个制高点。例如，美国政府在其《国家生物技术与生物制造计划》中明确表示，其“硬核目标”的实现有赖于“合成生物学与人工智能的突破”。中国高度重视合成生物学发展，在国家 973 计划和 863 计划支持的基础上，“十三五”和“十四五”期间又将合成生物学列为重点研发计划中的重点专项予以系统性布局和支持。许多地方政府也设立了重大专项或创新载体，企业和资本纷纷进入，抢抓合成生物学这个新的赛道。合成生物学-生物技术-生物制造-生物经济的关联互动正在奏响科技创新驱动的新时代旋律。

科学出版社始终关注科学前沿，敏锐地抓住合成生物学这一主题，组织合成生物学领域国内知名专家，经过充分酝酿、讨论和分工，精心策划了这套“合成生物学丛书”。本丛书内容涵盖面广，涉及医药、生物化工、农业与食品、能源、环境、信息、材料等应用领域，还涉及合成生物学使能技术和安全、伦理和法律研究等，系统地展示了合成生物学领域的新成果，反映了合成生物学的内涵和发展，体现了合成生物学的前沿性和变革性特质。相信本丛书的出版，将对我国合成生物学人才培养、科学研究、技术创新、应用转化产生积极影响。

张先恩

丛书主编

2024 年 3 月

序

随着全球社会经济的快速发展，各类化学品的研制、生产和使用周期大大缩短，部分工业生产和日常生活使用的化学品，不可避免地通过各种途径进入环境，如水体、土壤、大气、食品和生物体，造成环境污染，从而带来健康风险。化学品为人类社会带来便利和福祉的同时，也对生态环境与人类健康产生了危害及影响。提高环境保护与污染防治水平，是我国社会经济高质量发展的必然要求。然而，我国目前面临的环境污染问题依然十分严峻，且随着社会经济的快速发展，环境问题逐渐出现多元化、复杂化、相互交织的特点。

目前，环境污染的深度治理愈加复杂和困难。一方面，我国目前的工业结构给传统环境污染物的防治带来了巨大压力，例如，2023 年，我国钢铁、水泥总产量占全球产量 50%以上，能源消耗中 75%以上由化石能源提供，全国仍有大量城市受到空气污染危害。另一方面，阻燃剂、抗生素、药物及个人护理品等新的环境污染问题逐渐引起人们的关注。目前，全球化学品登记和使用的数量快速上升，已经超过 2 亿种，这些化学品中的部分可以或者已经被用于日常生活或工业生产。因此，对环境污染的控制策略需要与时俱进，在成本、成效、副作用等多方面做出创新，以应对现今复杂的环境污染问题。

合成生物学是一门极具开发潜力的新兴学科，其优势在于有目的地改造生物体来实现特定的生理功能。与现有的研究方法相比，合成生物学可以更精准、更系统地调控生物体的性状，从而适应各类应用需求。近年来，合成生物学领域取得了多项突破性的研究成果，如细菌基因组的合成、基因逻辑电路的构建、可编程生命体的出现等。这些变化充分说明了合成生物学相较于传统生命科学研究的巨大优势及其带来的独特机遇。我国合成生物学研究虽然起步较晚，但是具有后发优势，布局系统全面，正在从工业领域向农业、医药、健康和环境等领域不断深入发展，呈现多领域齐头并进的迅猛发展态势。

在环境污染治理领域，合成生物学已展现出巨大的潜力。灵敏可靠的生物传感技术、特异化且可编程的合成生物，以及经济适用的环境污染修复策略，都是合成生物学为环境污染控制领域带来的新变化。随着我国在“十三五”时期启动合成生物学重点专项，合成生物学在基础理论、使能技术，以及技术创新与应用方面如环境领域均取得了令人瞩目的突破和进展。随着现代工农业快速发展，新污染物层出不穷，传统难降解污染物亦长期共存，生态环境问题仍然是我国面临的严峻挑战，已成为制约社会经济可持续发展的重要因素。我国“十四五”和中长期科学和技术发展规划纲要明确提出，要重视新污染物治理的国家环境保护战略。我国在部署针对常规污染物防治的同时，亦面临新污染物的挑战。合成生物学为环境污染的监测与治理带来了新的发展契机，然而如何简单快速、灵敏准确地对污染物进行原位动态监测和分析，同时构建能感知修复的智能生物体系以在可控条件下实现智能降解体系的规模化应用等仍面临诸多技术瓶颈。新污染物导致的健康风险及引发相关疾病的分子机制是一个国际性科学难题，相关机体损伤机理至今尚未阐明。我国复杂的环境污染特点决定了我们不能照搬国外研究模式和成果来解析污染与相关疾病的因果关系，亟须理论和方法创新。针对环境持久性污染物的多靶点快速毒性效应评估及复合效应来源解析的难题，有必要开展有毒污染物的高效识别及多靶点毒性效应同步关联毒性评价研究。以合成生物学为基础的模型如诱导多能干细胞模型、器官芯片模型、嵌合体胚胎及动物等应运而生，为环境污染物毒性研究提供了新的模型和评价标准。我国的微生物与基因资源丰富，基于合成生物学技术，可定向设计和改造现有降解菌株，构建能够降解复合污染物的工程菌株。同时，针对环境难降解污染物和典型污染场地，在微生物系统中挖掘降解基因、转运基因、抗逆基因等元器件，理性设计和组装新的人工智能降解通路，构建具有污染物智能识别和修复脱毒能力的生物体系，可有效促进我国新污染物微生物降解代谢研究的发展，以期实现合成微生物群落在污染物资源化、无害化与规模化中的应用。针对有害分子的灵敏生物识别、具备智能降解特征的复合人工微生物开发等重要的环境需求，研究人员目前正在大力推进相关的科学探索。得益于国家的大力支持和科研人员的共同努力，我国在这方面的研究与发达国家几乎同时起步，是21世纪实现学科跨越发展的重要领域。

近年来，可用于合成生物学的使能技术得到了长足发展，各种基于合成生物学理论的新设计、新思路层出不穷，这是对现有环境科学研究的补充和开拓，有助于解决一系列环境科学前沿问题。本书汇集了专家学者对环境领域合成生物学应用的认识和展望，以期帮助读者了解和认识环境合成生物学发展的现状，是众多学者共同努力的智慧结晶。希望本书所总结的部分成果，能够启发环境污染、健康风险、污染治理、公共卫生、生命科学和医学领域的相关科研人员与技术人员的科研创新，也希望合成生物学和环境科学的交叉带来我国环境治理的新进展。

江桂斌

2024年2月于北京

前　言

环境污染问题是实现人与自然和谐共生、践行绿色发展理念的重大挑战。随着人类生产生活活动的不断丰富，越来越多的污染物、废弃物被排入自然环境，而环境中的污染物又会通过食物链被逐级吸收、富集和放大，不仅给环境带来了巨大的危害，还严重威胁着人们的健康。微生物是地球生态循环的天然引擎，在自然环境的自净过程中起着无可替代的作用。功能性微生物广泛存在于自然环境中，可以对各种污染物进行降解、转化或钝化。日本科学家 Kenji Miyamoto 发现世界上第一例能够以聚对苯二甲酸乙二酯为主要碳源的细菌大阪堺菌（*Ideonella sakaiensis*），印证了天然微生物在环境修复领域的巨大潜能和应用前景，助推了全球科学家筛选功能菌株的热潮。

自 1989 年以来，通过筛选和驯化天然微生物，研究人员已经开发了大量高效、低成本和环境无害的生物修复技术，并广泛用于修复受污染的农田、地下水、河流、湖泊和海洋等环境。在我国，农药菌剂和石油降解菌群等已被成功地用于无公害水稻生产和重油污染区域的修复，充分说明了微生物修复在环境治理中的广阔应用前景。

然而，随着工业技术的不断发展，越来越多的新型人工化合物被创造并生产出来，这些化合物出现的速度已经远远超越了天然微生物进化出对应降解基因的速度。越来越多难以降解的新型污染物被检测出来，同时还有许多新的污染物没有便捷的识别和检测方法，因此，环境领域的研究人员正面临着新的严峻挑战。而传统环境微生物技术中的菌株筛选、驯化、人工诱变等手段，存在周期长、工作量大、定向性差等缺陷，已经无法适应当前环境修复的实际需求。因此，环境修复领域迫切需要进行技术突破与创新。

合成生物学是一门基于工程学的理念，采用“自下而上”的设计方式，系统性地对生物体表型进行改造或创造的新兴学科，目前已经成为生物学领域的重要研究方向。伴随着大量新技术的涌现，高通量筛选、数学模拟、机器学习等技术与合成生物学领域交叉融合，极大地推动了该领域的发展，也促使越来越多的传统生物学领域开始引入合成生物学的研究理念。目前，合成生物学已经为疾病治疗、医药健康、能源、工业、材料等诸多领域带来新的理念与变革。在环境污染治理需求与合成生物学自身发展的共同推动下，环境合成生物学应运而生。

环境合成生物学发展的初衷是希望以合成生物学的理念，设计发展新方法和新技术，解决传统环境生物技术难以解决的环境污染问题。根据现阶段环境领域的实际需求，环境合成生物学的研究重心主要分为三个方面：环境复合污染物的实时高效监测；有毒污染物的高效识别及多靶点毒性效应评价；污染物高效生物修复及污染物降解资源化回收。

在环境复合污染物的实时高效监测方面，针对现有污染物分布广泛、浓度痕量的特征，研究人员可以开发易于使用且能在大气、水体、土壤环境中完成污染物快速识别监测的高性能合成生物传感器，深入挖掘可用的基因元件、代谢途径及功能蛋白，赋予生物传感体系新的功能或极大提升现有生物传感器的性能，带来环境在线监测的深刻革命。一些具有实际应用优势的无细胞合成生物学检测方法，也陆续被研究用于实际环境中农药、重金属、抗生素类药物等的监测，极大地提高了污染物检测的效率和准确率，逐渐成为一种应对复合污染的优先策略。相较于传统的检测技术，合成生物学传感技术避免了烦琐的样品前处理过程，也不需要精密的仪器支持，监测成本低，更具有现场和原位监测的应用潜力。

在有毒污染物的高效识别及多靶点毒性效应评价方面，针对环境污染物的多靶点快速毒性效应评估及复合效应来源解析等难题，研究人员应开展环境污染物的高效识别及多靶点毒性效应同步关联生物传感监测与毒性评价研究。在合成生物学技术中，针对污染物识别、效应分子的高效理性设计及人工基因回路设计方面的经验，有可能为解决污染物暴露识别与效应评价偶联问题、低浓度污染物的毒性评价问题及复合暴露的健康效应评价问题提供新的解决方案。随着新污染物的不断增多和对未知毒性机制的深入探索，传统毒性评价模型已经越来越不能满足目前的研究现状，因此研究人员尝试将已知的一些模式生物和模型系统利用合成生物学原理进行定向改造，例如，建立有效的工程菌株，定向诱导分化多能干细胞，从头合成生物的靶细胞、靶器官，生产器官芯片，构建嵌合体胚胎及动物等，以满足更加深入、全面的毒性评价要求，实现对有毒污染物的高效识别和多靶点毒性的同时评价。

在污染物高效生物修复及污染物降解资源化回收方面，研究人员可以依据实际污染场景的特点，有针对性地选择功能菌株，并在此基础上进行系统性的强化或改造，定向增强特定的生物表型，从而获得更加高效、简便的环境修复技术。相比传统环境修复技术，通过环境合成生物学构建的修复系统或产品，具备周期短、效率高、目标明确的特点，在合成科学迅猛发展的当下，具有极其广阔的应用前景。但需要注意的是，合成生物学的理念通常伴随着遗传修饰生物体（genetically modified organism, GMO）的引入。在环境领域，GMO 的使用必须符合国家法律法规，在获得正式授权的情况下，才可以开展非封闭体系下的实验或应用；在没有获得正式授权时，仅能够在封闭体系下进行实验。实验结束后，整个体系必须遵循国家相关规定进行处理，实验成果仅能作为技术储备进行保存。

本书由来自中国科学院生态环境研究中心、中国科学院水生生物研究所、中国科学院武汉病毒研究所、上海交通大学、湖南大学、江汉大学等相关单位的学者共同撰写，对污染物生物监测、污染物毒性评价和污染物高效生物修复进行了较为系统的阐述，对环境合成生物学所涉及的理念、理论、方法和应用案例进行了详细的探讨。

本书在筹备过程中，得到了许多环境合成生物学领域同行的鼎力支持，但由于本领域的发展速度十分迅猛，新的理论、方法、成果正在不断涌现，因此书中难免有疏漏和不妥之处，敬请读者批评指正，我们会在后续的校订中不断完善和补充！

编　者

2024年3月

目　录

第1章 绪 论

1.1 引 言

合成生物学是一个跨学科的新研究领域，旨在创建新的生物部件、设备和系统，或者重新设计已经在自然界中发现的系统。合成生物学涵盖了生物技术、基因工程、分子生物学、分子工程、系统生物学、膜科学、环境科学、生物物理学、化学与生物工程、电气与计算机工程、控制工程等各个学科的广泛方法论，涉及多学科交叉融合，结合 DNA 合成和测序等前沿技术，诞生了一系列不同于传统生物学的成果。区别于传统上以观测、描述、归纳为主的“自上而下”思路，合成生物学提供了以定量、受控、可预测为特点的“自下而上”研究策略（彭耀进，2020）。研究人员可以从天然生物模块提取必要的生物元件（Chen et al.，2018；Jensen and Keasling，2015）以实现特定的功能，或从头人工合成具有理想特性的基因组 DNA（Gibson et al.，2010；Cello et al.，2002），乃至结合各种生物元件、基因回路、功能模块创造全新的生物系统或生命体（Ro et al.，2006）。对于环境领域的应用而言，通过合成生物学构建的、具有特定生理功能的生物系统或生物产品，具备现有各类生物监测器、生物模型不具备的特性和功能，拓展了目前各项研究的边界，加速了研究成果的高效化、简便化进程，有助于改进现有治理污染和净化环境的能力。

作为环境科学与合成生物学的交叉融合学科，环境合成生物学是利用合成生物学的原理和方法，发展针对环境污染物研究与控制的生物传感监测、毒性评价、智能降解和资源化利用等技术的一门新学科。环境合成生物学的实质是利用生物检测、基因编辑、元件挖掘、回路设计和体系组装等先进的合成生物学技术，重新设计或创造具有全新功能的生物分子、代谢途径及人造生物体，突破天然生物体功能和应激响应的极限，发展污染物高灵敏度和高选择性的生物筛查、毒性评价、智能降解方法，阐明污染物环境暴露、毒性效应和健康危害机制。在环境污染监测与治理领域，应用合成生物学原理发展环境合成生物学，有望在以下四个层面得到突破。①开发敏感指示生物，实现对环境复合污染的实时、高效原位监测。相比于传统模式生物，使用合成生物学构建的新生物体具备更高的敏感性、更强的耐受性，以及可编程性（Jaiswal and Shukla，2020；Tecon and Van der Meer，2008）。②利用可编程模式生物形成环境监控网络，不同形态或存在于不同介质的微生物、植物甚至动物传感器可共享一套监测“基因网络”，从而实现对污染物物质流的实时监控、追踪和溯源（Xue et al.，2014）。③构建对特定污染物敏感的指示生物和整合多个毒性靶点的生物模型体，可以对毒性污染物进行快速、高效识别以及多靶点的毒性效应评价，有可能改进目前毒理学研究仍依赖于实验室和复杂暴露-评价步骤的现状（Truong et al.，2019；Wang et al.，2016）。④运用全新模式生物汇集、清除污染，经过合成生物学改造的成熟工程微生物、植物体有望大大降低污染物高效原位修复的成本。目前，生物工程技术在生物修复模式生物的开发上已经开始向着降解多种污染物、降解持久性污染物和整合多功能的目标发展（Giachino et al.，2021；Gong et al.，2018；Rucká et al.，2017）。

截至目前，合成生物学已经在疾病治疗、医药健康、能源、工业、环境、材料技术等诸多领域带来多项变革，具有广阔的应用前景。合成生物学突破了生命自然法则的某些方面，代表了人类对生命遗传密码从认识到利用的质变，从而克服自然进化的局限，创造自然界不存在的人工合成生物，设计构建功能强大、性能优越的基因回路、生物元件、人工细胞及人工复合生物系统。在发展高特异性、高灵敏度、高适用性的生物传感器，以及构建多介质、多功能、特异性、高耐受的污染修复功能生物方面，环境合成生物学将展现广泛的应用前景，带来环境监测、环境修复及更多相关领域的技术进步。

1.2 环境合成生物学简介

1.2.1 合成生物学基本框架

自 20 世纪 50 年代 DNA 作为遗传物质首次进入学界视野以来，人们对 DNA 与生命遗传的了解不断加深，生物学研究正以惊人的速度不断发生变化。近年来，人们对遗传密码从认识到利用的总体过程经历了两个阶段，即基因工程阶段和合成生物学阶段。合成生物学在概念上对基因工程进行了扩展，但与作为其根基的 DNA 合成、测序、基因组编辑、性状调控等手段是一脉相承且持续发展的，这些手段也构成了合成生物学的基本要素。但合成生物学在应用领域、设计策略、发展目标上较基因工程又有了新变化，这也是合成生物学作为生物科学最重要的特征，代表了其在众多领域具备的应用潜力。

合成生物学的出现与 DNA 或者基因组合成技术的革新息息相关，这一领域也始终是合成生物学的重点研究内容之一。从脊髓灰质炎病毒基因组（Cello et al.，2002）到 φX174 噬菌体基因组（Smith et al.，2003），再到世界上第一个完全由人工化学方法合成、组装的细菌基因组（Gibson et al.，2008），作为生命遗传信息载体的基因组被经由非天然的方法完全合成出来，打破了自然遗传法则。2010 年，Venter 团队人工合成了全基因组长度达到 1.08Mb 的蕈状支原体基因组，并将其成功转入山羊支原体受体细胞中，从而创造了仅由人工合成染色体控制的支原体细胞，宣布了世界上第一个“人工合成基因组细胞”的诞生（Gibson et al.，2010）。其后，在中国、美国、英国、澳大利亚、新加坡等多国科学家的共同参与下，一项国际科研合作计划“Synthetic Yeast 2.0”启动，这一计划旨在使用化学法合成真核生物酵母的全部16条染色体，使全基因组合成从原核生物走向真核生物，这标志着人类从调控少量基因的阶段逐渐向设计、改造整个基因组转变（Xie et al.，2017）。

对酵母细胞的全基因组人工合成同时促进了相应技术的发展，包括DNA合成和测序技术。DNA合成是基因组合成的基础，而DNA合成技术的革新是进行基因组合成的必要条件。DNA合成的基本思路是采用化学方法将寡核苷酸连接起来，从而得到不断延长的DNA或RNA链。基于这一思路，早期发展出了固相亚磷酰胺三酯合成法，如今仍被广泛应用，其特点是效率稳定，但通量低、成本高。经过改进，利用基因芯片高通量合成DNA链的方法在21世纪前十年逐渐发展成熟，相较初代DNA合成技术，具备了高通量、低成本的优点。但受化学法合成限制，单步合成的DNA链长受限，错误率约为0.5%，这些缺陷成为基因组合成最主要的限制因素（江湘儿等，2021）。近年来，利用生物酶进行DNA合成的方法正在发展，采用末端脱氧核苷酸转移酶进行合成，可以使延伸一个碱基的时间缩短至10～20 s，从而大大提高DNA链合成的效率（Palluk et al.，2018）。DNA测序作为基因组学的核心技术，也在基因组合成中占据重要地位。自第一代DNA测序技术出现以来，DNA测序技术已经发展到第三代，经历了化学降解法、桑格-库森法、荧光标记测序、焦磷酸测序、单分子实时测序等多种方法的迭代（图1-1）。第三代测序技术结合纳米技术，在目前普遍使用的第二代测序技术的基础上进一步延长了读取长度并且降低了错误率（Chen et al.，2017a；Ma et al.，2019）。当前，DNA测序技术成本下降到了第一代的百万分之一，时间从人类基因组计划时期的数年缩短到数周甚至数天，使得对天然基因组进行完全测序的成本降低到了可以接受的水平，进而支持了对天然底盘细胞的识别鉴定和遗传工具箱的开发。在基因组全合成方面，目前已发展出用于基因组设计、编辑的成熟技术。基于成簇规律间隔短回文重复（clustered regularly interspaced short palindromic repeat，CRISPR）工具，人工合成基因组中的错误可以在识别后被有效修复，从而为Mb级的基因组合成奠定基础。在合成酵母染色体时使用全基因组测序，可以识别出34个合成染色体与设计序列间的差异，其中CRISPR/Cas9系统诱导的双链断裂被用于修复31个短片段或单核苷酸变异（Xie et al.，2017）。而在染色体结构设计方面，通过去除合成的酵母染色体两端的端粒并将其连接起来以形成环化的染色体，整合环化染色体的菌株表现出良好适应性（Xie et al.，2017）。通过连续的端到端染色体融合和着丝粒缺失，将酿酒酵母的16条天然线性染色体融合为一条染色体，发现单染色体可以维持酵母的生存，但其竞争力和生存能力减弱（Shao et al.，2018）。这些独特的设计不仅体现出合成生物学突破传统生物学局限的一面，还展现出其在生物体性状设计方面的潜力，表明合成生物学研究蕴藏着非常多的可能性。

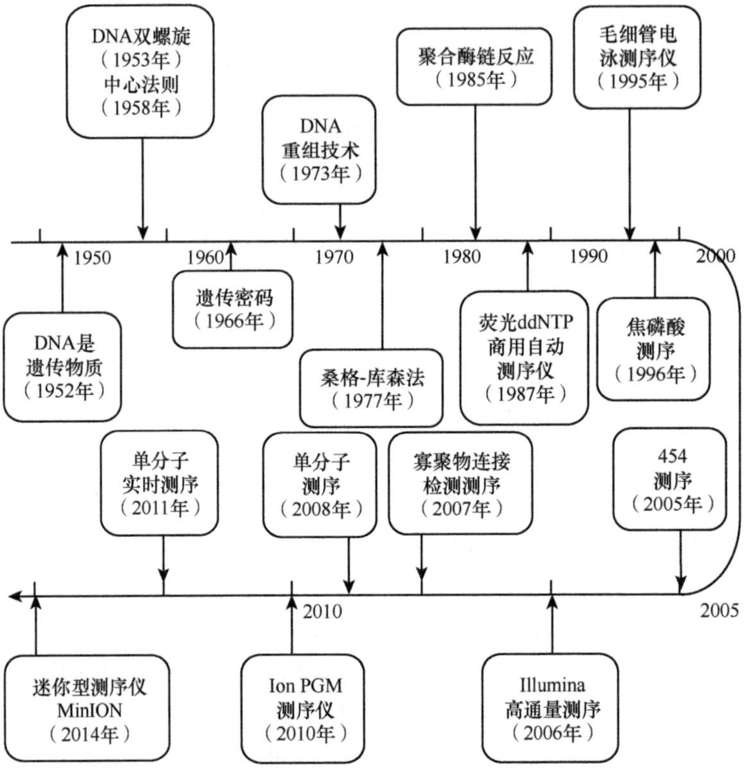

图 1-1　DNA 测序技术发展历程（解增言等，2010；王兴春等，2012）

在合成生物学构架中，模块化、标准化的生物组件设计和构建是重要的研究内容（Chen et al.，2018）。常用的调控生物元件主要包括启动子、终止子、核糖开关、核酶开关、蛋白质降解标签，通过组合这些基础元件，可以在转录、翻译和翻译后水平上对基因表达进行微调。例如，将一种受全氟烷基化合物特异性激活的启动子 *PrmA* 和来自国际遗传工程机器大赛（International Genetically Engineered Machine competition，iGEM）工具库的编码单体红色荧光蛋白的序列连接并转染入细胞，可观察到转化细胞在全氟辛酸暴露环境下出现显著的红色荧光蛋白表达水平上升（Young et al.，2021）。在启动子设计中加入工程学设计，可以开发具备逻辑门控制器的基因元件，从而同时利用多种环境信号和细胞信号对基因表达进行动态调控。此后提出的一个正交与门启动子系统的设计，是基因组设计中引入逻辑门设计的重要成果（Wang et al.，2011）。相对于启动子和终止子，核糖和核酶开关主要是从控制翻译水平的层面控制基因表达水平。真核生物所具有的核糖开关主要介入转录后 mRNA 前体的处理步骤，由此合成的特定核糖开关可以靶向控制 mRNA 前体的剪接，从而控制蛋白质的合成，例如，一种新的四环素结合配体可以同四环素结合并形成复合物，从而干扰小核糖体靠近或直接阻断核糖体形成（Weigand and Suess，2007）。蛋白质降解标签是一种极具潜力的翻译后水平调控方法，在基因层面进行改造，从而在最终蛋白质中引入特定标记，当特定环境信号出现时，标记激活从而使蛋白质失活。例如，在蛋白质的 N 端标记一个休眠的 N-辅基，使其对一种特殊的烟草蚀刻病毒蛋白酶敏感，当这一蛋白酶被表达时，就可以引发 N-辅基与烟草蚀刻病毒蛋白酶结合，使蛋白质脱保护从而快速降解失活（Taxis et al.，2009）。

通常采用的生物元件只包含一个或几个生化反应，而当越来越多的功能需要被整合进单一生命系统内时，就需要更多地从系统层面进行设计和组装。为了实现理想的生理功能，基因回路的设计需要在三个层面加以考虑：正交性、可诱导性和模块化（Blount et al.，2012）。生物系统的正交性是指人工系统独立于自然细胞网络运行的能力。保持正交性的最常见方法即向真核细胞中引入来自于细菌的调控因子，如使用来自三种细菌的 *XylR* 阻遏子变体调控带有 *XylR* 操作位点的启动子激活来确保正交性，这些异源 DNA 在酵母细胞中取得了很好的效果（Teo and Chang，2015）。除了引入异源序列，Romesberg 团队为正交系统提出了一个特殊的解决方案。他们设计合成了一个非天然的碱基配对，命名为 X 和 Y，并将它们整合到基因组中（Malyshev et al.，2014）。之后，他们又成功地使含有非天然碱基 dNaM-dTPT3 配对的 DNA 在菌株中进行正常转录和翻译，将非天然氨基酸整合到了所合成的绿色荧光蛋白中，这些非天然的系统与细胞自身代谢过程完全平行，因而可将串扰最小化（Zhang et al.，2017a）。可诱导性是指应用外部刺激控制基因表达水平的能力，即基因回路的激活特性。先前曾讨论过的逻辑门启动子元件已经为细胞感知外部环境信号而改变自身基因表达给出了可行的方案（Wang et al.，2011）。当这种回路开关的靶标设置为特定的环境污染物时，整合可报告污染物的细胞可用于构建一个生物传感器装置，这在原位检测环境污染物方面表现出了很大的潜力，适用于较高浓度水平、较大范围的污染物定性分析（Weaver et al.，2015）。模块化是指建立具备“即插即用”能力的标准化生物模块，可以容易地整合到不同的细胞底盘中发挥相应功能，是工程学理念的体现。实际上，目前国际上已有大量的专门数据库收录各类标准化的生物模块，免费或有偿提供给研究人员。例如，iGEM 是合成生物学领域的国际顶级大学生科技赛事，其下属项目之一为标准生物元件与模块注册，目前已有 2 万余份生物模块设计被 iGEM 生物元件数据库收录，包括元件、底盘、功能回路等。此外，数据库 BBF（BioBricks Foundation）致力于分享标准化的基因元件；而美国联合生物能源研究所建立的 JBEI-ICE（Joint BioEnergy Institute Inventory of Composable Element）清单是开源的生物元件注册平台，包含了多种标准下的 DNA 注册信息。由中国科学院合成生物学重点实验室牵头建立的国内第一个合成生物学元件库，自 2016 年以来，通过文献调研、筛选整合和审核编撰，收录了 7 万多个具有文献或实验支持的合成生物学元件，并通过元件库网站公开共享（https://www.biosino.org/ rdbsb/）。

基因组设计和合成后，下一步是嵌入底盘细胞以发挥作用。目前常用的底盘细胞包括大肠杆菌、枯草芽孢杆菌、酵母菌、假单胞菌等，其特点是基因组全部已知，因而可以针对性地整合新基因。实践中，根据需要表达基因的差异，可能还需对原型底盘细胞进行一定的修饰，例如，替换或删除部分基因，以减少不同基因间的串扰，或减少额外功能带来的能量和物质损耗（Zhang，2019）。当合成生物被用于一些特殊用途时，底盘细胞可能需要具有对特殊环境条件的普遍耐受，包括温度、pH、溶剂、毒素、渗透压和氧化应激等。例如，在利用三角褐指藻构建微生物细胞工厂时，就考虑了三角褐指藻作为底盘的诸多优点，包括全面的基因组信息、高密度生长、海洋自养（Moog et al.，2019）。为了应对极端环境条件，有时也会开发极端微生物作为特种模式生物底盘，例如，利用嗜盐细菌开发在高盐环境下降解多环芳烃的模式生物（Nanca et al.，2018），以及使用耐热微藻与异养微生物结合消除污水中的铵盐和磷酸盐（Cheng et al.，2019）。

1.2.2 环境合成生物学前瞻

合成生物学将生物技术从单个基因的修饰发展为以系统方式改变生命基因组，从而有目的地设计全新的生物体，这些新生物体具备独特的生理特性和功能，在解决能源、材料、环境和健康问题方面具有很大潜力。随着化工、材料等行业的发展，人类正在合成并使用越来越多的非天然化合物，其中的部分化合物进入环境变成了如今数量、种类日益增多的环境污染物，由此导致了全球范围内的各种环境问题。这些层出不穷的污染物在环境中产生、在各类介质中迁移，最后在生物体中累积放大并产生毒性效应。为应对这样复杂条件下的环境污染风险，有必要发展快速、灵敏、便捷、低干扰的监测、处理和修复方法，而发展环境合成生物学是达成上述目的的重要技术手段。

目前环境污染整体呈现以多种类、多途径、多介质交织的复合污染为主的状况，新型污染物不断出现，而传统难降解的污染物仍然存在。如何对不同种类污染物的复合暴露进行研究，确认具备不同理化特性污染物的环境迁移和赋存特性，以及实现特殊环境下的大规模实时污染物监测，是目前污染物治理的迫切需求。

传统的生物传感器对使用环境的要求较为苛刻，实际效果并不理想，而环境合成生物学通过对合成生物体的适应性、特异性、灵敏性进行深度调整，以构建更高效的生物传感器，满足复合污染实时监测的需求（Tecon and Van der Meer，2008）。目前已开发了合成生物学可利用的生物传感器元件库，可靶向检测重金属、代谢物、芳香族化合物、爆炸性化合物等（表 1-1）。

表 1-1　全细胞生物传感器可用元件

目标检测物	底盘生物	启动子	报告基因	检测限/范围	参考文献
NH_4^+ 或 NH_3^-	*Nostoc* sp. PCC 7120	*gln*A/*nir*/*gif*A	*luxCDABE*	50～500 μmol/L	Munoz-Martin et al.，2014
	Synechococcus sp. FAM431	*gln*A/*nir*/*gif*A	*luxCDABE*	10～500 μmol/L	Munoz-Martin et al.，2014
	Escherichia coli	*gln*Ap2	*luxCDABE*	0.115 μmol/L	Cardemil et al.，2010
PO_4^{3-}	*Escherichia coli*	*pho*A	*luxCDABE*	3.7 μmol/L	Cardemil et al.，2010
Cu^{2+}	*Escherichia coli*	*PcusC*	*rfp*	26 μmol/L	Ravikumar et al.，2012
	Escherichia coli	*cusR-PcusC*	*gfp*	12 μmol/L	Wang et al.，2013
	Cupriavidus metallidurans	*copSR-PcopT*	*rfp*	24.3 μmol/L	Chen et al.，2017b
	Cupriavidus metallidurans	*copSR-PcopQ*	*Mjdod*	87.3 μmol/L	Chen et al.，2017b
	Escherichia coli	*PcopA/pCDF-Duet*	*egfp* /*CueR*	0.3～5000 μmol/L	Kang et al.，2018
Zn^{2+}	*Escherichia coli*	*PzraP*	*gfp*	16 μmol/L	Ravikumar et al.，2012
	Bacillus megaterium	*smtB*	*egfp*	1 μmol/L	Date et al.，2007
	Pseudomonas putida	*PczcR3*	*egfp*	5～55 μmol/L	Liu et al.，2012
As^{3+}	*Escherichia coli*	*arsR*	*gfp*	0.1 μmol/L	Wang et al.，2013
	Escherichia coli	*arsR-O/P*	*luxCDABE*	0.05～0.8 μmol/L	Sharma et al.，2013
	Escherichia coli	*recA*	*luxCDABE*	260 mg/kg 土壤	Jiang et al.，2017
Ni^{2+}	*Synechocystis* sp. PCC 6803	*nrsR-PnrsBACD*	*luxAB*	0.2 μmol/L	Peca et al.，2008
Pb^{2+}	*Escherichia coli*	*ΔpbrA-PpbrRT-pbrR*	*gfp*	0.001 μmol/L	Jia et al.，2018
Hg^{2+}	*Escherichia coli*	*merR*	*luxCDABE*	1.2 nmol/L	Zhang et al.，2016a
Co^{2+}	*Synechocystis* sp. PCC 6803	*coaR-PcoaT*	*luxAB*	0.3 μmol/L	Peca et al.，2008
Sb_2S_3	*Bacillus subtilis*	*arsR*	*lacZ*	0.02 μmol/L	Date et al.，2007

续表

目标检测物	底盘生物	启动子	报告基因	检测限/范围	参考文献
萘	*Burkholderia sartisoli*	*Phn*	*luxAB*	0.17 μmol/L	Tecon et al.，2010a
苯、甲苯、乙苯和二甲苯	*Escherichia coli*	*pPROBE*	*LuxAB-TbuT*	0.24 μmol/L	Tecon et al.，2010a
有机磷	*Escherichia coli*	*DmpR-Pdmp*	*rfp*	10 μmol/L	Chong and Ching，2016
对硫磷和甲基对硫磷	*Escherichia coli*	*pBBR-chpR/PchpA*	*atsBA*	2 μmol/L	Whangsuk et al.，2016
羟基化多氯联苯	*Escherichia coli*	*hbpR-PhbpC*	*luxAB*	0.05 μmol/L	Turner et al.，2007
2,4-二硝基甲苯	*Escherichia coli*	*yqjF/ybiJ*	*luxCDABE*	27.4 μmol/L	Yagur-Kroll et al.，2014
2,4,6-三硝基甲苯	*Escherichia coli*	*yqjF/ybiJ*	*luxCDABE*	N/A	Yagur-Kroll et al.，2014
十二烷基硫酸钠	*Pseudomonas aeruginosa*	*sdsB1*	*egfp*	0.35 μmol/L	Dey et al.，2020
邻苯基苯酚和联苯	*Escherichia coli*	*hbpR-PhbpC*	*luxAB*	0.3 μmol/L	Tecon et al.，2010a

新型持久性有机污染物难以降解，能够远距离迁移和产生毒性危害。越来越多的这类物质在全球范围内广泛存在于大气、水体、土壤等多种环境介质中，通过生物积累和放大等方式进入生物体并最终对生物体产生毒性效应。在不同介质中，让生物自己“测量”污染物浓度，被认为是估算生物有效性的更具代表性的方法，因为用现有方法测量可被生物摄取的部分（即生物有效部分）并不直观（Werlen et al.，2004）。因此，利用合成生物学构建工程生物，建立适用于多种环境介质、使用简单可靠且检测限低的环境监控网络，对监控各类污染物在环境中的迁移、累积、降解、转化等行为十分关键，也是评估环境污染物生态风险的更好选择（图 1-2）（Tecon and Van der Meer，2008）。在大部分已有的尝试中，可应用于水相污染物监测的微生物传感器已经被开发出来；用于气相污染物监测的尝试包括利用 *sal* 启动子和 *luxAB* 报告基因构建了一个靶向萘的基因回路。构建完成的生物传感器在水相中的最低检测限为 0.5 μmol/L，而对气相中萘的检测限甚至低至 50 nmol/L，这可能是由于萘在气相中可以更快地被细胞吸收（Werlen et al.，2004）。为构建适用于各类环境介质中污染物监测需求的生物传感器，植物也是应考虑的底盘生物体之一。然而，相较于微生物中已开发完善的生物元件库，植物作为监测环境污染物传感器的基础研究相对薄弱，可用于环境污染检测的生物元件数量较少。目前发现了一种可被盐、甘露醇和氧化应激激活的乙二醛酶基因，将这一植物源的基因转入大肠杆菌，同样可以增强菌种对甲基乙二醛的耐受性，

因此该基因有潜力成为一种有效的细胞解毒元件和氧化应激传感器（Wu et al.，2013）。利用合成生物学方法开发植物源生物元件和组建植物传感器，可以克服传统转基因植物的缺陷，创建具备高耐受性和高灵敏度、可以自行生长扩张的理想生物传感器，更适用于较大范围内污染的监测和治理。

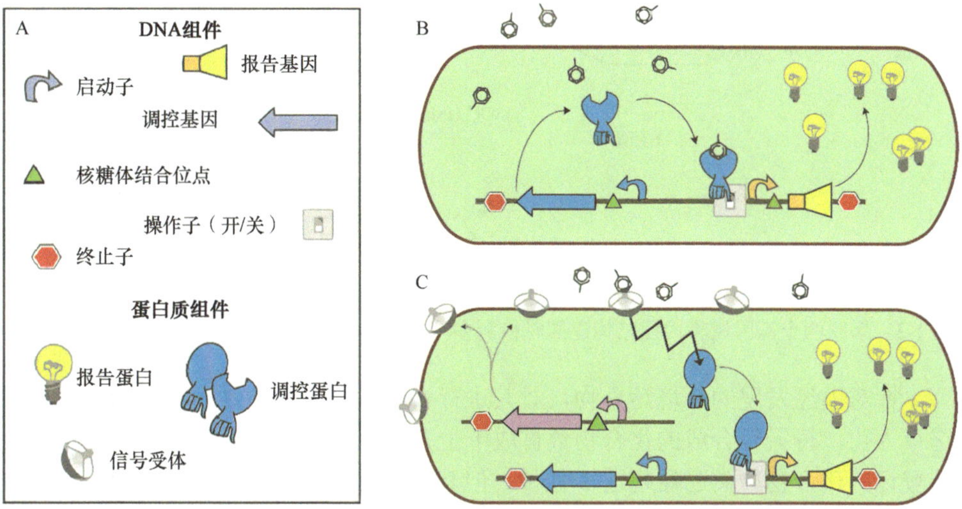

图 1-2 微生物传感器的一般模式（修改自 Tecon and Van der Meer，2008）

A. 图例；B. 以单一调控蛋白为传感器启动装置的生物传感器系统，目标化合物直接与调控蛋白结合，调控蛋白诱导报告基因的转录；C. 以受体蛋白和调控蛋白共同组成启动装置的生物传感器系统，目标化合物与膜上信号受体结合，然后通过信号级联传递到调控蛋白，诱导报告基因转录

基于芳香响应转录调控因子建立的、对应不同芳香族化合物代谢途径的生物传感器，可以对水杨酸盐及其衍生物、苯甲酸盐及其衍生物、2-羟基联苯、2-氨基联苯、苯酚及其衍生物进行实时检测。这些转录因子可以在最低 1μmol/L 靶向芳香族化合物存在的条件下诱导显著响应，同时具备极强的特异性，使其中任意一种转录因子不会被其余因子的靶向化合物激活。因而，研究人员可以在同一细胞中建立 4 种互相平行的转录调控途径以识别所有可能的污染物；也可以根据所使用的环境选择需要的转录因子，构建特化的生物传感器，使不同芳香族污染物引发的下游基因调控平行发生（Xue et al.，2014）。除了单启动子对应单一污染物的模式以外，还可以把多个启动子与基因回路逻辑门联用，同时检测并对多个环境信号进行报告，从而大大提高生物传感器的灵活性和灵敏度。利用重金属敏感启动子和 *hrpL* 逻辑门系统设计出由 2 个工程微生物组成的、同时检测 3 种重金属的传感器（图 1-3），从而实现了基因回路对环境信号的可控响应（Wang et al.，2013）。通过将逻辑门引入基因组设计，不仅可以同时检测多种环境污染物，还可以设置不同污染之间的判断逻辑，从而得到更符合实际需求的工程生物体。

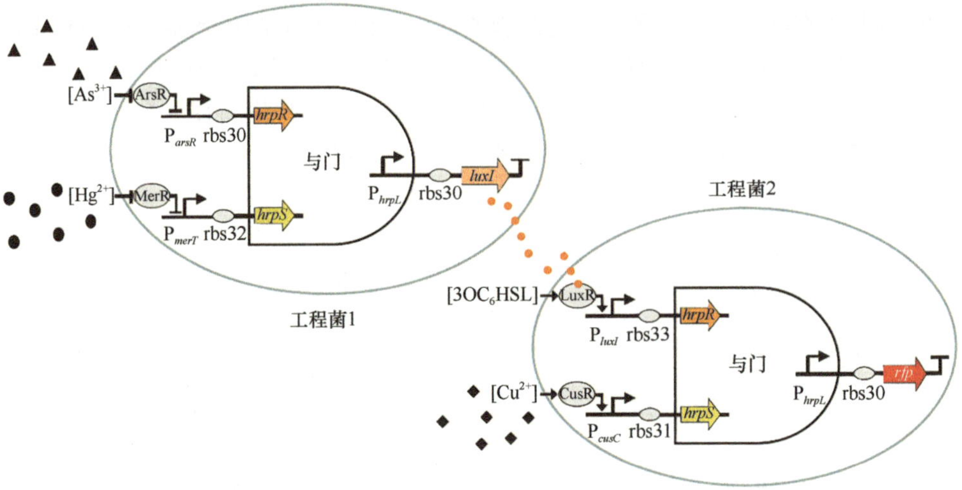

图 1-3 串联两个基因逻辑门回路构建同时检测多个信号的工程菌群（修改自 Wang et al.，2013）

针对已经发现的环境污染物，对其进行毒理学分析仍然是一项复杂的工作。迄今为止，每天新合成的化合物数目成千上万，由美国化学会下属美国化学文摘社登记的化合物种类已经超过 2 亿种，但其中只有很少一部分用经典的毒理学研究方法系统评估了生物毒性。若能利用合成生物学调整生物体的基因组，从而构建高效、精准的毒理学检测生物模型，则可大大简化毒性效应评价步骤、节约毒性检测时间，甚至有可能改变毒理学研究现状。例如，利用一系列经优化的、明亮且稳定的荧光 RNA 分子来结合活细胞中的 RNA 进行成像，不仅可以反映特定 RNA 的细胞内空间分布，还可以直观显示 RNA 转录、定位、翻译等动力学过程的变化（Chen et al.，2019）。利用同样的策略，研究人员可以开发标识活细胞中特定分子的传感器，并用于在毒理学活体生物体内标识感兴趣的分子的迁移，从而快速确认一种化合物的作用机制。利用双分子荧光互补机制，可以开发对活细胞内蛋白质-蛋白质相互作用和蛋白质-RNA 相互作用进行示踪的分子生物传感器。利用这种机制，研究人员既可以在毒理研究过程中运用双分子荧光互补确认潜在污染物在蛋白质水平的影响，也可以给健康细胞导入靶向污染物的荧光标记基因。当没有污染物存在时，不会产生荧光以影响细胞状态；当污染物出现时，则启动基因转录，诱导蛋白片段结合以发出荧光。这一机制有可能被用于在生物体内示踪污染物的迁移代谢路径，同时最小化对正常生理功能的影响（Zhang et al.，2016c）。

目前，在环境介质中频繁检测到难以降解的各类新型有机污染物，然而现有清除污染物的物理化学方法，其成本随着污染面积的增大而上升，技术层面也越来越难以实现，且修复过程常常会给清理后的场地带来二次污染。相比之下，利用植物或微生物对大面积污染区域进行修复，是一种具有潜力的绿色方法。我国自 20 世纪 90 年代以来资助了大量研究植物修复的项目，并取得了重要进展，但也发现这一技术存在诸多困难，如生物量低、修复周期长、污染物种类受限等。

运用合成生物学手段，对所使用的工程生物进行有指向性的改造，可以构建具备极端条件抗性、能够靶向降解我们所关心的难降解污染物的全新生物体，从而有效地消除复合且难以清除的污染物。构建生物修复工程生物的基本方法是向目标微生物中转入典型修复基因，从而获取原微生物不具备的特性，例如，在大肠杆菌中转入编码聚磷酸激酶的基因可增强其对磷酸盐的吸收，从而应用于污水的生物处理（Liang et al.，2017）。传统环境工程生物的开发比较困难，而合成生物学提供的模块化基因元件大大降低了开发和使用合成生物的需求。例如，*bph* 和 *etb* 是可以通过脱溴的方式降解多氯联苯（polychlorinated biphenyl，PCB）和多溴二苯醚（polybrominated diphenyl ether，PBDE）的基础元件，可用于开发具有选择性的菌种（Zhao et al.，2018）。在一种真菌中转入这些标准化元件降解 PBDE，10 天内降解率达到了 42.2%，这一改造的真菌已成功应用于环境中 PCB 和 PBDE 的原位修复（Zhou et al.，2007）。传统工程生物常常只具有完成污染物代谢途径中一步或相邻几步的能力，所以需要在工程生物内构建完整代谢途径来提高稳定性并减少系统干扰，例如，先前研究发现可降解六氯苯的细胞色素基因模块可以将六氯苯转化为五氯酚，进一步将基因模块转移到可降解五氯酚的菌株中，从而构建完整的六氯苯降解路径（Yan et al.，2006）。一些情况下，工程生物即使具备降解能力，也会受到污染物对细胞的毒性而无法发挥作用。*MerR* 转录调节因子已被开发出来作为汞的生物传感器，但这一元件难以被直接用于开发生物修复菌，因为这些被检测到的汞离子对细胞产生了显著的毒性。然而，如果将允许大肠杆菌合成可吸收汞的细胞外蛋白纤维的基因与 *MerR* 结合，则可以使重组菌在检测到汞离子时自行构建细胞外纤维膜以吸收汞离子，一定程度上避免了细胞毒性（Tay et al.，2017）。合成生物学在环境领域生物监测和修复的诸多方面提出了更简洁易用的方案，解决了现有研究面临的一系列问题。

1.3 环境合成生物学在污染治理相关领域的应用

对于环境污染物的识别监测与降解消除，传统方法主要借助微生物及一些细胞和活体动物模型开展研究。在以往的研究中，研究人员主要关注的是单一污染物的监测与消除。随着社会经济的发展，更多人为合成的、人工添加的化工原料被应用于生产生活的方方面面，一些具有迁移能力且自然降解困难的污染物在环境中大量积累，这些污染物之间可能存在协同或拮抗等作用（周东美等，2005），从而产生复合毒性，给环境和人类健康带来风险与挑战。由于生物具有特异性，往往对于产生复合毒性的多种污染物不能兼顾。特别是一些用于环境监测的生物，其对生存环境的要求较为苛刻，进行细胞培养和操作较为困难，且实验室环境与真实的自然环境也可能有较大的差距，因此其在实际环境的应用方面有一定的缺陷。为了解决这些问题，环境合成生物学应运而生。

环境合成生物学基于系统生物学的工程学原理与技术手段，用于污染监测与修复等生物技术领域，以解决复杂环境污染问题为目标，在计算生物学的辅助下，设计产生新的生物系统或者对原有生物系统进行改造（王呈玉和胡耀辉，2010），从而在环境污染物的识别监测、溯源治理、降解消除等方面发挥重要作用。特别是当前污染物趋向于多样化，污染途径趋向于复合化，导致传统方法的局限性逐渐体现出来，因此环境合成生物学在相关领域的应用正在不断增长。

近年来，在环境介质中已检测到不同浓度的各类持久性有机污染物，这些污染物对环境和人体健康具有潜在的危害，并且在自然环境下难以降解。因此，利用工程菌株等对环境中的复合污染物进行高效安全地降解，是合成生物学在环境治理领域的应用目标。合成生物学在传统生物学研究的基础之上，借助现有丰富的微生物与基因资源，有目的地设计产生和定向改造现有的降解菌株，构建或重组出具备多种优势的工程菌株，从而在环境监测和修复领域解决具体问题（唐鸿志等，2017）。

1.3.1 环境复合污染物的实时高效监测

环境复合污染是指由两种或两种以上不同种类、性质的污染物，或同种污染物的不同来源，或多种不同类型的污染在同一环境中同时存在形成的环境污染现象（何勇田和熊先哲，1994）。根据污染物的来源和类型不同，环境复合污染可按不同分类系统进行划分。按照污染物来源不同，环境复合污染可分为同源环境复合污染和异源环境复合污染。近年来，研究人员越来越清醒地认识到异源环境复合污染更接近实际环境中的污染物暴露情况，因而异源环境复合污染逐渐成为环境污染物暴露研究的核心内容。按照污染物类型的不同，环境复合污染还可被分为有机环境复合污染、无机环境复合污染、有机-无机环境复合污染。以下的讨论主要集中在利用环境合成生物学构建可监测农药、重金属、烃类物质等复合污染的生物传感器。

环境合成生物学功能之一是改造传统生物传感器技术，从而能够对环境中的重要污染物进行快速、灵敏、易操作的原位动态监测与分析。环境合成生物学进行污染物的实时监测时，具有许多传统生物学不具备的优势，能够避免大量烦琐的前处理操作，减少因为操作者的不当操作或疏忽导致的结果差异。同时，环境合成生物学由于检测方式的不同，能够大大节约传统分析检测的时间成本和材料成本，降低对仪器精密度的要求。由于不同微生物在不同环境条件下具有进化优势，并且其天然存在降解元件、转运元件、趋化元件和抗逆元件等，使得研究人员可以有选择性地定向开发和利用这些重要生物元件，从而设计出特异性高、灵敏度强的全细胞微生物传感器（图 1-4）。

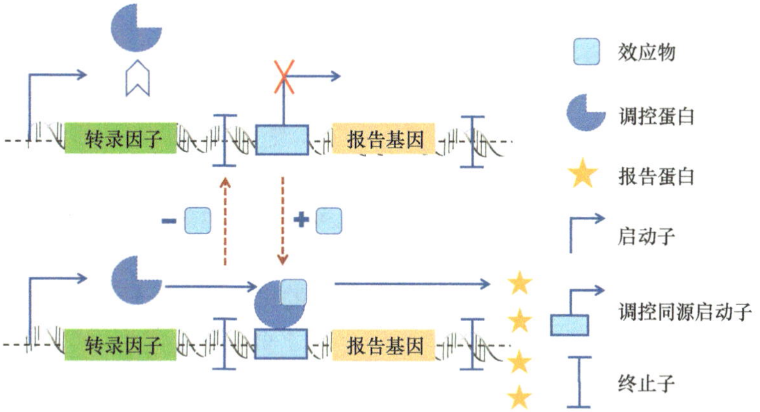

图 1-4　全细胞微生物传感器示意图（张莉鸽等，2019）

全细胞微生物传感器是利用微生物体内的酶系将生物信号转化并放大后输出，将其作为敏感元件，实现对环境中的特定污染物进行动态监测的一类生物传感器。大多数全细胞微生物传感器的转录因子能够特异性识别环境中的污染物，其工作机理是利用同源启动子启动下游报告基因的表达并输出为可视化信号，如荧光信号、比色参数和生物发光信号等（张莉鸽等，2019）。目前常用的全细胞微生物传感器的类型包括有机磷农药微生物传感器、芳香化合物微生物传感器和重金属微生物传感器等。其中，有机磷农药微生物传感器借助有机磷水解酶和能被水解产物激活的调控基因发挥功能，激活相应的调控基因和下游报告基因的表达，如 *DmpR*（Shingler et al.，1993）、*MopR*（Schirmer et al.，1997）、*CapR*（Park et al.，2003）、*MphR*（Yu et al.，2011）和 *PhhR*（Herrera et al.，2010）等。研究人员通过对野生型的 *DmpR* 基因进行合成生物学的定向进化技术改造，获得对应的突变体，可检测低于 10 μmol/L 的有机磷农药（Chong and Ching，2016；Gupta et al.，2012）。芳香化合物微生物传感器则有众多以单环芳烃（如苯系物-苯、甲苯、乙苯、二甲苯）（Dawson et al.，2008）或多环芳烃等污染物作为监测对象的全细胞微生物传感器，其中以对萘的研究最为透彻（Schell and Sukordhaman，1989；Werlen et al.，2004）。有相当多的研究表明，对调控蛋白或同源启动子进行定向突变可以改变全细胞微生物传感器的特异性和灵敏度（Park et al.，2005；Shin，2010）。然而，对于某些化合物来说，找到对它们敏感的工程菌株并非易事，因此研究人员也在尝试寻找可以通过污染物进行定向激活或诱变的基因片段，建立多层级联逻辑门，从而构建出生物传感器以实现对特定污染物的检测（高金婷，2018）。对于重金属微生物传感器研究的报道多集中在汞、镉、铅、铬，以及类金属砷等生物毒性显著的元素上。来自枯草芽孢杆菌的阻遏蛋白基因 *ArsR* 可以与 *lacZ* 基因融合构建成全细胞微生物传感器，对环境中砷的含量进行定量检测，最低检测限可达 5 μg/L（Aleksic et al.，2007）。除了用于检测单一重金属的存在外，重金属或类金属（如砷、汞、铜、锌）相关启动子还可与逻辑门联用，同时检测多个环境信号，从而增强生物传感器的选择性和灵敏度（Wang et al.，2013）。

全细胞微生物传感器已经在单一污染源和复合污染源的环境监测上取得成效，随着研究和应用的逐步发展，环境合成生物学的生物安全性也将成为一个值得关注的问题，而无细胞合成生物学的出现可以合理地规避基因修饰微生物的释放，从而使生物安全更有保障。无细胞合成生物学一般是指构造的工程化回路通过精确控制各组分的混合比例，结合数学建模的思想，在无细胞底盘的类细胞系统中进行转录和表达（毛金竹等，2021）。相比于全细胞合成生物学，无细胞合成生物学对于监测环境的要求更为宽松，能够适应在高毒性的环境下工作，同时也能避免农药进入细胞后产生毒性效应而使细胞出现转运效率降低、重组菌发生基因突变等问题，更适宜应用在农药残留的实时监测中。

1.3.2 有毒污染物的高效识别及多靶点毒性效应评价

随着科技水平的逐渐提高和人类环境保护意识的觉醒，人类逐渐重视环境污染状况，以及有毒污染物对环境造成的直接或潜在危害，并希望对环境污染物的发生发展进行精确识别监控。污染物的暴露种类与浓度、暴露途径，以及生物靶向性的研究程度，共同决定了研究人员是否能够准确评估污染物对于人类或其他生物的危险性和对环境的影响。传统评价方式对于有毒环境污染物的识别主要是根据其理化性质（如粒径大小、密度、比表面积等）的不同，利用一些分析技术或使用受体模型，结合各种计算方法来获得某观测点污染源的贡献率（《环境科学大辞典》编委会，2008）。然而，由于污染物迁移、复合污染，以及检测仪器精密度、样品前处理等因素的影响，往往不能对污染物的效应进行精确的评价，基于物理化学方法进行的分析无法直接反映生物暴露的风险，从而可能产生对污染物毒性和不良影响的错误估计。借助环境合成生物学理论基础发展新的污染物毒性的多靶点检测与评价方式，能够有效规避这些缺点，对于生态环境和人类健康具有重要意义。

应用环境合成生物学进行污染物毒性评价，是建立在传统污染物评价方法基础之上的新发展。在以往的研究中，多种模式生物被应用于环境污染物评价体系，包括宏观系统中的水稻、拟南芥、斑马鱼、大鼠、小鼠等众多动植物模式生物，以及微观系统中的大肠杆菌、酵母菌等原核和真核模式生物；同时也建立并应用了多种模型系统，包括一些野生型的菌株和成熟的细胞系。随着更多原本未知的毒性机制被发现，这些毒性评价模型已无法满足现有的科研需要，因此研究人员尝试利用合成生物学原理将已知的一些模式生物和模型系统进行定向改造，如建立有效的工程菌株、定向诱导分化多能干细胞、从头合成生物的靶细胞和靶器官、生产器官芯片和嵌合体胚胎等，以满足更加深入、全面的毒性评价要求，实现对有毒污染物的高效识别和多靶点毒性的同时评价。

诱导多能干细胞（iPSC）技术是可用于环境污染物识别和生物模型开发的一项新技术。iPSC 技术通过导入特定的转录因子将终末分化细胞重编程为多能干细胞，这个过程不使用胚胎细胞或卵细胞，不仅可以有效规避伦理学问题，更为重要的是，可以用患者自己的体细胞制备专有的干细胞，从而大大降低了免疫排斥反应发生的可能性。这项技术现在被寄希望应用在烧伤后皮肤的重生、一些关键细胞和蛋白质的重新建立、阿尔茨海默病的治疗，以及一些其他种类的再生医学研究（马珊珊等，2015）。在毒理学研究方面，iPSC 技术多应用于发育毒理学研究。多能干细胞在生长条件、细胞表型、细胞的多能分化特性等许多方面与胚胎干细胞有相似之处，在一定程度上可以代替胚胎干细胞担任研究对象的角色，利用转基因、体外导入报告基因、基因打靶、致畸试验、细胞嵌合等技术，完成自生胚胎发育机制、增殖分化及调控、细胞识别诱导、组织及器官构建、畸变等问题的探索（林晓龙等，2010）。更有利的一点是，研究人员可以从一些患有特定疾病的人群体内提取疾病特异性多能干细胞，利用存在潜在或未知毒性的环境污染物进行体外暴露，观察污染物对其基因结构及表达的影响，间接判断这类污染物与此种疾病的发生或者治疗是否存在关联性。

人体器官芯片是生物芯片领域发展最快、应用前景最为明确的方向之一。随着人类对人体复杂组织器官结构和生理功能特点的深入了解，人体器官芯片的开发与生产拥有了坚实的理论基础，这种接近生理状态的体外模型使得它在药物研发、疾病研究，以及化学品、毒素及化妆品测试等领域得到应用（秦建华等，2017）。近年来，人体器官芯片的相关研究工作已经取得了显著进展，在微芯片上构建的组织器官类型逐渐增多，“心脏芯片”、“肺芯片”、“肝脏芯片”、“血管芯片”和“肠芯片”等多种器官芯片相继出现，在相关疾病的检测与治疗上具有不可估量的价值。除了在临床上的应用价值外，这些单一种类的器官芯片能够靶向性地指征一些特定的外源污染物对于相应器官的生物学毒性，相比于直接作用于人体内的靶细胞和靶器官，这种利用合成生物学建立的器官芯片靶向效应更易观察、安全性更高（图 1-5）。近年来，随着微流控、机械化操作等技术的发展，在芯片上同时构建多个器官的“多器官芯片”成为当前研究的热点。“多器官芯片”可在不同功能区域同时构建多个组织器官，包括但不限于肝、肠、心、肾、脑、肺等 10 余个器官，以及生殖、免疫、血管等多个系统，通过芯片管道（模拟人体血管）相连接，模拟人体对特定物质的吸收、代谢、转化和排泄过程（Esch et al.，2014；Zhang et al.，2016b）。目前已有研究人员尝试将多个类器官集中在同一个芯片上长时间共培养，细胞均保持高活性并能够自发形成功能结构，实现系统自稳态（Maschmeyer et al.，2015）。此外，为实现“多器官芯片”的信息采集处理，将多模式传感技术与芯片进行集成是未来的发展趋势。近期开发的一种可集成电化学及免疫传感模块的多器官芯片，可同时监测组织培养微环境参数（pH、O_2浓度、温度等）及与组织功能相关的可溶性生物标志物（Zhang et al.，2017b）。对于环境污染物导致的人类或环境的暴露研究来说，“多器官芯片”能够更有代表性地模拟生物体内多器官联合作用时对化合物、细菌、毒素的真实反应，显著减少毒性评估的成本和时间，在体外更真实地重现人体器官的生理、病理活动，预测人体对外来污染物刺激产生的反应，有代替动物实验的潜力（Alberti et al.，2017）。

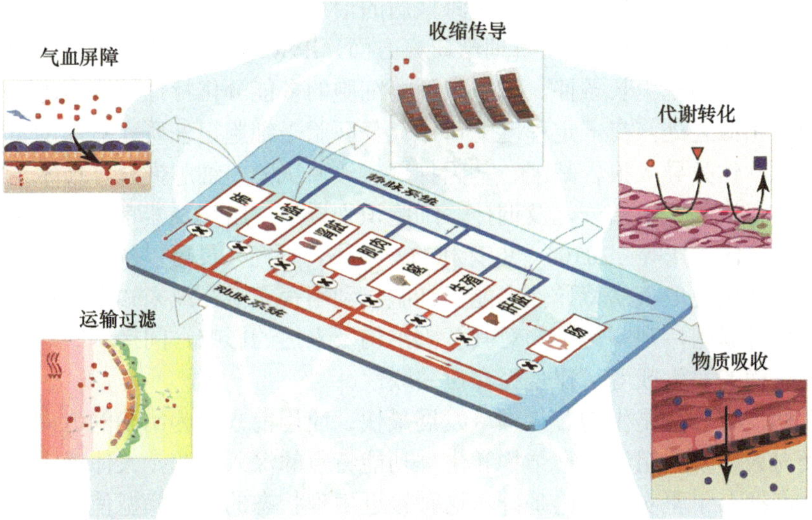

图 1-5 多器官人体芯片作用示意图（秦建华等，2017）

1.3.3 污染物高效生物修复及其降解资源化回收

随着社会发展和工业化进程不断加快，各种化工产品在造福人类的同时，也使环境污染日益加剧。其中，土壤、水体等环境介质中的重金属等有毒有害化合物已严重威胁人类健康，迫切需要有效的污染修复手段。相比于传统的物理化学修复，生物修复因其副产物少、可持续、动态可调节、成本低廉，以及原材料容易获取等特点，在环境修复中起到重要作用（常璐等，2021）。利用合成生物学改造微生物，以及将生物膜用于环境污染修复已成为近年来重要的发展方向。一些功能微生物可以高效处理传统方法难以处理的污染物，且产物大多为无毒害的稳定物质，避免了二次污染的发生。Costley 和 Wallis（2001）设计了微生物来修复一些毒性很高的环境污染物，包括重金属和沙林等神经毒剂。微生物在环境修复过程中的应用主要有两个方面：一是直接利用微生物群体进行生物吸附，可用来吸附工业废水中的有毒重金属（铜、镉、铅、钴等）、化工染料等污染物；二是利用微生物的代谢功能，对环境中的高分子聚合物、农药、石油等污染物进行降解（李倩，2017）。因此，环境合成生物学主要利用这些微生物的既有功能，将其作为底盘生物，经过基因改造、编辑等过程，对其功能进行定向优化，提高其环境修复的效率，同时也为一些污染物降解后进行资源化回收打下基础。

传统的生物修复是利用动植物及微生物的生命代谢活动减少污染环境中有毒有害化合物的浓度或使其无害化，从而使受到污染的环境能够部分或完全恢复到原初状态（《环境科学大辞典》编委会，2008）。但野生型的动植物及微生物大多仅含有一种或几种代谢通路，仅仅凭借自然进化的能力，无法应对和修复由复合污染物造成的情况多变的环境污染，且污染的速度大大超过其修复的速度和能力，无法满足环境修复的需求。针对有毒污染物的消除方式，一般分为吸附和降解两种。由于消除方式的不同，使得利用环境合成生物学来改造用于环境修复的野生型生物体也可分为多种路线。

吸附消除的原理多是利用微生物或植物体与水体或土壤中的重金属或一些细颗粒进行物理吸附或化学键合。因此，找到底盘生物与污染物的结合位点，定向改造其结合位点的基因或相关蛋白质构型，使二者连接更为紧密，同时增加结合位点的污染物容纳量，是这条环境修复路线中合成生物学的主要发力点。在重金属污染的吸附消除研究中（图 1-6），研究人员筛选出对重金属敏感的野生型菌株，使用强启动子控制其降解相关的融合蛋白的表达，或进行基因拼接和蛋白质水平的融合，构建出新的重组工程菌，在保证其遗传稳定性的同时，提高其对于重金属的耐受性，加强富集作用，显示出更高的固定外部介质中 Pb^{2+}、Zn^{2+}、Cu^{2+}、Cd^{2+}、Mn^{2+}、Ni^{2+}、As^{3+}、Hg^{2+}等离子的能力（Biondo et al.，2012；Kuroda et al.，2001；Li et al.，2015；Tang et al.，2018；Yin et al.，2016）。

降解消除多是利用微生物和动物的一些摄食、吸收转化及代谢行为，使得一些如塑料、农药、石油烃、多环芳烃类高分子聚合物等污染物实现链断裂、物质转化等过程，直至被完全降解。因此，在这条环境修复路线中，找到合适的底盘生物，利用基因编辑、蛋白质工程及酶工程的相关技术，有效提高污染物降解过程中的接触面积、降低反应过程中的能量要求、对参与反应的酶进行改造以加快催化速率，是合成生物学应用的努力方向。一些菌株的生物被膜被加以改造，使得它们能够兼顾对外源污染物的感应和表达分泌相关蛋白的双重功能（Tay et al.，2017）。例如，合成生物学改造的枯草芽孢杆菌生物被膜具有功能化特征，可以将环境中难以降解的有机磷农药——对氧磷降解为低毒害的化学品（Huang et al.，2019）。对于塑料污染的降解，研究工作多集中在相关催化酶的活性中心的改造上，

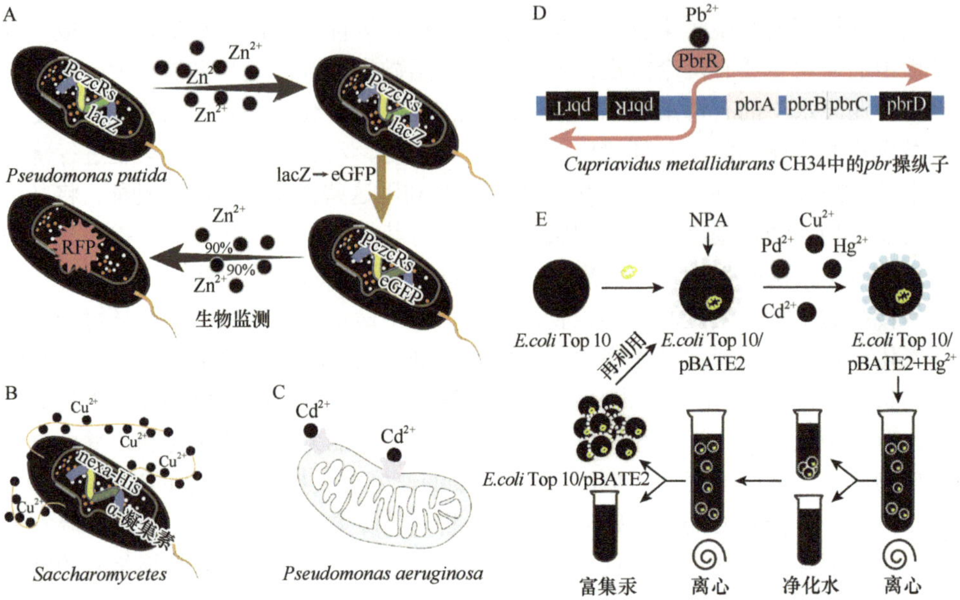

图 1-6　合成生物修饰微生物在重金属污染检测和修复中的应用（常璐等，2021）

A. 具有锌特异性生物传感器功能的恶臭假单胞菌 X4（*PczcR3-GFP*）；B. 工程酵母细胞对铜离子的响应；C. 工程化铜绿假单胞菌工程对镉离子的响应；D. 大肠杆菌中铅诱导 *RFP* 表达质粒的结构；E. 铜绿假单胞菌 PA1 羧酸酯酶 E2 表面展示系统同时修复检测 Hg^{2+}的示意图

通过加强酶与底物的嵌合、改变酶的结构以降低催化反应所需的温度等方式提高酶的催化效率，加快高分子塑料的解聚速率和彻底水解进程（钱秀娟等，2021；Jeon and Kim，2015；Ribitsch et al.，2013，2015；Tournier et al.，2020；Yoon et al.，2012）。在石油污染的降解研究中，利用基因工程技术构建能够降解各种石油烃类的工程菌，以弥补从自然界中分离出的菌株对于石油的降解效率较低、自然降解过程较慢的不足（Naeem and Qazi，2020）；利用基因工程、酶工程、蛋白质工程等方式将承载多种降解基因的质粒导入到同一菌株中，能够获得具有多种底物降解潜力的重组基因工程菌（李恒昌和丁明珠，2021）；构建出的超级细菌具有更广泛的底物特异性，以及更强的降解多种正构烷烃和芳香烃的能力（Luo et al.，2015；Zhao et al.，2017）。对于多环芳烃导致的环境污染，鞘脂菌属和鞘脂醇单胞菌属的菌株因具有明显降解多环芳烃的能力而备受关注，相关研究也取得了进展，表现出明显的生物修复潜力（李恒昌和丁明珠，2021；Lu et al.，2013；Zhao et al.，2017）。

针对环境污染物成分越来越复杂、呈现出叠加态的复合毒性等污染现状，利用合成生物学定向改造单一菌株越来越无法满足污染修复的需求（张照婧等，2015）。因此，合成微生物群落开始进入研究人员的视野，通过构建生物膜聚合体、共生菌群、合成群落等能够有效降解复合型有毒环境污染物，在石油烃、农药、醇酚酯类污染修复方面体现出潜在的应用价值，为污染物无害化后进行资源化回收提供了可能性（张照婧等，2015；Chen et al.，2014；Dejonghe et al.，2003；Pawelczyk et al.，2008）。

1.4 环境合成生物学应用面临的瓶颈问题

环境合成生物学的出现为新型环境污染物治理提供了新的思路。利用合成生物学手段可以设计、改造、重建或制造新的生物元件，赋予其新的功能并将其应用于环境污染物的生物监测、环境溯源、毒性评价及环境修复等多个领域。合成生物学的快速发展为我们提供了新的用于创造模块化和多级生物控制系统的技术与工具。虽然目前已经有很多开创性的工作，但这一领域的研究成果仍有很多不足，在实际的环境应用中也存在很多难以攻克的难题，因此仍需要研究人员继续探索和不断创新。

1.4.1 针对复合污染的高效特异检测方法

当前，合成生物学在环境污染物的生物监测领域已崭露头角。一方面，目前研究人员已经构建了大量具实用性的全细胞生物传感器，用于在实验室条件下的环境污染物快速筛查；另一方面，一些具有实际应用优势的无细胞合成生物学检测方法，也陆续被用于实际环境中农药、重金属、抗生素类药物等的监测，极大地提高了污染物检测的效率和准确率，逐渐成为一种应对复合污染的优先策略。

相较于传统的检测技术，合成生物学传感技术避免了烦琐的样品前处理过程，也不需要精密的仪器支持，监测成本低，更具有现场和原位监测的应用潜力。然而，该技术在实际应用上仍面临众多挑战。合成生物学传感技术一般无法达到传统检测技术的检出限，检测灵敏度仍需提高。表 1-2 列举了一些重金属类、农药和多环芳烃类污染物的检出限，例如，经典的重金属检测方法——电感耦合等离子体质谱法的检出限最低可达 10^{-4} nmol/L，而重金属微生物传感器的检出限一般比其高 2～3 个数量级，一些有机污染物检测的生物传感器的检出限也比传统的化学检测方法高几个数量级。

表 1-2 合成生物学传感方法与传统检测方法检出限比较

化合物	合成生物学传感方法			传统检测方法		
	底盘生物	检出限	参考文献	检测方法	检出限	参考文献
As^{3+}	*Escherichia coli*	0.1 μmol/L	Wang et al.，2013	AFS	1.3 nmol/L	Gómez-Ariza et al.，2000
Cd^{2+}	*Escherichia coli*	250 μmol/L	Tao et al.，2013	ICP-MS	0.08 nmol/L	Jasmina et al.，2012
Cu^{2+}	*Escherichia coli*	26 μmol/L	Bereza et al.，2015	ICP-MS	0.11 nmol/L	Jasmina et al.，2012

续表

化合物	合成生物学传感方法			传统检测方法		
	底盘生物	检出限	参考文献	检测方法	检出限	参考文献
Pb^{2+}	*Escherichia coli*	0.01 μmol/L	Jia et al.，2018	ICP-MS	0.04 nmol/L	Jasmina et al.，2012
Hg^{2+}	*Pseudomonas fluorescens*	100 nmol/L	Petänen et al.，2001	ICP-MS	0.05 nmol/L	Jasmina et al.，2012
Zn^{2+}	*Pseudomonas putida*	5 μmol/L	Liu et al.，2012	ICP-MS	0.005 nmol/L	Milne et al.，2010
对硫磷	*Escherichia coli*	10 μmol/L	Chong and Ching，2016	GC-MS	0.02 nmol/L	Ma et al.，2009
毒死蜱	*Escherichia coli*	25 nmol/L	Whangsuk et al.，2016	HPLC-MS	1.4 nmol/L	Curwin et al.，2010
莠去津	*Escherichia coli*	1.08 μmol/L	Hua et al.，2015	HPLC-MS	0.12 nmol/L	Curwin et al.，2010
克百威	*Escherichia coli*	4.5 nmol/L	张昊等，2014	HPLC-MS	0.23 nmol/L	朱建丰等，2016
萘	*Pseudomonas fluorescens*	12 μmol/L	Heitzer et al.，1992	GC-MS	0.03 mmol/L	Erarpat et al.，2017
菲	*Burkholderia sartisoli*	0.16 mmol/L	Tecon et al.，2010b	GC-MS	6.7 nmol/L	Marjanović et al.，2004
甲苯	*Escherichia coli*	283 μmol/L	Li et al.，2008	GC-MS	0.0002 nmol/L	Lee et al.，2007
TNT	*Escherichia coli*	20.9 μmol/L	Tan et al.，2015	GC-MS	0.08 μmol/L	朱玉霞，2000
DNT	*Escherichia coli*	50 μmol/L	Davidson et al.，2013	GC-MS	0.27 nmol/L	杨卫花等，2019

注：TNT，三硝基甲苯；DNT，二硝基甲苯。

已有多项研究旨在降低合成生物学传感器的检出限。以多环芳烃萘为例，调控基因 *nahR* 可以在效应物水杨酸的诱导下，激活萘降解途径中的 *nah* 和 *sal* 操纵子的转录，因此 *nahR* 可作为检测萘和水杨酸盐的全细胞微生物传感器核心元件（Schell and Sukordhaman，1989）。通过向 *nahR* 的 169 位、248 位引入定点诱变（N169A、N169C、N169K、N169S、R248H、R248M、R248Q 和 R248Y），基于 *nahR* 突变体、P_{sal} 和 *luc* 报告基因构建的传感器与野生型相比，对目标物质的敏感性增加（最高约 50 倍）。优化响应元件和报告元件回路是另一种发展合成生物学检测方法的策略，有研究通过改变特定元件将生物学传感检测的检出限降低了数个数量级。大肠杆菌质粒中有抗砷操纵子，可编码阻遏蛋白 ArsR，其对 As（Ⅲ）和 As（Ⅴ）敏感，当 *arsR* 与 *phiYFP* 共同表达时，As（Ⅲ）和 As（Ⅴ）的最低检出限分别为 25 μmol/L 和 8 μmol/L，而当 *arsR* 与 GFP 联用时，其检出限可分别降低至 0.4 μmol/L 和 1 μmol/L（Liao and Ou，2005）；研究人员将 *arsR* 操纵子与光合细菌沼泽红假单胞菌的 *crtI* 基因联用以构建全细胞生物传感器，新的合成生物体通过颜色变化来检测 As（Ⅲ），最低可检出 0.74 μmol/L 的 As（Ⅲ）（Yoshida et al.，2008）。尽管各种研究通过多途径设计和修饰均可提高合成生物学传感器的灵敏度、降低其检出限，但该检测手段与常规检测方法相比仍具有较大差距，这也成为合成生物学传感技术在实际环境监测中应用的重要阻碍。

环境污染物常以组合的形式刺激细胞。针对复合污染物，如何降低交叉反应，特异高效地对目标污染物进行检测，也是合成生物学传感技术面临的严峻挑战。研究表明，微生物传感器可以检测到低含量的非特异性底物而导致输出假阳性信号，例如，以镉传感调节蛋白 CadR 作为传感元件的微生物传感器，不仅可以响应镉的存在，而且对其他重金属如铅、锰、汞、锌、锑等均有信号输出（Tauriainen et al.，1998）。不同类的环境污染物也可能具有相似的干扰效应，这也会引起传感器检测的错误信号输出，例如，依据拟除虫菊酯类农药的类雌激素活性及其代谢产物 3-苯氧基苯甲酸的抗雌激素活性开发的雌激素受体介导的萤光素酶报告法，通过测试样品是否可以诱导或拮抗萤光素酶的表达来判断是否存在拟除虫菊酯类农药，但是由于环境样品中有多种能够影响雌激素活性的物质，所以该方法并不适用于对复合的未知环境样品中此类农药进行检测（Kunimatsu et al.，2002）。因此，进一步筛选出高特异性的传感器也是实现合成生物学传感技术在实际环境监测中应用的关键步骤。

除此之外，报告基因在模式生物中表达并发挥作用需要一定时间，而如何在营养缺乏或含有毒污染物的恶劣环境条件下保持细胞活力以发挥生物监测功能是需要考虑的问题。无细胞合成生物学技术可在一定程度上避免上述问题，但是由于目前对天然的体内遗传学的研究仍不透彻，所以其开发和应用受到一定局限；成本高、技术难度大、实施困难等弊端也严重限制了其开发和规模化应用。随着技术的不断创新，相信未来可以克服诸如基因电路组装、假阳性等噪声信号输出、信号增强级联调节系统等方面的技术阻碍，实现合成生物学传感检测方法在污染物生物监测领域应用的突破。

1.4.2　污染物毒性的多靶点同步检测与毒性快速评价

毋庸置疑，生活在复杂环境中的人类正不断暴露于各类环境污染物。不同环境污染物具有不同程度的吸收、生物蓄积和毒性风险，正确评估这些污染物对人体和环境的潜在危害，使其应用和排放规范化、合理化，对于生态环境和人类社会的可持续发展具有重要意义。外源污染物的筛选和毒性评价过程涉及多种生物模型，包括野生型或转基因生物、新分离的细胞或已经建立的细胞系。经过几十年的发展，这些系统已被证明在污染物的毒性机制和效应评价中发挥了重要作用。但随着新型污染物的不断增多和对未知毒性机制的探索，这些之前被广泛应用的毒性评价模型已经越来越不能满足目前的研究现状。因此，以环境合成生物学为基础的模型（如 iPSC 模型、器官芯片模型、嵌合体胚胎/动物等）应运而生，为毒性研究提供了新的模型和评价标准。

值得注意的是，这一类模型对于毒性评价的研究只能局限于特定靶器官的特定毒性评价。例如，iPSC分化而来的心肌细胞可用于药物引起的心率改变和心肌损伤等心脏毒性评价（Sandy et al.，2014）；iPSC分化而来的神经细胞，结合高通量、高内涵技术以及电生理学技术，可用于研究污染物引起的神经突触生长异常、电生理改变及神经发育毒性评价（Sirenko et al.，2014）；iPSC分化而来的个体特异性的肝细胞，可用于肝脏毒性的鉴定和评估（Ulvestad et al.，2013）等。但这种二维模型的一个明显缺点是无法通过概括复杂的内部环境和架构来探索毒性机制，因此也有部分研究尝试以iPSC作为三维培养的种子细胞，构建三维立体组织和器官模型，进一步缩小细胞水平与体内水平毒性评价的差异（Krewski et al.，2011）。然而，这一实验在实际操作中难度较大，尚需要更多的技术支持。器官芯片技术与前面提到的三维组织/类器官构建技术的理论基础类似，其结合仿生生物学和微加工技术，可以在微流控芯片上模拟人体器官。已有研究证实，在器官芯片系统中培养的细胞，与在没有动态流动的二维培养或静态环境中培养的细胞表现不同，其细胞极化、细胞骨架排列和功能均更接近体内观察到的实际情况（Banaeiyan et al.，2017）。与iPSC相似，根据实验目的可以设计不同类型的器官芯片，如肝脏芯片、肾脏芯片、肺芯片、皮肤芯片、生殖系统芯片等，用于特定毒性如肝脏毒性、肾脏毒性、生殖毒性等的评价（Yang et al.，2020）。在器官水平上更进一步的是嵌合胚胎/动物的研究，将人源性的某类细胞（如肝脏细胞）嵌合至胚胎或者实验动物上，以获得人源化的动物模型，可用于研究人类某器官或组织介导的异生物质的代谢、排泄和器官与外源异生物质间相互作用，以及短期和长期化学品接触对人体器官/组织的影响。相较于体外细胞和器官模型，嵌合动物模型操作难度更大，成功率更低（Strom et al.，2010）。

尽管已经陆续有科学家们着手将合成生物学技术应用于毒理学研究，基于合成生物学的生物模型在环境污染物毒理学研究方面也显示出广阔的前景，但此类模型想要完全模仿人体功能以取代包括动物模型和细胞模型在内的毒理学试验，还有很长的路要走。由于细胞或器官的特异性，目前此类模型对环境污染物毒性的评价仅仅局限于某一特定毒性。此外，由于人体器官和组织之间的复杂相互作用，仅依靠单个器官或细胞模型来概括对环境污染物的反应还远远不够，无法实现污染物毒性的多靶点同步检测。有研究将多个器官芯片单元通过物理接口和协同通信连接在一起形成多器官芯片，以全面、准确地模拟人体生理功能，这一方法大多应用于药物的开发和检测相关领域，集成多器官芯片模拟不同给药途径药物在体内的吸收、代谢、转运和排泄，从而评估药物的有效性和安全性（Ingber，2018）。虽然目前集成多器官芯片系统主要用于药物研究，不过环境污染物研究模型与药物研究模型往往具有相通性，相信不久的将来能克服这类技术难题，有望将集成多细胞或器官的系统应用于环境污染物的毒性评价，提高毒性评价效率，实现对多器官多靶点毒性的同时和高效评价。

1.4.3　环境修复过程的智能降解

近年来，传统污染物尚在治理，各类新型污染物层出不穷，尽管人们已经为污染物降解和环境修复做出了大量努力，但现有技术既需要能源驱动，又需要足够的资金支持，且修复的速度远不及污染物出现的速度。而自然界存在的微生物尚未依靠自然进化获得消除这些新型污染物的能力，许多菌株往往仅具有代谢通路的一种或几种催化元件，因此不能将污染物完全矿化。通过研究细菌中代谢通路的信息，不断发现代谢通路中与代谢相关的重要元件，如降解元件、转运元件、趋化元件等，使得我们可以利用合成生物学技术，有选择性地开发和利用这些重要的生物元件，将不同元件重新设计和整合，构建具有降解某种或某一类污染物的工程菌株，从而实现对环境污染物的矿化。针对复杂的环境样品，依据待处理样品的污染物成分与性质，可以通过对菌株进行系统性的设计和组装构建人工微生物群落，实现对环境中多类污染物的同时降解，为污染物消除和环境修复提供了新的思路。

正如前文提到的，合成生物学技术达到消除污染物的效果主要是通过特定的降解基因实现的，例如，PBDE 降解相关的基因 *bph* 和 *etb* 可以使多种 PBDE 发生脱溴转化（Robrock，2007），单加氧酶类相关降解基因 *ipb* 在芳香烃类有机污染物的降解中也发挥重要作用（Daiana et al.，2016）。除此之外，一些重金属类污染物的消除则是通过吸附途径实现的，例如，常见的金属硫蛋白和植物螯合素可使更多的金属结合到细胞表面，并增加生物体对有毒金属离子的抵抗力，通过增强对金属离子的螯合实现对污染物的消除（Capeness and Horsfall，2020）。需要注意的是，对污染物降解消除的前提是检测这类污染物是否存在于一些土壤、废水等环境样品中，若待测污染物在环境样品的含量极低或者根本不存在于待处理样品中，那么所有的降解吸附都是徒劳的。尽管一些生物传感器可以实现对目标物质的检测，但是目前在实际应用中仍主要通过各种化学和物理检测方法实现，且通常需要第三方的参与。这一操作无疑是耗时耗力的，因此如何在环境修复之前实现污染物的同步识别，将生物检测和生物修复实现完美融合，做到对特定目标物质的智能识别和高效降解，实现污染物的原位检测和原位修复，对于合成生物技术在环境修复中的实际应用具有重要意义。

对于环境修复而言，能够实现有限资源的循环回收，对一些稀缺的重金属资源来说也是很重要的。金属的生物回收可以通过许多不同的生物体实现，尤其是细菌，如海洋斯瓦尼氏菌属[银（Suresh et al.，2010）、锰（Wright et al.，2016）、钯（Wang et al.，2018）]、假单胞菌属[铁、钌、钴、铂、钯、锂（Srivastava and Constanti，

2012）]、摩根氏菌属[铜（Pantidos et al.，2018）、银（Parikh et al.，2008）]等。这些细菌大多具有较强的还原能力，一般不需要氧气作为终端电子受体，特别适用于处理污水、还原和回收相关金属。此外，金属还原还可以与代谢分开发生，并作为抵抗金属胁迫的一部分，通过生物沉淀有效地从细胞溶质或周围介质中消除金属离子群（Capeness and Horsfall，2020）。虽然这一技术在理论上具有可行性，但在实际应用中仍具有诸多局限。首先是技术层面，目前的技术水平尚不能完全实现对金属的回收，这需要新的基础设施、不同的材料和技能，并可能需要与材料生物学、工程学等其他学科融合。其次，在基因工程生物的选择上，需要考虑其他因素对底盘生物的影响，如温度、pH、渗透压，以及与样品中现有微生物群落的竞争（Gumulya et al.，2018），并可能要求采用非模型或模型生物来完成金属回收任务。最重要的是，资源回收的规模较大，但目前采用重组工程菌进行资源回收需要遏制样本量，这会导致周转率降低，对于环境实际应用来说是一个巨大的挑战，因此，克服技术限制、扩大样本量，是该技术实现大规模应用的必要前提。除了金属资源之外，一些有机物质及其降解产物也是重要的资源物质，是有机产品合成的重要原料，但是目前关于有机资源的合成生物回收技术几乎没有，因此在有机污染物降解的同时，也需要考虑如何对这些污染物进行有效的资源化回收，实现对这些物质的合理循环使用。

1.5 未来研究展望

1.5.1 特异、灵敏的合成生物传感技术

针对现有持久性有机污染物分布广泛、痕量水平的特征，有必要开发易于使用且能在水体、土壤环境中完成持久性有机污染物快速识别监测的高性能合成生物传感器。深入挖掘可用的基因元件、代谢途径、功能蛋白，是提升现有生物传感器的灵敏度和特异性或开发新型生物传感器的主流策略。基于目前生物学前沿研究的成果，构建优化高性能合成生物传感器的方向可能在于 DNA 适配子、无细胞生物反应器、复合型生物反应器等。

持久性有机污染物在各种环境介质中都有发现，浓度水平总体较低，目前主流的检测方法是质谱分析等高灵敏度的物理化学分析方法，但持久性有机污染物的毒性主要来源于生物体累积和食物链的传递放大，因而生物有效性是一个关键的指标。生物传感器可以真实反映污染物的生物有效性，但传统模式构建的工程生物敏感性较低，一般对环境污染物的检测限多在微摩尔（μmol/L）以上，因而需要对现有元件和检测机制深度挖掘以提高检测的灵敏度。基因工程方法已开发出可用于环境污染物识别的工程微生物，但其检测大多为定性方法，适用于较大

浓度范围（如适用于 30～10 000 ppm*的四环素类抗生素检测）（Weaver et al.，2015）。因此，利用合成生物学对敏感生物元件进行开发，必然以发展高灵敏度、可定量的生物传感器为目标。最近也出现了提高生物检测灵敏度和特异性的一些尝试。提高灵敏度的一种思路是使模式生物具备富集目标化合物的能力，从而提高检测灵敏度，例如，改造大肠杆菌的金属转运系统以富集镉离子，从而开发了具备高度特异性、灵敏性的镉生物传感器，检测限达到 3 nmol/L（He et al.，2021）。另一种可行的方法是采用双组分系统进行信号级联放大（图 1-7）。双组分系统的组成成分包括启动子、组氨酸激酶和响应调节器（RR），组氨酸激酶定位在细胞膜上，接收到目标物的信号后磷酸化并激活响应调节器，响应调节器进一步激活或抑制启动子的表达。这一机制可用于放大细胞接收到的外界信号，如一种使用乙酰乙酸诱导的双组分生物传感器系统可以达到 μmol/L 级别灵敏度（Ravikumar et al.，2017）。一种基于耦合蛋白酶反应性 RNA 聚合酶的电化学生物传感器在提高灵敏度方面同样具有很高的潜力，这种 RNA 聚合酶可以识别特定的蛋白反应，通过与蛋白酶耦合启动 RNA 合成，可以将蛋白反应信号转变为特定 RNA 序列的输出，这些 RNA 序列被 DNA 探针捕获从而发出特定信号，检测限可达到 7.1 fmol/L（Shi et al.，2021）。核酸适配体在特异性识别领域具有独特优势，在开发新型生物传感器方面受到广泛关注。核酸适配体是一段 DNA 或 RNA 序列，通常是利用指数富集的配体系统进化技术从核酸分子文库中得到的能够与转移配体特异性结合的单链寡核苷酸序列，其灵敏度可以与现在最常用的抗原抗体免疫相当。已有研究报道了一种用于 Pb^{2+}和农药快速检测的 DNA 适配体荧光生物传感器，对 Pb^{2+}和水胺硫磷农药的检测限分别为 0.6 nmol/L 和 0.062 nmol/L（Radhakrishnan and Kumar，2021）。延长序列以进行复合污染物的特异、灵敏检测，可能是核酸适配体传感器的发展方向。

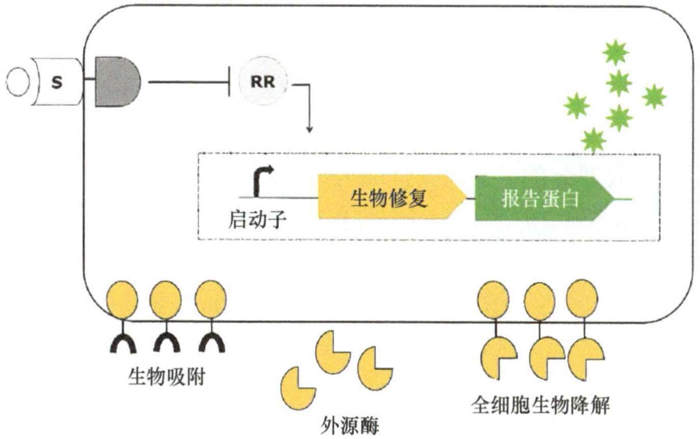

图 1-7　整合传感、吸收、生物降解功能的双组分调控微生物（修改自 Ravikumar et al.，2017）

* ppm（parts per million）为百万分率，一般指质量浓度，全书同。

核酸适配体具备独特的检测机制和高度特异性，其与待检测物的特异性结合是确保生物传感器检测功能的关键；如果能高通量地对可用适配体进行筛选，并利用核酸适配体的固有特性对其进行改性，则可以有目的地使核酸适配体附加各种研究所需要的特性。在核酸适配体传感器中可以添加纳米金属颗粒，通过这一方法，可以使传感器的性能显著提高。而延长适配体序列以允许双适配体功能，则大大提高了核酸适配体的特异性（Kim et al.，2016）。通过开发整合的检测蛋白，将单检测区域替换为数个等效区域同时发挥作用，研究人员可以抑制由近似物质引发的生物传感器假阳性，从而提高特异性（Mendoza et al.，2020）。除此之外，一些开发生物传感器的新思路显现出了一些不同于其他方法的独特优势，可被应用于未来研究的一些特殊领域。例如，基于无细胞蛋白表达系统开发的生物传感器，可以在传感器区域整合远超过正常生物体含量的酶和功能蛋白，从而提高灵敏度，还可以检测对细胞具有高毒性的化合物（Zhang et al.，2020）。由于无细胞生物传感器中酶或转录因子的剂量可控，且与报告反应效率直接相关，在这一系统中对酶或转录因子进行直接调控将是一种更理想的可控策略，因为这种方式可以线性地提高或降低响应，而通过改变启动子或质粒数目进行的调控一般是非线性的（Karig，2017）。此外，通过引入额外的代谢途径，可以将难以找到可用操纵子的目标化合物转化为其他易于检测的化合物，甚至直接降解，这是构建复合型多功能生物传感器的主要策略（Silverman et al.，2020）。

1.5.2 污染物种类及污染源指纹信息库的建立

对于多介质的复合环境污染而言，对多种污染物进行定量分析，监测污染物种类、浓度信息，并且同步做出反馈，有利于建立污染源的指纹信息库，指导区域内的环境污染控制。要达到这一目的，目前的合成生物传感器在定量污染物监测、多污染物联合分析、信号整合报告等方面还存在诸多不足。

多介质中的污染物定量监测是快速获取区域内污染物种类及浓度信息的最重要部分。目前大部分的合成生物传感器集中于水体和土壤的污染物检测，相对来说，发展能够在气相中应用的生物传感器更为紧迫（Werlen et al.，2004）。合成生物用于污染物定量与识别已经取得了一定进展，可对重金属（Chen et al.，2017b；Ravikumar et al.，2012）、农药（Radhakrishnan and Kumar，2021）、持久性有机污染物（Tecon et al.，2010b；Turner et al.，2007）、表面活性剂（Dey et al.，2020）等污染物进行一定浓度范围内的定量分析。合成生物传感器采用的传感机制各异，灵敏度基本可以覆盖 nmol/L 级至 μmol/L 级水平的环境污染物检测需求，针对部分污染物也具有很好的特异性。但总体来说，作为环境复合污染识别的核心，相对于种类数量众多的环境污染物，合成生物传感元件的开发具有一定随机性，针对任意污染物构建可定量合成生物传感器的方法仍然面临很多挑战。

多污染物联合分析需要所构建的合成生物具备同时接收多个环境信号并且做出反馈的能力；考虑到复合污染对生物体本身的威胁，合成生物还需具备一定的耐受性。以信息学和工程学理念对生物体进行编程，从而实现类似计算机程序的复杂功能，构建可以有逻辑地整合多种环境信号并反馈的合成生物，是合成生物学的核心应用之一。对微生物的基因组进行大规模的设计以允许对多种信号进行检测和报告，例如，将分别可被 Fe^{3+}、Ag^{2+}、Ni^{2+}、Zn^{2+}、Cu^{2+}激活的组氨酸激酶感应蛋白 PfeS、SilR、NrsS、ZraS、CusS 整合到同一个微生物内，新的工程微生物可以同时对多种信号产生反应。微生物可被专门设计以分别报告这些获取的环境信号，即对 Zn^{2+}表达红色荧光蛋白产生红色荧光、对 Cu^{2+}表达绿色荧光蛋白产生绿色荧光。但这种报告机制实际上并未将复合环境污染与单一污染物污染进行区分，微生物也并未对获得的复合信号做任何处理，在大肠杆菌中实现的基因逻辑门回路有机会在工程学意义上进一步扩展微生物进行信号分析处理的能力（Wang et al.，2013）。逻辑门是工程学和信息学中完成机器计算逻辑构建的最底层元件，也是在合成生物领域构建更复杂合成生物传感器的基础。目前这一领域仍存在许多不足，包括：逻辑门元件少，难以串联延长判断流程；与生物本身系统串扰，影响合成生物自身代谢；与定量元件串联方面研究少，还需要进一步开发等。

在对区域污染物定量分析的过程中，与污染物绝对浓度同等重要的是环境样品中各种污染物的组成和浓度比例关系，这部分信息需要微生物能对不同污染物浓度水平进行定量比较并整合报告。基于核酸适配体的方法允许生物传感器通过延长序列完成两种污染物的同步检测，且这一结构有潜力作为“合成启动子”参与到生物传感器的信号处理和整合报告过程中。例如，使用延长的单链核酸适配体可检测 Pb^{2+}并发出荧光；当水胺硫磷农药出现，则由于适配体远端的特异性结合导致荧光淬灭，从而实现了两种环境信号的处理（Radhakrishnan and Kumar，2021）。这一机制可以应用于报告基因表达的控制，使不同结合条件下的核酸适配体激活不同启动子，从而有选择性地完成报告。

1.5.3　毒性效应生物标志物

对环境污染物的毒性进行测试、评估并研究其毒性机理，是环境毒理学研究的核心内容。合成生物学的发展不仅为毒理评估提供了合适的毒性评估模型，也在毒性效应标志物的挖掘方面展现出广阔的应用前景。生物标志物作为一种变化的、可以指示系统、器官、组织、细胞及亚细胞结构或功能的生化指标，在疾病诊断、药物筛查和毒性评估等多方面具有非常广泛的用途。尤其在毒性评价方面，生物标志物作为联系污染物与生物效应之间的纽带，可以用于评价污染物的环境健康风险，一些灵敏的毒性检测模型还可以根据生物标志物的变化推断环境样品或生物体内的污染物浓度水平，作为污染物长期毒性效应的早期预报系统。不同于传统的动物模型，iPSC 模型、器官芯片模型这类以合成生物学为基础建立的生物模型大多是人源性的，更适宜预测人体对外源刺激产生的反应，并筛选可靠的生物标志物。目前，这方面的研究多集中于药物评估、临床疾病诊断等，例如，研究人员通过人类 iPSC 衍生的心肌细胞筛选出 84 个可用于识别蒽环类药物诱导的、心脏毒性功能相关的基因组学生物标志物，可用于未知化合物心脏毒性的检测或致毒机制预测（Chaudhari et al.，2016）。也有研究建立了人类 iPSC 衍生的感觉神经元模型，该模型可进一步用于预测化疗引起的周围神经病变差异易感性标志物（Christian et al.，2021）。最近的一项研究则将人 iPSC 分化胰管样类器官与器官芯片技术完美结合，建立了类器官芯片模型，用于发现与胰腺癌发生相关的导管标志物（Wiedenmann et al.，2021），这一类在疾病发生早期预警的生物标志物的发现，对于疾病的预防和检测具有重要意义。同理，若将这种合成生物学模型用于污染物污染水平和毒性评估，筛选和挖掘出新的污染物早期毒性效应生物标志物，则有潜力开发出更为灵敏可靠的污染物监测和毒性评估方法。

1.5.4 污染物智能降解及其应用

环境污染的生物修复具有成本低、破坏性弱、无二次污染、操作简便等优点，是大面积污染修复的优先策略。使用环境合成生物学手段，对各类工程生物体进行有目的的设计和改造，有助于复合污染、难降解污染的消除。合成生物学的发展为环境污染生物修复带来了诸多机遇，将大大促进胞外酶开发、代谢途径优化和污染物的回收利用等领域的发展。

针对污染物的物理和化学修复，均具有一定的局限性。由于污染情况复杂，传统修复手段往往仅能针对一种污染源定向治理，修复效率并不高，而且容易产生二次污染造成环境危害。利用合成生物学进行的生物修复，既能保有传统生物修复绿色安全的优点，又能根据特定区域的场地特点和污染特性靶向性地改造工程生物的效应元件，增强底盘生物的耐受性，进而提高对污染物的降解效率。目前这一思路已经开始应用于重金属的减毒，以及双酚、烷烃等有机化合物的吸附和降解过程中（Dennis et al.，2019；Rylott and Bruce，2020；Tay et al.，2017；Wang and Shao，2014）。目前利用合成生物学进行环境生物修复的不足主要是对于底盘生物的基因组信息知之甚少，可用的遗传工具与合成手段尚不完善，后续研究的重点应集中于此（Gumulya et al.，2018）。

化工生产通常伴随副产物的产生，大多数副产物都通过化学和（或）物理方法削减，未完全削减的副产物往往会成为新的污染物来源。将这些污染物进行减毒、转化、无害化处置，是环境治理的根本目的。针对一些石油化工的副产物（如乙腈、环戊二烯、苯酚和长链石油烃）的资源化研究已有进展，利用基因工程技术构建工程菌以降解转化各种石油烃类使其成为再生资源的应用也已有研究（李恒昌和丁明珠，2021），但由于石油污染源的环境条件较其他污染源更为严苛，工程菌株难以存活和繁殖，导致其降解元件不能很好地发挥功用，降低了资源化效率。因此，寻找更适合极端环境生长的天然菌株，筛选能够利用石油烃及其他污染物作为碳源的工程菌株，增强其耐受性和降解元件功能，是石油化工类污染物资源再利用的关键所在。

利用工程菌株降解转化污染物的首要任务是实现菌株在污染源区域的存活和繁殖。污染源附近的温度、酸碱度及一些其他盐离子浓度往往远高于菌株适合的正常生长环境，3D 打印技术的发展有望解决这个难题（Wangpraseurt et al.，2020）。3D 打印可以构筑精准人工结构（微米/纳米尺度）以支撑所合成的微生物群落存活，并可在不同的人工结构中通过调整外源物质的添加而建立不同微环境以便进行比较和筛选。同时，3D 打印能够进行批量生产以满足微生物群落大量生长的需求，批量生产和回收人工结构模块的操作使得回收微生物群落更易实现，更有利于实现微生物群落在污染物资源化和规模化中的应用。

1.5.5　合成生物学模式生物的环境风险控制

由于客观或主观原因，合成生物学带来的跨物种基因重组，可能会随着模式生物在环境中扩散，影响天然物种的遗传信息库，从而对环境和人类健康造成负面影响。已有一些方法控制基因在环境中的无序传播，如工程化阻止细胞自我复制、人为构建细胞的营养缺陷型、基因遗传线路驱动死亡、阻止基因水平转移。但这部分研究尚少，要确保控制合成生物环境风险，还需要更多的研究和对整个合成生物学领域的广泛关注。

对已经造成生态风险的合成生物，可以通过一些方式进行追踪溯源，找到风险源头，例如，在细胞的基因组中整合特定的标记，从而允许研究人员在必要时识别相应基因的来源，确定其是否为经过人工改造的基因（Garfinkle and Knowles，2014）。这种“溯源”建立在对所合成的 DNA 序列进行标记的基础上。最基础的一种标记方法即为通过人为规定一些特定的序列所对应的信息，在合成生物体基因组中某些基因之间的无意义序列中加入可以标识身份的标签序列。在过去数个人工基因组合成的实践中，已经有这方面的尝试。目前尚在进行的“酵母基因组计划 2.0”中，所合成的每一条染色体都经过一定调整，去除了部分冗余序列，并加入了可以标识来源的特定序列，从而允许研究人员在发生酵母菌基因扩散后进行溯源。这种方法合成的基因组虽然具有标记特征，可以反映基因传播的合成生物源头，但标记的识别费时费力，且自然条件下难以察觉基因组中存在的标记序列，也很难对基因在环境中的扩散路径进行追踪，因而尚须开发可主动报告基因扩散风险的控制基因。这一需求涉及复杂代谢通路和报告回路的构建，势必需要合成生物学家进一步研究和探索。

在生态风险发生之前，更优先的策略是通过特定设计，降低合成生物引发环境风险的可能性，即通过一些手段对合成生物或其基因组的传播加以控制。已经发现工程植物可以通过一种遗传使用限制技术来控制其繁殖。这种技术重新编码了工程植物种子控制生长发育的启动子序列，从而使其必须依赖特定诱导物才能正常发育，一定程度上限制了其在自然环境中的生长（Brkljacic and Grotewold，2017）。但对于多倍体植物而言，其基因组通过花粉传播等方式传递给野生型植物的可能性仍然存在，仍需要对相应实验室选址、操作进行加强管控。对于微生物而言，最常用的控制策略是营养缺陷型微生物的开发。这种微生物由于缺乏了必要的关键基因，因而其生长增殖不得不依赖于某种外界提供的代谢物，而在缺乏这种代谢物的环境下会自然死亡（Steidler et al.，2003）。营养缺陷型微生物的开发比较简单，只需要对某种关键代谢途径的营养关键基因进行敲除，对基因组整体的干扰最小，并且易于筛选。但这种方法同样存在一定弊端，意外扩散的合成生物也可能通过水平基因转移重新获得已敲出的部分基因，从而脱离控制。如果同时破坏多个营养关键基因，则的确可以极大地抑制合成生物在非实验室环境下的生长，但同时也限制了该生物的实用性，必须人工提供多项所需代谢物，所以不适合大规模应用于未来环境领域的合成生物开发。比较理想的策略可能在于，在合成生物基因组中构建由包含逻辑门的启动元件和毒素基因构成的调控回路，这是多营养缺陷型生物策略的发展，不同之处在于限制合成生物的因素由不同类型启动子定义，而不局限于特定代谢物，因此一定程度上解决了控制效果和合成生物实用性间的矛盾（Chan et al.，2016）。更进一步地，可以对基因的水平转移进行控制，例如，在引入质粒中整合毒素基因，这一基因的启动子特异性结合某种由合成生物基因组所编码且持续表达的基因产物，当质粒发生水平转移时，则所转入的细胞表达毒素基因致死（Stirling et al.，2017）。还可以选用有特殊复制起始位点的质粒，由于空间位阻或特殊结构，质粒只允许特定的蛋白质与复制起点结合启动表达，从而可以控制质粒所负载基因的水平转移（Yagura et al.，2006）。但这些方法应用范围窄，目前仍存在普适性和稳定性方面的问题，需要进一步开发。总体而言，尽管目前已有一些方法用于控制合成生物基因在自然环境下的无序传播，但这一领域的研究进展已大大落后于合成生物学的其他领域，需要研究人员在构建合成生物时具备生物安全意识，预先控制生态风险。

编写人员：高 佳[1] 刘 双[1] 王婉懿[1,2] 廖春阳[1] 江桂斌[1]
单 位：1. 中国科学院生态环境研究中心
2. 国家环境分析测试中心生态环境部二噁英污染控制重点实验室

参考文献

常璐, 黄娇芳, 董浩, 等. 2021. 合成生物学改造微生物及生物被膜用于重金属污染检测与修复. 中国生物工程杂志, 41(1): 62-71.

高金婷. 2018. 无酶免标生物传感器的构建及在食品安全检测中的应用. 天津科技大学硕士学位论文.

何勇田, 熊先哲. 1994. 复合污染研究进展. 环境科学, 6: 79-83+96.

《环境科学大辞典》编委会. 2008. 环境科学大辞典(修订版). 北京: 中国环境科学出版社.

江湘儿, 王勇, 沈玥. 2021. DNA 合成技术与仪器研发进展概述. 集成技术, 10(5): 80-95.

李恒昌, 丁明珠. 2021. 石油烃生物降解过程的研究进展. 生物工程学报, 37(8): 2765-2778.

李倩. 2017. 基于微生物胁迫响应机制的新型环境生物技术研究. 山东大学硕士学位论文.

林晓龙, 姜桦, 陈彤. 2010. 诱导性多能干细胞的研究进展及应用前景. 中国医药生物技术, 5(1): 49-52.

马珊珊, 周延民, 赵静辉, 等, 2015. 诱导性多能干细胞(iPSCs)在牙再生中的应用. 口腔医学研究, 31(8): 838-840+844.

毛金竹, 肖淑玲, 杨志淳, 等. 2021. 合成生物学在农残检测领域的应用. 化工学报, 72(5): 2413-2425.

彭耀进. 2020. 合成生物学时代: 生物安全、生物安保与治理. 国际安全研究. 29-158.

钱秀娟, 刘嘉唯, 薛瑞, 等. 2021. 合成生物学助力废弃塑料资源生物解聚与升级再造. 合成生物学, 2(2): 161-180.

秦建华, 张敏, 于浩, 等. 2017. 人体器官芯片. 中国科学院院刊, 32(12): 1281-1289.

唐鸿志, 王伟伟, 张莉鸽, 等. 2017. 合成生物学在环境修复中的应用. 生物工程学报, 33(3): 506-515.

王呈玉, 胡耀辉. 2010. 合成生物学在环境污染生物治理上的应用. 吉林农业大学学报, 32(5): 533-537.

王兴春, 杨致荣, 王敏, 等. 2012. 高通量测序技术及其应用. 中国生物工程杂志, 32: 109-114.

解增言, 林俊华, 谭军, 等. 2010. DNA 测序技术的发展历史与最新进展. 生物技术通报, 8: 64-70.

杨卫花, 苏晴, 寸宇智. 2019. 气相色谱法测定地下水中 2,4-/2,6-二硝基甲苯. 云南化工, 46(8): 110-112, 116.

张昊, 刘传志, 徐影, 等. 2014. 生物荧光传感器检测环境水样中氨基甲酸酯类农药残留. 分析化学, 42(1): 113-117.

张莉鸽, 王伟伟, 胡海洋, 等. 2019. 合成生物学在环境有害物监测及生物控制中的应用. 生物产业技术, (1): 67-74.

张照婧, 厉舒祯, 邓晔, 等. 2015. 合成微生物群落及其生物处理应用研究新进展. 应用与环境生物学报, 21(6): 981-986.

周东美, 王玉军, 仓龙, 等. 2005. 土壤及土壤植物系统中复合污染的研究进展. 环境污染治理技术与设备, 5(10): 1-8.

朱建丰, 陈军, 缪英. 2016. 超高效液相色谱 - 串联质谱法测定生活饮用水中 10 种农药残留. 化学分析计量, 25(5): 95-98.

朱玉霞. 2000. 氢火焰气相色谱法测定污染水样中 TNT 的含量. 职业与健康, 16(8): 55.

Alberti M, Dancik Y, Sriram G, et al. 2017. Multi-chamber microfluidic platform for high-precision skin permeation testing. Lab on a Chip, 17(9): 1625-1634.

Aleksic J, Bizzari F, Cai Y, et al. 2007. Development of a novel biosensor for the detection of arsenic in drinking water. IET Synthetic Biology, 1(1): 87-90.

Banaeiyan A A, Theobald J, PaukTyte J, et al. 2017. Design and fabrication of a scalable liver-lobule-on-a-chip microphysiological platform. Biofabrication, 9(1): 015014.

Bereza L, Mann G, Franks A. 2015. Environmental sensing of heavy metals through whole cell microbial biosensors: Asynthetic biology approach. ACS Synthetic Biology, 4(5): 535-546.

Biondo R, Da Silva F A, Vicente E J, et al. 2012. Synthetic phytochelatin surface display in *Cupriavidus metallidurans* CH34 for enhanced metals bioremediation. Environmental Science and Technology, 46(15): 8325-8332.

Blount B A, Weenink T, Ellis T. 2012. Construction of synthetic regulatory networks in yeast. FEBS Letters, 586: 2112-2121.

Brkljacic J, Grotewold E. 2017. Combinatorial control of plant gene expression. Biochimica et Biophysica Acta-Gene Regulatory Mechanisms, 1860: 31-40.

Capeness M J, Horsfall L E. 2020. Synthetic biology approaches towards the recycling of metals from the environment. Biochemical Society Transactions, 48(4): 1367-1378.

Cardemil C V, Smulski D R, LaRossa R A, et al. 2010. Bioluminescent *Escherichia coli* strains for the quantitative detection of phosphate and ammonia in coastal and suburban watersheds. DNA and Cell Biology, 29: 519-531.

Cello J, Paul A V, Wimmer E. 2002. Chemical synthesis of poliovirus cDNA: Generation of infectious virus in the absence of natural template. Science, 297: 1016-1018.

Chan C T, Lee J W, Cameron D E, et al. 2016. 'Deadman' and 'Passcode' microbial kill switches for bacterial containment. Nature Chemical Biology, 12: 82-86.

Chaudhari U, Nemade H, Wagh V, et al. 2016. Identification of genomic biomarkers for anthracycline-induced cardiotoxicity in human iPSC-derived cardiomyocytes: An *in vitro* repeated exposure toxicity approach for safety assessment. Archives of Toxicology, 90(11): 2763-2777.

Chen B, Lee H L, Heng Y C, et al. 2018. Synthetic biology toolkits and applications in Saccharomyces cerevisiae. Biotechnology Advances, 36: 1870-1881.

Chen P H, Lin C, Guo K H, et al. 2017b. Development of a pigment-based whole-cell biosensor for the analysis of environmental copper. RSC Advances, 7: 29302-29305.

Chen X J, Zhang D S, Su N, et al. 2019. Visualizing RNA dynamics in live cells with bright and stable fluorescent RNAs. Nature Biotechnology, 37: 1287-1293.

Chen Y, Li C, Zhou Z X, et al. 2014. Enhanced biodegradation of alkane hydrocarbons and crude oil by mixed strains and bacterial community analysis. Applied Biochemistry and Biotechnology, 172(7): 3433-3447.

Chen Z T, Zhou W X, Qiao S, et al. 2017a. Highly accurate fluorogenic DNA sequencing with information theory-based error correction. Nature Biotechnology, 35: 1170-1178.

Cheng F, Mallick K, Henkanatte Gedara S M, et al. 2019. Hydrothermal liquefaction of *Galdieria sulphuraria* grown on municipal wastewater. Bioresour Technology, 292: 121884.

Chong H Q, Ching C B. 2016. Development of colorimetric-based whole-cell biosensor for organophosphorus compounds by engineering transcription regulator DmpR. ACS Synthetic Biology, 5: 1290-1298.

Christian S, Valeria F, Andranik I, et al. 2021. Dataset for: Modeling chemotherapy induced neurotoxicity with human induced pluripotent stem cell (iPSC)-derived sensory neurons. Data Brief, 38: 107320.

Costley S C, Wallis F M. 2001. Bioremediation of heavy metals in a synthetic wastewater using a rotating biological contactor. Water Research, 35(15): 3715.

Curwin B, Hein M, Barr D, et al. 2010. Comparison of immunoassay and HPLC-MS/MS used to measure urinary metabolites of atrazine, metolachlor, and chlorpyrifos from farmers and non-farmers in Iowa. Journal of Exposure Science and Environmental Epidemiology, 20(2): 205-212.

Daiana L, Diego C, Melissa L, et al. 2016. Degradation of benzene by *Pseudomonas veronii* 1YdBTEX2 and 1YB2 is catalyzed by enzymes encoded in distinct catabolism gene clusters. Applied and Environmental Microbiology, 82(1): 167-173.

Date A, Pasini P, Daunert S. 2007. Construction of spores for portable bacterial whole-cell biosensing systems. Analytical Chemistry, 79: 9391-9397.

Davidson M E, Harbaugh S V, Chushak Y G, et al. 2013. Development of a 2,4-dinitrotoluene-responsive synthetic riboswitch in *E. coli* cells. ACS Chemical Biology, 8(1): 234-241.

Dawson J J C, Iroegbu C O, Maciel H, et al. 2008. Application of luminescent biosensors for monitoring the degradation and toxicity of BTEX compounds in soils. Journal of Applied Microbiology, 104(1): 141-151.

Dejonghe W, Berteloot E, Goris J, et al. 2003. Synergistic degradation of linuron by a bacterial consortium and isolation of a single linuron-degrading variovorax strain. Applied and Environmental Microbiology, 69 (3): 1532-1541.

Dennis K K, Uppal K, Liu K H, et al. 2019. Phytochelatin database: A resource for phytochelatin complexes of nutritional and environmental metals. Database, 2019: baz083.

Dey S, Baba S A, Bhatt A, et al. 2020. Transcription factor based whole-cell biosensor for specific and sensitive detection of sodium dodecyl sulfate. Biosensors and Bioelectronics, 170: 112659.

Erarpat S, Zzeybek G, Chormey D S, et al. 2017. A novel liquid-liquid extraction for the determination of naphthalene by GC-MS with deuterated anthracene as internal standard. Environmental Monitoring and Assessment, 189(10): 528.

Esch M B, Smith A S, Prot J M, et al. 2014. How multi-organ microdevices can help foster drug development. Advanced Drug Delivery Reviews, 69: 158-169.

Garfinkle M, Knowles L. 2014. Synthetic biology, biosecurity, and biosafety//Sandler R L(eds.) Ethics and Emerging Technologies. London: Palgrave Macmillan: 533-547.

Giachino A, Focarelli F, Marles-Wright J, et al. 2021. Synthetic biology approaches to copper remediation: Bioleaching, accumulation and recycling. FEMS Microbiology Ecology, 97(2): fiaa249.

Gibson D G, Benders G A, Andrews-Pfannkoch C, et al. 2008. Complete chemical synthesis, assembly, and cloning of a *Mycoplasma genitalium* genome. Science, 319: 1215-1220.

Gibson D G, Glass J I, Lartigue C, et al. 2010. Creation of a bacterial cell controlled by a chemically synthesized genome. Science, 329: 52-56.

Gómez-Ariza J, Sánchez-Rodas D, Giráldez I, et al. 2000. A comparison between ICP-MS and AFS detection for arsenic speciation in environmental samples. Talanta, 51(2): 257-268.

Gong T, Xu X Q, Dang Y L, et al. 2018. An engineered *Pseudomonas putida* can simultaneously degrade organophosphates, pyrethroids and carbamates. Science of the Total Environment, 628-629: 1258-1265.

Gumulya Y, Boxall N J, Khaleque H N, et al. 2018. In a quest for engineering acidophiles for biomining applications: Challenges and opportunities. Genes, 9(2): 116.

Gupta S, Saxena M, Saini N, et al. 2012. An effective strategy for a whole-cell biosensor based on putative effector interaction site of the regulatory DmpR protein. PLoS One, 7(8): e43527.

He M Y, Lin Y J, Kao Y L, et al. 2021. Sensitive and specific cadmium biosensor developed by reconfiguring metal transport and leveraging natural gene repositories. ACS Sensors, 6: 995-1002.

Heitzer A, Webb O, Thonnard J, et al. 1992. Specific and quantitative assessment of naphthalene and salicylate bioavailability by using a bioluminescent catabolic reporter bacterium. Applied and Environmental Microbiology, 58(6): 1839-1846.

Herrera M C, Duque E, RodrÍguezherva J J, et al. 2010. Identification and characterization of the PhhR regulon in *Pseudomonas putida*. Environmental Microbiology, 12(6): 1427-1438.

Hua A, Gueun H, Cregut M, et al. 2015. Development of a bacterial bioassay for atrazine and cyanuric acid detection. Frontiers in Microbiology, 6: 211.

Huang J F, Liu S Y, Zhang C, et al. 2019. Programmable and printable *Bacillus subtilis* biofilms as engineered living materials. Nature Chemical Biology, 15(1): 34-41.

Ingber D E. 2018. Developmentally Inspired Human' organs on Chips. Development, 145(16): 156125.

Jaiswal S, Shukla P. 2020. Alternative strategies for microbial remediation of pollutants via synthetic biology. Frontiers In Microbiology, 11: 808.

Jasmina D, Thorjørn L, Armin S, et al. 2012. Contents of cadmium, copper, mercury and lead in fish from the Neretva river (Bosnia and Herzegovina) determined by inductively coupled plasma mass spectrometry (ICP-MS). Food Chemistry, 131(2): 469-476.

Jensen M K, Keasling J D. 2015. Recent applications of synthetic biology tools for yeast metabolic engineering. FEMS Yeast Research, 15: 1-10.

Jeon H, Kim M. 2015. Functional analysis of alkane hydroxylase system derived from *Pseudomonas aeruginosa* E7 for low molecular weight polyethylene biodegradation. International Biodeterioration and Biodegradation, 103: 141-146.

Jia X Q, Zhao T T, Liu Y L, et al. 2018. Gene circuit engineering to improve the performance of a whole-cell lead biosensor. FEMS Microbiology Letters, 365: 16.

Jiang B, Li G H, Xing Y, et al. 2017. A whole-cell bioreporter assay for quantitative genotoxicity evaluation of environmental samples. Chemosphere, 184: 384-392.

Kang Y, Lee W, Kim S, et al. 2018. Enhancing the copper-sensing capability of *Escherichia coli*-based whole-cell bioreporters by genetic engineering. Applied Microbiology and Biotechnology, 102: 1513-1521.

Karig D K. 2017. Cell-free synthetic biology for environmental sensing and remediation. Current Opinion in Biotechnology, 45: 69-75.

Kim Y S, Raston N H, Gu M B. 2016. Aptamer-based nanobiosensors. Biosensors and Bioelectronics, 76: 2-19.

Krewski D, Westphal M, Al-Zoughool M, et al. 2011. New directions in toxicity testing. Annual Review of Public Health, 32: 161-178.

Kunimatsu T, Yamada T, Ose K, et al. 2002. Lack of (anti-) androgenic or estrogenic effects of three pyrethroids (esfenvalerate, fenvalerate, and permethrin) in the Hershberger and uterotrophic assays. Regulatory Toxicology and Pharmacology, 35(2): 227-237.

Kuroda K, Shibasaki S, Ueda M, et al. 2001. Cell surface-engineered yeast displaying a histidine oligopeptide (hexa-His) has enhanced adsorption of and tolerance to heavy metal ions. Applied Microbiology and Biotechnology, 57(5-6): 697 -701.

Lee M R, Chang C M, Dou J P. 2007. Determination of benzene, toluene, ethylbenzene, xylenes in water at sub-ng l-1 levels by solid-phase microextraction coupled to cryo-trap gas chromatography-mass spectrometry. Chemosphere, 69(9): 1381-1387.

Li H, Cong Y, Lin J, et al. 2015. Enhanced tolerance and accumulation of heavy metal ions by engineered *Escherichia coli* expressing *Pyrus calleryana* phytochelatin synthase. Journal of Basic Microbiology, 55(3): 398-405.

Li Y F, Li F Y, Ho C L, et al. 2008. Construction and comparison of fluorescence and bioluminescence bacterial biosensors for the detection of bioavailable toluene and related compounds. Environmental Pollution, 152(1): 123-129.

Liang M Z, Frank S, Lunsdorf H, et al. 2017. Bacterial microcompartment-directed polyphosphate kinase promotes stable polyphosphate accumulation in *E. coli*. Biotechnology Journal, 12: 1600415.

Liao V H C, Ou K L. 2005. Development and testing of a green fluorescent protein-based bacterial biosensor for measuring bioavailable arsenic in contaminated groundwater samples. Environmental Toxicology and Chemistry, 24(7): 1624-1631.

Liu P L, Huang Q Y, Chen W L. 2012. Construction and application of a zinc-specific biosensor for assessing the immobilization and bioavailability of zinc in different soils. Environmental Pollution, 164(5): 66-72.

Lu J, Guo C L, Li J, et al. 2013. A fusant of *Sphingomonas* sp. GY2B and *Pseudomonas* sp. GP3A with high capacity of degrading phenanthrene. World Journal of Microbiology and Biotechnology, 29(9): 1685-1694.

Luo Q, He Y, Hou D Y, et al. 2015. GPo1 alkB gene expression for improvement of the degradation of diesel oil by a bacterial consortium. Brazilian Journal of Microbiology, 46(3): 649-657.

Ma J P, Xiao R H, Li J, et al. 2009. Determination of organophosphorus pesticides in underground water by SPE-GC-MS. Journal of Chromatographic Science, (2): 110-115.

Ma Z S, Li L W, Ye C Q, et al. 2019. Hybrid assembly of ultra-long Nanopore reads augmented with 10x-genomics contigs: Demonstrated with a human genome. Genomics, 111: 1896-1901.

Malyshev D A, Dhami K, Lavergne T, et al. 2014. A semi-synthetic organism with an expanded genetic alphabet. Nature, 509: 385-388.

Marjanović N, Kravić S, Suturović Z, et al. 2004. Determination of sensitivity limit in quantitative analysis of polycyclic aromatic hydrocarbons by Gc-ms. Acta Periodica Technologica, 35: 111-119.

Maschmeyer I, Lorenz A K, Schimek K, et al. 2015. A four-organ-chip for interconnected long-term co-culture of human intestine, liver, skin and kidney equivalents. Lab on a Chip, 15(12): 2688-2699.

Mendoza J I, Soncini F C, Checa S K. 2020. Engineering of a Au-sensor to develop a Hg-specific, sensitive and robust whole-cell biosensor for on-site water monitoring. Chemical Communications, 56: 6590-6593.

Milne A, Landing W, Bizimis M, et al. 2010. Determination of Mn, Fe, Co, Ni, Cu, Zn, Cd and Pb in seawater using high resolution magnetic sector inductively coupled mass spectrometry (HR-ICP-MS). Analytica Chimica Acta, 665(2): 200-207.

Moog D, Schmitt J, Senger J, et al. 2019. Using a marine microalga as a chassis for polyethylene terephthalate (PET) degradation. Microbial Cell Factories, 18: 171.

Munoz-Martin M A, Mateo P, Leganes F et al. 2014. A battery of bioreporters of nitrogen bioavailability in aquatic ecosystems based on cyanobacteria. Science of the Total Environment, 475: 169-179.

Naeem U, Qazi M A. 2020. Leading edges in bioremediation technologies for removal of petroleum hydrocarbons. Environmental Science and Pollution Research, 27(22): 27370-27382.

Nanca C L, Neri K D, Ngo A C R, et al. 2018. Degradation of polycyclic aromatic hydrocarbons by moderately halophilic bacteria from luzon salt beds. Journal of Health and Pollution, 8: 180915.

Palluk S, Arlow D H, de Rond T, et al. 2018. *De novo* DNA synthesis using polymerase-nucleotide conjugates. Nature Biotechnology, 36: 645-650.

Pantidos N, Edmundson M C, Horsfall L. 2018. Room temperature bioproduction, isolation and anti-microbial properties of stable elemental copper nanoparticles. New Biotechnology, 40: 275-281.

Parikh R Y, Singh S, Prasad B L, et al. 2008.Extracellular synthesis of crystalline silver nanoparticles and molecular evidence of silver resistance from *Morganella* sp.: Towards understanding biochemical synthesis mechanism. Chembiochem, 9(9): 1415-1422.

Park H H, Lee H Y, Lim W K, et al. 2005. NahR: Effects of replacements at Asn 169 and Arg 248 on promoter binding and inducer recognition. Archives of Biochemistry and Biophysics, 434(1): 67-74.

Park S M, Park H H, Lim W K, et al. 2003. A new variant activator involved in the degradation of phenolic compounds from a strain of *Pseudomonas putida*. Journal of Biotechnology, 103(3): 227-236.

Pawelczyk S, Abraham W R, Harms H, et al. 2008. Community-based degradation of 4-chorosalicylate tracked on the single cell level. Journal of Microbiological Methods, 75 (1): 117-126.

Peca L, Kos P B, Mate Z, et al. 2008. Construction of bioluminescent cyanobacterial reporter strains for detection of nickel, cobalt and zinc. FEMS Microbiology Letters, 289(2): 258-264.

Petänen T, Virta M, Karp M, et al. 2001. Construction and use of broad host range mercury and arsenite sensor plasmids in the soil bacterium *Pseudomonas fluorescens* OS8. Microbial Ecology, 41(4): 360-368.

Radhakrishnan K, Kumar P S. 2021. Target-receptive structural switching of ssDNA as selective and sensitive biosensor for subsequent detection of toxic Pb($^{2+}$) and organophosphorus pesticide. Chemosphere, 287: 132163.

Ravikumar S, Baylon M G, Park S J, et al. 2017. Engineered microbial biosensors based on bacterial two-component systems as synthetic biotechnology platforms in bioremediation and biorefinery. Microbial Cell Factories, 16: 62.

Ravikumar S, Ganesh I, Yoo I K, et al. 2012. Construction of a bacterial biosensor for zinc and copper and its application to the development of multifunctional heavy metal adsorption bacteria. Process Biochemistry, 47: 758-765.

Ribitsch D, Acero E H, Przyluck A A, et al. 2015. Enhanced cutinase-catalyzed hydrolysis of polyethylene terephthalate by covalent fusion to hydrophobins. Applied and Environmental Microbiology, 81(11): 3586-3592.

Ribitsch D, Yebra A O, Zitzenbacher S, et al. 2013. Fusion of binding domains to *Thermobifida cellulosilytica* cutinase to tune sorption characteristics and enhancing PET hydrolysis. Biomacromolecules, 14(6): 1769-1776.

Ro D K, Paradise E M, Ouellet M, et al. 2006. Production of the antimalarial drug precursor artemisinic acid in engineered yeast. Nature, 440: 940-943.

Robrock K R. 2007. Aerobic and anaerobic microbial degradation of polybrominated diphenyl ethers (PBDEs). Dissertations and Theses - Gradworks, 91(4): 382-385.

Rucká L, Nešvera J, Pátek M. 2017. Biodegradation of phenol and its derivatives by engineered bacteria: Current knowledge and perspectives. World Journal of Microbiology and Biotechnology, 33: 174.

Rylott E L, Bruce N C. 2020. How synthetic biology can help bioremediation. Current Opinion in Chemical Biology, 58: 86-95.

Sandy E, Liang G, Jodie M, et al. 2014. Examining the protective role of ErbB2 modulation in human-induced pluripotent stem cell-derived cardiomyocytes. Toxicological Sciences an Official Journal of the Society of Toxicology, 141(2): 547-559.

Schell M A, Sukordhaman M. 1989. Evidence that the transcription activator encoded by the *Pseudomonas putida* nahR gene is evolutionarily related to the transcription activators encoded by the *Rhizobium* nodD genes. Journal of Bacteriology, 171(4): 1952-1959.

Schirmer F, Ehrt S, Hillen W, et al. 1997. Expression, inducer spectrum, domain structure, and function of MopR, the regulator of phenol degradation in *Acinetobacter calcoaceticus* NCIB8250. Journal of Bacteriology, 179(4): 1329-1336.

Shao Y Y, Lu N, Wu Z F, et al. 2018. Creating a functional single-chromosome yeast. Nature, 560: 331-335.

Sharma P, Asad S, Ali A. 2013. Bioluminescent bioreporter for assessment of arsenic contamination in water samples of India. Journal of Biosciences, 38: 251-258.

Shi K, Cao L, Liu F, et al. 2021. Amplified and label-free electrochemical detection of a protease biomarker by integrating proteolysis-triggered transcription. Biosensors and Bioelectronics, 190: 113372.

Shin H J. 2010. Development of highly-sensitive microbial biosensors by mutation of the *nahR* regulatory gene. Journal of Biotechnology, 150(2): 246-250.

Shingler V, Bartilson M, Moore T, et al. 1993.Cloning and nucleotide sequence of the gene encoding the positive regulator (*DmpR*) of the phenol catabolic pathway encoded by pVI150 and identification of DmpR as a member of the NtrC family of transcriptional activators. Journal of Bacteriology, 175(6): 1596-1604.

Silverman A D, Akova U, Alam K K, et al. 2020. Design and optimization of a cell-free atrazine biosensor. ACS Synthetic Biology, 9: 671-677.

Sirenko O, Hesley J, Rusyn I, et al. 2014. High-content high-throughput assays for characterizing the viability and morphology of human iPSC- derived neuronal cultures. Assay and Drug Development Technologies, 12(9): 536-547.

Smith H O, Hutchison C A, Pfannkoch C, et al. 2003. Generating a synthetic genome by whole genome assembly: φX174 bacteriophage from synthetic oligonucleotides. Proceedings of the National Academy of Sciences, 100: 15440.

Srivastava S K, Constanti M. 2012. Room temperature biogenic synthesis of multiple nanoparticles (Ag, Pd, Fe, Rh, Ni, Ru, Pt, Co, and Li) by *Pseudomonas aeruginosa* SM1. Journal of Nanoparticle Research, 14, 831.

Steidler L, Neirynck S, Huyghebaert N, et al. 2003. Biological containment of genetically modified *Lactococcus lactis* for intestinal delivery of human interleukin 10. Nature Biotechnology, 21: 785-789.

Stirling F, Bitzan L, O'Keefe S, et al. 2017. Rational design of evolutionarily stable microbial kill switches. Molecular Cell, 68: 686-697.

Strom S C, Davila J, Grompe M. 2010. Chimeric mice with humanized liver: Tools for the study of drug metabolism, excretion, and toxicity. Methods in Molecular Biology, 640: 491-509.

Suresh A K, Pelletier D A, Wang W, et al. 2010. Silver nanocrystallites: Biofabrication using *Shewanella oneidensis*, and an evaluation of their comparative toxicity on gram-negative and gram-positive bacteria. Environmental Science and Technology, 44(13): 5210-5215.

Tan J J, Kan N P, Wang W, et al. 2015. Construction of 2, 4, 6-trinitrotoluene biosensors with novel sensing elements from *Escherichia coli* K-12 MG1655. Cell Biochemistry and Biophysics, 72 (2): 417-428.

Tang X, Zeng G M, Fan C Z, et al. 2018. Chromosomal expression of CadR on *Pseudomonas aeruginosa* for the removal of Cd(II) from aqueous solutions. The Science of the Total Environment, 636: 1355-1361.

Tao H C, Peng Z W, Li P S, et al. 2013. Optimizing cadmium and mercury specificity of CadR-based *E. coli* biosensors by redesign of CadR. Biotechnology Letters, 35(8): 1253-1258.

Tauriainen S, Karp M, Chang W, et al. 1998. Luminescent bacterial sensor for cadmium and lead. Biosensors and Bioelectronics, 13(9): 931-938.

Taxis C, Stier G, Spadaccini R, et al. 2009. Efficient protein depletion by genetically controlled deprotection of a dormant N-degron. Molecular Systems Biology, 5: 267.

Tay P, Nguyen P, Joshi N. 2017. A synthetic circuit for mercury bioremediation using self-assembling

functional amyloid. ACS Synthetic Biology, 6(10): 1841-1850.
Tecon R, Van der Meer J R. 2008. Bacterial biosensors for measuring availability of environmental pollutants. Sensors (Basel), 8: 4062-4080.
Tecon R, Beggah S, Czechowska K, et al. 2010a. Development of a multistrain bacterial bioreporter platform for the monitoring of hydrocarbon contaminants in marine environments. Environmental Science and Technology, 44: 1049-1055.
Tecon R, Wells M, Meer J. 2010b. A new green fluorescent protein-based bacterial biosensor for analysing phenanthrene fluxes. Environmental Microbiology, 8(4): 697-708.
Teo W S, Chang M W. 2015. Bacterial XylRs and synthetic promoters function as genetically encoded xylose biosensors in *Saccharomyces cerevisiae*. Biotechnology Journal, 10: 315-322.
Tournier V, Topham C M, Gilles A, et al. 2020. An engineered PET depolymerase to break down and recycle plastic bottles. Nature, 580(7802): 216-219.
Truong K M, Cherednichenko G, Pessah I N. 2019. Interactions of dichlorodiphenyltrichloroethane (DDT) and dichlorodiphenyldichloroethylene (DDE) with skeletal muscle ryanodine receptor type 1. Toxicological Sciences, 170: 509-524.
Turner K, Xu S F, Pasini P, et al. 2007. Hydroxylated polychlorinated biphenyl detection based on a genetically engineered bioluminescent whole-cell sensing system. Analytical Chemistry, 79: 5740-5745.
Ulvestad M, Nordell P, Asplund A, et al. 2013. Drug metabolizing enzyme and transporter protein profiles of hepatocytes derived from human embryonic and induced pluripotent stem cell. Biochemical Pharmacology, 86(5): 691-702.
Wang B J, Barahona M, Buck M. 2013. A modular cell-based biosensor using engineered genetic logic circuits to detect and integrate multiple environmental signals. Biosensors and Bioelectronics, 40(1): 368-376.
Wang B J, Kitney R I, Joly N, et al. 2011. Engineering modular and orthogonal genetic logic gates for robust digital-like synthetic biology. Nature Communication, 2: 508.
Wang H, Wang H F, Zhang H, et al. 2016. Inhibitory effects of hesperetin on Nav1.5 channels stably expressed in HEK 293 cells and on the voltage-gated cardiac sodium current in human atrial myocytes. Acta Pharmacological Sinica, 37: 1563-1573.
Wang W P, Shao Z Z. 2014. The long-chain alkane metabolism network of *Alcanivorax dieselolei*. Nature Communication, 5: 5755.
Wang W, Zhang B G, Liu Q S, et al. 2018. Biosynthesis of palladium nanoparticles using *Shewanella loihica* PV-4 for excellent catalytic reduction of chromium(VI). Environmental Science-Nano, 5: 730-739.
Wangpraseurt D, You S, Azam F, et al. 2020. Bionic 3D printed corals. Nature Communication, 11: 1748.
Weaver A A, Halweg S, Joyce M, et al. 2015. Incorporating yeast biosensors into paper-based analytical tools for pharmaceutical analysis. Analytical and Bioanalytical Chemistry, 407: 615-619.
Weigand J E, Suess B. 2007. Tetracycline aptamer-controlled regulation of pre-mRNA splicing in yeast. Nucleic Acids Research, 35: 4179-4185.
Werlen C, Jaspers M C, van der Meer J R, et al. 2004. Measurement of biologically available

naphthalene in gas and aqueous phases by use of a *Pseudomonas putida* biosensor. Applied and Environmental Microbiololy, 70(1): 43-51.

Whangsuk W, Thiengmag S, Dubbs J, et al. 2016. Specific detection of the pesticide chlorpyrifos by a sensitive genetic-based whole cell biosensor. Analytical Biochemistry, 493: 11-13.

Wiedenmann S, Breunig M, Merkle J, et al. 2021. Single-cell-resolved differentiation of human induced pluripotent stem cells into pancreatic duct-like organoids on a microwell chip. Nature Biomedical Engineering, 5: 897-913.

Wright M H, Farooqui S M, White A R, et al. 2016. Production of manganese oxide nanoparticles by shewanella species. Applied and Environmental Microbiology, 82: 5402-5409.

Wu C, Ma C Q, Pan Y, et al. 2013. Sugar beet M14 glyoxalase I gene can enhance plant tolerance to abiotic stresses. Journal of Plant Research, 126: 415-425.

Xie Z X, Li B Z, Mitchell L A, et al. 2017. "Perfect" designer chromosome V and behavior of a ring derivative. Science, 355(6329): 1046.

Xue H R, Shi H L, Yu Z, et al. 2014. Design, construction, and characterization of a set of biosensors for aromatic compounds. ACS Synthetic Biology, 3: 1011-1014.

Yagura M, Nishio S Y, Kurozumi H, et al. 2006. Anatomy of the replication origin of plasmid ColE2-P9. Journal of Bacteriology, 188: 999-1010.

Yagur-Kroll S, Lalush C, Rosen R, et al. 2014. *Escherichia coli* bioreporters for the detection of 2,4-dinitrotoluene and 2,4,6-trinitrotoluene. Applied Microbiology and Biotechnology, 98: 885-895.

Yan D Z, Liu H, Zhou N Y. 2006. Conversion of *Sphingobium chlorophenolicum* ATCC 39723 to a hexachlorobenzene degrader by metabolic engineering. Applied Environmental Microbiology. 72: 2283-2286.

Yang S, Chen Z Z, Cheng Y P, et al. 2020. Environmental toxicology wars: Organ-on-a-chip for assessing the toxicity of environmental pollutants. Environmental Pollution, 268: 115861.

Yin K, Lv M, Wang Q N, et al. 2016. Simultaneous bioremediation and biodetection of mercury ion through surface display of carboxylesterase E2 from *Pseudomonas aeruginosa* PA1. Water Research, 103: 383-390.

Yoon M, Jeon H, Kim M. 2012. Biodegradation of polyethylene by a soil bacterium and AlkB cloned recombinant cell. Journal of Bioremediation and Biodegradation, 3(4): 8.

Yoshida K, Inoue K, Takahashi Y, et al. 2008. Novel carotenoid-based biosensor for simple visual detection of arsenite: Characterization and preliminary evaluation for environmental application. Applied and Environmental Microbiology, 74(21): 6730-6738.

Young N A, Lambert R L, Buch A M, et al. 2021. A synthetic biology approach using engineered bacteria to detect perfluoroalkyl substance (PFAS) contamination in water. Military Medicine, 186: 801-807.

Yu H Y, Peng Z X, Zhan Y H, et al. 2011. Novel regulator MphX represses activation of phenol hydroxylase genes caused by a XylR/DmpR-type regulator MphR in *Acinetobacter calcoaceticus*. PLoS One, 6(3): e17350.

Zhang B, Sun G X, Zhu Y G, et al. 2016a. Quantification of the bioreactive Hg fraction in Chinese soils using luminescence-based biosensors. Environmental Technology and Innovation, 5: 267-276.

Zhang L Y, Guo W, Lu Y. 2020. Advances in cell-free biosensors: Principle, mechanism, and applications. Biotechnology Journal, 15: e2000187.

Zhang W J, Zhang Y S, Bakht S M, et al. 2016b. Elastomeric free-form blood vessels for interconnecting organs on chip systems. Lab on a Chip, 16(9): 1579-1586.

Zhang X E, Cui Z and Wang D. 2016c. Sensing of biomolecular interactions using fluorescence complementing systems in living cells. Biosensors and Bioelectronics, 76: 243-250.

Zhang X E. 2019. Synthetic biology in China: Review and prospects. Scientia Sinica (Vitae), 49: 1543-1572

Zhang Y S, Aleman J, Shin S R, et al. 2017b. Multisensor-integrated organs-on-chips platform for automated and continual in situ monitoring of organoid behaviors. Proceedings of the National Academy of the Sciences of the United States of America, 114(12): e2293-2302.

Zhang Y, Ptacin J L, Fischer E C, et al. 2017a. A semi-synthetic organism that stores and retrieves increased genetic information. Nature, 551: 644-647.

Zhao C H, Yan M, Zhong H, et al. 2018. Biodegradation of polybrominated diphenyl ethers and strategies for acceleration: A review. International Biodeterioration and Biodegradation, 129: 23-32.

Zhao Q, Yue S J, Bilal M, et al. 2017. Comparative genomic analysis of 26 *Sphingomonas* and *Sphingobium* strains: Dissemination of bioremediation capabilities, biodegradation potential and horizontal gene transfer. Science of the Total Environment, 609: 1238-1247.

Zhou J, Jiang W Y, Ding J, et al. 2007. Effect of Tween 80 and β-cyclodextrin on degradation of decabromodiphenyl ether (BDE-209) by White rot fungi. Chemosphere, 70: 172-177.

第2章 生物监测

工业和农业等人类活动使得环境中的化学品污染日益加剧，随之而来的生态环境破坏正在威胁人类的健康（Carpenter et al.，2011）。污染物的环境赋存、迁移、转化规律及其毒性效应的研究是环境风险评估及环境保护的主要研究内容。传统的环境污染物监测主要是指基于精密分析仪器的化学监测，如质谱（mass spectrometry，MS）、气相色谱（gas chromatography，GC）和高效液相色谱（high-performance liquid chromatography，HPLC）等，具有准确度和灵敏度高的优点，可以实现污染物在环境介质中的赋存、迁移、转化规律分析。由于分析仪器价格昂贵且维护成本高、样品前处理过程复杂、实验室条件控制严格、专业技术门槛高、定量分析依赖于标准品等限制因素，分析化学仪器难以得到普遍应用。相较而言，生物监测成本低且易于操作，能够进行实时在线监测，并可根据毒性效应对已知/未知化合物的毒性进行预测（Castillo et al.，2004；Damborský et al.，2016；Verma and Bhardwaj，2015）。生物监测弥补了化学分析通常仅能对已知化合物进行定量分析的不足（Brack et al.，2016；Markert et al.，1999）。此外，污染物的毒性效应不仅取决于环境暴露剂量，而且取决于生物体对污染物有效成分的吸收效率，以及有效成分在生物体内的持久性、代谢速率和生物可利用度等因素，单纯利用化学分析并不能对污染物的毒性效应和环境风险给出判断。因此，对于污染物毒性效应的评价更多依赖于生物监测方法。

生物监测利用个体、种群或者群落对污染物的响应来阐明污染物的污染水平和毒性大小，为环境质量的监测和评价提供依据。通过对生命体进行种群、个体、器官、组织和分子等不同层面的综合分析，能够准确评价污染物对整个生态系统带来的影响（Markert et al.，1999）。生物对污染物暴露的耐受性、适应性及亚致死或致死效应，与其营养水平、生理特征和生命阶段密切相关。选择指示生物的基本原则包括：①分布广泛、丰度高、生长期长，对环境污染物具有高度积累能力，在常规条件下具有良好的生长能力；②对环境中的某些变化有明显的、可重现的反应，有毒物质的生物积累量反映了其在环境中的分布情况；③对污染物具有高度敏感性，在低污染水平下也具有指示效果。由于不同生物对各种物质的敏感程度不同，没有任何一种生物能成为一个通用的指示生物或“检测器”。因此，生物监测的一个重要任务就是发展针对不同污染物或者不同毒性效应的监测方法。随着越来越多的新化学品在环境中出现，直接通过生物监测手段实现污染物预警及毒性效应的预判已成为目前环境监测领域的重要发展方向。随着合成生物学的发展，为特定污染物或特定毒性终点“量身定制”人工生命体成为可能，这极大地拓展了生物监测的应用范围，并且有利于提高生物监测的特异性和量化能力。目前，生物监测已经成为环境监测中一个重要组成部分，主要包括微生物监测、细胞监测及动植物监测等。

2.1　微生物监测

微生物广泛分布在环境中，主要包括细菌、病毒、真菌、原生动物和部分藻类。微生物体积微小、生长快速、易于培养，且遗传背景清楚，对环境污染反应极为灵敏。微生物监测可与传统仪器分析互补，通过分析微生物种类、数量和生物毒性标志物（如发光细菌荧光强度）等指标进行水体及土壤污染的监测。传统的微生物分析方法依赖于营养丰富的培养基，通过富集培养，挑选不同的克隆对微生物种类进行定性鉴定。环境中未知的微生物种类存在高度多样性，而可培养的微生物仅占 1%左右，因此传统的微生物培养法并不能真实反映环境中微生物群落的全貌。新一代测序技术（next generation sequencing，NGS）又称为高通量测序技术，主要包括 Illumina Solexa、Roche 454 和 SOLiD 等测序平台，能够同时测定数百万的 DNA 片段，显著地降低了测序成本，随之催生的 16S rRNA 测序技术和宏基因组技术，在微生物多样性检测中得到了广泛应用。现代微生物检测技术通过直接提取环境样品中的 DNA，对种属特异性片段进行扩增、测序（16S rRNA 测序技术）或在基因组水平进行全基因组测序，结合生物信息学分析技术，实现对可培养和不可培养的微生物群落的准确定性与定量分析，已经广泛应用于环境污染监测（Núñez et al.，2016）。除了通过微生物群落结构变化对环境污染进行监测之外，对特定污染物具有指示作用的微生物/毒性终点事件可单独作为这类污染物的指示物，如在水质监测中应用较广的发光细菌检测法。

微生物在污染物暴露过程中，不断吸附、摄入和积累污染物，其体内的污染物含量远高于环境中的浓度，通常用生物浓缩系数表示其富集程度（Lovley，2000）。生物体内某种元素或难分解化合物的浓度与它所生存的环境中该物质浓度的比值，可用以表示生物浓缩的程度，又称为浓缩率、生物积累率、富集系数、积累倍数等。一些具有高富集系数的微生物，可作为研究特定污染物生物富集规律的模式生物，揭示污染物在微生物体内的代谢过程及其特异的毒性测试终点，指示环境中特殊污染物的存在。微生物的基因组较小、功能基因数目较少，通常将其作为底盘生物进行代谢通路的改造，增强其污染物感知监测能力。例如，模式微生物大肠杆菌（*Escherichia coli*）的基因组为 4.6 Mb，仅含有 4000 多个基因（Moxon and Higgins，1997）。随着大规模测序成本的降低，环境中许多微生物基因组序列已知。目前，已经公布了 20 444 个真核生物基因组、

371 613 个原核基因组，以及 46 451 个病毒基因组（https://www.ncbi.nlm.nih.gov/genome/browse#!/prokaryotes/，2021-11-10）。这些基因组信息为微生物在环境监测中的应用提供了更多参考数据，由此催生了研究环境因子对微生物影响及其相关分子机制的新学科——环境基因组学（Cordier et al.，2021）。随着合成生物学的发展，为特定污染物或特定毒性终点“量身定制”的合成微生物，可呈剂量依赖性响应特定环境污染物的变化，有利于提高生物监测的特异性并实现量化分析。

本节主要介绍微生物在水体污染和土壤污染监测中的应用及科学前沿。

2.1.1 水中有害物质的微生物监测

水是生命体最重要的组成部分，地球上 71%的表面被水覆盖，其中仅 1%为可饮用的淡水。工业化进程的加速导致大量的污染物排放到水体当中，严重威胁人类和动植物的健康。对水环境进行快速、准确的监测，是水污染调查、评估与防控的基础。传统的水质检测方法，如便携式试剂盒评估浊度、电位仪测定 pH 等，仅能粗略地测定水的浊度和酸碱度。微生物毒性测试可弥补传统监测手段的不足，直观反映水质的安全性。水中有害物质的微生物监测主要通过对微生物群落、特定指示种（如栉水虱属）、特定生物标志物（如发光细菌）的监测实现。

水环境中的微生物群落由细菌、真菌、藻类和原生动物组成，群落内微生物出现的频率和数量可以反映区域内水环境的质量，这就是微生物群落监测技术的应用基础。原生动物是一类单细胞真核生物，在自然水体中分布广泛。相比细菌等原核微生物，原生动物具有一些由细胞质特化形成的细胞器，对环境污染比较敏感，加之其位于食物链底端的特殊位置，常被用于水质监测（Payne，2013）。1991 年，我国颁布水质微生物监测的国家标准 GB/T 12990—1991《水质 微型生物群落监测 PFU 法》，对水体样本中原生动物的收集、镜检及多样性指数的计算有详细的操作指导。2000 年 12 月 22 日，《欧洲议会与欧盟理事会关于建立欧共体水政策领域行动框架的 2000/60/EC 号指令》简称为《欧盟水框架指令》（Water Framework Directives，WFD）正式颁布。该指令指出，水体中浮游生物和底栖生物的种群是确定的，可用于淡水生态系统中环境质量监测。水体中硅藻种群的多样性指数，也是判断水体污染水平的一个重要指标（Kim et al.，2008）。

除了基于微生物多样性进行污染监测之外，一些特殊的微生物也被开发用作水环境污染物的指示生物。底栖等足类水栉水虱（*Asellus aquaticus*）对水质要求苛刻，是淡水生态系统污染常用的监测物种（O'Callaghan et al.，2019），可用于一些特定环境污染物的监测，如多环芳烃（Lange et al.，2010）、内分泌干扰物（Weltje and Oehlmann，2006）、辐射残留物（Fuller et al.，2018）和碳化钨

（Ekvall et al.，2018）等。纤毛类原生动物中，大弹跳虫（*Halteria grandinella*）和小腔游仆虫（*Euplotes aediculatus*）对重金属污染非常敏感，并且响应时间短，被用于检测和评估重金属（Madoni and Romeo，2006）。水生生态系统的重要初级生产者——硅藻被明确列入《欧盟水框架指令》，作为水体生物监测的指示生物。硅藻种类众多且分布范围广，对环境因子敏感（Bennion et al.，2014），其中极小曲丝藻（*Achnanthidium minutissimum*）由于耐受重金属，是重金属污染水体的优势种群，水体中的重金属浓度越高，其相对丰度越高，因此极小曲丝藻可作为重金属污染的指示物种。寡营养细菌可以在营养缺乏的培养基中生长，对有毒物质非常敏感，通过建立暴露浓度与细菌生长抑制率的标准曲线，可以检测低浓度的重金属污染。

发光细菌是一类能够利用自身荧光素酶进行生物发光的细菌，多数为海生（Kaeding et al.，2007）。目前已鉴定的发光细菌有 100 多种，但常用于水质监测的仅 3 种，分别为明亮发光杆菌（*Photobacterium phosphoreum*）、费氏弧菌（*Vibrio fischeri*）和青海弧菌（*Vibrio qinghaiensis*）（Farre et al.，2004）。国标 GB/T 15441—1995《水质　急性毒性的测定　发光细菌法》使用的即为明亮发光杆菌。细菌发光的原理是基于自身编码荧光素酶催化还原型黄素单核苷酸（$FMNH_2$）和长链脂肪醛（RCHO）与氧气反应，生成黄素单核苷酸（FMN）和长链脂肪酸，在 450～490 nm 波长激发光下产生蓝绿光（Sung and Lee，2004）。荧光素酶由 *lux* 操纵子编码和调控，操纵子上有 R 和 I 调节基因。几乎所有的细菌都含有 *luxC*、*luxD*、*luxA*、*luxB* 和 *luxE* 共 5 个 *lux* 基因，其中 *luxA* 和 *luxB* 分别编码荧光素酶的 α 和 β 亚基，*luxC*、*luxD* 和 *luxE* 分别编码脂肪酸还原酶、转移酶和合成酶，共同组成脂肪酸还原酶复合物，催化长链脂肪酸生成长链脂肪醛（图 2-1）。在特定试验条件下，细菌的发光强度是恒定的，与污染物接触后，待测物质既可以通过直接抑制荧光素酶的活性影响发光强度，也可以通过影响细菌的生长代谢等生理过

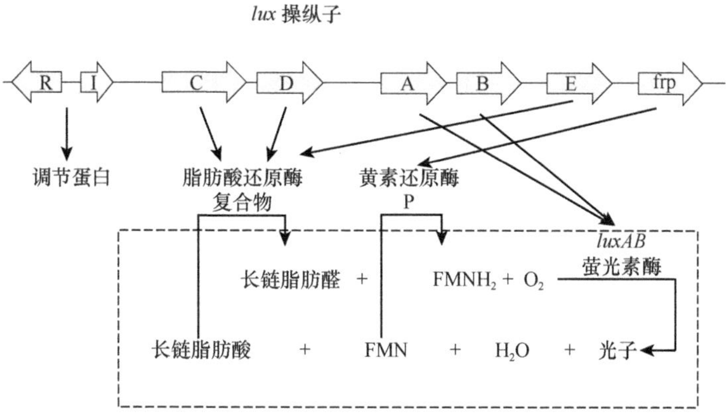

图 2-1　荧光素酶操纵子 *lux* 生物发光催化机理

程来影响发光强度，通过分光光度计可测定细菌发光强度的变化，具有操作简便、结果准确的特点（Woutersen et al.，2011）。在一定范围内，发光细菌的发光强度与化合物浓度呈现剂量-效应关系，这种基于化合物对发光细菌的抑制效应（发光强度减弱）来检测环境中污染物的方法称为生物发光抑制分析。因其筛选方法简单、速度快，生物发光抑制分析特别适合用于监测饮用水源、自来水厂的水质情况（Girotti et al.，2008），通常用于批量毒性测试的第一轮初筛。

2.1.2 土壤污染的微生物监测

土壤是由矿物质、有机物、水、空气和生物组成的复杂基质，是陆地生态系统的重要组成部分。土壤中无机污染（重金属、类金属等）、有机污染（农药、多环芳烃等）以及抗性基因污染都会破坏土壤的生态系统，影响农产品质量安全，进而威胁人类健康。因此，土壤污染物的检测和监测对生态系统及人类健康至关重要。传统的土壤污染监测技术包括气相色谱-质谱（gas chromatography-mass spectrometer，GC-MS）、高效液相色谱、原子吸收光谱（atomic absorption spectroscopy，AAS）、原子荧光光谱（atomic fluorescence spectrometry，AFS）、电感耦合等离子体质谱（inductively coupled plasma mass spectrometry，ICP-MS）和 X 射线吸收谱（X-ray absorption spectroscopy）等。这些土壤污染监测方法基于仪器分析，具有高灵敏度和高准确性的优点。然而，传统上基于仪器分析的监测方法无法提供土壤污染物的生物可利用度这一关键信息。生物可利用度是一个包含污染物被摄入、消化、释放等多个步骤的动态指标（NRC，2003），包括土壤中污染物可溶态含量、生物体对污染物的可吸收及可积累的生物有效态含量。微生物监测为土壤环境风险评估提供了一种灵活、快速、经济的策略，可以快速检测土壤中污染物的生物可利用度。但是污染物在土壤中的分布和形态不均匀，土壤环境的 pH、湿度等理化性质在微米范围内变化较大，导致微生物的非均匀响应。因此，微生物监测土壤样本也需要评估土壤污染物的空间异质性。

微生物对土壤重金属和有机污染物具有较高的敏感性。但是，微生物一般在实验室固体或液体培养基中培养，不能适应土壤环境下的低营养条件，因此很难保持微生物监测的稳定性和可靠性。例如，铁氧化物和锰氧化物可以触发 SOS 反应（SOS response）并使微生物报告细胞失活（Liu et al.，2021b）。同时，土壤基质的不透明度和矿物的背景荧光对荧光或发光信号的检测造成了干扰，限制了微生物监测技术的应用。目前有几种策略可提高微生物监测在土壤样本中的适用性：①利用低盐溶液稀释土壤样本，以实现荧光和发光信号可视化，但是土壤样本预处理过程可能会改变污染物的生物有效性；②通过密度梯度离心及磁分离等方法从土壤基质中回收微生物细胞，如应用磁性纳米颗粒（Fe_3O_4）在磁场作用下实现微生物分离（Jia et al.，2016）；③增强微生物在土壤中的适应性，土壤来源的微生物模型，如恶臭假单胞菌（*Pseudomonas putida*）和贝氏不动杆菌（*Acinetobacter baylyi*），均优于大肠杆菌模型（Zhang et al.，2012）。此外，将微生物固定在固体介质表面或内部培养，也可提高它们在土壤环境中的稳定性。例如，将微生物细胞封装在海藻酸水凝胶珠中，并放置于土壤表面，可用于监测甲苯浓度（Kumar et al.，2006）；将微生物固定在光纤上，通过光纤探针监测土壤中的污染物（Polyak et al.，2001），为土壤样本的现场监测提供了研究基础。

随着合成生物学的发展，大肠杆菌、恶臭假单胞菌和贝氏不动杆菌等细菌均可作为底盘生物构建生物传感器，以监测土壤-水混合物中的重金属和有机物。目前已有研究构建了特异性或非特异性的细菌生物传感器来检测土壤中 Cd、Hg、As、Zn、Cu、Cr、Pb 等重金属（表 2-1）（Zeng et al.，2021）。为了提高底盘生物对重金属的耐受性，研究人员将重金属离子的钝化、转运等基因进行嵌合，以减轻金属离子暴露导致的毒性，且能间接提高生物传感器的灵敏性。例如，在底盘细胞内转入金属转运蛋白基因（如 *zntA* 或 *cadA*）后，可提高微生物在重金属离子污染环境中的适应性（Biran et al.，2000）；将 Pb 离子结合蛋白 PbrR 与外膜蛋白融合，可将 PbrR 蛋白定向表达到细胞表面，赋予底盘细胞特异性吸附环境中 Pb 离子的能力，从而缓解 Pb 离子暴露带来的损害（Wei et al.，2014）。相反，缺失金属外排基因（如 *copA*）可导致重金属在微生物细胞内积累，从而提高生物传感器监测土壤样本中低浓度重金属污染的敏感性（Kang et al.，2018）。

除了重金属离子，微生物传感器也可以特异性或者非特异性地检测土壤中的有机污染物，如烷烃、苯并芘、甲苯、多氯联苯、菲、萘、丝裂霉素 C 和四环素等（表 2-2）（Zeng et al.，2021）。由于有机污染物结构多样，针对不同结构有机分子构建生物传感器存在困难，可以通过评估有机污染物的中间代谢物浓度，从而间接反映污染物的浓度。例如，大多数多环芳烃（polycyclic aromatic hydrocarbon，PAH）化合物通过水杨酸途径代谢，因而可构建一个包含分解代谢基因 *nahAD* 和 *luxCDABE* 的全细胞微生物传感器。当土壤中存在 PAH（如萘）污染时，启动子 P_{tet} 启动 *nahAD* 表达，促进 PAH 代谢为水杨酸；水杨酸与 *salR* 调控子结合并激活 P_{sal} 启动子，从而触发 *salAR* 操纵子和 *luxCDABE* 基因的表达（Sun et al.，2017）。将四环素响应控制区 *tetRO* 和报告基因 *gfp* 或 *mCherry* 融合构建四环素荧光生物传感器，可用于检测土壤样品中四环素含量，检测限为 5.32 μg/kg 土壤（Bae et al.，2020）。

表 2-1　利用微生物构建的监测土壤中重金属的生物传感器（改自 Zeng et al.，2021）

重金属	启动子/报告子结构	报告子	特异性	微生物种属	应用场景	检出限	生物可利用度/%
镉	P_{znt}/*egfp-HJ1*	荧光	非特异性	*Escherichia coli*	土壤-水混合上清液	（0.95 ± 0.11）mg/kg	
	P_{znt}/*egfp*	荧光	非特异性	*Escherichia coli*	土壤-水混合物	（0.02 ± 0.03）mg/kg	7.29
	P_{znt}/*egfp*	荧光	非特异性	*Escherichia coli*	土壤-水混合物	（0.027 ± 0.030）mg/kg	55.15
汞	P_{znt}/*egfp-HJ1*	荧光	非特异性	*Escherichia coli*	土壤-水混合上清液	（0.85 ± 0.12）mg/kg	
	P_{mer}/*merR-luxCDABE*	发光	特异性	*Escherichia coli*	土壤-水混合上清液	（0.035 ± 0.150）mg/kg	50.72
	P_{mer}/*merR-luxCDABE*	发光	特异性	*Escherichia coli*	土壤-水混合上清液	0.22 μg/L	31.43
砷	P_{ars}/*gfp*	荧光	特异性	*Escherichia coli*	土壤-水混合物	（0.119 ± 0.300）mg/kg	12.74
	P_{ars}/*arsR-luc*	发光	特异性	*Escherichia coli*	土壤-水混合上清液	（1.32 ± 0.09）mg/kg	2.84
	P_{nikA}/*nikR-egfp*	荧光	特异性	*Escherichia coli*	土壤-水混合物	（22.0 ± 2.2）μg/kg	11.89
	P_{ars}/*arsR-luxAB*	发光	特异性	*Escherichia coli*	土壤-水混合上清液	（8.06 ± 0.54）mg/kg	66.50
	P_{ars}/*mCherry*	荧光	特异性	*Escherichia coli*	土壤-水混合物	（0.170 ± 0.033）mg/kg	0.37
锌	P_{czc}*R3/egfp*	荧光	特异性	*Pseudomonas putida*	土壤-水混合上清液	（7.91 ± 0.22）mg/kg	92.20
铜	P_{cop}/*luxAB*	发光	特异性	*Pseudomonas fluorescens*	土壤-水混合上清液	（4.340 ± 1.645）mg/kg	99.50
铬	P_{recA}/*luxCDABE*	发光	非特异性	*Acinetobacter baylyi*	土壤-水混合上清液	1 mg/kg	
	P_{recA}/*luxCDABE*	发光	非特异性	*Acinetobacter baylyi*	土壤-水混合上清液	260 mg/kg	
	P_{recA}/*luxCDABE*	发光	非特异性	*Acinetobacter baylyi*	土壤-水混合上清液	260 mg/kg	
	P_{recA}/*luxCDABE*	发光	非特异性	*Acinetobacter baylyi*	土壤-水混合上清液	520 mg/kg	37.10
铅	P_{recA}/*luxCDABE*	发光	非特异性	*Acinetobacter baylyi*	土壤-水混合物	2072 mg/kg	13.00

表 2-2 利用微生物构建的监测土壤中有机物的生物传感器（改自 Zeng et al., 2021）

有机物	启动子/报告子结构	报告子	特异性	微生物种属	应用场景	检出限	生物可利用度/%
烷烃	P_{alkM}/*alkR-luxCDABE*	发光	特异性	*Acinetobacter baylyi*	土壤-水混合上清液	0.1 mg/kg	
苯并芘	P_{recA}/*luxCDABE*	发光	非特异性	*Acinetobacter baylyi*	土壤-水混合物	0.5 mg/kg	9.4
甲苯	P_{grpE} /*luxCDABE*	发光	非特异性	*Escherichia coli*	土壤	2 mg/kg	
	P_{u}/*xylR-luxCDABE*	发光	特异性	*Acinetobacter baylyi*	土壤-水混合上清液	13.8 mg/kg	
多氯联苯	P_{m}/*gfpmut3b*	荧光	特异性	*Pseudomonas fluorescens*	土壤	0.1 mg/kg	
菲	P_{lac}/*luxCDABE*	发光	非特异性	*Escherichia coli*	土壤-水混合上清液	2 μg/L	
萘	P_{sal}/*salR-luxCDABE*	发光	非特异性	*Acinetobacter baylyi*	土壤-水混合物	0.018 mg/kg	
丝裂霉素 C	P_{recA}/*luxCDABE*	发光	非特异性	*Acinetobacter baylyi*	土壤-水混合上清液	8.36 μg/kg	
	P_{recA}/*luxCDABE*	发光	非特异性	*Acinetobacter baylyi*	土壤-水混合物	0.4 mg/kg	65.8
四环素	*tet/mCherry*	荧光	特异性	*Escherichia coli*	土壤-水混合上清液	5.32 μg/kg	89.5

2.2 细胞监测

利用鱼类、两栖类、哺乳类动物等活体生物的测试方法，可较真实地反映环境污染物暴露对生物体的急性和慢性毒性效应。然而，基于“3R”（reduction，replacement，refinement，减少、替代、优化）原则，同时为了节约测试成本、缩短测试时间、尽量减少使用活体动物，细胞毒性测试和大分子相互作用分析等离体测试方法因其灵敏、快速、成本低等优点，被广泛应用于环境样品的毒性测试及污染物的筛选。使用离体细胞筛选方法能够预测污染物可能存在的生物毒性效应，如混合污染物的毒性、特定靶点的毒性效应（遗传毒性或雌激素干扰效应等），并在短时间内实现样品的批量测试。

2.2.1 常用的细胞毒性测试方法

活细胞可实时整合源于细胞内部和外部环境的物理、化学信号。细胞受到外源污染物刺激后所发生的各种反应，如形态学改变、膜损伤、生化反应变化和核凝聚等，已被应用于评估污染物的毒性效应。目前常用的细胞模型有 2D 细胞培养系统（单层和共培养模型）、3D 细胞培养系统（多层模型）、组织切片或异种移植细胞模型等。毒性测试一般基于细胞反应的不同水平，选用不同的测试终点作为评价标准：①细胞水平，如细胞增殖、活力和死亡；②分子水平（DNA/mRNA/蛋白质水平），如基因、蛋白质、细胞代谢物等；③信号转导通路水平，如特定受体和配体相关信号通路、蛋白激酶信号通路、转录因子离子通道、细胞粘连等。表 2-3 概述了常用的基于不同测试终点的细胞毒性测试方法。另外，在合成生物学理念的指导下，基于特定毒性终点指标结合基因重组技术改装的微生物和细胞体系也可用于多种毒性测试，如荧光假单胞菌 P-17、酵母单/双杂交系统、乳腺癌细胞 MVLN 等。

表 2-3 常用的基于不同测试终点的细胞毒性测试方法（Mahto et al.，2010）

评价参数	细胞毒性测试
细胞数量	台盼蓝染色，亚甲蓝染色，ALP 测定，刃天青染色，罗丹明 B 染色
细胞活力	噻唑蓝（MTT）测定，乳酸脱氢酶（LDH）测定，阿尔玛蓝测定，二乙酸荧光素（FDA）测定，钙黄素-AM 测定
细胞膜渗透性	MTT 测定，LDH 测定，膜联蛋白 V 染色，颗粒酶测定，半胱天冬酶测定
细胞 ATP	基于 ATP 的发光实验
葡萄糖	2-NBDG 荧光素测定
细胞内钙离子浓度	Fluo-322，Fluo-422 荧光探针
溶酶体活性	中性红测定，组织蛋白酶 D 活性测定，颗粒酶测定

续表

评价参数	细胞毒性测试
细胞核结构	5-溴脱氧尿苷（BrdU）染色，DAPI 染色，碘化丙啶染色，溴乙啡锭二聚体 1 染色，TUNEL 测定
细胞总蛋白	罗丹明 B 染色

以离体生物毒性检测遗传毒性物质的毒性鉴定评价方法（toxicity identification evaluation，TIE）可有效筛选水、土壤、大气等样品中具有潜在遗传毒性效应的污染物。利用遗传毒性测试能够快速监测酚类、氯酚、多氯联苯（polychlorinated biphenyl，PCB）或 PAH 等污染物，并初步筛选出致癌污染物。评价遗传毒性的测试方法有以下几种。①Ames 测试，利用鼠伤寒沙门氏菌 TA98（组氨酸依赖性）筛选鉴定环境中的致突变污染物。②umu 测试，通过 DNA 损伤程度来评估化合物的致突变能力。与 Ames 测试相比，umu 测试操作更简单、具有更广的适用性，被应用于复杂环境样品中致突变污染物的筛选。③彗星试验（comet assay），也被称为单细胞凝胶电泳试验，在单细胞水平上检测 DNA 损伤（Olive and Banáth，2006）。④微核试验。染色体水平的 DNA 损伤是遗传毒性测试的重要组成部分，因为染色体突变是致癌过程中的重要事件。微核是染色体受损部分的核外体，可用于评估污染物的基因毒性潜力。许多研究应用微核试验评价水体污染，筛选水体中具有潜在基因毒性的污染物（蒋琳等，2007）。

环境中存在的大多数污染物已被证实具有内分泌干扰效应，且许多污染物在极低浓度下即引起雌激素效应、雄激素效应、甲状腺激素效应等。利用细胞增殖试验、细胞报告基因试验、酵母杂交试验等手段，可筛选出环境样品中具有雌激素活性的污染物。评价内分泌干扰效应的测试方法有以下几种。①乳腺癌细胞 MCF-7 或 T47-D 细胞系的增殖试验。类雌激素污染物暴露后，雌激素敏感的 MCF-7 和 T47-D 细胞可出现增殖效应，其增殖速率与化合物的雌激素效应呈剂量-效应关系。例如，10 μmol/L 邻苯二甲酸二-2-乙基己酯[di(2-ethylhexyl)phthalate，DEHP] 和 1 μmol/L 4-正壬基酚（4-*n*-nonylphenol）暴露 24 h 后可引起 MCF-7 细胞的增殖（Blom et al.，1998）。②MVLN 为稳定转染雌激素响应元件 ERE 片段融合萤光素酶报告基因质粒的 MCF-7 细胞（Demirpence et al.，1993），具有雌激素活性的污染物暴露可诱导萤光素酶报告基因的表达，其雌激素效应强弱可以通过完整活细胞和细胞提取物中荧光强度来评估。许多研究用 MVLN 细胞来评估系列化合物如全氟化合物、辣椒素类似物、有机磷酸酯类的雌激素效应，并依此建立了定量构效关系（QSAR）模型（Li et al.，2014，2020a，2020b）。③酵母双杂交系统（yeast two-hybrid system），基于配体-雌激素受体结合原理，用于评估化合物的类/抗雌激素效应。已有研究使用酵母双杂交系统筛选了 14 种 PAH 和 63 种羟基多环芳烃（OH-PAH）的类/抗雌激素效应，并构建了相关 QSAR 模型用于预测环境样品中污染物的内分泌干扰效应（Hayakawa et al.，2007）。

2.2.2 细胞模型用于实际环境中污染物的筛选

1. 水环境污染的细胞监测

除水生生物群落试验、水生生物毒性测试外，基于生物传感器、细胞和分子的毒理学测试因具有快速、灵敏的优点，被广泛应用于水环境污染监测。

在水生毒理学中，鱼类细胞系的细胞毒性测试作为替代或补充活体动物试验的方法，常被用于筛选水环境样品中的污染物，或对污染物进行毒性排序、建立污染物与毒性的构效关系。测试采用两种不同类型的鱼类细胞系，包括：①新鲜分离的鱼类原代细胞，孵育数天至数周而不繁殖，这些细胞保存了许多体内特征；②永久细胞系，这些细胞可能已不具备原始组织或细胞的结构或代谢特性及功能。毒性测试终点包括细胞生长和增殖、细胞死亡、活力和功能、细胞形态、能量代谢等（Segner，1998）。

自 1968 年首次使用已建立的胖头鲹肌肉细胞系（fathead monnow cell line，FHM）对 Zn 可能引起的细胞毒性进行评估以来，鱼类细胞系常被用于水环境污染的监测。例如，利用蓝鳃鱼苗细胞（BF-2）监测水体中 Cd 等有毒重金属，检测终点为细胞群落形成、细胞复制、细胞对中性红的摄取、细胞群落生长（蛋白质测定）、[^{3}H]uridine 的摄取等（Babich et al.，1986）。水体中的 PAH 在太阳紫外线辐射（sun ultraviolet radiation，SUVR）的情况下对鱼类和其他水生生物具有严重毒性，有研究基于 MTT 细胞活力测定、中性红染色的方法，使用鱼肝癌细胞 PLHC-1 评估了 SUVR 照射后蒽的毒性，证明了活性氧自由基诱导的脂质过氧化是 PAH 光诱导鱼类毒性的主要分子机制（Choi and Oris，2000）。处理不当的废水，如电镀工业废水（treated electroplating industrial effluent，TEPIE）进入水生系统后，可对水生生物安全及人类健康造成影响。TEPIE 经处理后存在相对浓度较高的 Zn 和 Hg，将测定了 Zn 和 Hg 浓度的 TEPIE 暴露于斑马鱼鱼鳃细胞 DrG 后，检测细胞存活率，并分析测定细胞中活性氧水平、DNA 损伤程度及细胞凋亡情况，可评估 TEPIE 的健康效应（Ajitha et al.，2021）。

环境调查研究表明，聚碳酸酯塑料等工业产品的使用使得双酚 A、壬基酚和邻苯二甲酸酯类物质在地表水、饮用水源中普遍存在，且这些化合物被证明具有类雌激素效应。虽然分析化学方法能够定量分析各种环境内分泌干扰物，但无法反映化合物的激素干扰活性。生物监测方法，如竞争性结合测定、转录活性测定、报告基因测定等，已被用作筛选工具以评估水样的内分泌干扰活性。利用基于非洲绿猴肾细胞（CV-1）的 ER 报告基因测定，对长江三角洲区域二级地表水和地下水进行调查的结果显示，所有地下水样本及 7 个地表水样本具有 ER 激动剂活性，其中，淮河与长江水样本表现出了最高的雌激素活性，双酚A为雌激素活性的主导污染物（Shi et al.，2013）。另有研究结合化学分析方法，使用两种雌激素活性生物测定方法，即基于MVLN细胞的E-Screen法和T47D-KBluc荧光测定法，对中国台湾北部、中部和南部共7个饮用水处理厂收集的水样样本进行评估，发现第一批56个样品中雌二醇当量（estradiol equivalent，EEQ）的检出率为23%，第二批53个样本的检出率为75.7%，且在饮用水和原水样品中均检出邻苯二甲酸二丁酯（dibutyl phthalate，DBP）和DEHP。因此，结合化学分析和细胞监测方法，可对水环境中痕量污染物进行有效筛选和定量分析（Gou et al.，2016）。

2. 土壤污染的细胞监测

土壤被认为是污染物（有毒重金属、有机污染物）的最大受体。除化学分析外，对土壤中存在的少量或微量环境污染物进行快速灵敏的生物监测、筛选特异性和敏感性高的生物标志物是目前土壤污染监测的重要任务（周启星和王美娥，2006）。同时，人体食用受污染土地所生长的农作物后，可能产生的不良效应也需要通过生物测试的方法进行科学评估。

通过采集来自中国天津的41份表层土壤样品，使用一系列体外细胞生物测定法可以对土壤有机污染状况进行综合评估，包括利用乙氧基间苯酚 *O*-脱乙化酶（ethoxyresorufin-*O*-deethylase，EROD）与大鼠肝癌细胞 H4IIE 测定污染物芳基烃受体活性效应、利用SOS/umu测定污染物遗传毒性作用、利用人雌激素受体重组酵母双杂交系统测定污染物的类/抗雌激素作用（Xiao et al.，2006）。印度德里地区某垃圾填埋场的土壤受多环芳烃PAH污染，有研究利用$HepG_2$细胞开展MTT细胞活性测试和彗星试验，计算污染物致死效应的LC_{50}和细胞DNA损伤程度，结合化学分析结果，评估了该地区 PAH 的污染程度及对人体健康的危害效应（Swati et al.，2017）。一项研究通过测定140个典型污染区域土壤重金属浓度及地衣细胞内重金属浓度（Zn、Pb、Cd、As、Cu 和 Ni），发现污染严重的土壤中地衣细胞摄取重金属的敏感性和细胞膜完整性降低，因此认为地衣细胞膜完整性可作为土壤重金属污染的标志物（Osyczka and Rola，2019）。食用谷物是人体摄入Cd的主要方式，为阐明Cd在土壤-谷物-人体中的转移模式，在受污染的田地上（1.05 mg Cd/kg土壤）种植甜玉米，将模拟体外消化方法与Caco-2细胞模型相结合，评估 Cd 的生物可及性和可利用性，发现食用此区域种植的甜玉米粒对人体健康无明显影响，Cd的生物可利用度较低（Beri et al.，2020）。

3. 大气污染的细胞监测

受污染的城市大气和工厂附近的大气中存在成分复杂的污染物、颗粒物（particulate matter，PM）等，暴露于这些混合污染物可能会威胁人体健康。在特定污染区域，可使用单细胞生物进行污染物的指示和监测。例如，地衣细胞膜的完整性可作为氮化物污染的生物标志物（Munzi et al.，2009）。

鼻腔通道通过过滤吸入的空气来为下呼吸道提供保护，鼻腔细胞也因此容易受到大气污染的影响产生不良效应。DNA 单链断裂（single-strand break，SSB）可用作氧化剂暴露的生物标志物，并作为物质致癌性和致突变性的指标，利用彗星试验即单细胞凝胶电泳可对其进行定性及定量分析。一项针对墨西哥城的研究表明，长期居住在墨西哥城的居民与对照组相比，嗅觉上皮细胞中单链 DNA 断裂的数量有所增加（Calderón-Garcidueas et al.，1996）。后续研究分离了暴露于户外空气污染物的儿童鼻上皮细胞，使用单细胞凝胶电泳分析细胞 DNA 损伤程度，发现所有暴露的儿童（145 例）都有上呼吸道症状和鼻上皮细胞 DNA 损伤，户外暴露明显较少的最年幼儿童表现出斑片状的杯状细胞增生，并且 DNA 损伤最小（Calderón-Garcidueas et al.，2015）。

流行病学数据表明，暴露于环境空气颗粒物（PM）与人肺部和心血管疾病及癌症有关。发电厂燃煤产生的煤飞灰（coal fly ash，CFA）颗粒中含有多种有机化合物（如 PAH）及重金属（如 As、Cd、Cr、Hg、Pb 等）。利用人肺癌细胞 A549 和人肺鳞癌细胞 SK-MES-1 模拟 CFA 暴露对人肺组织的毒性效应，基于实时无标记细胞分析技术（real time cellular analysis，RTCA），实时、动态、定量跟踪细胞形态变化和增殖分化过程，发现细胞增殖效应的 IC_{50} 值与 CFA 的粒径大小密切相关（$PM_{2.5} \approx PM_{2.5\sim10} \gg PM_{10}$）。另外，PM 可能在颗粒表面直接产生活性氧，使得暴露的细胞线粒体或 NADPH 氧化酶功能改变，诱导细胞产生 ROS 并引起炎症反应（Risom et al.，2005）。因此，氧化应激诱导的 DNA 损伤被认为是城市颗粒物空气污染的重要作用机制。例如，与交通相关的污染空气暴露后，$PM_{2.5}$ 可诱导儿童鼻腔上皮细胞中 DNA 去甲基化酶 TET1 基因的 DNA 甲基化（Sordillo et al.，2021）。综上所述，细胞 DNA 损伤可作为大气污染监测的毒性终点。

除传统的毒性测试方法外，新出现的毒理学、化学分析技术也有助于实现大气污染的离体细胞监测。例如，利用微流控芯片技术构建肺气血屏障芯片，开展空气污染状况下 $PM_{2.5}$ 对人肺气血屏障功能损伤的剂量-效应关系研究，可实时监控空气质量状况（Xu et al.，2020）。近年来，干细胞相关研究技术也被广泛用于环境污染监测中。采用基于人胚胎干细胞（human embryonic stem cell，hESC）的角质形成细胞分化系统，可模拟环境超细碳颗粒暴露对肺的影响（Cheng et al.，2020；Liu et al.，2021a）。人多能干细胞（human pluripotent stem cell，hPSC）可诱导出具有典型标志基因和蛋白质的肺泡上皮类细胞 ATL，用于评估空气污染可能引起的健康风险。例如，模拟 PM 暴露 hPSC 后，可通过分析肺泡 2 型细胞表面标志物 DPPC 来判定大气细颗粒物主要成分苯并芘（benzopyrene，BaP）、碳纳米颗粒和纳米二氧化硅对人肺的毒性（Liu et al.，2021a）。

2.3　动植物监测

相比微生物及细胞体系在环境监测中的应用，鱼类、两栖类、哺乳类动物及高等植物作为不同生态系统及食物链不同营养级的代表，其个体及种群变化与环境污染密切相关，也被用作指示生物进行水环境、土壤环境、大气环境等方面的污染监测。

2.3.1　动物监测

1. 传统的动物监测方法

1）水体中污染物的动物监测方法

水体是污染物重要的汇（sink），因此，快速评价水体污染状况对于监测、评估和解决水污染带来的健康威胁是必要的。美国国家环境保护局（United States Environmental Protection Agency，EPA）在水环境领域的生物监测体系中主要采用的指示生物包括河流或溪流中的藻类、底栖生物和鱼类三个类群。除了从生态和群落层面进行生物监测，水生生物个体层面的毒性评价也是水环境生态监测的重要手段。鱼类是水环境中污染物内分泌干扰活性评价的重要模式生物。斑马鱼（*Danio rerio*）、青鳉（*Oryzias latipes*）、三刺鱼（*Gasterosteus aculeatus*）和黑头呆鱼（*Pimephales promelas*）等具有个体小、生命力强、适应性强、具一定的区域代表性、易饲养、繁殖周期短等优点，常被用于水体污染监测。经济合作与发展组织（Organization for Economic Co-operation and Development，OECD）的鱼类毒性测试指南包括三个方案，即 14 天短期筛选测试、发育和繁殖测试、全生命周期测试（Hutchinson and Pickford，2002）。由于鱼类的性别分化对内分泌干扰反应敏感，许多鱼类性别分化过程中的重要指标都被用来指示污染物的内分泌干扰活性，卵黄原蛋白含量和性别比例等是常用的检测终点。

2）土壤中污染物的动物监测方法

土壤动物作为土壤有害风险的指示生物，通常可以从三个层面对污染物进行评估。①群落水平。以土壤生态系统中物种的丰富度、优势度、关键物种等生物多样性情况作为指标。②种群和个体水平。以种群的数量、生长量、繁殖率、死亡率、年龄分布，以及个体的形态学、生理学、行为学变化等作为指标。③生物富集水平。以土壤生物富集污染物（如重金属和有机污染物）的生物富集因子作为指标。线虫、陆生腹足动物和寡毛类（如蚯蚓等）是土壤毒性测试的常用生物。线虫是易于在实验室内培养的模式生物，以线虫为模型的毒性评价指标包括污染物对生长、生殖、基因表达、运动和进食行为、内分泌干扰活性和酶活性的影响（Queirós et al.，2019）。其中，死亡率、生长和生殖能力是最基本的生物测试终点；行为学终点能够反映生物避免污染和进食抑制的反应，通常被用作有毒污染物暴露的早期预警（de Santo et al.，2019）；氧化应激反应的酶活性变化和内分泌干扰效应也是线虫用于土壤生物监测的常规检测终点（Ibrahim and Sayed，2019）。

2. 转基因动物监测方法

基于生理生化或生物标志物的生物监测具有耗时长、价格昂贵和通量低的缺点。相比而言，利用转基因动物监测环境污染物具有检测方法简单、通量高、可用于原位监测的优势，在环境监测研究领域得到一定的应用。转基因动物监测方法是在模式生物中转植入响应污染物暴露的启动子序列和报告基因序列，启动子驱动荧光蛋白或萤光素酶报告基因的表达，用于指示污染物毒性大小并提供可量化的数据。

1）水体中污染物的转基因动物监测方法

基于水体中相关污染物可激活特定启动子，进而引发报告基因（如绿色荧光蛋白或萤光素酶）表达的思路，目前已开发出检测化合物内分泌干扰作用（包括雌激素干扰和甲状腺激素干扰）的转基因鱼。鱼类分子水平上指示内分泌干扰物的生物标志物包括：与激素调节直接相关的蛋白质，如卵黄原蛋白（vitellogenin，Vtg）、卵壳前体蛋白（choriogenin，Chg）、芳香化酶（aromatase）、促甲状腺激素（thyroid-stimulating hormone，TSH）；与鱼类性别相关的卵巢结构蛋白（ovary structure protein 1，Osp1）等。这些生物标志物的相应基因启动子序列驱动报告基因表达，可以指示内分泌干扰物并评估其对生物体的影响。此外，激素调控基因上的响应 DNA 序列也可用于构建内分泌干扰效应的报告系统，如雌激素响应元件（estrogen response element，ERE）和甲状腺激素响应元件（thyroid hormone response element，TRE），可指示污染物作为激素类似物引起的生物学效应。细胞色素 P450 酶（如 Cyp1a1）是外源物代谢的相关解毒酶，基因表达受到芳香烃受体（aryl hydrocarbon receptor，AhR）信号调控，其启动子与报告基因组成的报告系统可以指示具有 AhR 结合活性的环境污染物，如二噁英、PAH 和 PCB 等。另外，一些热激蛋白和亲电反应元件等氧化应激响应元件可用于检测重金属毒性（表 2-4）。

2）土壤中污染物的转基因动物监测方法

土壤中污染物风险评估的指示生物包括菌根、线虫、蚯蚓等。线虫是发育生物学和神经生物学中重要的模式生物，因具有通体透明、易于在实验室培养、遗传学操作方便等优点，其转基因品系可用于土壤中农药和重金属等污染物的毒性监测。目前用于生态毒性评估的转基因线虫品系主要有以下四类：①利用压力响

表 2-4 利用转基因鱼监测污染物毒性效应

效应信号通路	生物标志物或响应元件	化合物	鱼类	转基因报告载体	参考文献
雌激素	雌激素	雌酮（E_1）、雌二醇（E_2）、炔雌醇（EE_2）、壬基酚（NP）	斑马鱼	*Tg*（*3xERE：Luc*）	Bogers et al.，2006；Legler et al.，2000，2002
	抗雌激素	麝香（AHTN）、苯并吡喃（HHCB）	斑马鱼	*Tg*（*3xERE：Luc*）	Schreurs et al.，2004
	雌激素	雌二醇（E_2）	斑马鱼	*Tg*（*5xERE：GFP*）	Gorelick and Halpern，2011；Gorelick et al.，2014
	雌激素	雌二醇（E_2）、炔雌醇（EE_2）、双酚 A（BPA）、壬基酚（NP）	斑马鱼	*Tg*（*3xERE：Gal4ff；UAS：GFP*）	Lee et al.，2012
	雌激素和卵黄蛋白原	雌二醇（E_2）、雌三醇（E_3）、炔雌醇（EE_2）、乙烯雌炔（DES）、双酚 A（BPA）、氯化镉（$CdCl_2$）	斑马鱼	*Tg*（*ERE-zvtg1：GFP*）	Chen et al.，2010
	卵黄蛋白原	雌二醇（E_2）、炔雌醇（EE_2）、双酚 A（BPA）	青鳉	*Tg*（*Mvtg1：GFP*）	Zeng et al.，2005
	绒毛膜促性腺激素	雌二醇（E_2）	青鳉	*Tg*（*ChgL：GFP；emgb：RFP*）	Salam et al.，2008；Ueno et al.，2004
	绒毛膜促性腺激素	雌酮（E_1）、雌二醇（E_2）、炔雌醇（EE_2）	青鳉	*Tg*（*ChgL：GFP*）	Kurauchi et al.，2005，2008
	绒毛膜促性腺激素	雌酮（E_1）、雌二醇（E_2）、乙烯雌炔（DES）、双酚 A（BPA）	青鳉	*Tg*（*ChgL：RFP*）	Cho et al.，2013
	芳香化酶 Cyp19a1b	雌二醇（E_2）和 30 种雌激素干扰化合物	斑马鱼	*Tg*（*cyp19a1b：GFP*）	Brion et al.，2012
	卵巢结构蛋白 Osp1	雌二醇（E_2）、炔雌醇（EE_2）、壬基酚（NP）	青鳉	*Tg*（*Osp1：EGFP*）	Zhao et al.，2014
甲状腺激素	促甲状腺激素 β（TSHβ）	三碘甲状腺原氨酸（T_3）、甲状腺素（T_4）	斑马鱼	*Tg*（*TSHβ：EGFP*）	Ji et al.，2012
	甲状腺激素	三碘甲状腺原氨酸（T_3）、双酚 A（BPA）、NH_3、$NaClO_4$	斑马鱼	*Tg*（*TRE：GFP*）	Terrien et al.，2011
异物代谢	细胞色素 P450 酶 Cyp1a1	多氯联苯（PCB）	斑马鱼	*Tg*（*cyp1a1：GFP*）	Hung et al.，2012

续表

效应信号通路	生物标志物或响应元件	化合物	鱼类	转基因报告载体	参考文献
异物代谢	细胞色素 P450 酶 Cyp1a1	二噁英（TCDD）	斑马鱼	*Tg*（*cyp1a1*：*nls-EGFP*）	Kim et al.，2013
	细胞色素 P450 酶 Cyp1a2	二噁英（TCDD）、多环芳烃（3-MC）、苯并芘（BaP）	青鳉	*Tg*（*cyp1a1*：*GFP*）	Ng and Gong，2013
环境压力感受	热激蛋白 Hsp70	氯化镉（$CdCl_2$）	斑马鱼	*Tg*（*hsp70*：*EGFP*）	Blechinger et al.，2002
	热激蛋白 Hsp27	砷酸氢二钠（Na_2HAsO_4）、氯化镉（$CdCl_2$）	斑马鱼	*Tg*（*hsp27*：*EGFP*）	Wu et al.，2008
	亲电反应元件 EpRE	氯化汞（$HgCl_2$）	斑马鱼	*Tg*（*EPRE*：*Luc-GFP*）	Kusik et al.，2008
	亲电反应元件 EpRE	硫酸铜（$CuSO_4$）	斑马鱼	*Tg*（*EPRE*：*Luc*）	Almeida et al.，2010
	糖皮质激素 GRE	地塞米松（DEX）、羟肾上腺皮质激素（HC）、倍他米松（BM）	斑马鱼	*Tg*（*4xGRE*：*Luc*）	Weger et al.，2012
	糖皮质激素 GRE	羟肾上腺皮质激素（HC）、丙酸氟替卡松	斑马鱼	*Tg*（*6xGRE*：*d4EGFP*）	Krug et al.，2014
	糖皮质激素 GRE	地塞米松（DEX）	斑马鱼	*Tg*（*9xGCRE-HSV*：*U123*：*EGFP*）	Benato et al.，2014

应蛋白（如热激蛋白）基因的启动子序列驱动报告基因产生的转基因品系，包括 *hsp-6::GFP*、*hsp-16.2::GFP* 和 *hsp-70::GFP*（Bierkens，2000）等；②基于指示重金属污染的金属硫蛋白基因的启动子序列驱动报告基因而产生的转基因品系，包括 *mtl-1::GFP* 和 *mtl-2::GFP* 等（Swain et al.，2004）；③基于抗氧化酶如谷胱甘肽转移酶（glutathione transferase，GST）或超氧化物歧化酶（superoxide dismutase，SOD）基因的启动子序列驱动报告基因而产生的转基因品系，包括 *gst-1::GFP*、*sod-1::GFP* 和 *sod-4::GFP* 等（Tejeda-Benitez et al.，2016；Wah Chu and Chow，2002）；④基于外源物代谢的解毒酶细胞色素 P450 酶基因启动子序列驱动报告基因而产生的转基因品系，包括 *cyp34A2::GFP* 和 *cyp34A10::GFP* 等（Menzel et al.，2001，2007）。这四类针对生物标志物开发的转基因线虫还可同时用于土壤现场的污染物综合毒性评估（Anbalagan et al.，2013），例如，转基因线虫 *hsp16-1::Luc* 中报告基因的表达水平与氯化镉的暴露浓度（5～100 μg/mL）有高度的相关性（David et al.，2003）。此品系还可以指示杀菌剂农药克菌丹（Jones et al.，1996）和有机磷农药（包括乙酰甲胺磷、乐果、敌敌畏、百治灵、久效磷、甲胺磷、磷胺、氧乐果、速灭磷和敌百虫）的毒性作用（Rajini et al.，2008）。

2.3.2　植物监测

1. 经典植物监测方法

植物是大气污染的有效生物监测器。由于植物以很大的叶面积与空气接触进行气体交换，且植物缺乏动物的循环系统来缓冲外界影响，其固定生长的特点使得植物无法躲避污染物的危害，因而对大气污染的反应灵敏。植物种群水平上的生物监测，是利用地理植物学方法分析植物物种的类型、数量、生命力、树冠密度、草木或苔藓覆盖物的密度等指标，用以评价环境中污染物对植物的影响。植物器官水平的生物监测主要通过分析植物生物量的增长（如芽的重量、发芽数和种子数目、根系生长量）进行；另外还包括植物器官形态的改变，如叶片坏死和萎缩的程度、叶片和芽形状的改变（如叶片出现缺口、失去形状、丝状叶片等）、树木的枯枝和干冠的百分比，以监测有毒物质对植物的影响。高等植物如唐菖蒲、紫花苜蓿、烟草，分别对氟化物、二氧化硫和臭氧的响应灵敏度较高，在低浓度暴露下，植物即出现肉眼可见的症状，因而它们可作为该类污染物的指示植物。由于苔藓对大气中重金属的吸附能力强，可根据苔藓中的重金属种类和浓度监测大气中的重金属污染。苔藓植物体结构简单，由单层或几层细胞组成，表面积与其生物量的比值较高，且体表无蜡质角质层；苔藓只有假根，与土壤的物质交换少，吸附保留重金属的能力强，能准确反映大气中重金属等污染物在植物体内的富集和影响。因此，苔藓植物可指示和监测大气重金属的沉降污染问题。有研究表明，意大利北部塔藓中 Pb 和 Cd 的含量与当地降水中的元素存在显著相关性（Gerdol et al.，2000）；意大利山麓地区真藓中 Al、Fe、Mg、Mn、Ti、Zn、As、Ba、Cd、Co、Cr、Cu、Ni、Pb、Sr 等重金属或类金属的含量与当地大气沉降程度密切相关（Aceto et al.，2003）。基于植物生理生化水平的生物监测，主要是检测体内抗氧化和解毒能力的改变情况，包括抗氧化酶、超氧化物歧化酶、过氧化物酶、过氧化氢酶和谷胱甘肽还原酶的活性改变。基于植物分子水平的生物监测，主要考察染色体和 DNA 水平发生的遗传学改变，常用的植物包括洋葱属、紫露草属、蚕豆和玉米等。含有 *Sulfur*（*Su*）基因的杂合子烟草可用于监测污染物引起的 DNA 双链断裂导致的 DNA 重组修复事件，其监测的原理是：野生型叶片细胞为绿色；*Su* 基因纯合子叶片细胞为白色；*Su* 基因杂合子叶片细胞为黄绿色；当 *Su* 基因杂合子烟草（$Su^{+/-}$）发生 DNA 同源重组事件产生 DNA 的交换时，叶片细胞将变成深绿色（$Su^{+/+}$）或白色（$Su^{-/-}$）。

2. 转基因植物监测方法

观察洋葱属和蚕豆等植物的遗传学改变，传统上需要通过显微镜镜检观察和统计，无法实现快速、直观的定量。随着分子生物学的发展和各种报告基因的发现，根据环境污染物造成遗传毒性的原理，越来越多的转基因植物被开发用于评价环境污染物的健康风险。与传统方法相比，以转基因植物为基础的遗传毒性监测方法不仅可以保证其灵敏性，还能通过报告基因的定量，快速获取污染物毒性数据。转基因植物用于生物监测主要是检测 DNA 上发生的双链断裂或者碱基突变，利用这类转基因植物可以监测土壤中放射性核污染或重金属污染。

1）重组报告系统

环境诱变剂能造成细胞基因组 DNA 损伤，而细胞本身建立了复杂的修复系统来应对不同形式的损伤。DNA 双链断裂是最为严重的 DNA 损伤形式，它会激活同源重组修复和非同源末端连接修复的机制，修复受损的 DNA 以维持细胞基因组的稳定性。同源重组修复是以同源 DNA 分子为模板，在一系列蛋白因子和 DNA 聚合酶作用下精确修复损伤区域的 DNA 碱基序列（Sung and Klein，2006）。基于 DNA 双链断裂可引发同源重组事件发生这一原理，以 β-葡糖醛酸糖苷酶（β-glucuronidase，GUS）作为报告基因构建了检测同源重组的转基因拟南芥，该检测系统由两个相互重叠但无功能的 *GUS* 基因的截短序列组成（图 2-2），当两段同源序列之间发生同源重组事件，则 *GUS* 报告基因的序列恢复，表达 β-葡糖醛酸糖苷酶（Swoboda et al.，1994）。通过免疫染色，β-葡糖醛酸糖苷酶与其底物 5-溴-4-氯-3-吲哚-β-D-葡糖醛酸环己胺盐（X-gluc）反应产生蓝色沉淀颗粒，用以指示同源重组事件的发生（Kovalchuk and Kovalchuk，2008）。DNA 双链断裂是放射性导致的主要遗传损伤形式，因此检测同源重组发生率的转基因植物可用于放射性污染监测。在放射性污染的土壤中，转 *GUS* 基因的拟南芥和烟草的同源重组发生率随放射剂量（0.1～900 Ci/km^2）增加呈现明显的剂量依赖性增加，这与利用洋葱检测到的染色体畸变频率增加的现象一致，表明该转基因植物具有良好的 DNA 损伤生物指示作用（Kovalchuk et al.，1998，1999）。重金属 As、Cd、Cr、Pb 和 Hg 暴露会产生活性氧并造成 DNA 链的断裂（Tchounwou et al.，2012），因此植物重组报告系统也能用于重金属的生物监测。已有研究显示，转基因拟南芥的同源重组发生率与重金属（As、Pb、Cd、Zn、Cu、Ni 等）暴露浓度具有显著的相关性，可以检测到 0.05 mg/L As^{3+}的毒性效应（Kovalchuk et al.，2001）。

图 2-2　同源重组报告系统原理（修改自 Swoboda et al.，1994）

重组报告检测系统由两个相互重叠但无功能的 *GUS* 基因的截短序列组成，当两段同源序列之间发生同源重组事件，则 *GUS* 报告基因的序列恢复，表达 β-葡糖醛酸糖苷酶

2）点突变报告系统

植物细胞在正常条件下会存在一定的基因自发点突变（10^{-8}～10^{-7} 次/碱基）（Kovalchuk et al.，2000），环境压力会触发基因点突变频率的增加（Gupta and Kulshrestha，2016）。点突变的产生，一类由碱基的化学修饰引起，另一类由 DNA 复制过程中引发的错误导致。目前检测基因点突变发生率的植物转基因系统有三种类型。①在 *GUS* 基因序列的 5′端通过碱基替换引入终止密码子，当位点发生回复突变时才能够表达 β-葡糖醛酸糖苷酶，在 X-gluc 底物作用下产生蓝色沉淀颗粒信号（图 2-3）。可以检测的回复突变形式包括 T→C、T→G、T→A、A→G（Kovalchuk et al.，2000）和 C∶G→T∶A（Van der Auwera et al.，2008）。由于单碱基回复突变率不高，每个实验组需要 500～1000 棵植物才能做出有效评价，因此需要发展灵敏度更高的方法。②在 *GUS* 基因起始密码子后面加上 16 个 G 的短重复（微卫星）序列，DNA 复制过程中容易在微卫星序列处发生滑动而产生碱基的插入或缺失，当发生增加 2 个 G 或减少 1 个 G 的错误时，GUS 基因的可读框可以正确表达出 β-葡糖醛酸糖苷酶而产生信号（Azaiez et al.，2006）。由于微卫星序列有更高的突变频率，使得这种检测方法可以减少植物的使用量。③基于四环素抑制子的报告系统，其原理是四环素抑制基因的正常表达会抑制报告基因的表达，基因序列上发生任何突变都会使得四环素对报告基因启动子的抑制作用解除，通过报告基因的表达以指示点突变的发生（Kovalchuk and Kovalchuk，2008）。

点突变报告的转基因拟南芥可用于重金属遗传毒性的评价，这种转基因植物报告的 T→A、T→G 点突变发生率与 As、Pb、Cd、Zn、Cu 和 Ni 暴露浓度具有很好的相关性，可以指示0.001～0.01 mg/L Cd^{2+}的毒性，响应值比GUS的细菌报告系统高，灵敏度也高于其他报告系统（Kovalchuk et al.，2001）。

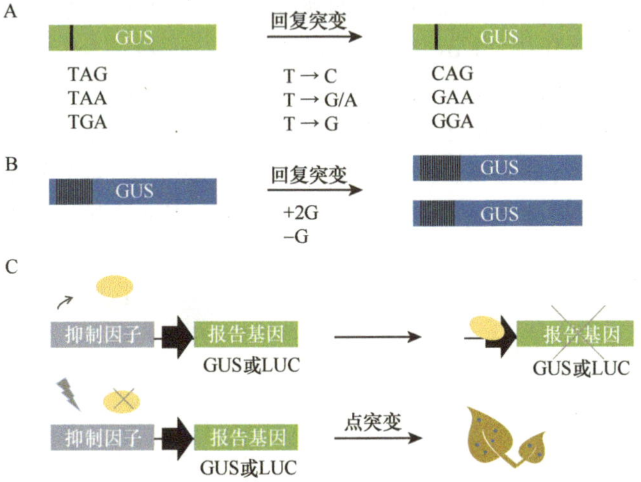

图2-3 点突变报告系统原理（修改自Kovalchuk and Kovalchuk，2008）

A. 在*GUS*基因序列的5′端通过碱基替换引入终止密码子TAG、TAA和TGA，当位点发生回复突变时才能够表达β-葡糖醛酸糖苷酶。B. 在*GUS*基因起始密码子后面加上16个G的短重复（微卫星）序列，DNA复制过程中容易在微卫星序列处发生滑动而产生碱基的插入或缺失，当发生增加2个G或减少1个G的错误时，*GUS*基因的可读框可以正确表达出β-葡糖醛酸糖苷酶而产生信号。C. 基于抑制因子的报告系统，其原理是抑制因子阻断报告基因的表达，抑制因子基因序列上发生任何突变都会使得抑制因子对报告基因启动子的抑制作用解除，报告基因表达以指示点突变的发生

2.4 生物监测方法的局限性及展望

2.4.1 传统生物监测在环境污染监测中的局限性

传统的生物监测方法主要针对污染物敏感的受试生物自身形态、生物标志物及群落数量的变化进行分析，并建立污染物的剂量-效应关系。目前，环境监测仍以物理、化学监测手段为主，基于发光细菌、藻类、原生动物、植物、鱼类等生物监测也得到了一定的发展。然而，作为环境监测中不可或缺的部分，传统生物监测手段在识别特异性、敏感性、标准化等方面面临的挑战正日益凸显。①识别特异性。由于污染物种类繁多，利用传统的生物监测手段基本无法甄别同类别污染物的毒性效应。例如，双酚A与其类似物的结构、功能高度相似，无法采用生物监测手段准确区分及定量。②敏感性。由于不同个体对化合物的耐受程度、对环境的适应性存在差异，筛选受试生物对特定化合物的敏感指示物及增强其敏感性仍然是生物监测发展的制约因素。③标准化。随着分子生物学技术、基因操作技术、合成生物学技术的不断发展，各种生物传感器相继问世，也衍生出了各种

可以高效、准确定量标志物的监测技术，包括基因工程技术、电泳分离纯化技术、PCR 技术、DNA 探针技术、酶蛋白标志物技术、免疫检测技术、生物传感器技术、生物毒性试验单细胞凝胶电泳技术等。然而，如何将生物监测体系与污染物的定量计算形成标准化方法，是目前生物监测发展面临的技术瓶颈。目前，已经有一些生物监测系统用于水质监测的国家标准，如 GB/T 12990—1991《水质 微型生物群落监测PFU法》、GB/T 15441—1995《水质 急性毒性的测定 发光细菌法》、GB/T 13267—1991《水质 物质对淡水鱼（斑马鱼）急性毒性测定方法》、GB/T 13266—1991《水质 物质对蚤类（大型蚤）急性毒性测定方法》等，然而有关特定污染物的生物监测系统标准方法目前仍为空白。

2.4.2 合成生物学在环境污染生物监测中的应用

传统生物监测存在稳定性、特异性及敏感性差且缺乏标准方法等问题。合成生物学在环境监测领域已经取得一些开创性成果，在此基础上，研究人员进一步开发了多种合成生物学工具与技术，用于评估污染物的毒性及其环境影响。其中，发展最为迅速的是基于生物传感器的环境生物监测技术。这类生物传感器根据污染物的毒性效应机理对生物体进行改造，将污染物毒性转换为可定量识别的生物信号，进而应用于环境生物监测。对于生物传感器的研究已经从自然存在的全细胞生物传感器转向人工合成的微生物传感器，合成生物学的发展正在助力环境生物监测朝着提高生物监测体系的稳定性、特异性和敏感性的方向发展。此外，研究人员已经开始关注新型底盘生物，用于替换现有底盘生物，降低环境污染物对于合成生物学传感元件的干扰，提高元件的可靠性；同时，也出现了越来越多的逻辑门联用系统对合成生物监测的特异性进行优化。这些进展标志着基于合成生物学的环境生物监测的发展进入了新的阶段（Dawson et al.，2008；Hicks et al.，2020）。

虽然目前已开发出许多类型的微生物传感器，但能够用于环境污染物现场监测的仍然相对较少，主要受限于以下几个方面。①检测限。很少有微生物传感器可以检测浓度低于 0.1 μmol/L 的污染物，而且微生物传感器通常对一组化合物而非特定的化合物有反应。②表达报告基因所需时间长，微生物传感器可能的响应延迟限制了其在污染物实时监测领域的应用。因此，需要开发更敏感的启动子来提高微生物传感器的敏感性和特异性，从而缩短响应时间。具体可通过筛选宿主菌株以提高微生物传感器的响应速度和灵敏度，或者通过位点定向突变来改变结合位点的特异性和敏感性（Shin，2011）。③细胞在缺乏营养和（或）含有抑制化合物的复杂环境中难以维持固有活力/活性，从而导致对污染物浓度水平的低估。因此，提高在线微生物传感器稳定性是未来研究的重要方向。如果克服了以上这些困难，微生物传感器在自动在线环境监测设备、单元阵列微晶片固定传感器、光纤或其他高通量平台方面将具有广阔的应用前景。

在高通量技术创新方面，微生物传感器需要同时监测多个环境参数，包括生物传感器细胞发光的通用和高通量微阵列分析。微尺度监测方面，单细胞微生物传感器通过在成像纤维束上搭载单个重组细胞，同时监测单个细胞反应，可以监测化学分析无法实现的微环境监测。基于光学成像纤维的单细胞阵列可以成为一种灵活而敏感的生物传感器平台，用于监测各种传感微生物的“量子行为”。该平台需要复杂的仪器、精确的定量和准确的解释，将单个异构细胞获得的报告信号转化为量化信息。

除上述特异性、敏感性、高通量的问题，目前基于合成生物学的环境监测手段在转化为有实际应用价值的技术中仍然面临着操作流程标准化的挑战。作为新兴交叉学科，合成生物学一开始就引入了工程设计的概念，强调模块化、标准化和简单化。模块化和标准化的引入有助于将研究成果推进到产业化阶段，以标准化的流程集成元件、编辑程序促进实验的流程规范化，并加强生物安全保障。在环境监测领域，合成生物学工具箱提供了用于创造模块化和多级生物控制系统的工具，但标准化进程受到了实验工具标准化、实验方法标准化、计算生物学标准化等各个层面的限制（Tas et al.，2020）。合成生物学工具的收集和使用需要通用标准，工具箱的概念囊括了合成生物学从遗传学基础元件到底盘生物的各种生物材料。对生物材料进行分类、命名、标准化报告、标准库的组建等工作显得尤为重要，没有可靠的标准，就难以整合丰富庞杂的工具箱资源。实验单位的统一化及实验流程的标准化也需要开展大量工作，目前尚缺乏实用、通用和全面的测量单位系统，不同底盘生物之间不能方便地进行转换，仍需要通过烦琐的实验才能实现。而标准化实验方法的缺乏也导致采用不同实验流程所得到的结果之间可比性较差。

合成生物学中广泛应用的模式微生物如大肠杆菌、恶臭假单胞菌、酵母、光合微生物等，已经有完善的保存和使用条件，能够方便地进行收集、维护和操纵，在模式生物的标准化方面已经取得了显著进展和广泛应用。在改善和标准化合成生物学工具之外，元件的稳定性、特异性等也需要进一步优化以满足实际应用需求。在环境监测过程中，脱离实验室环境后，环境变量对检测元件的影响较大，这也对元件可靠性和特异性提出了更高的要求。计算预测通常能够有效地增进我们对复杂系统的理解，综合考虑多变量问题并实现自动化设计，但计算生物学也同样面临标准化挑战。当前计算研究的大多数标准都来自系统生物学和代谢工程领域（Tas et al.，2020），计算应用方面的可用标准主要集中在设计阶段，已有的遗传电路设计工具（如 iBioSim）等也主要专注于部分生物系统，特别是基因的设计，难以拓展到复杂体系。总之，基于合成生物学的生物监测，未来可能集中于开发更易监管、成本效益和安全性高、自动化、高通量、无线/移动的在线生物传感器与完全自动化的现场监测系统。

编写人员：曹梦西　王　玲　王　赟　张文娟　庞少臣　梁　勇
单　　位：江汉大学

参 考 文 献

蒋琳, 张丹, 刘玉荣, 等. 2007. 武汉市南湖区域不同污染水源对蚕豆根尖细胞有丝分裂期染色体的影响. 华中农业大学学报, 26(3): 5.

周启星, 王美娥. 2006. 土壤生态毒理学研究进展与展望. 生态毒理学报, 1(1): 1-11.

Aceto M, Abollino O, Conca R, et al. 2003. The use of mosses as environmental metal pollution indicators. Chemosphere, 50(3): 333-342.

Ajitha V, Manomi S, Sreevidya C P, et al. 2021. Cytotoxic impacts of treated electroplating industrial effluent and the comparative effect of their metal components (Zn, Hg, and Zn+Hg) on Danio rerio gill (DrG) cell line. Science of the Total Environment, 793: 148533.

Almeida D V, da Silva Nornberg B F, Geracitano L A, et al. 2010. Induction of phase II enzymes and hsp70 genes by copper sulfate through the electrophile-responsive element (EpRE): Insights obtained from a transgenic zebrafish model carrying an orthologous EpRE sequence of mammalian origin. Fish Physiology and Biochemistry, 36(3): 347-353.

Anbalagan C, Lafayette I, Antoniou-Kourounioti M, et al. 2013. Use of transgenic GFP reporter strains of the nematode *Caenorhabditis elegans* to investigate the patterns of stress responses induced by pesticides and by organic extracts from agricultural soils. Ecotoxicology, 22(1): 72-85.

Azaiez A, Bouchard E F, Jean M, et al. 2006. Length, orientation, and plant host influence the mutation frequency in microsatellites. Genome, 49(11): 1366-1373.

Babich H, Shopsis C, Borenfreund E. 1986. *In vitro* cytotoxicity testing of aquatic pollutants (cadmium, copper, zinc, nickel) using established fish cell lines. Ecotoxicology and Environmental Safety, 11(1): 91-99.

Bae J W, Seo H B, Belkin S, et al. 2020. An optical detection module-based biosensor using fortified bacterial beads for soil toxicity assessment. Analytical and Bioanalytical Chemistry, 412(14): 3373-3381.

Benato F, Colletti E, Skobo T, et al. 2014. A living biosensor model to dynamically trace glucocorticoid transcriptional activity during development and adult life in zebrafish. Molecular and Cellular Endocrinology, 392(1): 60-72.

Bennion H, Kelly M G, Juggins S, et al. 2014. Assessment of ecological status in UK lakes using benthic diatoms. Freshwater Science, 33(2): 639-654.

Beri W T, Gesessew W S, Tian S K. 2020. Maize cultivars relieve health risks of Cd-polluted soils: *in vitro* Cd bioaccessibility and bioavailability. Science of the Total Environment, 703: 134852.

Bierkens J G E A. 2000. Applications and pitfalls of stress-proteins in biomonitoring. Toxicology, 153(1): 61-72.

Biran I, Babai R, Levcov K, et al. 2000. Online and *in situ* monitoring of environmental pollutants: electrochemical biosensing of cadmium. Environmental Microbiology, 2(3): 285-290.

Blechinger S R, Warren J T, Kuwada J Y, et al. 2002. Developmental toxicology of cadmium in living embryos of a stable transgenic zebrafish line. Environmental Health Perspectives, 110(10): 1041-1046.

Blom A, Ekman E, Johannisson A, et al. 1998. Effects of xenoestrogenic environmental pollutants on the proliferation of a human breast cancer cell line (MCF-7). Archives of Environmental Contamination and Toxicology, 34(3): 306-310.

Bogers R, Mutsaerds E, Druke J, et al. 2006. Estrogenic endpoints in fish early life-stage tests: Luciferase and vitellogenin induction in estrogen-responsive transgenic zebrafish. Environmental Toxicology and Chemistry, 25(1): 241-247.

Brack W, Ait-Aissa S, Burgess R M, et al. 2016. Effect-directed analysis supporting monitoring of aquatic environments - An in-depth overview. Science of the Total Environment, 544: 1073-1118.

Brion F, Le Page Y, Piccini B, et al. 2012. Screening estrogenic activities of chemicals or mixtures *in vivo* using transgenic (cyp19a1b-GFP) zebrafish embryos. PLoS One, 7(5): e36069.

Calderón-Garcidueas L, Osnaya-Brizuela N, Ramírez-Martínez L, et al. 1996. DNA strand breaks in human nasal respiratory epithelium are induced upon exposure to urban pollution. Environmental Health Perspectives, 104(2): 160-168.

Calderón-Garcidueas L, Osnaya N, Rodriguez-Alcaraz A, et al. 2015. DNA damage in nasal respiratory epithelium from children exposed to urban pollution. Environmental Molecular Mutagenesis, 30(1): 11-20.

Carpenter S R, Stanley E H, Vander Zanden M J. 2011. State of the world's freshwater ecosystems: physical, chemical, and biological changes. Annual Review of Environment and Resources, 36(1): 75-99.

Castillo J, Gáspár S, Leth S, et al. 2004. Biosensors for life quality: Design, development and applications. Sensors and Actuators B: Chemical, 102(2): 179-194.

Chen H, Hu J Y, Yang J, et al. 2010. Generation of a fluorescent transgenic zebrafish for detection of environmental estrogens. Aquatic Toxicology, 96(1): 53-61.

Cheng Z W, Liang X S, Liang S J, et al. 2020. A human embryonic stem cell-based *in vitro* model revealed that ultrafine carbon particles may cause skin inflammation and psoriasis. Journal of Environmental Sciences, 87: 194-204.

Cho Y S, Kim D S, Nam Y K. 2013. Characterization of estrogen-responsive transgenic marine medaka *Oryzias dancena* germlines harboring red fluorescent protein gene under the control by endogenous choriogenin H promoter. Transgenic Research, 22(3): 501-517.

Choi J, Oris J T. 2000. Anthracene photoinduced toxicity to Plhc-1 cell line (*Poeciliopsis lucida*) and the role of lipid peroxidation in toxicity. Environmental Toxicology and Chemistry, 19(11): 2699-2706.

Cordier T, Lanzén A, Perret C. 2021. *De novo* approach to associate DNA metabarcoding data with ecological status in aquatic biomonitoring. Molecular Ecology Resources, 21(1): 37-51.

Damborský P, Švitel J, Katrlík J. 2016. Optical biosensors. Essays in Biochemistry, 60(1): 91-100.

David H E, Dawe A S, de Pomerai D I, et al. 2003. Construction and evaluation of a transgenic hsp16-GFP-lacZ *Caenorhabditis elegans* strain for environmental monitoring. Environmental

Toxicology and Chemistry, 22(1): 111-118.

Dawson J J, Iroegbu C O, Maciel H, et al. 2008. Application of luminescent biosensors for monitoring the degradation and toxicity of BTEX compounds in soils. Journal of Applied Microbiology, 104(1): 141-151.

de Santo F B, Guerra N, Vianna M S, et al. 2019. Laboratory and field tests for risk assessment of metsulfuron-methyl-based herbicides for soil fauna. Chemosphere, 222: 645-655.

Demirpence E, Duchesne M-J, Badia E, et al. 1993. MVLN Cells: A bioluminescent MCF-7-derived cell line to study the modulation of estrogenic activity. The Journal of Steroid Biochemistry and Molecular Biology, 46(3): 355-364.

Ekvall M T, Hedberg J, Wallinder I O, et al. 2018. Long-term effects of tungsten carbide (WC) nanoparticles in pelagic and benthic aquatic ecosystems. Nanotoxicology, 12(1): 79-89.

Farre M, Arranz F, Ribo J, et al. 2004. Interlaboratory study of the bioluminescence inhibition tests for rapid wastewater toxicity assessment. Talanta, 62(3): 549-558.

Fuller N, Ford A T, Nagorskaya L L, et al. 2018. Reproduction in the freshwater crustacean *Asellus aquaticus* along a gradient of radionuclide contamination at Chernobyl. Science of the Total Environment, 628-629: 11-17.

Gerdol R, Bragazza L, Marchesini R, et al. 2000. Monitoring of heavy metal deposition in Northern Italy by moss analysis. Environmental Pollution, 108(2): 201-208.

Girotti S, Ferri E N, Fumo M G, et al. 2008. Monitoring of environmental pollutants by bioluminescent bacteria. Analytica Chimica Acta, 608(1): 2-29.

Gorelick D A, Halpern M E. 2011. Visualization of estrogen receptor transcriptional activation in zebrafish. Endocrinology, 152(7): 2690-2703.

Gorelick D A, Iwanowicz L R, Hung A L, et al. 2014. Transgenic zebrafish reveal tissue-specific differences in estrogen signaling in response to environmental water samples. Environmental Health Perspectives, 122(4): 356-362.

Gou Y Y, Lin S, Que D E, et al. 2016. Estrogenic effects in the influents and effluents of the drinking water treatment plants. Environmental Science and Pollution Research, 23(9): 8518-8528.

Gupta G P, Kulshrestha U. 2016. Biomonitoring and remediation by plants. Plant Responses to Air Pollution. Singapore: Springer: 119-132.

Hayakawa K, Onoda Y, Tachikawa C, et al. 2007. Estrogenic/antiestrogenic activities of polycyclic aromatic hydrocarbons and their monohydroxylated derivatives by yeast two-hybrid assay. Journal of Health Science, 53(5): 562-570.

Hicks M, Bachmann T T, Wang B J. 2020. Synthetic biology enables programmable cell-based biosensors. Chemphyschem, 21(2): 132-144.

Hung K W Y, Suen M F K, Chen Y F, et al. 2012. Detection of water toxicity using cytochrome P450 transgenic zebrafish as live biosensor: For polychlorinated biphenyls toxicity. Biosensors and Bioelectronics, 31(1): 548-553.

Hutchinson T H, Pickford D B. 2002. Ecological risk assessment and testing for endocrine disruption in the aquatic environment. Toxicology, 181-182: 383-387.

Ibrahim A M, Sayed D A. 2019. Toxicological impact of oxyfluorfen 24% herbicide on the reproductive system, antioxidant enzymes, and endocrine disruption of Biomphalaria alexandrina (Ehrenberg, 1831) snails. Environmental Science and Pollution Research, 26(8):

7960-7968.

Ji C, Jin X, He J Y, et al. 2012. Use of TSHβ: EGFP transgenic zebrafish as a rapid *in vivo* model for assessing thyroid-disrupting chemicals. Toxicology and Applied Pharmacology, 262(2): 149-155.

Jia J L, Li H B, Zong S, et al. 2016. Magnet bioreporter device for ecological toxicity assessment on heavy metal contamination of coal cinder sites. Sensors and Actuators B: Chemical, 222: 290-299.

Jones D, Stringham E G, Babich S L, et al. 1996. Transgenic strains of the nematode *C. elegans* in biomonitoring and toxicology: Effects of captan and related compounds on the stress response. Toxicology, 109(2): 119-127.

Kaeding A J, Ast J C, Pearce M M, et al. 2007. Phylogenetic diversity and cosymbiosis in the bioluminescent symbioses of "photobacterium mandapamensis". Applied and Environmental Microbiology, 73(10): 3173-3182.

Kang Y, Lee W, Jang G, et al. 2018. Modulating the sensing properties of *Escherichia coli*-based bioreporters for cadmium and mercury. Applied Microbiology and Biotechnology, 102(11): 4863-4872.

Kim K H, Park H J, Kim J H, et al. 2013. Cyp1a reporter zebrafish reveals target tissues for dioxin. Aquatic Toxicology, 134-135: 57-65.

Kim Y S, Choi J S, Kim J H, et al. 2008. The effects of effluent from a closed mine and treated sewage on epilithic diatom communities in a Korean stream. Nova Hedwigia, 86(3-4): 507-524.

Kovalchuk I, Kovalchuk O. 2008. Transgenic plants as sensors of environmental pollution genotoxicity. Sensors, 8(3): 1539-1558.

Kovalchuk I, Kovalchuk O, Arkhipov A, et al. 1998. Transgenic plants are sensitive bioindicators of nuclear pollution caused by the Chernobyl accident. Nature Biotechnology, 16(11): 1054-1059.

Kovalchuk I, Kovalchuk O, Hohn B. 2000. Genome-wide variation of the somatic mutation frequency in transgenic plants. The EMBO Journal, 19(17): 4431-4438.

Kovalchuk O, Kovalchuk I, Titov V, et al. 1999. Radiation hazard caused by the Chernobyl accident in inhabited areas of Ukraine can be monitored by transgenic plants. Mutation Research, 446(1): 49-55.

Kovalchuk O, Titov V, Hohn B, et al. 2001. A sensitive transgenic plant system to detect toxic inorganic compounds in the environment. Nature Biotechnology, 19(6): 568-572.

Krug R G, Poshusta T L, Skuster K J, et al. 2014. A transgenic zebrafish model for monitoring glucocorticoid receptor activity. Genes, Brain and Behavior, 13(5): 478-487.

Kumar J, Jha S K, D'Souza S F. 2006. Optical microbial biosensor for detection of methyl parathion pesticide using *Flavobacterium* sp. whole cells adsorbed on glass fiber filters as disposable biocomponent. Biosens Bioelectron, 21(11): 2100-2105.

Kurauchi K, Hirata T, Kinoshita M. 2008. Characteristics of ChgH–GFP transgenic medaka lines, an *in vivo* estrogenic compound detection system. Marine Pollution Bulletin, 57(6): 441-444.

Kurauchi K, Nakaguchi Y, Tsutsumi M, et al. 2005. *In vivo* visual reporter system for detection of estrogen-like substances by transgenic medaka. Environmental Science and Technology, 39(8): 2762-2768.

Kusik B W, Carvan M J, Udvadia A J. 2008. Detection of mercury in aquatic environments using EPRE reporter zebrafish. Marine Biotechnology, 10(6): 750-757.

Lange H, Sperber V, Peeters E. 2010. Avoidance of polycyclic aromatic hydrocarbon-contaminated sediments by the freshwater invertebrates *Gammarus pulex* and *Asellus aquaticus*. Environmental Toxicology and Chemistry, 25(2): 452-457.

Lovley D R. 2000. Dissimilatory metal reduction: From early biology to bedrock geomicrobiology. American Society for Microbiology News, 66(2): 215-220.

Lee O, Takesono A, Tada M, et al. 2012. Biosensor zebrafish provide new insights into potential health effects of environmental estrogens. Environmental Health Perspectives, 120(7): 990-996.

Legler J, Broekhof J L M, Brouwer A, et al. 2000. A novel *in vivo* bioassay for (Xeno-)estrogens using transgenic zebrafish. Environmental Science and Technology, 34(20): 4439-4444.

Legler J, Zeinstra L M, Schuitemaker F, et al. 2002. Comparison of *in vivo* and *in vitro* reporter gene assays for short-term screening of estrogenic activity. Environmental Science and Technology, 36(20): 4410-4415.

Li J, Cao H M, Feng H R, et al. 2020a. Evaluation of the estrogenic/antiestrogenic activities of perfluoroalkyl substances and their interactions with the human estrogen receptor by combining *in vitro* assays and *in silico* modeling. Environmental Science and Technology, 54(22): 14514-14524.

Li J, Cao H M, Mu Y S, et al. 2020b. Structure-oriented research on the antiestrogenic effect of organophosphate esters and the potential mechanism. Environmental Science and Technology, 54(22): 14525-14534.

Li J, Ma D, Lin Y, et al. 2014. An exploration of the estrogen receptor transcription activity of capsaicin analogues via an integrated approach based on *in silico* prediction and *in vitro* assays. Toxicology Letters, 227(3): 179-188.

Liu S Y, Yang R J, Chen Y J, et al. 2021a. Development of human lung induction models for air pollutants' toxicity assessment. Environmental Science and Technology, 55(4): 2440-2451.

Liu Z R, Mukherjee M, Wu Y C, et al. 2021b. Increased particle size of goethite enhances the antibacterial effect on human pathogen *Escherichia coli* O157: H7: araman spectroscopic study. Journal of Hazardous Materials, 405: 124174.

Madoni P, Romeo M G. 2006. Acute toxicity of heavy metals towards freshwater ciliated protists. Environmental Pollution, 141(1): 1-7.

Mahto S K, Chandra P, Rhee S W. 2010. *In vitro* models, endpoints and assessment methods for the measurement of cytotoxicity. Toxicology and Environmental Health Sciences, 2(2): 87-93.

Markert B, Wappelhorst O, Weckert V, et al. 1999. The use of bioindicators for monitoring the heavy-metal status of the environment. Journal of Radioanalytical and Nuclear Chemistry, 240(2): 425-429.

Menzel R, Bogaert T, Achazi R. 2001. A systematic gene expression screen of *Caenorhabditis elegans* cytochrome P450 genes reveals CYP35 as strongly xenobiotic inducible. Archives of Biochemistry and Biophysics, 395(2): 158-168.

Menzel R, Yeo H L, Rienau S, et al. 2007. Cytochrome P450s and short-chain dehydrogenases mediate the toxicogenomic response of PCB52 in the nematode *Caenorhabditis elegans*. Journal of Molecular Biology, 370(1): 1-13.

Moxon E R, Higgins C F. 1997. A blueprint for life. Nature, 389(6647): 120-121.

Munzi S, Pisani T, Loppi S. 2009. The integrity of lichen cell membrane as a suitable parameter for monitoring biological effects of acute nitrogen pollution. Ecotoxicology and Environmental Safety, 72(7): 2009-2012.

Ng G H B, Gong Z Y. 2013. GFP transgenic medaka (*Oryzias latipes*) under the inducible *cyp1a* promoter provide a sensitive and convenient biological indicator for the presence of TCDD and other persistent organic chemicals. PLoS One, 8(5): e64334.

NRC (National Research Council). 2003. Bioavailability of Contaminants in Soils and Sediments: Processes, Tools, and Applications. Washington DC: The National Academies Press.

Núñez A L, Ohya T B, De la Luz E. 2016. Comprehensive assessment of heavy metal contamination in surface soils of a mining area using a battery of single and sequential extraction procedures. Environmental Pollution, 218: 1022-1031.

O'Callaghan I, Harrison S, Fitzpatrick D, et al. 2019. The freshwater isopod *Asellus aquaticus* as a model biomonitor of environmental pollution: A review. Chemosphere, 235: 498-509.

Olive P L, Banáth J P. 2006. The comet assay: A method to measure DNA damage in individual cells. Nature Protocols, 1(1): 23-29.

Osyczka P, Rola K. 2019. Integrity of lichen cell membranes as an indicator of heavy-metal pollution levels in soil. Ecotoxicology and Environmental Safety, 174: 26-34.

Payne R J. 2013. Seven reasons why protists make useful bioindicators. Acta Protozoologica, 52(3): 105-113.

Polyak B, Bassis E, Novodvorets A, et al. 2001. Bioluminescent whole cell optical fiber sensor to genotoxicants: System optimization. Sensors and Actuators B: Chemical, 74(1): 18-26.

Queirós L, Pereira J L, Gonçalves F J M, et al. 2019. *Caenorhabditis elegans* as a tool for environmental risk assessment: Emerging and promising applications for a "nobelized worm". Critical Reviews in Toxicology, 49(5): 411-429.

Rajini P S, Melstrom P, Williams P L. 2008. A comparative study on the relationship between various toxicological endpoints in *Caenorhabditis elegans* exposed to organophosphorus insecticides. Journal of Toxicology and Environmental Health, Part A, 71(15): 1043-1050.

Risom L, Møller P, Loft S. 2005. Oxidative stress-induced DNA damage by particulate air pollution. Mutation Research, 592(1): 119-137.

Salam M A, Sawada T, Ohya T, et al. 2008. Detection of environmental estrogenicity using transgenic medaka hatchlings (*Oryzias latipes*) expressing the GFP-tagged choriogenin L gene. Journal of Environmental Science and Health, Part A, 43(3): 272-277.

Schreurs R H M M, Legler J, Artola-Garicano E, et al. 2004. *In vitro* and *in vivo* antiestrogenic effects of polycyclic musks in zebrafish. Environmental Science and Technology, 38(4): 997-1002.

Segner H. 1998. Fish cell lines as a tool in aquatic toxicology. Fish Ecotoxicology, 86: 1-38.

Shi W, Hu G J, Chen S L, et al. 2013. Occurrence of estrogenic activities in second-grade surface water and ground water in the Yangtze River Delta, China. Environmental Pollution, 181: 31-37.

Shin H J. 2011. Genetically engineered microbial biosensors for *in situ* monitoring of environmental pollution. Applied Microbiology and Biotechnology, 89(4): 867-877.

Sordillo J E, Cardenas A, Qi C C, et al. 2021. Residential PM 2.5 exposure and the nasal methylome in children. Environment International, 153: 106505.

Sun Y J, Zhao X H, Zhang D Y, et al. 2017. New naphthalene whole-cell bioreporter for measuring and assessing naphthalene in polycyclic aromatic hydrocarbons contaminated site. Chemosphere,

186: 510-518.

Sung N D, Lee C Y. 2004. Coregulation of lux genes and riboflavin genes in bioluminescent bacteria of *Photobacterium phosphoreum*. Journal of Microbiology, 42(3): 194-199.

Sung P, Klein H. 2006. Mechanism of homologous recombination: Mediators and helicases take on regulatory functions. Nature Reviews Molecular Cell Biology, 7(10): 739-750.

Swain S C, Keusekotten K, Baumeister R, et al. 2004. *C. elegans* metallothioneins: New insights into the phenotypic effects of cadmium toxicosis. Journal of Molecular Biology, 341(4): 951-959.

Swati, Ghosh P, Thakur I S. 2017. An integrated approach to study the risk from landfill soil of Delhi: Chemical analyses, *in vitro* assays and human risk assessment. Ecotoxicology and Environmental Safety, 143: 120-128.

Swoboda P, Gal S, Hohn B, et al. 1994. Intrachromosomal homologous recombination in whole plants. The EMBO Journal, 13(2): 484-489.

Tas H, Amara A, Cueva M E, et al. 2020. Are synthetic biology standards applicable in everyday research practice? Microb Biotechnol, 13(5): 1304-1308.

Tchounwou P B, Yedjou C G, Patlolla A K, et al. 2012. Heavy metal toxicity and the environment. Experientia Supplementum, 101: 133-164.

Tejeda-Benitez L, Flegal R, Odigie K, et al. 2016. Pollution by metals and toxicity assessment using *Caenorhabditis elegans* in sediments from the Magdalena River, Colombia. Environmental Pollution, 212: 238-250.

Terrien X, Fini J B, Demeneix B A, et al. 2011. Generation of fluorescent zebrafish to study endocrine disruption and potential crosstalk between thyroid hormone and corticosteroids. Aquatic Toxicology, 105(1): 13-20.

Ueno T, Yasumasu S, Hayashi S, et al. 2004. Identification of choriogenin *cis*-regulatory elements and production of estrogen-inducible, liver-specific transgenic Medaka. Mechanisms of Development, 121(7): 803-815.

Van der Auwera G, Baute J, Bauwens M, et al. 2008. Development and application of novel constructs to score C: G-to-T: A transitions and homologous recombination in *Arabidopsis*. Plant Physiology, 146(1): 22-31.

Verma N, Bhardwaj A. 2015. Biosensor technology for pesticides—A review. Applied Biochemistry and Biotechnology, 175(6): 3093-3119.

Wah Chu K, Chow K L. 2002. Synergistic toxicity of multiple heavy metals is revealed by a biological assay using a nematode and its transgenic derivative. Aquatic Toxicology, 61(1): 53-64.

Weger B D, Weger M, Nusser M, et al. 2012. A chemical screening system for glucocorticoid stress hormone signaling in an intact vertebrate. ACS Chemical Biology, 7(7): 1178-1183.

Wei W, Liu X Z, Sun P Q, et al. 2014. Simple whole-cell biodetection and bioremediation of heavy metals based on an engineered lead-specific operon. Environmental Science and Technology, 48(6): 3363-3371.

Weltje L, Oehlmann J. 2006. Effects of endocrine disrupting compounds and temperature on the moulting frequency of the freshwater isopod *Asellus aquaticus* L. (Isopoda: Asellota). Acta Biologica Benrodis, 13: 105-115.

Woutersen M, Belkin S, Brouwer B, et al. 2011. Are luminescent bacteria suitable for online detection and monitoring of toxic compounds in drinking water and its sources? Analytical Bioanalytical

Chemistry, 400(4): 915-929.

Wu Y L, Pan X F, Mudumana S P, et al. 2008. Development of a heat shock inducible gfp transgenic zebrafish line by using the zebrafish hsp27 promoter. Gene, 408(1): 85-94.

Xiao R Y, Wang Z J, Wang C X, et al. 2006. Soil screening for identifying ecological risk stressors using a battery of *in vitro* cell bioassays. Chemosphere, 64(1): 71-78.

Xu C, Zhang M, Chen W W, et al. 2020. Assessment of air pollutant PM2.5 pulmonary exposure using a 3D lung-on-chip model. ACS Biomaterials Science Engineering, 6(5): 3081-3090.

Zeng N, Wu Y C, Chen W L, et al. 2021. Whole-cell microbial bioreporter for soil contaminants detection. Frontiers in Bioengineering and Biotechnology, 9: 622994.

Zeng Z Q, Shan T, Tong Y, et al. 2005. Development of estrogen-responsive transgenic medaka for environmental monitoring of endocrine disrupters. Environmental Science and Technology, 39(22): 9001-9008.

Zhang D Y, He Y, Wang Y, et al. 2012. Whole-cell bacterial bioreporter for actively searching and sensing of alkanes and oil spills. Microbial Biotechnology, 5(1): 87-97.

Zhao Y B, Wang C, Xia S, et al. 2014. Biosensor medaka for monitoring intersex caused by estrogenic chemicals. Environmental Science and Technology, 48(4): 2413-2420.

第 3 章　污染物的合成生物传感技术

环境污染影响和破坏地球生态系统的平衡，严重危害人类的生命健康。现代社会生产和生活中产生的各种新型化学物质在环境中不断涌现及传播，导致各类环境问题日益严峻，对环境污染物监测方法学提出了新的挑战。合成生物学的快速发展使得研究人员可以从头设计和构建灵敏度高、特异性强的模块化生物传感系统，为环境污染物的监测及其生物效应研究提供了全新的工具。本章主要内容包括环境污染物的危害性、生物传感系统中涉及的合成生物学工具、基于合成生物学的传感系统在环境监测中的应用与研究进展及其存在的问题和可能的解决策略。

3.1　环境污染物及其危害性概述

环境污染物是一类对正常环境代谢过程产生不利影响的有害化学物质，其含量超过一定水平时便表现出毒性作用（Landrigan et al.，2018）。它们在大气、水体等环境中累积，通过呼吸系统、食物链等途径在人体富集，超过人体正常代谢水平时往往导致一些疾病的发生（Jepson and Law，2016）。短期暴露于高浓度环境污染物会引发急性毒性，长期暴露则会导致神经毒性、免疫毒性、生殖内分泌干扰毒性等，可能会引发一些慢性疾病（Xu et al.，2018；Zhang et al.，2021）。

3.1.1　神经毒性

一些天然或人造有毒物质会造成神经系统的结构或功能发生改变，影响神经系统的正常活动，这种现象称为神经毒性效应。神经毒性与一些疾病如阿尔茨海默病、帕金森病、神经血管疾病及神经发育性疾病密切相关（Iqubal et al.，2020）。环境污染物是引发上述神经系统疾病的主要因素之一，主要来源于工业废弃物、农药、汽车尾气及实验室废物等。已知约有 7 万种化学物质会引起神经毒性，但其中只有 10% 的化学物质的毒性作用和机制已被确定。例如，甲基汞被动物或人类摄入后，通过一系列过程被转运到大脑，干扰多巴胺、γ-氨基丁酸、乙酰胆碱、谷氨酸、血清素等神经递质的释放和正常功能的发挥，产生神经毒性（Eagles-Smith et al.，2009）。一些有机污染物具有良好的化学稳定性，不易被降解，在人体内难以被代谢，并能通过血脑屏障在大脑中富集，引发明显的神经毒性。研究人员深入探索了多氯联苯干扰神经发育、促进神经退行性变的分子机制，可能的生物学效应包括：改变多巴胺信号通路、破坏甲状腺激素信号通路、干扰体内钙离子动态平衡，以及诱导氧化应激（Pessah et al.，2019）。环境中的农药残留被人体内化后会导致核因子 NF-E2 相关因子减少、核因子活化 B 细胞 κ 轻链增强子增加、电压门控钙离子通道开启，使得氧化应激增加，并引发神经炎症、神经元凋亡（Richardson et al.，2019）。

3.1.2 免疫毒性

免疫毒理学研究最早可追溯到 20 世纪六七十年代，早期研究发现人体暴露于一些特殊工作场所时会引起免疫介导的肺部疾病的发生。随着研究不断深入，人们逐渐认识到一些环境中的化学物质具有损伤免疫系统的潜力。在过去的几十年里，环境污染物与免疫抑制疾病、过敏、自身免疫病的发生和发病频率增加的关联性受到越来越多关注，诸多研究也揭示了环境污染物的免疫毒性效应（Desforges et al.，2016）。与免疫疾病相关的代表性环境污染物包括多环芳烃（polycyclic aromatic hydrocarbon，PAH）如四氯二苯并对二噁英、苯并[a]芘、7,12-二甲基苯并[a]蒽，以及重金属污染物如镉、汞等（Krzystyniak et al.，1995）。PAH 具有高亲脂性，能够穿过上皮屏障在脂肪中长期积累。此外，PAH 易于被环境中颗粒物吸附，进而结合到气道表面，诱导机体产生促炎介质（Totlandsdal et al.，2012）。孕妇产前接触 PAH 与儿童早期喘息的风险增加有关；长期暴露于 PAH 与儿童免疫抑制密切相关。最新研究还表明，颗粒物中的 PAH 是引发多发性硬化症和中风的重要因素（Boru et al.，2020）。长期暴露于环境中的重金属离子（如镉、汞、铅等）也会产生免疫毒性并导致免疫系统异常，包括免疫细胞数量的减少或功能损伤、免疫球蛋白水平的改变和炎症反应等（Suzuki et al.，2020）。

3.1.3 生殖内分泌干扰毒性

一些外源性物质能够干扰体内雌激素、雄激素或甲状腺素等天然激素的合成、分泌、运输、代谢等动态过程，从而可能干扰人体的内分泌系统，这类物质被称为内分泌干扰物（Kahn et al.，2020）。即使接触低浓度水平内分泌干扰物，也可能对动物和人类造成严重的健康影响。内分泌干扰物与肥胖、2 型糖尿病、甲状腺疾病、神经发育性疾病、激素相关的癌症和生殖系统疾病的发生密切相关（Gore and Cohn，2020；Sharma et al.，2021）。例如，四溴双酚 A 和四氯双酚 A 通过上调类固醇睾酮及雌二醇的水平干扰内分泌系统，进而导致精子形成障碍和精子质量下降（Zhang et al.，2018）。一些研究结果表明，全氟和多氟烷基物质与儿童和成人肥胖、妊娠糖尿病、精液质量降低、多囊卵巢综合征、子宫内膜异位、乳腺癌等疾病有关；也有证据表明双酚 A 与成人糖尿病、精液质量降低和多囊卵巢综合征有关；孕妇产前接触双酚 A、有机磷酸酯农药和多溴阻燃剂，与儿童的认知缺陷和注意力缺陷障碍有关（Nian et al.，2020；Zhang et al.，2020b）。目前，在食品、包装材料、化妆品、饮用水和消费品中都已经发现内分泌干扰物的存在，对公共健康构成严重威胁。

3.2　合成生物传感技术在环境监测中的应用前景

针对环境污染的巨大危害性，多个国际组织及各国政府在环境标准中对污染物的残留许可量做了严格的浓度限制。在已颁布的环境污染物检测标准中，需要各种大型精密仪器来完成环境样品中含量在 ppm 及更低浓度的重金属离子、挥发性有害化合物、持久性有毒污染物等有害物质的分析测定工作。环境监测中经常使用的大型分析仪器，如原子吸收分光光度计、原子荧光光谱仪、电感耦合等离子体质谱、气相色谱、高效液相色谱、毛细管电泳和质谱等，具有良好的灵敏度与选择性。但是，这些仪器设备价格昂贵，样品前处理过程涉及烦琐的操作步骤，对实验操作人员要求高。环境研究需要关注的新污染物清单不断增加，以及不断涌现的转化产物等问题，对环境污染物监测方法学提出了新的挑战。

合成生物学将分子生物学、系统生物学与工程学原理相结合，设计生物系统、创造改良的生物学功能，为解决目前人类面临的重要挑战提供了新思路。作为一门新兴的交叉学科，合成生物学在短短数十年间发展迅速，形成了合成生物学工程化平台和标准元件库，在定量预测、精准化设计、标准化合成与精确调控能力等方面得到提升（赵国屏，2018；McCarty and Ledesma-Amaro，2019）。上述进展显著推动了利用合成生物学技术手段和工具来解决人类社会发展过程中面临的重大问题。现代社会的快速发展导致新型化学物质在环境中传播甚至富集，加剧了环境污染的复杂性，导致各类环境问题日益严峻。研究人员基于微生物的进化优势及其细胞内数量众多的基因调控元件，采用环境合成生物学技术手段，可以从头设计和构建高灵敏度、高特异性的模块化生物传感系统，为环境污染物的监测及其生物效应研究提供了全新的工具（张莉鸽等，2019）。

3.3　污染物感应元件

在基于环境合成生物学的传感系统中，感应元件识别结合目标分析物发生构象和功能改变，诱导表达信号报告分子产生可检测的信号。因此，感应元件的理化特性在很大程度上决定了生物传感器的特异性和灵敏度。目前，研究人员主要采用转录因子、受体蛋白、核酸适配体和核糖开关等感应元件来构建污染物生物传感系统。

3.3.1　转录因子

原核生物在多变的环境中生存，进化出一套由调控蛋白介导的快速、灵敏、动态的反应调节机制，响应特殊环境及细胞信号，调节转录、翻译等基因表达过程，维持正常的生理反应。发挥功能的调控蛋白统称为转录因子，它们通过与基因中的转录调节区结合，控制基因的表达，从而调控细胞的生长与分化（Ramos et al.，2005）。转录因子通常包含 DNA 结合结构域（DNA binding domain，DBD）和效应子结合结构域两个部分。目前，在蛋白质数据库中可以检索到 DBD 的结构信息；一些开放的数据库如 CollecTF 中，也有细菌转录因子结合位点及相关信息（Kilic et al.，2014）。效应子结合结构域识别配体、参与蛋白质相互作用、调节转录因子的 DNA 结合亲和力，其结构变异性已经被系统地识别和研究，从而用于转录调控（Schumacher et al.，2002）。

在原核生物中，RNA 聚合酶能够直接结合启动子，因而转录因子通过操纵子机制调控转录。在该过程中，效应物的分子识别作用和转录调节作用之间是通过转录因子的构象改变而紧密关联在一起的。转录因子与目标物结合后发生构象变化，增强或者减弱对操纵子调节序列的结合能力，阻遏或者激活转录作用，从而调控下游基因的表达。研究人员已经鉴定了十几类原核生物转录因子，其中 LacI、AraC、LysR、CRP、TetR 和 OmpR 等转录因子家族的研究较多（Browning and Busby，2004）。一些小分子效应物通过转录因子调控相关基因的表达，在原核生物的物质代谢、信号转导等过程中发挥重要作用（Orth et al.，2000）。例如，四环素阻遏蛋白 TetR 能够与四环素结合，增强细菌对抗生素的抗性（Agari et al.，2012）。转录因子是研究与应用最为广泛的基因回路传感元件，研究人员利用转录因子来感应金属、芳香化合物和抗生素等污染物，并借助报告基因的表达进行信号放大（van der Meer and Belkin，2010）。

3.3.2 受体蛋白

细胞受体特异地识别相应配体并与之结合，使细胞能够从复杂的环境中辨认和接收特定信号。在识别和接收配体信号后，信号被精准地放大并传递到细胞内部，从而启动一系列胞内信号级联反应，最后产生特定的细胞生物效应（Grimaldi et al.，2015）。化学物质与细胞膜上或细胞内的受体特异结合后，经细胞内多级信号转导途径增强或降低相关基因的表达，从而引起毒性效应。芳香烃受体（aryl hydrocarbon receptor，AhR）蛋白是一类位于细胞质内的受体蛋白，通常情况下与一些分子伴侣蛋白结合而呈无活性状态。二噁英等芳香烃化合物结合 AhR 后引起分子伴侣的解离，导致 AhR 转移到细胞核中并与芳香烃受体核转运蛋白形成异源二聚体，激活相关响应基因的表达（Giesy et al.，2002）。雌激素受体（estrogen receptor，ER）是一类核受体，包括 ERα 和 ERβ，主要位于细胞核内，结合雌激素及类似物后，与靶标基因启动子区域中的雌激素响应组件结合而调控基因的转录（Pike，2006）。乙酰胆碱受体是一种结合和响应乙酰胆碱的膜蛋白，受体结合产生激动效应，诱导神经元兴奋。乙酰胆碱受体包括烟碱型乙酰胆碱受体（nicotinic acetylcholine receptor，nAChR）和毒蕈碱型乙酰胆碱受体（muscarinic acetylcholine receptor，mAChR），它们分别对尼古丁和毒蕈碱敏感（Soreq and Seidman，2001）。新型烟碱类药物主要通过靶向 nAChR 影响昆虫神经系统，而对脊椎动物 nAChR 的亲和力较低。此外，研究人员还采用糖皮质激素受体、过氧化物酶增殖物激活核受体、甲状腺激素受体、β-内酰胺类抗生素受体等受体蛋白响应特定的环境化学物质，构建环境合成生物传感系统（Crump et al.，2008；Fang et al.，2015；Fomrna et al.，1996；Zwart et al.，2017）。

3.3.3　核酸适配体

核酸适配体（aptamer）是一类由人工合成和筛选获得的单链寡核苷酸序列，对靶分子有很高的亲和力和选择性（Ellington and Szostak，1990）。适配体是通过体外选择过程中的迭代进化而筛选出来的，这种体外进化技术称为指数富集配体系统进化技术（systematic evolution of ligand by exponential enrichment，SELEX）。该过程可以针对不同靶分子量身定制，产生对目标分析物具有高度特异性的核酸序列（Tuerk and Gold，1990）。具体来说，SELEX 需要构建一个含有 20～80 个随机碱基区域和保守引物区域的 DNA 或 RNA 序列文库。随机区域提供折叠和电荷分布的可变性，可以与不同的靶点相互作用，而引物区域通过聚合酶链反应对文库进行扩增。将文库重复暴露于靶标分析物，并在每一轮中对靶标结合序列进行分离和扩增，直到文库进化到包含具有所需特征的序列为止。通过该过程筛选出来的特征核酸序列被称为适配体。金属离子、化合物、蛋白质、微生物及真核细胞等均可作为目标物进行适配体筛选。目前，研究人员已经针对环境中常见污染物开展适配体筛选工作，主要包括：①镉、砷、铅、银、汞、锰、镍和铜等有毒重金属离子；②马拉硫磷、二嗪农、水胺硫磷、毒死蜱、多菌灵、乙醇胺和莠去津等常用的农药；③四环素、土霉素、磺胺二甲氧嗪、阿莫西林、阿洛西林、氯霉素、卡那霉素及氨基苷类抗生素等；④赤霉烯酮、黄曲霉毒素 B_1、赭曲霉毒素 A、微囊藻毒素-LR、根瘤素-R、萨克斯毒素、柱细胞藻毒素和鱼腥藻毒素等生物毒素；⑤大肠杆菌、金黄色葡萄球菌、单增李斯特菌、铜绿假单胞菌和弧菌等致病微生物（Kudłak and Wieczerzak，2019；McConnell et al.，2020）。

3.3.4　核糖开关

核糖开关（riboswitch）是一类主要存在于细菌信使 RNA 非编码区中的顺式作用元件，由感受外界配体的适配体域和调控基因表达的结构域（表达平台）两部分组成（Breaker，2011）。其中，适配体域在进化上是保守的，而表达平台是可变的。适配体域折叠成特殊的三维结构，特异性结合目标代谢物并感应其浓度变化，进而诱导表达平台折叠状态发生改变，调控基因表达。核糖开关能够响应小分子浓度变化而发生构象改变，是一种不需要转录因子参与的基因调控模式，因而简化了调控过程，降低了调控难度和出错率。核糖开关具有调控机制简单、响应速度快、代谢负担小等优点。研究人员已经发现了近 40 种天然核糖开关类型、超过 100 000 个核糖开关成员，靶向的配体包括嘌呤及其衍生物、蛋白质辅酶及相关化合物、氨基酸、阴离子和金属离子等（McCown et al.，2017）。其中，在细菌和古细菌中发现的氟化物核糖开关对离子半径较小的氟离子具有高度选择性，在配体存在的情况下可激活转录，调节基因的表达（Baker et al.，2012）。一些研究人员尝试采用 RNA 适配体作为结合域构建人工核糖开关，扩大核糖开关的目标物范围。最近，利用 SELEX 筛选得到的适配体，成功构建了响应茶碱等分子的人工核糖开关（Boussebayle et al.，2019）。然而，在核糖开关设计中，仍有许多关键问题未被充分研究，如精细调控核糖开关阈值等。因此，只有少数体外筛选的 RNA 适配体被成功整合到功能性核糖开关中。

3.4 信号报告元件

采用环境合成生物学策略，在设计与构建生物传感器时，根据报告单元的信号输出强度，建立与待测物含量之间的关系，对待测物进行定性或定量分析。结合具体应用场景，选取易于检测、信号稳定的信号报告元件对构建高性能的生物传感器尤为重要。按信号检测方式来分类，生物传感器的信号报告元件主要分为比色、生物发光和荧光等三大类（杨璐等，2022）。

比色信号输出能够获得直接的可视化效果，无须依赖仪器即可获得定性结果。其中，β-半乳糖苷酶是应用最为广泛的比色信号输出元件，它是由大肠杆菌的 *lacZ* 基因编码的半乳糖水解酶，常用显色底物有邻硝基苯-β-D-吡喃半乳糖苷和氯酚红-β-D-吡喃半乳糖苷。此外，将荧光素、二氧杂环丁烷等基团引入 β-半乳糖苷酶的底物分子之中，其检测模式也可拓展为更为灵敏的荧光和化学发光。萤光素酶是一类能够催化底物发生氧化反应而释放出光子的酶，作为信号报告元件具有灵敏度高、无须激发光源的优点。生物传感器中常用的萤光素酶主要来源于细菌、萤火虫和海肾等生物。近年来，分子质量小、发光活性高的新型纳米萤光素酶受到广泛关注。荧光蛋白具有量子产率高、光谱覆盖范围广、稳定性好、分子质量小、成熟时间短等优点，是目前应用最为广泛的一类信号报告元件。最近，研究人员系统地评估了 *gfp*、*deGFP*、*mCherry*、*mScarlet-I*、*lacZ*、*Nanoluc*、*luxCDABE* 等 7 种报告基因对生物传感系统检测性能的影响，为信号报告元件的选择提供了重要参考（图 3-1）（Lopreside et al.，2019）。

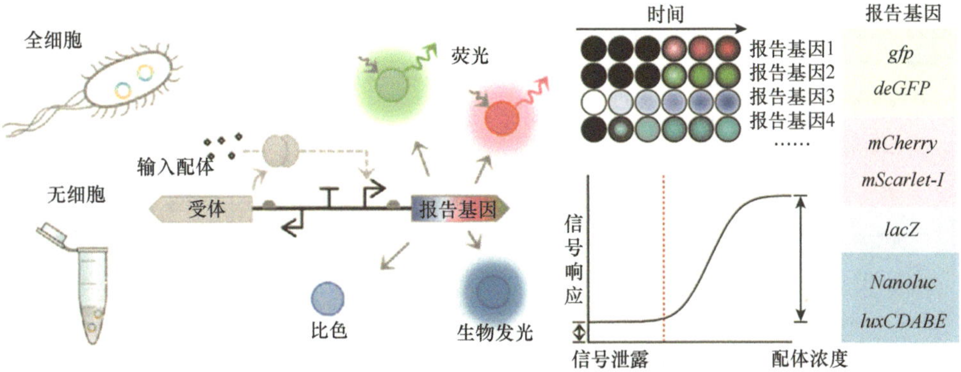

图 3-1　不同报告元件对生物传感系统检测性能的影响（修改自 Lopreside et al.，2019）

近年来，一类荧光蛋白的新型核酸模拟物——荧光 RNA，在生物传感器领域逐渐显示出了潜在的应用价值。研究发现，孔雀绿（malachite green，MG）分子结合序列特异性 RNA 后能够发出荧光。但是，MG 分子被辐照后也会产生活性氧自由基，具有明显的细胞毒性（Babendure et al.，2003）。研究人员基于绿色荧光蛋白（green fluorescent protein，GFP）生色团构建了名为“Spinach”的绿色荧光 RNA，随后陆续发展了 Broccoli、Corn 等多个荧光 RNA（Paige et al.，2011）。最近，我国研究人员开发的 Pepper 荧光 RNA 家族可覆盖绿色到红色光谱范围，并且具有荧光亮度高、背景低、无细胞毒性等优点（Chen et al.，2019）。与荧光蛋白等信号报告分子相比，荧光 RNA 在转录过程中产生荧光信号，省去了蛋白质翻译过程，具有更快的响应速度。此外，荧光 RNA 序列较短，可以通过串联多个荧光 RNA 提高检测的灵敏度，在生物传感中具有良好的应用前景。

3.5　合成生物传感系统

采用环境合成生物学策略，合理耦合污染物感应元件和信号报告分子，研究人员构建了针对各种环境污染物的生物传感系统。根据是否依赖完整的底盘细胞，合成生物传感系统大致可以分为全细胞生物传感器和无细胞生物传感器。

3.5.1　全细胞生物传感器

随着合成生物学的发展，生物传感器的设计重焕生机，允许研究人员利用微生物细胞的形式来构建高特异性、高灵敏度的生物传感器。通过基因工程相关手段，可以将响应特定化合物的生物识别元件及报告基因植入宿主菌，从而获得对毒性环境或特定污染物响应的重组微生物菌株，即全细胞生物传感器。重组微生物细胞感应环境中待测目标物，将对应的生物响应转换为信号报告分子。最终，通过光学、电化学等技术进行测量，产生与目标物含量相关联的响应信号（图 3-2）。

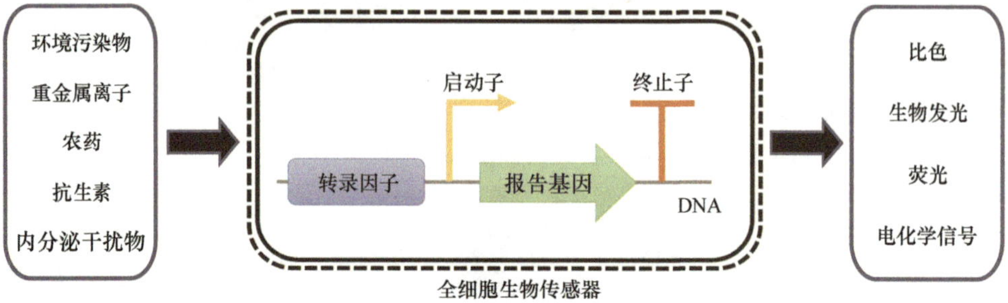

图 3-2　全细胞生物传感器响应环境污染物的机制

微生物细胞具有结构简单、繁殖速度快、代谢强度高、适应能力强等特点。相比于高等生物（如植物、动物和人类的细胞），微生物细胞具有更好的生存力、稳定性和可控性。这些优点有助于简化制造过程，提高生物传感器的性能，并且可以满足环境监测中简单、快速、低成本等要求。全细胞生物传感器使用具有生物活性的微生物，监测的毒性水平能够快速、真实地反映生物利用度和污染物对细胞的毒性，这些重要信息是一般化学分析手段所不能获取的。综上所述，微生物细胞传感器在环境污染物分析与监测方面具有巨大的优势和广阔的应用前景。

1. 重金属离子污染物检测

类金属砷以及汞、镉、铅、铬等重金属生物毒性效应显著，难以被生物降解，且在体内长期持续存在，并通过食物链的生物放大作用在动物和人体中不断富集。重金属在生物体中与蛋白质、酶等生物大分子发生配位作用，影响它们正常的生物活性。同时，重金属在某些组织和器官中长期积累会引起慢性中毒。受 pH、金属螯合物及检测条件等因素的影响，不同环境条件下的重金属生物可利用度是不同的。全细胞生物传感器应用于重金属检测的研究开展较早，不仅可对重金属含量进行检测，还可对其生物可利用度进行检测。

研究人员构建了一种亚砷酸盐响应生物传感器，可用于检测天然水资源中的亚砷酸盐污染。通过易错 PCR 构建了亚砷酸盐传感元件突变文库，并采用新型双向选择系统筛选具有低背景、高表达的突变体。经过连续三轮定向进化，分离出了活性比野生型高出 12 倍的 *arsR* 操纵子突变体。此外，以 GFP 为信号报告分子构建了基于 *E. coli* 的全细胞生物传感器，在实际应用中表现出良好的亚砷酸盐检测性能（图 3-3）（Li et al.，2015）。研究人员基于色素合成基因构建了一个检测镉的全细胞生物传感器，其比色信号是利用宿主菌株固有色素转化而产生的。基于此前微阵列数据，筛选出了高镉诱导基因的启动子区域 PDR_0659。随后将宿主细胞基因组中红色素合成基因 *crtI* 敲除，并将其与前述启动子融合作为信号报告基因。当暴露于镉时，即可产生由浅黄色变为红色的比色信号（Joe et al.，2012）。

研究人员将来自小麦苍白杆菌（*Ochrobactrum tritici*）的铬酸盐调节基因及其相应启动子、绿色荧光蛋白基因融合转入 *E. coli*，开发了一种铬酸盐的高灵敏度、高特异性全细胞生物传感器；此外，还设计构建了一种只在有毒水平铬酸盐存在时发出荧光的重组 *O. tritici* 菌株，避免了其他有毒物质对生物报告基因的干扰，能够检测多种环境样品中的铬酸盐（Branco et al.，2013）。研究人员利用铅特异性操纵子 *pbr* 基因元件构建了选择性检测和修复铅污染的生物传感器，将来自耐金属贪铜菌（*Cupriavidus metallidurans*）的铅结合蛋白（*PbrR*）基因与红色荧光蛋白基因整合进 *E. coli* 基因组中，构建的工程化 *E. coli* 细胞能够特异性识别铅离子，最低检出浓度可达 1.0 nmol/L。此外，将 PbrR 展示在 *E. coli* 表面可以实现对铅离子的高效、选择性吸附。该策略减轻了有毒金属离子在细胞内积累的负担，同时加快了蛋白质与环境中金属离子之间的相互作用过程（Wei et al.，2014）。

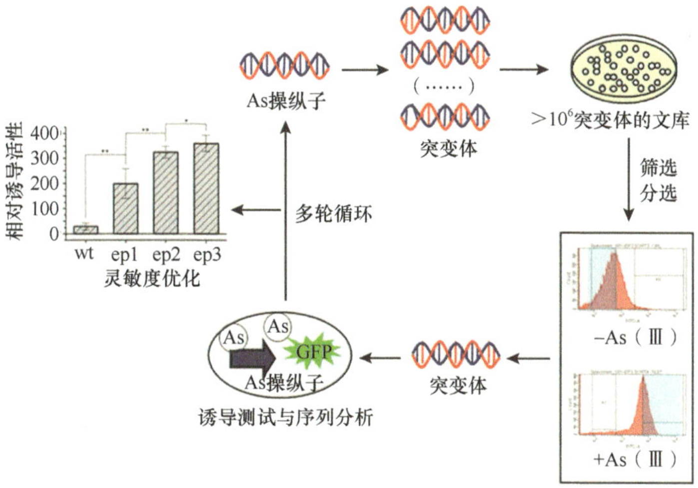

图 3-3　砷离子全细胞生物传感器传感原理及构建过程（Li et al.，2015）

2. 环境农药残留检测

快速、灵敏地检测环境中的痕量农药能够有效获取农药残留信息，辅助监管机构及时采取措施，保障动物和人类的生命安全。有机磷酸酯（organophosphate，OP）是农药的主要成分之一，具有严重的神经毒性。对硝基苯酚（*p*-nitrophenol，pNP）是对氧磷和对硫磷水解的产物之一，因此 pNP 的全细胞生物传感器可以作为 OP 降解产物的传感器。研究人员筛选特异响应 pNP 的 *pobR* 变体基因，并融合荧光报告基因构建了 pNP 的全细胞生物传感器，在此基础上，将来自缺陷假单胞菌（*Pseudomonas diminuta*）的磷酸三酯酶（phosphotriesterase，PTE）基因整合进 pNP 全细胞生物传感器。PTE 催化对氧磷水解产生 pNP，从而实现了对氧磷的高效检测（图 3-4）（Jha et al.，2016）。此外，研究人员开发了一种高灵敏度、高

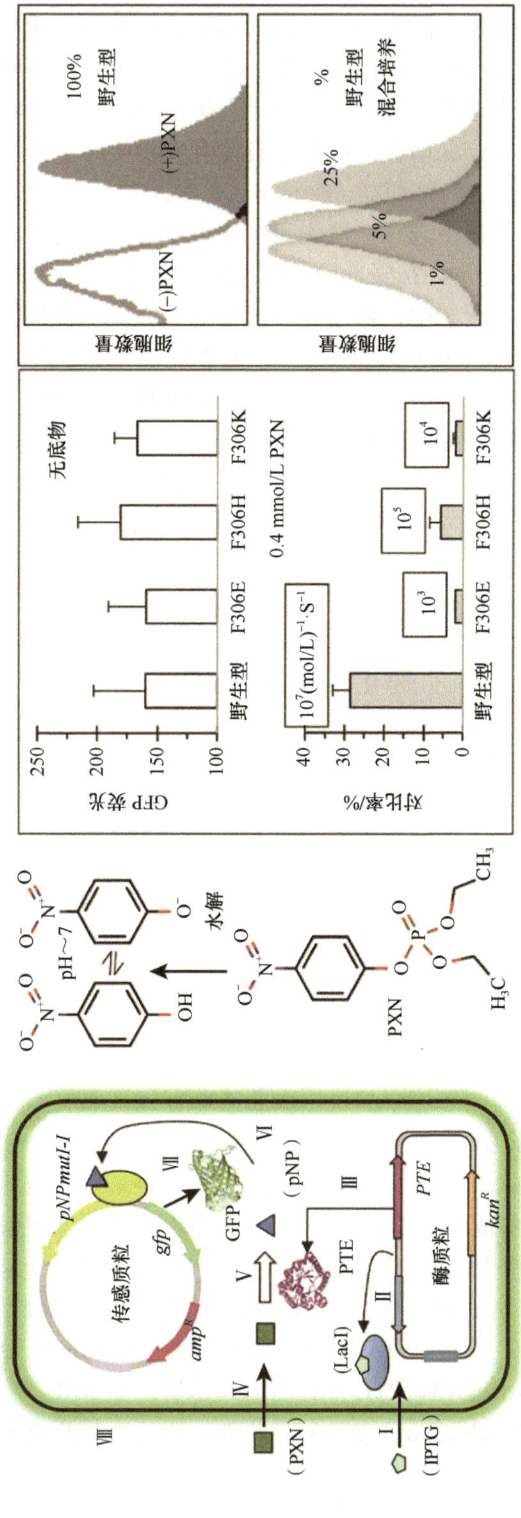

图 3-4 融合代谢途径的 OP 全细胞生物传感器（Jha et al., 2016）

选择性检测有机氯农药 γ-六氯环己烷（γ-hexachlorocyclohexane，γ-HCH）的全细胞生物传感器。由于 γ-HCH 脱氯化氢酶（LinA2）参与了 γ-HCH 生物转化的初始步骤，因此将编码基因 *linA2* 导入 *E. coli* 中诱导表达。固定在聚苯胺薄膜上的重组 *E. coli* 可快速且特异性地降解 γ-HCH 产生盐酸聚苯胺，导致其微环境的电导率发生变化。该生物传感器能够在 ppb*浓度范围内检测 γ-HCH，线性响应范围为 2～45 pg/mL。此外，该传感器对六氯环己烷和五氯环己烷异构体都有选择性，但不响应其他脂肪族和芳香族氯化物或 γ-HCH 降解的最终产物，具有很好的特异性（Prathap et al.，2012）。

3. 环境抗生素残留检测

抗生素过度使用导致的细菌耐药性问题已经成为全球范围内公共卫生领域的重大问题之一，因此，发展高性能的生物传感器对抗生素过度使用进行监控具有重要的意义。将 *E. coli* 大环内酯抗性操纵子和萤火虫萤光素酶基因融合，构建了一个响应大环内酯类抗生素生物传感器。该操纵子由成簇基因 *mph*(*A*)、*mrx* 和 *mphR*(*A*)组成。*mph*(*A*)是操纵子的第一个基因，它编码大环内酯 2′-磷酸转移酶，催化大环内酯类抗生素（如红霉素和夹竹桃霉素）发生磷酸化而丧失抗菌活性。在红霉素存在的情况下，mph(A)操纵子的转录在抑制阻遏蛋白 MphR(A)与 Pmph(A)启动子的结合后被激活，能感应到低至 8 pg/mL 的红霉素（Möhrle et al.，2007）。如图 3-5 所示，将 BlaR1/BlaI 系统与 *luxABCDE* 融合，以枯草芽孢杆菌（*Bacillus subtilis*）为底盘细胞构建了响应 β-内酰胺的生物传感器。*Bla* 编码的调节系统包括基因 *blaR1*（抗生素受体）、*blaI*（阻遏蛋白）和 *blacZ*（β-内酰胺酶）。其中，BlaI 阻遏物与基因间区域内的回文序列结合并抑制两个方向的基因表达。

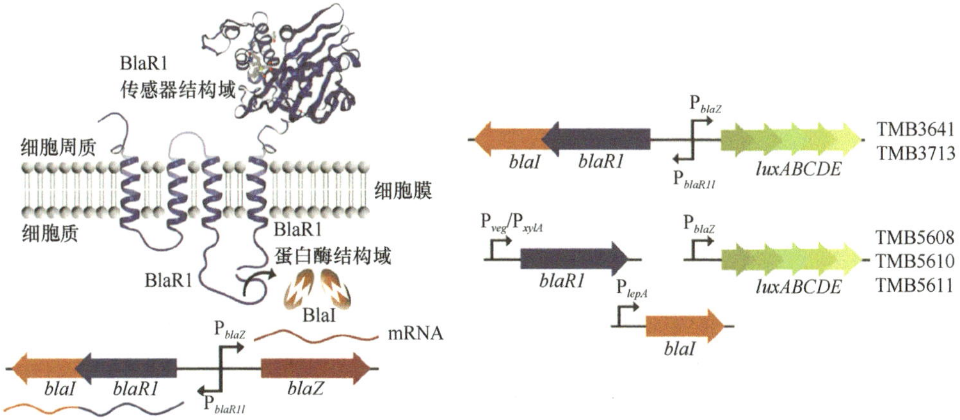

图 3-5 基于 BlaR1/BlaI 的 β-内酰胺生物传感器（Lautenschläger et al.，2020）

* ppb（parts per billion）为十亿分率，一般指质量浓度，全书同。

当存在β-内酰胺时，细胞外 BlaR1 受体 C 端传感器结构域发生酰化，自溶断裂激活 BlaR1 的细胞质蛋白酶结构域，促进阻遏物的降解，从而释放其目标启动子，引起荧光素酶基因的表达。该传感器能够广谱响应β-内酰胺类物质，具有较宽的动态响应范围，最低响应浓度低于 1 ng/mL（Lautenschläger et al.，2020）。

4. 环境内分泌干扰物分析

内分泌干扰物能够干扰人类激素生成或活动，即使低浓度水平暴露，也可能对动物和人类健康造成严重的影响。大部分内分泌干扰物类环境污染物通过结合相应激素受体产生干扰，因此大部分针对内分泌干扰物的全细胞传感器都是在相关激素受体蛋白后加入一个激活结构域或相应激素反应启动子。在干扰物存在的情况下，干扰物质与受体蛋白结合后激活下游的启动子表达。在酿酒酵母（*Saccharomyces cerevisiae*）中表达人类雄激素受体、雌激素受体（ERα 或 ERβ），以及由相应激素反应启动子控制的萤火虫萤光素酶，可以构建响应内分泌干扰物的全细胞传感器。将该传感器与样品孵育 2.5 h 后，添加 D-荧光素底物，即可检出荧光信号。用该传感器测试了 8 种润肤霜，其中 6 种显示出了高雌激素活性（Leskinen et al.，2005）。对人类 ERα 进行突变后筛选得到高特异性双酚 A 靶向受体（BPA-R），克服了核受体缺乏化学特异性的缺点，有效避免了背景雌激素对响应的干扰（图 3-6）。以细菌萤光素酶为信号报告分子构建的酵母全细胞传感器，实现了对双酚 A 的高特异性检测，检测限低至 24 ng/mL，为改造受体发展特异性生物传感器提供了一个有益的思路（Rajasärkkä and Virta，2013）。

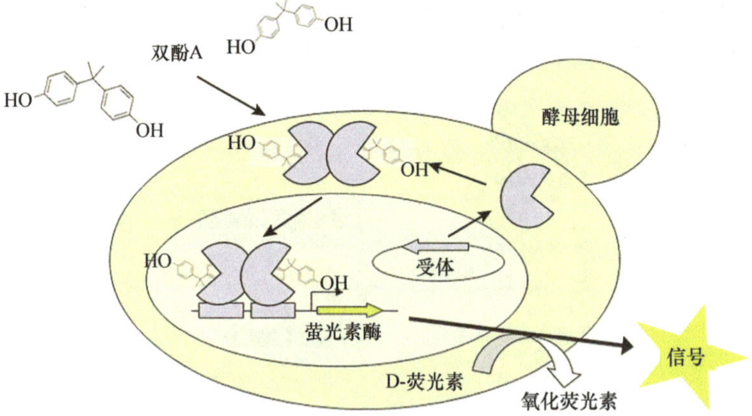

图 3-6 高特异性双酚 A 全细胞生物传感器（Rajasärkkä and Virta，2013）

3.5.2 无细胞生物传感器

全细胞生物传感器在过去几十年取得了长足发展，在环境污染检测领域呈现出良好的应用前景。但是，全细胞生物传感器在实际应用中也面临一些急需解决的问题。全细胞生物传感的底盘细胞主要是转基因微生物，如果将其释放到环境中，潜在的生物安全问题导致需要采取额外防护措施。由于存在细胞膜阻塞等问题，一些分析物难以进入细胞内，导致出现响应时间长、灵敏度不足等问题。如果样品中存在毒性物质，对细胞的活性状态产生影响，也会降低检测结果的可靠性。此外，全细胞生物传感的检测结果也可能受到底盘细胞的生理状态、所处的化学条件，以及组成复杂的环境样本的影响（Voyvodic and Bonnet，2020）。

无细胞蛋白合成（cell-free protein synthesis，CFPS）系统的出现促进了无细胞生物传感器的快速发展。基于细胞提取物的 CFPS 系统是一个集 DNA 模板、转录机制、翻译机制、底物（氨基酸、能量底物、辅因子和无机盐等）为一体的混合体系。CFPS 系统在开放环境下进行转录和翻译过程，允许直接添加外源物质到反应体系中，避免细胞膜传质限制导致的跨膜运输问题，表现出多种优于细胞系统的独特功能，为生物传感器中引入更复杂的遗传回路奠定了基础（Carlson et al.，2012）。通过在 DNA 模板上合理地设计和组合基因元件，研究人员基于 CFPS 系统可以构建高效的无细胞生物传感器。无细胞生物传感器具有以下优势：①安全性高，不涉及底盘细胞的遗传改造，避免了生物安全问题；②毒性/化学耐受性好，能够在毒素存在的情况下正常运行；③稳定性好，无细胞系统经过冷冻干燥后具有长期储存稳定性；④灵敏度高，一些物质的检测限可达到纳摩尔浓度级别；⑤响应速度快，待测分析物在无细胞环境中直接与传感器反应，相较于全细胞生物传感器，能更快速地产生信号；⑥鲁棒性强，无细胞系统在受到不确定因素的干扰时能够保持其结构和功能的稳定（Zhang et al.，2020a）。

无细胞生物传感器的工作流程可分为两部分：特定识别元件对分析物进行识别和响应；报告基因表达产生可读取信号。在设计无细胞生物传感器时，根据分析物选择合适的感应元件和报告基因，然后将编码基因克隆到无细胞表达载体中，最后加入到合适的无细胞蛋白合成系统中组成一个成熟的无细胞生物传感系统。无细胞系统的开放性极大地扩展了合成生物传感系统可检测分析物的范围。无细胞生物传感器能够检测包括金属离子、群体感应分子、抗生素、病毒在内的多种分析物（Zhang et al.，2020a）。目前，研究人员已经尝试将无细胞生物传感系统应用于环境中有害物质的分析，为环境安全监测提供了新方法和新工具。

无机重金属从环境进入人体后，在身体的某些器官内蓄积，引起慢性中毒，对人体健康产生危害。近年来，研究人员已经发展了多个用于检测重金属污染的无细胞生物传感器，例如，基于响应汞离子的 MerR 转录因子和 sfGFP（superfolder green fluorescent protein），构建了一种响应汞离子纸基生物传感器；利用滤光片和智能手机实现了对荧光信号的读取，在优化条件基础上可检测浓度低至 6 ng/mL 的汞离子，为监测汞污染提供了一个便捷、低成本的方案（Gräwe et al.，2019）。此外，研究人员还构建了一个检测砷、汞、酰基高丝氨酸内酯和苯甲酸等多种化学物质的无细胞生物传感系统（图 3-7），优化了 *E. coli* 提取液和镁离子浓度等影响因素，获取了高活性的无细胞表达系统，能够在开放环境中高效地执行转录和翻译过程。如图 3-7 所示，分别以 ArsR、MerR、LuxR、RpaR 和 BenR 等转录因子作为 As^{3+}、Hg^{2+}、酰基高丝氨酸内酯（3OC12-HSL 和 pC-HSL）和苯甲酸的响应元件，以 GFP 为信号报告元件，构建了 5 种无细胞生物传感系统，它们能在数小时内灵敏地响应纳摩尔浓度水平的化学物质，为有害化学物质的快速检测提供了新方法（Zhang et al.，2019）。

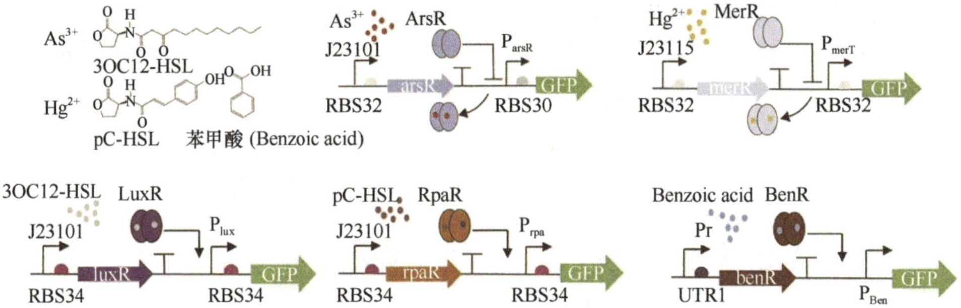

图 3-7　无细胞生物传感系统检测砷、汞、酰基高丝氨酸内酯和苯甲酸（Zhang et al.，2019）

环境中残留的高浓度抗生素严重影响生态平衡和人类健康，需要及时监测其在环境中的含量。研究人员发展了一个检测抗生素的纸基无细胞生物传感器，其以 β-半乳糖苷酶为信号报告分子，输出裸眼可见的颜色信号。该传感器利用抗生素对细菌细胞内蛋白合成系统的抑制作用，阻碍转录生成的 *lacZ* mRNA 的翻译过程，从而影响 β-半乳糖苷酶的体外合成；β-半乳糖苷酶合成量的变化又会影响其催化底物分子颜色变化程度，产生可检测的比色信号。该传感器对四环素、红霉素和氯霉素的检测限分别为 2.1 μg/mL、0.8 μg/mL 和 6.1 μg/mL。从传感原理上来看，该传感器对抗生素具有广谱响应性。然而，任何影响转录-翻译过程的因素都会引起最终输出信号的改变，从而影响检测结果的准确性，因此其抗干扰能力需要进一步评估和改进（Duyen et al.，2017）。基于 TetR 转录因子和萤火虫萤光素酶构建的检测四环素的无细胞生物传感系统，可检测出小于 10 ng/mL 的四环素浓度，低于欧盟规定牛奶中四环素的最大残留限量（100 ng/mL）及商业微生物抑制试验中四环素的限量（30～500 ng/mL）（Pellinen et al.，2004）。因此，一些无细胞生物传感系统的检测限低至 ppb 级，达到了某些污染物的环境标准水平，具有良好的实际应用潜力。

廉价高效的农药在农业生产中发挥了重要作用，能够有效减少农作物的病虫害，提高农产品产量。但是，大范围使用农药造成了严重的环境污染，直接威胁人类的健康。因此，对环境样品中农药残余成分的分析是环境监测中最为重要的一环。然而，由于缺乏可用于直接检测农药污染物的天然生物传感器，无细胞传感器在农药污染物检测方面的应用较少。假单胞菌（*Pseudomonas* sp.）通过 AtzABC

操纵子上编码的三个酶途径，能够将莠去津代谢为氰尿酸（de Souza et al., 1998）。受到这个天然代谢途径启发，研究人员开发了一种检测除草剂莠去津的无细胞生物传感方法，重建了莠去津的无细胞代谢途径，通过三步级联反应将莠去津转化为氰尿酸，其结合 AtzR 转录因子，启动报告基因 *sfgfp* 的表达。在该反应体系中，研究人员采用了一种提取物混合策略，即在裂解细胞和制备单独的细胞提取物之前，诱导 *E. coli* 宿主菌株过度表达目的蛋白，预富集了 4 种细胞提取物（分别含有 AtzA、AtzB、AtzC 和 AtzR），随后将提取物组合以重建完整的生物传感反应（图 3-8）。这种模块化方法通过调节每个富集提取物的比率来优化系统。该传感系统响应莠去津的浓度范围是 10～100 μmol/L，高于美国国家环境保护局规定的 3 ppb 残留量，这可能是受 AtzR 与氰尿酸之间亲和力（微摩尔级别）不足的限制。为提高检测莠去津的敏感性，需要对相应的转录因子和酶的蛋白质工程进行更深入的研究与优化。此前的无细胞生物传感系统的设计和构建局限于转录因子等基因调控元件，而该研究将代谢途径与生物传感策略相结合，极大地拓展了无细胞生物传感系统的应用范围，创造了“代谢生物传感”新范式（Silverman et al., 2020）。

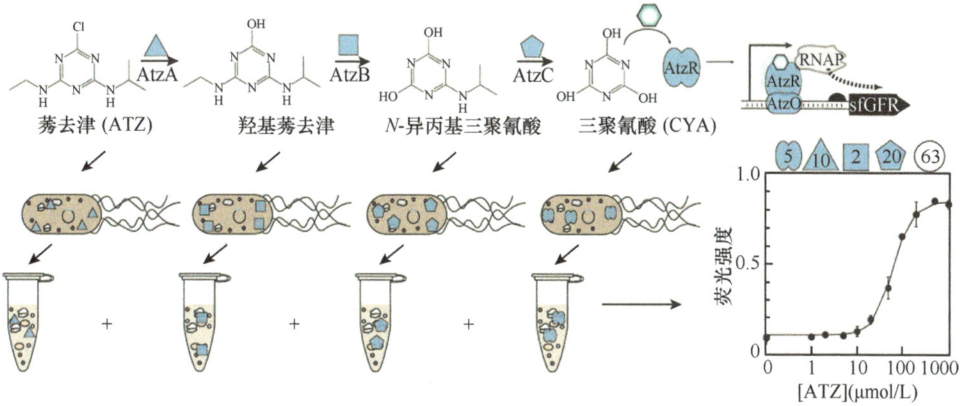

图 3-8　结合代谢途径的莠去津无细胞生物传感检测系统（Silverman et al., 2020）

大多数无细胞生物传感系统利用转录因子来响应目标化学分子，适用范围有一定的局限性。最近，一些研究人员尝试采用核糖开关来响应特定环境有害物质，基于核糖开关构建了一个结构简单的氟离子无细胞传感系统，其不涉及转录调控过程，仅由 DNA 模板和无细胞表达体系构成。在缺乏氟离子的情况下，核糖开关折叠成一个终止发夹，阻止下游基因的表达。当氟化物存在时，氟离子与核糖开关结合形成稳定的假结结构，该结构能隔离终止子并启动下游报告基因表达，产生荧光或者比色信号。在这项工作中，研究人员将反应试剂冻干，可在常温下保存和运输。冻干的生物传感组分应用于实际环境水样分析时，能够检测出浓度低至 2 ppm 的氟化物。该方法具有操作简单、对操作人员要求低等优点，且检测成本为 0.4 美元/次，具有很高的实际应用价值（Thavarajah et al., 2020）。

为了简化无细胞生物传感系统并加快检测速度，研究人员开发了一种配体诱导激活 RNA 输出传感器（RNA output sensor activated by ligand induction，ROSALIND），用于检测水体中的污染物（Jung et al.，2020）。如图 3-9 所示，ROSALIND 系统主要由 RNA 聚合酶、转录因子和 DNA 模板三个组件组成。这些组件可在体外调节荧光激活 RNA 适配体信号的输出。当分析物不存在时，转录受到转录因子的抑制；当分析物存在时，转录因子与分析物结合，RNA 聚合酶启动转录生成适配体 RNA，其结合配体分子后产生强烈的荧光信号输出。在该研究中，以三向连接二聚体 Broccoli 作为报告分子，构建了基于体外转录的 ROSALIND 系统。与商用的无细胞绿色荧光蛋白试剂盒相比，ROSALIND 系统出现可检测的荧光信号更早，且最终的荧光信号强度也更高，具有很高的灵敏度。以 TetR、MphR、MobR、QacR、TtgR、HucR、SmtB、CsoR、CadC 等 9 种转录因子作为目标物响应元件，ROSALIND

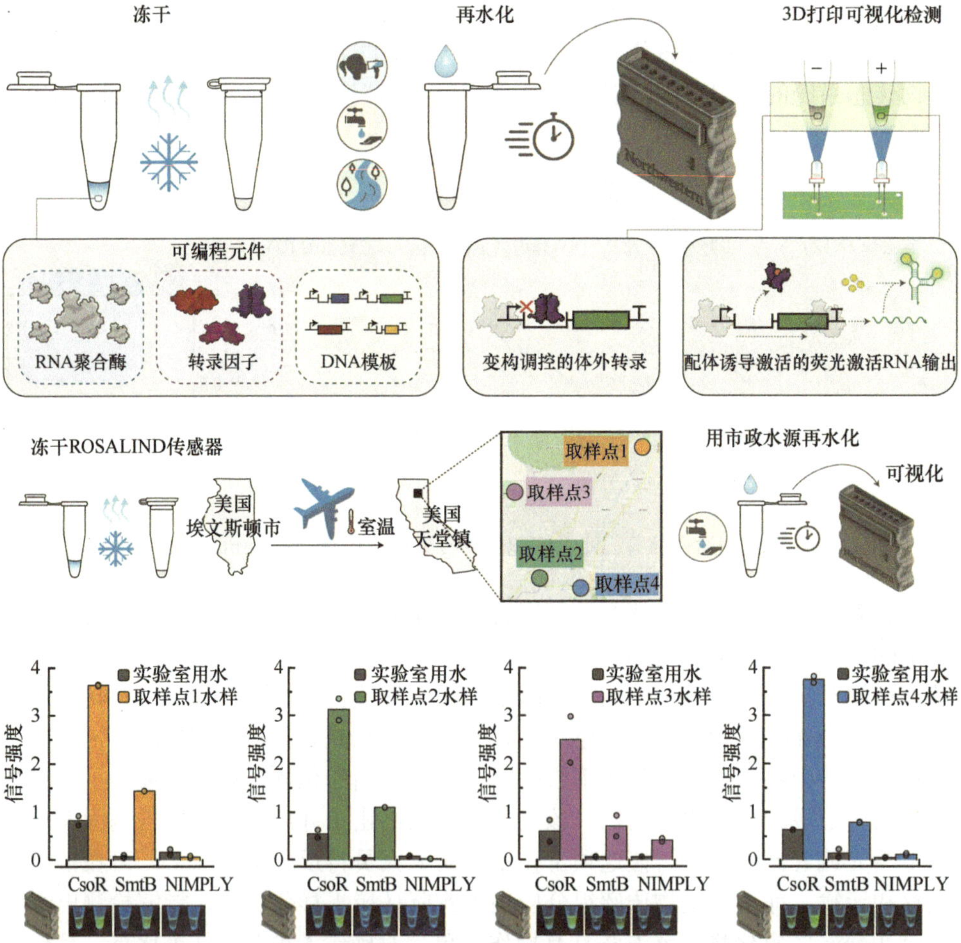

图 3-9　ROSALIND 系统的组成及其应用于环境水样现场检测（Jung et al.，2020）

系统能够灵敏地响应微摩尔浓度抗生素、有机小分子和金属离子等常见水体污染物。此外，在 ROSALIND 系统中引入反馈回路后，其对目标物的响应范围和灵敏度是可调的。ROSALIND 系统对不同种类污染物的响应具有很好的特异性，部分金属离子之间的串扰在引入逻辑回路后能够消除。随后将 ROSALIND 系统应用于美国加利福尼亚州天堂镇水样的实地检测，从 4 个地方采样后，用水样活化冻干 ROSALIND 系统，在手持式 3D 打印的照明检测装置中进行荧光测定，其结果与原子吸收光谱法检测结果具有高度一致性。ROSALIND 系统采用荧光 RNA 分子作为信号报告分子，不涉及蛋白质翻译过程，具有组成简单、响应速度快和扩展性强等优点，具有广阔的应用前景。

3.6　总结与展望

合成生物学的不断发展为研究人员提供了用于设计和创建高性能生物传感系统的模块化工具包。目前，研究人员利用环境合成生物学工具开展了很多开创性工作，在实验室中构建了多种快速、灵敏的生物传感系统，应用于环境中有毒污染物的检测和分析，在环境监测领域显示出了极大的优势和应用价值。但是，基于合成生物学的生物传感系统在实际环境监测应用时还存在很多亟待解决的问题。本节对存在的主要问题进行了概述和分析，并对可能的解决方案和策略进行了探讨与总结。

3.6.1　全细胞生物传感器

尽管文献中报道的全细胞生物传感器种类不断增加，但商业化应用的例子仍然十分有限。在实现商业化之前，全细胞生物传感器不仅在稳定性和可靠性上有待改进，还面临着挑战大众认知的生物安全问题。因此，全细胞传感器的商业化应用进展仍然比较缓慢。最近，研究人员对这些挑战进行了详细的分析和讨论，认为需要从调节信号响应、提高选择性、改善稳定性和解决生物安全问题等方面进行改进（Hicks et al.，2020）。

在调节信号响应方面，主要可以从以下几个方面着手。①降低检测限：检测限在现实应用中至关重要，因为目标分子通常以非常低的浓度存在，能够检测到的最低浓度需要低于目标物的存在浓度范围。调节细胞内转录因子的浓度、提高目标分子的细胞内浓度是降低生物传感器检测限的有效途径。②调节动态范围：动态范围是传感器报告基因的泄漏表达水平与最大表达水平之间的比率。动态范围的最大化对确保生物传感器的良好信噪比及可靠性非常重要。为了最大化信号与背景之间的差异，需要最小化泄漏表达，尽可能地提高报告基因的表达。③减少泄漏：较高水平的泄漏表达是全细胞生物传感器经常面临的一个问题。常用的减少泄漏表达的策略包括采用降解标签、反义转录，以及改变操纵子位点等。④开发适用于现场环境检测的便携式传感设备：现场实时快速检测需要更为灵敏的信号转换设备，以便能够精准、快速地放大传感器信号并转换为可测的信号。为了满足实际环境监测需求，研究人员需要研制出以便携技术为核心的全细胞传感系统和装置。

天然转录因子通常能够结合多种化学物质，赋予细胞响应广谱刺激的能力，无须为每个分子定制不同的感应蛋白。在大多数应用场景下，生物传感器需要高度特异性地响应目标分析物，保证分析结果的可靠性与准确性。如果类似物分子能够激活响应启动子，则可能导致假阳性；抑或干扰物通过非特异性相互作用致使蛋白质失活，降低传感器的响应，导致定量不准确。采用定向进化技术改变转录因子的配体结合口袋结构，能够提高转录因子的选择性，不仅会增强转录因子与配体的亲和力，同时也会提高生物传感器的灵敏度（Rosa et al.，2012）。此外，利用遗传回路构建逻辑调控网络，也能用来提高选择性，例如，在设计遗传回路时，构建“与”门可以使报告基因仅在两个启动子都被激活时才会表达，从而提高选择性（Wang and Buck，2012）。

传感器元件在细胞内的稳定性是影响全细胞传感器商业化应用的一个关键参数。在实际环境监测应用时，传感器需要具有稳定性、长期性和一致性。在环境波动的条件下，传感器输出的稳定性仍需得到维持，以保证检测结果的可靠性。在传感器设计时，将调节子内置于遗传回路中，有助于确保响应曲线在不同条件下的一致性。蛋白质表达水平的自动调节可减少蛋白质表达的变异性以产生更一致的蛋白质浓度。传感器结构本身也需要稳定地维持在细胞内，而不会改变结构或丧失功能。将额外的遗传信息插入宿主会增加细胞的代谢负荷，如果遗传回路使用了过多的细胞资源，可能会发生突变从而导致响应减弱或消失。此外，全细胞传感器大规模生产及长期存储的稳定性也是商业化过程中需要解决的重要问题。一些研究围绕菌体活性保持问题发展了多种方法，包括冷冻干燥、真空干燥、继代培养及固定技术等（Bjerketorp et al.，2006）。

微生物细胞的生长受到营养状况、温度等多种因素的影响。此外，随着污染物组分复杂度的增加、有毒物质浓度的升高，微生物会丧失活力甚至死亡，导致假阴性信号。目前，避免产生这种假阴性结果的方法主要有两种：①利用细胞密度和报告基因的表达信号分别指示生长环境的总毒性与特定有毒物质的水平；②采用双报告基因系统，即在细胞内导入恒量、低水平表达的 *RecA* 等基因，作为内参来反映样品的总毒性情况，报告基因表达产生的信号则指示目标有毒物质或胁迫压力水平（Sorensen et al.，2006；Vollmer et al.，1997）。

生物安全问题是全细胞传感器实际应用时面临的一个无法回避的问题。公众对转基因生物的看法仍然非常消极，其对使用转基因生物及其逃逸到环境中的担忧阻碍了生物传感器的应用，因此需要开发生物安全方法以确保人们对转基因生物的信心。人工设计和导入的外源基因的泄漏和丢失，不仅导致重组工程菌株功能减弱和丧失，也有可能影响生态系统中原有微生物群落的遗传信息，对生态平衡产生潜在的负面影响。因此，如何在工程微生物中引入有效的控制机制以确保生物安全性，是研究人员日益重视和关注的问题之一。

目前，生物安全策略主要是从内在机制着手遏制生物逃逸，常用方案包括生长缺陷和阻断基因水平转移。其中，生长缺陷是一种高效、通用的策略，其主要原理是敲除微生物营养必需的相关基因，改造其固有的代谢途径，构建核苷酸、氨基酸等物质合成途径中关键基因缺失的营养缺陷型菌株，使其严格依赖外源提供的营养物质进行代谢和增殖（Mandell et al.，2015；Rovner et al.，2015）。阻断基因水平转移方面，可采取的途径有：①利用毒素-抗毒素系统，其中毒素基因的表达是组成型，而抗毒素基因只有在诱导目标物存在的情况下才会表达，逃逸到自然环境中的工程菌株会自动死亡；②采用条件复制起点，将质粒复制起点的起始子定位于染色体上以防止质粒在工程宿主外复制（Yagura et al.，2006）。此外，一些研究人员也在尝试探索其他类型的生物安全方法，如采用物理屏障将重组工程菌包裹在凝胶胶囊中（Tang et al.，2021）。采用物理方法与基因工程控制相结合的策略，能够显著增加生物安全性。

3.6.2　无细胞生物传感器

紧跟实际应用的发展，无细胞生物传感器需要更加便携、更加稳定，以及成本更低。研究人员正在朝着这个方向努力，不断改进无细胞传感系统。无细胞生物传感器试剂在储存或运输过程中需要冷藏或冷冻，这种存储方式十分不利于现场检测。因此，研究人员开发了冻干技术来提高无细胞生物传感器的储存稳定性（Keith，2018）。冻干后的无细胞体系，在经过长期常温储存后，依旧保持较高的活性，对检测效率的影响较小。冻干保存技术克服了冷链储存的问题，也减少了储存所需空间。但是，无细胞冷冻干燥平台也存在一些缺点，例如，需要储存在惰性气体和硅胶干燥包中，并且冷冻干燥后活性降低。为了克服这些缺陷，研究人员开展了许多探索性工作，发现一些糖类添加剂，如普鲁兰多糖、海藻糖等，能够长时间维持无细胞组分的活性，为无细胞组分长期保存提供了一个低成本的解决方案（Karig et al.，2017）。

为了满足现场监测的需求，生物传感器需要具备更好的便携性。无细胞系统可以在微管和微孔板等容器中或纸基上冷冻干燥，然后再水化激活。基于纸基的无细胞生物传感器具有体积小、成本低等优点，更适合于现场检测。采用冷冻干燥技术，可以将无细胞系统嵌入到纸上进行无菌检测。该系统可在室温下稳定保存，使用时加入含有分析物的水溶液即可激活无细胞转录翻译系统。研究人员利用环境无机污染物砷离子和病原菌群体感应分子酰基高丝氨酸内酯类（acyl-homoserine lactone，AHL）调控的合成遗传网络对传感系统进行验证。结果表明，该传感系统能够检测到 0.5 mmol/L 砷离子或 AHL，并且可通过相机或手机获取检测图像，利用软件分析各个颜色通道的强度进行定量化检测。移动技术方便了终端用户的信号读取，为现场检测提供了更便捷的途径（Lin et al.，2020）。

此外，受场地、操作者、细胞提取物的制备、辅助试剂的制备等多种因素的影响，不同批次制备的无细胞系统可能存在批次间差异。为了提高无细胞生物传感器的稳定性和标准性，需要采取多种措施来减少基于粗提物的无细胞系统的批次间差异，包括优化提取物制备、模板 DNA 的进一步纯化等（Dopp et al.，2019）。此外，重组元件蛋白合成系统（protein synthesis using recombinant element，PURE）系统的稳定性和标准性更高。用于无细胞蛋白质合成的 PURE 系统降低了被污染的蛋白酶、核酸酶和磷酸酶的水平，并提供了更精确的制备方法，具有更高的重现性和更好的模块化系统灵活性。PURE 系统中不存在粗提物无细胞系统中的氨基酸文库代谢副作用，因此具有更好的稳定性（Kwon and Jewett，2015）。但是，该系统存在成本高、制备时间长等问题，还需进一步开发具有更高稳定性的无细胞系统。

除了荧光蛋白、比色反应等产生的光学信号外，无细胞生物传感系统还能够利用电化学信号进行输出。电化学检测技术具有灵敏度高、仪器设备易于小型化、便携性好等优点。无细胞传感体系感应分析物，启动转录和翻译过程产生效应蛋白，引起电极表面化学特性的变化，将目标物浓度的改变转换成电流、电位等电化学信号输出。最近，将无细胞生物传感系统与核酸功能化阵列微电极结合，构建了多通路电化学生物传感器，实现了多种核酸分析物的便携式检测（Sadat Mousavi et al.，2020）。因此，将无细胞系统与电化学传感界面耦合，将会有效提高无细胞生物传感器的检测通量和便携性。

无细胞生物传感系统具有开放性、可控性和灵活性等优点，易于高效地耦合各种新发展的合成生物学元件，构建性能更加优异的生物传感系统。研究人员将模块化和可调谐的基因放大器整合到各种基因回路中，能够提高生物传感器的灵敏度和输出动态范围。在无细胞传感体系中，往遗传回路中引入智能逻辑系统，整合多个输入信号能够同时检测多种环境污染物（Bonnet et al.，2013；Wang et al.，2014），实现智能高效的环境污染物监测。

3.6.3 展望

近年来，环境合成生物学研究蓬勃发展，显示出了强大的创新能力，极大地推动了环境科学相关的工具和技术的进步。合成生物学相关技术的进步提高了人们对遗传元件或者生物系统的理解程度和设计能力，而不断丰富的合成生物学元件库也让研究人员在设计、构建、编辑和共享遗传元件方面变得更加高效。充分发挥合成生物学在定量、设计、工程化方面的优势，深度交叉和融合化学、材料科学、信息科学等基础学科，研究人员有望构建更加灵敏、稳定和安全的生物传感系统，满足实际环境监测需求，为人类面临的环境安全问题提供全新的解决方案。

编写人员：雷春阳 刘 琳 胥奔锋 聂 舟
单 位：湖南大学

参 考 文 献

杨璐, 吴楠, 白茸茸, 等. 2022. 基因回路型全细胞微生物传感器的设计、优化与应用. 合成生物学, 3(6): 1061-1020.

张莉鸽, 王伟伟, 胡海洋, 等. 2019. 合成生物学在环境有害物监测及生物控制中的应用. 生物产业技术, (1): 67-74.

赵国屏. 2018. 合成生物学: 开启生命科学"会聚"研究新时代. 中国科学院院刊, 33(11): 1135-1149.

Agari Y, Sakamoto K, Kuramitsu S, et al. 2012. Transcriptional repression mediated by a TetR family protein, PfmR, from *Thermus thermophilus* HB8. Journal of Bacteriology, 194(17): 4630-4641.

Babendure J R, Adams S R, Tsien R Y. 2003. Aptamers switch on fluorescence of triphenylmethane dyes. Journal of the American Chemical Society, 125(48): 14716-14717.

Baker J L, Sudarsan N, Weinberg Z, et al. 2012. Widespread genetic switches and toxicity resistance proteins for fluoride. Science, 335(6065): 233-235.

Bjerketorp J, Hakansson S, Belkin S, et al. 2006. Advances in preservation methods: Keeping biosensor microorganisms alive and active. Current Opinion in Biotechnology, 7(1): 43-49.

Bonnet J, Yin P, Ortiz M E, et al. 2013. Amplifying genetic logic gates. Science, 340(6132): 599-603.

Boru U T, Boluk C, Tasdemir M, et al. 2020. Air pollution, a possible risk factor for multiple sclerosis. Acta Neurologica Scandinavica, 141(5): 431-437.

Boussebayle A, Torka D, Ollivaud S, et al. 2019. Next-level riboswitch development–implementation of capture-SELEX facilitates identification of a new synthetic riboswitch. Nucleic Acids Research, 47(9): 4883-4895.

Branco R, Cristóvão A, Morais P V. 2013. Highly sensitive, highly specific whole-cell bioreporters for the detection of chromate in environmental samples. PLoS One, 8(1): e54005.

Breaker R R. 2011. Prospects for riboswitch discovery and analysis. Molecular Cell, 43(6): 867-879.

Browning D F, Busby S J. 2004.The regulation of bacterial transcription initiation. Nature Reviews Microbiology, 2(1): 57-65.

Carlson E D, Gan R, Hodgman C E, et al. 2012. Cell-free protein synthesis: Applications come of age. Biotechnology Advances, 30 (5): 1185-1194.

Chen X, Zhang D, Su N, et al. 2019. Visualizing RNA dynamics in live cells with bright and stable fluorescent RNAs. Nature Biotechnology, 37(11): 1287-1293.

Crump D, Jagla M M, Kehoe A, et al. 2008. Detection of polybrominated diphenyl ethers in herring gull (*Larus argentatus*) brains: Effects on mRNA expression in cultured neuronal cells. Environmental Science and Technology, 42(20): 7715-7721.

de Souza M L, Seffernick J, Martinez B, et al. 1998. The atrazine catabolism genes atzABC are widespread and highly conserved. Journal of Bacteriology, 180(7): 1951-1954.

Desforges J P W, Sonne C, Levin M, et al. 2016. Immunotoxic effects of environmental pollutants in marine mammals. Environment International, 86: 126-139.

Dopp J L, Jo Y R, Reuel N F. 2019. Methods to reduce variability in *E. coli*-based cell-free protein expression experiments. Synthetic and Systems Biotechnology, 4(4): 204-211.

Duyen T T, Matsuura H, Ujiie K, et al. 2017. Paper-based colorimetric biosensor for antibiotics inhibiting bacterial protein synthesis. Journal of Bioscience and Bioengineering, 123(1): 96-100.

Eagles-Smith C A, Ackerman J T, De La Cruz S E W, et al. 2009. Mercury bioaccumulation and risk to three waterbird foraging guilds is influenced by foraging ecology and breeding stage. Environmental Pollution, 157(7): 1993-2002.

Ellington A D, Szostak J W. 1990. *In vitro* selection of RNA molecules that bind specific ligands. Nature, 346(6287): 818-822.

Fang M, Webster T F, Stapleton H M. 2015. Directed analysis of human peroxisome proliferator-activated nuclear receptors (PPARγ1) ligands in indoor dust. Environmental Science and Technology, 49(16): 10065-10073.

Fomrna B M, Chen J, Evnas R M. 1996. The peroxisome proliferator-activated receptors: Ligands and activators. Annals of the New York Academy of Sciences, 804: 266-275.

Giesy J P, Hilscherova K, Jones P D, et al. 2002. Cell bioassays for detection of aryl hydrocarbon (AhR) and estrogen receptor (ER) mediated activity in environmental samples. Marine Pollution Bulletin, 45(1-12): 3-16.

Gore A C, Cohn B. 2020. Endocrine-disrupting chemicals in cosmetics. JAMA Dermatology, 156(5): 603-604.

Gräwe A, Dreyer A, Vornholt T, et al. 2019. A paper-based, cell-free biosensor system for the detection of heavy metals and date rape drugs. PLoS One, 14(3): e0210940.

Grimaldi M, Boulahtouf A, Delfosse V, et al. 2015. Reporter cell lines for the characterization of the interactions between human nuclear receptors and endocrine disruptors. Frontiers in Endocrinology, 6: 62.

Hicks M, Bachmann T T, Wang B. 2020. Synthetic biology enables programmable cell-based biosensors. ChemPhysChem, 21(2): 132-144.

Iqubal A, Ahmed M, Ahmad S, et al. 2020. Environmental neurotoxic pollutants: Review. Environmental Science and Pollution Research, 27(33): 41175-41198.

Jepson P D, Law R J. 2016. Persistent pollutants, persistent threats. Science, 352(6292): 1388-1389.

Jha R K, Kern T L, Kim Y, et al. 2016. A microbial sensor for organophosphate hydrolysis exploiting an engineered specificity switch in a transcription factor. Nucleic Acids Research, 44(17): 8490-8500.

Joe M H, Lee K H, Lim S Y, et al. 2012. Pigment-based whole-cell biosensor system for cadmium detection using genetically engineered *Deinococcus radiodurans*. Bioprocess and Biosystems Engineering, 35(1-2): 265-272.

Jung J K, Alam K K, Verosloff M S, et al. 2020. Cell-free biosensors for rapid detection of water contaminants. Nature Biotechnology, 38(12): 1451-1459.

Kahn L G, Philippat C, Nakayama S F, et al. 2020. Endocrine-disrupting chemicals: Implications for human health. The Lancet Diabetes and Endocrinology, 8(8): 703-718.

Karig D K, Bessling S, Thielen P, et al. 2017. Preservation of protein expression systems at elevated temperatures for portable therapeutic production. Journal of the Royal Society Interface, 14(129): 20161039.

Keith P. 2018. Perspective: Solidifying the impact of cell-free synthetic biology through lyophilization. Biochemical Engineering Journal, 138: 91-97.

Kiliç S, White E R, Sagitova D M, et al. 2014. Collec TF: A database of experimentally validated transcription factor-binding sites in bacteria. Nucleic Acids Research, 42(D1): D156-D160.

Krzystyniak K, Tryphonas H, Fournier M. 1995. Approaches to the evaluation of chemical-induced immunotoxicity. Environmental Health Perspectives, 103(Suppl 9): 17-22.

Kudłak B, Wieczerzak M. 2019. Aptamer based tools for environmental and therapeutic monitoring: A review of developments, applications, future perspectives. Critical Reviews in Environmental Science and Technology, 50(8): 816-867.

Kwon Y C, Jewett M C. 2015. High-throughput preparation methods of crude extract for robust cell-free protein synthesis. Scientific Reports, 5: 8663.

Landrigan P J, Fuller R, Acosta N J R, et al. 2018. Commission on pollution and health. The Lancet, 391(10119): 430-430.

Lautenschläger N, Popp P F, Mascher T. 2020. Development of a novel heterologous β-lactam-specific whole-cell biosensor in *Bacillus subtilis*. Journal of Biological Engineering, 14: 21.

Leskinen P, Michelini E, Picard D, et al. 2005. Bioluminescent yeast assays for detecting estrogenic and androgenic activity in different matrices. Chemosphere, 61(2): 259-266.

Li L, Liang J, Hong W, et al. 2015. Evolved bacterial biosensor for arsenite detection in environmental water. Environmental Science and Technology, 49(10): 6149-6155.

Lin X M, Li Y L, Li Z X, et al. 2020. Portable environment-signal detection biosensors with cell-free synthetic biosystems. RSC Advances, 10: 39261-39265.

Lönneborg R, Varga E, Brzezinski P. 2012. Directed evolution of the transcriptional regulator DntR: Isolation of mutants with improved DNT-response. PLoS One, 7(1): e29994.

Lopreside A, Wan X, Michelini E, et al. 2019. Comprehensive profiling of diverse genetic reporters with application to whole-cell and cell-free biosensors. Analytical Chemistry, 91(23): 15284-15292.

Mandell D J, Lajoie M J, Mee M T, et al. 2015. Biocontainment of genetically modified organisms by synthetic protein design. Nature, 518(7537): 55-60.

McCarty N S, Ledesma-Amaro R. 2019. Synthetic biology tools to engineer microbial communities for biotechnology. Trends in Biotechnology, 37(2): 181-197.

McConnell E M, Nguyen J, Li Y F. 2020. Aptamer-based biosensors for environmental monitoring. Frontiers in Chemistry, 8: 434.

McCown P J, Corbino K A, Stav S, et al. 2017. Riboswitch diversity and distribution. RNA, 23(7): 995-1011.

Möhrle V, Stadler M, Eberz G. 2007. Biosensor-guided screening for macrolides. Analytical and Bioanalytical Chemistry, 388(5-6): 1117-1125.

Nian M, Luo K, Luo F, et al. 2020. Association between prenatal exposure to PFAS and fetal sex hormones: are the short-chain PFAS safer? Environmental Science and Technology, 54(13): 8291-8299.

Orth P, Schnappinger D, Hillen W, et al. 2000. Structural basis of gene regulation by the tetracycline inducible tetrepressor-operator system. Nature Structural Biology, 7(3): 215-219.

Paige J S, Wu K Y, Jaffrey S R. 2011. RNA mimics of green fluorescent protein. Science, 333(6042): 642-646.

Pellinen Y, Huovinen T, Karp M, et al. 2004. A cell-free biosensor for the detection of transcriptional inducers using firefly luciferase as a reporter. Analytical Biochemistry, 330(1): 52-57.

Pessah I N, Lein P J, Seegal R F, et al. 2019. Neurotoxicity of polychlorinated biphenyls and related organohalogens. Acta Neuropathologica, 138(3): 363-387.

Pike A C. 2006. Lessons learnt from structural studies of the oestrogen receptor. Best Practice & Research Clinical Endocrinology and Metabolism, 20(1): 1-14.

Prathap M U, Chaurasia A K, Sawant S N, et al. 2012. Polyaniline-based highly sensitive microbial biosensor for selective detection of lindane. Analytical Chemistry, 84(15): 6672-6678.

Rajasärkkä J, Virta M. 2013. Characterization of a bisphenol aspecific yeast bioreporter utilizing the bisphenol a-targeted receptor BPA-R. Analytical Chemistry, 85(21): 10067-10074.

Ramos J L, Martinez-Bueno M, Molina-Henares A J, et al. 2005.The TetR family of transcriptional repressors. Microbiology and Molecular Biology Reviews, 69 (2): 326-356

Richardson J R, Fitsanakis V, Westerink R H S, et al. 2019. Neurotoxicity of pesticides. Acta Neuropathologica, 138(3): 343-362.

Rosa L, Varga E, Brzezinski P. 2012. Directed evolution of the transcriptional regulator DntR: Isolation of mutants with improved DNT-response. PLoS One, 7(1) : e29994.

Rovner A J, Haimovich A D, Katz S R, et al. 2015. Recoded organisms engineered to depend on synthetic amino acids. Nature, 518(7537): 89-93.

Sadat Mousavi P, Smith S J, Chen J B, et al. 2020. A multiplexed, electrochemical interface for gene-circuit-based sensors. Nature Chemistry, 12(1): 48-55.

Schumacher M A, Miller M C, Grkovic S, et al. 2002. Structural basis for cooperative DNA binding by two dimers of the multidrug-binding protein QacR. European Molecular Biology Organization Journal, 21(5): 1210-1218.

Sharma B M, Bharat G K, Chakraborty P, et al. 2021. A comprehensive assessment of endocrine-disrupting chemicals in an Indian food basket: Levels, dietary intakes, and comparison with European data. Environmental Pollution, 288: 117750.

Silverman A D, Akova U, Alam K K, et al. 2020. Design and optimization of a cell-free atrazine biosensor. ACS Synthetic Biology, 9(3): 671-677.

Sorensen S J, Burmilla M, Hansen L H. 2006. Making bio-sense of toxicity: New developments in whole-cell biosensors. Current Opinion in Biotechnology, 17(1): 11-16.

Soreq H, Seidman S. 2001. Acetylcholinesterase—new roles for an old actor. Nature Reviews Neuroscience, 2(4): 294-302.

Suzuki T, Hidaka T, Kumagai Y, et al. 2020. Environmental pollutants and the immune response.

Nature Immunology, 21(12): 1486-1495.
Tang T C, Tham E, Liu X, et al. 2021. Hydrogel-based biocontainment of bacteria for continuous sensing and computation. Nature Chemical Biology, 17(6): 724-731.
Thavarajah W, Silverman A D, Verosloff M S, et al. 2020. Point-of-use detection of environmental fluoride via a cell-free riboswitch-based biosensor. ACS Synthetic Biology, 9(1): 10-18.
Totlandsdal A I, Herseth J I, Bolling A K, et al. 2012. Differential effects of the particle core and organic extract of diesel exhaust particles. Toxicology Letters, 208(3): 262-268.
Tuerk C, Gold L. 1990. Systematic evolution of ligands by exponential enrichment: RNA ligands to bacteriophage T4 DNA polymerase. Science, 249(4968): 505-510.
van der Meer J R, Belkin S. 2010. Where microbiology meets microengineering: Design and applications of reporter bacteria. Nature Reviews Microbiology, 8(7): 511-522.
Vollmer A C, Belkin S, Skulski D R, et al. 1997. Detection of DNA damage by use of *Escherichia coli* carrying *recA'::lux*, *uvrA'::lux*, or *alkA'::lux* reporter plasmids. Applied and Environmental Microbiology, 63(7): 2566-2571.
Voyvodic P L, Bonnet J. 2020. Cell-free biosensors for biomedical applications. Current Opinion in Biomedical Engineering, 13: 9-15.
Wang B, Buck M. 2012. Customizing cell signaling using engineered genetic logic circuits. Trends in Microbiology, 20(8): 376-384.
Wang B, Mauricio B, Martin B. 2014. Engineering modular and tunable genetic amplifiers for scaling transcriptional signals in cascaded gene networks. Nucleic Acids Research, 42(14): 9484-9492.
Wei W, Liu X, Sun P, et al. 2014. Simple whole-cell biodetection and bioremediation of heavy metals based on an engineered lead-specific operon. Environmental Science and Technology, 48(6): 3363-3371.
Xu X, Nie S, Ding H, et al. 2018. Environmental pollution and kidney diseases. Nature Reviews Nephrology, 14(5): 313-324.
Yagura M, Nishio S Y, Kurozumi H, et al. 2006. Anatomy of the replication origin of plasmid ColE2-P9. Journal of Bacteriology, 188(3): 999-1010.
Zhang H J, Liu W L, Chen B, et al. 2018. Differences in reproductive toxicity of TBBPA and TCBPA exposure in male Rana nigromaculata. Environmental Pollution, 243: 394-403.
Zhang L, Guo W, Lu Y. 2020a. Advances in cell-free biosensors: Principle, mechanism, and applications. Biotechnology Journal, 15(9): e2000187.
Zhang P, Feng H, Yang J, et al. 2019. Detection of inorganic ions and organic molecules with cell-free biosensing systems. Journal of Biotechnology, 300: 78-86.
Zhang Q, Yu C, Fu L L, et al. 2020b. New insights in the endocrine disrupting effects of three primary metabolites of organophosphate flame retardants. Environmental Science & and Technology, 54(7): 4465-4474.
Zhang S, Du X, Liu H, et al. 2021. The latest advances in the reproductive toxicity of microcystin-LR. Environmental Research, 192: 110254.
Zwart N, Andringa D, de Leeuw W J, et al. 2017. Improved androgen specificity of AR-EcoScreen by CRISPR based glucocorticoid receptor knockout. Toxicology *in Vitro*, 45(Pt 1): 1-9.

第 4 章　合成生物学在环境污染物检测中的应用

环境污染物种类繁多，按其性质可分为化学污染物、物理污染物和生物污染物。化学污染物尤其是痕量/超痕量的高毒性污染物，通常需要利用大型分析仪器进行定性定量分析，价格昂贵且比较耗时，因此有必要开发便捷高效的技术方法实现化学污染物快速准确检测分析。合成生物学通过开发不同的底盘细胞，对输入传感模块、内部信号处理模块和输出报告模块进行程式化组建，从而实现环境中污染物的检测。合成生物学方法能够将生物分析的天然优势与物理、化学分析的标准化流程相结合，辅以高通量样本筛选的技术优势，可实现污染物分析检测良好的测量精度和时效性。随着合成生物学技术的快速发展，上述这些模块还可以组装成便携的小型化设备，从而实现环境中污染物的高效检测。

4.1　环境合成生物学检测污染物的原理

1961 年，Jacob 和 Monod 首次揭示了乳糖（lactose）操纵子（*lac*）模型，并对这种基因模块的工作模式进行了预测。其不仅可以作为双糖编码切割器，或者简单的报告基因激活通路，还可以作为一个具有开创性基因模型的组成部分，因此，该技术被报道之后，迅速成为全球研究基因表达调控的基础工具（Danchin，2012）。几十年后，人们利用该技术对各种微生物基因进行改造，并将之成功应用于环境污染物的分析。用于污染物检测的环境合成生物学体系构建通常具有相似的原理：首先，设计可以直接被目标污染物激活的某个基因的启动子；其次，在下游融合一个报告基因，通常是编码一个可以追溯的蛋白质，如荧光蛋白等。在实际应用中，有很多基因启动子和追溯蛋白可作为候选传感器元件，因此，此类生物检测体系的检测目标范围比较广泛，尤其可针对环境中的毒性组分开展测试。目前已经广泛使用的 SOS 显色实验就是利用该原理，当外界环境中存在具有细胞毒性的物质时，会对细胞内 DNA 分子造成大范围损伤，使其复制受到抑制，进而激活改造后的大肠杆菌启动子，启动下游报告基因 *lacZ* 的表达，催化底物转化并最终显色。最初人们把这种经过人工设计改造的生物细胞称为“全细胞生物传感器”（whole cell biosensor，WCB）（Osma and Stoycheva，2014），尽管其结构经过复杂的重新设计，但并不是一种直接使用的硬件设备，因此称之为“生物报告器”也许更为贴切。尽管这些“生物报告器”的菌株改造仍主要停留在实验室阶段，但其为环境合成生物学应用于污染物检测提供了新的思路。

基于全细胞的生物传感器的性能主要取决于两个方面：①报告基因的选择；②当调节蛋白与目标物结合时，分子识别的选择性与敏感性（Raut et al.，2012）。该传感器可用于检测特定种类的目标物，并通过处理器将识别信号放大为电信号或光信号。与传统生物传感器不同，基于全细胞的生物传感器可以检测到范围更广的物质，因此对组织样本、其他细胞或环境中电化学状态的变化更敏感。由于能够进行基因改造，这些全细胞生物传感器可以在更宽泛的条件下运行，如不同的温度和 pH（Ben-Yoav et al.，2009；Behzadian et al.，2011；Tian et al.，2017）。总体而言，全细胞生物传感器具有灵敏度高、选择性好、高通量原位检测能力等明显优势，已成功应用于环境监测、食品分析、药理学和药物筛选等领域（Xie et al.，2004；Raut et al.，2012）。

4.1.1　新技术与基因回路模块化设计

合成微生物传感器通常包括三个信息交换模块：输入传感模块、内部信号处理模块和输出报告模块。在以原核细菌为底盘生物进行改造的传统生物传感器中，这三个模块的功能通常是由诱导型启动子融合标签蛋白基因来完成的。标签蛋白包括某种易被定性检测的荧光蛋白，或某种易被定量检测活性的酶。目前这种简单的基因回路设计尚不能用于复杂的实际环境检测。近二十年来，研究人员从微生物和病毒中分离获得了多种不同的酶，通过进一步研究和改造，借助快速发展的 PCR 技术（如数字 PCR 仪），逐渐实现了对基因的有效复制、剪接或粘贴等操作。除基因编辑（如 CRISPR-Cas9）技术之外，高通量测序技术的蓬勃发展也极大地促进了合成生物学的发展。2003 年，科学界首次提出“生物积木（Biobricks）”的概念，认为应建立“一套标准化流程和符合工程原理的机制，用以消除遗传成分组装过程中出现的问题”。此外，“缺乏工程原理指导” 也被认为是当前生物传感器性能不符合环境检测标准的原因之一（van der Meer and Belkin，2010）。这表明环境合成生物学检测方法的原理是用工程师的思维结合“经典”分子生物学理论，将简单的启动子-报告基因融合表达转变为更加复杂、有效和多样化的细胞工具，构建复杂的基因回路，从而实现目标功能。

环境合成生物学检测污染物，是通过构建能够感知复杂信号的基因回路，从而识别环境污染物及其代谢产物。这些基因回路包括拨动开关（Gardner et al.，2000）、逻辑门（Anderson et al.，2006）、转录放大器（Wang et al.，2014）和记忆回路等（Courbet et al.，2015）。合成生物学的优势在于检测到的信号由人工产出和控制，而不是底盘生物随机产生。输出报告模块通常是表达一个基因或编码一组基因的转录，这种输出产物也被称为“报告蛋白”，几乎所有的“报告蛋白”都必须具有特异性，且被人为放置在整个回路下游的特殊位置。除特异性外，理想的输出模块产物还要易于定性检测和定量统计，细胞对目标污染物反应的最佳统计方法之一即精准量化外界刺激或者代谢活动所产生的“报告蛋白”的浓度。最佳的输出模块产物应具有强特异性、非侵入性和高敏感性，且对底盘生物细胞无危害。有研究将振荡器概念引入合成生物学领域（Elowitz and Leibler，2000），一个输出模块可以整合多种不同的目标污染物。与此类似，核调控转录调节计数器包含细胞中 2～3 个调节节点，输出信号则是细胞感受目标污染物后由相关函数转化的脉冲信号（Friedland et al.，2009）。

4.1.2 底盘细胞的开发

底盘细胞是合成生物学反应发生的宿主细胞。目前合成生物学相关报道主要集中在生物元件及基因回路等“编程”相关工作，而对于底盘生物和底盘细胞的研究报道较少。理想的底盘细胞应满足两个方面的需求：①可容纳全部人工构建的基因回路或者生物元件；②能够按照程序设定工作，即在正确时间以正确方式输出正确的产物。在合成生物学的实际操作中，通常采用“重构”方式对底盘细胞或者底盘生物进行改造，包括嵌入、替换或删除一些基因或者基因模块，避免受到细胞原有代谢过程的影响，利于底盘细胞高效工作。许多微生物如大肠杆菌、枯草芽孢杆菌、酵母菌、假单胞菌、丝状支原体等的基因组均可简化，从而实现最小基因组的目标。这些最小基因组具有足够大的空间装载人工构建的基因回路，因此可作为底盘细胞使用。为了使装载遗传信息量多的外源 DNA 大分子能够顺利进入底盘细胞并被正确读取（编码蛋白质与输出产物），通常使用个体较大的细胞作为底盘细胞，如用真核生物代替传统的原核生物。

基于底盘细胞构建的合成生物器件具有正常读取及输出信号的功能，而不同底盘细胞具有特异性的能量和物质代谢系统，因此底盘细胞的设计需要工程学思维，如“安全阀”的概念。当细胞处于外界污染环境中、代谢产物快速聚合和储存时，为保护细胞免受环境压力的影响，需充分考虑最小基因组中代谢家族和安全修复家族的设计与构建。当某种代谢物达到阈值水平，阀门须打开，多余的代谢物排出。为了避免排出的代谢物再次进入细胞无效循环，代谢物需经过一些生化修饰后再被细胞释放到环境中。

此外，底盘细胞具备细胞增殖的基本生理功能。在细胞更新换代的同时，底盘细胞的遗传信息可能会被保存或丢弃，甚至可能会影响人工构建的基因回路。尤其是外界环境污染物处于动态变化过程中，用于污染物监测的底盘细胞在繁殖过程中也可能会发生改变。即使子代与父代 DNA 信息保持一致，其他修饰方面也可能发生变化，从而导致个体之间存在差异。因此，在利用环境合成生物学监测环境污染物时，需考虑细胞遗传与表观遗传特性。

4.2　合成生物学应用于环境污染物的检测

4.2.1　抗生素类污染物的检测

抗生素的发现是人类医药史上的里程碑（Sarmah et al.，2006），但其过度使用会导致细菌耐药性的增强及多重耐药菌群数量的迅速增长，从而破坏人体正常微生物菌群，威胁人类生命健康（Virolainen and Karp，2014）。开展抗生素的环境赋存特征及其环境影响研究，是评估细菌耐药性、保护人体健康的重要基础（Reder-Christ and Bendas，2011）。

目前环境中抗生素的检测主要基于传统检测技术，如毛细管电泳法、二极管阵列法、火焰离子化法、酶联免疫吸附法（Chauhan et al.，2016）、高效液相色谱法（Briscoe et al.，2012；Van den Meersche et al.，2016）、气相色谱-质谱法（Yang et al.，2015）和液相色谱-串联质谱法（Gbylik-Sikorska et al.，2015；Yipel et al.，2017）等。虽然这些方法已得到广泛应用，但因样品前处理工作烦琐、对仪器设备及操作人员要求较高、耗时长、检测成本高且不适合原位检测等，导致检测环境样品中的抗生素时仍存在一定局限性。近年来，基于合成生物学人工构建的生物传感器展示出良好的选择性、特异性、灵敏度及原位检测能力，逐渐被应用于环境样品中抗生素类污染物的检测。人工构建的生物传感器主要通过目标识别和信号转导两类元件来实现抗生素的检测（Khan，2020）。常用的识别元件包括全细胞、抗体、核酸适配体和酶/蛋白，信号转导元件可配备质量型、光学型、电化学型等检测器，其中电化学法、比色法、表面等离子体共振法等已被广泛应用。

1. 基于全细胞的生物检测

全细胞生物传感器是一种新兴的抗生素检测技术，其原理是通过合成生物学方法构建/改造功能细胞并用于目标物高灵敏度、特异性的现场检测（Wan et al.，2014）。全细胞生物传感器综合考虑了 pH、盐浓度和辐射等环境条件，通过监测靶目标与活细胞的反应提供实时测试数据。与其他分子类型的生物传感器相比，全细胞生物传感器具有以下优点：①完整的生物结构；②无须分离/纯化酶或添加辅助因子；③可同时与不同的底物相互作用从而缩短检测时间；④可提供细胞生理学和样品毒性信息等（Gui et al.，2017）。细菌如大肠杆菌（Tecon and Van der Meer，2008）等具有种群规模大、生长速度快及易于处理等优势，已被广泛用于构建全细胞生物传感器（Chen et al.，2017；Elad et al.，2015）。绿色荧光蛋白、萤光素酶和 β-半乳糖苷酶等常被用作全细胞生物传感器的有效报告分子（Chen et al.，2017；Yagi，2007）。

基于环境合成生物学技术已改造出多种生物报告基因，并用于构建各种全细胞生物传感器，实现不同抗生素类污染物的检测。例如，将编码发光杆菌（*Photorhabdus luminescens*）萤光素酶基因 *luxCDABE* 转录到大肠杆菌 *recA* 基因启动子中，根据改造细胞表达的荧光信号响应值与目标化合物含量的关系，可进行抗生素类污染物的定量测定。该系统对全脂牛奶中环丙沙星的检测限为 7.2 ng/mL，远低于欧盟法规规定的最高限值（100 ng/g）。该细胞传感系统进一步与微流控系统、智能手机成像系统等相结合，可用于环境样品中抗生素的原位采集、检测及可视化成像分析（Kao et al.，2018；Lu et al.，2019）。在大肠杆菌中插入萤光素酶操纵子基因，并将其置于四环素反应元件中，可产生自发荧光，从而实现快速、低成本、高通量检测环境中四环素的目的（Virolainen et al.，2008）。利用环境合成生物学方法在大肠杆菌中构建一种生物传感器，以绿色荧光蛋白作为识别元件，可通过追踪荧光强度来测定样品中抗生素的浓度。应用该方法对乳制品工业和奶牛养殖业中氨苄西林、苄青霉素、庆大霉素、新霉素、四环素进行检测，其检出限分别为 3.33 ng/mL、0.29 ng/mL、28.00 ng/mL、618.36 ng/mL 及 33.17 ng/mL（Yazgan Karacaglar et al.，2020），具有较好的分析效果。

2. 基于抗体的生物检测

抗体检测始于 20 世纪 50 年代，到 70 年代逐渐流行起来，并在发明单克隆抗体技术后盛行。抗体是生物传感器中常用的目标识别元件，可以在传感器表面固定抗生素特异性抗体，实现抗生素类污染物的直接检测；也可以在竞争性实验中检测抗生素与抗体标记样本的结合态，从而检测抗生素含量（Dong et al.，2014）。随着分子生物学和分子免疫学的发展，利用基因重组技术可获得抗体基因，进而表达具有活性的抗体分子。这一技术克服了传统克隆抗体靶点特异性低、免疫程序周期长、价格昂贵的局限性，已在抗生素检测中得到了广泛应用（Ahmed et al.，2020）。

目前基因工程抗体主要有嵌合抗体、人源化抗体、Fab 抗体、可变片段抗体和单链可变片段抗体（Mala et al.，2017）等。将免疫球蛋白 Fab 片段克隆为噬菌体载体，可构建（氟）喹诺酮类抗体库，之后将突变的重链区克隆到野生型 Fab 载体中，并将其转入大肠杆菌细胞，即可开发一种基于表面等离子体共振原理的光学生物传感器酶联免疫抑制分析法，用于测定家畜/禽肌肉、鱼类和鸡蛋中的抗生素含量。这种快速、简单的方法适用于检测至少 13 种（氟）喹诺酮类药物，对于鸡蛋和牛肉中诺氟沙星的检出范围为 0.1～10 μg/kg，在鱼肉中的检出范围为 0.1～100 μg/kg（Huet et al.，2008）。单链双抗体（single-chain diabody，ScDb）是一种通过设计两个可变区来识别两种抗原的重组抗体。运用剪接技术，将两个单链可变区（single-chain fragment variable，scFv）连接，构建用于同时识别盐霉素和拉沙里菌素的双特异性 ScDb。使用该 ScDb 建立的间接竞争性酶联免疫吸附测定法对盐霉素和拉沙里菌素的 IC_{50} 值分别为 3.5 ng/mL 和 4.1 ng/mL，其灵敏度和特异性均优于亲本 scFv 抗体（Chen et al.，2021）。

3. 基于核酸适配体的生物检测

核酸适配体是具有识别能力的 DNA 或者 RNA 序列（25～60 个核苷酸）（Gopinath，2006），它能够折叠成二级和三级结构，以高亲和力与其靶标结合，具有特异性好、灵敏度高、成本低、易于修饰、稳定性好等优点，已被成功应用于识别和检测不同类型的抗生素（Stoltenburg et al.，2007；Song et al.，2012）。通过将信号传感器与多重循环放大系统相结合，可大幅度提高卡那霉素的灵敏度（Guo et al.，2015；Wang et al.，2016），检出限低至 1.3 fmol/L，与现有电化学方法相比至少提高了 1000 倍（Guo et al.，2015；Zhou et al.，2015）。通过构建一种固定在金电极上的 RNA 适配体，可利用电化学方法快速检测血液、尿液中的氨基糖苷类抗生素，检测范围为 2～6 μmol/L，检测时间小于 10 s，极大地提高了检测效率（Rowe et al.，2010）。将四环素结合适配体偶联到玻碳电极上，在具有氧化活性的 $K_3[Fe(CN)_6]$条件下表征四环素浓度的循环伏安图，并通过四环素浓度与电流峰值之间的相关性可实现对牛奶中四环素的快速检测（Zhang et al.，2010）。

核酸适配体与靶标结合后，其构象的变化会导致荧光基团发生荧光能量共振转移和淬灭，因此基于荧光共振能量转移的适配体在生物传感器、生物分子检测中被广泛应用。基于此，研究人员开发出一种快速（20 min）检测四环素的核酸适配体，其检测限低至 2.09 nmol/L。上转换纳米颗粒（upconversion nanoparticle，UCNP）具有独特的频率上转换能力和较高的检测灵敏度，在生物检测领域具有广阔的应用前景。最近的一项研究开发了基于新型荧光基团-UCNP 的核酸适配体，并用于检测食品中的四环素，检测限可达 0.014 nmol/L。UCNP 生物传感器为检测食品中的四环素提供了一种简单、高效、特异的方法，在食品安全和质量控制方面具有较好的应用潜力（Ouyang et al.，2017）。基于三螺旋分子开关和 G-四链体开发的一种无标记适配体传感器，以富含 G 的寡核苷酸为传感探针，当适配体与四环素结合后，三螺旋分子开关构象被破坏，传感探针形成茎环结构，从而发生荧光共振能量转移。该方法对四环素浓度的检测范围为 0.2～20.0 nmol/L，检出限低至 970.0 pmol/L，避免了复杂的修饰或化学标记，有望在食品安全检测领域得到广泛应用（Chen et al.，2017）。

4. 基于酶/蛋白质的生物检测

目前，受体蛋白检测技术已成为环境抗生素残留筛查的重要技术。青霉素结合蛋白作为β-内酰胺类抗生素的受体，可用于识别此类抗生素。转入大肠杆菌中的肺炎链球菌青霉素结合蛋白 3 会以 6-组氨酸融合蛋白的形式表达，采用酶联免疫吸附试验，可使其与样品中的β-内酰胺类抗生素结合。该方法最多可检测到 11

种青霉素和 16 种头孢菌素，检测限与欧盟规定的最高阈值相一致（Zhang et al.，2013）。通过基因工程手段在体外表达青霉素结合蛋白开发的 β-内酰胺类抗生素定量方法，可用于检测样品中 0.01～0.2 nmol/L 的痕量抗生素类污染物（Abdullah and Rachid，2020）。另外，β-内酰胺传感器蛋白（β-lactam sensor-transducer protein）是一种跨膜蛋白，其羧基末端结构域 BlaR-CTD-M（β-lactam sensor-transducer protein-carboxy-terminal domain）暴露在细胞外时，对多种 β-内酰胺的亲和力强于青霉素结合蛋白。基于此，通过改造地衣芽孢杆菌（*Bacillus licheniformis*）ATCC14580 的 BlaR-CTD（Met346-Arg601、I188KS19CG24C）并置于大肠杆菌中进行表达，然后标记在胶体金（colloidal gold，CG）上，可开发出一种基于 CG-BlaR-CTD-M 的金免疫层析法。通过竞争性结合试验，该方法可用于快速检测牛奶和鸡肉中 β-内酰胺类抗生素，并可达到快速、高通量筛查不同样品中青霉素、头孢菌素和碳青霉烯的目的（Li et al.，2020），同时克服了抗体免疫方法因内酰胺环结构不稳定导致的无法同时检测多种抗生素的缺陷（Liu et al.，2016）。

基于酶的生物检测使用特定的酶来捕获和催化待测物，然后通过传感器（如电化学、光学）测定待测物含量，主要包括两种检测机制：①涉及抑制或调节酶活性；②涉及酶催化分析物的转化（通常从不可检测形式转化为可检测形式）。现阶段抗生素检测中，对传统的酶生物传感器研究较多，而基于合成生物学改造底盘生物的检测方法报道较少。通过体外人工合成构建肺炎链球菌中的二氢蝶酸合酶基因，并在大肠杆菌中进行表达，可开发出新的微孔板分析法，用于检测磺胺类药物。该方法基于磺酰胺和辣根过氧化物酶标记的磺酰胺衍生物[4-(4-氨基苯磺酸-尼基氨基)苯甲酸]对固定化蛋白的竞争作用，可检测到 100 μg/kg 以下的对氨基苯甲酸和 9 种磺胺类抗生素，表明该方法可用于稳定、快速筛查抗生素类污染物（Liang et al.，2013）。

4.2.2 重金属类污染物的检测

重金属是一类典型的持久性有毒污染物，环境暴露下可引起多种心血管和肾脏疾病（Duruibe et al.，2007；Rahman and Singh，2019），极大地危害人类的生命健康（Fu and Wang，2011；Vardhan et al.，2019）。其检测方法主要包括多种色谱、质谱和光谱学方法（赵国欣等，2016）。近年来，随着科学技术的发展以及应急监测的需求，发展了如传感器法、酶联免疫分析法等多种重金属检测方法，展现出良好的应用前景（孙冲等，2019）。此外，合成生物学概念的引入（Endy，2005；张先恩，2019），在重金属污染物的检测上亦取得了一系列研究进展（表 4-1）。

表 4-1　重金属全细胞微生物传感器

重金属	构建元件	底盘生物	输出信号	检测限	参考文献
As	*arsR*-P_{ars}-*lacZ*	大肠杆菌（*Escherichia coli*）JM109	pH	5 μg/L	Aleksic et al.，2007
As	*arsR*-P_{ars}-*luxCDABE*	大肠杆菌（*Escherichia coli*）	生物发光	0.74 μg/L	Yoshida et al.，2008
As	*arsR*-P_{ars}-*crtI*	沼泽红假单胞菌（*Rhodopseudomonas palustris*）	沉淀	0.5 μg/L	Hu et al.，2010
AsO_4^{3-} / AsO_3^{3-}	*arsR*-P_{ars}-*phiYFP*	大肠杆菌（*Escherichia coli*）DH5α	荧光	0～8 μmol/L	Sharma et al.，2013
Cd	*cadR-crtI*	耐辐射奇球菌（*Deinococcus radiodurans*）	沉淀	50 nmol/L	Joe et al.，2012
Cd	*cadR-lacZ*	耐辐射奇球菌（*Deinococcus radiodurans*）	pH	1 mmol/L	Joe et al.，2012
Cd	*cadR-gfp*	大肠杆菌（*Escherichia coli*）Top10	荧光	250 μmol/L	Tao et al.，2013
CrO_4^{2-}	*chrB*-P_{chr}-*gfp*	大肠杆菌（*Escherichia coli*）	荧光	100 nmol/L	Branco et al.，2013
Cu	*cusC-gfp/rfp*	大肠杆菌（*Escherichia coli*）	荧光	26 μmol/L	Ravikumar et al.，2012
Ni/Co	*cnrYXH-luxCDABE*	真氧产碱杆菌（*Ralstonia eutropha*）	生物发光	0.1 μmol/L Ni^{2+} 9 μmol/L Co^{2+}	Tibazarwa et al.，2001
Hg	*merR*-P_{mer}-*lucGR*	荧光假单胞菌（*Pseudomonas fluorescens*）	生物发光	100 nmol/L	Petanen et al.，2001
Zn	*zraP-gfp/rfp*	大肠杆菌（*Escherichia coli*）	荧光	16 μmol/L	Ravikumar et al.，2012
Zn	*czcR3-gfp*	恶臭假单胞菌（*Pseudomonas putida*）	荧光	5 μmol/L	Liu et al.，2012

1. 基于核酸识别的生物检测

为了实现重金属生物检测功能，需要向底盘生物中转入一个或多个重金属识别基因回路（外源基因或调控元件），构建新的人工生物系统。其中，大肠杆菌已被广泛用作可改造的底盘生物。将包含来自于大肠杆菌（*Escherichia coli*）的 *ars* 操纵子和 *arsR* 基因，以及来自于沼生光合细菌（沼泽红假单胞菌 *Rhodopseudomonas palustris* No.7）的 *crtI* 基因的传感器质粒导入 *crtI* 缺失的沼泽红假单胞菌（*Rhodopseudomonas palustris* No.711），可构建人工菌株，并实现亚砷酸盐（AsO_3^{3-}）的检测（Yoshida et al.，2008）。此方法无须对样品进行前处理，24 h 后该生物传感器与 AsO_3^{3-} 响应即可生物发光，对 AsO_3^{3-} 的检出限可达 0.74 μg/L。将外源抗砷启动子及调控基因 *arsR* 和编码基因 *phi*YFP 转入大肠杆菌 DH5α 可构建一种耐砷（As）全细胞生物传感器（WCB-11），当构建的 WCB-11 菌株暴露于

As^{3+}和As^{5+}时，黄色荧光表达与暴露浓度和时间呈显著相关（Hu et al.，2010）。将小麦赤霉的 *5bvl1* 基因 *chr* 启动子和 *chb* 调节基因 Tn*OtChr* 启动子载入大肠杆菌中以控制 *gfp* 的表达，可构建转基因生物载体。pCHRGFP1 大肠杆菌报告基因对铬酸盐（CrO_4^{2-}）的特异性和敏感性均较为显著，最低检测浓度可达 100 nmol/L，且不与其他重金属或化合物发生反应（Branco et al.，2013）。为了设计一种能够在不同环境条件下工作的生物转运体，将小麦苍白杆菌（*Ochrobactrum tritici*）型菌株设计成在微摩尔CrO_4^{2-}水平下可发荧光的功能株，显示出与上述方法相同的特异性。将这两种方法用于实际河水加标样品的测定，均得到较好的回收率，表明这两种方法可能是鉴定水体CrO_4^{2-}污染的有效手段（Branco et al.，2013）。运用工程基因设计技术可构建一种专用于金属生物可利用度研究的荧光假单胞菌（*Pseudomonas fluorescens*）生物传感器（Petanen et al.，2001），具体是将能够发光表达金属存在的汞（Hg）（pTPT11）和AsO_3^{3-}（pTPT21 和 pTPT31）传感器质粒转移到大肠杆菌 DH5α 和荧光假单胞菌 OS8 中，该体系对 Hg 的检出限可达 100 nmol/L。由于研究所用的假单胞菌是油类和重金属污染土壤中松木根际分离出的环境菌株，因此可用于环境样品中重金属的定量检测，在重金属生物可利用度评估方面展现出优越性。

除大肠杆菌外，枯草杆菌、真氧产碱杆菌、莆田假单胞菌等其他菌株也是环境合成生物学检测重金属中常用的底盘生物。基于微阵列数据，将筛选的高镉（Cd）诱导基因用于构建 *lacZ* 报告基因盒，将其报告片段导入耐辐射奇球菌（*Deinococcus radiodurans* R1）后，评估启动子活性和特异性。该传感器菌株在特异性暴露 Cd 后，颜色由浅黄色转变为红色，对 Cd 的响应范围为 50 nmol/L～1 mmol/L（Joe et al.，2012）。将无启动子增强绿色荧光蛋白基因与恶臭链球菌 X4 染色体上的 *czcR3* 启动子融合到莆田假单胞菌中，可构建出一种锌（Zn）特异性生物传感器。对于 4 种添加了 Zn 的土壤提取液，该方法测定 Zn 的回收率可达 90%。基于此方法开展的生物可利用度评估结果表明，Zn 的固化程度主要取决于土壤的物理化学性质（Liu et al.，2012）。此外，构建真氧产碱杆菌（*Ralstonia eutropha*）AE2515 菌株并进一步优化后，可作为全细胞生物传感器用于评估土壤样品中二价镍（Ni^{2+}）和二价钴（Co^{2+}）的生物可利用度。用菌株 AE2515 获得的数据证实，添加白令石和钢砂处理后的土壤中，镍（Ni）的生物可利用度大大降低。此外，基于上述方法测得的 Ni 生物可利用度与农作物（如玉米和马铃薯）特定部分中Ni^{2+}的生物积累呈线性关系。因此，该方法可用于评估 Ni 向更高营养级生物体的潜在转移能力及风险（Tibazarwa et al.，2001）。

2. 基于酶/蛋白质识别的生物检测

运用合成生物学手段将能识别重金属的结合酶/蛋白质或感应元件转入底盘

生物，可用于环境中重金属的生物检测和生物修复。通过截断金属蛋白 CadR 的 C 端延伸段的 10 个氨基酸和 21 个氨基酸，可分别得到 CadR-TC10 和 CadR-TC21，并以此作为传感元件重新构建绿色荧光蛋白大肠杆菌生物传感器，暴露实验结果表明基于大肠杆菌 CadR 的 C 端延伸截断的 CadR 突变体生物传感器对 Cd 的特异性明显增强（Tao et al.，2013）。挑选遗传回路系统中的启动子 *zraP* 和 *cusC*，将其标记到报告蛋白中，构建了基于大肠杆菌的生物传感器并用于检测 Cu^{2+}和 Zn^{2+}，检出限分别为 26 μmol/L 和 16 μmol/L（Ravikumar et al.，2012）。基于酵母细胞与二价重金属离子螯合作用构建的新型酵母细胞，对 Cu 的吸收能力比原菌株可提高 3～8 倍，且对 Cu 具有更强的耐受性（Kuroda et al.，2001）。此外，将植物螯合肽合成酶在大肠杆菌中过表达，也明显提高了大肠杆菌对 Cd、Cu、Na 和 Hg 的耐受性及富集作用（Li et al.，2015）。针对耐 Hg 菌株铜绿假单胞菌 PA1，将其羧酸酯酶 E2 整合于大肠杆菌外膜，可得到能同时吸附和检测 Hg^{2+}的基因工程菌株，具有测定水体中 Hg^{2+}浓度的潜力（Yin et al.，2016）。将耐金属铜绿假单胞重金属贪铜菌（*Cupriavidus metallidurans*） CH34 的抗铅（Pb）操纵子结合蛋白与下游红色荧光蛋白整合到大肠杆菌中，可实现对 Pb 离子高灵敏度、高选择性的检测，其检出限可达 1 nmol/L（Wei et al.，2014）。环境样品中存在 AsO_3^{3-} 时，枯草芽孢杆菌（*Bacillus subtilis*）阻遏蛋白 ArsR 编码基因（*arsR*）与 *lacZ* 基因融合构建的全细胞微生物传感器会诱导 β-半乳糖苷酶的生成并导致 pH 的下降（pH＜5），据此可测定环境中 As 的含量。该方法对于 As 的检测限为 5 μg/L，可用于环境水体 As 含量的测定（Aleksic et al.，2007）。

4.2.3　芳烃类污染物的检测

芳烃类污染物，如苯、甲苯、乙苯和二甲苯等，结构稳定、不易分解，可通过工业活动释放到环境，造成污染。芳烃类污染物暴露对人类健康造成严重影响，美国国家环境保护局已将这类化合物列为优先控制污染物，而准确、高效地检测这些外源污染物是评估其环境影响的关键。目前，芳烃类污染物的检测主要采用化学分析法，包括色谱法和质谱法等，然而化学分析法操作过程烦琐、设备运行要求高，难以开展原位实时监测（Wille et al.，2012；Khoddami et al.，2013）。此外，由于缺乏合适的活性官能团，针对性开发芳烃类化合物的化学传感器仍具有较大的挑战性（Cammann et al.，1991；van der Meer and Belkin，2010）。以自然进化的生物为基础，通过改造基因回路等构建理想的生物传感器并将其用于环境污染物检测，是当前环境合成生物学发展的重要方向。

1. 基于酶/蛋白质识别的生物检测

近年来，一些基于酶的生物传感器被开发应用于芳烃类污染物的检测，如酪氨酸酶和辣根过氧化物酶等（Abdullah et al.，2006）。然而这两种酶都存在一些缺陷，例如，酪氨酸酶稳定性差，反应产物对酶活性具有明显的抑制作用；辣根过氧化物酶需要过氧化氢来完成其催化功能，具有一定局限性（Freire et al.，2002），因此开发更为稳定、高效的生物传感器十分必要。

漆酶在不添加辅助因子的情况下能够促进电子转移反应，且在分子氧存在的情况下能够氧化酚类和对苯二醇类化合物，展现出良好的稳定性（Munteanu et al.，1998）。作为生物传感器的漆酶来源，曲霉菌属应用最为广泛，约占漆酶来源的53%，其次是栓菌属（14%）、林芝属（9%）、革兰菌属（8%）、侧耳属（6%）、密恐菌属（6%）和漆树属（4%）。漆酶生物传感器设计的固定化技术主要采用共价固定化（32%）和碳纳米管固定化（23%），其次是吸附（16%）、交联（16%）、嵌入（8%）和包封（5%）（Rodríguez-Delgado et al.，2015）。以漆酶为基础设计的生物传感器在酚类化合物的检测中得到了广泛应用，包括在食品、环境和医疗等领域。研究人员首次基于多孔菌属的重组真菌漆酶和毁丝酶四膜虫的耐热重组漆酶开发了生物传感器，并应用于连续测定酚类化合物（Kulys and Vidziunaite，2003）。漆酶单分子层可固化在金载体上形成流动生物传感器，能够检测低含量的苯酚（低于欧盟限量值 0.5 mg/L）（Vianello et al.，2004）。以 Den-AuNP 纳米复合材料固化漆酶为基础制备的第三代儿茶素生物传感器，为食品和生物样品中儿茶素的检测提供了一种有效的检测技术（Rahman et al.，2008）。在金电极上电沉积漆酶修饰的羧基多壁碳纳米管/聚苯胺复合材料，可构建测定果汁中总酚含量的生物传感平台（Chawla et al.，2012）。

然而，这些基于酶识别的传感器通常缺乏特异性。基于天然苯酚调控元件（苯酚降解调控蛋白，MopR）构建特异性识别苯酚的体外生物传感器，已被广泛用于多种单环芳香族化合物的检测。通过解析 $MopR^{AB}$ 的晶体结构，阐明配体特异性的结构基础，为设计敏感而特异的生物传感器提供了思路（Ray et al.，2016）。利用碳酸钙不动杆菌 NCIB8250 蛋白，以配体结合口袋为模板拓宽其响应范围，能够制备出可选择性检测多种污染物（如氯酚、甲酚、邻苯二酚、二甲苯醇等）的生物传感器（Ray et al.，2017）。以工程蛋白三维口袋结构为基础，将 MopR 传感器微调，设计成能特异区分苯系物上烷基取代的传感器，可选择性地检测污水中的特定苯系物，甚至可区分不同烷基取代的苯系物，如甲苯、间二甲苯和三甲苯，检测限达到 0.3 mg/L（Ray et al.，2018）。此外，此类生物传感器还可用于芯片开发及苯酚的原位检测，检测限低至 10 ppb（Ray et al.，2018）。

2. 基于全细胞的生物检测

MopR 传感器制备过程中，对污染物敏感的蛋白质易于降解，抑制了此类传感器的灵敏度。为了解决这一问题，一些研究人员采用无细胞体外转录合成蛋白质，可以通过冷冻干燥处理而长期使用，使得这一技术逐渐发展成为现场测试的纸基试纸（Singh et al.，2018；Silverman et al.，2020）。为了真实评估污染物对动物健康造成的暴露风险，使用活体生物进行传感检测被认为是最佳选择（Liu et al.，2010；Gui et al.，2017），因此，开发全细胞传感器（WCB）更具可行性。利用细菌的细胞膜作为传感器单元的天然保护屏障，可有效避免传感器与外界环境直接接触，亦适用于污染物生物可利用度的评价（Koebnik et al.，2000）。

构建 WCB 通常利用某些生物对特定分子产生反应的本能。许多土壤细菌，如假单胞菌和不动杆菌等，生长在重污染环境中，能够适应污染物并最终将其降解（Gerischer，2002；Tropel and Meer，2004；Kurbatov et al.，2006；Fuchs et al.，2011；Jin et al.，2012）。其中一些环境微生物（如假单胞菌属）天然具有激活特定芳香族化合物降解通路的能力。在恶劣环境下，通过激活高度调控的细菌转录因子，包括 XylR、DmpR 和 MopR，能够促进碳源化合物的代谢降解（Timmis and Pieper，1999；Shingler，2003），这些转录因子即可作为芳香族化合物的定量测量工具。使用来自三种假单胞菌菌株的四种芳香响应转录激活剂，包括来自萘分解通路的 *nahR*、来自苯甲酸酯分解通路的 *xylS*、来自 2-羟基联苯分解通路的 *hbpR* 以及来自苯酚分解通路的 *dmpR*，可构建芳香族化合物生物传感器并达到类似的检测效果（Schell and Wender，1986；Shingler et al.，1993；Ramos et al.，1997；Jaspers et al.，2000；Xue et al.，2014）。

近年来开发出一种通用的可编码基因平台，将结构导向设计与合成生物学结合，能够设计一系列 WCB。这种灵活的遗传平台具有显著的优势，灵敏度高，应用范围广，能特异性检测到 ppb 级浓度的苯、苯酚、间氯苯酚、2,3-二甲基苯酚等多种酚类污染物，有望替代现有的复杂样品前处理手段和 LC-MS 联用检测方法，适用于水体中特定酚类物质的直接检测和饮用水源地酚类污染物的快速风险评估（EPA 设定的毒性限值约为 5 ppb）（Roy et al.，2021）。

4.2.4　双酚类污染物的检测

双酚类化合物是指一系列含有两个苯羟基结构的化合物，包括双酚 A（bisphenol A，BPA）、双酚 F（bisphenol F，BPF）、双酚 S（bisphenol S，BPS）和双酚 AF（bisphenol AF，BPAF）等。2022 年，BPA 的全球年产量预计超过了 1020 万 t，主要用于环氧树脂和聚碳酸酯塑料等工业品生产（Abraham and Chakraborty，2020；Michalowicz，2014；Huang et al.，2012）。毒理学研究表明 BPA 具有内分泌干扰效应，能够干扰内源性雌激素的正常生理活性，并对中枢神经系统的发育和免疫系统具有负面影响（Michalowicz，2014；Rochester，2013）。与 BPA 相比，一些 BPA 类似物[如 BPAF、双酚 B（bisphenol B，BPB）]具有更强的内分泌干扰效应（Cao et al.，2017；Chen et al.，2016a；Rochester and Bolden，2015）。因此，建立可靠、灵敏和选择性强的双酚类化合物分析方法是人群健康风险评价的基础。传统的仪器分析方法前处理过程复杂，因此，合成生物学手段为实现此类污染物的快速、简单、灵敏分析提供了新的思路和方法。

1. 基于核酸适配体的检测

适配体作为一种能够特异性识别目标污染物的单链 RNA 或 DNA，通常基于富集的配体系统进化技术来进行筛选（Tajik et al.，2020）。目前，多种基于适配体的生物检测技术已被用于 BPA 的检测分析，包括基于适配体的光学生物检测（如比色、荧光、局域表面等离子体共振等）和电化学生物检测等。

量子点（quantum dot，QD）是一种半导体纳米结构，其不同于传统荧光染料，具备荧光寿命长和稳定性好等特点。利用 QD、磁珠（magnetic bead，MB）和 BPA 截短的适配体，开发了能够检测 BPA 的纳米适配体分析方法。首先在 MB-QD_{565} 的表面修饰 BPA 适配体，形成 MB-QD_{565}-适配体复合物，然后再与表面修饰有互补链的 DNA-QD_{655} 进一步杂交。当存在 BPA 时，BPA 与互补链竞争 MB-QD_{565}-适配体复合物上的 BPA 适配体，使 DNA-QD_{655} 与 MB-QD_{565}-适配体发生解离，释放的 DNA-QD_{655} 水平和 QD_{655} 荧光信号的下降强度与 BPA 浓度成正比。该方法的检出限为 0.17 pg/mL（Lee et al.，2017）。

比色生物检测法作为一种选择性强、灵敏度高的检测方法被广泛接受。金等金属纳米颗粒由于具有独特的光学特性，被广泛用于比色生物检测方法中。利用金纳米颗粒（gold nanoparticle，AuNP）的聚集/分散特性，可以检测目标物是否存在。AuNP 溶液在聚集过程中的颜色由粉色变为紫色，AuNP 的等离子体峰特性也随之发生变化，利用这一特性可对实际水样中的 BPA 进行定量分析。BPA 的适配体会吸附在 AuNP 表面，避免 AuNP 在高盐诱导下发生聚集。当体系中存在 BPA 时，BPA 会与适配体发生特异性地结合，从而使 AuNP 失去 BPA 适配体的保护而发生聚集，进而导致溶液的颜色发生改变。该方法的检出限可达 0.1 ng/mL（Mei et al.，2013）。

基于适配体的表面增强拉曼散射（surface-enhanced Raman spectroscopy，SERS）传感器是近年来发展起来的生物传感方法。将 AuNP 和金纳米棒（gold nanorod，AuNR）通过异质组装可用于 BPA 检测，BPA 的适配体附着于 AuNR 的末端，互补链 DNA 偶联到经 SERS 标记分子修饰的 AuNP 表面。DNA 杂交后，AuNR-适配体与互补的 AuNP 结合，当体系中存在 BPA 时，由于适配体与 BPA 的亲和性较强，导致异质组装的结构逐渐发生解离，随着 BPA 浓度的增加，SERS 的强度呈现显著降低的趋势。该方法的线性范围为 0.001～1 ng/mL，检测限为 3.9 pg/mL（Feng et al.，2016）。

利用适配体的电化学生物检测法通过将适配体作为生物识别元件，检测电极表面因发生氧化还原反应而产生的电流变化，达到分析目标物的目的，基于该原理设计开发的水中 BPA 的检测分析方法已有报道。BPA 的适配体及其互补链 DNA 通过自组装和杂交附着于金电极上，亚甲基蓝作为氧化还原标记嵌入到 dsDNA 中，通过在电极表面使用固定化的适配体对 BPA 进行竞争识别，从电极中释放出 cDNA，从而实现 BPA 的检测。该方法的检出限为 0.284 pg/mL（Xue et al.，2012）。

2. 基于酶和抗体的检测

基于酶的电化学生物检测分析方法具备催化活性高、灵敏度好、选择性强，以及操作简单等特点。研究报道利用 1,3-二(4-氨基-1-吡啶)丙烷四氟硼酸离子液体将还原态氧化石墨烯纳米片功能化，之后将该纳米片覆盖在玻碳电极的表面以固定酪氨酸酶，从而实现对 BPA 的电化学生物检测。该方法的检出限为 3.5×10^{-10} mol/L，线性浓度范围为 1.0×10^{-9}～3.8×10^{-5} mol/L（Li et al.，2016）。基于金属-有机框架（metal-organic framework，MOF）和壳聚糖开发的酪氨酸纳米传感器，既可用于双酚类化合物的检测，亦可用于其电化学响应和特征研究。BPA、BPF、双酚 E、BPB 和双酚 Z 对该纳米传感器响应灵敏，且灵敏度与 $\log K_{ow}$ 相关，而 BPS、BPAF、双酚 AP 和四溴双酚 A 对该纳米传感器无响应。受取代基影响的酚羟基的电子云分布决定了酪氨酸酶生物传感器是否能氧化酚羟基的邻位取代基（Lu et al.，2016）。

以聚合纳米颗粒（nanoparticle，NP）为信号增强剂，可制备用于 BPA 检测的压电免疫传感器。通过抗体与晶面之间的共价键将抗 BPA 的单克隆抗体固定在石英晶体的金表面，由于 NP 增加了单抗-聚合 NP 共轭物的质量，从而增强了检测信号，BPA 的检测灵敏度可达 0.01 ng/mL（Park et al.，2006）。基于酶和抗体的 BPA 检测报道十分有限，相关研究仍待进一步开展。

3. 基于全细胞的检测

由于 BPA 具有雌激素效应，可基于突变的人源雌激素 α 受体构建 BPA 特异性受体的酵母菌株，利用细菌萤光素酶作为信号分子，实现对废水中 BPA 的特异性检测，该方法检出限为 24 μg/L（Rajasarkka and Virta，2013）。选取酵母细胞作为漆酶的表面载体细胞，利用构建的含漆酶编码基因和红色荧光蛋白基因序列的质粒，可设计用于降解 BPA 和磺胺甲恶唑等污染物的可再生生物催化系统。反应大约 42 min 后，BPA 的催化降解效率可达 73%，在经过 8 个批次的实验之后，这种基于载体细胞的漆酶生物催化系统仍具有 74%的活性（Chen et al.，2016b）。此外，基于羧基化多壁碳纳米管/罗丹明 B/金纳米粒子修饰电极的非标记型电化学生物传感器，可通过检测草鱼肾细胞（CIK）中的电化学信号变化来反映细胞活力，相比于传统的电化学方法（样本量≥1 mL），该方法只需要 20 μL 的样本量，具有显著优势，目前已被用于 BPA、BPAF、BPB、BPF 和 BPS 等多种双酚类化合物对 CIK 细胞毒性的评价（Zhu et al.，2020）。

基于适配体、酶、抗体和全细胞等的检测方法已被广泛用于热敏纸、饮用水、地下水等样品中 BPA 的浓度测定，而对于 BPA 替代品的含量检测还相对较少。近年来，随着 BPA 替代品的广泛使用，在室内灰尘、水体、沉积物、污泥等环境样品中均检测到 BPA 替代品的存在，一些替代品的浓度占比甚至超过 BPA。因此，亟须发展基于环境合成生物学的分析方法，用于 BPA 替代品/类似物的污染特征研究。

4.3 环境合成生物学检测方法展望

4.3.1 合成生物学方法检测污染物的发展趋势

现代分子生物学、生物化学和细胞生物学的飞速发展让人们了解到越来越多关于基因组进化、细胞发育及组织分化等生命的奥秘，但并没有告诉人们如何以管理工程的方式，像约束单元运行一样操控细胞的运行。人造计算机会有许多的分区，每个分区都有自己的功能和管理方式。细胞计算机也可被划分为不同的分区，对这些分区（如叶绿体、线粒体、内质网等）进行分区管理；对于不同功能的模块（如复制、能量代谢和修复），也可以采取标准件的装备和管理方式，尤其是需要考虑复合生物修复和生态毒理学的实际需求时，如检测环境中多种污染物、鉴定未知的复杂化学品等。简单的、以细菌为底盘的传感器-报告器生物装置无法满足这些需求，甚至会造成生物安全威胁。使用单一细菌合成生物学装置的一个明显缺点是，细菌细胞产生的蛋白质并不总是容易被识别或者无害的，某些未知因素会抑制活细胞的性能，产生的代谢物可能会与样品成分中某些化学成分混淆，甚至会产生有毒物质。因此，未来的环境合成生物学工作必须考虑得更周全，按照工程师思维来思考问题，进一步考虑采用动植物细胞作为生物底盘开展研究，通过转基因改造来实现人工细胞系构建，用以开展生物修复和生态毒理学研究。此外，环境中污染物种类具有多样性和复杂性，为了分析和检测的结果具有良好的测量精度、复合精度及时效精度，研究人员需要找到一个完美的网络工程模式，将活细胞分析的固有优势与物理、化学分析的标准化相结合，辅以高通量样本筛选的技术优势，制备便携式小型化设备，使得未来环境中污染物的检测更容易、更方便、更精准。

4.3.2 基于 EDA 的环境合成生物学检测方法

1. 毒性鉴定评估（TIE）和效应导向分析（EDA）

效应导向分析（effect directed analysis，EDA）是一种用于研究“环境暴露”与“健康风险”关系的重要方法，是将生物测试与化学分析相结合，识别环境中产生毒性效应的主要化学品。典型的 EDA 过程包括生物分析、分级分离、化学分析、结构鉴定和构效关系分析等。20 世纪 80 年代，美国政府为完善其化学品控制管理办法，将污水毒性测试纳入美国市政和工业废水监管控制计划（Samoiloff et al., 1983；Holmbom et al., 1984；West et al., 1988）。污水毒性测试需要开发识别和控制污水中污染物的技术手段，包括对以前未检测的已知毒物进行管控。为了满足这一需求，美国国家环境保护局制定了一种效果导向分析程序，称为毒性鉴定评估（toxicity identification evaluation，TIE）。这涉及一套物理/化学操作，适用于有毒废水样品的异位检测，推断其物质种类，并指导其分离和分析鉴定。由于全球经济及化工行业的快速发展，环境毒物已经成为威胁人类健康的重要因素之一。随着各国化学品管控政策的不断完善、污染控制技术的不断提高，由污染物引发的重大污染事件已基本得到有效控制，然而多种低浓度污染物引发的持久性环境危害及健康风险仍然存在，并越来越受到人们的关注。截至 2014 年，约 1 亿种化合物已经在美国化学会化学品索引系统中注册（Doyle et al., 2015；Bradley et al., 2017；Conley et al., 2017），从环境中可检测出包括天然和合成化合物在内的数千种化合物，对这些化合物的环境与健康危害评估，对于化合物管控及污染防治具有重要意义。EDA 作为一种集生物分析（毒性评估）、分级分离、化学分析和毒物鉴定等过程于一体的技术，在复杂环境样品检测中具有明显优势，它的一个基本假设是环境样本的毒性主要来自于一种或几种主要活性化合物。自 2010 年以来，EDA 和 TIE 技术已经发展出基于多靶点的生物分析方法，并成功用于检测各种环境基质中的有毒物质（包括生物质、土壤、原油和悬浮固体）（Brack et al., 2016；Hong et al., 2016；Brack，2003）。总体而言，EDA 技术以生物效应为基础，通过使用靶向或非靶向方法鉴定环境样本的体内/体外毒性效应，结合分级分离技术，有效降低了大量环境样本检测的复杂性。目前，EDA 技术的发展方向主要集中于利用非靶标生物分析技术检测环境样品中的未知毒物，随着技术的进步，体内生物分析方法已经得到越来越多广泛的应用，从而实现了对环境样品中未知毒物的鉴定。然而，EDA 分析对环境相关性的忽视影响了其分析结果的准确性，特别是 EDA 分析中对生物可利用度评估的缺失，会导致环境样品中毒物鉴定的准确度变差，甚至错误报告。因此，将生物可利用度概念纳入 EDA 分析，是该技术在环境分析与毒性评估领域进一步发展的重要方向。

2. 生物可利用度测试

生物可利用度是指化学物质被吸收进入生物体内循环的速度和程度，其大小受到暴露条件、化合物性质、生物体性质和环境参数的影响（Hamelink et al., 1994）。生物可利用度对环境毒物的生物累积性和毒性有着不可忽视的影响。与简单将化合物毒性同其环境浓度挂钩相比，考虑化合物生物可利用度的评价更有利于准确评估化合物的环境毒性。将生物可利用度概念纳入 EDA 测试方法的最直接手段，就是将生物样本引入 EDA 测试系统，即在进行分级分离和毒性评估之前，利用生物样本和生物可利用度测试技术，从环境中富集污染物，以代替传统的萃取分离过程，这种基于生物可利用度的分离技术为从环境中筛选未知有毒物质提供了一种极具潜力的手段。但在一般情况下，生物样本可吸收的环境毒物的总量较小，且存在生物体内转化的风险，这对基于生物可利用度的 EDA 分析结果的准确性造成了一定的干扰，在一定程度上也限制了基于生物可利用度 EDA 分析方法的发展和应用（You and Li，2017）。

3. 合成生物技术在 EDA 中的应用前景

基于环境合成生物学的生物传感技术为从生物样本角度研究环境污染与健康危害提供了新机遇。目前，合成生物学技术中常用的底盘细胞来自于细菌及藻类等微生物样本，这些由微纳尺度细胞组成的生物元件，可不断地在微观尺度下探测来自环境的各种信息，其中就包括了环境污染物的生物可利用度信息，以及与之相关的空间及时间异质性结果（Morin et al.，2003）。环境微生物大多是通过参与环境中的碳/氮循环，完成与环境的物质交换，并响应环境中的各种胁迫（Hmelo 2017）。微生物响应环境胁迫的过程，就是各种胁迫信号扩散并到达生物样本，且达到激活相应基因表达所需阈值浓度的过程，这一过程会受到胁迫信号在环境中不同空间和动态分布的影响而产生不同的胁迫应激。生物样本对环境的响应事实上是一种生物可利用度相关的信号，而不是产生胁迫的化合物在环境中的实际浓度信号（Krupke et al.，2016）。所以，基于生物传感元件的 EDA 分析技术的检测限受到目标化合物或目标毒性效应响应基因表达所需阈值浓度的影响。利用人工技术调节生物元器件的灵敏度，是环境合成生物学在 EDA 分析技术中的一个重要应用（McNerney et al.，2019）。目前，影响生物元件灵敏度的因素主要包括输入调节和输出调节，输入调节是指调整生物元件的胁迫应激浓度，以匹配环境污染物的最低检测限浓度；输出调节是指调节生物元器件的应激方式，使其在胁迫下做出及时、清晰、有效的响应。应激方式的调节还包括使生物元器件的应激信号（胁迫下生物元器件物理量的变化）可在环境背景中被检出，且具有一定时效性。改变底盘细胞内的生物回路数量是调节合成生物传感器灵敏度最简单的方式之一，具体包括改变细胞内应激传感蛋白的数量和细胞内参与应激回路的基因转录、传感蛋白表达、传感蛋白降解等方法（Brophy and Voigt，2014）。另外，将信号放大回路导入底盘细胞，可有效增加合成生物传感器的灵敏度 （Cameron and Collins，2014）；对底盘细胞在胁迫条件下的传感生物分子的改造，亦可实现对器件灵敏度的调节（Salis et al.，2009）。例如，可通过调节生物传感分子与胁迫信号分子间的相互作用力，改变底盘细胞对胁迫的响应灵敏度（Snoek et al.，2020），但这种方法往往需要对传感分子进行系统、科学的设计，并通过底盘细胞的定向培养与筛选实现。

4.3.3　用于新污染物高通量筛选的生物芯片

1. 高通量生物芯片检测技术

生物芯片是可以同时进行大量生化反应的工程基板，被誉为“掌中生化实验室”。生物芯片的应用范围包括高通量生物分析、疾病诊断、药物筛查、环境分析和单细胞/单颗粒分析等（Su and Chakrabarty，2008）。生物芯片器件正朝着小型化、便携化、无源化、柔性化、数字化和智能化等方向快速发展，将来有望助力纳米合成、精准医疗、环境监测等多个领域的发展。

随着新污染物相关环境问题越来越受到人们的关注，环境分析正经历着从简单样本到复杂样本分析、从靶标到非靶标化合物分析、从低通量到高通量分析的发展过程。由于微加工及微流控技术方面的优势，基于生物芯片的分析方法在高通量筛选分析上有着天然优势。然而，新污染物环境分析对灵敏度、特异性等有较高要求，且面临未知污染物筛选的需求，这对基于生物芯片的分析方法提出了较高挑战。

为应对上述挑战，科研人员在纳米材料表面修饰蛋白质、核酸、纳米酶乃至细胞等生物元件，以提高生物样本对目标污染物的灵敏度和特异性（Liu，2021）。通过对信号输出方式的优化和芯片中生化反应条件的控制，可提高生物芯片对复杂样品进行多功能分析的能力。虽然生物芯片对环境样品的分析能力仍然与实际应用需求有一定差距，然而可以预见，基于生物芯片的环境和生化分析将会是该领域未来快速发展的重要方向之一。

2. 生物芯片在合成生物传感中的应用

生物芯片为基于合成生物学技术发展生物传感器件提供了一个良好的工程应用平台。目前，基于合成生物学的生物芯片器件发展仍处于起步阶段。生物芯片及合成生物学具有一定的技术优势，生物芯片有望应用于合成生物传感中如下几个方面。

1）合成生物传感器件的建立

合成生物传感回路往往是基于测试对象相关的敏感回路优化设计并制备的。一个新的传感回路功能的实现，依赖于在合适的底盘细胞中构建目标传感回路。在新污染物检测与毒物筛查中，检测介质往往是水样或土壤等复杂的环境样本。不同地区、不同季节的环境样本中，存在的优势微生物种类往往有所不同。因此，底盘生物的选择是影响合成生物传感器件实际应用的重要因素之一。但是，同一传感回路在不同底盘生物中的表达存在异质性，快速、有效地筛选符合实际情况的底盘生物对合成生物传感器件的实际应用有重要意义。生物芯片为底盘生物的筛选、合成生物元器件的转染方式选择提供了一个高通量的筛选平台。因此，基于生物芯片的发展，优化合成生物传感器件的构建方式，是应对复杂环境样本分析的重要发展方向之一。

2）高通量合成生物传感器件

随着全球经济、科技高速发展，新污染物的数量正快速增加，大量毒性未知的物质及潜在的污染物进入了环境中。合成生物传感器件与生物芯片相结合，可有效利用生物芯片固有的高通量优势，满足新污染物环境分析的高通量筛查需求。因此，高通量合成生物传感芯片有望成为环境合成生物学分析方法的重要器件之一。

3）建立标准化合成生物传感工作流程

基于生物芯片构建合成生物传感器件，有望将测试流程、样本输入模式、信号输出采集方式等过程标准化，以提高如生物可利用度等测试条件的一致性及结果的可比性。同时，传感工作流程的标准化，也为利用合成生物芯片采集环境信息并建立数据库提供了先决条件。因此，合成生物传感芯片是建立环境合成生物信息数据库的潜在平台。

4）构建细胞间信号分析平台

在污染物胁迫下，细胞间的通信情况改变也是评价污染物毒性的重要指标之一。生物芯片可为研究污染物胁迫下的细胞通信提供潜在的研究平台，以了解污染物对环境微生物参与的碳/氮循环过程的影响，评估新污染物的环境危害。因此，基于生物芯片构建的合成生物传感器件是潜在的、研究新污染物环境行为的工具之一。

综上所述，将合成生物学技术应用于环境样品的分析检测，能够提高污染物筛查的准确率与效率，并可从复杂环境样本中筛选得到未知的有毒污染物。但是，目前大多数合成生物学元器件在不同的环境微生物中的可靠性和稳定性仍需要进一步验证。元器件与底盘生物的兼容性问题，在一定程度上阻碍了该领域的快速发展。因此，借助生物芯片技术、生物信息学模型、微流控生物筛选技术、人工智能数据集训练预测等工具，有望进一步推动合成生物技术在环境污染物检测中的应用，满足新污染物毒性筛查发展的需求。

编写人员：陈博磊　郑　瑜　陈路锋　周　珍　段义爽　李准洁　王　璞
单　　位：江汉大学

参 考 文 献

孙冲, 王瑞, 郭亚. 2019. 环境中重金属离子检测方法研究综述. 上海环境科学, 38: 148-150.

张先恩. 2019. 中国合成生物学发展回顾与展望. 中国科学(生命科学), 49: 1543-1572.

赵国欣, 赵明, 李领川. 2016. 环境水中重金属离子的现代检测方法研究综述. 中州大学学报, 33: 119-122.

Abdullah J, Ahmad M, Heng L Y, et al. 2006. Stacked films immobilization of MBTH in nafion/sol-gel silicate and horseradish peroxidase in chitosan for the determination of phenolic compounds. Analytical and Bioanalytical Chemistry, 386(5): 1285-1292.

Abdullah S M, Rachid S. 2020. On column binding a real-time biosensor for beta-lactam antibiotics quantification. Molecules, 25(5): 1248.

Abraham A, Chakraborty P. 2020. A review on sources and health impacts of bisphenol A. Reviews on Environmental Health, 35(2): 201-210.

Ahmed W, Angel N, Edson J, et al. 2020. First confirmed detection of SARS-CoV-2 in untreated wastewater in Australia: A proof of concept for the wastewater surveillance of COVID-19 in the community. The Science of the Total Environ. ment, 728(1): 138764.1-138764.8.

Aleksic J, Bizzari F, Cai Y, et al. 2007. Development of a novel biosensor for the detection of arsenic in drinking water. IET Synthetic Biology, 1: 87-90.

Anderson J C, Clarke E J, Arkin A P, et al. 2006. Environmentally controlled invasion of cancer cells by engineered bacteria. Journal of Molecular Biology, 355: 619-627.

Behzadian F, Barjeste H, Hosseinkhani S, et al. 2011. Construction and characterization of *Escherichia coli* whole-cell biosensors for toluene and related compounds. Current Microbiology, 62(2): 690-696.

Ben-Yoav H, Biran A, Pedahzur R, et al. 2009. A whole cell electrochemical biosensor for water genotoxicity bio-detection. Electrochimica Acta, 54(25): 6113-6118.

Brack W, Ait-Aiss S, Burgess R M, et al. 2016. Effect-directed analysis supporting monitoring of aquatic environments — An in-depth overview. Science of the Total Environment, 544: 1073-1118

Brack W. 2003. Effect-directed analysis: A promising tool for the identification of organic toxicants in complex mixtures? Analytical and Bioanalytical Chemistry, 377: 397-407

Bradley P M, Journey C A, Romanok K M, et al. 2017. Villeneuve, expanded target chemical analysis reveals extensive mixed-organic contaminant exposure in U.S. streams. Environmental Science & Technology, 51: 4792-4802

Branco R, Cristovao A, Morais P V. 2013. Highly sensitive, highly specific whole-cell bioreporters for the detection of chromate in environmental samples. PLoS One, 8: e54005.

Briscoe S E, McWhinney B C, Lipman J, et al. 2012. A method for determining the free (unbound) concentration of ten beta-lactam antibiotics in human plasma using high performance liquid chromatography with ultraviolet detection. Journal of Chromatography B-Analytical Technologies in the Biomedical and Life Science, 907: 178-184.

Brophy J A N, Voigt C A. 2014. Principles of genetic circuit design. Nature Methods, 11: 508-520.

Cameron D E, Collins J J. 2014. Tunable protein degradation in bacteria. Nature Biotechnology, 32:

1276-1281.

Cammann K, Lemke U, Rohen A, et al. 1991. Chemical sensors and biosensors—principles and applications. Angewandte Chemie International Edition, 30(5): 516-539.

Cao L Y, Ren X M, Li C H, et al. 2017. Bisphenol AF and bisphenol B exert higher estrogenic effects than bisphenol A via G protein-coupled estrogen receptor pathway. Environmental Science & Technology, 51(19): 11423-11430.

Chauhan R, Singh J, Sachdev T, et al. 2016. Recent advances in mycotoxins detection. Biosensors and Bioelectronics, 81: 532-545.

Chawla S, Rawal R, Sharma S, et al. 2012. An amperometric biosensor based on laccase immobilized onto nickel nanoparticles/carboxylated multiwalled carbon nanotubes/polyaniline modified gold electrode for determination of phenolic content in fruit juices. Biochemical Engineering Journal, 68: 76-84.

Chen D, Kannan K, Tan H, et al. 2016a. Bisphenol analogues other than BPA: Environmental occurrence, human exposure, and toxicity-a review. Environmental Science & Technology, 50(11): 5438-5453.

Chen T, Cheng G, Ahmed S, et al. 2017. New methodologies in screening of antibiotic residues in animal-derived foods: Biosensors. Talanta, 175: 435-442.

Chen Y X, Chen K X, Zhao J J, et al. 2021. Detection of salinomycin and lasalocid in chicken liver by icELISA based on functional bispecific single-chain antibody (scDb) and interpretation of molecular recognition mechanism. Analytical and Bioanalytical Chemistry, 413(28): 7031-7041.

Chen Y, Stemple B, Kumar M, et al. 2016b. Cell surface display fungal laccase as a renewable biocatalyst for degradation of persistent micropollutants bisphenol A and sulfamethoxazole. Environmental Science & Technology, 50(16): 8799-8808.

Conley J M, Evans N, Cardon M C, et al. 2017. Occurrence and *in vitro* bioactivity of estrogen, androgen, and glucocorticoid compounds in a nationwide screen of united states stream waters. Environmental Science & Technology, 51: 4781-4791.

Courbet A, Endy D, Renard E, et al. 2015. Detection of pathological biomarkers in human clinical samples via amplifying genetic switches and logic gates. Science Translational Medicine, 7: 289-283.

Crivianu-GaitaV, Thompson M. 2016. Aptamers, Antibody scFv, and Antibody Fab' Fragments: An overview and comparison of three of the most versatile biosensor biorecognition elements. Biosensors and Bioelectronics, 85: 32-45.

Danchin A. 2012. Scaling up synthetic biology: Do not forget the chassis. FEBS Letters, 586(15): 2129-2137.

Dong Y, Xu Y, Yong W, et al. 2014. Aptamer and its potential applications for food safety. Critical Reviews in Food Science and Nutrition, 54: 1548-1561.

Doyle E, Biales A, Focazio M, et al. 2015. Effect-based screening methods for water quality characterization will augment conventional analyte-by-analyte chemical methods in research as well as regulatory monitoring, Environmental Science & Technology, 49: 13906-13907

Duruibe J O, Ogwuegbu M O, Egwurugwu J N. 2007. Heavy metal pollution and human biotoxic effects. International Journal of Physical Sciences, 2: 112-118.

Elad T, Seo H B, Belkin S, et al. 2015. High-throughput prescreening of pharmaceuticals using a genome-wide bacterial bioreporter array. Biosensors and Bioelectronics, 68: 699-704.

Elowitz M B, Leibler S. 2000. A synthetic oscillatory network of transcriptional regulators. Nature, 403: 335-338.

Endy D. 2005. Foundations for engineering biology. Nature, 438: 449-453.

Feng J, Xu L, Cui G, et al. 2016. Building SERS-active heteroassemblies for ultrasensitive bisphenol A detection. Biosensors and Bioelectronics, 81: 138-142.

Fernandez F, Hegnerova K, Piliarik M, et al. 2010. A label-free and portable multichannel surface plasmon resonance immunosensor for on site analysis of antibiotics in milk samples. Biosensors and Bioelectronics, 26: 1231-1238.

Freire R S, Duran N, Kubota L T. 2002. Development of a laccase-based flow injection electrochemical biosensor for the determination of phenolic compounds and its application for monitoring remediation of Kraft E1 paper mill effluent. Analytica Chimica Acta, 463(2): 229-238.

Friedland A E, Lu T K, Wang X, et al. 2009. Synthetic gene networks that count. Science, 324(5931): 1199-1202.

Fu F, Wang Q. 2011. Removal of heavy metal ions from wastewaters: A review. Journal of Environmental Management, 92: 407-418.

Fuchs G, Boll M, Heider J. 2011. Microbial degradation of aromatic compounds—from one strategy to four. Nature Reviews Microbiology, 9(11): 803-816.

Gardner T S, Cantor C R, Collins J J. 2000. Construction of a genetic toggle switch in *Escherichia coli*. Nature, 403: 339-342.

Gbylik-Sikorska M, Posyniak A, Sniegocki T, et al. 2015. Liquid chromatography-tandem mass spectrometry multiclass method for the determination of antibiotics residues in water samples from water supply systems in food-producing animal farms. Chemosphere, 119: 8-15.

Gerischer U. 2002. Specific and global regulation of genes associated with the degradation of aromatic compounds in bacteria. Journal of Molecular Microbiology and Biotechnology, 4(2): 111-121.

Gopinath S C B. 2006. Methods developed for SELEX. Analytical and Bioanalytical Chemistry, 387: 171-182.

Gui Q, Lawson T, Shan S, et al. 2017. The application of whole cell-based biosensors for use in environmental analysis and in medical diagnostics. Sensors, 17(7): 1623.

Guo W, Sun N, Qin X, et al. 2015. A novel electrochemical aptasensor for ultrasensitive detection of kanamycin based on MWCNTs-HMIMPF6 and nanoporous PtTi alloy. Biosensors and Bioelectronics, 74: 691-697.

Hamelink J L, Landrum P F, Bergman H L, et al. 1994. Bioavailability: Physical, Chemical, and Biological Interactions. Boca Raton: CRC Press: 203-219.

Hasan A, Nurunnabi M, Morshed M, et al. 2014. Recent advances in application of biosensors in tissue engineering. BioMed Research International, 2014: 307519.

Hmelo L R. 2017. Quorum sensing in marine microbial environments. Annual Review of Marine Science, 9: 257-281.

Holmbom B, Voss R H, Mortimer R D, et al. 1984. Fractionation, isolation, and characterization of Ames mutagenic compounds in Kraft chlorination effluents. Environmental Science & Technology, 18: 333-337

Hong S, Giesy J P, Lee J, et al. 2016. Effect-directed analysis: Current status and future challenges, Ocean Science Journal, 51: 413-433

Hu Q, Li L, Wang Y, et al. 2010. Construction of WCB-11: A novel phiYFP arsenic-resistant whole-cell biosensor. Journal of Environmental Sciences, 22: 1469-1474.

Huang Y Q, Wong C K, Zheng J S, et al. 2012. Bisphenol A (BPA) in China: A review of sources, environmental levels, and potential human health impacts. Environment International, 42: 91-99.

Huet A C, Charlier C, Singh G, et al. 2008. Development of an optical surface plasmon resonance biosensor assay for (fluoro)quinolones in egg, fish, and poultry meat. Analytica Chimica Acta, 623: 195-203.

Jaspers M C M, Suske W A, Schmid A, et al. 2000. HbpR, a new member of the XylR/DmpR subclass within the NtrC family of bacterial transcriptional activators, regulates expression of 2-hydroxybiphenyl metabolism in *Pseudomonas azelaica* HBP1. Journal of Bacteriology, 182(2): 405-417.

Jin H M, Kim J M, Lee H J, et al. 2012. Alteromonas as a key agent of polycyclic aromatic hydrocarbon biodegradation in crude oil-contaminated coastal sediment. Environmental Science & Technology, 46(14): 7731-7740.

Joe M H, Lee K H, Lim S Y, et al. 2012. Pigment-based whole-cell biosensor system for cadmium detection using genetically engineered *Deinococcus radiodurans*. Bioprocess and Biosystems Engineering, 35: 265-272.

Kao W C, Belkin S, Cheng J Y. 2018. Microbial biosensing of ciprofloxacin residues in food by a portable lens-free CCD-based analyzer. Analytical and Bioanalytical Chemistry, 410: 1257-1263.

Khan M Z H. 2020. Recent biosensors for detection of antibiotics in animal derived food. Critical Reviews in Analytical Chemistry, 2020: 1-11.

Khoddami A, Wilkes M A, Roberts T H. 2013. Techniques for analysis of plant phenolic compounds. Molecules, 18(2): 2328-2375.

Koebnik R, Locher K P, Van Gelder P. 2000. Structure and function of bacterial outer membrane proteins: Barrels in a nutshell. Molecular Microbiology, 37(2): 239-253.

Krupke A, Hmelo L R, Ossolinski J E, et al. 2016. Quorum sensing plays a complex role in regulating the enzyme hydrolysis activity of microbes associated with sinking particles in the ocean. Frontiers in Marine Science, 3: 55.

Kulys J, Vidziunaite R. 2003. Amperometric biosensors based on recombinant laccases for phenols determination. Biosensors and Bioelectronics, 18(2): 319-325.

Kurbatov L, Albrecht D, Herrmann H, et al. 2006. Analysis of the proteome of *Pseudomonas putida* KT2440 grown on different sources of carbon and energy. Environmental Microbiology, 8(3): 466-478.

Kuroda K, Shibasaki S, Ueda M, et al. 2001. Cell surface-engineered yeast displaying a histidine oligopeptide (hexa-His) has enhanced adsorption of and tolerance to heavy metal ions. Applied Microbiology and Biotechnology, 57: 697-701.

Kustu S, North A K, Weiss D S. 1991. Prokaryotic transcriptional enhancers and enhancer-binding proteins. Trends in Biochemical Sciences, 16: 397-402.

Lee E H, Lim H J, Lee S D, et al. 2017. Highly sensitive detection of bisphenol A by NanoAptamer assay with truncated aptamer. ACS Applied Materials & Interfaces, 9(17): 14889-14898.

Li H, Cong Y, Lin J, et al. 2015. Enhanced tolerance and accumulation of heavy metal ions by engineered *Escherichia coli* expressing *Pyrus calleryana* phytochelatin synthase. Journal of Basic Microbiology, 55: 398-405.

Li R, Wang Y, Deng Y, et al. 2016. Enhanced biosensing of bisphenol A using a nanointerface based on tyrosinase/reduced graphene oxides functionalized with ionic liquid. Electroanalysis, 28(1): 96-102.

Li Y, Xu X, Liu L, et al. 2020. Rapid detection of 21 β-lactams using immunochromatographic assay based on mutant BlaR-CTD protein from bacillus licheniformis. Analyst, 145(9): 3257-3265.

Liang X, Wang Z H, Wang C M, et al. 2013. A proof-of-concept receptor-based assay for sulfonamides. Analytical Biochemistry, 438: 110-116.

Liu G. 2021. Grand challenges in biosensors and biomolecular electronics. Frontiers in Bioengineering and Biotechnology, 9: 707615

Liu J, Zhang H C, Duan C F, et al. 2016. Production of anti-amoxicillin ScFv antibody and simulation studying its molecular recognition mechanism for penicillins. Journal of Environmental Science and Health (Part. B), 51(11): 742-750.

Liu P, Huang Q, Chen W. 2012. Construction and application of a zinc-specific biosensor for assessing the immobilization and bioavailability of zinc in different soils. Environmental Pollution, 164: 66-72.

Liu X, Germaine K J, Ryan D, et al. 2010. Whole-cell fluorescent biosensors for bioavailability and biodegradation of polychlorinated biphenyls. Sensors (Basel), 10(2): 1377-1398.

Lu M Y, Kao W C, Belkin S, et al. 2019. A smartphone-based whole-cell array sensor for detection of antibiotics in milk. Sensors (Basel), 19(18): 3882.

Lu X, Wang X, Wu L, et al. 2016. Response characteristics of bisphenols on a metal-organic framework-based tyrosinase nanosensor. ACS Applied Materials & Interfaces, 8(25): 16533-16539.

Mala J, Puthong S, Maekawa H, et al. 2017. Construction and sequencing analysis of scFv antibody fragment derived from monoclonal antibody against norfloxacin (Nor155). Genetic Engineering and Biotechnology Journal, 15: 69-76.

McNerney M P, Zhang Y, Steppe P, et al. 2019. Point-of-care biomarker quantification enabled by sample-specific calibration. Science Advances, 5(9): eaax4473.

Mei Z, Chu H, Chen W, et al. 2013. Ultrasensitive one-step rapid visual detection of bisphenol A in water samples by label-free aptasensor. Biosensors and Bioelectronics, 39(1): 26-30.

Michalowicz J. 2014. Bisphenol A—sources, toxicity and biotransformation. Environmental Toxicology and Pharmacology, 37(2): 738-758.

Morett E, Segovia L. 1993. The sigma 54 bacterial enhancer-binding protein family: Mechanism of action and phylogenetic relationship of their functional domains. Journal of Bacteriology, 175(19): 6067-6074.

Morin D, Grasland B, Vallée-Réhel K, et al. 2003. On-line high-performance liquid chromatography-mass spectrometric detection and quantification of N-acylhomoserine lactones, quorum sensing signal molecules, in the presence of biological matrices. Journal of Chromatography A, 1002(1-2): 79-92.

Munteanu F D, Lindgren A, Emnéus J, et al. 1998. Bioelectrochemical monitoring of phenols and aromatic amines in flow injection using novel plant peroxidases. Analytical Chemistry, 70(13): 2596-2600.

Osma J F, Stoycheva M. 2014. Biosensors: Recent Advances and Mathematical Challenges. Barcelona: OmniaScience: 51-96

Ouyang Q, Liu Y, Chen Q S, et al. 2017. Rapid and specific sensing of tetracycline in food using a novel upconversion aptasensor. Food Control, 81: 156-163.

Park J W, Kurosawa S, Aizawa H, et al. 2006. Piezoelectric immunosensor for bisphenol A based on signal enhancing step with 2-methacrolyloxyethyl phosphorylcholine polymeric nanoparticle. Analyst, 131(1): 155-162.

Petanen T, Virta M, Karp M, et al. 2001. Construction and use of broad host range mercury and arsenite sensor plasmids in the soil bacterium Pseudomonas fluorescens OS8. Microbial Ecology, 41: 360-368.

Rahman M A, Noh H B, Shim Y B. 2008. Direct electrochemistry of laccase immobilized on au nanoparticles encapsulated-dendrimer bonded conducting polymer: application for a catechin sensor. Analytical Chemistry, 80(21): 8020-8027.

Rahman Z, Singh V P. 2019. The relative impact of toxic heavy metals (THMs) (arsenic (As), cadmium (Cd), chromium (Cr)(VI), mercury (Hg), and lead (Pb)) on the total environment: An overview. Environmental Monitoring and Assessment, 191: 419.

Rajasarkka J, Virta M. 2013. Characterization of a bisphenol A specific yeast bioreporter utilizing the bisphenol A-targeted receptor. Analytical Chemistry, 85(21): 10067-10074.

Ramos J L, Marqués S, Timmis K N. 1997. Transcriptional control of the *Pseudomonas* TOL plasmid catabolic operons is achieved through an interplay of host factors and plasmid-encoded regulators. Annual Review of Microbiology, 51(1): 341-373.

Raut N, O'Connor G, Pasini P, et al. 2012. Engineered cells as biosensing systems in biomedical analysis. Analytical and Bioanalytical Chemistry, 402(10): 3147-3159.

Ravikumar S, Ganesh I, Yoo I K, et al. 2012. Construction of a bacterial biosensor for zinc and copper and its application to the development of multifunctional heavy metal adsorption bacteria. Process Biochemistry, 47: 758-765.

Ray S, Gunzburg M J, Wilce M, et al. 2016. Structural basis of selective aromatic pollutant sensing by the effector binding domain of MopR, an NtrC family transcriptional regulator. ACS Chemical Biology, 11(8): 2357-2365.

Ray S, Panjikar S, Anand R. 2017. Structure guided design of protein biosensors for phenolic pollutants. ACS Sensors, 2(3): 411-418.

Ray S, Panjikar S, Anand R. 2018. Design of protein-based biosensors for selective detection of benzene groups of pollutants. ACS Sensors, 3(9): 1632-1638.

Ray S, Senapati T, Sahu S, et al. 2018. Design of Ultrasensitive protein biosensor strips for selective detection of aromatic contaminants in environmental wastewater. Analytical Chemistry, 90(15): 8960-8968.

Reder-Christ K, Bendas G. 2011. Biosensor applications in the field of antibiotic research—A review of recent developments. Sensors (Basel), 11: 9450-9466.

Rochester J R, Bolden A L. 2015. Bisphenol S and F: A systematic review and comparison of the hormonal activity of bisphenol A substitutes. Environmental Health Perspectives, 123(7):

643-650.

Rochester J R. 2013. Bisphenol A and human health: A review of the literature. Reproductive Toxicology, 42: 132-155.

Rodríguez-Delgado M M, Alemán-Nava G S, Rodríguez-Delgado J M, et al. 2015. Laccase-based biosensors for detection of phenolic compounds. TrAC Trends in Analytical Chemistry, 74: 21-45.

Rowe A A, Miller E A, Plaxco K W. 2010. Reagentless measurement of aminoglycoside antibiotics in blood serum via an electrochemical, ribonucleic acid aptamer-based biosensor. Analytical Chemistry, 82: 7090-7095.

Roy R, Ray S, Chowdhury A, et al. 2021. Tunable multiplexed whole-cell biosensors as environmental diagnostics for ppb-level detection of aromatic pollutants. ACS Sensors, 6(5): 1933-1939.

Salis H M, Mirsky E A, Voigt C A. 2009. Automated design of synthetic ribosome binding sites to precisely control protein expression. Nature Biotechnology, 27: 946-950.

Samoiloff M R, Bell J, Birkholz D A, et al. 1983. Combined bioassay-chemical fractionation scheme for the determination and ranking of toxic chemicals in sediments. Environmental Science & Technology, 17: 329-334

Sarmah A K, Meyer M T, Boxall A B. 2006. A global perspective on the use, sales, exposure pathways, occurrence, fate and effects of veterinary antibiotics (VAs) in the environment. Chemosphere, 65: 725-759.

Schell M A, Wender P E. 1986. Identification of the *nahR* gene product and nucleotide sequences required for its activation of the sal operon. Journal of Bacteriology, 166(1): 9-14.

Sharma P, Asad S, Ali A. 2013. Bioluminescent bioreporter for assessment of arsenic contamination in water samples of India. Journal of Biosciences, 38: 251-258.

Shingler V, Bartilson M, Moore T. 1993. Cloning and nucleotide sequence of the gene encoding the positive regulator (DmpR) of the phenol catabolic pathway encoded by pVI150 and identification of DmpR as a member of the NtrC family of transcriptional activators. Journal of Bacteriology, 175(6): 1596-1604.

Shingler V. 2003. Integrated regulation in response to aromatic compounds: from signal sensing to attractive behaviour. Environmental Microbiology, 5(12): 1226-1241.

Silverman A D, Karim A S, Jewett M C. 2020. Cell-free gene expression: An expanded repertoire of applications. Nature Reviews Genetics, 21(3): 151-170.

Singh A T, Lantigua D, Meka A, et al. 2018. Paper-based sensors: emerging themes and applications. Sensors (Basel), 18(9): 2838.

Snoek T, Chaberski E K, Ambri F, et al. 2020. Evolution-guided engineering of small-molecule biosensors. Nucleic Acids Research, 48: e3.

Song K M, Lee S, Ban C. 2012. Aptamers and their biological applications. Sensors (Basel), 12: 612-631.

Stoltenburg R, Reinemann C, Strehlitz B. 2007. SELEX—a (r)evolutionary method to generate high-affinity nucleic acid ligands. Biomolecular Engineering, 24: 381-403.

Su F, Chakrabarty K. 2008. High-level synthesis of digital microfluidic biochips. ACM Journal on Emerging Technologies in Computing Systems, 3(4): 1-32.

Tajik S, Beitollahi H, Nejad F G, et al. 2020. Recent advances in electrochemical sensors and biosensors for detecting bisphenol A. Sensors (Basel), 20(12): 3364.

Tao H C, Peng Z W, Li P S, et al. 2013. Optimizing cadmium and mercury specificity of CadR-based *E. coli* biosensors by redesign of CadR. Biotechnology Letters, 35: 1253-1258.

Tecon R, Van der Meer J R. 2008. Bacterial biosensors for measuring availability of environmental pollutants. Sensors (Basel), 8: 4062-4080.

Tian Y, Lu Y, Xu X, et al. 2017. Construction and comparison of yeast whole-cell biosensors regulated by two RAD54 promoters capable of detecting genotoxic compounds. Toxicology Mechanisms and Methods, 27(2): 115-120.

Tibazarwa C, Corbisier P, Mench M, et al. 2001. A microbial biosensor to predict bioavailable nickel in soil and its transfer to plants. Environmental Pollution, 113: 19-26.

Timmis K N, Pieper D H. 1999. Bacteria designed for bioremediation. Trends in Biotechnology, 17(5): 201-204.

Tropel D, van der Meer J R. 2004. Bacterial transcriptional regulators for degradation pathways of aromatic compounds. Microbiology and Molecular Biology Reviews, 68(3): 474-500.

Van den Meersche T, Van Pamel E, Van Poucke C, et al. 2016. Development, validation and application of an ultra high performance liquid chromatographic-tandem mass spectrometric method for the simultaneous detection and quantification of five different classes of veterinary antibiotics in swine manure. Journal of Chromatography A, 1429: 248-257.

van der Meer J R, Belkin S. 2010. Where microbiology meets microengineering: Design and applications of reporter bacteria. Nature Reviews Microbiology, 8(7): 511-522.

Vardhan K H, Kumar P S, Panda R C. 2019. A review on heavy metal pollution, toxicity and remedial measures: Current trends and future perspectives. Journal of Molecular Liquids, 290: 111197.

Vianello F, Cambria A, Ragusa S, et al. 2004. A high sensitivity amperometric biosensor using a monomolecular layer of laccase as biorecognition element. Biosensors and Bioelectronics, 20(2): 315-321.

Virolainen N E, Pikkemaat M G, Elferink J W A, et al. 2008. Rapid detection of tetracyclines and their 4-epimer derivatives from poultry meat with bioluminescent biosensor bacteria. Journal of Agricultural and Food Chemistry, 56: 11065-11070.

Virolainen N, Karp M. 2014. Biosensors, antibiotics and food. Advances in Biochemical Engineering/Biotechnology, 145: 153-185.

Wan N A, Wan J, Wong L S. 2014. Exploring the potential of whole cell biosensor: A review in environmental applications. International Journal of Chemical, Environmental and Biological Sciences, 2(1): 52-56.

Wang B, Barahona M, Buck M. 2014. Engineering modular and tunable genetic amplifiers for scaling transcriptional signals in cascaded gene networks. Nucleic Acids Research, 42: 9484-9492.

Wang H, Wang Y, Liu S, et al. 2016. Signal-on electrochemical detection of antibiotics at zeptomole level based on target-aptamer binding triggered multiple recycling amplification. Biosensors and Bioelectronics, 80: 471-476.

Wang X, Wang W X. 2017. Selenium induces the demethylation of mercury in marine fish. Environmental Pollution, 231: 1543-1551.

Wei W, Liu X, Sun P, et al. 2014. Simple whole-cell biodetection and bioremediation of heavy metals based on an engineered lead-specific operon. Environmental Science & Technology, 48: 3363-3371.

West W R, Smith P A, Booth G M, et al. 1988. Isolation and detection of genotoxic components in a

Black River sediment. Environmental Science & Technology, 22: 224-228

Wille K, De Brabander H F, Vanhaecke L, et al. 2012. Coupled chromatographic and mass-spectrometric techniques for the analysis of emerging pollutants in the aquatic environment. TrAC Trends in Analytical Chemistry, 35: 87-108.

Xie X, Stüben D, Berner Z, et al. 2004. Development of an ultramicroelectrode arrays (UMEAs) sensor for trace heavy metal measurement in water. Sensors and Actuators B: Chemical, 97(2): 168-173.

Xue F, Wu J, Chu H, et al. 2012. Electrochemical aptasensor for the determination of bisphenol A in drinking water. Microchimica Acta, 180(1-2): 109-115.

Xue H, Shi H, Yu Z, et al. 2014. Design, construction, and characterization of a set of biosensors for aromatic compounds. ACS Synthetic Biology, 3(12): 1011-1014.

Yagi K. 2007. Applications of whole-cell bacterial sensors in biotechnology and environmental science. Applied Microbiology and Biotechnology, 73: 1251-1258.

Yang S, Zhu X, Wang J, et al. 2015. Combustion of hazardous biological waste derived from the fermentation of antibiotics using TG-FTIR and Py-GC/MS techniques. Bioresource Technology, 193: 156-163.

Yazgan Karacaglar N N, Topcu A, Dudak F C, et al. 2020. Development of a green fluorescence protein (GFP)-based bioassay for detection of antibiotics and its application in milk. Journal of Food Science, 85: 500-509.

Yin K, Lv M, Wang Q, et al. 2016. Simultaneous bioremediation and biodetection of mercury ion through surface display of carboxylesterase E2 from *Pseudomonas aeruginosa* PA1. Water Research, 103: 383-390.

Yipel M, Kürekci C, Tekeli İ O, et al. 2017. Determination of selected antibiotics in farmed fish species using LC-MS/MS. Aquaculture Research, 48: 3829-3836.

Yoshida K, Inoue K, Takahashi Y, et al. 2008. Novel carotenoid-based biosensor for simple visual detection of arsenite: Characterization and preliminary evaluation for environmental application. Applied and Environmental Microbiology, 74: 6730-6738.

You J, Li H. 2017. Improving the accuracy of effect-directed analysis: the role of bioavailability, environmental science. Processes and Impacts, 19: 1484-1498

Zeng K, Zhang J, Wang Y, et al. 2013. Development of a rapid multi-residue assay for detecting β-lactams using penicillin binding protein 2X*. Biomedical and Environmental Sciences, 26: 100-109.

Zhang J, Wang Z, Wen K, et al. 2013. Penicillin-binding protein 3 of *Streptococcus pneumoniae* and its application in screening of beta-lactams in milk. Analytical Biochemistry, 442: 158-165.

Zhang J, Zhang B, Wu Y, et al. 2010. Fast determination of the tetracyclines in milk samples by the aptamer biosensor. Analyst, 135: 2706-2710.

Zhou C, Zou H, Sun C, et al. 2021. Recent advances in biosensors for antibiotic detection: Selectivity and signal amplification with nanomaterials. Food Chemistry, 361: 130109.

Zhou N, Luo J, Zhang J, et al. 2015. A label-free electrochemical aptasensor for the detection of kanamycin in milk. Analytical Methods, 7: 1991-1996.

Zhu X, Wu G, Xing Y, et al. 2020. Evaluation of single and combined toxicity of bisphenol A and its analogues using a highly-sensitive micro-biosensor. Journal of Hazardous Materials, 381: 120908.

第5章　污染物毒性效应基于靶点识别的体外评价技术

污染物毒性效应可能引发生态灾难，这一点早已获得共识。2004年，研究人员报道印度次大陆因滥用双氯酚酸兽药，不仅导致白背兀鹫（*Gyps bengalensis*）等亚洲秃鹫因肾功能衰竭而种群数目锐减，还因食物链效应引发区域鼠疫暴发和狂犬病流行这一灾难性影响（Oaks et al.，2004）。美国太平洋西北地区成年银鲑鱼（*Oncorhynchus kisutch*）迁移到城市或者郊区溪流进行产卵繁殖时，常会产生急性死亡事件，虽然研究人员发现这一现象与成年鲑鱼同城市雨水径流的接触有关，但引发此类“城市径流死亡综合征”的有毒化学品一直隐身其后；直到2020年，*Science*杂志刊出的一项研究从新旧轮胎胎面磨损颗粒的渗滤液出发，揭示了一种全球普遍使用的轮胎橡胶抗氧化剂 *N*-(1,3-二甲基丁基)-*N'*-苯基-对苯二胺[*N*-(1,3-dimethylbutyl)-*N'*-phenyl-*p*-phenylenediamine，6PPD]的剧毒氧化产物6PPD-醌是造成成年鲑鱼因雨水暴露而急性死亡的主要原因之一（Tian et al.，2020）。事实上，虽然很多环境污染物与人体健康的直接因果关系链还不够完整，但2010年Rappaport和Smith的研究已明确指出70%～90%的疾病是源于环境而非基因差异（Rappaport and Smith，2010）。1999年，*Nature*杂志曾发文指出双酚A环境暴露可导致青少年发育期提前（Howdeshell et al.，1999）。根据2016年全球疾病负担（Global Burden of Disease，GBD）统计，在主要健康风险因素的每百万人致死人数方面，环境污染仅次于吸烟（Landrigan et al.，2018）。而基于GBD对1990～2019年全球204个国家和地区健康风险因素的系统分析指出，目前健康风险暴露最大增长来自大气颗粒物污染、药物滥用、高空腹血糖和高身体质量指数（GBD 2019 Risk Factors Collaborators，2020）；已有研究指出大气细颗粒物 $PM_{2.5}$ 和 SO_2 共暴露，会通过调控靶向人类同源Tau蛋白的一种microRNA而引起神经退行性病变(Ku et al.，2017)。

虽然环境污染的毒性效应和生态及健康风险已得到关注，但无论是已经商品化使用且进入监管名单的化学品，还是层出不穷的新污染物，其毒性效应的分子机制仍未得以完整解析，体内关键靶点乃至调控机制亟待解答。正如小分子药物在体内不仅有一个靶点（Overington et al.，2006），污染物等不是针对特定靶点设计的，一般化学品体内可能的靶点数目比药物靶点更具泛杂性。换言之，环境污染物一般也可与生物体内多种不同靶点相互作用，通过复杂生物学网络调控其毒性效应和健康结局，而基于靶点介导效应的污染物毒性检测与评价方法亦成为污染物毒性研究和风险评价关键技术之一。本章从污染物环境毒性的系统毒理学认识和多靶协同调控机制入手，以报告基因方法等体外毒性评价方法为基础，分层次列举介绍污染物毒性效应的多靶点体外毒性评价技术中合成生物学方法的应用、存在问题和前景。

5.1　污染物毒性效应的分子起始事件和靶点

环境污染物的毒性效应源于其对生物分子间相互作用网络动态调整机制的扰动。任何污染物在宏观尺度表现出的毒性效应和健康结局均起始于其与毒性通路中特定生物大分子等的相互作用，即关键分子起始事件（molecular initiating event，MIE）；随之触发后续的细胞信号转导等一系列级联响应，以及细胞、组织、器官等多层次的关键事件（key event，KE）；最终，在个体乃至种群和生态系统层面产生相应的效应。鉴于进入机体污染物的 MIE 是公认的致毒起点，因此当前环境毒性测试面临的一个技术难题就是如何高效、准确地识别毒性通路中可与污染物发生作用并启动有害结局路径（adverse outcome pathway，AOP）的靶点（Ankley et al.，2010；Allen et al.，2016）。

5.1.1　环境污染危害的系统毒理学认识与多靶协同作用

随着化学品毒性效应分子机制的不断发掘，以及系统生物学和毒理基因组学等方面的突飞猛进，研究人员对化学品暴露引发的细胞层次响应网络实质有了更深刻的认识。就如同系统生物学通过将复杂生物过程看成是许多不同相互作用组件的集成系统来解析其生物学机制，化学品暴露引发的细胞层次响应网络则是由基因、蛋白质和小分子间复杂生化相互作用组成的相互关联通路，其对维持正常的细胞功能、控制细胞之间的通信并允许细胞适应环境的变化具有重要意义（Collins et al.，2008；Duffus et al.，2007）。因此，在后基因组时代，毒理学发展兴起的系统毒理学将经典毒理学与跨越不同生物组织水平的分子和功能变化大型网络定量分析进行集成；而环境污染物生态毒性和健康危害机制的系统毒理学认识则是通过了解机体暴露后在不同剂量和时点的基因表达谱、蛋白质谱和代谢物谱等多组学改变以及传统毒理学的研究参数变化，借助生物信息学和计算毒理学技术对其进行整合，从而系统阐明外源性化学物和环境应激等与机体相互作用的机制（Sturla et al.，2014）。现阶段，毒理基因组学、生物信息学、系统生物学、表观遗传学和计算毒理学方面的进展已经使得毒性测试从基于全动物测试的系统转变为主要基于体外方法的系统（Hartung et al.，2017）。美国发布的《21 世纪毒性测试：远景和策略》（*Toxicity Testing in the 21st Century：A Vision and A Strategy*，TT21C）中对于全新的毒理研究思路与毒性测试战略指出，生物分子通过与小分子物质等相互作用以维持细胞功能和相关信号通路，环境污染物通过与生物分子作用而干扰细胞内毒性作用通路，通路扰动所引发的级联反应经程序调控导致最终的机体损伤乃至健康危害（Gibb，2008）。鉴于此，探求污染物与生物分子交互作用及其对关键毒性作用通路的扰动机制已成为破解污染物环境分子毒理的必由之路，其中，可能靶点和关键 MIE 的识别是重点之一。

遗憾的是，关于污染物体内可能靶点的甄别远远落后于对其毒性效应的测定。以《斯德哥尔摩公约》中的一类管控化学品多氯联苯（polychlorinated biphenyl，PCB）为例，虽然早已明确该类污染物具有神经发育毒性，但其关键 MIE 仍未得以系统解析。早在 2007 年就有研究发现给妊娠 16 天的 Sprague-Dawley 大鼠混合给药后，其血清甲状腺激素水平明显下降而肝脏中苹果酸酶表达上升，究其原因是非邻位取代的 PCB126 通过大鼠垂体 GH3 细胞中的芳烃受体（aryl hydrocarbon receptor，AhR）诱导细胞色素 P450 酶（cytochrome P450 enzyme，CYP450）1A1 活性，而 PCB105 与 PCB118 这种单邻位取代的 PCB 在 CYP1A1 作用下代谢转化为甲状腺激素受体（thyroid hormone receptor，TR）激动剂（Gauger et al.，2007）。考虑到甲状腺激素可通过 TR 等核受体作用调节相关基因表达，影响特定时间窗口神经发生、神经元迁移、神经元和神经胶质细胞分化、髓鞘形成和突触发生等大脑发育重要环节，而甲状腺激素稳态的破坏会影响正常的神经发育，因此，TR 等核受体就成为 PCB 神经发育毒性的关键靶点（Hagmar，2003；Rovet，2014）。早期啮齿动物实验中发现，人为补充甲状腺激素 T4 可以有效减轻 PCB 暴露所致低甲状腺激素血症引起的运动和听觉功能下降（Goldey and Crofton，1998），但也有一些反例指出 PCB 暴露并没有引起相应水平的甲状腺激素下降。例如，日本学者在包括 222 对母婴的前瞻性出生队列研究中，发现母亲在怀孕期间接触 PCB 羟基化代谢产物（OH-PCB）可能会增加母亲和新生儿血液中游离态 T4 的水平（Itoh et al.，2018），这说明 PCB 可能存在其他作用靶点。事实上，PCB 既可以通过激活 *N*-甲基-D-天冬氨酸受体（*N*-methyl-D-aspartate receptor，NMDAR）调控钙离子流入神经元（Liansola et al.，2009；Ndountse and Chan，2009），也可结合神经细胞中位于内质网/肌浆网上的雷诺丁受体（ryanodine receptor，RyR）管理胞内钙离子的释放（Pessah et al.，2010），从而导致钙离子失衡，引发中枢和周围神经系统的各种病理过程。在环境污染物四溴双酚 A（tetrabromobisphenol A，TBBPA）的研究中也观察到了这种 NMDAR 和 RyR 共同参与的钙离子浓度调控（Zieminska et al.，2015）。此外，五聚型配体门控离子通道 γ-氨基丁酸 A 型受体（γ-aminobutyric acid A receptor，$GABA_AR$）和烟碱型乙酰胆碱受体（nicotinic acetylcholine receptor，nAChR）等神经递质受体也被证实是 PCB 的体内靶点之一，这些靶点介导通路的功能障碍与抑郁症、失眠、癫痫、阿尔茨海默病等人类神经和精神紊乱疾病密切相关。PCB47 是典型激动型神经递质乙酰胆碱膜上受体 nAChR 的拮抗剂，低氯代 PCB19、PCB28、PCB47、PCB51、PCB52、PCB95 和 PCB100 则是 $\alpha_1\beta_2\gamma_{2L}$ 型

$GABA_ARs$ 的部分激动剂。其中，PCB19、PCB47、PCB51 和 PCB100 还是 $\alpha_1\beta_2\gamma_{2L}$ 型 $GABA_ARs$ 的完全激动剂，甚至可在没有抑制性神经递质 γ-氨基丁酸情况下结合并激活受体；而 PCB19、PCB28、PCB153 和 PCB180 可以降低 PCB47 作用于受体诱发的电流（Fernandes et al.，2010a；2010b；Hendriks et al.，2010）。由此可见，由复杂信号通路控制的多靶点协同作用是环境污染物在生物体内靶点识别、结合、运输和作用的物质基础，PCB 神经毒性和相关有害健康结局就是多靶点协同调控的结果（Pessah et al.，2019），但受制于现有毒性评价方法的局限性，其关键靶点仍未解析完全。

5.1.2　污染物毒性效应的典型测试评价方法

传统环境毒性测试方法主要是基于活体动物体内（*in vivo*）测试开展试验，按照污染物在环境中真实的赋存水平和暴露方式设置合理暴露剂量、暴露途径，对受试动物进行染毒处理，系统观察给予动物有毒物质后所产生的动物形态、器官功能等毒性反应与其剂量的关系。除了大鼠、小鼠等啮齿动物以外，环境毒理研究常用的实验动物还包括鱼类、两栖类和禽类等典型的环境模式生物。*in vivo* 测试不仅可体现污染物对环境生物的综合毒性效应，而且能将污染物体内复杂的分布、代谢和排泄等动力学特征考虑在内。但是，整体实验影响因素众多，条件可控性差，分子机制的解析面临很多难题，而且由高剂量毒性测试结果外推至真实环境低剂量效应存在极大的不确定性。此外，无论是鱼类、两栖类还是啮齿类，模式动物可承受的污染物体内负荷和毒性作用发展时间均与其他生物乃至人体间存在物种差异。即便国际通用模式动物非洲爪蟾（*Xenopus laevis*）和我国本土黑斑蛙（*Rana nigromaculata*）都属于两栖类，二者 TR_α 和 TR_β 发育期表达模式相近，但仍在 T3 调控发育阶段等方面存在种属差异（Lou et al.，2014a；2014b）；斑马鱼（*Danio rerio*）和青鳉（*Oryzias latipes*）也是如此（Myklatun et al.，2018）。现代毒理学研究更加关注有毒物质引起的机体分子水平改变，借助不同体外（*in vitro*）测试和计算（*in silico*）评价方法，毒理学评价终点从个体、组织、器官层次深入到细胞、亚细胞乃至分子和基因水平，由单纯的描述性毒理学发展为机制毒理学。与活体动物实验相比，体外测试的条件相对可控度高，采用生物学性状相同的细胞系/株开展毒性测试的结果重现性要高于受限于个体差异的体内（*in vivo*）测试。但是，细胞水平试验难以全面反映出活体试验中的污染物转化等个体水平才存在的复杂代谢动力学过程。

考虑到单一的毒性检测方法均存在一定局限性，环境污染物毒性测试需将多种检测方法联合起来，整合多种体外（*in vitro*）生物测试结果，以离体和活体实验相互验证，从筛查效率和机制解析的不同方面提升环境毒理研究水平，保障其结论的可靠性。以 2018 年经济合作与发展组织（Organization for Economic

Co-operation and Development，OECD）修订的评估内分泌干扰物的标准测试导则指南中推荐的测试方法为例，污染物是否为环境内分泌干扰物的实验筛查涉及 4 个水平，包括污染物对于生物体雌激素（estrogen，E）作用通路、雄激素（androgen，A）作用通路、甲状腺（thyroid，T）作用通路和类固醇合成（steroidogenesis，S）通路的影响，即 EATS 通路干扰。其中，基于特定内分泌干扰通路和作用模式的第 2 级别体外测试包括雌激素受体（estrogen receptor，ER）和雄激素受体（androgen receptor，AR）结合试验、ER 和 AR 转录激活试验、体外类固醇生成试验、芳香化酶活性测试、甲状腺干扰等 12 种方法，忽略了代谢产物的危害和其他毒作用机制。而第 3 级别体内（*in vivo*）测试，除了包括针对特定内分泌干扰通路和机制的哺乳动物子宫增重试验及 Hershberger 试验以外，还包括基于非哺乳动物的两栖动物变态试验、鱼类短期生殖试验、鱼类 21 天试验、雄化雌刺鱼筛查试验、爪蛙胚胎甲状腺信号试验、青年青鳉鱼抗雄激素筛查试验、大型溞短期保幼激素活性筛查试验和快速雄激素干扰有害结局报告试验等其他 9 项测试方法。通过诱导由芳香化酶 *cyp19a1b* 启动子驱动的绿色荧光蛋白（green fluorescent protein，GFP）表达来筛选 ER 激动剂的方法亦在第 3 级别测试中发挥作用，利用转基因 *tg*（*cyp19a1b*：GFP）斑马鱼胚胎通过 ER 检测内分泌活性物质（*cyp19a1b*：GFP）Zebrafish embrYos，EASZY）试验就是其中之一。显然，第 3 级别和第 2 级别测试结果可用于受体介导特定通路干扰作用的相互验证，如哺乳动物子宫增重试验可进一步检测污染物雌激素活性或者抗雌激素活性，从而验证第 2 级别中 ER 结合和转录激活测试结果；而第 4 级别仍采用体内（*in vivo*）试验，测试终点则是非完整生命周期内的内分泌相关不良效应，例如，啮齿类 28 天和 90 天重复染毒试验、围青春期雄性和雌性大鼠的青春期发育及甲状腺功能试验、围产期发育毒性试验、发育神经毒性试验、慢性毒性与致癌性联合试验、28 天（亚急性）吸入毒性试验等基于哺乳动物模型的方法，以及鱼类性发育试验、禽类繁殖试验、两栖动物生长和发育试验、大型溞/蚯蚓/淡水螺/静水椎实螺/土壤跳虫繁殖试验、摇蚊毒性试验等基于非哺乳动物模型的方法。考虑到污染物多靶点协同作用系统毒理生物响应模式的复杂性和隐蔽性，污染物长期暴露对环境生物乃至其子代均会产生危害，基于生物完整生命周期或更长时间内的内分泌相关不良效应测试亦被纳入标准测试框架中，属于第 5 级测试方法。目前有基于哺乳动物的扩展一代生殖毒性试验和两代繁殖毒性试验，以及基于非哺乳动物的鱼类生命周期试验、斑马鱼扩展一代生殖试验、日本青鳉扩展一代生殖试验、日本鹌鹑二代毒性试验、沉积物-水系统摇蚊生命周期毒性试验、多代大型溞试验等第 5 级测试方法（OECD，2018）。很明显，活体测试终点阳性结果并不代表特定通路扰动的结果，只有体外（*in vitro*）和体内（*in vivo*）结果相互印证，才能确认污染物是通过特定通路干扰机体相应内分泌功能。

5.1.3　合成生物学与基于分子起始事件的污染物毒性体外评价技术

正如前文所述，毒理学测试方法已经从传统的、基于模式动物的经验测试，重新定位到对外源化学品等刺激暴露引发的毒性作用通路和调控网络的生物扰动情况的分析上。由于 MIE 是外源物质诱导基因表型、蛋白质表达、信号转导等变化乃至健康危害和生态失衡系统毒理网络的起点，因此识别污染物体内靶点是解析庞大复杂生物学相互作用网络、揭示环境毒理机制的必要手段。例如，20 世纪 60 年代人们就发现缓解孕妇妊娠反应的镇静剂沙利度胺（商品名为“反应停”）会导致多发性出生缺陷，原因在于沙利度胺具手性，而 L-沙利度胺有明确的致畸作用。直到 2010 年，日本科学家才发现 L-沙利度胺导致肢体畸形和其他发育缺陷的一个直接靶点是 cereblon（CRBN）。CRBN 与受损 DNA 结合蛋白 1（damaged DNA binding protein 1，DDB1）及 CUL4A 形成了对斑马鱼和小鸡肢体发育以及纤维母细胞生长因子 Fgf8 表达意义重大的 E3 泛素连接酶复合物，L-沙利度胺正是通过与 CRBN 结合抑制相关的泛素连接酶活性，最终导致了畸形（Ito et al.，2010）。2014 年，Fischer 等获得了与沙利度胺结合的 DDB1-CRBN 复合物晶体结构，确认在 E3 泛素连接酶 CUL4-RBX1-DDB1-CRBN（$CRL4^{CRBN}$）中，CRBN 是与 L-沙利度胺等底物结合的受体，且具有高度的手性选择。同源框转录因子 MEIS2 是 $CRL4^{CRBN}$ 的内源底物，L-沙利度胺可在连接酶复合物招募 IKZF1 或 IKZF3 进行降解时，阻止内源底物与 $CRL4^{CRBN}$ 相互结合（Fischer et al.，2014）。2018 年，沙利度胺被证实会促进 SALL4 等 C_2H_2 型锌指蛋白转录因子（zincfinger protein transcription factor）的降解，从而干扰胎儿的肢体及其他方面的发育（Donovan et al.，2018）。由此可见，靶点识别对于认识化学品毒理和健康危害机制具有重要意义，而基于 MIE 的毒性测试和筛查方法也已经成为环境风险评价与管理不可或缺的支撑技术。需要特别说明的是，本章此处及之后的靶点都是指化学品进入生物机体后直接作用的蛋白质、核酸等分子，不与化学品或其代谢产物直接作用但在关键调控过程中发挥作用的基因等调控因素不包括在内。

从 MIE 出发，污染物基于靶点的体外毒性评价方法可根据是否需要生命形态支持分为两大类。一类是不需要活细胞等任何生命形态支持的靶点亲和力快速筛查，能够提供不受任何其他靶点和通路干扰，以及污染物进入活细胞等特定生命形态效率等影响的污染物-靶点结合能力数据。这一类方法根据标记方式又分为三种，即放射性同位素标记结合分析、荧光标记配体等非同位素标记结合分析和各种无标记结合分析。竞争置换法作为一种实验策略，可以与这三种结合分析方法之一联合使用。放射性同位素配体结合法灵敏度和选择性很高，竞争置换法测定污染物的线性范围可从 pmol/L 到 μmol/L。以污染物重要的膜受体靶点 G 蛋白偶联雌激素受体（G protein-coupled estrogen receptor，GPER）为例（Prossnitz et al.，

2008），以 ^{3}H 标记 GPER 已知配体 17β-雌二醇（E2），将其与 1 nmol/L 至 10 μmol/L 剂量的污染物、表达 GPER 的人胚胎细胞的细胞质膜提取物、稳定转染和表达了 GPER 的人胚肾（human embryonic kidney，HEK）293 细胞的质膜在 4℃共孵育 30 min，过滤并清除游离的放射性配体 E2 后，通过闪烁计数即可测量与 GPER 结合的配体放射性，并以此计算 ^{3}H 标记 E2 与 GPER 结合被抑制 50%时竞争结合污染物的浓度（half-maximal inhibitory concentration，IC_{50}）和相对结合亲和力（relative binding affinity，RBA），用于表征污染物与 GPER 亲和力的强弱（Thomas et al.，2005）。采用稳定转染和表达了 GPER 的 HEK293 细胞质膜提取物测定获得的双酚 A（bisphenol A，BPA）、玉米赤霉烯酮（zearalenone，ZEN）和壬基酚（nonylphenol，NP），与 GPER 的 RBA 较高，达 2%～3%；而开蓬、2,2-双(4-氯苯基)-1,1,1-三氯乙烷（*p,p′*-dichlorodiphenyltrichloroethane，*p,p′*-DDT）等则是低亲和力的配体，RBA 仅为 0.25%～1.3%（Thomas and Dong，2006）。而进一步发展的临近闪烁分析法（scintillation proximity assay，SPA），因无须分离游离态和结合态放射性配体、可实现靶点亲合物质高通量筛查（high-throughput screening，HTS）等优势，已成为药物筛选金标准之一（Bosworth and Towers，1989；Féau et al.，2009；Rosse，2021）。利用荧光标记配体竞争置换或荧光共振能量转移等方法获得靶点亲和力和结合模式的非同位素标记法，在保证灵敏度的情况下，避免了放射性同位素的使用，因此在定靶的药物高通量筛选和环境污染物的靶点识别方面广泛使用。例如，有研究使用三步法将荧光素标记在 E2 上，合成的粗产物经 300～400 目 Kieselgel 60 硅胶柱纯化得到 E2-F。随后，采用人乳腺癌细胞系 SKBR3 细胞开展荧光竞争置换试验，测试结果表明，BPA、双酚 B、双酚 AF 和双酚 F 将与 7 次跨膜受体 GPER 结合的半数荧光探针 E2-F 从人类 GPER 中置换出来所需要的浓度分别是（25.3±7.2）μmol/L、（3.3±0.6）μmol/L、（3.0±0.4）μmol/L 和大于 100 μmol/L。采用同样的方法对污染物多溴二苯醚（polybrominated diphenyl ether，PBDE）及其环境转化产物羟基多溴二苯醚（hydroxylated PBDE，OH-PBDE）的 GPER 亲和力进行测定，结果发现是 OH-PBDE 而非 PBDE 母体通过直接作用于 GPER 产生毒性效应。与 E2 相比，测试的 11 种 OH-PBDE 的 GPER 相对结合亲和力在 1.3%～20.0%范围内（Cao et al.，2017；2018）。有趣的是，这种方法是可以直接用于活细胞检测的。然而，荧光素标记显然会因其改变了受体蛋白天然配体、酶自然底物等的化学结构而影响靶点与污染物间分子识别的高度选择性，因而前沿亲和色谱-质谱分析（frontal affinity chromatography-mass spectrometry，FAC-MS）、层析色谱-质谱分析（zonal chromatography-mass spectrometry，ZC-MS）、表面等离子体共振（surface plasmon resonance，SPR）等无须标记配体或底物的靶点结合分析方法应运而生。例如，将 ER 固定在传感器表面，全氟烷基酸（perfluoroalkyl acid，PFAA）等污染物与 ER 结合后可诱导不同的受体复合物构象而影响受体转录活性和产生差异化的 SPR 响应信号；记录 SPR 信号不仅可以获得污染物 ER 亲和力信息，还能区分受体结合引发的激动和拮抗效应（Gao et al.，2013；Liu et al.，2019）。但是，SPR 等方法的应用明显受限于其固有的低通量特点、方法开发所需时间和仪器设备投入。简单的荧光染料竞争置换不仅可用于污染物与受体蛋白结合性能的评价，还可以用于污染物 DNA 加合物等的测试研究（Wei and Guo，2009；Wei et al.，2010）。相比而言，FAC-MS 可一次性支持 1000 种以上物质的靶点筛查，因此在基于靶点的污染物筛查中更有应用前景（Ng et al.，2007）；然而，由于需要将蛋白质等生物大分子固定在色谱柱上，不可避免会干扰其正常生理结构和相应的污染物结合诱导变构。

与上述靶点亲和力测定对应的另外一类技术是需要特定生命形态支持的、基于 MIE 及其相关通路的体外毒性评价方法。由于环境污染物的生态毒性和健康风险多源于其长期低剂量的暴露，而天然生物大分子、细胞、组织、器官乃至个体的生理功能及其对外源物质的响应类型和灵敏度受限于其固有结构组成，这使得基因编辑、元件挖掘、回路设计等典型合成生物学方法应用于基于 MIE 的体外毒性评价方法成为必然。即便是在靶点亲和力测定中，也常会由于自然细胞靶点表达水平不高等原因而采用基因编辑手段来提高特定靶点表达量等参数，从而改善方法灵敏度。事实上，基于受体报告基因的污染物毒性检测就是典型的通过合成生物学方法改变污染物靶点结合引发的级联响应、突破通路信号转导固有极限的体外毒性评价技术实例，其关键是并不改变污染物与靶点的分子识别，而是将难以测定或无法直接测定的效应变成光学信号等以方便测定，并已经在污染物环境风险评价与有害健康结局研究中发挥出独特魅力。其中最典型并被国内外环境管理机构承认的，就是用于检测核受体介导的污染物内分泌干扰效应的 GFP 报告基因法、萤光素酶（luciferase，Luc）报告基因法和 β-半乳糖苷酶（β-galactosidase，β-Gal）报告基因法等基于重组细胞方法。例如，Coldham 等（1997）证实重组酵母细胞生物测试（recombinant yeast cell bioassay，RCBA）方法对内源雌激素 E2 的敏感性比人乳腺癌细胞 MCF-7 体外增殖（E-screen）和青春期前小鼠子宫增重试验分别高大约 2 个和 5 个数量级，而且靶点和通路更明确。美国国家环境健康科学研究所（National Institute of Environmental Health Sciences，NIEHS）于 1997 年成立的机构间替代方法评价协调委员会（Interagency Coordinating Committee on the Validation of Alternative Methods，ICCVAM），早在 2011 年就完成了对 LUMI-CELL BG1Luc4E2 雌激素受体转录激活测试方法（BG1Luc ER TA，亦被称为 LUMI-CELL 测试）的验证，推荐其作为化学品 ER 激活或拮抗活性的体外测试方法。该方法使用一种稳定转染雌激素响应萤光素酶报告基因的人类卵巢癌细胞 BG-1 来测定化学品是否可以激活或抑制 ER 介导的转录活性（ICCVAM，2011）。此外，由日本化学品评估研究所（Chemicals Evaluation and Research Institute，

CERI）发展的稳定转染转录激活测试（stably transfected transcriptional activation，STTA）方法也被 OECD 充分验证，并于 2009 年收录于 OECD 化学品测试指导守则 TG455（OECD，2009）；之后又同样被美国国家环境保护局所接受，并用于其内分泌干扰物筛选计划（Endocrine Disruptor Screening Program，EDSP）的测试。该方法使用一种稳定转染了雌激素响应的荧光蛋白报告基因的 HeLa9903 细胞来测定化学品是否具有通过结合 ER 而调控其转录活性的能力，且测试获得的 BPA、TBBPA、NP、邻苯二甲酸二乙酯（diethyl phthalate，DEP）、邻苯二甲酸二正丁基酯（di-*n*-butyl phthalate，DBP）、邻苯二甲酸二-2-乙基己酯（di-2-ethylhexyl phthalate，DEHP）、邻苯二甲酸苄丁酯（benzylbutyl phthalate，BBP）等污染物通过 ER 结合干扰其介导效应的能力，与 E-screen、重组酵母测试和基于 ER 配体结合域与谷胱甘肽-*S*-转移酶（glutathione-*S*-transferase，GST）融合蛋白的重组 ER 亲和力测定等方法结果相似（Akahori et al.，2008；Lee et al.，2012）。

需要指出的是，污染物可与靶点结合并不一定代表能干扰其介导通路的某项细胞功能，而特定细胞功能受不止一个通路调控。例如，白藜芦醇虽然是 ER_{α} 激动剂，但是由于其与受体结合导致复合物表面共激活因子结合位点暴露情况与 E2 不同，可能只体现出炎症反应调控能力而非细胞增殖效应（Nwachukwu et al.，2014；Xue et al.，2019）；而白藜芦醇不仅可通过直接作用于核受体 ER 调控 E2 信号通路，也可引发非基因组效应（Qasem，2020）。所以，在 2007 年美国国家环境保护局启动的 Toxicity Forecaster（ToxCast）项目中，包含了 18 个体外（*in vitro*）试验的高通量级联测试方案，用于具有 ER 激活和拮抗活性化学品的筛查，这些试验涉及化学品暴露带来的 ER 介导通路中各个位点的扰动，具体包括：3 个无细胞的放射性 ER 结合试验；6 个基于 HEK293T 细胞测定 ER 二聚体稳定性的蛋白质片段互补分析测试；2 个基于人宫颈癌细胞株 HeLa、通过测定 GFP 表达量表示雌激素受体 α 亚型与其 DNA 响应元件相互作用强度的试验；2 个测定人肝癌细胞 HepG2 雌激素受体 α 亚型 mRNA 转录水平的转录因子活性调控试验；2 个测定雌激素受体 α 亚型激活模式下报告蛋白读出水平的转录因子活性调控试验[分别使用了 BG-1 细胞和向 HEK293 稳定转染 SV40T-抗原基因获得的高转衍生株 HEK293T，测定萤光素酶和 β-内酰胺酶（β-lactamase）表达]；2 个测定雌激素受体 α 亚型拮抗模式下报告蛋白读出水平的转录因子活性调控试验（分别使用了 HEK293T 细胞和 BG-1 细胞测定 β-内酰胺酶和萤光素酶表达）；1 个基于人乳腺导管癌细胞 T47D 的雌激素受体 α 亚型介导的细胞增殖试验。由此可见，这 18 种测试可定量测定污染物经 ER 结合产生的雌激素效应从受体结合到转录激活乃至细胞增殖效应等各个关键环节的表现。目前，该方法已经成功评估了 1800 多个化学品的雌激素活性（Wang et al.，2021）。考虑到毒性评价与污染物环境监测目标的根本性区别，本章后两节的重点将放在受体报告基因方法等活细胞水平的、基于 MIE 的污染物毒性评价方法，其特点是不改变污染物-靶点识别性能，并可将这一结合未受扰动的后续效应沿生物学路径传导，而不是通过改造靶点或使用旨在感知污染物但无法定量评价其毒性效应的生物传感技术。定位于污染物环境检测和感知的技术在本书第 2～4 章中介绍，而基于组织器官模型乃至疾病有关毒性技术将在后面第 6 章和第 7 章介绍。

5.2 基于靶点识别的环境污染物体外毒性评价方法中的合成生物学

科学技术的迅猛发展使得环境中潜在的有毒物质种类和数量急剧增加。以美国化学文摘社登记的新化学物质数量为例，其在 2015 年 6 月 24 日之前的 50 年中增量为 1 亿，而在随后不到 4 年时间内新增 0.5 亿，这也导致环境风险评价需要关注的污染物名单不断加长。面对爆炸式增长的化学品毒性评估需求和动物实验伦理的“3R 原则”[即减少（reduce）实验动物的数目、改进（refine）动物试验的方法、替代（replace）实验动物模型]，体外高通量测试和体内实验模型相互结合的环境毒理研究策略已经得到共识。美国国家环境保护局更是在 2020 年 9 月宣布将于 2035 年停止开展或资助在哺乳动物身上进行的毒性测试研究，计划到 2025 年相关需求和资金将削减 30%，转而用于资助更先进的替代测试方法（Grimm，2019）。鉴于污染物与体内靶点的结合是其复杂毒理效应和健康危害的源头，因此本节重点以环境风险评价领域实际应用最为广泛的受体报告基因为例，选择典型靶点类型和底盘细胞，介绍基于元件优化的典型污染物体外毒性评价方法。

5.2.1 以酵母为底盘细胞的报告基因毒性评价方法

酵母是最简单的单细胞真核生物，其基因组小、生命周期短、繁殖快速，具有稳定的、可以互相转化的单倍体和二倍体细胞状态。由于转入酵母的 DNA 与其基因组间可发生高频同源重组等，使得酵母成为遗传学研究的最常见模式生物之一。1978 年，科学家用携带酵母 *leu2* 基因的 DNA 片段和大肠杆菌（*Escherichia coli*）质粒 ColE1 组成嵌合质粒 pYe*leu*10，成功地将稳定的 *leu2*$^-$酵母菌株转化为 *LEU2*$^+$突变体，并确定了每个新引入的 *LEU2*$^+$等位基因与原始 *leu2*$^-$基因的遗传连锁关系，而这个细菌质粒在整合后就表现为一个简单的孟德尔元件（Hinnen et al.，1978）。1988 年，科学家在酿酒酵母（*Saccharomyces cerevisiae*）中成功表达人类核受体 ER，且发现其介导的转录活化调控以一种真核生物中高度保守的方式受雌激素结合的调控，而这种调控方式在其他核受体上也适用（Metzger et al.，1988）。1996 年，酿酒酵母成为第一个完成全基因组测序的真核生物。虽然酵母是单细胞生物，但是酿酒酵母在减数分裂、DNA 损伤修复、细胞周期调控等很多方面的调控基因与哺乳动物乃至人类具有高度同源性，使其成为构建环境污染物毒性评价合成生物学体系的良好底盘细胞。

1. 重组酵母生物测试

1996年，Arnold等通过将人类雌激素受体（human estrogen receptor，hER）的互补DNA（complementary DNA，cDNA）连接到载体pSCW231中获得表达质粒pSCW231-hER，并将其与含有两个与*lacZ*基因链接的雌激素响应元件（estrogen response element，ERE）的报告质粒YRPE2用于酵母雌激素筛选（yeast estrogen screen，YES）合成生物学体系的构建。使用酵母菌株BJ2407作为底盘细胞，在其细胞密度生长至2.5×10^8个细胞/mL的静止期加入硫代物质等进行一步转化，在30 min内完成感受态细胞的制备和转化，随后在30℃条件下利用色氨酸和尿嘧啶营养缺陷型培养基进行转化株筛选。研究证实，hER内源激动剂E2和外源拟雌激素己烯雌酚（diethylstilbestrol，DES）、辛基苯酚（octyl phenol，OP）和*o,p′*-二氯二苯三氯乙烷（*o,p′*-dichlorodiphenyltrichloroethane，*o,p′*-DDT）的暴露均可以使得YES系统的β-Gal活性升高，但是hER拮抗剂ICI164384等则不会改变YES系统β-Gal活性；同年，*Science*杂志上刊文用同样的方法评价不同OH-PCB混合暴露的毒性效应（Chen et al.，1992；Arnold et al.，1996a；1996b）。这类基于*lacZ*报告基因的合成生物学体系经进一步改造，不仅可以表达β-Gal酶蛋白，还可分泌到培养基中，从而可以利用β-Gal酶显色反应实现对污染物雌激素效应的定性和定量评价。例如，Routledge和Sumpter采用氯酚红-β-D-吡喃半乳糖苷（chlorophenol red-β-D-galactopyranoside，CPRG）为酶底物，根据其经β-Gal转化代谢后由黄色变成540 nm可见光波长处可测定的红色产物，分析了表面活性剂及其降解产物的环境雌激素活性（Routledge and Sumpter，1996；Zacharewski，1997）。类似的合成生物体系还可编码β-Gal的*lacZ*以外的其他报告基因（reporter gene），检测莠去津等污染物直接作用于ER等核受体产生的效应，如参与尿素合成的乳清酸核苷-5′-磷酸脱羧酶（orotidine-5′-phosphate decarboxylase，OMPdecase）的编码基因*URA3*（Zacharewski，1997）、ERE控制的萤火虫萤光素酶报告基因等（Kabiersch et al.，2013）。

然而，由于酵母细胞壁与动物乃至人体细胞膜对于污染物渗透性等的区别，这些基于重组酵母生物测试的检测限虽然很低（如E2最低检出限能达到0.07 pmol/L），但其获得的ER内源配体E2引起50%最大效应的浓度（concentration for 50% of maximal effect，EC_{50}）要显著高于相应哺乳动物测定中观察到的EC_{50}值。最关键的是，这种环境合成生物学体系在评价ICI164384和ICI182720等已知ER拮抗剂时性能不佳，无法有效阻断ER介导的特定报告基因的表达，这其实源于核受体介导效应通路的复杂性。以配体依赖的雌激素受体介导途径为例，在细胞质中的雌激素受体与伴侣蛋白结合并呈现休眠状态。一旦 *o,p′*-DDT 等 ER 激动剂与 ER 近 C 端的配体结合域（ligand binding domain，LBD）相互作用并形成稳定的配体-受体复合物，ER 就从其与分子伴侣形成的复合物中解离，迅速完成受体二聚化；与此同时，LBD 变构使得共激活辅因子保守识别序列结合的受体表面沟槽暴露出来，方便进入细胞核的受体二聚体招募相应的辅因子。而配体-受体-共激活辅因子复合物通过受体近 N 端 DNA 结合域识别 ERE 等特定的基因片段加载在 DNA 上，形成最终的稳定配体-受体-DNA 复合物，进而激活靶基因，促进其后续的转录。而拮抗剂结合的受体表面暴露的是共抑制辅因子，进而抑制后续的转录活化过程。不考虑特定辅因子的影响，就无法准确评价不同配体受体结合的后续分化效应。

2. 酵母双杂交和三杂交系统

随着对真核生物调控转录起始过程研究的不断深入，人们意识到启动基因转录需要特定转录因子的参与，而转录因子在结构上是组件式的，往往由 2 个乃至 2 个以上结构彼此分离且功能又必须独立的结构域构成。酿酒酵母半乳糖利用酶编码基因的转录激活因子 GAL4 就是由一个 N 端 1～174 残基组成的 DNA 结合域（DNA binding domain，DNA-BD）和一个含有酸性区域的 C 端 768～881 残基组成的转录激活结构域（activation domain，AD）构成的。其中，DNA-BD 和 AD 均不能单独激活转录，即使 DNA-BD 识别特定上游激活序列（upstream activating sequence，UAS）并与之结合也无法启动转录；只有 DNA-BD 和 AD 二者充分接近引发蛋白质-蛋白质相互作用，才能实现 GAL4 转录因子活性，激活启动子。若是分别构建一个与诱饵蛋白 X 融合的 GAL4 的 DNA-BD、一个与猎物蛋白 Y 融合的 GAL4 的 AD，而且 X 和 Y 之间存在蛋白质-蛋白质相互作用，就有可能重建 GAL4 结构域的空间邻近性，即拉近 GAL4 的 DNA-BD 和 AD，从而顺利启动由 UAS 调节的基因的转录。Fields 和 Song（1989）采用已知存在蛋白质间相互作用的酵母蛋白 SNF1 和 SNF4 进行了成功的尝试，从而构建了酵母双杂交（yeast two-hybrid，Y2H）系统原型。SNF1 是一种丝氨酸-苏氨酸特异性蛋白激酶，且需要 SNF4 与之配合方能发挥最大性能。在该试验中，采用编码 β-Gal 的 *lacZ* 作为报告基因（reporter gene），显示出诱饵 SNF1 和靶蛋白 SNF4 间相互作用，并在该基因上游调控区引入受 GAL4 调控的 *gal1* 序列，改造过的 *gal1-lacZ* 融合基因被整合到酵母 URAS 基因座上。这样一来，只有同时转化了 SNF1 和 SNF4 融合表达载体的酵母细胞才有 β-Gal 活性。酵母双杂交方法的提出大大推动了核受体共激活或共抑制辅因子的识别和功能鉴定，例如，从 17 天大的小鼠胚胎 cDNA 文库筛选分离出的一个克隆，其编码一个可以与糖皮质激素受体（glucocorticoid receptor，GR）的 LBD 相互作用的新型共激活辅因子——糖皮质激素受体相互作用蛋白 1（glucocorticoid receptor-interacting protein 1，GRIP1）（Hong et al.，1996）。

与此同时，Y2H 理念的运用使得基于核受体及其辅因子之间关系的受体报告基因的方法成为可能，意味着这类重组酵母毒性评价方法不仅可以基于靶点识别判断可能的毒性效应，而且有望通过识别不同污染物导致受体二聚体表面招募共调节辅因子的差异来区分转录激活和抑制等分化作用。例如，Nishikawa 等（1999）采用含有 *lacZ* 基因且不具备合成色氨酸和亮氨酸能力的 Y190 酵母菌株为宿主、以酵母的 GAL4 系统为 Y2H 载体，基于乙酸锂方法，将特定核受体（nuclear receptor，NR）基因与 GAL4-DNA-BD 的融合质粒 pGBT9-NR 及克隆了与特定核受体结合的共调节辅因子（co-regulator，CR）的 GAL4-AD 靶质粒 pGAD424-CR 同时成功转染酵母细胞 Y190。其中，在扩增片段的 5′端和 3′端分别引入 *Eco*R Ⅰ 和 *Bam*H Ⅰ 对应的酶切位点，并将扩增片段克隆到 pGBT9 中，使它们与载体 GAL4 的 DNA 结合域处于相同的翻译阅读框中。研究涉及的共调控辅因子包括 CBP、p300、RIP140、SRC1、TIF1、TIF2 等，ER、AR、TR、GR、孕激素受体（progesterone receptor，PR）等多种类型大鼠核受体 LBD 扩增则采用聚合酶链反应（polymerase chain reaction，PCR）实现。由于饵质粒 pGBT9 含有氨苄青霉素的抗性基因与合成色氨酸的合成酶序列，而靶质粒 pGAD424 含有氨苄青霉素的抗性基因与合成亮氨酸的合成酶序列，所以转染后在色氨酸和亮氨酸营养缺陷型培养基上筛选阳性菌株。基于 Y2H 获得的合成生物体系检测到 ER *vs* TIF2、AR *vs* SRC1、PR *vs* TIF2、GR *vs* SRC1 和 TR *vs* TIF2 等受体-共调节辅因子间的强相互作用，且发现污染物壬基酚在 TIF2 为辅因子的 Y2H 报告基因体系中的拟雌激素活性与染料木黄酮相当，但若 ER+CR 合成生物学体系中 TIF1 是辅因子，则几乎不表现出雌激素活性。GST 融合蛋白沉降（GST pull-down）和 SPR 分析等体外方法，均可用于机制层面的验证分析。鉴于不同环境生物、组织、器官乃至细胞中参与类固醇激素受体配体依赖转录调控的辅因子很可能不同，这类环境合成生物学体系显然更能反映污染物与核受体结合所致转录调控变化的实际情况。虽然 Y190、AH109 和 Y187 均为经典常用的含有 *lacZ* 报告基因的酵母株，但 Y187 含有双拷贝的 *lacZ* 报告基因。我国学者为在污染物毒性评价时获得更高的灵敏度，采用 Y187 作为底盘细胞，通过 PCR 扩增 hER-LBD 并构建诱饵质粒 pGBKT7-hER-LBD。分别以诱饵质粒和含 ER 共激活辅因子（GRIP1 或 SRC1）的靶质粒（pGAD424-GRIP1 或 pGAD424-SRC1）同时转染 Y187，并在色氨酸和亮氨酸营养缺陷型培养基上筛选获得 ER+GRIP1 和 ER+SRC1 两种合成生物体系。实测 ER 内源激动剂 E2 诱导 ER+GRIP1 和 ER+SRC 体系 β-Gal 活性的 EC_{50} 分别为 7.3×10^{-11} mol/L 和 1.5×10^{-10} mol/L，而且 ER 拮抗剂 4-羟基他莫昔芬（4-hydroxytamoxifen，4-OHT）对 ER+GRIP1 体系 β-Gal 活性抑制的 IC_{50} 为 1.0×10^{-7} mol/L。由此可见，基于酵母双杂交系统的受体报告基因方法不仅能实现拟雌激素效应的体外评价，还能甄别污染物的抗雌激素效应（李剑等，2008）。类似的方法分别用于构建基于 Y2H 的 TR_{β}、AR、雌激素相关受体（estrogen-related receptor，ERR）和维甲酸 X 受体（retinoid X receptor，RXR）等介导效应评价合成生物学体系。所不同的是，诱饵质粒分别为 pGBT9-TRβ、pGBT9-AR、pGBT9-ERR 和 pGBT9-RXR，而靶质粒为含全长（full length，FL）共激活辅因子 GRIP1/FL（残基 5-1462）的 pGAD424-GRIP1/FL（Li et al.，2008a；2008b；2008c）。同一时期采用 Y190 作为宿主菌株，同时转染融合了人类视黄酸受体（retinoic acid receptor，RAR）基因的诱饵质粒和靶质粒 pGAD424-TIF-2 的合成生物学体系，成功用于 543 种化学品干扰 RAR-介导通路能力的评价，结果表明，有机氯农药、苯乙烯聚合物、烷基酚和对羟苯甲酸酯等 85 种物质具有 RAR 转录活化作用（Kamata et al.，2008）。目前，污染物的 Y2H 体外毒性评价方法在环境毒理研究和环境风险评价应用中不断改进，重组荧光双杂交酵母等不同宿主菌株的成功构建，成簇规律间隔短回文重复（clustered regularly interspaced short palindromic repeat，CRISPR）及其相关蛋白（associated protein，Cas）可用于高通量毒性评价的表面展示，酵母双杂交筛选系统等基因编辑及其相关新技术亦将在以酵母菌为底盘细胞的合成生物学体系构建组装中发挥作用（Chen et al.，2009；Li et al.，2014a；2014b；2016；Shan et al.，2021；Shiraishi et al.，2018）。与此同时，在 Y2H 基础上提出构建的酵母三杂交（yeast three-hybrid，Y3H）合成生物学体系中，DNA-BD 和 AD 通过第三方组分 Z 桥联 X 和 Y 来相互靠近，组分 Z 的类型不同，合成酵母体系的功能不同，而 Z 可以是蛋白质、RNA 或小分子化合物（Licitra and Liu，1996；Sengupta et al.，1996）。因此，Y3H 具有用于污染物受体蛋白确认，以及可与已知受体蛋白直接作用而快速筛查污染物的潜力。

3. 以酵母为底盘细胞的污染物体外毒性评价环境合成生物学体系研发需求

作为最早实现基因敲除的单细胞真核生物模式生物和首个完成测序的真核生物，酿酒酵母（*Saccharomyces cerevisiae*）完整序列覆盖酵母 16 条染色体的组成信息，其超 1200 万个碱基序列定义了 5885 个潜在蛋白质编码基因、约 140 个核糖体 RNA（ribosomal RNA，rRNA）、40 个核内小 RNA（small nuclear RNA，snRNA）和 275 个转运 RNA（transfer RNA，tRNA）的基因（Goffeau et al.，1996；Rothstein，1983）；同时，已经建立了全基因组范围内单倍体细胞非必需基因的单敲除文库、覆盖全部基因的双倍体细胞单敲除文库和每个开放阅读框（open reading frame，ORF）3′端添加 GFP 标签的菌株文库等丰富的遗传资源。国际酵母基因组合成计划（Sc2.0 Project）的启动及其采用的 SCRaMbLE 基因组改组重排技术，更是为基于靶点识别的毒性评价合成生物体系的设计、构建、测试和应用提供了多样的生物资源（Botstein and Fink，2011；Huh et al.，2003；Luo et al.，2020）。遗憾的是，不同于用于特定化学品检测的原核生物细胞感知器，受限于相对匮乏的真核生物基因回路信息，尚未见成熟的、适用于化学品毒性评价环境实践的、基于回路理性设计的真核生物细胞评价体系，而且现有的合成菌株亦无法体现哺乳动物细胞基因表达的周期性调控特征，缺乏调控配体诱导转录因子系统驱动基因表达动态范围的手段（Chen et al.，2018）。如前文所述，无论重组酵母生物测试体系还是基于酵母双杂交方法构建的毒性评价合成生物学体系，其实质均是建立在对于配体依赖的受体介导转录调控机制理解的基础之上，通过对酵母相关转录调控元件的理性设计和优化来实现污染物真实环境的毒性快速评价。2020 年，我国科学家基于约 120 个碱基对的最小组成型启动子开发了 9 个以 RNA 聚合酶通量为信号载体进行连接、彼此绝缘且不受宿主调节的酿酒酵母 NOT/NOR 逻辑门，首次实现了真核生物中包含 11 种转录因子的大规模基因回路的自动化设计和构建（Chen et al.，2020），这为基于回路理性设计的污染物毒性评价合成酵母菌株的构建和组装奠定了基础，使得转录后效应的测试成为可能。

此外，目前虽已发展了众多基于合成酵母体系的实用型污染物内分泌干扰效应体外评价方法，但均是基于污染物对于核内类固醇激素受体的分子识别和对其介导转录调控通路的影响。已有研究提示，污染物引起的一些下游效应非常快速，表明此效应可不需要经核受体介导，而是与膜上相应受体结合来激活相关通路等，从而诱导下游信号转导。毒蕈碱型乙酰胆碱受体（muscarinic acetylcholine receptor，mAChR）、nAChR 和 $GABA_AR$ 等很多神经毒性重要靶点也属于膜受体。然而，无论是现有的 YES 还是 Y2H 环境污染物毒性评价合成生物体系，其被识别的靶点最终均转运到细胞核中，介导的转录调控亦在核中进行。遗憾的是，膜受体、分泌型蛋白等均不会转运到细胞核中，其调控的主要过程均不在核内。受制于膜受体介导毒性效应生物学机制的复杂性，环境毒理学研究非常缺乏符合需求的、针对特定膜蛋白靶点的污染物体外毒性评价方法。在生物传感器和相应的合成生物学体系方面，2019 年，英国帝国理工学院重建了酿酒酵母中最小化 G 蛋白偶联受体（G protein-coupled receptor，GPCR）信号通路的基因组，改变关键信号成分的表达水平以实现通路可调性，通过组建工程微生物菌群获得健康相关小分子的特定剂量-效应关系，从而实现了改造酵母细胞对特定化学品的定性识别和定量响应（Shaw et al.，2019）。而基于酿酒酵母的受体进化（*Saccharomyces cerevisiae*-based receptor evolution，SaBRE）等方法将定向进化技术从大肠杆菌等原核生物宿主扩展到真核生物宿主，解决了一些 GPCR 无法在大肠杆菌中稳定表达的问题，可最终调控真核细胞-酵母中 GPCR 的表达水平及功能，改进后有望用于设计构建基于膜蛋白靶点识别的污染物毒性评价合成酵母体系（Waltenspüh et al.，2021；Peter et al.，2018；Schütz et al.，2016）。

5.2.2 以动物细胞为底盘细胞的报告基因毒性评价方法

酵母因不受激素等很多内源性物质的影响、遗传背景简单、相比动物细胞生长周期短等先天优势，成为遗传操作最为便利的污染物毒性评价模式生物。然而，酵母细胞毕竟不同于哺乳动物细胞，早在 20 世纪 90 年代就已经有一系列研究比对二者在结构、生理功能上的各种相似和不同。正是由于细菌、酵母、昆虫和哺乳动物表达系统存在明显差异，因此没有“通用”的表达系统可以保证重组产物的高产量，需要在表达载体和体系设计上采用一定的措施（Verma et al.，1998）。一个实例源于设计和构建在哺乳动物细胞及酵母菌株毕赤酵母（*Pichia pastoris*）中均能产生重组蛋白的新型表达载体。在该载体中，有一个酵母启动子置于哺乳动物转录单位的内含子内，有一个酵母转录终止序列位于哺乳动物多聚腺苷酸化位点的下游。在哺乳动物细胞中，转录由哺乳动物启动子驱动；内含子中的酵母启动子通过 RNA 处理去除。然而，酵母细胞中的蛋白质表达可以利用紧邻 3′-剪接位点和靶基因上游的酵母启动子来实现（Liu et al.，1998）。在研究大鼠 GR 结合和转导激素信号时，同样发现酵母中表达受体的信号转导特征虽然与哺乳动物细胞中的内源性受体相似，但二者在不同配体受体结合和引发的生物学功效方面存在明显差异，且差异源自参与该过程的非受体因子（Garabedian and Yamamoto，1992）。事实上，酵母细胞缺乏类似哺乳动物细胞的代谢能力，且因一些伴侣蛋白和细胞质酶等的缺失，导致有些哺乳动物蛋白在酵母菌中难以正确折叠表达。此外，酵母与哺乳动物细胞在细胞壁渗透性、受体表达水平、蛋白水解机制、药物外排泵、断裂诱导复制（break-induced replication，BIR）等方面均存在物种差异（Heery et al.，1993；McDonnell et al.，1992；Privalsky et al.，1990；Wu and Malkova，2021）。因此，使用酵母为底盘细胞的环境合成生物学体系进行的污染物体外毒性评价，不仅可能出现假阴性或假阳性结果，还可能在实际效应浓度上存在偏差。

1. 常用报告基因和底盘细胞

由于哺乳动物细胞能指导蛋白质正确折叠，其表达产物在生物学功能上更接近天然分子，例如，非洲绿猴肾 COS 细胞系、中国仓鼠卵巢（Chinese hamsters ovary，CHO）细胞系，以及人源 HEK293、T47D、MCF-7、HeLa 等哺乳动物细胞系均是报告基因评价体系的常用底盘细胞（Balaguer et al.，1999；Bonefeld-Jørgensen et al.，2001；Demirpence et al.，1993；Kojima et al.，2003；Legler et al.，1999；Lemaire et al.，2005；Zhang et al.，2018）。在编码氯霉素乙酰转移酶（chloramphenicol acetyl transferase，CAT）、人胎盘碱性磷酸酶（placental alkaline phosphatase，PAP）、β-Gal、Luc 和 GFP 等典型易被检测表达蛋白的报告基因中（Alam and Cook，1990；Xu et al.，2008），由于哺乳动物细胞具有内源性的 β-Gal，

因此以其为底盘细胞构建合成生物学体系时，会尽量避免使用酵母合成生物学体系中常用的编码 β-Gal 的 *lacZ* 报告基因，反而更常使用 CAT、Luc 和 GFP 为表达产物，且尤以萤光素酶为甚，因为其不仅适合发展高通量的评价方法，而且在哺乳动物细胞不会积累；而 GFP 更多用于污染物体内毒性研究。例如，经典的评价污染物环境雌激素效应的 MVLN 体系就采用的是萤火虫萤光素酶报告基因方法，构建的合成生物学体系在污染物与 ER 识别并结合后，可以通过非洲爪蟾卵黄蛋白 *A2* 基因的 ERE 控制萤火虫萤光素酶表达。这是因为在非洲爪蟾卵黄原蛋白 *A2* 基因的 5′调控区−331 至−87 片段中包括一个回文 ERE，将该片段插入胸苷激酶（thymidine kinase，TK）的单纯疱疹病毒启动子前，可建立报告质粒 pVit-tk-Luc。将质粒 pVit-tk-Luc 和新霉素抗性基因共转染 MCF-7 细胞并在选择性压力下进行阳性细胞株的克隆扩增，即可建立稳定转染的 MVLN 细胞系；该合成生物学体系即便培养 8 个月，也不会丧失其嵌合雌激素响应（Pons et al.，1990；Demirpence et al.，1993；Li et al.，2014c；2020a；2020b）。

2. 合成生物学体系中报告基因的典型调控策略

以污染物干扰核受体介导效应报告基因合成生物学体系为例，根据报告基因调控策略的不同，可分为 5′端调控区特定内源性启动子调节报告基因、特定响应元件调节报告基因和嵌合受体/响应元件调节报告基因等不同类型。其中，基于内源性启动子调节报告基因的方法虽对自然生物调控网络的扰动最少，测试结果却更能反映污染物暴露所致自然生物体的环境毒性，但哺乳动物内源启动子所在 5′端调控区有数百对碱基对，这个方法极易受非特定核受体介导的报告基因诱导表达机制影响，在特异性上存在问题。若采用特定响应元件调节报告基因，就可以在一定程度上确保报告基因的诱导仅通过该响应元件发生。例如，Jobling 等（1995）通过由 13 个碱基对（GGTCACATTGACC）构成的卵黄蛋白 A2 雌激素响应元件来选择性诱导报告基因。在该研究中选用了两种报告质粒基于磷酸钙共沉淀法转染 MCF7 细胞，p*TKLUC* 含有插入萤光素酶报告质粒 p*GL2-Basic* 的 *Bgl* Ⅱ位点的单纯疱疹病毒胸苷激酶（thymidine kinase，TK）启动子（−105～+55），p*ERE-TKLUC* 则包含插入 p*TKLUC* 中 TK 启动子上游的卵黄蛋白 A2 ERE 单拷贝；内部对照质粒选用 pJ7LacZ。遗憾的是，这类基于特定响应元件调节报告基因的合成生物学体系，对血液、体液乃至培养基中的一些内源性小分子极端敏感。由于类固醇激素受体 LBD 三明治结构的高度保守性，实际使用时其他受体复合物与 ERE 的错配亦难避免，响应元件对受体的选择性会直接影响测定结果的可靠性。在 ER 拮抗剂 ICI 164、ICI 384 研究中就观察到了相应的现象。若直接采用胎牛血清作为培养基成分之一，因为 ERE 调控的报告基因对于血清中的内源雌激素很敏感，导致组成型报告基因活性很高，很难观察到拮抗剂竞争结合对受体转录活化的拮抗作用。若使用葡聚糖包被的木炭处理胎牛血清，结果会发生变化（Bondy and Zacharewski，1993）。这种问题在基于 MCF-7 构建的环境污染物拟/抗雌激素效应体外评价合成生物学体系 MVLN 中一样存在。MVLN 细胞在含胎牛血清培养基中培养，但是在毒性评价前，需要在不含类固醇培养基中处理至少 24 h 以减少背景雌激素活性（Demirpence et al.，1993；Li et al.，2014c；2020a；2020b；Pons et al.，1990）。需要指出的是，在污染物毒理机制研究中，会因目的不同而采用不同的报告基因调控方法。例如，Bonefeld-Jørgensen 等（2001）在 PCB 同系物的环境雌激素和雄激素效应研究中采用了瞬时转染的方法，不但将报告基因质粒 p*EREtk-CAT* 和编码 β-Gal 作为转染效率内标的 p*ON249* 共转染到第 298～310 代 $ER_α$ 阳性 MCF-7 细胞中获得测试所用报告基因体系，还分别构建了同时转染 $hER_α$ 表达载体 p*SG5-HEO*、嵌合 p*ERE-LUC* 报告质粒和单独转染 p*ERE-LUC* 到 $ER_α$ 阴性 MDA-MB-231 细胞中的报告基因测试体系作为对照。与此同时，该研究还采用 AR 表达载体 p*SVAR0* 和 p*MMTV-LUC* 报告质粒构建了基于底盘细胞 CHO-K1 的 AR 报告基因体系。再如，当构建污染物雌激素效应评价体系时，根据底盘细胞的不同，ER 结合响应和报告基因调控策略亦不同。Balaguer 等（1999）对 $ER_α$ 阳性 MCF-7 细胞只是稳定转染了雌激素调控萤光素酶；而对于 $ER_α$ 阴性 HeLa 细胞，则分别采用稳转萤光素酶报告基因和 $ER_α/ER_β$ 两个亚型基因，或是稳转 GAL4-ER 嵌合受体和萤光素酶报告基因两种方式。对比同一种污染物不同合成生物学体系的雌激素效应评价结果，可以获得其不依赖于 ER 介导激活相关通路的信息，这也是污染物活细胞生物传感器和基于靶点识别的毒性研究所需合成生物体系的典型区别之一。另一个实例来自莠去津对癌细胞和癌症相关成纤维细胞增殖效应靶点识别的研究。采用雌激素敏感性且 ER 阳性、GPER 阴性的卵巢细胞 BG-1、乳腺癌细胞 MCF-7 和子宫内膜癌细胞 Ishikawa 分别作为底盘细胞构建萤光素酶报告基因体系，确认了莠去津不会通过与 $ER_α$ 或 $ER_β$ 结合而引发相应癌细胞的增殖。以 ER 阴性、GPER 阳性的乳腺癌细胞 SkBr3 为底盘细胞，无论是在转染了编码 $ER_α$ 表达载体和报告基因的重组细胞株，还是在转染了编码酵母转录因子 Gal4-DNA-BD 和 $ER_α$ 或 $ER_β$ 嵌合蛋白表达质粒的重组细胞株，均未观察到莠去津对 ER 的转录激活或抑制作用。以 ^3H 标记 GPER 已知配体 E2，使用 SkBr3 细胞进行竞争置换试验，发现莠去津以剂量依赖方式竞争 GPER 配体结合位点。在此基础上，结合其他生化测定发现莠去津能够与 GPER 结合以诱导胞外信号调节激酶（extracellular signal-regulated kinase，ERK）激活和雌激素靶基因的表达（Albanito et al.，2015；Wang et al.，2021）。

3. 基于典型核受体识别的污染物报告基因合成生物体系

鉴于核受体参与调节的转录过程特征有一定相似性，受篇幅所限，在此不再一一赘述不同受体的报告基因检测细胞的构建，仅以芳香烃受体（aryl hydrocarbon receptor，AhR）介导毒性效应的评价技术为例一窥端倪，相关方法已经被美国、欧盟、日本和我国接受，并制定为环境污染物二噁英类毒性评价的一种标准方法。AhR 是一种重要的配体依赖性转录因子，其参与调节 CYP450 家族成员和其他许多关键生理过程相关基因的表达。有趣的是，AhR 可能是少有的、以能与其结合的污染物二噁英而非内源性配体命名其响应元件的核受体。这是因为很长的一段时间内，除了确认多卤代二苯并-对-二噁英、多卤代二苯并呋喃、共平面 PCB 以及苯并[a]芘类多环芳烃等环境有毒化学物质可以通过与 AhR 作用而调控相关转录过程外，未能成功鉴定正常生理条件下激活 AhR 的内源配体。虽然 1978 年就发现 3 种存在于十字花科蔬菜中的吲哚类物质可参与 AhR 介导过程的调控，但直到 2011 年才将人类肿瘤细胞通过色氨酸-2,3-双加氧酶转化色氨酸的中间代谢物犬尿氨酸鉴定为人类 AhR 的内源性配体（Opitz et al.，2011；Wattenberg and Loub，1978）。未与配体结合的 AhR，以与热激蛋白 90（heat shock protein 90kDa，HSP90）二聚体、乙型肝炎病毒 X 相关蛋白 2（hepatitis B virus X-associated protein 2，XAP2）和一个分子质量 23kDa 的伴侣蛋白 p23 形成四聚体的方式存在于细胞质中。作为核受体超家族的一员，AhR 的配体依赖转录调控与 ER 相似，均包括配体与细胞质内的 AhR 结合并形成配体-AhR 复合物、配体-AhR 复合物转移进入细胞核、复合物与 AhR 核转运体（aryl hydrocarbon receptor nuclear translocator，ARNT）结合形成异源二聚体，进而与基因上游的特异增强子即二噁英响应元件（dioxins responsive element，DRE）结合从而激活 *CYP1A1* 等效应基因的转录（Denison and Nagy，2003）。在已经报道的评价污染物干扰 AhR 介导转录调控能力的报告基因测试体系中，从 *PAP* 报告基因演化而来的萤光素酶报告基因方法（chemically activated luciferase expression，CALUX）是最具代表性的。

1994 年，科学家从质粒 pMcat59 中分离出一个 1810 bp 的 *Hin*dⅢ片段，该片段包含一个经过修饰的小鼠乳腺肿瘤病毒（mouse mammary tumor virus，MMTV）长末端重复序列（long terminal repeat，LTR）和病毒启动子，但缺乏内源性糖皮质激素响应元件。将这一片段插入到质粒 pSVoApap 的 *Pap* 基因上游 *Hin*dⅢ酶切位点旁，再把从鼠 *Cyp1a1* 基因 5′端调控区分离的包含 4 个功能性 DRE 的 482 bp 片段直接亚克隆到 MMTV 病毒启动子的上游，获得 AhR 配体诱导表达载体 pMpap11。使用聚凝胺将 pMpap11 质粒和 pSV_2neo 稳定转染到野生型小鼠肝癌细胞 Hepa1c1c7 中，就获得了基于 AhR 识别的污染物毒性评价 *PAP* 报告基因测试细胞体系（El-Fouly et al.，1994）。这一体系具有很好的灵敏度，但是人上皮细胞等有内源性的 *PAP*。为解决这个问题，研究人员在 PAP 报告基因质粒 pMpap11 基础上构建了 Luc 报告基因质粒 pGudluc1.1，形成了第一代 CALUX 生物检测系统。具体做法是从质粒 pMpap11 分离含 1810 bp 的 *Hin*dⅢ片段，并将其整合到报告基因载体质粒 pGL2-basic 上游的 *Hind* Ⅲ酶切位点旁。质粒 pGudluc1.1 包含上述 MMTV 的 LTR 和小鼠 *Cpy1a1* 基因启动子上游富含 4 个 DRE 的 480bp 片段。将 pGudluc1.1 质粒转染到 Hepa1c1c7 细胞中就得到了 H1L1.1c2 细胞株，其对四氯二苯并对二噁英（2,3,7,8-tetrachlorodibenzo-*p*-dioxin，2,3,7,8-TCDD）的最低检出限是 1 pmol/L（Garrison et al.，1996）。经过对启动子、载体、DRE 插入序列、底盘细胞类型等的一系列优化，目前 CALUX 已经发展到第三代。第二代和第一代的根本区别在于对报告基因载体的选择；第二代选用了载体 pGL3-basic 构建质粒 pGudLuc6.1，获得的合成生物学体系 H1L6.1c2 虽然灵敏度与第一代持平，但抗干扰能力更强，表现更稳定。与此同时，选用载体 pEGFP-1 构建增强型 GFP（enhanced green fluorescent protein，EGFP）报告基因质粒 pGreen1.1，转染获得的 H1G1.1c3 细胞株对 AhR 配体的响应比 H1L6.1c2 慢，EGFP 表达量的增加速度明显慢于萤火虫萤光素酶活性的增加速度。但是 EGFP 检测时不需破坏细胞，可用于污染物暴露所致毒性时间依赖关系的连续检测等特定目的（Han et al.，2004）。为了进一步提高方法的灵敏度，第三代 CALUX 的转染质粒中包含了更多数目的 DRE。由于萤光素酶报告质粒 pGudLuc7 中 MMTV Δ94 启动子上游有 *Bgl* Ⅱ酶切位点，因此采用限制性内切核酸酶 *Bgl* Ⅱ消化该质粒，并将从质粒 pGudLuc6.1 切除的 480 bp 二噁英响应域（dioxin-responsive domain，DRD）片段相互连接形成的串联 DRD 插入到 pGudLuc7 的 *Bgl* Ⅱ酶切位点。这样，每个 DRD 包含 4 个 DRE，最后合成的质粒 pGudLuc7.XF 或 pGudLuc7.XR 中有 *X*（1～5）个 DRD。F 和 R 分别代表，合成质粒中串联的 DRD 是同向还是反向（与 DRD 在鼠 *Cpy1a1* 启动子中的正常方向相比）。测试结果显示，包括 5 个与鼠 *Cyp1A1* 启动子中 DRD 正常取向一致的串联 DRD 的合成质粒 pGudLuc7.5F 转染获得的合成生物学体系 H1L7.5c3，对 2,3,7,8-TCDD 的最低检出限是 0.01 pmol/L，灵敏度大大提高；而仅含 2 个与鼠 *Cyp1a1* 启动子中 DRD 正常取向相反的串联 DRD 的合成质粒 pGudLuc7.5R 转染获得的合成生物学体系 H1L7.2c1 对 2,3,7,8-TCDD 的最低检出限比 H1L7.5c3 高 2 个数量级。基于人源、大鼠、豚鼠、鱼等不同底盘细胞构建的环境合成生物学体系毒性评价效果比较显示，在野生型小鼠肝癌细胞 Hepa1c1c7 中组装构建的第三代 CALUX 细胞株表现最好（He et al.，2011；Brennan et al.，2015）。

我国科学家亦在探索 DRE 功能、合成具有自主知识产权的 CALUX 质粒和创建新型毒性评价细胞株方面取得了进展。小鼠 *Cpy1a1* 基因启动子上游有 8 个推定的 DRE，分别位于–488、–821、–892、–981、–1058、–1203、–1379 和–9738 位。采用小鼠肝癌细胞 Hepa WT 为底盘细胞，选用载体 pGL3-basic 构建质粒 pCYP1A1W-Luc 获得瞬转细胞株，该质粒由载体萤火虫萤光素酶基因的 1.4 kb 小鼠 *Cyp1A1* 启动子上游序列构成并包含其中 7 个 DRE 信息。构建该质粒用到的正、反向引物分别为 5′-CAC GCT CGA GAA CAG GTT GAG TTA GAC-3′和 5′-CAC

GAA GCT TCA GGG TTA GGG TGA AG-3′，并在正、反向引物的 5′端分别添加 *Xho* Ⅰ 和 *Hin*dⅢ制性酶切位点。研究显示，这些 DRE 及其相邻区域的保守性和对下游基因调控的能力各具特色。例如，若使用正向引物 5′-TAT AGA GCT CAG CGC GAA CTT CGG CCG ATA-3′和反向引物 5′-CAC GAA GCT TCA GGG TTA GGG TGA AG-3 构建只含位于−821 处 DRE 的质粒 pCYP1A1-T1-Luc，同时基于正向引物 5′-CCT CGA GCT CGT AGG CAA GAG GAT CTT AC-3′和反向引物 5′-CAC GAA GCT TCA GGG TTA GGG TGA AG-3′构建不含其中任何一个 DRE 的 pCYP1A1-T2-Luc，会发现单独一个位于–488 的 DRE 就足以激活转录。采用类似的分子克隆手段，构建突变体所需质粒，证实在人、大鼠、小鼠中都具有高度保守性的-981 位点的 DRE 对 2,3,7,8-TCDD 的反应具有最高的转录效率，是 *CYP1A1* 重要且具普遍性的 AhR 调节元件（Li et al.，2014d）。基于这一认识，选择了小鼠 *Cpy1a1* 基因上游富含 4 个 DRE 的–1099～–802 序列作为 DRD，将这一 297 bp 的 DRD 双倍拷贝插入到 pGL3-basic 载体中构建了新型重组质粒 pCR-CR2。第一次插入使用的正、反向引物分别为 5′-GAT AGG TAC CCT TTA AGA GCC TCA CCC AC-3′和 5′-GAT ACC ATG GAG GGT GGA GGA AGG ATC CA-3′，限制酶酶切位点在 *Kpn* Ⅰ 和 *Nco* Ⅰ。第二次插入使用的正、反向引物分别为 5′-GAT ACC ATG GCT TTA AGA GCC TCA CCC AC-3′和 5′-GAT AGA GCT CAG GGT GGA GGA AGG ATC CA-3′，限制酶酶切位点在 *Nco* Ⅰ 和 *Sac* Ⅰ。此外，质粒 pCR-CR2 的基础启动子也与 CALUX 的外源性强启动子不同。CALUX 法中使用 MMTV 启动子提高转录效率，以提高检测具有改变转录激活能力污染物的能力，而新型质粒 pCR-CR2 则注重毒性评价的适用性，所以采用正向引物 5′-CAC AGA GCT CGT GGT GAC CCC AAC CTT TAT-3′和反向引物 5′-CAC AAA GCT TTA GGG AGG ATC GGG GAA GCT-3′，并在正、反向引物的 5′端分别添加 *Sac* Ⅰ 和 *Hin*dⅢ限制酶酶切位点，将小鼠 *CPY1A1* 基因启动子中 260 bp 含 1 个 TATA 框的部分序列插入 pGL3-basic 载体作为重组质粒的基础启动子。将含有 297 bp DRD 双倍拷贝和基础启动子的质粒（pGLC-R2 和 pCDNA3）稳定转染小鼠肝癌细胞系 Hepa1c1c7，得到稳定转染的新型重组细胞株 CBG2.8D，其对 2,3,7,8-TCDD 的响应范围为 0.15～1000 pmol/L，最低检出限能达到 0.1 pmol/L，EC_{50} 为（14.94±0.30）pmol/L，TCDD 相对于对照组的激活效率可达 100 倍以上。这个具有 4 个 DRE 的合成生物学体系对大气样品的检测能力可与整合了 7～20 个 DRE 的第三代 CALUX 等其他萤光素酶报告基因重组细胞株媲美（Zhang et al.，2018；Ma et al.，2019）。

4. 基于动物细胞的环境污染物体外毒性评价合成生物学体系研发需求

与以酵母为底盘细胞的污染物体外毒性评价技术相似，在基于动物细胞的体外毒性评价方法中亦鲜见成熟的、基于回路理性设计或针对膜受体等核受体以外其他靶点的环境合成生物学体系，这与自然生物体系基因回路调控的复杂性和膜受体等靶点介导效应机制的认识有关。人工回路的设计和合成不是简单的基因元件集成，还需要选用合适的、互不干扰且运行可靠的调控子来控制基因的适时开关。虽然转录激活因子样效应物（transcription activator-like effector，TALE）等通过融合到效应域调节表观基因组的模块化 DNA 结合蛋白可以达到这一目的，但其表达会占用很多细胞资源且难免存在互相干扰的情况（Li et al.，2015；Thakore and Gersbach，2016）。利用基于 CRISPR 机制设计的调控子则不存在翻译表达的问题，RNA：DNA 碱基配对的可编程性和特异性也在一定程度上避免了互相干扰的发生，因此没有催化活性的失活 Cas9（deactivated Cas9，dCas9）就是一个很具潜力的人工转录抑制因子。从分子机制上看，dCas9 通过小向导 RNA（small guide RNA，sgRNA）靶向启动子内的序列，就可能从空间上阻断 RNA 聚合酶发挥其作用（Cong et al.，2013；Mali et al.，2013；Qi et al.，2013）。这一调控策略不仅在酵母中得以实现，在哺乳动物细胞中也已被证实了可行性（Gander et al.，2017；Weinberg et al.，2017）。然而，当 dCas9 未与 sgRNA 结合时，很可能发生对 NGG 原间隔子相邻基序（protospacer adjacent motif，PAM）位点的非特异性结合，从而在其浓度升高时引发不确定的细胞毒性，而生物基因组中有很多类似的 GG 碱基序列（Hsu et al.，2013；Kleinstiver et al.，2015；Slaymaker et al.，2016）。利用 R1335K 突变的 dCas9*分子显著下降的 PAM 识别能力可在一定程度消除其 NGG 的非特异性结合，从而降低其细胞毒性，同时通过 TetR 家族 PhlF 抑制因子和这一改造分子的融合，选择性地恢复 dCas9*的 DNA 结合能力（Zhang and Voigt，2018）。虽有研究证实细菌双组分系统衍生的部分可以移植到哺乳动物细胞中以创建可编程的磷酸化电路（Yang et al.，2020），但真核生物细胞基因回路设计仍是一个具有挑战性的合成生物学课题，而高灵敏度、高选择性且稳定反映了污染物特定毒性效应的真核生物合成基因回路设计和构建亦是一个环境合成生物学难题。

在环境风险评价乃至环境毒理研究中，基于核受体以外靶点识别的污染物体外毒性评价合成生物学体系亦不多见。以最大和最多样化的膜蛋白超家族 GPCR 为例，它是具有七次跨膜螺旋结构的蛋白质，也是污染物毒性效应常见靶点和关键 MIE 的参与者。前文提到的 GPER 是 GPCR 的 A 类家族成员，他莫昔芬、雷洛昔芬、ICI182780、雌马酚、染料木素、白藜芦醇、ZEN、NP、BPA、*p,p'*-DDT 等化学品均是 GPER 激动剂（Liu et al.，2021）。根据 Notch 受体介导通路研究，配体结合会引发 Notch 受体中的蛋白水解切割事件以释放一个 Notch 胞内域，该胞内域易位至细胞核并调节下游靶基因的转录（Gossen and Bujard，1992；Schroeter et al.，1998；Struhl and Adachi，1998）。受 Notch 受体作用机制启发，若将转录因子与膜受体融合，二者由含有高度特异性病毒蛋白酶的切割位点分隔。与此同时，设计一个基因编码该特异性病毒蛋白酶与一个信号蛋白的融合蛋白，而信号蛋白只会与活化受体产生蛋白质-蛋白质相互作用。那么，一旦化学品与膜受体结合并激活该受体，活化受体就会招募与病毒蛋白酶融合的信号蛋白到其切割位点。位点特异性切割将释放转录调节因子，该因子进入细胞核后会激活细胞核中的报告基因。Barnea 等（2008）运用该策略成功将 GPCR 与其配体的相互作用转化为稳定且可放大的报告基因信号，并不受内源性信号通路的干扰。例如，对于人精氨酸加压素受体 2（arginine vasopressin receptor 2，AVPR2），首先在其胞内侧 C 端融合四环素调控的转录激活子（tetracycline-controlled transcriptional activator，tTA），并在 AVPR2 和 tTA 之间插入一个特定的 7aa 蛋白酶切位点，以便被烟草蚀刻病毒（TEV）的 N1a 蛋白酶切割。其次，构建一个由 TEV 的 N1a 蛋白酶和 GPCR 信号通路调节蛋白 β-抑制蛋白 2（β-arrestin-2，β-arr2）组成的融合蛋白。将这些受体和抑制蛋白融合基因整合进含 tTA 依赖报告基因的 HEK293T 细胞就可获得一个重组的 HEK293T 细胞，其响应 AVPR2 激动剂精氨酸加压素（arginine vasopressin，AVP）的报告基因活性的剂量-反应关系，与利用第二信使测定获得的天然精氨酸加压素受体响应一致，且这一活化响应能被受体的抑制剂所阻断。这一记录受体激活的信号级联基因设计策略已经用于 89 种 GPCR 家族成员相关测试体系的开发。遗憾的是，在污染物基于膜受体识别的体外毒性评价中未见类似方法的转化应用。

此外，已被报道和使用的环境污染物体外毒性评价合成生物学体系所用底盘细胞集中于与人类基因同源性更高的哺乳动物细胞，而忽略了环境生物这一环境风险评价重要保护目标。即便是考虑到物种差异，也多选择将目标物种受体基因整合到哺乳动物细胞中。Oka 等（2013）基于 HEK293 细胞，采用海肾（*Renilla reniformis*）和萤火虫（*Photinus pyralis*）双萤光素酶报告基因方法，分别建立了非洲爪蟾（*Xenopus laevis*）、热带爪蟾（*Silurana tropicalis*）和邹皮蛙（*Rana rugosa*）等 3 种蛙类，以及青鳉（*Oryzias latipes*）、美国短吻鳄（*Alligator mississippiensis*）和人的 TR_{α} 和 TR_{β} 报告基因体系。而在研究产于中国南方、东南亚和印度等地区的淡水鱼龟壳攀鲈（*Anabas testudineus*）4 个 AhR 亚型（AhR1a、AhR1b、AhR2a 和 AhR2b）的作用和通路中关键信号因子的功能时，同样是利用了 COS-7 细胞转染 AhR 等表达载体并进行双萤光素酶报告基因检测（Zhang et al.，2019）。然而，即便是来自不同组织器官的细胞的合成生物学体系，在对同一种污染物进行毒性评价时，所得结论也会存在明显差异。有研究分别以人乳腺癌细胞 MCF-7 和人子宫内膜癌细胞 Ishikawa 为底盘细胞，构建了双细胞系绿色荧光蛋白报告基因体系来评价污染物的拟雌激素效应或抗雌激素效应，发现 $10^{-5}\sim10^{-10}$ mol/L 的 ICI182780、他莫昔芬和雷洛昔芬在 MCF-7 报告基因系统中单独暴露均不会对 GFP 表达产生诱导，而与 E2 共同暴露则会以剂量依赖型的方式降低 E2 诱导产生的绿色荧光蛋白量，且在暴露浓度达到 10^{-7} mol/L 以上时完全抑制了 1 nmol/L 的 E2 诱导产生 GFP 的能力。但是在 Ishikawa 细胞报告基因系统中，只有 ICI182780 单独暴露不影响体系 GFP 表达，他莫昔芬和雷洛昔芬在单独暴露时均表现出弱激动作用，其诱导 GFP 表达的能力可被 ICI182780 抑制（Xu et al.，2008）。由此可见，以人源细胞或哺乳动物细胞作为底盘细胞评价污染物的环境风险存在很大的不确定性，需要大力发展环境生物细胞为底盘细胞的环境合成生物学体系用于污染物的体外毒性评价。例如，在评估化学品对淡水环境水生生物经 ER 介导的毒性效应时，选用斑马鱼肝细胞为底盘细胞，采用嵌合受体/响应元件调节报告基因的方式，构建稳定转染了斑马鱼特定 ER 亚型和报告基因的合成生物学体系（Cosnefroy et al.，2012）。

5.2.3 脱靶效应对基于靶点识别的污染物体外毒性评价方法的影响

正如前文所述，污染物体内靶点不会只有一个，即便是药物也是如此。因此，和 CRISPR-Cas9 等基因编辑方法所面临的问题类似，对基于靶点识别的污染物体外毒性评价方法影响最大的也是其脱靶效应。所不同的是，脱靶这一问题难以完全避免。以 MVLN 细胞株为例，早在 2005 年，研究人员就发现与 ER 结合的白藜芦醇、染料木素和黄豆苷元等植物类黄酮在 MVLN 体系中显示出超诱导效应，即其对萤光素酶基因表达的最大诱导水平要高于内源的 E2，并推测这与其为 AhR 拮抗剂有关。而与雌激素受体不结合的脱氧胆酸和秋水仙碱竟然也具有诱导萤光素酶基因表达的能力，后者已知的分子靶点明确不同于 ER，前者靶点尚不明确。同样地，地塞米松虽不与 ER 稳定地形成复合物，但是仍会降低基础和雌二醇刺激系统中的萤火虫萤光素酶基因表达，可能是与其靶点 GR 结合的间接作用所致。蛋白质合成抑制剂放线菌酮同样可以通过抑制蛋白质合成而造成萤光素酶蛋白合成量的减少。而对 Na^+/K^+-ATP 酶活性、前列腺素合成和过氧化物酶体增殖物激活受体（peroxisome proliferator activated receptor，PPAR）的介导效应具有干扰效应的化学品，同样可能导致转录激活机制的紊乱。此外，底盘细胞的代谢酶活性及其对化学品的耐受能力对污染物毒性评价结果也有明显影响，如黄豆苷元经 MVLN 暴露检出的拟雌激素活性明显高于其他受体报告基因体系，而在底盘细胞 MCF-7 中黄豆苷元和代谢产物雌马酚的 ER 激活性能相当，这是因为黄豆苷元在 MVLN 中可以转化为雌马酚。孕酮和骨化三醇对 MVLN 萤光素酶表达的抑制应是源于其细胞毒性，NP 的弱雌激素活性部分被其对 MVLN 的细胞毒性所掩盖（Freyberger and Schmuck，2005）。类似的情况在曲古柳菌素 A（trichostatin A，TSA）的环境雌激素效应研究中也可以观察到，这并不奇怪，因为大多数化学物质可以与多个具有不同亲和力的目标相互作用。TSA 在单独暴露及与雌二醇共暴露条件下均能够显著抑制MVLN萤光素酶报告基因的表达，表现出ER_α拮抗活性。作为组蛋白去乙酰化酶抑制剂，TSA 可以通过维持组蛋白乙酰化和增强 ER 蛋白质稳定性两个方面来增强并恢复其抗雌激素功效，但也不能排除直接与 ER 相互作用对 TSA 抗雌激素作用的贡献。TSA 很有可能通过增强组蛋白乙酰化水平来驱动 TSA 的体内毒性，而与 ER 结合也在其有害结局途径中发挥作用，其抗雌激素活性至少部分依赖于 ER_α 介导的信号通路（Li et al.，2014c）。

如上所述，脱靶效应是基于靶点识别的污染物体外毒性评价方法的一个常规问题而非特例，这就是无法单独依赖于这一方法进行污染物毒性效应关键 MIE 甄别的原因。这一体外评价结果需要靶点亲和力试验测试或者污染物-靶点亲和力计算评估加以辅助验证（Li et al.，2014c；2020a；2020b）。采用适当的基因编辑手段可以消除共存核受体的干扰，如采用 CRISPR-Cas9 基因编辑开发干扰激素受体敲除细胞系以消除基于目标核受体识别的毒性评价体系中其他内源性激素乃至受体的干扰。以污染物拟/抗雄激素活性检测的报告基因方法 AR-EcoScreen 为例，该方法最早于 2004 年使用 CHO 细胞开发，通过稳定转染人 AR 和来自 C3 基因能调节萤光素酶报告基因表达的雄激素响应元件（androgen response element，ARE）（5′-AGTACGnnnTGTTCT-3′）来构建合成生物学体系。与许多其他 AR 报告基因方法不同，AR-EcoScreen 中使用的 CHO 细胞缺乏类固醇激素的代谢能力，以避免代谢转化消除待测化合物的雄激素效力（Satoh et al.，2004；2005）。这一方法经不断完善在 2016 年由 OECD 所验证（OECD，2016），目前收录在《OECD 化学品测试准则》（Test No.458）中（OECD，2020）。正如前面谈及的 MVLN 体系中 GR 可能的干扰，在此体系中同样存在此类隐患（Freyberger and Schmuck，2005）。由于体系中 GR 是来自 *NR3C1* 基因的 CHO 细胞内源性表达，因此与 AR 具有同源性。加之 AR 和 GR 的 DNA 结合域非常保守，两种核受体之间的串扰是不可避免的。为解决这个问题，Zwart 等（2017）使用 CRISPR-Cas9 编辑开发糖皮质激素受体基因敲除（knockout，KO）的 AR-EcoScreen 细胞系，提高这一雄激素效应评价体系的特异性。以人前列腺癌细胞 22Rv1 为底盘细胞，采用类似的 GR-KO 策略构建的 22Rv1/ MMTV_GR-KO 细胞株，同样可以消除 AR 和 GR 的 cross-talk 而大大提高毒性评价方法的选择性。这一方法也已经过验证并收录于《OECD 化学品测试指导守则》（Test No.458）中，适用于基于特定内分泌干扰通路和作用模式的第 2 级别体外测试（OECD，2020）。需要指出的是，在一定程度上，脱靶效应不单单是指污染物在合成生物学体系中的非特异性靶点结合，也泛指污染物与靶点之间非经典的相互作用，特别是与核受体结合口袋以外的相互作用，类似的现象在 MVLN 体系全氟化合物暴露所诱导的萤光素酶表达变化中也可以看到。一些全氟化合物单独暴露，以及与雌二醇共暴露条件下的拟/抗雌激素效应刚好相反，这是因为单独暴露时，其与 ER 配体结合域的 12 个α螺旋围成的结合口袋相互作用而产生弱激动作用，而在与 E2 共暴露时则占据 ER 表面共激活辅因子结合位点，显著抑制了 MVLN 萤光素酶报告基因的表达（Li et al.，2020a）。

5.3　污染物多靶点体外毒性评价中合成生物学的作用

既然污染物毒性受多个靶点启动的 MIE 所关联的级联响应和调控网络所决定，那么评价其环境风险和健康危害就不能局限在单一靶点介导的效应上，污染物毒性效应的多靶点体外评价是科学识别其风险的必由之路。

5.3.1　实际环境研究中基于多靶点识别的污染物成组毒性体外评价策略

国内外科学家早已将基于靶点识别的环境污染物体外毒性评价合成生物学体系用于污染物成组毒性研究中。2008 年，有国内学者采用了 ER_{α}、AR、PR 和 ERR_{γ} 四种重组酵母菌株用于有机氯农药内分泌干扰性能的评价，发现被测的六氯苯（hexachlorobenzene，HCB）、γ-六氯环己烷（γ-hexachlorocyclohexane，γ-HCH）、*p,p'*-DDT 及其环境转化中间产物 2,2-双(对氯苯基)-1,1-二氯乙烯（*p,p'*-dichlorodiphenyl dichloroethylene，*p,p'*-DDE）等均会与不止一个核受体结合改变体系 β-Gal 基因表达。例如，*p,p'*-DDE 可以弱激活 ER_{α} 转录，同时会抑制 AR 和 PR 的转录活化，且其对 PR 转录抑制作用强于 AR，在 1.0×10^{-8}mol/L 即可起作用。*p,p'*-DDE 的母体化合物 *p,p'*-DDT 体现为 ER_{α} 激动剂和 PR 拮抗剂，其 ER_{α} 激动作用强于 *p,p'*-DDE，但其 PR 转录抑制作用弱于 *p,p'*-DDE。HCB 会抑制 AR 的转录活化，但会激活 ERR_{γ} 的转录；γ-HCH 则会抑制 ER_{α}、AR 和 PR 的转录，能够逆转 4-OHT 诱导的 ERR_{γ} 抑制（Li et al.，2008a）。显然，这些有机氯农药及其代谢中间产物的内分泌干扰作用源于不同受体作用的累加或协同/拮抗，在污染物的环境风险评估过程中必须对此予以重视。日本科学家直接将基于 *Y2H* 报告基因的方法用于自然水环境内分泌干扰毒性高低的评价，他们评价了来自日本 4 条河流的 16 份水样对 5 种人类核受体介导的转录活化/抑制作用的影响，其中包括 ER_{α}、TR_{α}、RAR_{α}、RXR_{α} 和维生素 D 受体（vitamin D receptor，VDR）。结果表明，当时日本的河流环境已经受到内分泌干扰物污染，且令人意想不到的是，具有 RAR 激动活性物质的污染可能比众所周知的具有 ER 转录活化作用的内分泌干扰物更严重（Inoue et al.，2009）。为寻找河流中这些具有内分泌干扰活性物质的来源，研究人员进一步分析了日本 7 个市政污水处理厂未经处理和处理过的废水对 ER_{α} 等甾体激素受体，以及 TR_{α}、RAR_{α}、RXR_{α} 等非甾体激素受体转录活化作用的影响，结果发现所有进水样品均可以激活上述 4 种核受体的转录，并且这一毒性经过水处理后虽有下降但并未完全削减。此外，对比常规活性污泥、假缺氧-好氧、缺氧-好氧（anoxic-oxic，AO）和厌氧-缺氧-好氧等 4 种污水处理工艺，不同处理工艺对于污水中 4 种核受体激动活性物质的处理效率存在显著差异（Inoue et al.，2011）。

随着相关体外毒性评价方法和体系日渐成熟，基于多个靶点识别的体外毒性评价策略已经在欧美等发达国家环境内分泌干扰物筛查中得以规范化实践。经过数十年的研究和探索，学术界对 EATS 通路上的干扰作用有了比较清晰的认识，并积累了较为丰富的有害结局信息。因此，无论是 OECD 修订的评估内分泌干扰物的标准测试导则指南，还是美国国家环境保护局的 EDSP 项目，均聚焦于污染物对 EATS 通路的干扰作用，建立了系列筛查和测试方法。在本章第一节简要介绍了 OECD 内分泌干扰物标准测试框架中第 2 级方法，其中的核受体转录激活实验评价方法采用的就是报告基因体系，如前文提及的雄激素受体转录激活试验（OECD TG 458）、雌激素受体转录激活试验（OECD TG 455/ISO 19040-3）、酵母雌激素筛选（ISO 19040-1 & 2）等（OECD，2018），鉴于篇幅所限，在此不再赘述。美国国家环境保护局最初的内分泌干扰物测试系统包含 Tier 1 筛查和 Tier 2 测试两个环节，前者测试筛选化学品是否以特定的毒性作用模式（mode of action，MOA）干扰内分泌系统，后者则检测以特定 MOA 干扰内分泌系统的化学品是否能引发生物体明确的、与 MOA 相关的有害结局。Tier 1 筛查包括 ER 结合试验、ER 转录激活试验、AR 结合试验、类固醇合成试验和芳香化酶试验等 5 个体外方法，以及子宫增重大鼠试验、Hershberger 大鼠试验雌性大鼠青春期试验、雄性大鼠青春期试验、两栖动物变态试验和鱼类短期生殖试验等 6 个体内方法。Tier 2 测试包括鸟类两代繁殖试验、日本青鳉扩展一代繁殖试验和两栖动物生长发育试验。由此可见，美国 Tier 1 筛查与欧盟鉴定内分泌干扰物策略中的内分泌活性测试重叠，也主要是针对 EATS 的测试；而 Tier 2 测试方法则分别对应 OECD GD150 中的第 4 和第 5 级方法，可检出与 EATS 相关的有害结局。2012 年，为了实现高通量筛查，美国国家环境保护局开始实施 21 世纪内分泌干扰物筛查计划（EDSP 21），强力推荐体外 HTS 方法和计算机模型筛查配合原 Tier 1 中的体内外筛查方法进行高效筛查，并希望未来用体外 HTS 试验完全取代 Tier 1 中的体内试验，取消实验动物的使用（www.epa.gov/endocrine-disruption/endocrine-disruptor-screening-program-21st-century-edsp21-workplan-summary）。自 EDSP 21 实施以来，已有 1800 多种化学物质完成了体外高通量雌激素活性的评价，且有美国国家环境保护局参加的 Tox21 项目已经对 1 万多种化学物质的雌激素活性、雄激素活性和甲状腺激素活性进行了评价（https://tox21.gov）。很明显，与科学研究所采用的有限的成组毒性评价合成生物学系统相比，化学品管理和环境风险管理法规化的成组毒性评价方法的靶点多样性更有限。

5.3.2　现有多靶点毒性体外评价面临的问题与环境合成生物学

化学品生物毒性是通过不同的 MIE 引发，同时检测的靶点数目不足以支持污染物实际毒性效应的科学评价，这是现有多靶点毒性体外评价策略所面临最突出的问题和缺陷。如果说 ToxCast/Tox21 计划的高通量化学品筛选和欧盟的内分泌干扰物的测试结果证实了化学品与 EATS 以外更多受体、酶蛋白乃至 DNA 等生物分子存在复杂和多样性的相互作用，那么不在已有测试靶点范围内的未知靶点引发的污染物环境风险不确定性就更需引起警惕。例如，邻苯二甲酸二丁酯在 ToxCast 数据库中的有效命中数提示这一污染物不仅可能干扰 ER、TR、孕烷 X 受体（pregnane X receptor，PXR）、组成型雄烷受体（constitutive androstane receptor，CAR）等介导的通路，还会影响 CYP1A2、CYP19A1、CYP2A2、CYP2B1、CYP2C19 等许多 CYP450 酶（Martyniuk et al.，2022）。而化学品体内代谢的重要性虽然在诸如 AR 转录激活合成生物学体系的《OECD 化学品测试指导守则》（Test No.458）中有所体现，但仍显不足（OECD，2020）。此外，作为外源化学物质，邻苯二甲酸二丁酯在 ToxCast 数据库中有效命中最多的一类是应激活化蛋白激酶（stress-activated protein kinase，SAPK），尤其是 cJun 氨基末端激酶（cJun NH_2-terminal kinase，JNK），属于丝裂原活化蛋白激酶（mitogen-activated protein kinase，MAPK）。而 *JNK* 基因在生物体糖脂肪代谢改变及炎症效应中扮演着一个至关重要的角色，其信号通路可被代谢应激激活，通过各个器官间的交互作用，促进高血糖、高脂血症和胰岛素抵抗等代谢综合征的发展（Han et al.，2021）。再如，除草剂乙草胺无法影响 ER、AR 和 TR，但可以非 EATS 模式激活 PXR、$PPAR_{\gamma}$、RXR_{α} 和维生素 D 受体响应元件。类似的情况很多，有太多潜在的关键 MIE 在化学品毒性评价时被忽略。

从技术可行性上看，虽然通过元件设计优化的受体报告基因等合成生物学体系原则上已经满足核受体介导通路干扰化学品体外毒性 HTS 评价要求，但是通过严格验证和环形比对测试的仍然很有限，亟待发展标准化的基于 RAR、PPAR、RXR、GR、CAR 等非 EATS 模式靶点识别的体外毒性评价环境合成生物学体系，采用合适的基因编辑手段消除其目标受体和非目标受体的相互干扰并维持细胞正常生理状态。多靶点识别毒性评价方法的核心技术难题之一是膜受体等非核受体靶点介导毒性的体外 HTS，这一点在本章第二节基于酵母和动物细胞的环境污染物体外毒性评价合成生物学体系研发需求中已给予说明。此外，如何基于回路设计和体系组装等手段将不同靶点之间的上下游调控关系浓缩简化到一个底盘细胞中予以体现和测定、如何根据毒性组织和器官差异选择不同类型的细胞组合在体外毒性评价中获得有害结局路径信息，这些均是需要思考和解决的难题。必须承认，无论采用何种成组毒性测试方案，基于确定靶点识别的测试思路就已经将 MIE 固化局限在确定范围。污染物非靶向体外毒性评价手段为解决这一问题提供了可行的途径，如在非靶向靶点甄别中，通过构建基因-蛋白网络进行靶点识别的方法已经成功用于甲型流感可能靶点的寻找（Noh et al.，2018）。而在大数据时代，利用机器学习并结合更多类型的生物学测试数据进行靶点预测，有望得到准确率更高的结果（Madhukar et al.，2019）。从实现效率上看，高通量方法的建立使得这一问题迎刃而解，而自动化技术的应用更是如虎添翼。2021 年 5 月，我国研制成功的“高通量多功能成组毒理学分析系统（high-throughput multifunctional integrated toxicology analyzer，ITA）”不仅可以开展单一化学品多靶点体外毒性 HTS（类似美国以 Tox21 机器人及百余种生物测试为核心的高通量毒性检测平台），还能对环境样品及其关键致毒成分进行靶点体外毒性 HTS，具有自主知识产权。

5.3.3 基因组多位点编辑及其潜在环境毒理应用

由于基因芯片技术、组学方法和基于细胞的体外生物测试手段发展迅猛，目前已可以实现化学品暴露所致生物体基因和蛋白质表达、特定毒理学评价终点等变化的迅速获得，这些数据为毒性通路分析和环境系统毒理机制研究带来了丰富的资料。通过整合分子、细胞和组织等不同层次的组学及毒性测试数据，分析多水平、多层次的生物学信号通路与毒性作用网络，借助环境合成生物学手段构建所需表型的新基因型验证相应的科学假设，有望揭示环境污染物系统毒理学机制。虽然基于蛋白质识别特定核苷酸序列的转录激活因子样效应物核酸酶（transcription activator-like effector nuclease，TALEN）、以 RNA 为媒介并通过碱基互补配对原则识别靶序列的 CRISPR 等基因编辑方法为污染物毒理机制研究提供了有效手段，但是污染物多靶协同的毒性效应会在全基因组范围内同时或相继产生影响，不仅基于单一靶点识别的毒性评价方法难以正确反映其可能的环境毒性和健康危害，即便是使用成组毒性评价技术，同样无法诠释不同靶点调控通路间的交互作用机制，而 TALEN 介导的多位点编辑（TALEN-assisted mutliplex editing，TAME）和 CHyMErA（Cas hybrid for multiplexed editing and screening application）等基因组多位点编辑技术则有望解决这一问题（Aregger et al.，2021；Gonatopoulos-Pournatzis et al.，2020；Zhang et al.，2015；2021）。特别是 2020 年研发的基于 CRISPR 的 CHyMErA 方法共表达了 Cas9 和 Cas12a 两种不同的核酸内切酶，基于机器学习优化的混合文库 Cas9-Cas12a 引导 RNA，为高效率同时编辑多个 DNA 提供了可能。这一方法不仅成功用于成对敲除哺乳动物旁系同源基因、研究基因间相互作用以及基因对细胞生理生存的影响，而且可以识别细胞适应性外显子并进行单个外显子的敲除。此外，没有催化活性的 dCas9 等核酸内切酶是很具潜力的人工转录抑制因子，能配合复杂回路理性设计获得程序调控多个基因位点的新基因型合成生物学体系用于环境毒理研究。

编写人员：张爱茜[1]　薛　峤[1]　崔颖璐[2]
单　　位：1. 中国科学院生态环境研究中心
　　　　　2. 中国科学院微生物研究所

参 考 文 献

李剑, 马梅, 饶凯峰, 等. 2008. 酵母双杂交技术构建重组人雌激素受体基因酵母. 生态毒理学报, 3: 21-26.

Akahori Y, Nakai M, Yamasaki K, et al. 2008. Relationship between the results of *in vitro* receptor binding assay to human estrogen receptor alpha and *in vivo* uterotrophic assay: Comparative study with 65 selected chemicals. Toxicology *in vitro*, 22(1): 225-231.

Alam J, Cook J L. 1990. Reporter genes: Application to the study of mammalian gene transcription. Analytical Biochemistry, 188(2): 245-254.

Albanito L, Lappano R, Madeo A, et al. 2015. Effects of atrazine on estrogen receptor α- and G protein-coupled receptor 30-mediated signaling and proliferation in cancer cells and cancer-associated fibroblast. Environmental Health Perspectives, 123 (5): 493-499.

Allen T E H, Goodman J M, Gutsell S, et al. 2016. A history of the molecular initiating event. Chemical Research in Toxicology, 29(12): 2060-2070.

Ankley G T, Bennett R S, Erickson R J, et al. 2010. Adverse outcome pathways: A conceptual framework to support ecotoxicology research and risk assessment. Environmental Toxicology and Chemistry, 29(3): 730-741.

Antolin A A, Clarke P A, Collins I, et al. 2021. Evolution of kinase polypharmacology across HSP90 drug discovery. Cell Chemical Biology, 28(10): 1433-1445.

Aregger M, Xing K, Gonatopoulos-Pournatzis T. 2021. Application of CHyMErA Cas9-Cas12a combinatorial genome-editing platform for genetic interaction mapping and gene fragment deletion screening. Nature Protocols, 16(10): 4722-4765.

Arnold S F, Klotz D M, Collins B M, et al. 1996a. Synergistic activation of estrogen receptor with combinations of environmental chemicals. Science, 272(5267): 1489-1492.

Arnold S F, Robinson M K, Notides A C, et al. 1996b. A yeast estrogen screen for examining the relative exposure of cells to natural and xenoestrogens. Environmental Health Perspectives, 104(5): 544-548.

Balaguer P, François F, Comunale F, et al. 1999. Reporter cell lines to study the estrogenic effects of xenoestrogens. Science of the Total Environment, 233(1-3): 47-56.

Barnea G, Strapps W, Herrada G, et al. 2008. The genetic design of signaling cascades to record receptor activation. Proceedings of the National Academy of Sciences of the United States of America, 105(1): 64-69.

Bondy K L, Zacharewski T R. 1993. ICI 164, 384: A control for investigating estrogen responsive genes. Nucleic Acids Research, 21(22): 5277-5278.

Bonefeld-Jørgensen E C, Andersen H R, Rasmussen T H, et al. 2001. Effect of highly bioaccumulated polychlorinated biphenyl congeners on estrogen and androgen receptor activity. Toxicology, 158(3): 141-153.

Bosworth N, Towers P. 1989. Scintillation proximity assay. Nature, 341: 167-168.

Botstein D, Fink G R. 2011. Yeast: An experimental organism for 21st century biology. Genetics, 189(3): 695-704.

Brennan J C, He G C, Tsutsumi T, et al. 2015. Development of species-specific ah receptor-responsive third generation CALUX cell lines with enhanced responsiveness and improved detection limits. Environmental Science and Technology, 49(19): 11903-11912.

Cao L Y, Ren X M, Li C H, et al. 2017. Bisphenol AF and bisphenol B exert higher estrogenic effects than bisphenol A *via* G protein-coupled estrogen receptor pathway. Environmental Science and Technology, 51: 11423-11430.

Cao L Y, Ren X M, Yang Y, et al. 2018. Hydroxylated polybrominated diphenyl ethers exert estrogenic effects *via* non-genomic G protein-coupled estrogen receptor mediated pathways. Environmental Health Perspectives, 126 (5): 057005.

Chen D C, Yang B C, Kuo T T. 1992. One-step transformation of yeast in stationary phase. Current Genetics, 21(1): 83-84.

Chen J, Zhou J H, Sanders C K, et al. 2009. A surface display yeast two-hybrid screening system for high-throughput protein interactome mapping. Analytical Biochemistry, 390(1): 29-37.

Chen Y, Ho J M L, Shis D L, et al. 2018. Tuning the dynamic range of bacterial promoters regulated by ligand-inducible transcription factors. Nature Communications, 9(1): 64.

Chen Y, Zhang S Y, Young E M, et al. 2020. Genetic circuit design automation for yeast. Nature Microbiology, 5(11): 1349-1360.

Coldham N G, Dave M, Sivapathasundaram S, et al. 1997. Evaluation of a recombinant yeast cell estrogen screening assay. Environmental Health Perspectives, 105(7): 734-742.

Collins F S, Gray G M, Bucher J R. 2008. Transforming environmental health protection. Science, 319(5865): 906-907.

Cong L, Ran F A, Cox D, et al. 2013. Multiplex genome engineering using CRISPR/Cas systems. Science, 339: 819-823.

Cosnefroy A, Brion F, Maillot-Maréchal E, et al. 2012. Selective activation of zebrafish estrogen receptor subtypes by chemicals by using stable reporter gene assay developed in a zebrafish liver cell line. Toxicological Sciences, 125(2): 439-449.

Demirpence E, Duchesne M J, Badia E, et al. 1993. MVLN cells: A bioluminescent MCF-7-derived cell line to study the modulation of estrogenic activity. The Journal of Steroid Biochemistry and Molecular Biology, 46(3), 355-364.

Denison M S, Nagy S R. 2003. Activation of the aryl hydrocarbon receptor by structurally diverse exogenous and endogenous chemicals. Annual Review of Pharmacology and Toxicology, 43: 309-334.

Donovan K A, An J, Nowak R P, et al. 2018. Thalidomide promotes degradation of SALL4, a transcription factor implicated in Duane Radial Ray syndrome. Elife, 7: e38430.

Duffus J H, Nordberg M, Templeton D M. 2007. Glossary of terms used in toxicology, 2nd edition (IUPAC recommendations 2007). Pure and Applied Chemistry. 79(7): 1153-1344.

El-Fouly M H, Richter C, Giesy J P, et al. 1994. Production of a novel recombinant cell line for use as a bioassay system for detection of 2,3,7,8-tetrachlorodibenzo-*p*-dioxin-like chemicals. Environmental Toxicology and Chemistry, 13: 1581-1588.

Féau C, Arnold L A, Kosinski A, et al. 2009. A high-throughput ligand competition binding assay for the androgen receptor and other nuclear receptors. Journal of Biomolecular Screening, 14(1): 43-48.

Fernandes E C, Hendriks H S, van Kleef R G, et al. 2010a. Activation and potentiation of human $GABA_A$ receptors by non-dioxin-like PCBs depends on chlorination pattern. Toxicological Science, 118(1): 183-190.

Fernandes E C, Hendriks H S, van Kleef R G, et al. 2010b. Potentiation of the human $GABA_A$ receptor as a novel mode of action of lower-chlorinated non-dioxin-like PCBs. Environmental Science and Technology, 44(8): 2864-2869.

Fields S, Song O. 1989. A novel genetic system to detect protein-protein interactions. Nature, 1989, 340(6230): 245-246.

Fischer E S, Böhm K, Lydeard J R, et al. 2014. Structure of the DDB1-CRBN E3 ubiquitin ligase in complex with thalidomide. Nature, 512(7512): 49-53.

Freyberger A, Schmuck G. 2005. Screening for estrogenicity and anti-estrogenicity: A critical evaluation of an MVLN cell-based transactivation assay. Toxicology Letters, 155: 1-13.

Gander M W, Vrana J D, Voje W E, et al. 2017. Digital logic circuits in yeast with CRISPR-dCas9 NOR gates. Nature Communications, 8: 15459.

Gao Y, Li X X, Guo L H. 2013. Assessment of estrogenic activity of perfluoroalkyl acids based on ligand-induced conformation state of human estrogen receptor. Environmental Science and Technology, 47: 634-641.

Garabedian M J, Yamamoto K R. 1992. Genetic dissection of the signaling domain of a mammalian steroid receptor in yeast. Molecular Biology of the Cell, 3: 1245-1257.

Garrison P M, Tullis K, Aarts J M M J G, et al. 1996. Species-specific recombinant cell lines as bioassay systems for the detection of 2,3,7,8-tetrachlorodibenzo-*p*-dioxin-like chemicals. Fundamental and Applied Toxicology, 30(2): 194-203.

Gauger K J, Giera S, Sharlin D S, et al. 2007, Polychlorinated biphenyls 105 and 118 form thyroid hormone receptor agonists after cytochrome P4501A1 activation in rat pituitary GH3 cells. Environmental Health Perspectives, 115(11): 1623-1630.

GBD 2019 Risk Factors Collaborators. 2020. Global burden of 87 risk factors in 204 countries and territories, 1990-2019: A systematic analysis for the Global Burden of Disease Study 2019. Lancet, 396: 1223-1249.

Gibb S. 2008 . Toxicity testing in the 21st century: A vision and a strategy. Reprod Toxicol, 25(1): 136-138.

Goffeau A, Barrell B G, Bussey H, et al. 1996. Life with 6000 genes. Science, 274(5287): 546, 563-567.

Goldey E S, Crofton K M. 1998. Thyroxine replacement attenuates hypothyroxinemia, hearing loss, and motor deficits following developmental exposure to Aroclor 1254 in rats. Toxicological Sciences, 45(1): 94-105.

Gonatopoulos-Pournatzis T, Aregger M, Brown K R, et al. 2020. Genetic interaction mapping and exon-resolution functional genomics with a hybrid Cas9-Cas12a platform. Nature Biotechnology, 38: 638-648.

Gossen M, Bujard H. 1992. Tight control of gene expression in mammalian cells by tetracycline-responsive promoters. Proceedings of the National Academy of Sciences of the United States of America, 89: 5547-5551.

Grimm D. 2019. EPA plan to end animal testing splits scientists. Science, 365(6459): 1231.

Hagmar L. 2003. Polychlorinated biphenyls and thyroid status in humans: A review. Thyroid, 13(11): 1021-1028.

Han D, Nagy S R, Denison M S. 2004. Comparison of recombinant cell bioassays for the detection of Ah receptor agonist. BioFactors, 20(1): 11-22.

Han M S, Perry R J, Camporez J P, et al. 2021. A feed-forward regulatory loop in adipose tissue promotes signaling by the hepatokine FGF21. Genes and Development, 35(1-2): 133-146.

Hartung T, FitzGerald R E, Jennings P, et al. 2017. Systems toxicology: Real world applications and opportunities. Chemical Research in Toxicology, 30: 870-882.

He G C, Tsutsumi T, Zhao B, et al. 2011. Third-generation Ah receptor-responsive luciferase reporter plasmids: Amplification of dioxin-responsive elements dramatically increases CALUX bioassay sensitivity and responsiveness. Toxicological Sciences, 123(2): 511-522.

Heery D M, Zacharewski T, Pierrat B, et al. 1993. Efficient transactivation by retinoic acid receptors in yeast requires retinoid X receptors. Proceedings of the National Academy of Sciences of the United States of America, 90: 4281-4285.

Hendriks H S, Antunes Fernandes E C, Bergman A, et al. 2010. PCB-47, PBDE-47, and 6-OH-PBDE-47 differentially modulate human $GABA_A$ and $\alpha_4\beta_2$ nicotinic acetylcholine receptors. Toxicological Science, 118(2): 635-642.

Hinnen A, Hicks J B, Fink G R. 1978. Genetics transformation of yeast (gene exchange/hybrid plasmid/integration). Proceedings of the National Academy of Sciences of the United States of America, 75(4): 1929-1933.

Hong H, Kohlit K, Trivedit A, et al. 1996. GRIP1, a novel mouse protein that serves as a transcriptional coactivator in yeast for the hormone binding domains of steroid receptors. Proceedings of the National Academy of Sciences of the United States of America, 93(10): 4948-4952.

Hopkins A L. 2008. Network pharmacology: The next paradigm in drug discovery. Nature Chemical Biology, 4: 682-690.

Howdeshell K L, Hotchkiss A K, Thayer K A, et al. 1999. Exposure to bisphenol A advances puberty. Nature, 401(6755): 763-764.

Hsu P D, Scott D A, Weinstein J A, et al. 2013. DNA targeting specificity of RNA-guided Cas9 nucleases. Nature Biotechnology, 31: 827-832.

Huh W K, Falvo J V, Gerke L C, et al. 2003. Global analysis of protein localization in budding yeast. Nature, 425(6959): 686-691.

ICCVAM. 2011. The LUMI-CELL® ER (BG1Luc ER TA) test method: An *in vitro* assay for identifying human estrogen receptor agonist and antagonist activity of chemicals. NIH Publication No. 11-7850. Research Triangle Park, NC: National Institute of Environmental Health Sciences.

Inoue D, Nakama K, Matsui H, et al. 2009. Detection of agonistic activities against five human nuclear receptors in river environments of Japan using a yeast two-hybrid assay. Bulletin of Environmental Contamination and Toxicology, 82(4): 399-404.

Inoue D, Nakama K, Sawada K, et al. 2011. Screening of agonistic activities against four nuclear receptors in wastewater treatment plants in Japan using a yeast two-hybrid assay. Journal of Environmental Sciences, 23(1): 125-132.

Iorri F, Bosotti R, Scacheri E, et al. 2010. Discovery of drug mode of action and drug repositioning from transcriptional responses. Proceedings of the National Academy of Sciences of the United States of America, 107(33): 14621-14626.

Ito T, Ando H, Suzuki T, et al. 2010. Identification of a primary target of thalidomide teratogenicity. Science, 327: 1345-1350.

Itoh S, Baba T, Yuasa M, et al. 2018. Association of maternal serum concentration of hydroxylated polychlorinated biphenyls with maternal and neonatal thyroid hormones: The Hokkaido birth cohort study. Environmental Research, 167: 583-590.

Jobling S, Reynolds T, White R, et al. 1995. A variety of environmentally persistent chemicals, including some phthalate plasticizers, are weakly estrogenic. Environmental Health Perspectives, 103(6): 582-587.

Kabiersch G, Rajasärkkä J, Tuomela M, et al. 2013. Bioluminescent yeast assay for detection of organotin compounds. Analytical Chemistry, 85(12): 5740-5745.

Kamata R, Shiraishi F, Nishikawa J, et al. 2008. Screening and detection of the *in vitro* agonistic activity of xenobiotics on the retinoic acid receptor. Toxicology *in vitro*, 22(4): 1050-1061.

Kleinstiver B P, Prew M S, Tsai S Q, et al. 2015. Engineered CRISPR-Cas9 nucleases with altered PAM specificities. Nature, 523: 481-485.

Kojima H, Iida M, Katsura E, et al. 2003. Effects of a diphenyl ether-type herbicide, chlornitrofen, and its amino derivative on androgen and estrogen receptor activities. Environmental Health Perspectives, 111(4): 497-502.

Ku T T, Chen M J, Li B, et al. 2017. Synergistic effects of particulate matter ($PM_{2.5}$) and sulfur dioxide (SO_2) on neurodegeneration *via* the microRNA-mediated regulation of tau phosphorylation. Toxicology Research, 6: 7-16.

Landrigan P J, Fuller R, Acosta N J R, et al. 2018. The *Lancet* Commission on pollution and health. Lancet, 391(10119): 462-512.

Lee H K, Kim T S, Kim C Y, et al. 2012. Evaluation of *in vitro* screening system for estrogenicity: Comparison of stably transfected human estrogen receptor-alpha transcriptional activation (OECD TG455) assay and estrogen receptor (ER) binding assay. The Journal of Toxicological Sciences, 37(2): 431-437.

Legler J, van den Brink C E, Brouwer A, et al. 1999. Development of a stably transfected estrogen receptor-mediated luciferase reporter gene assay in the human T47D breast cancer cell line. Toxicological Sciences, 48(1): 55-66.

Lemaire G, Balaguer P, Michel S, et al. 2005. Activation of retinoic acid receptor-dependent transcription by organochlorine pesticides. Toxicology and Applied Pharmacology, 202(1): 38-49.

Li J, Cao H M, Feng H R, et al. 2020a. Evaluation of the estrogenic/antiestrogenic activities of perfluoroalkyl substances and their interactions with the human estrogen receptor by combining *in vitro* assays and *in silico* modeling. Environmental Science and Technology, 54: 14514-14524.

Li J, Cao H M, Mu Y S, et al. 2020b. Structure-oriented research on the antiestrogenic effect of organophosphate esters and the potential mechanism. Environmental Science and Technology, 54: 14525-14534.

Li J, Li N, Ma M, et al. 2008a. *In vitro* profiling of the endocrine disrupting potency of organochlorine pesticides. Toxicology Letters, 183: 65-71.

Li J, Liu Y, Kong D D, et al. 2016. T-screen and yeast assay for the detection of the thyroid-disrupting activities of cadmium, mercury, and zinc. Environmental Science of Pollution Research International, 23(10): 9843-51.

Li J, Ma D, Lin Y, et al. 2014c. An exploration of the estrogen receptor transcription activity of capsaicin analogues *via* an integrated approach based on *in silico* prediction and *in vitro* assays. Toxicology Letters, 22: 179-188.

Li J, Ma M, Wang Z J. 2008b. A two-hybrid yeast assay to quantify the effects of xenobiotics on thyroid hormone-mediated gene expression. Environmental Toxicology and Chemistry, 27(1): 159-167.

Li J, Ma M, Wang Z J. 2008c. A two-hybrid yeast assay to quantify the effects of xenobiotics on retinoid X receptor-mediated gene expression. Toxicology Letters, 176: 198-206.

Li J, Ren S J, Han S L, et al. 2014b. Identification of thyroid-receptor antagonists in water from the Guanting Reservoir, Beijing, China. Archives of Environmental Contamination and Toxicology, 67(1): 68-77.

Li J, Ren S, Han S, et al. 2014a. A yeast bioassay for direct measurement of thyroid hormone disrupting effects in water without sample extraction, concentration, or sterilization. Chemosphere, 100: 139-145.

Li S Z, Pei X H, Zhang W, et al. 2014d. Functional analysis of the dioxin response elements (DREs) of the murine *CYP1A1* gene promoter: Beyond the core DRE sequence. International Journal of Molecular Sciences, 15(4): 6475-6487.

Li Y Q, Jiang Y, Chen H, et al. 2015. Modular construction of mammalian gene circuits using TALE transcriptional repressors. Nature Chemical Biology, 11(3): 207-213.

Liansola M, Piedrafita B, Rodrigo R, et al. 2009. Polychlorinated biphenyls PCB 153 and PCB 126 impair the glutamate-nitric oxide-cGMP pathway in cerebellar neurons in culture by different mechanisms. Neurotoxicity Research, 16(2): 97-105.

Licitra E J, Liu J O. 1996. A three-hybrid system for detecting small ligand-protein receptor interactions. Proceedings of the National Academy of Sciences of the United States of America, 93(23): 12817-12821.

Liu X C, Xue Q, Zhang H Z, et al. 2021. Structural basis for molecular recognition of G protein-coupled estrogen receptor by selected bisphenols. Science of the Total Environment, 793: 148558.

Liu X T, Fang M L, Xu F P, et al. 2019. Characterization of the binding of per- and poly-fluorinated substances to proteins: A methodological review. Trends in Analytical Chemistry, 116: 177-185.

Liu Z, Cashion L M, Pu H. 1998. Protein expression both in mammalian cell lines and in yeast *Pichia pastoris* using a single expression plasmid. Biotechniques, 24(2): 266-268, 270-271.

Lou Q Q, Cao S, Xu W, et al. 2014a. Molecular characterization and mRNA expression of ribosomal protein L8 in *Rana nigromaculata* during development and under exposure to hormones. Journal of Environmental Sciences, 26(11): 2331-2339.

Lou Q Q, Zhang Y F, Ren D K, et al. 2014b. Molecular characterization and developmental expression patterns of thyroid hormone receptors (TRs) and their responsiveness to TR agonist and antagonist in *Rana nigromaculata*. Journal of Environmental Sciences, 26(10): 2084-2094.

Luo Z Q, Hoffmann S A, Jiang S Y, et al. 2020. Probing eukaryotic genome functions with synthetic chromosomes. Experimental Cell Research, 390(1): 111936.

Ma D, Xie Q H, Zhang W L, et al. 2019. Aryl hydrocarbon receptor activity of polyhalogenated carbazoles and the molecular mechanism. Science of the Total Environment, 687: 516-526.

Madhukar N S, Khade P K, Huang L, et al. 2019. A Bayesian machine learning approach for drug target identification using diverse data types. Nature Communication, 10(1): 5221.

Mali P, Yang L H, Esvelt K M, et al. 2013. RNA-guided human genome engineering via Cas9. Science, 339: 823-826.

Martyniuk C J, Martínez R, Navarro-Martín L, et al. 2022. Emerging concepts and opportunities for endocrine disruptor screening of the non-EATS modalities. Environmental Research, 204: 111904.

McDonnell D P, Vegeto E, O'Malley B W. 1992. Identification of a negative regulatory function for steroid receptors. Proceedings of the National Academy of Sciences of the United States of America, 89(22): 10563-10567.

Metzger D, White J, Chambon P. 1988. The human oestrogen receptor functions in yeast. Nature, 334(6177): 31-36.

Myklatun A, Lauri A, Eder S H K, et al. 2018. Zebrafish and medaka offer insights into the neurobehavioral correlates of vertebrate magnetoreception. Nature Communications, 9: 802.

Ndountse L T, Chan H M. 2009. Role of *N*-methyl-D-aspartate receptors in polychlorinated biphenyl mediated neurotoxicity. Toxicology Letters, 184(1): 50-55.

Ng E S M, Chan N W C, Lewis D F, et al. 2007. Frontal affinity chromatography-mass spectrometry. Nature Protocols, 2(8): 1907-1917.

Nishikawa J, Saito K, Goto J, et al. 1999. New screening methods for chemicals with hormonal activities using interaction of nuclear hormone receptor with coactivator. Toxicology and Applied Pharmacology, 154(1), 76-83.

Noh H, shoemaker J E, Gunawan R. 2018. Network perturbation analysis of gene transcriptional profiles reveals protein targets and mechanism of action of drugs and influenza A viral infection. Nucleic Acids Research, 46(6): e34.

Nwachukwu J C, Srinivasan S, Bruno N E, et al. 2014. Resveratrol modulates the inflammatory response *via* an estrogen receptor-signal integration network. Elife, 3: e02057.

Oaks J L, Gilbert M, Virani M Z et al. 2004. Diclofenac residues as the cause of vulture population decline in Pakistan. Nature, 427: 630-633.

OECD. 2009. Test No. 455: The stably transfected human estrogen receptor-alpha transcriptional activation assay for detection of estrogenic agonist-activity of chemicals. Paris: OECD Publishing.

OECD. 2016. Validation report of androgen receptor (AR) mediated stably transfected transactivation (AR STTA) assay to detect androgenic and anti-androgenic activities, environment, health and

safety publications, Series on Testing and Assessment (No.241), Paris: OECD Publishing.
OECD. 2018. Revised guidance document 150 on standardised test guidelines for evaluating chemicals for endocrine disruption, OECD series on testing and assessment, No. 150. Paris: OECD Publishing.
OECD. 2020. Test No. 458: Stably transfected human androgen receptor transcriptional activation assay for detection of androgenic agonist and antagonist activity of chemicals, OECD Guidelines for the Testing of Chemicals, Section 4. Paris: OECD Publishing.
Oka T, Mitsui-Watanabe N, Tatarazako N, et al. 2013. Establishment of transactivation assay systems using fish, amphibian, reptilian and human thyroid hormone receptors. Journal of Applied Toxicology, 33(9) : 991-1000.
Opitz C A, Litzenburger U M, Sahm F, et al. 2011. An endogenous tumour-promoting ligand of the human aryl hydrocarbon receptor. Nature, 478(7368): 197-203.
Overington J P, Ai-Lazikani B, Hopkins A L. 2006. How many drug targets are there? Nature Reviews Drug Discovery, 5: 993-996.
Pessah I N, Cherednichenko G, Lein P J. 2010. Minding the calcium store: Ryanodine receptor activation as a convergent mechanism of PCB toxicity. Pharmacology and Therapeutics, 125(2): 260-285.
Pessah I N, Lein P J, Seegal R F, et al. 2019. Neurotoxicity of polychlorinated biphenyls and related organohalogens. Acta Neuropathologica, 138(3): 363-387.
Peter J, de Chiara M, Friedrich A, et al. 2018. Genome evolution across 1, 011 *Saccharomyces cerevisiae* isolates. Nature, 556: 339-344.
Pons M, Gagne D, Nicolas J C, et al. 1990. A new cellular model of response to estrogens: A bioluminescent test to characterize (anti)estrogen molecules. BioTechniques, 9: 450-459.
Privalsky M L, Sharif M, Yamamoto K R. 1990. The viral erbA oncogene protein, a constitutive repressor in animal cells, is a hormone-regulated activator in yeast. Cell, 63(6): 1277-1286.
Prossnitz E R, Arterburn J B, Smith H O, et al. 2008. Estrogen signaling through the transmembrane G protein-coupled receptor GPR30. Annual Review of Physiology, 70: 165-190.
Qasem R J. 2020. The estrogenic activity of resveratrol: A comprehensive review of *in vitro* and *in vivo* evidence and the potential for endocrine disruption. Critical Reviews in Toxicology, 50(5): 439-462.
Qi L S, Larson M H, Gilbert L A, et al. 2013. Repurposing CRISPR as an RNA-guided platform for sequence-specific control of gene expression. Cell, 152: 1173-1183.
Rappaport S M, Smith M T. 2010. Environment and disease risks. Science, 330(6003): 460-461.
Rosse G. 2021. A series of pyrazole analogs binding to KRASG12C as potential cancer treatment. ACS Medical Chemistry Letters. DOI 10.1021/acsmedchemlett.1c00643.
Rothstein R J. 1983. One-step gene disruption in yeast. Methods in Enzymology, 101: 202-211.
Routledge E J, Sumpter J P. 1996. Estrogenic activity of surfactants and some of their degradation products assessed using a recombinant yeast screen, Environmental Toxicology and Chemistry, 15(3): 241-248.
Rovet J F. 2014. The role of thyroid hormones for brain development and cognitive function. Endocrine Development, 26: 26-43.
Satoh K, Nonaka R, Ohyama K, et al. 2005. Androgenic and antiandrogenic effects of alkylphenols

and parabens assessed using the reporter gene assay with stably transfected CHO-K1 cells (AR-EcoScreen). Journal of Health Science, 51(5): 557-568.

Satoh K, Ohyama K, Aoki N, et al. 2004. Study on anti-androgenic effects of bisphenol a diglycidyl ether (BADGE), bisphenol F diglycidyl ether (BFDGE) and their derivatives using cells stably transfected with human androgen receptor, AREcoScreen. Food and Chemical Toxicology, 42: 983-993.

Schroeter E H, Kisslinger J A, Kopan R. 1998. Notch-1 signalling requires ligand-induced proteolytic release of intracellular domain. Nature, 393: 382-386.

Schütz M, Schöppe J, Sedlák E, et al. 2016. Directed evolution of G protein-coupled receptors in yeast for higher functional production in eukaryotic expression hosts. Scientific Reports, 6: 21508.

Sengupta D J, Zhang B, Kraemer B, et al. 1996. A three-hybrid system to detect RNA-protein interactions *in vivo*. Proceedings of the National Academy of Sciences of the United States of America, 93(16): 8496-8501.

Shan L, Dai Z J, Wang Q H. 2021. Advances and opportunities of CRISPR/Cas technology in bioengineering non-conventional yeasts. Frontier of Bioengineering and Biotechnology, 9: 765396.

Shaw W M, Yamauchi H, Mead J, et al. 2019. Engineering a model cell for rational tuning of GPCR signaling. Cell, 177(3): 782-796.

Shiraishi F, Kamata R, Terasaki M, et al. 2018.Screening data for the endocrine disrupting activities of 583 chemicals using the yeast two-hybrid assay, Data in Brief, 21: 2543-2546.

Slaymaker I M, Gao L, Zetsche B, et al. 2016. Rationally engineered Cas9 nucleases with improved specificity. Science, 351: 84-88.

Struhl G, Adachi A. 1998. Nuclear access and action of Notch *in vivo*. Cell, 93: 649-660.

Sturla S J, Boobis A R, FitzGerald R E, et al. 2014. Systems toxicology: From basic research to risk assessment. Chemical Research in Toxicology, 27: 314-329.

Thakore P I, Gersbach C A. 2016. Design, assembly, and characterization of TALE-based transcriptional activators and repressors. Methods in Molecular Biology, 1338: 71-88.

Thomas P, Dong J. 2006. Binding and activation of the seven-transmembrane estrogen receptor GPR30 by environmental estrogens: A potential novel mechanism of endocrine disruption. Journal of Steroid Biochemistry and Molecular Biology, 102(1-5): 175-179.

Thomas P, Pang Y, Filardo E J, et al. 2005. Identity of an estrogen membrane receptor coupled to a G-protein in human breast cancer cells. Endocrinology, 146: 624-632.

Tian Z Y, Zhao H Q, Peter K T, et al. 2020. A ubiquitous tire rubber-derived chemical induces acute mortality in coho salmon. Science, 371: 185-189.

Verma R, Boleti E, George A J T. 1998. Antibody engineering: Comparison of bacterial, yeast, insect and mammalian expression systems. Journal of Immunological Methods, 216(1-2): 165-181.

Waltenspüh Y, Ehrenmann J, Plückthun A. 2021. Engineering of challenging G protein-coupled receptors for structure determination and biophysical studies. Molecules, 26(5): 1465.

Wang L G, Zhao L, Liu X, et al. 2021. SepPCNET: Deep learning on a 3D surface electrostatic potential point cloud for enhanced toxicity classification and its application to suspected environmental estrogens. Environmental Science and Technology, 55: 9958-9967.

Wattenberg L W, Loub W D. 1978. Inhibition of polycyclic aromatic hydrocarbon-induced neoplasia by naturally occurring indoles. Cancer Research, 38(5): 1410-1413.

Wei Y, Guo L H. 2009. Binding interaction between polycyclic aromatic compounds and DNA by fluorescence displacement method. Environmental Toxicology and Chemistry, 28(5): 940-945.

Wei Y, Lin Y, Zhang A Q, et al. 2010. Evaluation of the noncovalent binding interactions between polycyclic aromatic hydrocarbon metabolites and human p53 cDNA. Science of the Total Environment, 408(24): 6285-6290.

Weinberg B H, Pham, N T H, Caraballo L D, et al. 2017. Large-scale design of robust genetic circuits with multiple inputs and outputs for mammalian cells. Nature Biotechnology, 35: 453-462.

Wu X H, Malkova A. 2021. Break-induced replication mechanisms in yeast and mammals. Current Opinion in Genetics and Development, 71: 163-170.

Xu H, Kraus W L, Shuler M L. 2008. Development of a stable dual cell-line GFP expression system to study estrogenic endocrine disruptors. Biotechnology and Bioengineering, 101(6), 1276-1287.

Xue Q, Liu X, Liu X C, et al. 2019. The effect of structural diversity on ligand specificity and resulting signaling differences of estrogen receptor α. Chemical Research in Toxicology, 32(6): 1002-1013.

Yang X Y, Her J, Bashor C J. 2020. Mammalian signaling circuits from bacterial parts. Nature Chemical Biology, 16: 110-111.

Zacharewski T. 1997. *In vitro* bioassays for assessing estrogenic substances. Environmental Science and Technology, 31: 613-623.

Zhang G Q, Lin Y P, Qi X N, et al. 2015. TALENs-assisted multiplex editing for accelerated genome evolution to improve yeast phenotypes. ACS Synthetic Biology, 4(10): 1101-1111.

Zhang S Y, Li S Z, Zhou Z G, et al. 2018. Development and application of a novel bioassay system for dioxin determination and AhR activation evaluation in ambient-air samples. Environmental Science and Technology, 52(5): 2926-2933.

Zhang S Y, Voigt C A. 2018. Engineered dCas9 with reduced toxicity in bacteria: Implications for genetic circuit design. Nucleic Acids Research, 46(20): 11115-11125.

Zhang W L, Xie H Q, Li Y P, et al. 2019. Characterization of the aryl hydrocarbon receptor (AhR) pathway in *Anabas testudineus* and mechanistic exploration of the reduced sensitivity of $AhR_{2a.}$ Environmental Science and Technology, 53(21): 12803-12811.

Zhang Z X, Wang L R, Xu Y S, et al. 2021. Recent advances in the application of multiplex genome editing in *Saccharomyces cerevisiae.* Applied Microbiology and Biotechnology, 105: 3873-3882.

Zieminska E, Stafiej A, Toczylowska B, et al. 2015. Role of ryanodine and NMDA receptors in tetrabromobisphenol A-induced calcium imbalance and cytotoxicity in primary cultures of rat cerebellar granule cells. Neurotoxicity Research, 28: 195-208.

Zwart N, Andringa D, de Leeuw W-J, et al. 2017. Improved androgen specificity of AR-EcoScreen by CRISPR based glucocorticoid receptor knockout. Toxicology *in vitro*, 45: 1-9.

第 6 章　污染物毒性评价的环境合成生物学模型

生命由多种复杂而有序的代谢、信号转导等网络系统组成并调控。合成生物学将复杂的生命系统拆分为各个功能元件并进行设计创造或制造组装，进而构建出新的功能系统。理论上，合成生物学是指生物技术中的一系列概念、方法和工具，目前尚没有统一的定义。作为一门综合了多学科理论及工程思想的新学科，合成生物学与多种学科交叉融合。环境合成生物学侧重于合成生物学在环境科学方向的应用，可以帮助解决环境科学中实际存在的问题，尤其是在评价环境中急剧增加的新型污染物毒性时，合成生物学技术的推广应用势必起到良好的促进作用。本章将重点介绍应用合成生物学技术获得的较为前沿的毒理学生物评价模型。

6.1　诱导多能干细胞模型

诱导多能干细胞（induced pluripotent stem cell，iPSC）是成体细胞在进行重新编程后，可以恢复到像胚胎时期一样的、具有多向分化潜能和自我更新能力的细胞，其特征类似或相当于胚胎干细胞（embryonic stem cell，ESC）。iPSC 是目前干细胞研究中应用较多的一种细胞模型，其构建流程主要包括提取成体体细胞（通常为成纤维细胞），通过病毒转染或小分子诱导剂处理的方法对其进行重编程，使体细胞去分化并且转变成能够自我更新的干细胞，最后选取健康干细胞克隆进行扩大增殖培养。

6.1.1　iPSC 来源及发展

2006 年，日本科研人员成功地在原代培育的实验小鼠体细胞中诱导高表达了 4 个多能性相关调控因子 OCT4、SOX2、KLF4 和 c-MYC（即 OSKM 系统），将成熟体细胞重编程为多能干细胞，并命名为诱导多能干细胞（iPS 细胞，或 iPSC）。由于干细胞培养技术的发展和改进，生产 iPSC 所需细胞可以通过各种方式获取，如尿液、血浆、羊水和皮下穿刺活检样本等。目前，已建立多种组织来源的人 iPSC 细胞系，包括脂肪组织、外周血、脐带血、羊水等。尽管不同体细胞诱导效率存在差异，但理论上，所有体细胞都被视为具有产生 iPSC 的能力。自问世以来，iPSC 已被证明具有广阔的应用潜力。相对于传统的体外癌细胞模型，人 iPSC 可以反映患者的生理、病理等特点，并模拟人体内微环境的真实状况；在建立细胞病理模型时，iPSC 相较动物源性或肿瘤等细胞更贴合真实的生理情况，预测性更好；又因为源于成体细胞，所以 iPSC 也比较适宜用来建立含有多种不同类型细胞的类器官模型，在模拟人类组织构造方面优点尤为突出。

体细胞重编程和基因编辑技术代表着近年来能够深刻改变生物和医疗领域研究方向的两种新技术手段，而基因编辑工具的迅速发展也为 iPSC 技术开发提供了全新的研发方向，因此基于 iPSC 的基因编辑技术越来越引起大众的关注。基因编辑技术与 iPSC 技术的融合，从生物分子、细胞结构和功能水平上提高了人们对不同病症的理解，特别是扩大了人源性干细胞在生物转化医疗中的重要功能。通常，可以根据 iPSC 技术构建相同疾病的细胞模型，将患者突变基因组导入健康的 iPSC，或修正患者 iPSC 中与疾病相关的基因突变位点。在基因编辑技术中，CRISPR/Cas9 系统可以利用小向导 RNA（small guide RNA，sgRNA）实现对靶向基因中特异位点的敲除或敲入，同时保证靶基因位点之外的遗传背景不变。由于 CRISPR/Cas9 的上述特性，使得它可以有效推动干细胞疾病模型的构建和化合物毒性检测的发展，从而促进了以干细胞为基础的生物技术研发。

目前，使用 iPSC 构建的病变模型已经涵盖了神经、血液、心血管、胰腺和肝脏等相关系统，这些系统大部分都是基于传统的二维单层细胞培养模式。但近年来，具有三维结构的体外模型也因为更加贴近真实的生理状态而更受到了研究人员的关注。同时，这些三维立体模型也更适用于疾病病理研究，例如，基于三维培养的内胚层组织立体结构的构建方法被广泛应用于胃肠病变模型的前期建模。值得注意的是，在使用 iPSC 技术构建的疾病模型进行研究时，需要研究人员能够辨别诱导发病的因素究竟是个体患者基因位点突变，还是生理背景的影响。因此，在利用基因编辑工具对重要致病位点进行回复突变的同时，应合理设计对照实验，以便消除在研发过程中不同来源的细胞、各个克隆间基因的表观复杂性所造成的不利影响。

6.1.2 重编程因子及 iPSC 标志物

向成体细胞中导入与多能性相关的外源性基因，能够将成熟的体细胞重编程（reprogramming）为 iPSC。在重编程的过程中，选择合适的重编程因子至关重要。研究人员采用了生物标记法和基因转染等方式，在最初的 24 个候选因子中甄选出 4 个必要因子——OCT4、SOX2、KLF4 和 c-MYC，并确定它们的过表达是重编程的最低条件，其组合能够实现小鼠、大鼠、犬、猴以及人的体细胞重编程。功能上，OCT4 可参与对多个基因组结构的调控，并具备维持细胞自我更新与多能性的能力；c-MYC 的表达可阻断细胞衰老，加速成纤维细胞的扩增，并提高 iPSC 诱导效率；OCT4、SOX2、KLF4 还可调节 ESC 特异性的基因。这些因子均具有转录活性，能够调节自身的表达水平。其中，OCT4 在重编程过程中的作用不能被其他家族成员代替；SOX2、KLF4 和 c-MYC 家族的某些成员也可以诱导形成 iPSC，因此，SOX2 可以由 SOX1、SOX3、SOX7、SOX15、SOX17 或 SOX18 替代，KLF4 可以由 KLF2 替代，c-MYC 则能够被 n-MYC 或 l-MYC 替代。

近年来的研究发现，其他因子组合如 OCT4、SOX2、NANOG 也可以用于产生人的 iPSC。NANOG 是维持小鼠 ESC 多能状态最为关键的因子之一，能够与 OCT4、SOX2、KLF4 形成转录环。OCT4、SOX2、NANOG 与 RNA 聚合酶Ⅱ结合并上调 ESC 特异性的基因 *STAT3* 和 *ZIC3*，同时它们也与 SUZ12 共定位于发育相关的调控基因 *PAX6* 和 *ATBF1*，从而发挥抑制作用。在实际实验操作过程中，产生 iPSC 所需的诱导因子不是一成不变的，若某些重编程因子在选定的体细胞内已经具有内源性的表达，可在实际操作中从因子组合中剔除。例如，神经祖细胞内源性表达 SOX2、KLF4 和 c-MYC，因此在诱导时仅需过表达 OCT4 便可将其诱导为 iPSC。

6.1.3　iPSC 转导方法

最初，iPSC 的建立需要通过以莫洛尼氏鼠白血病逆转录病毒（Moloney murine leukemia virus，MMLV）为基础的逆转录病毒载体来实现目的基因的转导。逆转录病毒能够借助逆转录酶将其携带的 RNA 基因组整合入宿主的基因组中，从而稳定感染小鼠成纤维细胞。因此，重编程后的 iPSC 基因组内被整合了大量外源的目的基因，从而实现持续表达。研究人员发现，无论是整合在 ESC 还是 iPSC 基因组中，逆转录病毒启动子区均会由于发生 DNA 甲基化而失活，导致重编程过程中目的基因的表达被逐渐抑制，当细胞被重编程为 iPSC 时，目的基因则被完全沉默。科学家们认为，正是细胞中的这一自动沉默机制实现了有效的体细胞重编程。然而，逆转录病毒所介导整合的外源序列仍然保留在成功诱导的 iPSC 基因组中，而细胞基因组原序列的改变则可能会诱发异常。尤其对于重编程因子中的原癌基因 *c-MYC*，其再度激活有可能导致转基因源性的肿瘤细胞形成。

为了制备更加安全可靠的 iPSC，目的基因转导的方法得到了逐步改进。其中，一种重要的方式是在 iPSC 重编程过程中去掉 *c-MYC* 基因。研究人员发现，仅利用 *OCT4*、*SOX2* 和 *KLF4* 即可将人和小鼠的成纤维细胞诱导为 iPSC，与对照组相比，在因子组合中去掉 *c-Myc* 基因而诱导产生的小鼠 iPSC，在 6 个月的观察期内没有检测到肿瘤细胞的增加，但重编程效率会显著降低。另一种改进的方式是将重编程因子与内部核糖体进入位点（internal ribosome entry sequence，IRES）或自剪切多肽 2A（2A self-cleavage peptide）融合并置于相同载体中，以减少整合位点的数量。在包含 loxP 序列的慢病毒系统中插入多顺反子表达盒，即可通过单一载体诱导 iPSC 产生。Cre 重组酶能够剪切插入的这段多顺反子表达盒，但长末端重复（long terminal repeat，LTR）序列仍然保留在诱导成功的 iPSC 基因组中。从基因组中剔除插入的基因能够避免重编程因子在细胞中的渗漏表达，从而改善 iPSC 的基因表达谱及其分化潜能。

非整合的转座子系统也能够应用于诱导 iPSC。包含重编程因子表达盒的质粒携带转座子后编程因子，能够在转座酶的介导下整合进宿主基因组中。在诱导形成 iPSC 之后，转座酶能够识别宿主细胞基因组中整合的转座子载体的末端重复序列，从而将其从基因组中删除。在大多数情况下，删除由转座子所介导的插入序列不会留下印记，因而能够保留宿主细胞原本的基因组序列。已报道的非整合基因转导方法包括病毒（仙台病毒及腺病毒）、DNA 载体（质粒、游离质粒及微环载体），以及蛋白质介导的目的基因的直接转运。尽管目前通过这些方法诱导 iPSC 的效率仍然很低，然而未来它们有潜力成为诱导 iPSC 的标准方法。

6.1.4 iPSC 影响因素

在重编程过程中，培养条件和细胞信号对 iPSC 的形成至关重要。ESC 的优化培养体系能够用来培养 iPSC，培养体系中的白血病抑制因子（leukemia inhibitory factor，LIF）和成纤维生长因子 2（fibroblast growth factor-2，FGF-2）对于维持小鼠和人的 ESC 具有重要作用，然而，这些因子在 iPSC 诱导培养过程中发挥作用的机制尚不清楚。除上述两种因子之外，WNT 信号也能支持 ESC 的自我更新，并对 iPSC 的诱导效率有很大影响。WNT 通路在没有配体的情况下，重要信号转导蛋白 β-catenin 会被糖原合成激酶（GSK3-β）磷酸化，随后经由泛素蛋白酶体途径迅速降解而失活，导致 WNT 信号缺失。当存在 WNT 通路配体（如 WNT3a），或 GSK3-β 的抑制剂（如 CHIR99021）时，β-catenin 降解过程被抑制，随后在细胞内积累的 β-catenin 会激发 WNT 信号。添加 WNT3a 或 CHIR99021 激活 WNT 信号均能够提高重编程效率。

Kenpaullone 也是 GSK3-β 和细胞周期蛋白依赖性激酶（cyclin-dependent kinase，CDK）的靶向抑制剂，能够替代 KLF4 与 OCT4、SOX2 和 c-MYC 因子组合，将 MEF 细胞重编程为 iPSC。但 Kenpaullone 自身并不能增加细胞内源性 KLF4 表达，因此，其帮助诱导 iPSC 的具体机制仍然未知。然而，比 Kenpaullone 更加特异的 GSK3-β 抑制剂 CHIR99021 或 CDK 抑制剂 Purvalanol A 与 OCT4、SOX2 及 c-MYC 因子组合却不能产生小鼠 iPSC。不过，当组合使用 CHIR99021 和赖氨酸特异性脱甲基酶 1 抑制剂苯环丙胺时，仅结合 OCT4 和 KLF4 便可以从人原代角质细胞诱导出 iPSC。

氧张力也是影响 iPSC 诱导效率的一个重要因素。低氧张力能够促进神经嵴细胞和造血干细胞的存活，并抑制人 ESC 的分化。在低氧（5% O_2）条件下诱导 iPSC

时，小鼠和人的成纤维细胞重编程效率可提高 4 倍。添加维生素 C 也能够提高从小鼠和人体细胞中产生 iPSC 的效率，其发挥作用部分归因于减缓细胞衰老。

6.1.5　iPSC 环境毒理学应用

在现代毒理学研究中，体外活细胞试验具有系统简单、条件易控制、试验周期较短和满足高通量化等优点。对比癌细胞，干细胞具有正常的核型，在基础毒性试验中可以比较客观地体现化合物和正常细胞间的相互影响；而对比原代细胞，ESC 的生长力更强，经过诱导分化后能够大规模得到各种原代细胞的替代品，为进行试验的高通量化创造了条件。

iPSC 提取自成体组织，通过体外条件诱导，实现成体细胞重编程至胚胎细胞状态。与 ESC 不同，iPSC 可以使用患者来源的体细胞构建，有助于探究环境风险与疾病间的关联。iPSC 可具有和患者相同的基因组信息，许多 iPSC 从患者的体细胞中获得，目前使用的模型包括腺苷脱氨酶缺陷相关的重症联合免疫缺陷 iPSC、肌营养不良和肌萎缩侧索硬化 iPSC 等。脊髓性肌萎缩（spinal muscular atrophy，SMA）患者皮肤成纤维细胞被提取诱导后，建立了稳定的 iPSC，该 iPSC 相较于其他带有疾病背景的 iPSC 使用更多。SMA 是一种以运动神经元退化并后续进展成肌萎缩为特征的常染色体退行性遗传紊乱，引起 SMA 最普遍的因素是运动神经元 1（survival motor neuron 1，SMN1）的基因突变，使得蛋白质的表达水平显著下降。源自患者 iPSC 的运动神经元可以重现疾病的本质。与患者母亲的正常 iPSC 相比，患者 iPSC 来源的运动神经元 SMN 表达显著降低。这种 SMN 水平的降低，在试验过程中可以使用妥布霉素处理进行纠正。这一结果说明，iPSC 可以作为一种有效的筛选系统，从数以千计的候选化合物中鉴定出特异的、有效的化合物。

将上述实验理念应用于环境毒理学评估中，可以很好地实现环境风险因子的筛查。在现实中，大多数疾病的病因并不单一，往往是遗传、表观遗传、环境等综合因素所致。利用患者的 iPSC，可以很大程度上找到与环境直接相关的高风险致病因子，然后通过体外试验筛查，配合临床流行病学调查数据，获得完整的环境毒理数据。

神经系统疾病影响着全世界数百万人，而且疾病的发生似乎呈上升趋势。虽然这一增长的原因尚不清楚，但环境因素是其中值得怀疑的诱因。例如，孤独症谱系障碍（autism spectrum disorder，ASD）是由复杂的遗传和环境因素引起的一个重大公共卫生问题。与 ASD 相关的基因-环境（gene-environment，G×E）相互作用机制和可靠的生物标志物目前大多未知或有争议。在一项研究中（Modafferi et al.，2021），利用来自患者的 iPSC 以及 CRISPR/Cas9 引入 ASD

相关基因突变作为研究相互作用的模型，在 iPSC 衍生的人类三维大脑模型中发现了染色体结构域解旋酶 DNA 结合蛋白 8（chromodomain helicase DNA binding protein 8，CHD8）的基因突变与环境暴露于有机磷农药毒死蜱之间的潜在协同作用，会导致 ASD 高发。另一篇论文强调，虽然基因变异会增加 ASD 的风险，这在儿童早期就表现出来，但越来越多的文献已经证实，子宫内的化学物质暴露也会增加 ASD 发病概率（Bilinovich et al.，2020）。这些化学品包括空气污染物，如柴油颗粒物（diesel particulate matter，DPM）。实验人员通过使用 DPM 暴露的人类 iPSC 衍生的大脑类器官，阐明了 DPM 暴露如何在大脑早期发育过程中干扰正常的线粒体功能和细胞呼吸，认为 DPM 可能通过干扰神经发育过程，最终导致 ASD 等发育障碍。

对于另一类的神经系统病变——帕金森病（Parkinson's disease，PD），人们普遍认为环境风险因素对PD的影响可能因个体遗传背景中存在PD遗传风险因素而增强。然而，由于遗传和环境相互作用的复杂性，这种相互作用可能很难预测。研究人员通过研究人 iPSC 衍生的早期神经祖细胞（neural progenitor cell，NPC）的潜力，以模拟没有已知 PD 遗传风险因素的对照者和受试者之间锰（Mn）神经毒性的差异。Mn 是 PD 的环境风险因素，*PARK2* 双等位基因功能缺失突变是 PD 家族史的遗传因素之一。研究人员发现，尽管 PD 患者细胞内 Mn 的积累显著减少，但与对照者 NPC 相比，受试者中 Mn 暴露与更高的活性氧生成有关。因此，该报告提供了与 PD 有关的环境健康相关表型中人类受试者特异性差异的第一个例子，这些差异与 PD 已知遗传和环境风险因素之间的致病性相互作用一致（Aboud et al.，2012）。

胆固醇代谢的变化是神经发育病理学的特征之一。正如有的研究表明胆固醇生物合成的化学抑制会损害神经发育一样，多种胆固醇代谢遗传性疾病支持了这一观点。最近一项研究通过对 ToxCast 数据库中影响甾醇代谢化合物进行筛选，发现常见环境毒物可能损害胆固醇代谢，从而导致神经发育毒性。通过使用各向异性标记的胆固醇前体评估人 iPSC 分化形成神经前体过程中胆固醇的生物合成，并通过 UPLC-MS/MS 监测产物，对化学效应进行验证，结果发现类吗啉类杀菌剂、安非他命和螺旋胺在来源于 iPSC 的人类神经发育模型中可引起低胆固醇血症（Wages et al.，2020）。

另一个典型的中枢神经系统疾病——肌萎缩侧索硬化（amyotrophic lateral sclerosis，ALS），是一类衰弱性中枢神经系统退行性疾病，其特点为运动神经元的逐渐丢失和大量 TAR-DNA 融合蛋白-43（TDP-43，基因 *TARDBP*）的积累。越来越多的证据表明，环境因素会增加 ALS 的发病风险。二噁英、多氯联苯（polychlorinated biphenyl，PCB）和多环芳烃（polycyclic aromatic hydrocarbon，PAH）是激活芳烃受体（aromatic hydrocarbon receptor，AHR）的环境污染物。在一项研究中，将 6-甲酰吲哚[3,2-b]咔唑（FICZ，一种潜在的内源性配体）、四氯二苯并对二噁英和苯并[a]芘（一种香烟烟雾中的致癌物）等 AHR 激动剂暴露于 iPSC 分化的运动神经元，发现这些环境中的 AHR 激动剂增加了 ALS 相关主要病理蛋白 TDP-43 的富集，提示环境因素可能直接导致 ALS 的发生（Ash et al.，2017）。

由于迫切需要开发更系统、生物学相关和具有预测性的体外分析模型用于大规模筛选具有潜在神经毒性的化合物，研究人员在 2019 年开发了基于 iPSC 的 3D 神经模型研究平台（该平台由成熟的皮质神经元和星形胶质细胞组成），研究了 87 种化合物的神经毒性特征，包括药物、杀虫剂、阻燃剂和其他化学品。实验结果表明，57%的受试化合物在试验中表现出阳性效应，这意味着人 iPSC 分化的 3D 神经培养实验平台可作为评估药物和环境污染物神经毒性的一个有力的生物学工具（Sirenko et al.，2019）。2021 年，研究人员利用从人 iPSC 分化的神经干细胞，进一步诱导成混合神经元/胶质细胞培养物，并将其暴露于 29 种不同持久性有机污染物（persistent organic pollutant，POP）的混合物中，暴露浓度与流行病学调查得到的斯堪的纳维亚人血液水平相当。采用体外分析方法评估持久性有机污染物的混合物对神经元增殖、分化和突触形成的影响，并将其与现有发育神经毒性（developmental neurotoxicity，DNT）不良结局途径（adverse outcome pathway，AOP）中明确的关键事件相联系。研究显示，与人体浓度相关的 POP 混合暴露，特别是溴化和氯化混合物，增加了神经干细胞的增殖，并减少了突触的数量，这表明产前接触 POP 可能影响人类大脑早期发育，从而导致儿童学习和记忆缺陷（Davidsen et al.，2021a）。

鉴于人体发育中大脑的脆弱性，大脑发育神经毒性的混合风险评估是十分必要的，因为在实际生活中，婴儿和儿童并不仅仅接触单一化合物，而是会同时接触多种污染物。利用人 iPSC 分化为神经元和星形胶质细胞混合培养物，评估了单一污染物和不同类别混合污染物对神经细胞的影响，考察了双酚类化合物、PCB 等环境污染物对突触形成、神经突起生长和脑源性神经营养因子的表达水平的影响（Pistollato et al.，2020）。这种将人 iPSC 诱导的混合神经元/胶质细胞培养物应用于混合物毒性的评估方法更加贴合于真实的环境情况，该评估与不良结果通路网络的关键事件密切相关，是识别可能导致儿童学习和记忆障碍的混合污染物的一种有价值的方法。

由于神经系统疾病的发病率不断上升，环境中存在大量未经测试的污染物，因此需要开发可靠、有效的筛选工具，用于识别可能影响神经系统发育的环境污染物。2016 年，利用 iPSC 分化的人类神经元进行高通量、高含量的分析，筛选了包含 80 种化合物的毒性数据库，以确定它们是否具有抑制神经轴突生长的能力（神经轴突是化合物可能引发神经毒性的作用靶点之一；Ryan et al.，2016）。该数据库包含多种化合物，包括已知与发育神经毒性和（或）神经毒性相关的化合物、具有未知神经毒性潜力的化合物（如 PAH 和阻燃剂），以及没有神经毒性的阴性对照化合物。此研究结果说明 iPSC 在发育神经毒性和（或）神经毒性筛选中是有效的工具，可以较准确地识别出诱发神经毒性的潜在化合物。

全氟辛烷磺酸（perfluorooctane sulfonate，PFOS）和全氟辛酸（perfluorooctanoic acid，PFOA）等多氟烷基物质的潜在神经毒性一直是环境毒理学研究的重点。为了深入阐释这类化合物的神经毒性，研究了 PFOA 对人 iPSC 诱导神经元网络中自发神经元活动的急性毒性，观察到 PFOA 处理组神经元活性显著降低，PFOA 抑制了 γ-氨基丁酸（γ-aminobutyric acid，GABA）诱发电流，并作为非竞争性 GABA 受体拮抗剂发挥作用（Tukker et al.，2020）。通过诱导 iPSC 分化，可进一步构建出大脑类器官模型，该模型是具有接近生理细胞成分和结构组织的三维体外模型，可代表发育中的人脑。这一模型的建立为研究大脑发育过程和疾病发生提供了理想的实验系统。我们知道，重金属镉（Cd）在生物体内的半衰期很长，产前暴露于 Cd 会对健康造成严重威胁，尤其是对发育中的大脑，但是 Cd 暴露引起神经毒性的潜在机制尚不清楚。为解决这一问题，研究人员提出了一种新的方法，即在带有八角形微柱的阵列芯片上设计大脑类器官，探索了 Cd 暴露对大脑类器官神经功能的不良影响。在该研究中，使用 iPSC 分化而来的、具有毫米级大小的大脑类器官在时间和空间上再现了人脑发育早期相关事件，包括基因表达水平的程序性变化和三维脑组织的构建等过程。在 Cd 暴露下，大脑类器官表现出细胞凋亡、神经分化扭曲和脑区分化紊乱等现象，暗示 Cd 暴露会影响人类胎儿大脑发育（Yin et al.，2018）。

除神经系统疾病外，流行病学和实验室证据都表明环境污染和心脏疾病之间存在关联。2017 年，以人 iPSC 分化而来的心肌细胞为研究模型，结合多种心脏毒性检测方法，评估了 69 种代表性的环境化学物质和药物的心脏毒性，结果显示化合物暴露对心肌细胞搏动和细胞中线粒体毒性的影响是十分显著的（Sirenko et al.，2017）。事实上，iPSC 衍生的体外模型系统最近已成为心脏毒性研究的一种较为理想的选择。此外，值得注意的是，由于化合物在体外干扰心肌细胞复极的现象与临床上长心室复极延迟综合征十分相似，而心肌细胞搏动又是一种在体外容易观察到的表型，因此 iPSC 衍生的心肌细胞适合用来检测能够导致心律失常的化合物。最近的一项研究利用新近开发的 PluriBeat 方法，研究了三种多氟或全氟化合物（per- and polyfluoroalkyl substance，PFAS），包括 PFOS、PFOA 和 GenX 对体外早期胚胎发育的影响。在该试验中，使用 3D 培养的方法诱导了人 iPSC 分化，模拟人类胚胎发育早期阶段，形成了跳动的心肌细胞。结果显示，在不引起细胞毒性的暴露浓度下，PFOA 和 PFOS 均对心肌细胞分化产生强烈影响，其中 PFOS 比 PFOA 毒性更强。GenX 对试验中使用的一种人 iPSC 表现出浓度依赖性影响，但对另一种人 iPSC 未表现出类似作用。该研究显示，基于 PluriBeat 分析方法可能建立一套高效、灵敏的心脏发育毒性研究模型（Davidsen et al.，2021b）。另一项研究基于人 iPSC 建立了一套心脏发育毒性研究平台，评估了食品和饮料中存在的微塑料及纳米塑料对人体心脏发育的影响。研究结果显示，聚苯乙烯纳米粒子会影响人 iPSC 的转录谱，干扰人 iPSC 向房室心脏瓣膜的发育过程（Bojic et al.，2020）。外源化合物的体内代谢过程往往非常复杂，利用体外方法揭示化学品的生物活性和解毒过程仍然是非常具有挑战性的研究。因此，考虑到人类器官培养模型的生理相关性及其在高通量筛选中的应用，尝试开发了化学品及其主要代谢物的多维化学-生物分析方法，用于阐释体外化合物母体与代谢物的毒理学特征（Grimm et al.，2020）。通过对 25 种 PCB（PCB-3、11、52、126、136 和 153 及其相关代谢物）在人 iPSC 分化的心肌细胞和心内皮细胞中的剂量-效应关系（10 nmol/L 至 100 μmol/L）的考察发现，氯化 PCB 及其代谢产物是 PCB 体外心血管效应的主要贡献物。这一研究展示了一种新的实验策略，即如何利用体外数据来表征 PCB 及其代谢物对人类健康的风险。

众所周知，多种重金属具有肾毒性。例如，Cd 是一种已知的重金属环境污染物，由于肾脏生理结构的特点，肾脏的近端小管会接触到更高浓度的 Cd 暴露，出现毒性蓄积。以 iPSC 分化产生的肾近端小管样细胞建立的实验模型，可用于 Cd 暴露的肾脏毒性评估。例如，2021 年的一项研究就是基于此模型，探究了暴露于 5 μmol/L $CdCl_2$ 引起的转录组学改变，可以清楚地描述早期反应（6 h 内）和持续反应（24～168 h）的情况。在早期反应中，*NRF*2 和 *MTF1* 基因与 AP-1 调节基因 *HSPA6* 和 *FOSL1* 同时受到影响，而 *MTF1* 则是持续反应中的主要作用基因。由此得出结论，新的肾脏模型表现良好，因此非常适合此类毒理学研究（Singh et al.，2021）。

环境污染物对胰腺的毒性作用了解相对较少。典型的环境污染物，包括 PFAS、双酚和 PCB，均属于内分泌干扰物（endocrine disruptor，EDC）。流行病学研究表明，EDC 暴露可能与糖尿病发病相关，例如，PFOA 和 PFOS 这两种最常见的 PFAS 与糖尿病发病呈正相关。然而，还没有足够的毒理学证据说明环境内分泌干扰物对胰腺的不良影响，特别是从分子层面阐释糖尿病发病的具体机制。利用人类多能干细胞胰腺诱导模型和人类胰腺祖细胞（human pancreatic progenitor cell，hPP）内分泌诱导模型，评估了普通 PFAS 是否影响胰腺和内分泌细胞的发育。与 PFOA 和 PFOS 不同，短链 PFAS、五氟苯甲酸、全氟己酸、全氟丁烷磺酸和全氟己基磺酸不会显著干扰 hPP 的生成。然而，由于基因 *SOX9* 和 *HES1* 表达的增强子水平异常升高，hPP 的内分泌分化受到影响。因此，在 hPP 进入内分泌谱系开始分化后，NOTCH 信号的过度激活受到抑制。这项研究表明，与主要基于活体动物的传统毒性试验相比，基于人类多能干细胞的胰腺分化模型在发育毒性评估中的作用相当强大。此外，PFAS 可能会在胰腺结构从肠管中出现后开始干扰后续胰腺的发育，在此过程中 *SOX9* 可能是 PFAS 诱发毒性过程中重要的作用靶点（Liu et al.，2020）。

近年来，空气污染引起的肺部健康问题引起了人们的广泛关注，例如，有研究利用人 ESC 和人 iPSC 分化的人肺祖细胞（human lung progenitor cell，hLPC）和肺泡 2 型上皮细胞样细胞（alveolar type 2 epithelial like cell，AT2）对苯并[a]芘、纳米炭黑和纳米 SiO_2 等常见空气污染物进行毒性评估（Liu et al.，2021）。该项研究揭示了纳米炭黑的内化、纳米 SiO_2 的剂量依赖性摄取，以及苯并[a]芘和纳米 SiO_2 暴露对 ATL 中表面活性剂分泌的干扰，由此表明 hLP 和 ATL 诱导模型有助于评估可能影响肺部的环境污染物风险。人 iPSC 也可用于环境纳米颗粒引发的肝脏毒性研究。在最近的一项研究中，研究人员将人 iPSC 分化获得的肝细胞样细胞（hepatocyte like cell，HLC）用以研究不同浓度的纳米银颗粒引起的转录组学变化，发现纳米银颗粒能够显著引起 iPSC-HLC 中的氧化应激变化，并因此引发细胞自我保护反应。信号通路分析显示，在所有给药浓度下，癌症相关差异基因变化均排序首位（Gao et al.，2021）。考虑到 iPSC-HLC 可以体外无限增殖培养且质量可靠，尤其是具有生物体特异性方面的优势，预计 iPSC-HLC 将在不久的将来取代肝癌细胞系和原代肝细胞，成为纳米材料和其他化合物肝毒性研究的主要体外模型。除了单一的毒性评估之外，iPSC 诱导模型亦可用于环境污染物的多种毒性评估，最近的一项研究收集了得克萨斯州哈维飓风洪水后的 39 个表层土壤样品的生物活性数据，发现该地区居民区显著受 PAH 污染影响。通过对 5 种人类细胞（iPSC 衍生的肝细胞、心肌细胞、神经元、内皮细胞和人脐静脉内皮细胞）进行多种功能和毒性分析，发现 PAH 类污染物和细胞表型空间变化具有密切关系。此外，基于细胞的生物活性数据，也可评估几种 PAH 的环境浓度及 PAH 总体的癌症风险。这项研究显示，通过将生物测定与 PAH 浓度检测相结合，基于细胞的毒性分析可用于环境样品的快速风险评估（Chen et al.，2021）。

6.2 器官芯片模型基础

器官芯片（organ-on-a-chip）概念的产生源于微流控芯片工艺技术的发展。微流控芯片利用微纳工艺技术控制微米、亚微米等尺寸的流体，并利用流体在不同功能元件间的流动，将样品的制取、反应、分解、测定等流程集成在一个微米尺寸的芯片上。微流控芯片起初主要用于进行生物化学反应，近年来已经发展出使用微流控芯片培养细胞的器官芯片技术，为体外模拟人体的脏器结构和组织，以及研究人体对外来刺激的反应带来了崭新的思想和机遇。2010 年，哈佛大学 Ingber 课题组基于微纳技术在体外构建了肺芯片，并为肺水肿建立了一种新的疾病模型。该肺芯片具有类似肺器官的结构组成，并能在体外模拟肺部的动态变化。该项研究让人们意识到器官芯片在生物医学，特别是药物筛选和病理过程研究中的广阔应用前景。

6.2.1　器官芯片来源及发展

器官芯片研究是伴随着微纳科技的发展而出现的新兴研究领域。在微米尺度上，搭建复杂脏器芯片的微组织结构和流道，严格取决于微纳工艺技术的精密度和准确性。由于人体内复杂的脏器大多是由多个功能基本单元所组成，而每个基本单元尺寸很微小，如肺泡的平均直径大约为 200 μm。为了在体外最大限度地复原一定尺度上的基本功能单元，并为其提供均衡、充分的营养支撑，需要保证芯片上的流管与微米级的培养组织长度相符，所以复杂脏器芯片的制作严格取决于微纳加工技术水平。

器官芯片在药物筛选、毒理学和疾病研究中有着广阔的应用前景。药物的研发周期漫长，投入成本巨大，往往超过 90%的药物在通过动物试验后却在临床人体试验中失败，因此迫切需要开发出能够快速反映人体对药物真实生理反应的新测试平台。器官芯片可以用于体外直接模拟病理状况下的人体微环境，使受测细胞在疾病环境下生长。将待筛选的药品经由微流道进入孵化液中并作用于基本单元，通过检测反应中相应的生物指标就可以确定药品在治疗过程中的效果，从而完成药品的筛选。这一病理过程中的药物筛选采用了微纳工艺技术，在晶体上构造出带有特殊微结构的基本功能单元。器官芯片相比于传统的体外单层细胞培养方法，实现了各种细胞间的相互交流，并具备一定的三维结构，在一定程度上还原了微观环境中的物理因素。与实验动物和传统体外组织培养比较，器官芯片最主要的优点是测试通量更高，因为器官芯片系统对样品细胞的需要量很小，而每个检测单元又只要求极微量的细胞，所以传统体外试验测试一个样品所需要的大量细胞就可以在器官芯片系统中测试更多样品。器官芯片系统还适合共培养多种细胞，用于研究人体内不同细胞或器官之间的相互作用。目前，器官芯片可以被看成是在微流控芯片上制作人体器官的微缩模块，从更接近人类生理的角度为药物吸收、代谢及毒性效应评估提供了更高效的研究平台。

近年来，器官芯片已成为生物学家们研究的热点，进展非常快速。2011 年，美国国立卫生研究院（National Institutes of Health，NIH）、美国食品药品监督管理局（Food and Drug Administration，FDA）和美国国防部高级研究计划局（Defense Advanced Research Projects Agency，DARPA）共同决定实施一个战略性的研发计划，拟开发一种全新的高通量药物检测平台。与此同时，世界各大公司和高校也相继加入器官芯片研究阵营中，形成了一股器官芯片研发的热潮。目前，多个企业已经开发出了多种器官芯片用于药物筛查，如荷兰 Mimetas 的肾脏芯片、强生集团和哈佛大学共同研发的人体血栓芯片。长远来看，器官芯片具有非常广阔的市场。

6.2.2 器官芯片原理

人体的器官通常由各个功能单元构成，并以功能单元为单位执行器官正常的生理功能和各种动态过程。例如，肺泡是肺部的基本功能单元，是进行气体交换的主要场所，同时将呼吸作用吸入的氧气扩散到血液中为身体所用。器官芯片技术主要是通过结合微流控芯片技术与细胞、组织培养技术，在体外模拟人体组织器官的生理构造、生长微环境及基本功能。

器官芯片是将活细胞接种到包含微结构的芯片上，对含有多种细胞组成或一定生理结构的细胞培养物进行长时间的体外培养，模拟体内的细胞交互作用和物理因素刺激，即在芯片上重建体内细胞的微环境，从而得到接近真实人体生理功能的组织器官。其主要目的是在体外模拟人体器官，作为一体化的培养、监测、数据分析平台，最后可以在微米芯片上建立人类病理模式和完成高通量药物检测等。器官芯片的主要原理是：首先采用微纳工艺技术加工出具有特定微阵列结构的微流控芯片晶体，然后在该结构上种植细胞，形成具有特定组织结构的细胞培养方式。为了能够在体外继续培养细胞，芯片上还会集成微流体通道等结构，营养液通过微流体通道在微阵列结构内部流动，从而给细胞运送氧和养分以及排出代谢产物。通过一段时间的培育，植入在芯片中特定结构上的细胞就会通过自组装的形式产生有功能的组织单元，该芯片便成为了器官芯片（图 6-1）。

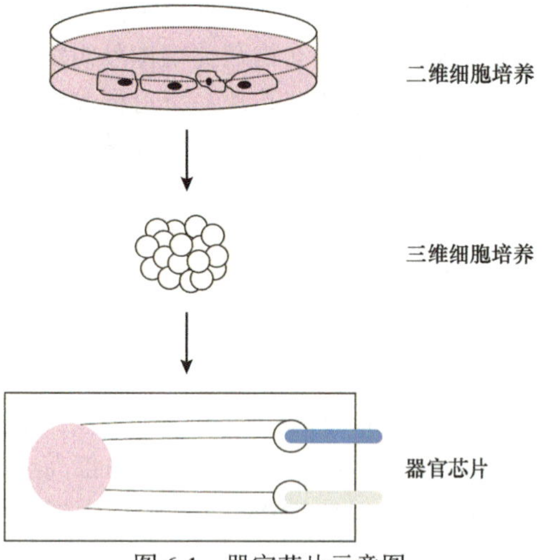

图 6-1　器官芯片示意图

器官芯片可以认为是在微流控芯片基础上进行的体外细胞培养。传统的体外组织培养仅提供了二维的平面支持，不具备任何特定的结构及组织方式。而在芯片上建立细胞所需要的器官模块，不但可以提供细胞生长所需要的刚度等物理微环境支撑，还能够通过微纳工艺技术模拟人体各器官，形成对应的三维微结构，同时也可以利用微型流体通道为细胞供给营养物质、氧气以及生长因子等外源物质。芯片上集成的微流体通道还为药物暴露创造了条件，药物随着孵化液在芯片之间自由流动，不仅可以保持药物暴露水平稳定，而且后续还能通过研究细胞对药物的反应来评估药物效应。综上所述，器官芯片同时具备了微流控芯片和体外细胞培养技术的优点，主要表现为以下几个方面。①高通量。大量样本以微阵列的形态排布在器官芯片上，通常数千乃至上亿个的样本都可以同时被集中到一个芯片上，从而一起完成培养流程，最后获得多组实验数据，比传统上在细胞培养皿中培养的方式大大节省了测试成本和测试周期。特别是在周期漫长的药物研发中，器官芯片具有强大的优势。②便携性。通常一块器官芯片的尺寸在毫米至厘米级，而芯片上样品和流道的大小长度均在微米级，不仅方便携带，还大大节约了试剂和材料的消耗，在大批量的测试中大大节约了测试成本。③方便对不同浓度梯度下的药物效应进行评估。器官芯片上的微流道，为连续灌注不同液体提供了便利条件，在不同浓度梯度下对测试药物效应的评估是临床前药物筛选测试中耗时耗力、工作量密集的关键流程，能够自动给药的微流控器官芯片系统可以充分解放劳动力。④模拟人体内的物理环境。细胞所在的物理环境对细胞的生长、形态、功能及分化等有着重要的影响。在芯片上，模拟人体的物理环境是制作器官芯片的关键，也是它最大的优点。由于微纳科技的进一步发展，人们目前已经实现了对器官芯片表面基质强度的可控调整，能够对培养细胞施加拉压应力、流体剪切力等外力刺激。这些技术手段可以更好地模拟人体器官真实的微环境及基本功能。⑤实现数字化结果实时监测。器官芯片可以实时监测细胞的多种生理功能指标，一次实验可得到大量数据。

6.2.3　器官芯片制备方法

器官芯片的性能以加工制备芯片的材料为基础，理想的材料通常兼具以下性质：无细胞毒性、无色透明、可调节弹性刚度、能够支持细胞黏附培养。根据功效与应用的差异，各器官芯片的结构也有很大差异。为了在体外尽可能重建体内的生理微环境，器官芯片除了对细胞起支撑作用之外，种植在芯片上的细胞还要在三维结构及细胞间相互作用上尽可能接近体内。已有很多研究表明物理刺激对于细胞生长发育、细胞命运决定及形态功能有重要的影响。综上所述，设计一个器官芯片通常需要考虑以下因素：微流控芯片的制作及加工、芯片上的培养物种植形式、体外重构微环境所需的物理化学刺激和监测细胞生理指标的检测部件。其中，只有微流控芯片及其培养细胞是不可或缺的。近年来，器官芯片技术蓬勃发展，各类器官芯片的功能不断优化和完善，为构建集细胞培养、检测与分析于一体的“一站式”体外研究平台奠定了坚实基础。

1. 微流控芯片的制备

生长在微流控芯片上的培养物需要持续的营养支持并排出其代谢产物，所以支持其生长的微流控芯片在结构上需要包含营养液的补给入口、连通细胞或组织的微流道，以及排泄细胞代谢物的出口等。为适应器官芯片不同的培养需要，人们必须个性化设计其构造、材质与功能，这也造成了不同的器官芯片所使用的制作工艺可能截然不同。目前，主要的微流控芯片加工制造工艺大致包括：①利用光对芯片上的微纳结构加热成型，相关方法有光刻法、菲林光刻法和激光刻蚀法；②使用机械压力工艺雕刻微纳结构，相关方法主要有机械模塑法、微接触压印法和机械加工法；③能够从头精密合成微纳结构，相关方法主要有 3D 打印法等。

这些制造加工工艺的基本原理总结如下。①光刻法。这是使用最普遍的加工刻蚀技术，相关仪器主要由掩膜板、光刻胶片和紫外线三部分构成。先在基底上涂抹一层光刻胶，并将带有芯片结构图的掩膜板放在上面，再利用紫外线的辐射使光刻胶产生光化学反应而引起性质变化，如此一来，掩膜板上的微结构图就被复刻在光刻胶上。光刻工艺技术相对成熟，能够实现亚微米甚至纳米级精度的刻蚀。然而，光刻法的刻蚀材质受限，一般是硅或者玻璃等材质；另外，光刻设备费用高昂，特别是制备掩膜板的装置更加昂贵。②菲林光刻法。近年来人们在传统的光刻工艺基础上进行了一定改良，大大简化了光刻工艺的复杂度。该方法和传统光刻法基于材料透光能力差异进行刻蚀的机理很相似，是使用阻光材料在透光覆膜上打印图形化的微刻结构，该掩膜板一般称之为菲林，用菲林取代了传统掩膜板对于光敏材料的微结构刻蚀。该方案相对光刻法来说，对设备和工具的要求较少，简单的紫外光源就可以实现光刻过程，同时还省去了刻蚀等后期工序。虽然菲林光刻法大大降低了微流控芯片加工工艺的复杂性，但其刻蚀准确度也有所降低，只能刻蚀分辨率几十微米以上的特殊结构。③激光刻蚀法。这是另一种利用光对微流控芯片进行加工的制备方法。当固态材料接触到高能激光的辐射时，所产生的高温能量很快就会将整个固态金属材料完全气化，从而实现对固体材料的精细雕刻。近年来，激光刻蚀技术在不断发展，特别是飞秒激光刻蚀法已经能完成微流道结构的三维结构刻蚀。④机械模塑法。机械模塑法首先要通过光刻等加工方式制造一种阳模模具，然后再把组成微流控芯片本体的液态高分子材料注入阳模，在引力或任何外力的驱动下，液态高分子材料将渗透并填充在阳模的微结构中，等液态材料完全凝固后，可以脱模分离模具，获得所需要的结构。例如，可以将聚二甲基硅氧烷（polydimethylsiloxane，PDMS）预聚体和相应配比的固化剂混匀后再注入硅模具中，在真空环境下排空，等到 PDMS 完全凝固后完成脱模。采用该方法制备的微流控芯片结构精度高，可以达到纳米级。⑤微接触压印法。

首先使用模塑法制得弹性模具，此类弹性模具多为 PDMS 材质。将弹性模具蘸取液态油墨材料，接着再将带有图案的弹性模转印在基底材料上。微接触压印法中采用的油墨材质也能改善基底材料表面的物理化学特性，使细胞能够生长在设定的图案区域。因为该方法所用的模具都是弹性材质，所以不但可进行平面芯片的表面改良，还可将涂层墨水材料转印到曲面基底表面。⑥机械加工法。近年来，由于机械加工精度的不断突破，许多新机械加工工艺被用于微流控芯片的设计。精雕技术在精雕机械基础上，通过精确的铣刀运动对材料进行定型加工切削，进而获得特殊形状的微流控芯片，从而构成了铣削工艺方法。由于目前的精雕机械多使用自动编程知识，其工艺精确度可达到几十微米，并能够把对芯片结构形状的铣削切割过程直接转换为动态性的刀具运动路径，从而实现芯片微构造的精准刻蚀。除此以外，精雕机床还可以对芯片的准三维构造进行精确加工，如雕出阶梯形的微型流道、微型反应腔等。但是由于该技术高度依靠精雕机械的加工特性，在加工材质选用上也有一些局限性，因此难以实现对硅、玻璃等特殊材质的加工。

2. 细胞/微组织的制备

器官芯片和其他微流控芯片最大的不同，就是在芯片上可以实现对细胞或微组织的直接培养。一般利用定点滴加法和捕获收集法，对细胞/微组织进行加工研究。定点滴加法是指使用移液枪等各种用具，将培养细胞溶液与水凝胶进行混匀，或将细胞悬液直接滴加在培养部位。器官芯片上培育的细胞微组织一般采用俘获收集法获得，其使用引力、毛细力、电荷力和几何结构约束作用等外力对细胞/微组织实施俘获采集，而后再在指定地方开展后期培育。几何约束法和重力沉降法联合使用，也是细胞收集的常见方式，可以将细胞在重力作用下沉降到芯片的特殊结构中，该方法也可用于新药检测。捕获或收集细胞的另外一个常用手段就是电场力。由于细胞和周围环境中的某些电子参数，如介电常数、导电效率等都具有一定差别，因此细胞处于外界电场之中时会受到外力作用，而这种外力一般称为介电泳力。介电泳力可以控制细胞移动方向，将细胞移动到指定范围内，或对不同的细胞进行分级和筛选等。在器官芯片上的细胞，还能够通过使用磁力处理、激光光镊等方式获取。器官芯片分为二维和三维两类。二维芯片中的细胞贴壁生长，构成二维的平面组织，常用于人体毛细血管或肺泡上皮细胞相关研究。新型生物材料的兴起和科学技术的进步，为人们构建三维微组织器官芯片提供了可能。肿瘤芯片/癌细胞芯片就是典型的三维器官芯片。癌细胞芯片是把已收集的癌细胞，在芯片小室中培养为三维的微肿瘤。人体脏器结构大都以三维形态出现，所以形成三维微组织的器官芯片可以更好地反映人体环境。三维微组织在形成时，通常会将水凝胶等特殊材质作为细胞外基质，使细胞固化于其交联后所产生的三维多孔网络中，进一步培养为三维微组织。细胞来源也是形成三维微组织器官芯片的另一个关键要素，细胞主要来自永生化细胞、原代细胞和多能干细胞。其中，永生化细胞在体外细胞培养中最常用，其生长增殖稳定、形态大小均一，对培养技术要求低且易于购买。但永生化细胞与体内真实细胞差异较大，与体内组织表型也不匹配。原代细胞是指直接在机体中提取进行体外培育的一种细胞类型，这一类细胞能够很好地反映个体差异，但是细胞提取困难，对技术要求高且无法通过传代的方式在体外长期培养。多能干细胞是指从机体中提取出来的、在适宜条件下可以在体外分化为多种细胞形式的一种细胞。使用干细胞分化所获得的细胞携带着和人体一样的遗传信息，通过干细胞形成的器官芯片可以更好地模拟个人生理状况和表现个体差异，是未来器官芯片发展的重点方向。

按照不同的细胞类型，可以把微组织共培养分成单个细胞共培养和多个细胞共培养。而针对不同的研究目的，可以选取不同的细胞类型。例如，当利用器官芯片模拟肿瘤细胞对其他细胞的影响时，必须在芯片上对肿瘤细胞与研究中的靶脏器细胞进行共培养。相反，当研究抗肿瘤药物的实际医疗效果时，只要求先在芯片上培养肿瘤细胞，经过药物处理后再对肿瘤细胞的生存率进行观测。在大部分情况下，口服抗肿瘤药物进入人体要先通过肝脏进行解毒后才能抵达肿瘤发生区，针对这一问题，在肿瘤芯片上形成了肝脏组织与肿瘤细胞共培养体系，能检测口服抗癌新药的实际医疗效果。多细胞共培养方法虽然可以更真实地显示人体的状况，但其具体操作却比较复杂。各种细胞的培养都离不开源源不断的营养物质，器官芯片亦然。器官芯片为细胞提供营养的方式包括静态和动态两种。静态培养法是指把芯片预留出开口，将芯片整体浸泡到所需要培养基中，再通过培养基在芯片上的扩散作用来完成细胞营养传递的培养方式。该方法操作简便，且芯片易制，多应用于器官芯片早期；但由于要经常换液，而且芯片上的所有细胞必须通过扩散的方式获取营养，极易出现交叉污染。动态培养法是指在芯片上设定微流道或者分支结构，并利用蠕动泵和其他装置不断地递送培养基，从而进行物质转换或者能量传输的培育方法。该方法可控性更强，能够进行全自动培养，且由于在各种微结构之间具有物理隔离而降低了交叉污染的风险，所以被更多地运用于现在的器官芯片研究中。

6.2.4 器官芯片应用及面临的挑战

1. 心脏芯片

最近，许多专用于研究心肌和相关药物高通量检测的心脏芯片已被成功构建。这种心脏芯片能够模拟人体心脏微环境，还能够实时动态监测心肌用药的效果。人心肌细胞是指位于人类心肌中的、能够周期性搏动并对外来刺激拥有强烈电生理反应的特殊细胞。心脏芯片通常在 PDMS 表面包覆及培养人心肌细胞，对芯片上的集成电极施以电冲击之后能即时观察心肌细胞的收缩特性及电位变化，可以及时对数据进行分析。心肌的收缩与舒张可以给人体内血液循环提供动力，心肌细胞的搏动也是心肌进行收缩的基础，因此，收缩力是心肌细胞的主要指标。对心肌细胞收缩力的测定主要在薄片心肌芯片上进行，即检测薄片结构变形程度。有些心肌芯片以琼脂糖为基础结构，每个微室植入一个人心肌细胞，可以直接观察人心肌细胞的搏动周期，研究不同参数对心肌细胞跳动的影响。心脏芯片还能够建立疾病模型进行药物检测，目前以缺氧心脏芯片最为常见，该芯片通过设置二列平行微柱阵列来模拟毛细血管壁，完成细胞内的物质传递，通过控制流量构建缺氧环境并导致心肌细胞损伤。钙离子通道也是心肌细胞的主要指标之一，使用这一检测指标，能够设计实时检测 Ca^{2+}动态变化以及氧浓度的可控心脏芯片。目前，心脏芯片仍然需开展多方面的研究，例如，如何构建三维心肌芯片从而更加逼真地模拟人体内心肌细胞状态。

2. 肝脏芯片

肝脏作为人体内最大的器官，在储存糖原、新陈代谢、蛋白质合成等方面发挥重要作用，其中，通过代谢分解体内或体外输入的物质并将其排出体外是肝脏的主要功能，因此肝毒性是新药研发过程中必须进行检测的指标之一。肝脏芯片能够通过体外模拟肝脏结构实现肝毒性监测和新药检测。体外对肝脏结构的模拟需要使肝细胞排列为与肝功能单元肝小叶结构相似的六边形图案。肝脏芯片主要运用介电泳力，使肝细胞内固定在导管中的微嵴构造两端的流道具有灌注液体的功能（图 6-2）。肝细胞在芯片上呈直线排列，可以生存 7 天，而且功能基本不会发生改变。研究人员已经通过使脐静脉内皮细胞和肝脏组织细胞有序排列的方式，成功以微流控芯片为载体构建了类似六边形肝小叶的结构。肝脏芯片被广泛应用于检测药物的肝毒性。瑞士罗氏生物制药有限公司的研究表明，以肝细胞为基础的肝脏芯片在肝毒性监测和新药检测上相比于单纯肝细胞培养物表现更好。

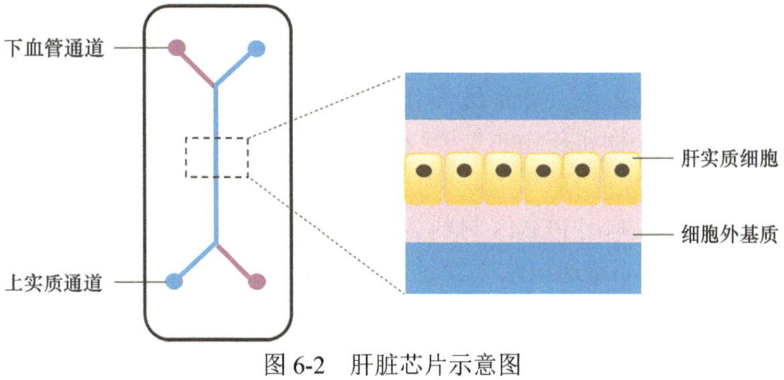

图 6-2　肝脏芯片示意图

3. 肺芯片

肺部是最主要的气体交换器官，是人类最关键的通气结构。肺泡是肺的最基本功能单元，然而，由于肺泡数量多、表面积大并且生物结构复杂，很难在体外培养条件下完全模拟肺部的生理功能，而器官芯片的问世将之变成了可能。肺芯片是当今世界上最早被研制出来的器官芯片，主要是用来在体外模拟肺泡和通气膜的生理构造，以及建立肺部病理损伤模型。最早出现的肺芯片使用的是聚二甲基硅氧烷（PDMS）材料，芯片上的“肺”由允许气体通过的上部通道和允许白细胞通过的下部通道组成，通过细胞外基质（extracellular matrix，ECM）涂层多孔膜分隔开来。为了模拟人的肺部功能，将人肺泡上皮细胞和血管内皮细胞分别种植在该芯片 ECM 多孔膜两边，将芯片两侧的两个微气室抽真空，模拟呼吸过程产生的结构牵引（图 6-3）。上述模型可用于探究周期性机械牵拉作用对肺泡的影响。肺上皮细胞的功能完整性、屏障功能及其产生表面活性化学物质的能力在该芯片上均远远高于常规细胞培养。该芯片实现了体外人肺泡的重建，可用于研究空气中的纳米粒子等环境因素对人肺部的影响。虽然目前已经有一些肺芯片被应用于了病理研究之中，但是这些芯片仍不能很好地模拟真实肺部复杂的结构和功能，如何构建更加接近人体情况的肺芯片是相关研究面临的一大挑战。

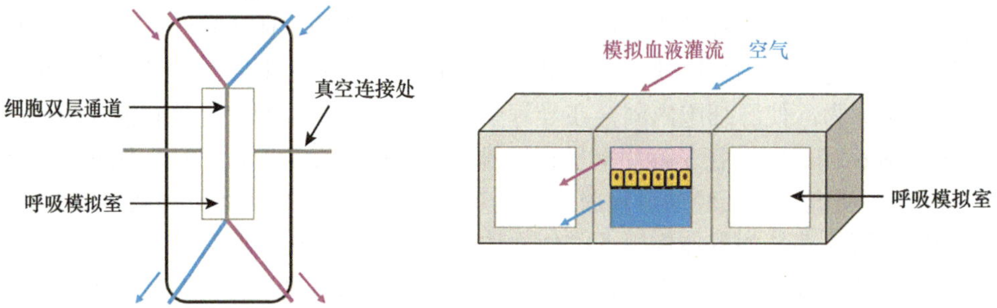

图 6-3　肺芯片示意图

4. 肠芯片

在人类的消化系统中，肠是最长且最主要的生理结构，是人类最大的消化器官。小肠是人体营养物和药物的主要吸收器官，在药代动力学中充分发挥着重要的作用，所以模仿小肠构造和重现小肠吸收功能也是目前科学研究的焦点。和肺芯片相似，小肠芯片利用 PDMS 材料为基础构建，芯片上的肠道由中心微通道和两侧真空室组成，中心微通道水平穿过由人类肠上皮细胞 Caco-2 内衬的柔性多孔 ECM 涂层膜。小肠在真实人体中主要负责食品的消化吸收，而且，为了更好地行使吸收功能，小肠细胞表面特化出了许多微绒毛结构，用于增大吸收面积。在体外研制的肠芯片中，3D 肠道绒毛可以很好地模拟人体内真实的小肠绒毛结构，但构建的 3D 肠道绒毛不能模拟人体内小肠绒毛的动态特征，因为在人体内小肠绒毛会不断运动来促进食物的消化和吸收。和上文中提到的肺芯片类似，该芯片也可以通过对两侧的真空室进行抽真空来产生低剪切应力和循环机械应变，以模拟小肠正常的蠕动和肠道微环境，便于运输、吸收和进行毒性研究。此外，肠芯片也可以进行肠道微生物和肠上皮细胞的共同培养，以便科学家更深入地理解肠道代谢、稳态和免疫调节。由于肠道在药物给药和吸收中的关键作用，伴随着生物材料和芯片技术的发展及对肠道结构和功能更加精确地模拟，目前已经开发了许多用于药物筛选和检测的肠芯片系统，并且在未来将会有更大的发展前景。

5. 肿瘤芯片

癌症现已成为危害人体健康最主要的因素之一。传统的肿瘤模型多是指培养于培养皿中的单一永生化细胞系，单层的细胞不足以模拟出癌细胞迁移和侵袭、细胞外信号、肿瘤微环境中的生物物理因素及肿瘤异质性。因此，使用肿瘤芯片模拟癌细胞所处的微环境以及癌细胞移动和攻击行为，对癌症的化学治疗和免疫治疗有着重要意义。由于在真实的癌细胞组织周围很容易产生异常的血管增生现象，因此研究人员使用 3D 打印等方式在肿瘤芯片中重新设计了中空的血管结构，并且根据人体的组织特征在肿瘤芯片的不同位置种植人脐静脉内皮细胞和肿瘤细胞，以此为基础，通过测试各种肿瘤细胞引起血管增生的能力，给研究血管增生现象和抑制血管增生药物的筛选提供了良好的平台。恶性肿瘤的转移与侵袭机制是癌症研究领域的另一大热门话题，在临床预防及控制肿瘤迁移和侵袭过程中会大量参考基础医学领域提供的数据。因此，研究人员打造了专门用来监测肿瘤细胞转移与侵袭过程的肿瘤芯片，该芯片中有单独的大肠结构培养室和单独的肝脏结构培养室，并通过可循环的液体进行连接，以便实时跟踪癌症细胞的生长迁移和侵袭过程，并且实时监测其迁移和侵袭过程中各种标志物分子的表达量。肿瘤芯片系统实现了对人体癌细胞移动方向与侵袭特性的实时跟踪，为肿瘤特征的临床研究提供了很好的参考依据。肿瘤芯片的另一项重要作用，是对抗癌新药的筛选。基于肿瘤芯片设计简单灵活的特性，能够高效完成药物装载和对细胞响应的高通量检测。最近研究人员基于聚乙二醇二丙烯酸酯（polyethylene glycol diacrylate，PEGDA）材料开发了一款可以实现 3D 肿瘤组织高通量制备和培养的肿瘤芯片，并利用该芯片对匹伐他汀和伊利替康两种药物的抗脑肿瘤能力进行了测试（Fan et al.，2016）。肿瘤芯片在精准医疗中的地位难以替代，可使用肿瘤芯片对不同患者的恶性肿瘤组织进行分离，然后重新构建肿瘤芯片进行抗肿瘤药物检测，以此达到对不同患者最佳抗肿瘤药物的精确检测，从而可能得到最佳的临床用药方案。在未来，制造科技的发展和提高必定会使肿瘤芯片在癌症模型建立与临床诊断方法的优化等方面发挥出更多的关键作用。

6. 器官芯片面临的挑战

本节主要对器官芯片的现状、发展历史、结构组成、设计方式及其在生物医药等领域的应用进行简要阐述。器官芯片的出现，实质上是微流控芯片技术与细胞体外培养技术共同发展的重要成果，是合成生物学在应用科学中成功的阐释。器官芯片可以在体外模拟构建接近体内真实情况的器官单元。与传统的二维单层细胞培养和动物模型相比，器官芯片表现出许多难以比拟的优势，如便携性、高通量、与体内微环境的高相似性。器官芯片可以做到真正模仿人体内的微观环境；此外，它的设计方式也有许多选择，但随着其材质与构造的不同而有所区别。在各种设计方式中，3D 打印技术由于其操作便捷、简单快捷、可一体化生产等优点而成为了目前的首选。由于器官芯片技术近期的蓬勃发展，其为研究疾病的发生机理、新药检测方法等科学研究创造了机遇，也给环境监测、食品安全等应用领域的发展带来了崭新的机会。器官芯片已经在人体生理学和药理学方面取得了长足的进展，但要使这些系统完全模拟人体功能，取代包括动物模型和细胞模型在内的毒理学试验，还有很长的路要走，也面临着诸多挑战。其中一个重大挑战就是细胞来源和多样性。目前，器官芯片多使用标准的永生化细胞系进行种植培养，永生化细胞系易于操作并且来源稳定，但其不能模拟不同个体间的体内微环境差异并带有一定的非真实生理背景。基于此，研究人员尝试在芯片上种植直接取自患者的病灶细胞，该策略虽然可以模拟不同个体间的体内微环境差异，但是不同病灶的原代细胞提取和体外长期培养仍面临很多挑战。在器官芯片的实际应用中，经常需要多种细胞来模拟复杂的人体微环境，因此器官芯片的细胞多样性是目前面临的另一个重大挑战，因为不同细胞所需要的培养条件往往千差万别，选择合适的培养基是器官芯片构建成功的关键。在器官芯片上植入细胞后，怎样对芯片内细胞进行即时和无损的检测是摆在研究人员面前的另一项挑战。研究人员通常都会选择在器官芯片中加入微传感器对细胞的运动状况进行即时检测，然而目前的检测指标相对单一，多为细胞收缩能力和电生理指数等。此外，还需要解决的瓶颈问题是，目前的器官芯片研究多集中在实验室中，无法量产，各实验室构建的器官芯片没有统一的标准，将来必定需要制定统一的行业标准，如芯片结构、流道形状、细胞类型和培养基类型、浓度、进样量等参数的统一。器官芯片在未来的实验应用中也必须保持高通量的特性，为了达到器官芯片对多个实验样本的高通量测试，目前一般都会采用精密制造技术如光刻加工或者 3D 打印等技术手段，尽管在理论上精密制造技术并不具有障碍，但是在实际生产中一般会出现一些问题，例如，要用单细胞/微组织的手动捕获方式代替自动滴加法、每个样品之间需防止交叉干扰、实现独立的质量控制以及结果读取。在精准医疗方面，一旦在临床上推广器官芯片的使用，就必须要适应每个患者即需即用、在不同场所应用的需要，这就对器官芯片的制作和保存技术提出了挑战。目前芯片的储存大多采取低温冷藏的方法，该方法能够暂停芯片中细胞的生理活动，防止常温条件下细胞自主进行的繁殖、分解、增殖和凋亡等生理活动。低温冷冻的方式涉及热力学、流体力学等多个学科和领域，目前成熟的技术只能对少数细胞进行低温冷冻保存，因此实现对整个器官芯片的低温冷冻保存还有很长一段路要走。

6.3 嵌合体胚胎及动物

嵌合体的概念源自“Chimera”（译为“奇美拉”或“喀迈拉”），是古希腊神话中一种具有蛇尾羊身的吐火怪兽。在生物领域中，嵌合体是指在一个生命体中具有不同基因类型的生物组织之间彼此联系的现象。在哺乳动物身上，这个现象也被叫作镶嵌性（mosaic）。

6.3.1 嵌合体基本概念

在遗传学中，常把存在各种遗传属性嵌合或混杂现象的生物体叫作嵌合体；在免疫学中，往往特指同时具有两种或两种以上相互嵌合细胞系的独立个体，且个体所包含的两类细胞的同源染色体组成不同，但细胞之间彼此耐受，不存在免疫排斥。这种嵌合体不仅能人为产生，在自然界中也作为一种染色体异常的结果真实存在。这类染色体异常导致的嵌合体被称为异源性嵌合体。

动物定向基因转移技术，正是基于嵌合体遗传学的这一特征，首先把外源基因注射进入囊胚腔，进而促使细胞发育形成具有不同基因类型的个体。由于细胞嵌合着两个截然不同的遗传属性，由嵌合囊胚发育而来的个体不但具有原本个体的基因组，还具有通过外源注射的基因组，这一类个体被称为嵌合体，该技术称为嵌合体技术，转基因动物即可通过该技术获得。

2017 年，人-猪嵌合体胚胎在 *Cell* 期刊上首次报道。科学家利用人干细胞注射猪胚胎细胞，并将该胚胎移植入母猪体内发育了 3～4 周，成功得到这一种新型嵌合体（Wu et al.，2017）。由于临床上人类移植器官来源一向严重短缺，这项研究工作通过在动物体内培养可移植的人类器官，大大地拓宽了移植器官的来源，有望解决移植来源的难题。获得嵌合体胚胎的过程可分为两步：第一步是利用 CRISPR 基因敲除技术创造遗传“空位”，即通过敲除关键基因阻碍猪胚胎内器官的形成；第二步是形成嵌合体，即向猪胚胎内注射人 iPSC，之后向猪的子宫内注射处理后的胚胎并培养 21～28 天，获得 iPSC 不同程度嵌合的猪胚胎。这种嵌合存在一定不足，例如，其人类细胞占比不高，甚至低至十万分之一，即每 10 万个细胞中才有 1 个人源细胞。

2021 年，通过中国与美国科学家的密切合作，首例人-猴嵌合体胚胎成功问世，极大地推动了嵌合体技术的发展（Tan et al.，2021）。这项研究通过向囊胚期的猴胚胎注入人干细胞，最终获得人-猴细胞嵌合体。然而这些嵌合体囊胚在母猴子宫内会以不同的速度消亡，截至母猴受孕的第 19 天，只有 3 个嵌合体胚胎幸存。与之前人-猪嵌合体胚胎相比，这种胚胎中人类细胞占比有所提高，总体嵌合率达到 4%。该项研究通过猴与人类细胞嵌合，再次验证了嵌合胚胎的可行性。这一新技术具有广泛的应用前景，不仅有望应用于组织培育、疾病模型的构建、新药的筛选，还可以应用于再生医学领域，培育可移植的器官。

然而，随着人-猴嵌合体相关成果不断涌现，研究人员对跨物种的嵌合体“定性”问题也展开了激烈的争论。首先，人-猴胚胎的物种归属如何界定？是人还是猴？目前的研究尚未阐明人-猴嵌合体胚胎中人类多能干细胞的去向，尚不知其准确的发育过程，也不知其最终形成胚胎的哪类组织，更不能实现对人细胞命运的精准调控。因此，这一模型依旧存在与人-猪嵌合体类似的问题，即无法消除人源性细胞进入动物神经系统并进一步发育的可能，也就依旧存在物种归属不明的伦理学问题。尽管人-猴嵌合体存在一定不足，它和人-猪嵌合体及人-啮齿类动物嵌合体模型相比在嵌合率上已经大有突破，获得的人源细胞数大大提升，更可能分化成所需要的器官，增加了该技术的实用性。这主要是由于人与猴间物种差异更小，人多能干细胞更容易在这种系统中茁壮成长。而人-猪嵌合体由于种间差异大，人源细胞过少，尚不足以分化成所需器官，限制了这项技术的应用前景。

嵌合体技术打破了物种间的壁垒，但是实现后续分化方向的精准控制依然是最大的技术难点。无论如何，嵌合体胚胎技术前景广阔，将来可能为疾病治疗中的难题提供新的解决方案。

6.3.2 嵌合体胚胎制备

构建实验动物模型，如黑白杂斑的嵌合体小鼠，往往依赖于嵌合体制备技术。嵌合体是指由两种或两种以上不同基因型细胞所构成的独立个体，这些遗传性状不同的细胞群进一步组成了机体的各种组织器官。ESC 作为形成嵌合体胚胎最常用的细胞系，具有多重优势。以小鼠 ESC 为例，其具有培养简单、增殖周期短等特点，适合于嵌合体制备。1984 年，科学家利用对小鼠 ESC 的囊胚内注射技术成功建立了小鼠嵌合体（Bradley et al.，1984）。近年来，人们通过 ESC 研究成功建立了嵌合体模型，不仅为体外生命个体发生发育过程的深入研究创造了机会，而且进一步发育得到的嵌合体动物也极大地促进了对哺乳动物胚胎生长发育、细胞分化与遗传等科学问题的深入研究。

1. 嵌合体制备用 ESC 鉴定

与以往实验中常见的癌细胞或原代细胞相比，ESC 的多能性在发育过程中的变化值得关注，因为多能性降低会使嵌合体无法培育成功。因此，在实验开始前，研究人员应确保 ESC 具有较好的多能性，并鉴定多能性相关的各项性状。本部分将以小鼠胚胎干细胞为例，介绍制备嵌合体胚胎的主要过程及鉴定方法。

1）碱性磷酸酶染色

哺乳动物各种细胞中碱性磷酸酶以桑椹胚、囊胚细胞和胚胎干细胞中表达最高，在已分化细胞中碱性磷酸酶的表达很低，通常呈现弱阳性或阴性，所以，碱性磷酸酶表达量的多少最能反映 ESC 的多能性状态。将一定数量的 ESC 接种于 6 孔板中，培养 3～5 天形成克隆后将细胞固定，利用偶氮偶联法使碱性磷酸酶着色，通过着色深浅判断酶的活性大小，着色越深则活性越高，多能性越高。

2）拟胚体形成实验

拟胚体形成试验是通过向未涂布任何材料的细胞培养皿或超低吸附孔板中接种 ESC 并进行悬浮培养，最终获得具有三个胚层的均匀球状结构。收集形成过程中第 5～7 天的样品，可以检测到外、中、内三个最基本原始胚层的标志基因。

3）核型分析

ESC 正常核型的维持对嵌合体动物的最终形成起决定作用。如果核型异常，ESC 将无法成功在宿主着床前的胚胎内完成嵌合，无法获得由不同遗传性状细胞共同分化得到的嵌合体动物。消化 ESC 使细胞相互分散成单细胞，向悬液中加入合适剂量的秋水仙素然后离心，之后加入氯化钾低渗处理促进样品中的盐离开样品，利用甲醛-乙酸固定样品，置于显微镜下观察，最后可以使用染色体 G 带分析进一步鉴定细胞核型。

2. 嵌合体制备

制备材料分为三部分：供体细胞、受体囊胚和假孕鼠。首先选择生长旺盛、无滋养层培养的 ESC，通过消化制备供体细胞的单细胞悬液。在配子结合第 4 天时，从成年雌性小鼠子宫收集受体囊胚并置于上一步获得的供体细胞悬液中备用，在假孕鼠假孕第 2.5 天时移植嵌合体。

嵌合体制备过程在显微镜下完成。首先制备约 1 cm 大小的培养基液滴，将受体胚胎移入液滴，并向每个受体胚胎的囊胚腔内注射数个 ESC 形成嵌合体胚胎，转移这些胚胎至全成分培养基。待胚胎在全成分培养基中恢复 1～2 h 后，当日选择囊胚腔中形成良好的囊胚，麻醉假孕 2.5 天的雌鼠，分别向子宫两侧移植 10～15 枚嵌合体胚胎。

嵌合体胚胎发育形成个体的毛色，可用于判断是否嵌合及嵌合程度。若实验供体细胞来自白色小鼠、受体胚胎来自黑色小鼠，则可通过新生小鼠是否有黑、白两杂色毛色表型初步判断嵌合情况。

6.3.3 嵌合体动物在环境毒理学中的应用

目前，嵌合体技术已在生物医药领域发挥了关键性作用，可用于解决人类发育生物学、神经生物学、遗传学、肿瘤学、毒理学等诸多应用领域的关键问题。嵌合体动物一般可采用聚合法、显微注射法和共培养法获取。其中，显微注射法使用最普遍，但操作相对较难，而嵌合体构建成功的概率则直接受到ESC自身的特点、受体胚芽的生长质量和实验员操作熟练程度等影响。ESC是否具有多能性，决定着嵌合体制备的成败。由于多能性降低会导致实验的失败，因而需要在实验常规培养中定期监测 ESC 的多能性。值得注意的是，实验操作不熟练会使 ESC 的分化能力因为传代次数的增多而逐渐减弱。针对这种现象，操作人员应尽量保证使用代数较低的ESC制备嵌合体以提高成功率。ESC与宿主囊胚细胞的遗传背景是否协调也决定实验的成败，最终可通过比较新生小鼠和细胞来源母鼠毛色等表型差异进行初步判断。另外，ESC与宿主囊胚本身的遗传背景对子代出生率和嵌合个体的存活能力的影响亦不容忽视。

人-动物嵌合体也称为人源化嵌合体模型，已广泛应用于生物医学研究，一些人源化嵌合体模型也被用于环境毒理学研究中。事实上，尽管最近取得了一些进展，但仍然很难评估真实人体对毒物的体内反应。若开发一种能够模拟人类细胞体内反应的系统，则能够进行更准确的健康风险评估。例如，实验人员研究了乙酰甲胺磷和毒死蜱两种有机磷农药在移植有人类肝细胞的嵌合体小鼠中的药代动力学行为，发现人类肝细胞能够提高小鼠的血清胆碱酯酶活性。简化的生理药代动力学 PBPK 模型能够预测摄入乙酰甲胺磷和毒死蜱后的人体血浆浓度。该研究结果说明了将人类肝细胞与嵌合小鼠相结合，基于简单的 PBPK 模型可有效评估有机磷农药乙酰甲胺磷和毒死蜱的毒理学行为（Suemizu et al.，2014）。类似地，人源化嵌合体模型也用于雌激素类似物双酚A的毒性评估，将双酚A在移植有人类肝细胞的嵌合体小鼠体内进行药代动力学评估，将得到的实验结果用于外推人类的健康风险。口服给药后，小鼠体内观察到双酚A葡糖醛酸糖苷（双酚A的主要代谢物）的血浆浓度和尿液排泄量高于对照组小鼠，这可能是由于对照组小鼠的肠肝循环所致。双酚A葡糖醛酸化在小鼠肝微粒体中比在人肝微粒体中快。实验结果显示，在人源化肝脏的小鼠嵌合体模型中，双酚A葡糖醛酸主要通过尿液排泄。这一发现揭示，在未来毒理学研究中，需要使用双酚A代谢物来预测双酚A的暴露情况，而并不是目前使用较多的双酚A原型化合物（Miyaguchi et al.，2015）。邻苯二甲酸二(2-乙基己基)酯[di(2-ethylhexyl)phthalate，DEHP]作为增塑剂广泛用于聚氯乙烯的制造中，流行病学数据表明急性和慢性 DEHP 暴露具有显著毒性，在某些职业暴露人群尿液中可以监测到 DEHP 原型化合物及其代谢物。根据研究数据，DEHP 能迅速水解为邻苯二甲酸单(2-乙基己基)酯[mono(2-ethylhexyl) phthalate，MEHP]并积累于人体器官的微粒体/胞质部分。通过让移植有人类肝细胞的嵌合体小鼠口服 DEHP，阐释了 DEHP 和 MEHP 在人体内的毒理学过程，揭示了移植的人类肝细胞能够影响 DEHP 在小鼠体内的代谢和排出，说明将人类肝细胞与动物模型相结合，可以大大提高化合物体内代谢研究的效率和毒性评估的准确性（Adachi et al.，2015）。

慢性暴露无机砷（inorganic arsenic，iAs）是一个重大的公共卫生问题。在动物体内，iAs 在砷甲基转移酶 AS3MT 的作用下发生甲基化过程，既与 iAs 的代谢清除相关，也与 iAs 的致毒机制相关。目前，研究人员已利用动物模型对 iAs 的致病机制进行了广泛的研究，然而，人类和实验动物在 iAs 甲基化效率上的巨大差异使得实验室获得的数据难以准确判断真实发生的毒理学效应。为降低人类和实验动物间数据结果的差异，研究人员将人源化 *AS3MT* 基因导入小鼠体内，探究这一基因的导入是否会在小鼠体内产生类似人类的 iAs 代谢模式。此外，研究人员制备了一种小鼠品系，其中 *AS3MT* 基因和相邻的 *BORCS7* 基因置换为人源化基因。人源化小鼠对 iAs 的解毒效率远低于野生型小鼠。值得注意的是，人源化小鼠表达了催化 iAs 甲基化的全长 *AS3MT* 及 *AS3MTd2d3* 剪接变异体，而 *AS3MTd2d3* 剪接变异体在人体内与精神分裂症相关。研究结果显示，砷甲基转移酶是导致人类 iAs 代谢模式独特的主要原因。因此，该人源化小鼠品系可用于研究 iAs 甲基化在 iAs 诱导疾病发病机制中的作用，以及评估 *AS3MTd2d3* 在人精神分裂症中的作用（Koller et al.，2020）。

研究人员使用了另一种人源化小鼠在体内模拟人类细胞反应，通过人类造血干/祖细胞移植，在 NOD/Shi-scid/IL-2Rγ^{null}（NOG）小鼠中建立了人类造血系替代模型（Hu-NOG 小鼠），作为评估人类血液毒性的工具。通过将 C57BL/6 小鼠来源的骨髓细胞移植到 NOG 小鼠（Mo-NOG 小鼠）作为对照组构建了嵌合小鼠，进一步评估了类人造血系的 NOG 小鼠对环境毒物苯的毒性反应。苯暴露导致骨髓中的人类造血干/祖细胞数量，以及外周血和造血器官中的人类白细胞数量显著减少。与 Mo-NOG 小鼠体内供体来源的造血系细胞中苯诱导的血液毒性程度的比较表明，Hu-NOG 小鼠的毒性反映出种间差异。因此，Hu-NOG 和 Mo-NOG 小鼠提供了一种可重复且易于操作的体内毒性评价系统，可用于对苯代谢进行物种特异性生化分析。因此，可以合理地假设，Hu-NOG 小鼠能为评估化学和物理试剂对人类造血细胞的血液毒性提供一种强大的研究模型（Takahashi et al.，2012）。

物种间和物种内对二噁英诱导毒性的易感性存在较大差异。二噁英及相关化合物风险评估中的一个关键问题是人类是否对其毒性存在拮抗效应？哺乳动物对二噁英的各种反应受到芳香烃受体 AHR 功能多态性的影响，人类芳香烃受体

（hAHR）嵌合体小鼠的出现为表征 hAHR 介导的反应提供了新的实验模型。当暴露于四氯二苯并对二噁英（2,3,7,8-tetrachlorodibenzo dioxin，TCDD）时，与对照小鼠相比，纯合 hAHR 小鼠的反应显著减弱，表明嵌合体小鼠表达的 hAHR 在功能上对 TCDD 的反应低于小鼠原本的 AHR。母亲接触 TCDD 后，纯合子 hAHR 胎儿出现胚胎肾积水，但没有腭裂，而具有小鼠 AHR 的胎儿出现上述两种异常反应。这一结果反映了 AHR 配体反应的种属特异性。因此，将 hAHR 敲入小鼠生成一种人源化模型小鼠，可以更好地用于预测 TCDD 等生物累积性环境毒物对人类的毒性效应（Moriguchi et al.，2003）。

6.4 干细胞模型相关伦理问题

合成生物学技术及其思想在多个领域均有应用，解决了许多实际问题，但与此同时也一直面临着伦理和法律等许多障碍。例如，在操作器官芯片、嵌合体等涉及人类 ESC 模型时，人们非常关注是否会对人类胚胎产生损害。

6.4.1 生物安全问题

生物安全问题是合成生物学面对的最大伦理问题。生物安全包括了新创造的生物材料或生物个体对人体或自然环境本身产生的安全威胁，及其被不法分子趁机利用对社会环境造成的安全威胁。合成生物学的伦理和相关生物安全问题须遵循以下两个基本原则：第一，要对合成生物学研究的操作规范建立严格的法律性文件，以确保其安全性规范和伦理性规范，为保障生物安全提供一个前提性要件；第二，针对合成生物学伦理问题和生物安全问题的讨论应达成一个共识，避免其对科学研究产生阻碍。在制定相关政策时也要对它们以及有关的科学知识正确解读，并借助简单易行的方式进行宣传，防止群众由于缺乏生命科学知识而对其产生恐慌，进而对政策的制定和对该学科领域的支持产生影响。

人工合成细胞或其他生物体可能会对自然环境和公共卫生系统形成生物安全风险，这也是人工合成生物存在的安全性问题。释放到周围环境中的合成微生物，可能会导致基因水平转移而对生态平衡形成危害；此外，也可能会发生进化演变而产生特异抗性或致病性，从而对环境和其他有机体的安全产生威胁。所以，为促进合成生物学的应用和发展，必须要对这些风险进行预防或控制。

生物防护也是合成生物学需要关注的重要问题。生物防护问题是指需要消除通过非法利用生物合成技术而发生的致死性或有毒性的病原体开展恐怖主义袭击、生物战争，以及任何不良企图的行径。特别是当前高度发展的互联网信息，使制备这些病原体的知识和技能更容易被获取。合成生物学技术可用于开发生物武器，如合成新的病毒或细菌等。根据当前的科技发展水平，新的病原体完全有可能被人非法地设计研发，并为恐怖主义恶意使用。因此，人们对于这种用途的担心很快就发展成了社会争论，主要针对是否应当禁止向公众发布这些可能制造出生物武器的、带有“双重”作用的科学研究。

干细胞试验也面临着多种生物安全问题。例如，尽管 iPSC 的安全性高于 ESC，但是依然受到诸多质疑。首先，iPSC 的亚全能性和分离后细胞多种功能都会被受体细胞直接影响。iPSC 是通过体外操作对体内基因进行调控，从而建立了细胞模型。当前还不清楚 iPSC 移植到人体内会产生何种分化细胞，以及如何控制。在体外水平上，可以通过 iPSC 技术将细胞诱导分化为目标细胞，但当分化的细胞被移植到人体后，它们会产生何种变化并且相关的调控机制是什么，也需要进一步研究。另外，关于动物器官移植后的生物有效性与安全性的评估，当前还没有合适且准确的测试体系。由于体外培养的 iPSC 是以小鼠胚胎的成纤维细胞为主要饲养层，要让细胞能够自我更新，需加入必需的生长因子并去除相应的控制因子，所以也存在动物源性材料的生物安全性问题，可能引入带有免疫活性的物质、传播动物病毒或感染外源蛋白质等。此外，iPSC 技术对人类基因组结构也有潜在的影响。iPSC 技术在扩大干细胞来源的同时也提高了干细胞突变的危险性，是具有生物安全隐患的。当前，对 iPSC 机理的研究正逐步由转录组水平、蛋白质组水平向表观遗传学方面转化。染色体变异、基因组拷贝数突变和点突变等都是用经典方法诱发细胞产生突变的主要来源。有研究报道，ESC 特异性染色质重建结合体 BAF 中的 BRG1 和 BAF155，可以与 OCT4、SOX2 和 KLF 协同提高对成纤维细胞重编程的效率，这种染色质重建不仅促进了 OCT4 对其下游基因的控制，而且提高了 OCT4 蛋白整合 *SALL4*、*TCF3* 和 *DPPA* 启动子区的能力。基因突变也会出现在细胞诱导过程中，诱导过程会使某些细胞受到破坏或产生突变，但同时诱导过程本身也会引起拷贝突变的增多，并且随着细胞培养时间增长，突变会发生累积。另外，对 iPSC 遗传稳定性的测试结果也因不同的测试方式而异。当前多能干细胞诱导因子的致瘤性也备受争议，诱导因子潜在的致瘤性让人们对多能干细胞技术在临床使用中的安全问题产生了怀疑。已有针对诱导因子的多项研究，有报道称，发生变化的基因中超过 40%与肿瘤发生有关。试验中 iPSC 技术使用了 6 个因子（OCT4、SOX2、c-MYC、KLF4、LIN28 和 NANOG），除了 LIN28 之外，其他 5 个都是癌症相关因子。例如，干细胞被 MYC 因子持续作用会增加细胞肿瘤形成的风险。由于仍不能解决 iPSC 技术中存在的再分化机理、效果、安全等多方面的问题，目前有关 iPSC 的研究成果还没有得到全面推广应用，仅限于理论和实验室研究。所以，未来多能干细胞技术的应用还存在许多“卡脖子”问题，例如，如何根据患者所需要的细胞种类安全有效地进行干细胞移植、如何构建合理的疾病模型、如何使研究高通量化等。

6.4.2 伦理问题

合成生物学包括了概念性的和实质性的两类生物伦理学问题。制造生命有机体的正当性是属于概念性的伦理学问题。基于不同理论情景可对“生命”概念进行各种解释，在生物学层面，区别无机体和有机体是以生命为依据，生物学意义的“生命”与社会学意义的“生命”是有区别的。制造的生命体再简单，也会面临许多社会问题，例如，人类社会和文化是否会被新创造的生命体影响？新创造的生命体会不会被肆意对待？基于当前人们的认知，所有的生命体都是“自然”形成的，是从远古进化而来的，如果生命体随意被制造，它们也许会对地球上的其他生命产生难以估测的影响。

实质性的伦理问题涉及如何对受益和风险进行评估。合成生物学可促进人们理解生命的发生，认识各种化学物质如何孕育了生命。合成生物学中潜在的生物学伦理问题也关乎个人的利益、社会公平、正义、人际关系、人与自然和谐等。因此，人们对相关的合成生物学专利、知识产权和商品化等存在很大争议。如何公平分享合成生物学可能带来的利益与风险，是最重大的生物伦理学问题之一。如何利用合成生物学或其他技术手段优化人体的能力与特性，也是一项重大的伦理问题。事实上，人们容易忽视对那些非可见的潜在风险进行管控，更多的是对那些可见的风险或伤害进行管理。

基于胚胎干细胞的合成生物学研究会用到从人类囊胚期胚胎分离出来的细胞，因此也面临一定的伦理问题。例如，干细胞在体外培养过程中形成的胚胎必然会面临死亡的问题，这就引发过广泛的争议。为了医疗和科学技术的发展，我们是否应该对一个处于囊胚发育阶段的人类个体进行人为停止生长？针对这个伦理道德问题，当前已形成了两个针锋相对的观点。一些人认为人类就应该是从怀孕时期开始，早期胚胎与儿童和成年人没有区别，所以科学研究不应该使用人类胚胎；作为初期人类生命的早期胚胎应该得到相应的尊重，针对需要毁坏胚胎的研究往往不能获得支持，在这种情况下，即使父母也无权将它们用于科学研究。另外一些人认为胚胎不是一个完整的生命个体，因为它们还不具有完整而独立的生理系统。此外，由于早期胚胎也不具备人的一些特征或能力，如人体形态、感觉和思考能力，因此它们缺乏人类的个体性；况且，科学研究中使用的大多数胚胎不能完成着床过程，它们本身死亡率很高。需要强调的是，具有这类观点的人，只是认为具有完整个体的儿童及成人的生命与健康比囊胚期胚胎更重要。

从道德层面讲，把胚胎看成是人类个体，为谋取利益而故意损毁胚胎和获取细胞的行为是不能够被允许的。但用于培育干细胞系的胚胎大多数来自于不孕治疗过程中遗留下的废弃胚胎。为了保证有效植入母体的胚胎数量，夫妻在接受体外受精（*in vitro* fertilization，IVF）时会多预备一些胚胎。全世界有许多胚胎并不用于临床受孕，而仅仅是作为备份被保存在低温冷冻装置中，但是在一段时间后，上述胚胎会被销毁，避免它们对冷冻装置空间和能耗的占用。

大多数研究人员都对人 ESC 早期制备过程非常关注，包括在治疗不孕不育的过程中创造和销毁人类胚胎。科学家们十分清晰地认识到，使用人 ESC 的研究成果或许能够让人们活得更健康，或拯救垂危的生命，拒绝使用人 ESC 会使他们丧失获得更有价值的研究成果的机会。因此，对 ESC 的使用，是科学发展的道路上需要全面权衡的问题。

人体胚胎的克隆与利用人 ESC 开展试验是两个完全不同的问题。对于人类胚胎克隆技术，克隆本身的道德问题就是争论的焦点。治疗克隆和生殖克隆是实际应用的两个主要方面。研发用于治疗的克隆器官是治疗克隆的主要目的，研发克隆人是生殖克隆的主要目的。因为两者在技术上基本一致，因此治疗克隆技术也许会被那些想做生殖克隆的人所利用。在生物伦理学界和科学界也一致认为，克隆儿童在心理和生理健康方面大概率会出现严重的问题。因此，美国众议院在 2001 年和 2003 年就分别颁布了禁止治疗性克隆和生殖性克隆两种技术的法案。但是，当前还有极少数国家依然准许或者默许此类研究。对于这一禁令持反对意见的人也认为，在实际科学实验中，生殖克隆不大可能会使用治疗性克隆产生的胚胎。

6.5　总结与展望

自 Martin J. Evans 和 James A. Thomson 在 20 世纪 80～90 年代成功建立体外小鼠和人 ESC 以来，科学家们在利用 ESC 开展相关科学研究方面有了长足的进步。2012 年诺贝尔生理学或医学奖得主之一 Shinya Yamanaka 成功利用四因子诱导体细胞重编程为多能性干细胞，又将干细胞研究推上了新的高度。与常规体外实验使用的癌细胞相比，干细胞具备正常的人体生理基础背景及核型，优势明显，加之合成生物学技术对干细胞进行了有目的的改造，不论是定向获得的 iPSC 还是实验室制备的器官芯片，都更加满足真实环境污染物健康风险评估的需要。干细胞技术突飞猛进的发展，为环境毒理学相关研究注入了新的活力。基于干细胞技术的研究方法更加贴合真实人体生理状态，特别是相较于动物模型具有明显的种属方面的优势。其背后的主要原因是人源干细胞开发出的实验模型，与正常人体具有极为相似的遗传背景。阐释干细胞多能性和细胞分化的调控过程，是环境合成生物学未来主要面临的关卡。有针对性地对模型进行改造，从而获得高精度、高通量、高保真的环境毒理学研究系统，是每一位投身于该领域研究人员的理想。虽然干细胞相关技术对于环境合成生物学发展非常重要，但目前仍然有一些瓶颈问题亟待克服。当前，在保证理论可行、政策许可的情况下，如何使用较低的成本获得较高质量的种子细胞，是将干细胞技术推广应用于合成生物学研究中的第一道门槛。此外，在器官芯片、嵌合体制备过程中，如何确保不触及伦理红线，是大规模推广合成生物学技术在干细胞方向应用的另一道门槛。虽然目前存在一些挑战，但随着时间的推移和技术的进步，我们有理由相信，合成生物学技术将为探索环境污染物健康风险提供理想的平台，并为环境合成生物学的发展打开更加广阔的前景。

编写人员：Francesco Faiola　殷诺雅　杨仁君
单　　位：中国科学院生态环境研究中心

参 考 文 献

Aboud A A, Tidball A M, Kumar K K, et al. 2012. Genetic risk for Parkinson's disease correlates with alterations in neuronal manganese sensitivity between two human subjects. Neurotoxicology, 33(6): 1443-1449.

Adachi K, Suemizu H, Murayama N, et al. 2015. Human biofluid concentrations of mono (2-ethylhexyl)phthalate extrapolated from pharmacokinetics in chimeric mice with humanized liver administered with di(2-ethylhexyl)phthalate and physiologically based pharmacokinetic modeling. Environmental Toxicology and Pharmacology, 39(3): 1067-1073.

Ash P E A, Stanford E A, Al Abdulatif A, et al. 2017. Dioxins and related environmental contaminants increase TDP-43 levels. Molecular Neurodegeneration, 12(1): 35.

Bilinovich S M, Uhl K L, Lewis K, et al. 2020. Integrated RNA sequencing reveals epigenetic impacts of diesel particulate matter exposure in human cerebral organoids. Developmental Neuroscience, 42(5-6): 195-207.

Bojic S, Falco M M, Stojkovic P, et al. 2020. Platform to study intracellular polystyrene nanoplastic pollution and clinical outcomes. Stem Cells, 38(10): 1321-1325.

Bradley A, Evans M, Kaufman M H, et al. 1984. Formation of germ-line chimaeras from embryo-derived teratocarcinoma cell lines. Nature, 309(5965): 255-256.

Chen Z, Lloyd D, Zhou YH, et al. 2021. Risk characterization of environmental samples using *in vitro* bioactivity and polycyclic aromatic hydrocarbon concentrations data. Toxicological Sciences, 179(1): 108-120.

Davidsen N, Lauvås A J, Myhre O, et al. 2021a. Exposure to human relevant mixtures of halogenated persistent organic pollutants (POPs) alters neurodevelopmental processes in human neural stem cells undergoing differentiation. Reproductive Toxicology, 100: 17-34.

Davidsen N, Rosenmai A K, Lauschke K, et al. 2021b. Developmental effects of PFOS, PFOA and GenX in a 3D human induced pluripotent stem cell differentiation model. Chemosphere, 279: 130624.

Fan Y, Nguyen D T, Akay Y, et al. 2016. Engineering a brain cancer chip for high-throughput drug screening. Scientific Reports, 6: 25062.

Gao X, Li R, Sprando R L, et al. 2021. Concentration-dependent toxicogenomic changes of silver nanoparticles in hepatocyte-like cells derived from human induced pluripotent stem cells. Cell

Biology and Toxicology, 37(2): 245-259.

Grimm F A, Klaren W D, Li X, et al. 2020. Cardiovascular effects of polychlorinated biphenyls and their major metabolites. Environmental Health Perspectives, 128(7): 77008.

Koller B H, Snouwaert J N, Douillet C, et al. 2020. Arsenic metabolism in mice carrying a BORCS7/AS3MT locus humanized by syntenic replacement. Environmental Health Perspectives, 128(8): 87003.

Liu S, Yang R, Chen Y, et al. 2021. Development of human lung induction models for air pollutants' toxicity assessment. Environmental Science and Technology, 55(4): 2440-2451.

Liu S, Yang R, Yin N, et al. 2020. Effects of per- and poly-fluorinated alkyl substances on pancreatic and endocrine differentiation of human pluripotent stem cells. Chemosphere, 254: 126709.

Miyaguchi T, Suemizu H, Shimizu M, et al. 2015. Human urine and plasma concentrations of bisphenol A extrapolated from pharmacokinetics established in *in vivo* experiments with chimeric mice with humanized liver and semi-physiological pharmacokinetic modeling. Regulatory Toxicology and Pharmacology, 72(1): 71-76.

Modafferi S, Zhong X, Kleensang A, et al. 2021. Gene-environment interactions in developmental neurotoxicity: A case study of synergy between chlorpyrifos and CHD8 knockout in human brainSpheres. Environmental Health Perspectives, 129(7): 77001.

Moriguchi T, Motohashi H, Hosoya T, et al. 2003. Distinct response to dioxin in an arylhydrocarbon receptor (AHR)-humanized mouse. Proceedings of the National Academy of Sciences, USA, 100(10): 5652-5657.

Pistollato F, de Gyves E M, Carpi D, et al. 2020. Assessment of developmental neurotoxicity induced by chemical mixtures using an adverse outcome pathway concept. Environmental Health, 19(1): 23.

Ryan K R, Sirenko O, Parham F, et al. 2016. Neurite outgrowth in human induced pluripotent stem cell-derived neurons as a high-throughput screen for developmental neurotoxicity or neurotoxicity. Neurotoxicology, 53: 271-281.

Singh P, Chandrasekaran V, Hardy B, et al. 2021. Temporal transcriptomic alterations of cadmium exposed human iPSC-derived renal proximal tubule-like cells. Toxicology *in vitro*, 76: 105229.

Sirenko O, Grimm F A, Ryan K R, et al. 2017. *In vitro* cardiotoxicity assessment of environmental chemicals using an organotypic human induced pluripotent stem cell-derived model. Toxicology and Applied Pharmacology, 322: 60-74.

Sirenko O, Parham F, Dea S, et al. 2019. Functional and mechanistic neurotoxicity profiling using human iPSC-derived neural 3D cultures. Toxicological Sciences, 167(1): 58-76.

Suemizu H, Sota S, Kuronuma M, et al. 2014. Pharmacokinetics and effects on serum cholinesterase activities of organophosphorus pesticides acephate and chlorpyrifos in chimeric mice transplanted with human hepatocytes. Regulatory Toxicology and Pharmacology, 70(2): 468-473.

Takahashi M, Tsujimura N, Yoshino T, et al. 2012. Assessment of benzene-induced hematotoxicity using a human-like hematopoietic lineage in NOD/Shi-scid/IL2-R gamma(null) mice. PLoS One, 7(12): e50448.

Tan T, Wu J, Si C, et al. 2021. Chimeric contribution of human extended pluripotent stem cells to monkey embryos ex vivo. Cell, 184(8): 2020-2032.e 14.

Tukker A M, Bouwman L M S, van Kleef R G D M, et al. 2020. Perfluorooctane sulfonate (PFOS) and perfluorooctanoate (PFOA) acutely affect human α1 β 2 γ 2L GABA A receptor and spontaneous neuronal network function *in vitro*. Scientific Reports, 10(1): 5311.

Wages P A, Joshi P, Tallman K A, et al. 2020. Screening toxcast for chemicals that affect cholesterol biosynthesis: studies in cell culture and human induced pluripotent stem cell-derived neuroprogenitors. Environmental Health Perspectives, 128(1): 17014.

Wu J, Platero-Luengo A, Sakurai M, et al. 2017. Interspecies chimerism with mammalian pluripotent stem cells. Cell, 168(3): 473-486.e15.

Yin F, Zhu Y, Wang Y, et al. 2018. Engineering brain organoids to probe impaired neurogenesis induced by cadmium. ACS Biomaterials Science and Engineering, 4(5): 1908-1915.

第 7 章　复合暴露与健康效应

7.1　引　　言

随着全球经济的迅猛发展，环境污染问题日益突出，已成为威胁人类健康的重要因素之一。据世界卫生组织（World Health Organization，WHO）统计，在全球范围内每年有 24%的人类死亡与环境暴露相关，涉及人数约有 1370 万。环境健康问题已成为人们关注的热点，同时也是关乎人类命运的关键问题。科学家们正致力于环境健康问题的发现和深入理解，以及环境污染的治理与修复，以期发展有效的诊断与干预手段，减少环境污染给人们带来的健康风险。流行病学研究显示，环境污染物暴露与人类多种不良健康结局之间有着密切关联，包括代谢性疾病、发育异常、癌症等。应用传统的生物医学技术，研究人员在环境暴露与健康效应和疾病终点间关联方面的研究已经取得了一定进展。组学技术（如基因组学、转录组学、蛋白质组学和代谢组学）的发展和应用，以及表观遗传学研究的不断深入，为探索疾病与环境易感性生物标志物提供了技术支撑和理论依据。然而，现阶段环境健康风险评价仍面临诸多难题。一些污染物由于在环境中存在的浓度较低，难以被传统技术所识别；污染物具有较强或较持久的毒性，往往给人们带来隐匿却又不容忽视的健康风险。因此，改进现有技术手段，探索更灵敏的毒性与健康效应评估方法，成为低浓度、高毒性的污染物健康风险评价过程中亟待解决的问题。另外，随着环境污染物种类及数量的不断增加，以单一污染物为基础的风险评估的局限性越发突出，导致对混合污染物缺乏有效的风险评估方法。因此，应关注污染物的复杂性，并关注复合暴露的环境健康问题。采用高通量、高灵敏度的方法，定性/定量测定多种污染物的毒理效应，同时明确个体及群体污染物的负荷水平与变化，筛选暴露人群体内的暴露标志物，成为未来环境健康领域的一个重要发展方向。

相较于传统生物学技术，合成生物学在指导思想上有一个质的改变，其实质是在工程学的指导下，根据特定目标和需要，设计、改造甚至从头合成新的生物体系，即通过构造人工的生物系统来研究基础的生物问题和解决单一技术难以解决的挑战。环境合成生物学在污染物识别、疾病诊治方面已经有所应用。例如，通过改造大肠杆菌基因线路高灵敏测定重金属砷；高特异性靶向治疗癌症；在肌肉发育过程中设置开关来实现对肌生成调节因子的控制以治疗肌萎缩；设置光感蛋白信号转导元件，并将胰岛素基因拼接到下游，构成光控的胰岛素反应系统来治疗糖尿病。合成生物学在多种疾病诊疗中的成功经验，尤其在与环境污染物暴露密切相关的疾病诊疗中的应用成果，无疑将推动合成生物学技术在环境健康跨学科领域中的转化应用，形成面向解决环境健康瓶颈技术问题的环境合成生物学新技术、新方法。同时，环境合成生物学技术中针对污染物识别和效应分子的高效理性设计及人工基因回路设计方面的经验，有可能在解决污染物暴露识别与效应评价偶联问题、低浓度污染物的毒性评价及复合暴露的健康效应评价问题方面提供新的解决方案。

在这一背景下，本章将围绕生物医药及环境健康领域共同关注的代谢性疾病、发育异常、癌症等疾病和健康问题，介绍环境合成生物学技术在医药领域的应用和设计思路，并探讨其中与环境污染物毒理研究之间的共性问题，结合复合暴露健康效应研究的趋势和思路，提出环境合成生物学应用于复合暴露健康效应与机制研究的方向。

7.2 合成生物学与环境相关健康效应评价

环境中存在种类繁多的污染物，其中大部分可通过呼吸、皮肤接触、饮食等日常活动进入人体，导致人体被动暴露于多种污染物。污染物长期暴露可能干扰人体内多种细胞的正常生理活动，并最终影响组织器官行使其正常功能。其中，代谢性疾病、发育异常及肿瘤是三类受到广泛关注的环境健康疾病。由于这三类疾病和健康问题同时也是医药和公共卫生领域关注的热点问题，已有研究人员针对上述疾病，应用合成生物学技术手段开发了新的诊疗手段，尽管目前尚未进入广泛应用阶段，但是其中的设计思路可以为环境健康相关技术的发展提供线索。在下面的内容中，我们一方面介绍了部分经典污染物暴露与代谢性疾病、发育异常及肿瘤的关联，另一方面介绍了合成生物学技术在这三类疾病诊疗方法研发中的若干应用实例，最后讨论在环境污染物暴露相关的代谢性疾病、发育异常及肿瘤等健康效应评估中具有应用前景的合成生物学设计思路。

7.2.1 典型污染物相关的健康效应

多种有毒污染物，如二噁英类化合物、多环芳烃（polycyclic aromatic hydrocarbon，PAH）等，不仅能通过呼吸直接进入人体，还能被吸附在空气中的细颗粒物上并长期留存于空气中，通过呼吸吸入后，能够随细颗粒物穿过肺泡并通过血液运往人体全身。除空气外，日用品和家具在制造过程中被添加了多种功能性化学品，使用过程中的磨损可能导致有机污染物的释放，如塑化剂、阻燃剂等，进而通过呼吸、皮肤接触等多种途径进入人体。此外，日常饮食也是污染物进入人体产生健康效应的一个重要暴露途径。农业上为提高农产品产量、降低病虫害而使用各种农药，如杀虫剂、除草剂等，它们可能残留在果蔬中，通过食物摄入暴露于人体。环境中的持久性有毒物质，通常具有生物蓄积性，能通过食物链传递，最终在人体中富集，对人体健康造成长期的威胁。下面将举例介绍受到关注的有机和无机污染物的健康效应，主要聚焦在对公众健康危害较为深远的代谢性疾病、发育疾病及肿瘤相关的慢性疾病。

1. 有机污染物的健康效应

二噁英类化合物主要包括多氯代二苯并对二噁英（polychlorodibenzo-*p*-dioxin，PCDD）和多氯代二苯并呋喃（polychloro-dibenzofuran，PCDF）等多种化合物。其中，以四氯二苯并对二噁英（2,3,7,8-tetrachlorodibenzo dioxin，TCDD）的毒性最强，毒理研究也最为充分。二噁英类暴露可造成多种毒性效应和不良健康结局，包括代谢紊乱、发育异常及肿瘤发生。PAH 是指含两个或两个以上苯环的芳烃，其主要的人为来源是燃料的不完全燃烧，如交通工具尾气排放和煤、石油等的燃烧过程。这类环境污染物具有致癌性和诱变性，因而受到了广泛的关注。邻苯二甲酸酯（phthalate ester，PAE）是一类常见的增塑剂和软化剂，通常用于玩具、食品包装材料和医疗器械等的生产，能从塑料制品释放到环境中，已在生物体和各种环境介质中广泛检出，是广受关注的、可导致个体发育异常的一类有机污染物。下面将以二噁英类污染物、PAH 和 PAE 为例，介绍有机污染物暴露与代谢紊乱、发育异常及肿瘤发生的关系。

1）二噁英类污染物与代谢疾病

代谢紊乱是污染物的重要毒性终点。当机体对营养的消化吸收与排泄不平衡时，容易出现代谢紊乱，例如，糖代谢异常会引发糖尿病，脂代谢紊乱会导致高脂血症，尿酸代谢异常会导致高尿酸血症进而引发痛风。流行病学调查表明，血液中的二噁英水平及饮食摄入量与代谢类疾病（如糖尿病、高尿酸症等）呈正相关。有研究人员对塞维索暴露事件中重污染区女性居民的糖尿病、代谢综合征和肥胖的发病情况进行了随访调查，发现在事件发生时（1976 年）年龄小于 12 岁的女性中，暴露时的 TCDD 血清浓度与 2008 年代谢综合征的发病率呈现相关性 （Eskenazi et al.，2004）。2002～2004 年的一项调查对比了比利时北部 1196 位母亲和其新生儿脐带血中持久性有机污染物的浓度，结果显示二噁英类化合物 PCB-118 水平升高与这些孩子 1～3 岁时体重指数增加相关，提示早期二噁英类化合物暴露即可对代谢功能造成影响。另外，近期的流行病学研究提示，多种持久性有毒污染物的复合暴露水平与高尿酸血症存在相关性，说明尿酸代谢功能是值得关注的持久性有毒污染物的健康效应靶点（Arrebola et al.，2019）。

动物试验显示，早期 TCDD 暴露会影响代谢功能。雄性大鼠连续 3 日经口暴露 TCDD 10 μg/kg 体重后，代谢组分析结果显示，大鼠体内出现脂代谢异常、肝脏和神经系统障碍（陈蓉等，2013）。此外，二噁英长期暴露会提高心脑血管疾病发病风险，如心肌炎、冠状动脉扩张和动脉粥样硬化（Arisawa，2018）。小鼠母体二噁英暴露后，子鼠在高脂饮食的诱导下出现了血糖明显增高的现象。此外，慢性二噁英暴露后，大鼠胰腺组织腺泡上皮细胞出现非瘤性病变症状，可能导致胰岛素分泌及代谢紊乱（Merrill et al.，2009）。高剂量二噁英暴露后，实验动物可能出现糖代谢功能异常，例如，C57BL/6J 小鼠经 100 μg/kg 体重暴露 10 天后，出现葡萄糖耐量受损，研究指出 TCDD 可能是通过抑制磷酸烯醇式丙酮酸羧激酶的活性来干扰葡萄糖代谢功能（Ishida et al.，2005）。此外，给予大鼠一次性 30 μg/kg 体重腹腔注射后，血液中胆固醇含量升高，提示二噁英不仅可能干扰糖代谢，还可能干扰脂代谢过程（Boverhof et al.，2005）。

2）*有机污染物暴露与肿瘤*

肿瘤的发生发展受多种因素的影响。环境污染物进入人体后，可与细胞直接作用，或者通过间接作用导致基因突变，提高人群癌症的总体发生率。流行病学研究表明，二噁英类化合物暴露可增加人群癌症发病率。美国国家职业安全与卫生研究所（National Institute for Occupational Safety and Health）在 1991 年对 12 座涉及二噁英污染的化工厂的工人进行了健康调查，发现在暴露时间超过一年且癌症潜伏期超过 20 年的 1520 名工人中，癌症标准化死亡率增大，表明二噁英暴露可能使该类人群癌症死亡率上升；对特定肿瘤类型致死率分析结果显示，软组织肉瘤和非霍奇金淋巴瘤的高发与二噁英暴露水平呈现明显的相关性。在日本的米糠油事件发生 43 年之后，有研究报告指出，在 PCB 和 PCDF 污染的米糠油暴露人群中，尽管大多数病因所造成的标化死亡率较对照人群没有显著变化，但在污染物暴露的男性人群中，所有类型癌症所造成的死亡率较非暴露人群明显上升；此外，由肺癌和肝癌所致死亡率也显著升高，说明这两类化合物具有致癌潜力。越南战争中暴露于橙剂的美国老兵，在暴露几十年后显现出多种癌症发生风险的增加，包括 T 细胞淋巴瘤、肺癌、前列腺癌等。另外，华盛顿特区的退伍军人事务部医院登记了 100 名男性皮肤患者，有的人生活或工作在污染地区，有的人在越南战争中直接参与喷洒橙剂。其中，51%的患者患有非黑色素侵入皮肤癌，43%的患者患有氯痤疮，26%的患者患有过其他恶性肿瘤如前列腺癌（14%）、结肠癌（3%）和膀胱癌（2%）（Bertazzi et al.，2001）。另外，二噁英暴露与乳腺癌的发生也存在相关性。意大利塞维索伊克梅萨化工厂事件后，在污染最为严重的 A 区，女性居民患乳腺癌的风险增加，调查研究发现血清中二噁英的水平同乳腺癌的发生显著相关（Eskenazi et al.，2004）。

动物试验表明，五环类 PAE 苯并[α]芘与肺癌、宫颈癌、乳腺癌和膀胱癌等癌症发生密切相关（Verma et al.，2012）。经不同途径的低剂量二噁英暴露后，研究发现大鼠、小鼠或仓鼠在肝、肺、鼻甲骨、硬腭、甲状腺和舌头等多个位点发生肿瘤（Ishida et al.，2005）。给予 B6C3F1 小鼠 0.01 pg/g 体重、0.05 pg/g 体重或 0.5 pg/g 体重 TCDD（雄），或 0.04 pg/g 体重、0.2 pg/g 体重或 2.0 pg/g 体重 TCDD（雌），每周 2 次、持续口服 104 周后，肝癌的发生率与暴露剂量相关；在雌性小鼠中，甲状腺滤泡细胞腺瘤的发生率在高 TCDD 暴露组相对较高；淋巴瘤和皮下纤维肉瘤的发病率也显著增加；肺肿瘤的发生率亦与暴露浓度呈现剂量相关性（Merrill et al.，2009）。

3）有机污染物暴露与发育异常

生殖发育过程受到多种激素复杂而精密的调控，生物化学反应非常活跃，需要消耗大量能量，是生物体对外界刺激最为敏感的阶段。流行病学调查数据证明，在发育关键期接触二噁英会导致生殖发育异常；出生后暴露于二噁英类化合物，还可能影响牙齿发育。在日本“Yusho”和意大利塞维索污染事件的受难儿童中，出现了缺齿和牙釉质矿化异常情况，并与二噁英暴露浓度显示出相关性（Alaluusua et al.，2004）。针对挪威 50 651 对母子的调查显示，二噁英类化合物高摄入母亲所生的婴儿相较低摄入组母亲的婴儿个体更小，其平均体重轻 62 g、身长短 0.26 cm、头围小 0.1 cm（Papadopoulou et al.，2013）。有关日本“Yusho”多氯联苯和二噁英暴露事件的多项研究也表明，二噁英类化合物母体暴露浓度和胎儿的体重成反比（Tsukimori et al.，2008）。

多项动物试验表明，PAE、二噁英等污染物长期暴露会导致神经发育和生殖发育异常。PAE 和二噁英是脂溶性很强的化合物，能穿过胎盘和血脑屏障，孕期暴露 PAE 会直接影响胎儿的正常发育和神经系统功能。研究显示，雌鼠连续灌胃暴露 100 mg/(kg·d)邻苯二甲酸二酯至孕 19 天，会导致子鼠的学习和记忆功能异常，表现为水迷宫试验中的错误率增加、电穿梭试验中的电击次数增加和主动逃避时间延长（刘艳华等，2011）。在生殖发育方面，PAE 能作为外源性雄激素影响性腺正常形态和功能。与人类睾丸发育不良综合征症状相似，啮齿动物经邻苯二甲酸盐暴露后出现肛门生殖距离缩短、尿道下裂和隐睾等症状（Wang et al.，2021）。多种动物试验证明了二噁英对中枢神经系统的发育毒性。研究发现妊娠期 7 天后开始暴露二噁英（20 μg/kg 体重）可改变小鼠神经祖细胞的分化进程，并导致 non-GABAergic 神经元的数量下降及脑皮层变薄（Mitsuhashi et al.，2010）。妊娠期大鼠母体暴露于 TCDD（200 g/kg 体重）15 日后生产的新生大鼠，在迷宫中停留更长时间并伴有焦虑的表现，说明 TCDD 能干扰大鼠后代的高级脑功能（Kakeyama et al.，2014）。对大鼠大脑边缘系统相关神经化学物质的研究发现，暴露组雄性的高度活跃和社交情绪障碍可能是由于二噁英引起了大脑边缘系统中 CaMKII alpha 活性的改变 （Nguyen et al.，2013）。二噁英对生物体的毒性作用具有复杂性和广泛性特点，其对神经系统的影响表现在诸多方面，不仅包括如上所述的高级脑功能变化，还可能影响周围神经系统，造成周围神经病变和肌肉病变。早在 20 世纪 90 年代，研究人员通过人群调查发现，肌肉疼痛和肌无力是二噁英暴露人群的主诉症状（Schecter and Ryan，1992）。在二噁英暴露后的大鼠和豚鼠中，不仅在肌肉组织中可见二噁英的分布（Brewster and Birnbaum，1989），还可观察到肌萎缩等严重的病理学改变（Max and Silbergeld，1987）。另有研究表明，小鼠在围产期 12.5 日开始暴露 TCDD（灌胃，40 mg/kg 体重），可导致后代 100%患唇腭裂。进一步的研究发现，TCDD 暴露导致后代产生唇腭裂的个体中，MYOD 和 DESMIN（两种肌母细胞分化和肌生成过程的标志性蛋白）的蛋白质表达水平均显著下调，提出肌生成的异常可能与二噁英导致的唇腭裂有关（Yamada et al.，2014）。上述研究都证实了二噁英暴露会对动物神经肌肉发育过程产生影响。

2. 重金属及类金属暴露的健康效应

在环境毒理研究领域，重金属（如汞、镉、铅）及类金属（如砷）是传统的、具有显著毒性的元素。随着城市化和工业化进程的加快，农业活动、采矿和冶炼等人类活动导致了环境中此类污染物污染水平升高。土壤中残留的重金属可通过食物链传递并在生物体中富集，最终进入人体。人体器官，如肝脏、肾脏、消化系统和神经系统，可能因为摄入过量的重金属而受到严重损害。铅是环境中普遍存在的一种重金属污染物，铅中毒问题是备受公众关注的公共卫生问题。人体通常通过摄取食物、饮用自来水等方式摄入环境中的铅。砷是一种自然存在的类金属，普遍存在于各种环境介质中。人体砷暴露途径是多样化的，职业性砷暴露人群会通过灰尘吸入或粉尘摄入长期接触高浓度的砷。重金属中毒会表现出一些常见的毒性症状，如腹泻、胃肠道疾病、震颤、呕吐、瘫痪、抑郁、抽搐等，且重金属积累会产生多种毒性作用，包括神经毒性、致突变或致畸性和致癌性（Assi et al.，2016）。

20 世纪 80 年代，国际癌症研究机构（International Agency for Research on Cancer，IARC）将砷列为“第一类致癌物”，癌症发生是砷暴露的重要健康效应终点。流行病学数据显示，长期砷暴露可引发多种癌变，如皮肤癌、肺癌、肝癌、肾癌、膀胱癌等（Naujokas et al.，2013）。急性镉暴露也会造成对这些器官的损伤，并导致肺癌、睾丸癌和前列腺癌的发生。铅可以诱导基因突变，同时还可以诱导 DNA 损伤，相较于对照人群，从事二级铅回收行业的工人口腔上皮细胞和外周血淋巴细胞的微核数量显著增加、畸变频率升高（Grover et al.，2010）。砷可直接破坏 DNA，导致染色体畸变，造成遗传物质损伤，并通过抑制 DNA 修复蛋白活性等方式抑制 DNA 损伤后修复（Tam et al.，2020），使得受损中间体累积，基因组不稳定。此外，砷暴露还会诱导 DNA 低甲基化，动物试验显示长期暴露于低剂量砷的大鼠肝细胞出现整体 DNA 低甲基化（Pfeifer，2018）。

铅可以通过胎盘造成对胎儿的暴露，从而导致胎儿神经系统发育异常。铅暴露可导致细胞功能障碍和神经元死亡，并引发认知功能发育异常（Ramirez et al.，2021）。低水平的铅暴露即可明显影响儿童的智商、行为和注意力，较高水平的铅暴露可能导致儿童生长迟缓、听力丧失，甚至记忆能力丧失（Gundacker et al.，2021）。另外，骨骼作为人体的储铅库也会受到铅暴露的影响，铅暴露能改变骨骼微结构并最终导致骨质疏松症（Kumar et al.，2020）。在幼儿体内，铅暂时存在于软骨中并导致成骨细胞有丝分裂，从而影响成骨细胞的活性，造成幼儿软骨损害，最终干扰儿童的骨骼发育（Gundacker et al.，2021）。铅暴露会影响肌肉发育，低剂量的重金属铅和铊暴露使大鼠肌肉组织中线粒体积累异常，氧化酶染色结果表明重金属暴露可导致肌肉中 NADH 和 COX 酶活性轻微下降（Mendez-Armenta et al.，2011）。通过将 NG108-15/C2C12 细胞共培养，检测肌管表面 AChR 的聚集情况，结果发现铅暴露对神经肌肉接头发育过程有不利影响（Buckingham and Vincent，2009）。

此外，多项流行病学研究报告了饮用水中砷含量高与中枢神经系统（CNS）缺陷之间的相关性，如儿童行为障碍、运动能力下降、产前并发症和智力功能下降（Itoh et al.，1990）。一项针对较年长年龄组的横断研究，同样描述了青少年长期接触砷对神经行为的影响。研究发现，与未接触砷污染井水的青少年相比，早期接触砷污染井水的青少年在 4 个神经行为测试中有 3 个表现不佳，这表明儿童时期接触砷可能会影响日后神经行为的发展（Tolins et al.，2014）。另有动物试验以鳉鱼（异裂底鱼）为模型，研究砷影响神经发育的机制。对幼体肌肉结构的研究表明，胚胎发育过程中砷暴露显著降低了肌纤维尺寸的平均值，同时骨骼肌球蛋白轻链和重链的表达水平分别显著上调了 2.1 倍和 1.6 倍。这些发现表明，在胚胎发育过程中，砷暴露可以引起一系列基因表达水平的变化，进而造成细胞水平乃至组织水平结构或功能的变化，最终造成肌肉发育的异常。

7.2.2　合成生物学在环境相关疾病诊治中的应用

1. 代谢疾病诊疗新技术

代谢紊乱是多种环境污染物暴露相关的不良健康效应。近年来，合成生物学技术开始应用于代谢紊乱相关疾病诊疗新技术的研发，其中构建的合成生物学基因线路可能为环境污染物代谢紊乱健康效应评估技术的研发提供新思路。下面将介绍在高尿酸血症和糖尿病诊疗研发中构建的基因线路。

1）基于代谢酶设计的工程化细胞对尿酸的识别和代谢调控

小分子药物治疗是干预代谢紊乱的常用手段。现阶段的药物使用量大多是医生根据自身经验给出的，这可能会导致不良的副作用。如果能构建一种根据患者体内代谢疾病相关分子存在水平自动释放所需小分子药物的系统，就能更进一步提高调控的准确性。尿酸是嘌呤代谢的最终产物，其在体内的平衡可能受遗传因素、环境因素、治疗干预和营养失衡的干扰，导致高尿酸血症。过量的尿酸积累会导致患者的关节、肾脏和皮下组织中出现结晶，从而引发肿瘤溶解综合征和痛风等多种疾病。

有研究人员设计了一个能够感应尿酸水平并对其变化做出反应的合成基因回路（Kemmer et al.，2010）。这种合成装置由一种经过改良的耐辐射奇球菌（*Deinococcus radiodurans*）衍生蛋白组成，该蛋白质能够感知尿酸水平，并触发由分泌工程改造的黄色曲霉尿酸氧化酶的剂量依赖性去抵制，从而消除尿酸。当耐辐射奇球菌处于尿酸缺乏环境中时，转录抑制因子假想的尿酸酶调节剂（hypothetical uricase regulator，HucR）结合在 DNA 序列基序（*hucO*）上；当尿酸存在时，HucR 与 DNA 分离，从而使得下游基因表达。为了在哺乳动物细胞中获得最佳表达，研究人员人工设计了一种更强的抑制因子 mHucR，从而对 HucR 和 *hucO* 进行了工程化改造。首先，修改 HucR 起始密码子（GTG→ATG）并插入一个 Kozak 共识序列，以实现蛋白质在哺乳动物细胞（mHucR）中的表达水平最大化，并将 mHucR 融合到锌指蛋白中 KRAB 蛋白结构域的 C 端，由此产生的抑制因子是一种嵌合的哺乳动物尿酸盐依赖性反式沉默器（mammalian urate-dependent transsilencer，mUTS）。耐辐射奇球菌菌膜上的尿酸转运蛋白可以提高细胞内尿酸水平，从而增强细菌对高尿酸环境的敏感性。尿酸盐阴离子转运体 1（urate-anion transporter 1，URAT1）参与肾脏尿酸清除和尿酸稳态的维持，将表达 URAT1 的质粒共转染到细胞可以增强回路对尿酸的敏感性。尿酸酶/尿酸盐氧化酶（uricase/urate oxidase，Uox）可以将尿酸转化为更易溶解的、肾可分泌的尿囊素，为了能在哺乳动物细胞中实现对动物体内环境尿酸水平的特异性响应，即完全自主地反馈调控，研究人员优化了拥有特异性辅助因子的黄曲霉菌尿酸酶的编码序列并命名为 mUox。

为了验证该系统的有效性，研究人员将组成性表达 mUTS 的载体和 P_{UREX}（uric acid-responsive expression network，UREx）控制的分泌型碱性磷酸酶报告基因（secretory alkaline phosphatase，SEAP）载体共转染至人宫颈腺癌细胞（HeLa），在不含尿酸的培养基中培养的人胚胎肾细胞（HEK-293）和人纤维肉瘤细胞（HT-1080）显示 mUTS 结合并沉默 P_{UREX} 驱动的 SEAP 表达，大大提高了转录翻译网络的工作效率。之后，为了表征这一哺乳动物尿酸传感器系统的可调性和长期可逆性，研究人员还构建了由 UREx 控制 SEAP 和 URAT1 表达的稳定细胞系

HEK-293$_{UREX}$系统，结果显示，在 HEK-293$_{UREX}$中 SEAP 表达可以被精确调节，并随着尿酸浓度的升高而逐渐增加，且 UREX$_X$控制完全可逆，无表达式记忆效应 SEAP 产生，即 SEAP 的背景量和 UREx 的灵敏度不会随着环境中尿素浓度而改变。将 URAT1 和 UREx 控制的 SEAP 表达的细胞植入尿酸氧化酶缺陷小鼠，结果显示尿酸传感器 URE$_X$足够敏感。为了考察整个系统的稳定性，研究人员构建了 mUTS 和 P$_{UREX8}$驱动的分泌工程尿酸氧化酶变体（secretion-engineered urate oxidase variant，smUox）表达的 HeLa$_{URAT1}$，分析了培养 120 h 期间 URE$_X$控制的尿酸代谢的动态变化。结果显示，即使暴露在不同的起始尿酸浓度下，含有 URE$_X$-smUox 合成控制线路的细胞的培养基中的尿酸浓度稳定在亚病理水平。以上结果表明尿酸水平已经下降到一个阈值浓度以下，不再能够诱导 URE$_X$控制和触发的进一步尿酸氧化，表明 URE$_X$-smUox 能实现对尿酸水平的自给性反馈控制，并可以将病理性尿酸水平自动降低到正常水平。

鉴于前面叙述的污染物尿酸代谢毒理健康研究的重要性和必要性，急需尿酸代谢相关毒理健康效应评价方法。因此，上述植入整合尿酸运输与尿酸代谢这两种功能蛋白的人胚胎肾细胞和人纤维肉瘤细胞的尿酸氧化酶缺陷型小鼠，可为发展尿酸代谢相关环境合成生物学健康效应评价方法提供借鉴，通过 URAT1 实时监测内环境中的尿酸水平、通过 Uox 降解尿酸实现对尿酸水平的多级反馈，以评估污染物暴露对模型动物的尿酸代谢稳态的影响。

2）基于光控信号级联反应血糖调节因子的人工调控

糖尿病患者体内胰岛素分泌不足或胰岛素抵抗，难以自我调节体内血糖，导致持续性高血糖状态，可能引起眼、肾、血管、神经等多种组织器官发生不可逆损害。目前针对糖尿病缺乏有效的临床治愈手段。能分泌蛋白质药物的细胞，其正常生长生存能力可能会受这些药物的影响。虽然有许多小分子响应的基因控制系统可用于调节目标蛋白表达，但在工作环境中如何使工程化细胞内的触发分子与下游信号通路耦合仍然是一大挑战。

黑视蛋白（melanopsin）位于视网膜神经节细胞膜上，能接收外界光信号，是调节哺乳动物生物钟的重要元件。它是一种 G 蛋白偶联受体，对蓝光最为敏感，在非视觉光介导的信号转导中起关键作用（Stachurska and Sarna，2019）。活化 T 细胞的核因子（nuclear factor of activated T-cell，NFAT）是一类在多种动物组织和细胞内表达的转录因子，广泛参与了细胞内各项生理活动的信号转导，在免疫系统和神经系统中扮演着重要角色。NFAT 主要是由胞内钙离子/钙调磷酸酶激活，在脱磷酸后进入核内并结合特定 DNA 序列，启动下游基因转录（孙越等，2014）。胰高血糖素样肽-1 是胰高血糖素的一种，由胰岛 α 细胞分泌，功能是促进肝糖原分解，升高血糖；胰岛素由胰岛 β 细胞分泌，是机体内唯一能降低血糖的激素，二者共同维持着机体内血糖稳定。有研究人员利用合成生物学技术，将视黑质作为信号转导元件并与下游活化 NFAT 相关联，构成一个蓝光控制的级联反应。通过黑视蛋白诱导细胞内钙增加，激活钙依赖型钙调磷酸酶，继而激活转录因子 NFAT，从而启动特定启动子 P_{NFAT} 促使下游基因转录。将黑视蛋白表达载体 pHY42（P_{hCMV}-melanopsin-pA_{SV40}）和 P_{NFAT} 驱动的萤光素酶报告基因共转染到多个鼠源和人源细胞系中，构建 pGL4.30（P_{NFAT}-luc2P-pA_{SV40}），结果表明，尽管这一回路利用了内源性 NFAT 信号通路，但在缺乏光照的情况下，基础转录水平相当低，只有当细胞暴露于蓝光时，萤光素酶才被诱导产生（Ye et al.，2011）。

为了在原型治疗环境中验证光触发的转录控制，研究人员构建了用于生产组成型黑视蛋白（pHY42）和已知具有葡萄糖稳态调节功能的 P_{NFAT} 驱动表达的胰高血糖素样肽-1 变体（glucagon like peptide-1 variant），即 shGLP-1（pHY57）的工程化 HEK-293 细胞。经对照试验证实，蓝光照射可以触发表达 shGLP-1，并诱导 β-TC-6 细胞分泌胰岛素。随后，研究人员将 pHY42/pHY57 转基因 HEK-293 细胞皮下植入野生型和糖尿病模型小鼠，并用标准蓝光脉冲照射 48 h（对照组未暴露于蓝光脉冲）。蓝光照射后，野生型和糖尿病模型小鼠的 shGLP-1，以及由此产生的胰岛素水平显著升高，两种蛋白质的作用显著降低了腹腔内给糖后小鼠的血糖水平漂移。这些葡萄糖耐量试验显示了糖尿病模型小鼠体内葡萄糖稳态的改善，表明在达到正常血糖水平时促胰岛素作用自动关闭，从而防止出现低血糖症状，光触发的 shGLP-1 表达可作为治疗和预防糖尿病的相关调控机制。

在这一案例中，应用黑视蛋白作为光电信号转换元件，通过胞内钙/钙调磷酸酶链接核转录因子 NFAT，再在 NFAT 下游插入胰高血糖素样肽-1 和胰岛素等基因构建可控的、用于内环境血糖稳态评价的工程化细胞，未来或可用于通过对内源性信号通路的扰动作用干扰机体代谢稳态的污染物复合暴露的糖代谢毒性评估。

2. 癌症的靶向治疗

癌症是严重影响人类健康的疾病。自 20 世纪 80 年代以来，随着对环境污染与癌症之间相关性认识的逐渐增多，癌症已成为环境健康问题的热点领域，也是传统毒理学与转化毒理学评估的重要内容。因此，合成生物学在癌症诊疗领域应用的经验，尤其是所构建的基因线路中应用的、与肿瘤效应相关的关键分子与信号通路，可为面向肿瘤环境健康效应评估的环境合成生物学技术发展提供借鉴。

治疗癌症时，治疗药物在选择性地靶向病变组织的同时，又能保持正常细胞的完整性是极其重要的。基于特异识别和表达功能分子的靶向技术，已广泛应用于肿瘤的基因治疗。转染带有能被癌症特异性启动子调控的效应基因的改造质粒或病毒载体到工程化细胞中，理想情况下，这些工程化细胞在人和哺乳动物体内能够靶向杀死目标启动子高度活跃的癌细胞（Kyo et al.，2008）。现阶段合成生物学在癌症治疗中的应用主要是通过构建基因线路来增加药物分子的靶向性和特异性，包括“与”门线路、感觉开关电路，都是通过控制条件使效应分子得以表达，以此来靶向杀死癌细胞并减少对正常细胞的损伤。这一设计思路与环境合成生物学在污染物健康效应评价中的污染物识别及毒理效应的偶联方面具有一定的相通之处。因此，下面将以双启动子积分器用于哺乳动物双杂交“与”门线路和包含感觉开关电路的溶瘤病毒治疗癌症为例，介绍合成生物学在靶向治疗癌症中应用的基因线路。

1）双启动子积分器用于哺乳动物双杂交“与”门线路

有研究者构建了一种靶向肿瘤细胞的双启动子积分器（dual-promoter integrator，DPI）（Kyo et al.，2008；Nissim and Bar-Ziv，2010）。在原有的酵母双杂交系统基础上，使用两个独立的启动子分别控制两个嵌合蛋白的表达（DocS-VP16 和 Gal4BD-Coh2），当两个蛋白质同时表达时，发生二聚化形成完整的转录因子，然后结合到 Gal4 操纵区的 OGal4 后诱导下游基因表达，即只有在两个内部输入启动子联合活性高的情况下，下游效应基因才表达。该研究还使用一种癌前细胞系和四种癌细胞系来评估 DPI 在工作环境下的有效性及稳定性。首先根据前人研究选用染色质结构组蛋白-H2A1（chromatin structural protein histone-H2A1）启动子、滑膜肉瘤 X-断点蛋白-1（synovial sarcoma X-breakpoint protein-1，SSX1）启动子和炎症性趋化因子 CXCL1 启动子互相组合作为开关元件，并使用在四种细胞系中活性均很低的细胞周期蛋白依赖性激酶 4/6 的调节因子——细胞周期蛋白 D1（CyclinD1）启动子为阴性对照，以萤光素酶为效应基因评估系统的鲁棒性。对比发现，相较于单开关系统，DPI 精度更高，并且在搭配启动子和效应基因方面具有更强的灵活性。之后，通过将萤光素酶替换为效应分子——单纯疱疹病毒 1 型胸苷激酶（herpes simplex virus type-1 thymidine kinase，TK1），确定 DPI 的靶向能力。结果显示，DPI 线路可以根据不同目的分子（如 TK1、更昔洛韦等）作用的强弱选择不同响应能力的开关组合，灵活可调、应用范围更广。但在应用于体内靶向时，DPI 需要 DNA 病毒才能递送到指定部位，经载体短暂地感染细胞，并用于表达靶向癌症治疗，例如，腺病毒可用于递送大约 10 kb 的重组 DNA，包括独立基因调控元件。

在这一实例中，作为开关的三种启动子在肿瘤细胞中高表达，而在正常细胞和癌前细胞中低表达，利用这些启动子和 DPI 回路，未来可能实现体外筛选致癌污染物并评估其致癌效应，即通过不同启动子对的组合及下游萤光素酶的响应强弱判断污染物的作用强弱。除了启动子外，通过使用适当的降解融合标签缩短包含“与”门的合成蛋白质的寿命，DPI 可以捕获瞬态双启动子重合。DPI 也可以通过筛选启动子文库用于发现启动子对之间的新相关性，即双启动子相关性。最后，通过将效应杀伤基因替换为辅助基因，在体外筛选启动子对，从而确定表达靶向治疗的潜在最佳启动子对。

2）*溶瘤病毒治疗癌症*

溶瘤病毒是一类致病性较弱但具有嗜肿瘤特性的病毒，可以通过编码和局部释放细胞因子、趋化因子的方式大大提高溶瘤病毒治疗肿瘤的效果。与系统施用免疫调节剂相比，溶瘤病毒的副作用更小，有助于克服肿瘤微环境中的免疫抑制。然而，提高溶瘤病毒的肿瘤靶向特异性和免疫刺激疗效仍然是一个巨大的挑战。研究人员在腺病毒中设计了一种可以由癌症特异性启动子（pCancer）驱动的转录激活器，可开启两个相互抑制的抑制子，同时这两个抑制子分别被两种微小 RNA（miR-a 和 miR-b）抑制。当激活器和 miR-b 处于高水平而 miRNA-a 处于低水平时，可以通过自切割 2A 接头使腺病毒 E1A 和免疫效应基因共表达。若回路中连接上效应基因，如人粒细胞-巨噬细胞集落刺激因子（granulocyte-macrophage colony-stimulating factor，GM-CSF）、白细胞介素-2、单链可变片段、程序性细胞死亡蛋白 1（programmed cell death protein-1，PD-1）或程序性细胞死亡配体 1（PD ligand 1，PDL1）等，就可以同时控制腺病毒复制和这些免疫效应分子的表达（Huang et al.，2019）。结果显示，这一回路能在细胞模型和小鼠模型中高选择性地杀死肝癌细胞。小鼠模型试验和计算模拟发现，可复制腺病毒比不可复制腺病毒有更强的肿瘤杀伤效果。通过结合肿瘤溶解和免疫调节剂的分泌，在免疫小鼠模型中促进了局部淋巴细胞毒性和系统免疫的协同作用。此外，计算模拟结果揭示，应用编码免疫调节因子的溶瘤病毒的单独治疗，比应用溶瘤病毒和免疫效应因子的组合治疗具有更强的治疗效果。

以上研究为设计溶瘤腺病毒提供了一种有效的策略，通过使用这种策略，可以修改感觉开关电路来控制多种免疫效应器的表达，从而进一步增加对肿瘤细胞的免疫应答。DPI 回路设计实例给出了筛选肿瘤特异性启动子和肿瘤杀伤效应基因的方法，结合这一基因回路，可以在杀伤肿瘤组织的基础上人工控制病毒复制能力，从而更精细地控制整个治疗过程。此外，回路下游的效应基因可以被替换为污染物相关的效应基因，通过在受不同 miR 调控的支路上添加不同的、能识别吸收污染物的生物大分子相关基因，就有可能实现人为可控地识别和处理相应污染物。

3. 在骨骼肌肉发育研究中的应用

肌肉萎缩对老年和慢性病人群的生活质量有很大的影响，是多种分解代谢疾病患者的重要临床问题，包括败血症、获得性免疫缺陷综合征、严重损伤、尿毒症、心力衰竭和癌症等患者。骨骼肌具有强大的内分泌功能，其释放的细胞因子或多肽被人们称为肌肉因子。这些肌肉因子通过自分泌、旁分泌或内分泌形式，不仅可以调节骨骼肌内部的信号转导，还对骨骼肌外周的组织器官的代谢起调节作用。这些肌肉因子同时也与一系列代谢相关的疾病，如肥胖、糖脂代谢疾病等的发生密切相关。其中，由肌抑素基因编码的、参与肌肉发育负调控的肌肉因子，即肌生长抑制素（myostain，MSTN），是转化生长因子-β（transforming growth factor-β，TGF-β）蛋白家族的成员，在骨骼肌中大量表达，控制肌细胞的活化及成肌细胞增殖。通过特定手段抑制 MSTN 可缓解肌肉减少症中肌萎缩的现象，故 MSTN 被认为是有望治疗肌萎缩的靶分子（Omosule and Phillips，2021）。

在肌肉萎缩中，一种很有前途的治疗策略是利用具有高配体特异性的天然人体传感器，这种传感器仅由外源性信号（薄荷醇）激活。基于薄荷醇的调节系统提供了精确地调节治疗蛋白表达的稳健而灵活的手段，转基因表达与由此产生的生理/临床效果之间存在着直接关联。因此，在哺乳动物体内，这种调节方式提供了最大的控制能力和最小的潜在副作用，并能实现最佳药代动力学。具体方法是通过构建以薄荷醇为激活开关的基因线路，控制合成免疫融合素微囊化细胞植入物与治疗蛋白修饰的激活素型 IIB 受体配体陷阱蛋白（$mActRII^{ECD}$-hFc）的表达，使其可以在血液循环中捕获过量的肌肉生长抑制素，以阻止参与肌肉萎缩的信号通路的启动，这为治疗肌肉萎缩提供了新方法、新技术（Bai et al.，2019）。为了证明以细胞为基础的给药系统治疗肌肉萎缩的潜力，研究人员使用了地塞米松诱导的肌肉萎缩小鼠模型。首先，构建 pPB112（PhEF1α-TRPM8-pA）/pPB114（P_{NFATS}-$mActRIIB^{ECD}$-hFC-pA）转基因细胞，并在体外证实了依赖于薄荷醇的 $mActRII^{ECD}$-hFc 的产生。接下来，借助抑制 ActRIIB 信号激活验证了 $mActRII^{ECD}$-hFc 的功能，这是通过一个驱动发光表达的报告结构捕获的。在小鼠肌肉萎缩模型中，皮下植入细胞且进行薄荷醇处理的小鼠血清中 $mActRII^{ECD}$- hFc 水平升高。体重观测显示，皮下植入细胞且进行薄荷醇处理组的小鼠体重下降明显小于未使用薄荷醇的皮下植入组，或植入缺乏 $mActRII^{ECD}$-hFc 表达细胞的对照组。在处理组和对照组的小鼠个体之间，肌肉质量也有明显的视觉差异。

上述结果显示，合成生物学技术可以通过设置开关来实现在肌肉发育过程中对肌生成调节因子的控制。用简单的合成基因开关安全地控制转基因表达的能力，对于有效的基因和细胞治疗是至关重要的。人类瞬时受体电位 M8（human transient receptor potential 8，hTRPM8）是瞬时受体电位（TRP）通道家族成员之一，该信号通路调控转基因表达。人类 TRPM8 信号是由薄荷醇（一种自然无害的冷却化合物）或暴露在凉爽低温环境（15～18℃）中产生的。通过将 hTRPM8

诱导的信号功能连接到一个合成的、含有 NFAT 结合元件的启动子上，设计合成出可以通过低温暴露或薄荷醇处理而进行调节的基因回路。上述研究中将此信号通路应用于影响肌发生的基因线路中。肌发育负调控因子 MSTN 在骨骼肌中大量表达，从而控制肌细胞的活化及成肌细胞增殖。此基因线路通过控制 $mActRII^{ECD}$-hFc 的表达，在血液中捕获过量的 MSTN，从而缓解肌肉减少症中的肌萎缩。为了响应薄荷醇的透皮递送，携带该基因回路的微胶囊细胞植入物与治疗性蛋白质 mActRIIBECD-hFc 的表达相结合，可以缓解地塞米松处理小鼠（肌肉萎缩模型）的肌肉萎缩，能逆转地塞米松治疗的小鼠（肌肉萎缩模型）的肌肉萎缩（Bai et al.，2019）。合成生物学在肌肉发育相关疾病治疗中展现出良好的应用前景。

7.2.3 合成生物学在环境健康效应评价中的应用前景

环境中存在的污染物种类多样，所导致的毒性终点和健康效应通常有神经发育毒性、生殖毒性，以及代谢和内分泌干扰作用等。污染物暴露引起的健康风险始终是人们关注的热点问题，近年来，合成生物技术为相关的疾病诊疗提供了新的思路，为临床复杂疾病提供了高效、特异、智能化、安全的崭新解决方案。例如，人工合成的活体药物为癌症、严重的遗传病等几乎无药可治的人类疾病及新突发传染病提供了高效的治疗手段；人工基因组合成技术、基因编辑技术可治疗地中海贫血症、艾滋病等重大疾病；使用智能细菌（高效广谱的实体瘤溶瘤细菌）、益生菌等细菌能够靶向治疗肿瘤、糖尿病和肥胖等复杂疾病，提高国民健康水平，降低化学药物依赖。合成生物学通过人工设计的基因线路改造甚至重构人体自身细胞，或改造细菌、病毒等人工生命体，使其间接作用于人体，从而达到疾病诊疗的目的。这些经人工设计的生命体，可以通过感知疾病特异性信号或人工信号、靶向特定的细胞和病灶区域、表达报告分子或释放治疗药物，从而监测人体生理健康状态，实现对肿瘤、代谢疾病、耐药菌感染等典型疾病的诊断与治疗（图 7-1）。

在与环境污染物相关的代谢、肿瘤和发育疾病中，有许多生理和病理进程与合成生物学诊疗新策略涉及的细胞和分子进程存在交叉，如尿酸代谢通路、胰岛素相关信号通路、肿瘤免疫相关信号分子、骨骼肌发育与代谢相关通路等。随着环境健康效应机制研究的进一步发展，这些交叉点与污染物的生物识别和效应通路的关系将会更加清晰。因此，面向环境污染物相关疾病的诊断与治疗的基因线路，将为发展相应环境污染物毒理效应与健康风险评估的环境合成生物学技术提供基础和支撑。

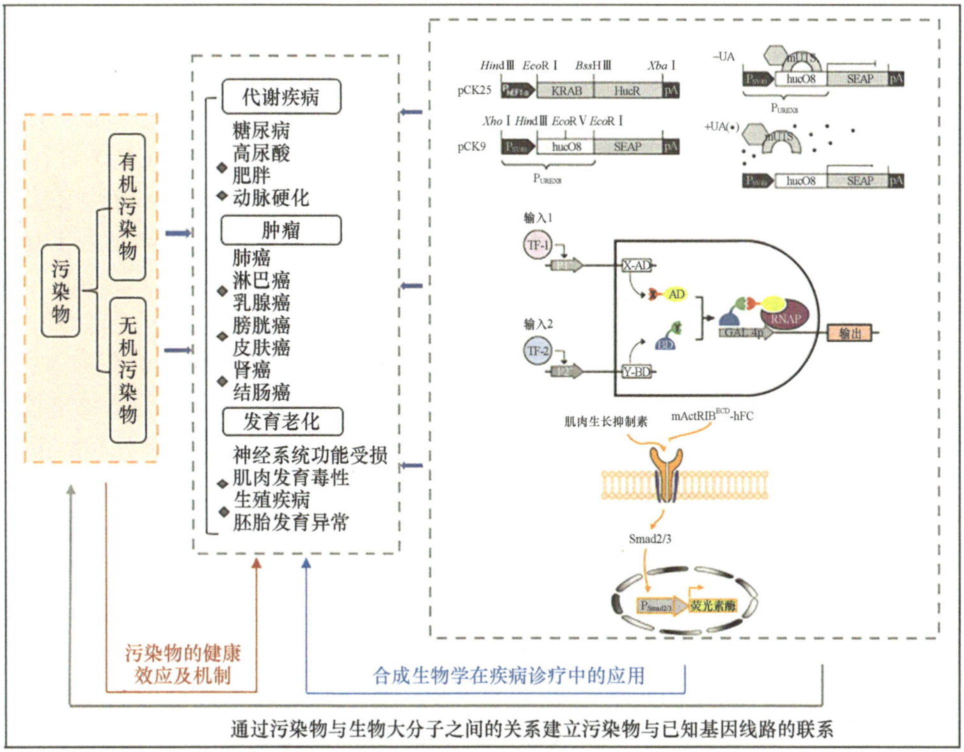

图 7-1　合成生物学在环境相关健康效应评价中的应用（修改自 Bai et al.，2019；Kemmer et al.，2010；Nissim and Bar-Ziv，2010）

污染物带来多种健康效应风险，包括代谢疾病、肿瘤、发育毒性，而环境合成生物学在这些疾病中已有相关的应用，但污染物与人工合成生物大分子之间的关系尚不清楚。通过上述关系，人们能够探索合成生物学在环境毒理方面的应用

7.3　合成生物学在环境健康效应机制研究中的应用

环境污染物与疾病有着密切的关联，环境合成生物学在与污染物相关的代谢性疾病、肿瘤、发育过程中均已有应用。在环境健康效应机制研究中，可以应用人工生物识别或传感分子（包括识别分子和效应分子），来构建污染物响应、毒理机制相关的合成生物学系统。

7.3.1　典型污染物暴露的健康效应机制与生物传感通路

污染物识别、信号通路扰动、毒理效应终点及健康结局是从污染物暴露到产生健康效应形成过程中的关键环节，同时也是生物体响应外源性物质的传感通路组成部分。下面将以毒理健康效应机制研究较为深入的二噁英及新型持久性有机污染物为主，介绍污染物健康效应机制与生物传感通路之间的交叉和共性内容。

二噁英是首批被列入《斯德哥尔摩公约》的典型持久性有机污染物，其对生物体有致癌性，并具有免疫毒性、肝毒性、皮肤毒性、内分泌干扰、生育障碍、神经毒性等多方面的健康威胁。TCDD 是二噁英类持久性有机污染物中毒性最强的单体。在二噁英的神经毒性效应和机制研究中，人们通常使用 TCDD 进行体外试验和体内试验。激活芳香烃受体（aryl hydrocarbon receptor，AhR）信号通路，是二噁英造成毒性与健康效应的主要途径。芳香烃受体的分子质量为 110～150 kDa，主要存在于细胞质中，与二噁英类亲和力较高。静息状态下，AhR 与 4 个分子伴侣[包括两个 90 kDa 热激蛋白（HSP90）、一个 p23 蛋白和一个乙型肝炎病毒 X 蛋白（XAP2）]。生理状态下，高脂溶性的二噁英类化合物可轻易透过细胞膜进入细胞质，在细胞质内与 AhR 结合，使其发生构象改变，并进入细胞核。在细胞核内，XAP2、p23 和 HSP90 分别从复合体中分离，芳香烃受体核转运蛋白（aryl hydrocarbon receptor nuclear translocator protein，ARNT）代替它们与 AhR 形成异源二聚体。该二聚体可识别、结合下游基因启动子区域的顺式作用元件——二噁英响应元件（dioxin-responsive element，DRE，5′-TNGCGTG-3′），并激活下游基因的转录，引起一系列的生物效应。一般认为，AhR-ARNT 二聚体结合下游基因启动子上的 DRE 序列后，可引起 DNA 的弯曲和核染色质的断裂，从而促进了启动子激活和下游基因转录。细胞色素 P450 基因超家族是研究最为透彻的芳香烃受体信号通路下游基因（Fujii-Kuriyama and Mimura，2005）。

在中枢神经系统中，二噁英类化合物导致的神经毒性也是主要通过激活 AhR 信号通路实现的。很多研究人员关注了实验动物二噁英染毒后，脑内 AhR、ARNT 和 Cyp450 家族基因的表达情况。用 SD 大鼠进行了 TCDD 染毒（10 μg/kg 体重），发现实验组脑内 *Cyp1a1* 基因表达显著上升，在染毒 1 天时达到最高水平（Huang et al.，2000）。基于小鼠神经瘤母细胞 Neuro2D 构建了 *Ahr* 稳转细胞株，用于研究 TCDD 对酪氨酸羟化酶（tyrosine hydroxylase，TH）基因的调控作用。实验结果发现，TCDD 通过激活 AhR 信号通路激活 *Th* 基因表达，最终影响了多巴胺的合成，并用凝胶迁移试验进一步证实了 *Th* 基因启动子区域存在一个真实的 AhR 响应元件Ⅲ（aryl hydrocarbon receptor responsive element Ⅲ，AHRE-Ⅲ）。这是二噁英主要通过激活 AhR 信号通路，调控下游靶基因的表达从而引发神经毒性的一个典型实例（Akahoshi et al.，2009）。随着对二噁英类化合物神经毒性机制研究的不断深入，人们发现二噁英类化合物在激活 AhR 信号通路的同时，也能干扰细胞内的多种蛋白激酶途径，造成内源性细胞信号转导功能的异常。TCDD 暴露于原代培养的大鼠小脑颗粒细胞，发现暴露 15 min 后蛋白激酶 C 活性显著上升，并存在剂量效应关系，同时发现与蛋白激酶 C 活化相关联的促分裂原活化蛋白激酶（MAPK）信号通路异常激活，从而促进了细胞内活性氧自由基（reactive oxygen species，ROS）的产生，造成细胞毒性效应。胞内钙离子的增加可能损伤神经细胞质膜功能，影响神经塑形、神经信号传递、神经-胶质交互作用等（Kim and Yang，2005）。TCDD 暴露能够通过影响神经元内钙稳态，抑制兴奋性神经元突触后电位（Hong et al.，1998）。也有报道称 TCDD 可以破坏胶质细胞的钙稳态，从而影响细胞内信号转导功能，甚至导致细胞毒性（Legare et al.，1997）。研究人员在神经生长因子诱导分化的大鼠嗜铬细胞瘤细胞 PC12 中发现低剂量 TCDD（10^{-11} mol/L 和 10^{-10} mol/L）处理可以在转录水平及蛋白质水平上显著上调神经分化标志蛋白神经丝蛋白轻链（neurofilament light chain，NFL）的表达。在此过程中，二噁英主要通过转录激活作用诱导 NFL 的高表达，AhR 信号通路和 MAPK 信号通路均参与了这一转录激活作用，并且两条信号通路之间存在交叉作用（Chen et al.，2020）。

除了转录水平基因调控以外，越来越多的证据表明二噁英还通过 AhR 参与表观遗传调控，如造成多种 miR 的异常表达。应用 miR 表达谱对斑马鱼胚胎中 miR 整体表达情况进行了分析，发现二噁英暴露可造成多种 miR 的表达异常，并且差异表达的 miR 参与发育毒性过程，短时间内二噁英暴露对成年啮齿动物肝脏中 miR 表达水平影响甚微，说明二噁英肝脏急性毒性中 miR 的作用不显著（Jenny et al.，2012）。应用具有众多神经元生化特性和功能的人类神经母细胞瘤细胞系 SK-N-SH 细胞开展基因芯片及分子毒理研究，发现环境相关的低剂量 TCDD 暴露后，SK-N-SH 细胞 miR 表达谱发生了显著变化。在差异表达的 miR 中，有很多都参与了多种神经系统的功能和疾病，如胶质瘤、神经退行性疾病等。该研究首次证实了 TCDD 可以通过 AhR 上调灵长类特有 miR（如 miR-608）在 SK-N-SH 细胞中的表达，并验证了 miR-608 对神经源性 CDC42 有靶向调控作用，提出在 TCDD 对 CDC42 表达的诱导作用中，AhR 介导的转录水平及转录后水平调控机制并存（Xu et al.，2017）。

全氟/多氟化合物（per- and polyfluorinated chemical，PFC）被用作表面活性剂、食品包装材料、阻燃剂等，具有难降解、能够远距离迁移和生物富集性等特征，是全球各环境介质中一种普遍的污染物。动物试验显示，PFC 具有明显的神经发育毒性，能通过影响细胞内钙离子浓度而影响神经细胞中与钙信号通路有关的基因表达，进而影响神经元正常的功能；升高蛋白激酶 A（protein kinase A，PKA）活性，能够影响平滑肌张力；暴露于全氟辛烷磺酰基化合物（perfluorooctane sulphonate，PFOS）后，小鼠海马组织中 GAP-43（growth associated protein-43）和突触泡蛋白（synaptobrevin，SYP）的表达上升，大脑皮质中 SYP 和 Tau 的表达显著增加，突触发生明显被抑制（韦荣国等，2012）。斑马鱼暴露于 PFOS 后，尾部的肌纤维排列松散无序；亲代 PFOS 暴露后，F_1 代幼鱼的慢肌纤维排列同样表现为松散无序，同时其初级运动神经元发育延迟（Huang et al.，2019）。由此可见，虽然全氟化合物等新型持久性有机污染物的毒性机制研究尚未完善，但从目前的数据可以看出，对细胞信号通路及下游毒理健康效应相关基因表达的影响依然是这类新型污染物健康效应研究的重要方向，而与之相关的生物传感系统可为全氟化合物合成生物学健康效应评估系统的研发提供理论支持。

7.3.2 环境合成生物学在分子环境毒理研究中的应用

随着现代社会的高速发展，新型污染物层出不穷，人们面临各类环境问题，而污染物分子环境毒理研究的难度也日渐加剧。由于合成生物学应用的传感通路与基因线路多以生物体对内、外源化学物质的响应机制和信号通路为基础而构建，通过在基因线路中增加污染物响应元件或设计逻辑门开关等，有目的地从头设计和改造生物，从而可实现污染物的识别和健康效应评估。

1. 用于污染物分子与受体蛋白交互作用研究

工程化的各种生物传感器不仅可以识别环境样品中的特定污染物，还能用于分子环境毒理研究，如筛选细胞内特定受体的激动剂，从而简单、高效地获得污染物分子与受体蛋白交互作用的信息。

激素受体常作为生物传感元件或毒性作用的起始分子，应用于污染物内分泌干扰效应的筛选与环境毒理和健康机制研究。研究人员构建了两种便携式体外生物传感器：①将麦芽糖结合蛋白（maltose binding protein，MBP）、一个中间插入核激素受体（nuclear hormone receptor，NHR），即人雌激素受体β（human estrogen receptor β，hERβ）或人甲状腺素受体β（human thyroid receptor β，hTRβ）-配体结合域的迷你蛋白剪接结构域和一个C端报告酶整合，制成特定响应的变构融合蛋白，使用无细胞蛋白合成技术表达，可以实现比色响应直接测定，用于检测人血样和尿样中的人雌激素受体及人甲状腺受体激动剂；②通过对一种能够自主发光的酿酒酵母（*Saccharomyces cerevisiae*）菌株进行改造，可设计用于识别具有雄激素受体（androgen receptor，AR）活性化学品的工程菌，该菌株染色体中含有编码人AR的基因序列，再导入含一系列雄激素反应元件的质粒，整合报告基因质粒后，构建了能对雄激素及其类似物响应的生物发光转运体（Salehi et al.，2017；2018）。拟除虫菊酯类农药具有类雌激素作用，而其降解产物3-苯氧基苯甲酸（3-phenoxybenzoic acid，3-PBA）则具有类雌激素活性。根据拟除虫菊酯的这一特性，开发了一种雌激素受体（estrogen receptor，ER；hERa/ERa）介导的萤光素酶报告基因检测体系，其原理是利用雌激素结合域（ER_{def}）和酵母转录激活域（GAL4）的融合蛋白及GAL4反应性萤光素酶报告质粒pUAS-tk-Luc，通过测试样品诱导或抑制萤光素酶的表达来判断试样中是否存在拟除虫菊酯类农药。将ER替换成AR，则可以利用类似的作用原理，筛选具有类雄激素效应的物质（Sun et al.，2007）。由于自然界中存在多种能够影响雌激素、雄激素作用的物质，故该方法在特异性方面具有一定局限性，尤其在检测未知样品时很难定量检测单一类物质。

除了雌、雄激素受体外，AhR 也是环境合成生物学中常用的识别元件，*Cyp1a1* 基因是经典的 AhR 通路下游的调控基因。通过在小鼠肝癌细胞系中导入由小鼠 *Cyp1a1* 基因启动子富含 DRE 序列所驱动的萤光素酶报告基因的质粒，构造了可用于评估大气环境样品中 AhR 激动剂的生物传感器细胞 CBG2.8D（Zhang et al.，2018）。使用 CBG2.8D 测定了鱼类和海鲜中的二噁英类物质，检测结果与高分辨气相色谱-高分辨质谱分析结果之间存在良好的相关性（r^2=0.93），证明了这一方法在大气等环境样品和水产类食品样品中的适用性（Du et al.，2010；Sun et al.，2007）。

2. 用于污染物对效应基因的干扰作用评价

除了能使用生物传感器识别特定受体的激动剂外，利用环境合成生物学技术在细胞内转入新的生物大分子，可以在细胞内环境中启动新的信号通路，找到该生物大分子新的下游基因，发现新的生物学功能。

诸多环境污染物都能通过改变细胞内离子浓度影响细胞的正常生理功能，如作为第二信使行使调控功能、神经元兴奋的传导以及神经递质的释放。细胞内钾、钙离子水平直接影响着下游基因的表达水平。通过内源性钙信号将 L 型电压门控通道 CaV1.2 和内向整流钾通道 Kir2.1 的异位表达耦合到同一细胞内，可以实现细胞内钙调节下游基因的电遗传控制转录 （Ding et al.，2021）。利用这一技术可以实现细胞钙离子内流的可控调节，同时细胞膜上异位表达的钾离子通道可以延长钙离子通道打开时间，进一步强化下游转录基因的表达。钙离子通道还是污染物可能的作用靶点，通过分析污染物是否能影响钙离子通道激活后的正常功能与效应基因的表达，可以发现污染物新的毒理作用机制。

热激蛋白（heat shock protein，HSP）最初被发现对热刺激作出反应，HSP 家族蛋白通常是分子伴侣，通过维持或协助细胞蛋白折叠来发挥细胞保护作用。HSP 高度保守，介导应激诱导蛋白损伤的修复，参与细胞修复和保护机制，例如，HSP70 的表达可降低蛋白聚集，维持线粒体生理功能，抑制凋亡/坏死及炎症反应（Ding et al.，2021；Krawczyk et al.，2020）。使用热激蛋白（HSP70B）作为热基因开关，利用热脉冲进行空间和远程控制，实现了在 40～45℃范围内激活工程化 Jurkat T 细胞中的基因表达，能使目标基因转录水平达到改造前的 200 倍以上。这一基因开关元件可用于毒理学研究中毒理效应终点的识别，通过分析污染物是否影响热激蛋白正常生理活动，从而判断该污染物是否能诱导细胞发生炎症反应（Krawczyk et al.，2020）。

人瞬时受体电位 M8（hTRPM8）属于 TRP 通道家族 1，在前列腺中高表达，为非选择性、电压门控的钙离子通道，具有冷感受器、维持胰岛素血清稳态的作用。hTRPM8 是污染物的潜在受体和其他信号通路的下游效应分子，污染物作用在 hTRPM8 上后会引起细胞内信号通路调控机制的改变，甚至导致调控机制的失衡，从而影响细胞正常生理活动。通过将 hTRPM8 诱导的信号与含有 NFAT 结合元件的合成启动子生物传感元件进行功能性连接，设计了一种合成基因线路，这一线路可通过低温环境或薄荷醇暴露进行调节（Bai et al.，2019）。这种转录系统在各种类型的人体细胞中都能正常运行，当被植入 1 型糖尿病模型鼠体内后，成功改善了模型鼠体内血糖的稳态。这一基因回路除了能用于筛查 TRPM8 潜在的污染物受体外，还能用于识别下游的毒理效应终点。例如，在人胚胎肾细胞、AR 阴性前列腺癌细胞和胰腺癌细胞中，TRPM8 的异位表达损害了细胞迁移，将上述的基因开关应用于这些细胞中，可以放大下游效应，有利于进一步阐明细胞内部代谢机制。

3. 污染物靶器官毒理研究方面的应用前景

1）在糖尿病相关毒理健康效应评估中的潜在应用

2 型糖尿病是我国高发的一类代谢疾病，β 细胞功能障碍和胰岛素抵抗是 2 型糖尿病主要的直接原因。胰岛素抵抗是指机体对内循环系统中的胰岛素不敏感，导致各组织细胞响应缓慢，对葡萄糖摄取和代谢能力减弱。β 细胞功能障碍直接影响胰岛素的分泌。丝氨酸/苏氨酸激酶 Akt，也被称为蛋白激酶 B（PkB），而磷脂酰肌醇-3-激酶/蛋白激酶 B（PI3K/Akt）信号通路相关因子和蛋白质功能异常，是导致胰岛素抵抗的原因之一。此外，炎症反应也是抑制各组织细胞胰岛素响应的重要原因，严重的炎症反应甚至可能直接或间接损伤胰岛细胞。NF-κB 与其抑制因子 IκB 是调节炎症相关物质产生和释放的关键分子，一般情况下 NF-κB 与 IκB 呈结合状态，当存在 TNF-α、IL-1 等多种炎症因子时，IκB 被磷酸化并与 NF-κB 解离，解离后的 NF-κB 与 DNA 结合，进一步促进一系列炎症因子及炎症相关物质的释放（Bai et al.，2019）。

糖尿病不仅是颇受关注的慢性疾病，也是环境健康研究的重点。多种污染物可以干扰正常的糖脂代谢，造成暴露人群糖尿病风险的提高。例如，慢性暴露 TCDD 后，大鼠胰腺组织腺泡上皮细胞可以发生变性、增生等慢性活动性炎症，可能导致胰岛素分泌和代谢紊乱。进一步以大鼠胰岛细胞瘤细胞为体外模型开展的毒理机制研究显示，TCDD 可以通过 T 型通道诱导 Ca^{2+}内流，影响溶酶体分泌颗粒胞吐过程，导致胰岛素被连续释放，最终造成 β 细胞衰竭（Kim et al.，2009）。TCDD 能以 AhR 依赖的方式激活 NF-κB 和激活蛋白-1（AP-1），导致细胞发生氧化应激（Puga et al.，2000）。另外，新型持久性有机污染物全氟辛酸（PFOA）可以对胰腺细胞产生直接的毒性作用。大鼠胰腺细胞暴露 PFOA 后，会以浓度依赖的方式增加活性氧和促炎细胞因子、诱导线粒体膜电位崩溃、降低三磷酸腺苷水平，引发氧化损伤和线粒体功能障碍，导致细胞凋亡（Suh et al.，2017）。双酚 A（BPA）作为类雌激素污染物，能够通过模拟雌激素干扰内环境稳态，多项研究表明 BPA 参与了糖尿病的发生发展。BPA 能直接影响胰岛素分泌，在低和高浓度

（3.3 mmol/L 和 16.7 mmol/L）葡萄糖条件下使用 BPA 处理小鼠 β-TC-6 细胞 48 h，均能增加胰岛素的分泌，长时间慢性暴露可能造成 β 细胞内质网应激，引起炎症反应，导致蛋白合成相关功能异常（Makaji et al.，2011）。肥胖是糖尿病的重要诱因，体外试验证明 BPA 可以通过 PI3K/AKT 途径加速 3T3-L1 细胞终末分化成脂肪细胞的过程，造成脂肪细胞数量和体积增大，间接导致糖尿病（Masuno et al.，2005）。由此可见，污染物造成糖代谢功能紊乱的过程中，有一系列与糖尿病病理相关的信号通路受到扰动，如钙离子信号、PI3K/AKT 途径和 NF-κB 相关信号通路等。这些信号分子及信号通路，不仅参与污染物导致糖代谢功能异常的毒性通路，也被用于构建糖尿病诊疗相关的人工生物传感通路，从而为未来构建用于污染物糖尿病相关健康毒理效应评价的生物传感器提供了理论基础。下面的部分举例说明了应用生物医学领域现有的基因线路，构建环境生物传感器的可行性。

我们在前面的小节（详见 7.1.2 节）提到，研究人员利用光感蛋白黑视素（melanopsin）作为信号转导元件，通过胞内钙离子信号关联到 NF-κB 启动子，能实现光控下游胰岛素基因表达，构成可人为蓝光控制的胰岛素反应系统。由于应用的关键传感元件参与多种污染物导致胰岛和糖代谢功能损伤的过程，因此这一系统未来或可用于分析环境污染物是否能通过钙离子信号、PI3K/AKT 途径和 NF-κB 启动子等影响胰岛素的正常分泌，干扰胰岛正常功能。蓝光激发这一工程化细胞后，对比污染物处理前后胰岛素是否差异表达，可以推测这一污染物是否影响了细胞中这条调控胰岛素的信号通路（Ye et al.，2011）。与此类似，使用内质网蛋白分泌相关基因回路作为黑视素的下游信号通路，可以构建污染物通过干扰蛋白分泌造成内质网应激相关的毒理评价传感通路。

2）在肌肉发育相关毒理健康效应评价中的应用

由于多种环境污染物对运动神经系统，尤其是肌肉发育具有干扰作用或毒性效应，环境污染物对肌肉发育的影响与健康效应逐渐引起人们关注。例如，二噁英暴露人群的主诉症状包括肌痛和肌无力。有研究表明，大鼠暴露有机磷农药久效磷（暴露剂量为 6.4 mg/kg 体重）2.5 h 后，能够导致骨骼肌出现严重肌无力症状。流行病学研究发现二噁英暴露干扰肌肉发育，例如，生活在越南二噁英污染地区的 4 个月婴儿，其神经系统多方面的运动功能均受到围产期二噁英暴露的影响（Tai et al.，2013）。另外，高剂量二噁英母体暴露后，对子代小鼠骨骼肌细胞的成肌分化产生严重影响，造成上颚裂等发育畸形 （Yamada et al.，2014）。此外，二噁英对肌肉发育的抑制作用在细胞模型中也得到了证实。研究发现，TCDD 处理可抑制小鼠肌母细胞的肌管形成过程，表现为肌管数目、细胞融合指数及肌管平均细胞核数的下降，同时可造成肌管中肌球蛋白重链（myosin heavy chain，MYHC）表达的显著降低。MYHC 是肌管的重要结构蛋白，是参与二噁英抑制肌发生毒性效应的效应基因之一（Xie et al.，2018）。动物及细胞水平的研究显示，多种污染物可以干扰骨骼肌的发生与发育，严重的还会造成子代畸形。在斑马鱼胚胎期持续暴露 PFOS，组织病理学检测显示暴露组斑马鱼幼体尾部肌肉纤维排列杂乱，即肌肉组织受损（Huang et al.，2010）。另有试验表明，斑马鱼亲代暴露 PFOS 后，可导致 72-hpf F_1 代幼鱼的慢肌纤维排列紊乱和松散，而母体暴露 PFOS 后，幼鱼的初级运动神经元发育减缓（Wang et al.，2011）。这些改变可能与细胞骨架蛋白的表达异常有关。例如，α-微管蛋白是一种细胞骨架蛋白，在维持运动神经元的功能中起关键作用，有证据表明 PFOS 可以通过动态干扰 α-微管蛋白和增殖细胞核抗原（proliferating cell nuclear antigen，PCNA）的表达来实现对运动神经元发育的不良影响（Zhang et al.，2011）。

在肌肉发育过程中，肌生成抑制素（myostatin，MSTN）是肌肉质量的负调控因子，是转化生长因子 TGF-β 超家族中的一员。MSTN 在胚胎发生过程中，在发育中的体节的肌节室中表达，会影响原始间充质干细胞祖细胞的分化，导致骨骼肌广泛增生和肥厚。肌生长抑制素的前体由肌细胞产生，然后通过血液循环携带到其他肌肉细胞，黏附到它们细胞膜的特殊受体上。尽管还不清楚具体的机制，但 MSTN 有限制肌肉干细胞生长发育的能力（Cui et al.，2020）。已有研究利用合成生物学手段，用简单的合成基因开关安全地控制转基因表达，成功构建以薄荷醇为开关的基因线路，控制 $mActRIIB^{ECD}$-hFc 的表达，在血液循环中捕获过量的 MSTN，从而阻止其参与肌肉萎缩的信号通路启动，为治疗肌肉萎缩提供了新方案 （Raghupathy et al.，2010）。

由于多种污染物均能够通过干扰肌肉发育调控基因的表达影响肌发生过程，从而造成神经肌肉发育异常，因此，以调控 MSTN 为核心的合成生物学基因线路，一方面可以为调控相关毒理效应评估提供技术路线，另一方面可通过对抗污染物对肌发生的异常调节，为发展骨骼肌发育相关环境健康效应的干预手段提供支撑。

综上所述，在环境健康效应机制研究中，污染物识别、信号通路扰动、毒理效应终点以及健康结局是完整机制链条中的关键环节。如前所述，以上各个环节都可以与目前应用于污染物识别和疾病诊疗的人工合成基因线路存在交叉，或可成为环境合成生物学技术应用于环境健康机制研究的潜在方向。在污染物识别阶段，利用各种改造工程菌可以检测环境以及生物样品中的农药等污染物浓度，了解环境和生物体内污染物的真实存在水平。环境合成生物学技术还可用于效应相关生物大分子的激动剂筛选，找到污染物可能的作用靶点（如 AhR、ER、AR 等），发现毒性信号通路。此外，利用具有不同功能和调控机制的人工合成生物元件，如热激蛋白、离子通道蛋白、温度感受蛋白瞬时受体电位香草醛 1（transient receptor potential vanilloid 1，TRPV1）等，可以阐明污染物作用的毒性效应终点。在污染物健康结局识别方面，可使用环境合成生物学技术检测细胞代谢异常产物，或通过基因回路放大污染物作用（图 7-2）。

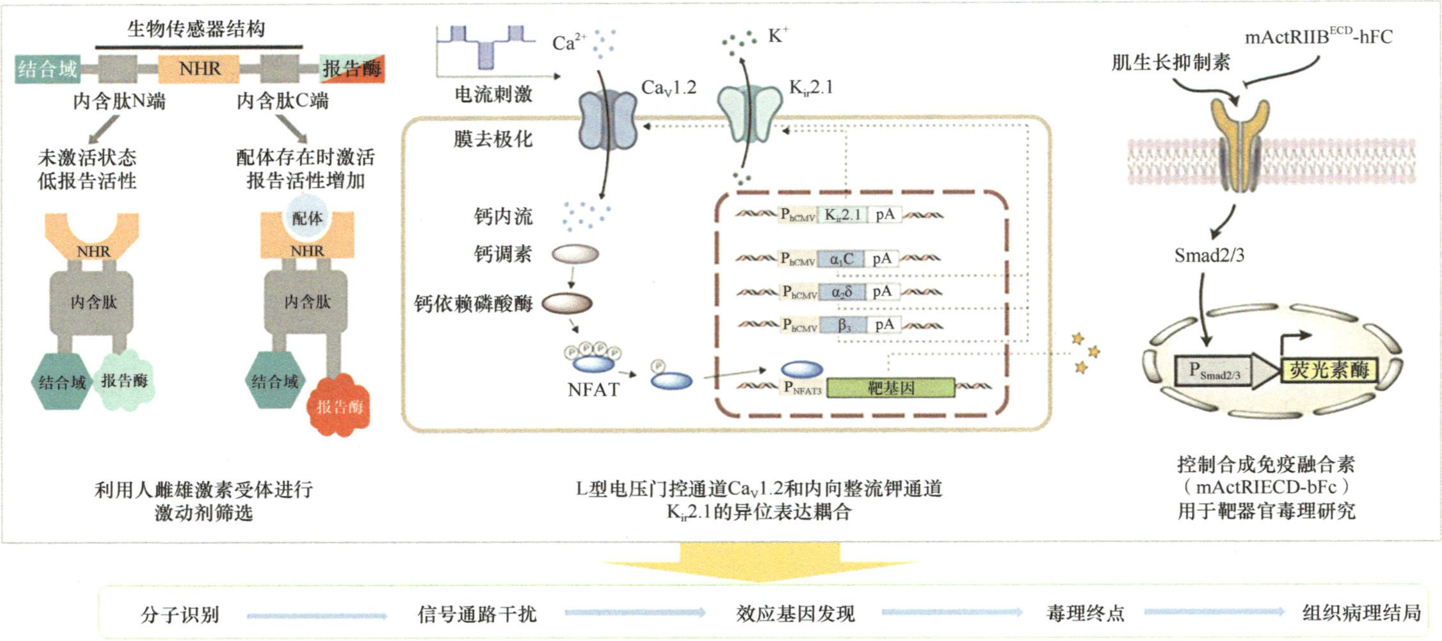

图 7-2 合成生物学技术在环境健康效应机制研究中的应用（修改自 Bai et al.，2019；Krawczyk et al.，2020；Salehi et al.，2017）

7.4 合成生物学与污染物复合暴露的健康效应评价

7.4.1 污染物复合暴露的毒理效应与机制研究概述

传统环境毒理与健康效应机制研究，在单一化学品通过单一介质和单一途径的暴露引发毒性效应与致毒机制方面比较深入，但无法反映共存于真实环境中多污染物的实际暴露及毒性作用情况。复合暴露能更真实地体现从环境进入人体或其他生物体的多种污染物的毒性作用，逐渐成为环境污染暴露研究的热点问题。污染物的共存可能引发与各物质单独作用完全不同的毒理效应。复合效应的形成可能涉及多个环节，一方面，两种或两种以上的污染物通过多种介质和途径共同作用于生物体，可能影响彼此在生物体内的吸收、代谢、转化和分布过程，最终影响实际的内暴露水平；另一方面，多种化学物质进入靶器官和靶细胞后，可能通过作用于共同的生物靶点或相互交错的信号网络，引起细胞内信号通路的复杂交互作用，最终对特定的效应终点产生复杂的复合效应结局。由此可见，复合暴露的毒理机制研究是一项异常艰巨和复杂的工程，急需在研究思路和研究手段方面进行开拓创新，寻找解决复杂问题的突破口。

由于靶细胞对复合暴露的响应是最终产生复合毒理效应的起始环节，也是开启毒性通路产生不良结局的关键步骤，在毒理与健康效应形成的过程中起到承上启下的重要作用，在环境风险评估、健康监测与干预中具有重要意义，因此成为复合暴露健康效应机制研究领域一个新的研究方向。面向不同层级效应终点的复合毒理与健康效应研究也是一个重要的研究方向，同时也面临多方面的挑战。例如，氧化应激、细胞凋亡、炎症等是非常受关注的效应终点，然而目前关于二元或多元复合暴露对相关生物分子的作用及其引发的生化反应与单一化学品的差异性研究仍旧步履维艰，缺乏行之有效、标准统一、权威可靠的效应评价方法。另外，如何客观判别复合效应中单一成分的贡献率从而确定起主体作用的优控化合物，也是一个难点问题。

复合暴露健康风险评估可从两个角度开展研究。一方面是从产生效应的分子起始事件入手，利用多种污染物的共同响应分子，如受体或者酶，建立评价系统，分析复合暴露所引发的联合效应，包括独立作用、相加作用、协同作用或拮抗作用等（Mandrup et al.，2015）；另一方面是从效应终点入手，针对效应分子、亚细胞结构与功能、细胞行为与命运、系统发育与功能、个体与群体的功能等不同水平的效应终点建立评价方法，如通过基因表达水平、细胞内离子浓度水平、细胞代谢水平和细胞调节因子开展效应分子的评价，通过细胞活力、器官畸形的评价开展细胞组织和器官水平的评价，通过致死率、发病率、体长、孵化时间等开展个体水平的评价等。

在研究手段方面，传统的复合暴露混合效应研究方法是基于体内和体外试验。近年来，随着组学技术的发展，多元毒理基因组技术也被广泛用于环境混合物之间的关联和复合生物效应研究（韦兰成等，2021）。代谢组学研究是评价污染物复合效应的重要手段，用代谢组学方法揭示生物化学变化很容易与传统手段的测定结果相联系，从而更容易得到关于化学毒物与生物体作用的位点、强弱、效应及毒性作用机制的全面信息（Carpenter et al.，2002）。复合效应分析的思路主要是基于从单个化学效应得出的预期联合效应，然后将其与实际的联合效应进行比较（卢春凤，2009）。此外，在评估与分析复合暴露相关的危害时，建模方法可以增强标准毒性测试范式，目前被广泛应用于预测多种污染物的联合毒性作用（Cedergreen，2014）。浓度加和（即 CA，通常也被称为剂量加和）及整合加和（IA）这两种方法，广泛适用于具有相似作用的简单和复杂混合物的生态毒理学评估。CA 模型由 Kortenkamp 提出，可以防止因目标化合物的非线性剂量-效应关系造成的结果误判（Kortenkamp，2007），而 IA 模型侧重各组分作用途径不完全相同的混合体系中的复合效应研究（Altenburger et al.，2000）。然而，这两种模型都无法考虑化学品之间的相互作用，可能意味着对于某些混合物，CA 和 IA 模型都无法准确预测其复合效应（Deneer et al.，1988）。此外还有组合指数（CI）模型，该模型最先由 Chou 提出（Faust et al.，2001）。CI 模型证明了剂量-效应作用机制与独立抑制之间的明确关联（Kortenkamp，2007），与经典模型相比，CI 模型具有更准确的预测能力（王春花等，2011）。

后续的两个小节将围绕复合暴露健康风险评估的两个研究角度，介绍复合暴露的毒理机制与健康效应研究的案例，并探讨环境合成生物学研究思路和技术手段在其中的应用。

7.4.2　基于污染物共同作用靶点的复合暴露毒理机制研究

1. 环境乙酰胆碱酯酶干扰物的复合暴露研究

乙酰胆碱酯酶（acetylcholinesterase，AChE）是有机磷及氨基甲酸酯类农药的作用靶点，也是神经毒理效应常用的一个生物标志物。多种农药能抑制 AChE 酶的活性，因此基于 AChE 的活性评估系统可用于识别以有机磷及氨基甲酸酯类农药为代表的环境 AChE 抑制剂（Marsillach et al.，2013）。此外，以 AChE 为基础构建的生物传感器，也在环境 AChE 抑制剂的识别中得到了应用，并在灵敏度方面具有一定优势（Hossain et al.，2009）。但是，由于 AChE 识别污染物的选择性不强、AChE 酶促反应条件的限制和部分污染物对 AChE 酶活性的不可逆抑制作用，使得这类基于酶的分析方法在复合暴露识别中的应用受到一定限制。但作为神经毒理效应常用的一个生物标志物，应用复合暴露后的人体（如人血红细胞等）或生物样品测定内源性 AChE 酶的活性，可以进行复合健康效应的评价。

随着污染物干扰 AChE 的作用机制研究进展，已有综述总结了环境污染物对 AChE 的影响及其多种作用机制。除有机磷和氨基甲酸酯类农药外，已经报道了几种新出现的环境 AChE 干扰物，包括其他类型的农药和某些 POP。在这些新报道的干扰物中，有部分是通过基因表达调控的新机制影响 AChE 的活性，例如，二噁英类污染物通过 AhR 依赖的信号通路下调 *AChE* mRNA 的表达来降低人的 AChE 活性（Fu et al.，2018）。

二噁英类污染物暴露不仅在小鼠模型中可以造成 AChE 活性的下降，在人源系统中也出现了类似的效应。在人神经母细胞瘤细胞（SK-N-SH）中，发现 TCDD 处理后的细胞中 AChE 活性有显著下降，TCDD 的有效浓度在 0.1～10 nmol/L 范围内，与已知暴露人群血清平均水平非常接近。进一步的分子作用机制研究表明，TCDD 是通过 AhR 介导的转录表达抑制，干扰了 AChE 的生物合成过程，从而造成了酶活性的降低，人 AChE 启动子上的二噁英响应元件（DRE）的一致性序列是 AhR 依赖的 *AChE* 表达干扰的生物响应元件（Xie et al.，2013）。通过物种间 *AChE* 基因启动子区域序列的比对研究，发现 DRE 一致性序列在高级灵长类具有一定的保守性，为未来构建 AhR 依赖的 AChE 表达干扰的生物传感系统奠定了基础（Xu et al.，2014）。除二噁英类化合物以外，研究人员还发现了多种干扰 *AChE* 转录表达等生物进程的污染物，包括有机磷农药等（Fu et al.，2018）。

由此可见，随着具有抑制 AChE 酶活性或干扰 AChE 表达的污染物的范畴的不断扩大，对污染物干扰 AChE 的作用机制的理解也在不断拓展，为 AChE 这个传统的生物标志物赋予了更多的环境学意义。AChE 不仅是有机磷农药等多种污染物的作用靶点，也可作为二噁英类污染物等的毒理效应终点。与此相适应，基于 AChE 靶点的毒理评估的思路也得到了进一步的拓展。除应用天然或人工合成的 AChE 蛋白作为生物传感器以外（Hossain et al.，2009），二噁英类化合物等干扰 *AChE* 基因转录表达的机理为构建基于报告基因的细胞生物传感器创造了条件，这些基于 AChE 的合成生物学毒理评价方法将在以 AChE 为共同作用靶点或效应终点的环境污染物复合暴露的健康效应评价中发挥作用。

2. 二噁英类化合物的复合暴露研究

二噁英类化合物为一组多氯取代的平面芳烃类化合物，包括 75 种多氯代二苯并对二噁英和 135 种多氯代二苯并呋喃，是环境和食源性暴露中常见的污染物，其复合暴露导致的毒性终点和健康效应已受到广泛关注。二噁英类化合物不仅可以穿透血脑屏障影响中枢神经系统，还可以随血液扩散到全身，进而影响人体肌肉功能和内分泌系统，长期暴露二噁英可能导致各种疾病患病风险升高，如孤独症、心脑血管疾病、少精症、高尿酸症、糖尿病等。二噁英类化合物影响人和动物体内正常生理功能的常见靶点是 AhR，二噁英作用于 AhR 可导致发育毒性、内稳态失衡和免疫系统功能障碍等。除二噁英类化合物外，随着新型 AhR 活性物质的不断涌现，AhR 已成为多种污染物毒理学研究的重要生物靶点，并作为复合暴露研究的一个切入点。同时，应用前面提到的基于 AhR 生物传感分子的 CBG2.8D 细胞传感器可以识别环境和生物样品中的二噁英类化合物，将这一基因回路整合到不同靶器官的二噁英敏感细胞，可以探究二噁英类化合物复合暴露的信号通路机制与效应结局。

通过研究激活核受体途径相同但激活强度不同的三唑类杀菌剂丙环唑（Pi）和苯并[b]荧蒽（BbF）的复合效应机制，发现 Pi 是一种新型的 AhR 激活剂，可与已知具有 AhR 活性的 BbF 产生加和效应。由于 Pi 是一种较弱的 AhR 活化剂，等摩尔混合物的毒性效应以更强的 AhR 配体 BbF 为主。此外，通过将 BbF 固定在一个较低的浓度，同时调整 Pi 的暴露浓度，测定 AhR 依赖性的报告基因表达来评价激活 AhR 复合效应，发现 Pi 能够以剂量依赖性的方式增强 BbF 而激活 AhR。该研究案例提示，在针对共同生物靶点化合物的复合暴露研究中，应用剂量-效应关系的实验手段结合不同比例复合暴露剂量的实验设计，是分析不同化合物对联合效应相对贡献率的一个有效方法。

下游信号通路扰动作用不同的化学物质也可能呈现加和效应或协同效应。选择信号通路不同但作用靶点相同的邻苯二甲酸二丁酯（DBP）和 TCDD 开展复合暴露研究（二者分别干扰大鼠生殖道中的雄激素和 AhR 信号通路），分析其对雄性大鼠生殖道发育畸形的联合影响。结果表明，DBP 和 TCDD 在影响雄性大鼠生殖道发育畸形方面表现为效应不同的联合效应。其中，在乳头保留和包皮分离延迟方面，联合作用结果与效应-加和预测结果保持一致；而在输精管、外生殖器畸形方面，联合作用结果超出了效应-加和预测值。此外，DBP 和 TCDD 单独作用时并不能引起肝脏畸形，而联合作用则导致大鼠肝脏畸形发生。这说明，无论单个组分的毒性机制或作用方式如何，通过不同的信号通路发挥毒性机制的混合物可能会产生加和效应或协同效应（Rider and LeBlanc，2005）。

3. 内分泌干扰物的复合暴露

内分泌干扰物（EDC）通过食物链或环境暴露进入人体后，可以模拟人体内天然雌、雄激素的结构和功能，影响机体内分泌腺体的发育和正常的生理活动。许多代谢疾病和内稳态失衡都与接触 EDC 有关。常见内分泌干扰物如 PAE、苯并[α]芘、BPA 等均能干扰卵泡和精子成熟，以及胰岛素和甲状腺激素的分泌过程（Papalou et al.，2019）。

PAE 是使用最广泛的增塑剂，广泛应用于多种生活用品中，常见的有邻苯二甲酸二乙酯（DEP）、邻苯二甲酸二(2-乙基己基)酯（DEHP）等。PAE 是甲状腺受体（TR）配体结合结构域的强效抑制剂，能通过干扰下丘脑-垂体-性腺（HPG）通路，影响正常的生殖发育。研究表明，母体妊娠期子宫暴露于 DEP 和 DEHP 混合物，会对后代造成发育或生殖毒性，如造成雄性后代睾酮水平降低（Hannas et al.，2012；田晓梅等，2010）。分析具有相同作用靶点且毒性机制相似的 DEP 和 DEHP 联合暴露对胎鼠睾丸间质细胞发育的影响，分别利用剂量-加和模型（CA）和整合-加和模型（IA）对复合暴露的毒性影响进行预测，结果发现，DEP 和 DEHP 混合物对雄性大鼠生殖系统的发育具有协同作用（Hu et al.，2018）。此外，由于 CA 模型考虑了单个组分毒性的差异，该研究还进一步证实 CA 模型比 IA 模型更适用于预测 DEP 和 DEHP 的联合毒性效应。

除 DBP 外，壬基酚（NP）也是一种常见的威胁人类、动物生殖健康的化合物。研究表明，睾丸细胞是 DBP 和 NP 共同作用的靶器官之一，一方面，DBP 通过抑制睾丸支持细胞中的雄激素结合蛋白（ABP）和抑制素（INH）α 生物合成，从而导致精子生成障碍（王玉邦等，2005）；另一方面，NP 可以诱导支持细胞氧化应激反应从而致毒（Gong and Han，2006）。在此基础上，研究人员探究了 DBP 和 NP 混合物对大鼠睾丸支持细胞的体外联合毒性作用，发现 NP 和 DBP 联合暴露时呈现毒物兴奋效应，即低剂量促进细胞活力而高剂量抑制细胞活力。此外，DBP 单一暴露时并没有诱导细胞凋亡，而与 NP 联合暴露后则促进细胞凋亡，这说明该联合暴露具有协同效应（Li et al.，2010）。

从环境内分泌干扰物作用机理的角度，不难发现它们大多数是通过干扰内源性激素的合成、分泌，以及其行使生物功能的信号通路来产生生物干扰乃至毒理效应，这与二噁英类化合物通过 AhR 发挥干扰作用的过程有许多共同之处。因此，未来在进行这类污染物复合暴露的健康效应研究时，不仅可以从上述共同的效应终点的角度出发，还可以从共同的效应起始事件（即共同的靶分子）的角度，建立基于信号通路的生物传感体系，用于复合效应的评价。

7.4.3 基于污染物共同毒性效应的复合暴露健康效应研究

在污染物共同作用靶点与作用机制的复合暴露研究基础上，研究人员发现暴露于不同作用机制的化合物，对其毒性终点的影响也存在加和效应（Chai et al.，2013），这说明复合暴露风险评估不再局限于研究基于共同作用机制的污染物，还可以着眼于它们共同的毒性效应终点。

有研究分析了在围产期暴露具有不同内分泌干扰机制的多种污染物（包括 BPA、尼伯金丁酯、邻苯二甲酸二乙基己基酯和丙咪酮）是否会对发育中和成年后大鼠后代的激素敏感终点产生复合效应。研究结果表明，同时暴露于抗雄激素或雌激素化合物会对大鼠后代的肛门-生殖器官距离、精子数等其他生殖毒性终点产生影响（Christiansen et al.，2009）。还有研究针对作用相似或作用不同的物质，研究了其对体外脂肪代谢相关毒性终点的复合效应。研究选择丙戊酸结构类似物2-丙基庚酸和 2-丙基己酸来建立作用相似的混合物，同时选择与农药活性物质噻虫胺组合来建立作用不同的混合物。结果发现，所测试的污染物的联合暴露对相应毒性终点的影响随化合物组合的剂量增加而增加，这表明不同作用机制的污染物混合暴露情况下，也可能表现为加和作用（Alarcan et al.，2021）。除了常见的加和作用，污染物之间的协同作用和拮抗作用也较常见。例如，考虑到海洋中微塑料与 PAH 共存，有研究评估了聚苯乙烯（MP）和 16 种代表性 PAH 的标准混合物对血液参数的单一及组合毒性影响。结果发现，MP 和 PAH 的混合物可能通过提高活性氧（ROS）的细胞内含量、引起脂质过氧化（LPO）和 DNA 损伤、降低血细胞的活力和破坏血细胞参数而对血液参数产生毒性影响。此外，与单一类型污染物毒性效应相比，同时暴露于 MP 和 PAH 将对所有研究参数产生更严重的不利影响，表明MP和PAH具有显著的协同效应（Conley et al.，2018）。研究人员探究了共同暴露于单 2-乙基己基邻苯二甲酸酯[mono(2-ethylhexyl) phthalate，MEHP]和 TCDD 对 AhR 及 MMP/SLUG 通路的作用，发现 MEHP 拮抗 TCDD 减少了 AhR 介导的 *CYP1A1* 表达，从而降低了 TCDD 诱导的 *CYP1A1* 基因中 AhR-DRE 的结合，共暴露的拮抗作用抑制了 MCF7 细胞中的上皮-间质转化（Christiansen et al.，2020）。

研究人员通过使用计算机方法（分子对接和定量构效关系）选择可能导致斑马鱼颅面畸形的 8 种化合物作为暴露物，分析复合暴露对斑马鱼胚胎颅面畸形的影响。当暴露于 8 种化合物的混合物时，每种化合物的暴露剂量都在其无害作用剂量（NOAEL）下，实验观察到斑马鱼胚胎出现大量颅面畸形。根据量效关系分析，即使胚胎暴露于这种混合物的 7 倍稀释浓度，仍然表现出轻微的异常表型。尽管这几种暴露物各自的作用模式不同，但混合后这些化合物产生了累积效应（Leo et al.，2022）。

虽然目前应用典型的合成生物学系统开展污染物的复合健康效应研究的案例非常稀少，但上述研究案例可以为未来环境合成生物学在复合暴露的健康效应中的研究提供研究思路和方法的借鉴。另外，本章前面的内容介绍了可应用于环境合成生物学的基因线路，尤其是与污染物健康效应相关的研究案例，或可成为未来基于共同健康效应终点的环境合成生物学复合暴露研究的技术基础。例如，在针对尿酸代谢的毒理健康效应研究中，或可应用植入整合尿酸运输与尿酸代谢这两种功能蛋白的人胚胎肾细胞和人纤维肉瘤细胞的尿酸氧化酶缺陷型小鼠，通过 URAT1 实时监测体内环境中尿酸水平，以 Uox 降解尿酸，实现对尿酸水平的多级反馈，从而评估复合暴露对模型动物的尿酸代谢稳态的影响。应用黑视素蛋白作为光电信号转换元件，通过胞内钙/钙调磷酸酶链接核转录因子 NFAT，再在 NFAT 下游插入胰高血糖素样肽-1 和胰岛素等基因而构建用于体内环境血糖稳态评价的可控的工程化细胞，未来或可用于评估通过对内源性信号通路的扰动作用来干扰机体代谢稳态的污染物复合暴露毒性。

7.5 总结与展望

随着现代生物技术的发展和多学科交叉融合的进程，科学家们对环境健康问题的理解不断深入，分子环境毒理学与环境健康机制研究也在经历一场多方位的重大转变。这一转变涉及观念的转变、方法的拓展和跨学科合作的融入。从观念上讲，目前正在从单一污染物对应单一疾病的研究转向污染物复合暴露健康效应的机制探索。在回归环境健康本质和实际问题的同时，研究的难度也在不断加大，因此先进方法和手段的拓展迫在眉睫，跨领域的交叉融合也势在必行。

复合暴露的环境健康效应评估与机制研究面临诸多困难，如低浓度高毒性污染物的高效识别与毒理效应的偶联问题、复合暴露的毒性效应评估问题等，迫切需要提高毒性评估的灵敏性、可控性和关联性。环境合成生物学在构造人工生物系统方面具有独特的优势，或可为突破上述环境毒理评估瓶颈问题提供解决方案。

合成生物学融入和拓展的关键在于寻找与环境健康问题的契合点。本章以诊疗方案研究的几类疾病为例，围绕这些环境相关的健康效应终点，以污染物生物识别-信号通路扰动-细胞效应-健康效应结局为线索，列举了这个机制链条与合成生物学线路的潜在交叉点，从而为现有合成生物学技术融入环境健康研究寻找合适的契合点和突破口。

编写人员：彭颖蓓[1]　郝　迪[1,2]　陈旸升[1,3]　谢群慧[1]　赵　斌[1,3]
单　　位：1. 中国科学院生态环境研究中心
2. 中国食品药品检定研究院
3. 国科大杭州高等研究院

参 考 文 献

陈蓉, 王以美, 汪江山, 等. 2013. 液质联用代谢组学研究多氯联苯和二恶英对大鼠毒性作用. 环境化学, 32(7): 1226-1235.

刘艳华, 刘秋芳, 潘亮, 等. 2011. 邻苯二甲酸二(2-乙基)己酯(DEHP)胚胎期暴露对子代大鼠神经行为发育的影响. 毒理学杂志, 25(6): 414-417.

卢春凤. 2009. 内分泌干扰物 TCDD 与 PCBs 联合暴露复合效应代谢组学研究. 沈阳药科大学博士学位论文.

孙越, 赵艳娥, 骆静. 2014. 活化的 T 细胞核内因子(NFAT)的调节及其在神经系统中的功能. 中国生物化学与分子生物学报, 30(7): 623-629.
田晓梅, 李玲, 宋琦如, 等. 2010. 邻苯二甲酸二丁酯和邻苯二甲酸二(2-乙基己基)酯联合染毒对雄性大鼠生殖毒性的影响. 环境与健康杂志, 27(4): 290-292.
王春花, 蒋萍, 胡伟, 等. 2011. 环境内分泌干扰物复合效应研究进展. 环境与健康杂志, 28(1): 82-85.
王玉邦, 宋玲, 朱正平, 等. 2005. 邻苯二甲酸二丁酯对大鼠睾丸支持细胞的影响. 中华预防医学杂志, 39(3): 179-181.
韦兰成, 徐怡璐, 吴彬, 等. 2021. 重金属复合暴露健康效应的研究进展. 毒理学杂志, 35(3): 251-254+261.
韦荣国, 张银凤, 秦占芬. 2012. 全氟化合物发育神经毒性研究进展. 生态毒理学报, 7(5): 483-490.
Akahoshi E, Yoshimura S, Uruno S, et al. 2009. Effect of dioxins on regulation of tyrosine hydroxylase gene expression by aryl hydrocarbon receptor: A neurotoxicology study. Environmental Health, 8: 24.
Alaluusua S, Calderara P, Gerthoux P M, et al. 2004. Developmental dental aberrations after the dioxin accident in Seveso. Environ Health Perspect, 112(13): 1313-1318.
Alarcan J, de Sousa G, Katsanou E S, et al. 2021. Investigating the *in vitro* steatotic mixture effects of similarly and dissimilarly acting test compounds using an adverse outcome pathway-based approach. Archives of Toxicology, 96(1): 211-229.
Altenburger R, Backhaus T, Boedeker W, et al. 2000. Predictability of the toxicity of multiple chemical mixtures to *Vibrio fischeri*: Mixtures composed of similarly acting chemicals. Environmental Toxicology and Chemistry: An International Journal, 19(9): 2341-2347.
Arisawa K. 2018. Recent decreasing trends of exposure to PCDDs/PCDFs/dioxin-like PCBs in general populations, and associations with diabetes, metabolic syndrome, and gout/hyperuricemia. Journal of Medical Investigation, 65(3.4): 151-161.
Arrebola P, Ramos J, Bartolome M, et al. 2019. Associations of multiple exposures to persistent toxic substances with the risk of hyperuricemia and subclinical uric acid levels in BIOAMBIENT.ES study. Environment International, 123(5): 512-521.
Assi M A, Hezmee M N, Haron A W, et al. 2016. The detrimental effects of lead on human and animal health. Veterinary World, 9(6): 660-671.
Bai P, Liu Y, Xue S, et al. 2019. A fully human transgene switch to regulate therapeutic protein production by cooling sensation. Nature Medicine, 25(8): 1266-1273.
Bertazzi P, Consonni D, Bachetti S, et al. 2001. Health effects of dioxin exposure a 20-year mortality study. American Journal of Epidemiology, 153(11): 1031-1044.
Boverhof D R, Burgoon L D, Tashiro C, et al. 2005. Temporal and dose-dependent hepatic gene expression patterns in mice provide new insights into TCDD-mediated hepatotoxicity. Toxicological Sciences, 85(2): 1048-1063.
Brewster D W, Birnbaum L S. 1989. The biochemical toxicity of perfluorodecanoic acid in the mouse is different from that of 2,3,7,8-tetrachlorodibenzo-para-dioxin. Toxicology and Applied Pharmacology, 99(3): 544-554.
Buckingham M, Vincent S D. 2009. Distinct and dynamic myogenic populations in the vertebrate embryo. Current Opinion in Genetics and Development, 19(5): 444-453.

Carpenter D O, Arcaro K, Spink D C. 2002. Understanding the human health effects of chemical mixtures. Environmental Health Perspectives, 110(suppl 1): 25-42.

Cedergreen N. 2014. Quantifying synergy: A systematic review of mixture toxicity studies within environmental toxicology. PLoS One, 9(5): 580.

Chai Y, Niu X, Chen C, et al. 2013. Carbamate insecticide sensing based on acetylcholinesterase/prussian blue-multi-walled carbon nanotubes/screen-printed electrodes. Analytical Letters, 46(5): 803-817.

Chen Y S, Xie H Q, Sha R, et al. 2020. 2,3,7,8-Tetrachlorodibenzo-*p*-dioxin and up-regulation of neurofilament expression in neuronal cells: Evaluation of AhR and MAPK pathways. Environment International, 134: 105193.

Christiansen S, Axelstad M, Scholze M, et al. 2020. Grouping of endocrine disrupting chemicals for mixture risk assessment–Evidence from a rat study. Environment International, 142: 105870.

Christiansen S, Scholze M, Dalgaard M, et al. 2009. Synergistic disruption of external male sex organ development by a mixture of four antiandrogens. Environmental Health Perspectives, 117(12): 1839-1846.

Conley J M, Lambright C S, Evans N, et al. 2018. Mixed "antiandrogenic" chemicals at low individual doses produce reproductive tract malformations in the male rat. Toxicological Sciences, 164(1): 166-178.

Cui Y X, Yi Q, Sun W C, et al. 2020. Molecular basis and therapeutic potential of myostatin on bone formation and metabolism in orthopedic disease. Biofactors, 49(1): 21-31.

Deneer J, Sinnige T, Seinen W, et al. 1988. The joint acute toxicity to *Daphnia magna* of industrial organic chemicals at low concentrations. Aquatic Toxicology, 12(1): 33-38.

Ding G, Wang L, Zhang S, et al. 2021. Simple and rapid determination of dioxin in fish and sea food using a highly sensitive reporter cell line, CBG 2.8D. Journal of Environmental Sciences, 100: 353-359.

Du G, Shen O, Sun H, et al. 2010. Assessing hormone receptor activities of pyrethroid insecticides and their metabolites in reporter gene assays. Toxicological Sciences, 116(1): 58-66.

Eskenazi B, Mocarelli P, Warner M, et al. 2004. Relationship of serum TCDD concentrations and age at exposure of female residents of Seveso, Italy. Environmental Health Perspectives, 112(1): 22-27.

Faust M, Altenburger R, Backhaus T, et al. 2001. Predicting the joint algal toxicity of multi-component s-triazine mixtures at low-effect concentrations of individual toxicants. Aquatic Toxicology, 56(1): 13-32.

Fu H L, Xia Y J, Chen Y S, et al. 2018. Acetylcholinesterase is a potential biomarker for a broad spectrum of organic environmental pollutants. Environmental Science and Technology, 52(15): 8065-8074.

Fujii-Kuriyama Y, Mimura J. 2005. Molecular mechanisms of AhR functions in the regulation of cytochrome P450 genes. Biochemical and Biophysical Research Communications, 338(1): 311-317.

Gong Y, Han X D. 2006. Nonylphenol-induced oxidative stress and cytotoxicity in testicular Sertoli cells. Reproductive Toxicology, 22(4): 623-630.

Grover P, Rekhadevi P V, Danadevi K, et al. 2010. Genotoxicity evaluation in workers occupationally

exposed to lead. International Journal of Hygiene and Environmental Health, 213(2): 99-106.
Gundacker C, Forsthuber M, Szigeti T, et al. 2021. Lead (Pb) and neurodevelopment: A review on exposure and biomarkers of effect (BDNF, HDL) and susceptibility. International Journal of Hygiene and Environmental Health, 238: 113855.
Hannas B R, Lambright C S, Furr J, et al. 2012. Genomic biomarkers of phthalate-induced male reproductive developmental toxicity: A targeted RT-PCR array approach for defining relative potency. Toxicological Sciences, 125(2): 544-557.
Hong S J, Grover C A, Safe S H, et al. 1998. Halogenated aromatic hydrocarbons suppress CA1 field excitatory postsynaptic potentials in rat hippocampal slices. Toxicology and Applied Pharmacology, 148(1): 7-13.
Hossain S M Z, Luckham R E, McFadden M J, et al. 2009. Reagentless bidirectional lateral flow bioactive paper sensors for detection of pesticides in beverage and food samples. Analytical Chemistry, 81(21): 9055-9064.
Hu G, Li J, Shan Y, et al. 2018. In utero combined di-(2-ethylhexyl) phthalate and diethyl phthalate exposure cumulatively impairs rat fetal Leydig cell development. Toxicology, 395: 23-33.
Huang H, Huang C, Wang L, et al. 2010. Toxicity, uptake kinetics and behavior assessment in zebrafish embryos following exposure to perfluorooctanesulphonicacid (PFOS). Aquatic Toxicology, 98(2): 139-147.
Huang H, Liu Y, Liao W, et al. 2019. Oncolytic adenovirus programmed by synthetic gene circuit for cancer immunotherapy. Nature Communications, 10(1): 4801.
Huang P, Rannug A, Ahlbom E, et al. 2000. Effect of 2,3,7,8-tetrachlorodibenzo-*p*-dioxin on the expression of cytochrome P450 1A1, the aryl hydrocarbon receptor, and the aryl hydrocarbon receptor nuclear translocator in rat brain and pituitary. Toxicology and Applied Pharmacology, 169(2): 159-167.
Ishida T, Kan-o S, Mutoh J, et al. 2005. 2,3,7,8-Tetrachlorodibenzo-*p*-dioxin-induced change in intestinal function and pathology: evidence for the involvement of arylhydrocarbon receptor-mediated alteration of glucose transportation. Toxicology and Applied Pharmacology, 205(1): 89-97.
Itoh T, Zhang Y F, Murai S, et al. 1990. The effect of arsenic trioxide on brain monoamine metabolism and locomotor-activity of mice. Toxicology Letters, 54(2-3): 345-353.
Jenny M J, Aluru N, Hahn M E. 2012. Effects of short-term exposure to 2,3,7,8-tetrachlorodibenzo-*p*-dioxin on microRNA expression in zebrafish embryos. Toxicology and Applied Pharmacology, 264(2): 262-273.
Kakeyama M, Endo T, Zhang Y, et al. 2014. Disruption of paired-associate learning in rat offspring perinatally exposed to dioxins. Archives of Toxicology, 88(3): 789-798.
Kemmer C, Gitzinger M, Daoud-El Baba M, et al. 2010. Self-sufficient control of urate homeostasis in mice by a synthetic circuit. Nature Biotechnology, 28(4): 355-360.
Kim S Y, Yang J H. 2005. Neurotoxic effects of 2,3,7,8-tetrachlorodibenzo-*p*-dioxin in cerebellar granule cells. Experimental and Molecular Medicine, 37(1): 58-64.
Kim Y H, Shim Y J, Shin Y J, et al. 2009. 2,3,7,8-Tetrachlorodibenzo-*p*-dioxin (TCDD) induces calcium influx through T-type calcium channel and enhances lysosomal exocytosis and insulin secretion in INS-1 cells. International Journal of Toxicology, 28(3): 151-161.

Kortenkamp A. 2007. Ten years of mixing cocktails: A review of combination effects of endocrine-disrupting chemicals. Environmental Health Perspectives, 115(suppl 1): 98-105.

Krawczyk K, Xue S, Buchmann P, et al. 2020. Electrogenetic cellular insulin release for real-time glycemic control in type 1 diabetic mice. Science, 368(6494): 993-1001.

Kumar A, Kumar A, Cabral-Pinto M M S, et al. 2020. Lead toxicity: Health hazards, influence on food chain, and sustainable remediation approaches. International Journal of Environmental Research and Public Health, 17(7): 2179.

Kyo S, Takakura M, Fujiwara T, et al. 2008. Understanding and exploiting hTERT promoter regulation for diagnosis and treatment of human cancers. Cancer Science, 99(8): 1528-1538.

Legare M E, Hanneman W H, Barhoumi R, et al. 1997. The effects of 2,3,7,8-tetrachlorodibenzo-*p*-dioxin exposure in primary rat astroglia: Identification of biochemical and cellular targets. Neurotoxicology, 18(2): 515-524.

Leo T M, Van Der Ven, Van Ommeren P, et al. 2022. Dose addition in the induction of craniofacial malformations in zebrafish embryos exposed to a complex mixture of food-relevant chemicals with dissimilar modes of action. Environmental Health Perspectives, 130(4): 047003.

Li D M, Hu Y, Shen X H, et al. 2010. Combined effects of two environmental endocrine disruptors nonyl phenol and di-n-butyl phthalate on rat Sertoli cells *in vitro*. Reproductive Toxicology, 30(3): 438-445.

Makaji E, Raha S, Wade M G, et al. 2011. Effect of environmental contaminants on beta cell function. International Journal of Toxicology, 30(4): 410-418.

Mandrup K R, Johansson H K L, Boberg J, et al. 2015. Mixtures of environmentally relevant endocrine disrupting chemicals affect mammary gland development in female and male rats. Reproductive Toxicology, 54: 47-57.

Marsillach J, Costa L G, Furlong C E. 2013. Protein adducts as biomarkers of exposure to organophosphorus compounds. Toxicology, 307: 46-54.

Masuno H, Iwanami J, Kidani T, et al. 2005. Bisphenol a accelerates terminal differentiation of 3T3-L1 cells into adipocytes through the phosphatidylinositol 3-kinase pathway. Toxicological Sciences, 84(2): 319-327.

Max S R, Silbergeld E K. 1987. Skeletal-muscle glucocorticoid receptor and glutamine-synthetase activity in the wasting syndrome in rats treated with 2,3,7,8-tetrachlorodibenzo-para-dioxin. Toxicology and Applied Pharmacology, 87(3): 523-527.

Mendez-Armenta M, Nava-Ruiz C, Fernandez-Valverde F, et al. 2011. Histochemical changes in muscle of rats exposed subchronically to low doses of heavy metals. Environmental Toxicology and Pharmacology, 32(1): 107-112.

Merrill M L, Kuruvilla B S, Pomp D, et al. 2009. Dietary fat alters body composition, mammary development, and cytochrome p450 induction after maternal TCDD exposure in DBA/2J mice with low-responsive aryl hydrocarbon receptors. Environmental Health Perspectives, 117(9): 1414-1419.

Mitsuhashi T, Yonemoto J, Sone H, et al. 2010. *In utero* exposure to dioxin causes neocortical dysgenesis through the actions of p27(Kip1). Proceedings of the National Academy of Sciences of the United States of America, 107(37): 16331-16335.

Naujokas M F, Anderson B, Ahsan H, et al. 2013. The broad scope of health effects from chronic arsenic exposure: Update on a worldwide public health problem. Environmental Health Perspectives, 121(3): 295-302.

Nguyen A T N, Nishijo M, Hori E, et al. 2013. Influence of maternal exposure to 2,3,7,8-tetrachlorodibenzo-*p*-dioxin on socioemotional behaviors in offspring rats. Environmental Health Insights, 7: 1-14.

Nissim L, Bar-Ziv R H. 2010. A tunable dual-promoter integrator for targeting of cancer cells. Molecular Systems Biology, 6: 444.

Omosule C L, Phillips C L. 2021. Deciphering myostatin's regulatory, metabolic, and developmental influence in skeletal diseases. Frontiers in Genetics, 12: 662908.

Papadopoulou E, Caspersen I H, Kvalem H E, et al. 2013. Maternal dietary intake of dioxins and polychlorinated biphenyls and birth size in the Norwegian Mother and Child Cohort Study (MoBa). Environment International, 60: 209-216.

Papalou O, Kandaraki E A, Papadakis G, et al. 2019. Endocrine disrupting chemicals: An occult mediator of metabolic disease. Front Endocrinol (Lausanne), 10: 112.

Pfeifer G P. 2018. Defining driver DNA methylation changes in human cancer. International Journal of Molecular Sciences, 19(4): 1166.

Puga A, Barnes S J, Chang C, et al. 2000. Activation of transcription factors activator protein-1 and nuclear factor-kappaB by 2,3,7,8-tetrachlorodibenzo-*p*-dioxin. Biochemical Pharmacology, 59(8): 997-1005.

Raghupathy V, Poornima S, Sivaguru J, et al. 2010. Monocrotophos toxicity and bioenergetics of muscle weakness in the rat. Toxicology, 277(1-3): 6-10.

Ramirez O, Gonzalez E, Blanco A, et al. 2021. Cognitive impairment induced by lead exposure during lifespan: Mechanisms of lead neurotoxicity. Toxics, 9(2): 23.

Rider C V, LeBlanc G A. 2005. An integrated addition and interaction model for assessing toxicity of chemical mixtures. Toxicological Sciences, 87(2): 520-528.

Salehi A S M, Yang S O, Earl C C, et al. 2018. Biosensing estrogenic endocrine disruptors in human blood and urine: A RAPID cell-free protein synthesis approach. Toxicology and Applied Pharmacology, 345: 19-25.

Salehi A S, Shakalli Tang M J, Smith M T, et al. 2017. Cell-free protein synthesis approach to biosensing hTRbeta-specific endocrine disruptors. Analytical Chemistry, 89(6): 3395-3401.

Schecter A, Ryan J J. 1992. Persistent brominated and chlorinated dioxin blood-levels in a chemist - 35 years after dioxin exposure. Journal of Occupational and Environmental Medicine, 34(7): 702-707.

Stachurska A, Sarna T. 2019. Regulation of melanopsin signaling: Key interactions of the nonvisual photopigment. Photochemistry and Photobiology, 95(1): 83-94.

Suh K S, Choi E M, Kim Y J, et al. 2017. Perfluorooctanoic acid induces oxidative damage and mitochondrial dysfunction in pancreatic β-cells. Molecular Medicine Reports, 15(6): 3871-3878.

Sun H, Xu X L, Xu L C, et al. 2007. Antiandrogenic activity of pyrethroid pesticides and their metabolite in reporter gene assay. Chemosphere, 66(3): 474-479.

Tai P T, Nishijo M, Anh N T, et al. 2013. Dioxin exposure in breast milk and infant neurodevelopment in Vietnam. Occupational and Environmental Medicine, 70(9): 656-662.

Tam L M, Price N E, Wang Y. 2020. Molecular mechanisms of arsenic-induced disruption of DNA

repair. Chemical Research in Toxicology, 33(3): 709-726.
Tolins M, Ruchirawat M, Landrigan P. 2014. The developmental neurotoxicity of arsenic: Cognitive and behavioral consequences of early life exposure. Annals of Global Health, 80(4): 303-314.
Tsukimori K, Tokunaga S, Shibata S, et al. 2008. Long-term effects of polychlorinated biphenyls and dioxins on pregnancy outcomes in women affected by the Yusho incident. Environmental Health Perspectives, 116(5): 626-630.
Verma N, Pink M, Rettenmeier A W, et al. 2012. Review on proteomic analyses of benzo[a]pyrene toxicity. Proteomics, 12(11): 1731-1755.
Wang H Y, Yang X X, Li J S, et al. 2021. Research progress on the effect of di-(2-ethylhexyl) phthalate (DEHP) on reproductive health at different periods in life. Reproduction, Fertility and Development, 33(7): 441-446.
Wang M Y, Chen J F, Lin K F, et al. 2011. Chronic zebrafish PFOS exposure alters sex ratio and maternal related effects in F_1 offspring. Environ Toxicol Chem, 30(9): 2073-2080.
Xie H Q, Xia Y J, Xu T, et al. 2018. 2,3,7,8-Tetrachlorodibenzo-*p*-dioxin induces alterations in myogenic differentiation of C2C12 cells. Environmental Pollution, 235: 965-973.
Xie H Q, Xu H M, Fu H L, et al. 2013. AhR-mediated effects of dioxin on neuronal acetylcholinesterase expression *in vitro*. Environmental Health Perspectives, 121(5): 613-618.
Xu H M, Xie H Q, Tao W Q, et al. 2014. Dioxin and dioxin-like compounds suppress acetylcholinesterase activity via transcriptional downregulations *in vitro*. Journal of Molecular Neuroscience, 53(3): 417-423.
Xu T, Xie H Q, Li Y, et al. 2017. CDC42 expression is altered by dioxin exposure and mediated by multilevel regulations via AhR in human neuroblastoma cells. Scientific Reports, 7(1): 10103.
Yamada T, Hirata A, Sasabe E, et al. 2014. TCDD disrupts posterior palatogenesis and causes cleft palate. Journal of Cranio-Maxillofacial Surgery, 42(1): 1-6.
Ye H, Daoud-El Baba M, Peng R W, et al. 2011. A synthetic optogenetic transcription device enhances blood-glucose homeostasis in mice. Science, 332(6037): 1565-1568.
Zhang L, Li Y Y, Chen T, et al. 2011. Abnormal development of motor neurons in perfluorooctane sulphonate exposed zebrafish embryos. Ecotoxicology, 20(4): 643-652.
Zhang S Y, Li S Z, Zhou Z G, et al. 2018. Development and application of a novel bioassay system for dioxin determination and aryl hydrocarbon receptor activation evaluation in ambient-air samples. Environmental Science and Technology, 52(5): 2926-2933.

第 8 章　合成生物学在微生物修复领域的主要研究思路

微生物修复领域的研究主要可以分为三个发展阶段。从 20 世纪 70 年代开始，利用微生物来处理污染物的生物强化法开始被应用于环境修复领域，极大地提升了科研人员筛选污染物降解菌株的热情。这种经典的微生物修复方式一直被沿用至今。从 80 年代开始，随着分子生物学、DNA 测序技术、生物信息学和结构生物学的不断发展，越来越多的研究人员开始解析降解过程中的代谢、分子和调控机理，多年来不断拓宽着人类对微观世界的认知。2010 年前后，高通量筛选、机器学习、数学模拟等技术开始大量涌现，合成生物学作为一门多领域的交叉学科，开始迅速发展，也形成了一套完全不同于传统微生物学的研究思路——元件创制-线路组装-体系重构。

8.1　分子层面——元件创制

8.1.1　随机突变实现定向进化

1. 概述

酶是由活细胞产生的、对其底物具有高度特异性和高度催化效能的生物大分子，催化着自然界中各类复杂生化反应，从而提高反应速率。在传统环境微生物学研究中，研究人员主要关注的是野生型酶，“分离筛选降解菌株—定位关键降解基因—表达纯化降解蛋白—验证功能解析机理”是挖掘分解代谢催化蛋白的常规研究思路。

然而，在很多情况下，自然环境中挖掘得到的野生型酶并不能满足环境修复应用中的实际需求，存在诸如催化活性低、热稳定性差、存在副产物等缺陷。为了解决这些问题，研究人员开始引入合成生物学理念优化蛋白质结构，从而提升野生型酶的实际效能。

最初，野生型酶的改造需要基于蛋白质结构和催化机理，因此研究进展相对缓慢。1984 年，Manfred Eigen 和 William Gardiner 以催化 RNA 复制的 Qβ 复制酶为例，提出了可以仿照自然界中存在的进化现象，人工构建并筛选突变体，通过迭代循环，定向提高酶的效能（Eigen and Gardiner，2013）。1993 年，Frances H.

Arnold 等人首次完成了酶的定向进化（directed evolution）试验，并完整地提出了其概念：通过替换天然酶的氨基酸残基，迭代累积多轮突变来优化酶的性能（Arnold，1993）。具体而言，首先对目标蛋白的编码基因进行随机突变，随后构建突变基因文库，通过活性检测，筛选出最符合预期的突变体及其编码基因；然后再对该突变体的编码基因进行随机突变，启动新一轮迭代优化。采用上述方法提高了枯草杆菌蛋白酶 E 在极性有机溶剂环境中的催化性能，经过 4 轮诱变和筛选，获得了在 60%（*V*/*V*）的二甲基甲酰胺（dimethyl formamide，DMF）中活性比野生型酶高 256 倍的突变体（Chen and Arnold，1993）。凭借这项工作，Frances H. Arnold 成为了 2018 年度诺贝尔化学奖的获奖者之一。

与自然进化不同的是，定向进化是人为控制的，突变方向以研究人员预设的目标为准，不符合预期目标的突变体会在筛选过程中被排除，因而目的性强、效率较高。对于催化机制不明确、结构信息不清晰的酶，定向进化可以再绕过未知信息，拓展酶工程研究的深度和范围，起到事半功倍的效果，因而引起了学界的广泛关注。目前，酶及其他功能蛋白定向进化的规范流程共包括以下 5 个步骤（曹立雪，2018）：

（1）明确定向进化目的，确定合适的目标蛋白；

（2）设计涵盖所选序列空间子集的 DNA 序列文库；

（3）建立通过优化突变体实现功能强化或产生新功能的方法和筛选标准；

（4）产生突变体，覆盖第一轮的候选序列文库；

（5）设置更严格的筛选标准，通过多轮次筛选，获得达到目标需求的突变体。

上述步骤自 1993 年提出以来，被领域内学者反复验证和完善，并不断开发出新的技术方法，拓展了定向进化的适用范围，同时提升了研究效率。

2. 突变体文库的建立

建立突变体文库并非盲目地将大量突变引入目标蛋白的编码基因。首先，功能蛋白通常由 200～300 个甚至更多的氨基酸残基构成，实践中不能随机突变肽链上的每个位置的氨基酸残基。文库设计应当基于对酶和底物的洞察与认识，选择氨基酸残基突变的位置（曹立雪，2018）。其次，在这一过程中，突变率需要根据研究目的被准确地控制，而非盲目追求高突变率，以避免单个突变体上出现多个突变位点，导致有益突变的效果被有害突变掩盖（Kourist et al.，2009）。

常用的突变体文库建立方法有易错 PCR 和 DNA 改组。

易错 PCR（error-prone PCR）是改变聚合酶链反应（PCR）的条件，使 DNA 扩增产物中出现较多点突变的一种体外诱导 DNA 序列变异的方法。改变 PCR 反应条件的方法主要有 4 种：①使用低保真度的 DNA 聚合酶，并加大酶用量；②调整反应体系中 4 种 dNTP 的浓度，使其偏离 1∶1∶1∶1 的平衡浓度关系；

③在反应体系中加入一定量的 Mn^{2+}；④增加反应体系中的 Mg^{2+}浓度（Fersht，1979；Hall and Lehman，1968）。除此以外，也可以采用降低起始模板浓度、增加单次循环延伸时间、提高反应体系 pH、增加循环次数等方法。

在实际研究工作中，可以综合采用多种方法提高 PCR 反应突变率，以求最简单、快捷地得到突变体。1992 年，研究人员报道了优化后的易错 PCR 技术，通过增加 DNA 聚合酶的错误率，可得到 0.6%～2.0%/bp 的突变率（Cadwell and Joyce，1992）。时至今日，该方法已发展得较为成熟，易错 PCR 试剂盒也已成功实现商业化。

DNA 改组（DNA shuffling）是将 DNA 片段进行重新组合以产生新的基因型的技术，又被称为 DNA 重排、有性 PCR（sexual PCR），由 William P. Stemmer 在 1994 年首次报道（Stemmer，1994）。DNA 改组的原理为：利用物理或化学方法将起始酶（或蛋白质）的编码序列分解为较小片段并扩增，再利用 PCR 等方法组装为完整的突变体编码序列。具体来说，可以分为 4 个步骤：

（1）制备多种同源核苷酸序列作为模板，建立初级文库；

（2）用 DNase 或超声波等方法处理，产生随机片段；

（3）利用无引物 PCR 技术重组 DNA 片段；

（4）当重组产物序列长度接近目的基因长度时，加入两侧引物，经过少数轮扩增，得到全长目的基因。

利用目的基因转入宿主细胞后，经过筛选得到的突变体可构建次级文库，经过片段化处理后投入下一轮 DNA 改组。

1998 年，Arnold 和赵惠民等人设计了巧妙的 PCR 程序，基于 DNA 改组技术，进一步提出了交错延伸过程（staggered extension process，StEP）：在同一个反应体系中，以多个 DNA 序列作为模板，进行多次“变性—简短退火—催化延伸”的过程（Zhao et al.，1998）。首先，利用 DNase 把单一片段或同源基因切割成小片段，以此作为 PCR 扩增的引物；随后，在退火过程中，延伸片段基于不同模板间的同源性与不同模板结合，继续延伸形成新的全长子链。由于模板间的同源性，大多数全长子链包含了不同亲本链的序列信息，从而具有了新的遗传特性。与最初的 DNA 改组相比，StEP 省去了 DNA 酶切，从而简化了步骤，节省了时间和人力。

除 StEP 外，基于 DNA 改组发展而来的突变体文库建立方法还有基因家族改组（DNA family shuffling）、“凌乱”法改组（combination of shuffling and ITCHY，SCRATCHY）、单链基因家族改组（single-stranded DNA family shuffling）、基于结构组合的蛋白质工程（structure-based combinatorial protein engineering，SCOPE）、序列独立的定点嵌合子技术（sequence-independent site-directed chimeragenesis，SISDC）等（Buchholz et al.，1998；Crameri et al.，1998；Kikuchi et al.，2000；O'Maille et al.，2002；Ostermeier et al.，1999）。

除了易错 PCR 和 DNA 改组，区域选择法、迭代饱和突变（iterative saturation mutagenesis，ISM）等也可以用来产生大量突变体，但上述两种方法都需要预先获知酶活中心，或对酶的底物选择特异性有显著影响的氨基酸残基位点或区域，因此，严格意义上讲，上述两种方法应归于理性或半理性设计（Jesse and Michelle，2005；Manfred and Jose，2007）。

3. 突变体的高通量筛选

易错 PCR、DNA 改组等方法可以建立庞大的突变文库，而如何从文库中简单、灵敏、高效、快速地获得符合预设目标的突变体，就成为了定向进化成功的关键。

高通量筛选方法的建立基础是目标酶（蛋白质）催化的反应有较为明显的性状，例如，菌落的大小或颜色，反应液体系中可检测的吸光值变化、荧光强度等。

按照筛选时蛋白质相对于细胞的空间位置，筛选可以分为体内筛选和体外筛选。体内筛选通常需要分离得到单克隆菌株（细胞株），具体方法包括琼脂平板涂布法、微孔板悬浮法、流式细胞术、微球细胞固定化技术等。

体内筛选受到转化效率、菌株（细胞株）生长环境选择压力等因素限制，不便于开发高通量的筛选方法；而体外筛选不需要获得生物体，同时没有细胞膜的阻碍，底物与酶的特异性结合以及仪器对反应状态的检测都较为容易，因此更适用于定向进化中突变体的高通量筛选。近年来发展的噬菌体展示技术、细胞表面展示技术、核糖体展示技术等表面展示技术，均是针对以往仅能通过体内筛选的蛋白质建立的体外筛选方法（乔沛，2016）。

4. 定向进化在环境生物学领域的应用范例

自问世以来，定向进化被广泛用于改造抗体、蛋白类药物、化工催化剂等工业、农业、医药领域的高价值蛋白制品。而在环境修复领域，定向进化也被用于创制新的污染物降解催化蛋白。

多氯联苯是通过联苯直接氯化产生的一系列卤代芳烃，分别含有 1～10 个不等的氯原子，有 209 种不同的同系物，具有高毒、难降解、生物积累等特性，其大量使用已造成了严重的环境污染。利用自然界中广泛存在的联苯降解酶作为初始酶，通过 DNA 改组和体外筛选获得了可降解多氯联苯的 BPH 突变蛋白，该突变蛋白不仅提高了菌株对多氯联苯的降解能力，也扩大了可降解底物的范围（Kumamaru et al.，1998）。

三氯丙烷被广泛用作溶剂和萃取剂，具有很强的稳定性，能够渗入土壤进入地下水，是一种常见的水体污染物。经过两轮体外定向进化，研究人员获得了对三氯丙烷脱卤效率比野生型提高 8 倍的卤代烷脱卤酶，将该突变卤代烷脱卤酶在放射形土壤杆菌（*Agrobacterium radiobacter* AD1）中表达，使得该菌株能够利用三氯丙烷作为唯一碳源和能源生长，实现了高效去除土壤中三氯丙烷的目标（Bosma et al.，2002）。

有机磷农药是一类性质稳定、不易被分解的有机化合物，对动物和人等非靶标生物会产生直接或间接的毒性效应，并可影响免疫系统。通过 DNA 改组的方法对硫磷水解酶进行了体外进化，使其降解毒死蜱（chlorpyrifos）的效率提高到了野生型酶的 725 倍，同时使对氧磷（paraoxon）等其他底物的降解效率也明显提高（Cho et al.，2002）。

8.1.2　理性设计

通过随机突变实现定向进化的方法，通常只关注效能的提升，不需要酶的结构信息，对效能的提升也没有分子机理的解释，结果没有可预见性，需要大量的尝试、高通量的筛选才能获得符合预期的效能。随着人们对酶的探究越来越深入，对分子机理的理解已经使得研究人员具备了理性改造蛋白质结构的基础条件，利用酶的蛋白质序列和结构信息可使酶的进化变得更快、更有效（Cheng et al.，2015）。

1. 化学修饰

在实际应用中，酶制剂通常面临有机溶剂、极端 pH 或温度等问题，因此，如何提高蛋白质在实际环境中的稳定性，是生物技术研究中的一个关键问题。目前有几种提高蛋白质稳定性的策略，包括化学修饰、使用稳定添加剂、固定化和蛋白质工程等（Polizzi et al.，2007）。其中，化学修饰是一种通过引入单体或聚合物来稳定酶的方法，具备快速且廉价的优点。

赖氨酸作为唯一一个侧链含有 ε-氨基的氨基酸，具备伯胺的一系列结构特点及反应性能，故而是生物体内翻译后修饰种类最多的一种氨基酸，工程上常以酸酐对赖氨酸进行酰基化修饰，例如，用柠康酸酐、2, 3-二氯马来酸酐、均苯四酸酐修饰辣根过氧化物酶、用马来酸酐修饰淀粉酶，都能够提高酶的热稳定性，同时对催化活性的影响很小（Hassani，2012a；2012b；Hassani and Nourozi，2014；Nwagu et al.，2020）。利用马来酸酐修饰淀粉酶，可以看到荧光光谱的蓝移，说明淀粉酶成功被酰化，酰化后的淀粉酶对马铃薯淀粉亲和力上升且热稳定性提高，80℃下半衰期延长一倍左右，活性只下降 18%。此外，柠康酸酰化可以调整该酶的最佳 pH，这意味着修饰后的淀粉酶可以在更宽的 pH 范围内、更高的环境温度下消化淀粉（Nwagu et al.，2020）。

2. 调节相互作用力

除了化学修饰，还可以通过其他策略提高酶的热稳定性，例如，改变酶的部分氨基酸从而加强分子间的疏水相互作用、引入氢键和盐桥等（Lim and Oslan，2021）。在蛋白质中引入金属离子或二硫键可以增强蛋白质内部结构的稳定性，提高蛋白质的热稳定性。来自中华微杆菌属（*Sinomicrobium*）的 α-淀粉酶（FSA）在 pH 6.0 时表现出最佳活性；在 pH 6.0～11.0 时酶的稳定性高，但热稳定性差。为了弥补这一缺陷，通过定点诱变在 FSA 结构域 C 中引入二硫键，使得 FSA 的活性在高温和宽 pH 范围内得到明显改善，50℃下的半衰期从 25 min 增加到 55 min，100℃下仍检测到约 50%的酶活性，而野生型酶未观察到活性。此外，在引入二硫键后，FSA 变得不依赖 Ca^{2+}（Li et al.，2014）。在另一项研究中，通过对 *Ideonella sakaiensis* 枝叶堆肥角质酶（leaf-branch compost cutinase，LCC）的结构与同源性高的蛋白质进行比对分析，找到了 LCC 的金属离子结合位点，通过添加 Ca^{2+}可以将其 T_m（melting temperature）值提高 9.3℃，如果将该位点附近的氨基酸即 D238 和 S283 突变为半胱氨酸，这两个半胱氨酸之间的距离能够形成二硫键（图 8-1），突变体的熔化温度 T_m 值提高 9.8℃，同时催化活性不受影响（Tournier et al.，2020）。

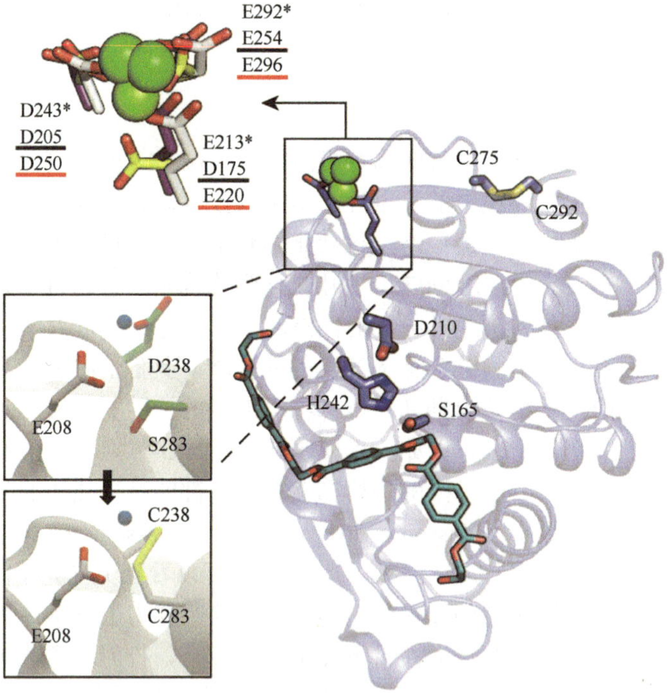

图 8-1 LCC 引入二硫键提高热稳定性（Tournier et al.，2020）

将 LCC 的 238 位氨基酸天冬氨酸和 283 号氨基酸丝氨酸突变为半胱氨酸，形成二硫键，T_m 值提高 9.8℃，同时活性不受影响

通过改变蛋白质内部或表面的疏水性和分子间的范德瓦耳斯力，也可以改善

酶与底物之间的结合。例如，将枯草芽孢杆菌 *Bacillus subtilis* CN7 的 α-淀粉酶 TIM 桶 β7 链上的 V260 突变为异亮氨酸，可以引入 8 个额外的范德瓦耳斯力来加强弱相互作用，能够提高酶的热稳定性（图 8-2）。突变体 T_m 值上升了 4.8℃，且对可溶性淀粉的亲和力也增加了（Wang et al.，2020）。来自扣囊复膜酵母（*Saccharomycopsis fibuligera* R64）的 α-淀粉酶 Sfamy R64 具有很高的淀粉分解活性，但对淀粉的亲和力低。通过对 Sfamy R64 进行同源建模，并与来自黑曲霉菌（*Aspergillus niger*）的 α-淀粉酶进行结构比较，可以发现 Sfamy R64 缺乏表面结合位点。通过 S383Y/S386W 突变将 2 个丝氨酸残基突变为芳香族残基，以此来组成表面结合位点，突变体对底物的结合亲和力和催化动力学均得到改善（Yusuf et al.，2017）。

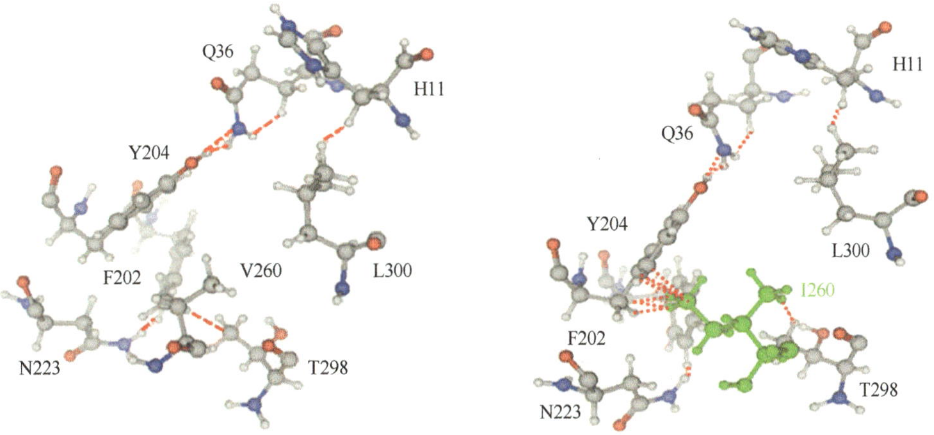

图 8-2　α-淀粉酶引入范德瓦耳斯力提高热稳定性（Wang et al.，2020）

将 α-淀粉酶 β7 链上的 260 位缬氨酸突变为异亮氨酸，可以引入 8 个额外的范德瓦耳斯力来加强弱相互作用，T_m 值上升了 4.8℃且增加了对可溶性淀粉的亲和力

3. 引入非天然氨基酸

通过引入非天然氨基酸，有可能使得天然蛋白具备新的催化能力，代表性工作如构建人工金属酶。研究人员通过将过渡金属催化剂嵌入蛋白质支架中，使其具备类似酶的活性。人工金属酶设计的主要挑战之一是识别催化活性底物-辅因子-宿主几何结构，这可以通过在蛋白质中引入非天然金属螯合氨基酸来解决。多药耐药调节因子（multidrug resistance regulator，MDR）是细菌耐药机制中的调控蛋白，它们参与调节多种药物外排泵的表达。MDR 的特征是有一个混杂的、疏水的、用于多药识别的结合口袋，这使它们成为人工金属酶的常用支架（Wade，2010）。乳球菌多药耐药调节因子（LmrR）就是一种 MDR，在 LmrR 中锚定各种配体或金属配合物就可以创建人工金属酶，大部分是用非天然氨基酸 2,2′-二联吡啶-5-基丙氨酸[(2,2′-bipyridin-5yl)alanine，BpyA]代替天然氨基酸丙氨

酸。例如，通过替换 LmrR 的 BpyA 后使其能够结合 Fe^{2+}，进而结合稳定二叔丁基半醌（di-tert-butylsemiquinone，DTB-SQ）。在 LmrR 的疏水孔中，结合这种物质可以使其免受水环境的影响，而金属在蛋白质口袋内对结合 DTB-SQ 起着关键作用（Segaud et al.，2017）。通过改造使 LmrR 具备结合 Cu^{2+}的能力后，突变体在催化烯酮加成反应时有对映选择性（Drienovska et al.，2017）（图 8-3）。除了改造 LmrR，MDR 的另一种调节因子 QacR，经过 Y123BpyA 替换后可结合 Cu^{2+}，催化对映选择性乙烯基 Friedel-Crafts 烷基化反应的对映体过量值（enantiomeric excess，ee）高达 94%（Bersellini and Roelfes，2017）。

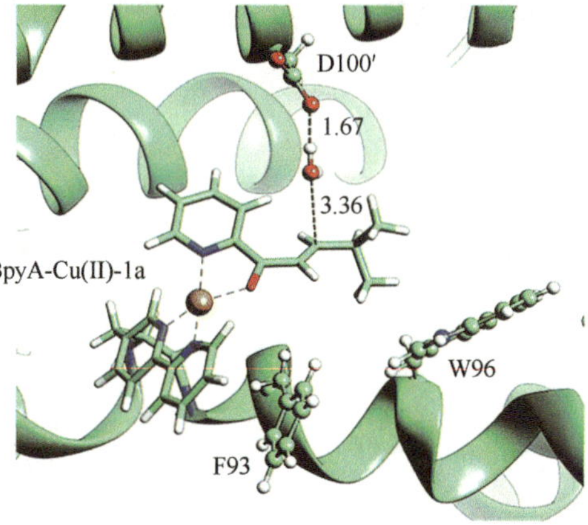

图 8-3 非天然氨基酸 BpyA 引入 LmrR（Drienovska et al.，2017）
将能够结合金属离子的非天然氨基酸 BpyA 引入 LmrR 后，酶能够结合 Cu^{2+}，使其在催化烯酮加成反应时有对映选择性

另一种非天然氨基酸 Nδ-甲基组氨酸，被认为是广泛使用的亲核催化剂二甲氨基吡啶的遗传可编码替代物，它为酶工程提供了大量有价值的催化反应。以来自掘越氏热球菌（*Pyrococcus horikoshii*）的卤酸脱卤酶为基础，在其帽子域引入亲核试剂 His23 使其能够进行 Morita-Baylis-Hillman 催化反应，但其反应速率很慢。进一步研究发现组氨酸的甲基化对其催化功能是必需的，因为这可以防止非反应性酰基-酶中间体的生成，用 Nδ-甲基组氨酸替代 His23 后，催化活性提高了 9000 倍以上（Burke et al.，2019）。

除此之外，非天然氨基酸的替换既有助于提高酶的热稳定性，亦可提高酶的催化效率等。例如，*O*-(4-巯丁基)-L-酪氨酸[*O*-(4-mercaptobutyl)-L-tyrosine，SbuY]的替换可以在远距离形成二硫键提升蛋白稳定性（Liu et al.，2016）；对-氨基苯丙氨酸（para-amino-Phe）的替换使 P450 在催化目前已知的最大分子质量底物时达到最大转化率（Kolev et al.，2014）；L-(7-羟基香豆素-4-基)乙基甘氨酸[L-(7-hydroxycoumarin-4-yl)ethylglycine]的替换有助于解决底物周转时的限速步骤——产物释放过程（Ugwumba et al.，2011）；乙酰化赖氨酸 ε-NH^{3+}基团有利于提高 α-

淀粉酶的热稳定性和活性，以及对去垢剂的耐受性（Shaw et al.，2008）。

4. 从头设计

随着生命科学的飞速发展，研究人员对分子层面的理解越来越深刻，进而开始尝试从头设计全新的蛋白质或多肽。该领域的成功实践为生物技术和合成生物学提供了全新的思路。Brady 和 Woolfson 于 2011 年从头设计合成了一个独立而平行的六螺旋束，该螺旋束中间有一个直径约为 6 Å 的通道，可以允许水分子的通过（Zaccai et al.，2011）。此后，以 David Baker 为首的科学家在蛋白质从头合成领域展开了深入的研究。2016 年，David Baker 及其研究团队提出了一种设计同源蛋白寡聚体的一般方法，其特异性由中央氢键网络的模块化阵列决定。使用这种方法可以设计出二聚体、三聚体和四聚体，包括以前从未见过的三角形、方形和超螺旋拓扑结构的蛋白质（Boyken et al.，2016）。2018 年，他们开发了一种由单体蛋白自组装成螺旋细丝的通用算法，这些单体能在体内和体外自组装成各种几何形状的微米级丝状体（Shen et al.，2018）。2020 年，William A. Catterall 和 David Baker 设计了双圈 α 螺旋蛋白质通道，通过改变 α 螺旋蛋白质内的带电性残基，可以允许不同离子选择性通过，设计直径更大的通道蛋白甚至能允许生物素化的 Alexa Fluor 488 通过（Xu et al.，2020）（图 8-4）。

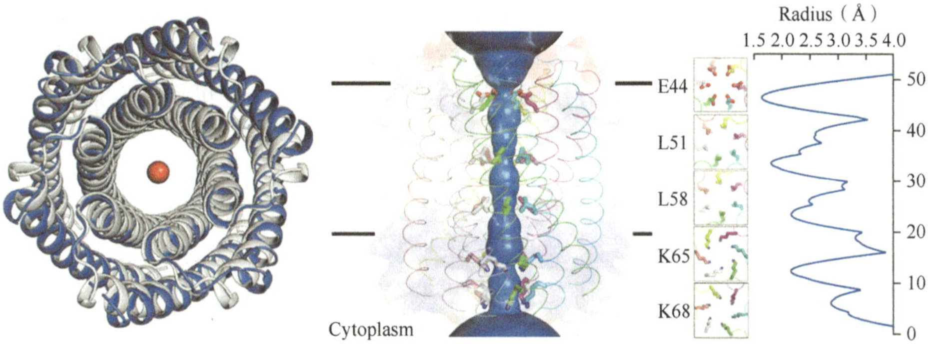

图 8-4 从头设计的双圈 α 螺旋蛋白质通道（Xu et al.，2020）
通过计算机设计出双圈 α 螺旋蛋白质通道，通过改变 α 螺旋蛋白质内的带电性残基，
可以允许不同离子选择性通过

以上都是基于 α 螺旋的蛋白质设计，在 2021 年，David Baker 研究团队基于 β 桶设计了一个通道蛋白，结合纯几何模型和显式 Rosetta 蛋白质结构模拟，确定 β 链之间的连接和膜的嵌入对跨膜 β 桶（transmembrane β barrels，TMB）架构的约束。通过一系列设计-构建-测试循环发现，与几乎所有其他类别的蛋白质都不同，局部不稳定序列对于 TMB 的表达和折叠至关重要，蛋白质折叠期间通过双层易位的 β 转角必须被破坏，才能够在膜中正确组装，过早地形成 β 发夹可能会导致错误的 β 折叠结构与正确的 β 折叠结构竞争插入膜。在脂质双层的疏水环境

中，TMB 可以完整地组装，随后，β 发夹通过与相邻 β 链的相互作用而变得稳定（Vorobieva et al.，2021）。

2021 年，Byung-Ha Oh 和 David Baker 等人从头设计了蛋白质开关来创建一类基于蛋白质的生物传感器。该传感器在封闭时是暗态，在展开时是发光态，感应物的结合将驱动传感器从关闭状态切换到展开状态，用这种方法创造了可以检测抗凋亡蛋白 BCL-2、IgG1 Fc 结构域、HER2 受体和肉毒杆菌神经毒素 B 的生物传感器，以及高灵敏度的心肌肌钙蛋白 I 和抗乙型肝炎病毒抗体的生物传感器，还设计了针对 SARS-CoV-2 刺突蛋白、病毒膜抗体和核衣壳蛋白抗体的传感器（Quijano-Rubio et al.，2021）。

8.1.3 半理性设计

理性设计要求深入了解酶活性位点的结构特征及其对功能的影响，酶的结构与功能关系的复杂性是限制理性设计成功率的关键因素。随机设计可以实现相对快速的酶工程而无需深入了解其结构和功能的关系，但通常必须筛选大量突变体才能获得对酶活性有显著影响并符合预期的突变体，这就限制了高通量筛选方法的开发，因为并非所有酶的活性都适合开发高通量筛选方法，且引入的突变具有随机性（Chica et al.，2005）。大多数对酶特性（对映选择性、底物特异性和新的催化活性等）产生有益影响的突变都位于活性位点或附近，因此，在了解酶结构的基础上对其关键活性位点进行诱变筛选的半理性设计是一种可行的方案。

1. 活性位点饱和突变

通过酶与底物复合物的结构解析和实验验证，可以找到对酶催化功能起关键作用的氨基酸，将关键氨基酸进行饱和突变和筛选，可以得到活性更高、底物种类更多、产物手性特异性更强的酶。研究发现，将热稳定性更强的 LCC 的活性位点 F243 饱和突变为 L-异亮氨酸（L-isoleucine，Ile）和色氨酸（tryptophan，Trp），可以进一步提高其催化聚乙烯对苯二甲酸酯[poly（ethylene terephthalate），PET]的活性（Tournier et al.，2020）。另一项研究则结合定向进化、合理设计和高通量筛选方法，开发来自黑曲霉菌（*Aspergillus niger*）的单胺氧化酶 MAO-N 变体“工具箱”，通过在活性位点及其周围位点引入饱和点突变，可以从原始蛋白质中得到数十个有高度底物选择性的突变体，在不影响产物光学纯度的情况下实现了广泛的底物覆盖，应用于去消旋反应，可以有效地不对称合成活性药物成分如 solifenacin 和 levocetirizine，还可以合成天然产物(R)-coniine、(R)-eleagnine 和(R)-leptaflorine（Ghislieri et al.，2013）。研究人员于 2021 年对比了来自菘蓝（*Isatis indigotica*）的 IiPLR1 与来自拟南芥（*Arabidopsis thaliana*）的松脂醇还原酶 AtPrR1 和 AtPrR2 在底物结合及产物结合状态下的结构区别，发现 IiPLR1 的 β4 环覆盖在催化口袋的顶部，环上的 S98 氨基酸残基控制其催化特异性。进行饱和突变后发现 IiPLR1 的 S98A、S98H 和 S98N 突变体一定程度上提高了落叶松树脂醇的转化率，同时显著降低了开环异落叶松树脂的转化率。另外，AtPrR1 的 N98A 和 N98S 突变体对开环异落叶松树脂醇催化活性有所提高，AtPrR2 的突变体 N98S 具有催化活性的底物由落叶松树脂醇转变为开环异落叶松树脂醇（Xiao et al.，2021）。

2. 氨基酸互换及 DNA 改组

当需要改造的酶已知信息较少时，通过结构或序列比对的氨基酸互换及 DNA 改组，可以为酶的定向进化提供更为简单的突变方法。研究人员发现超氧化物歧化酶 MnSOD 和 camSOD 的金属离子选择性不同，但来自于共同的祖先——金黄色葡萄球菌（*Staphylococcus aureus*），再对二者的金属结合位点附近的氨基酸进行比较，将不一样的氨基酸进行交换后发现 MnSOD 能够同时结合 Mn 离子和 Fe 离子；而 camSOD 对 Mn 离子的选择性大大提高，对 Fe 离子的选择性则降低（Barwinska-Sendra et al.，2020）。为研究来自于伯克霍尔德菌 *Burkholderia xenovorans* LB400 联苯双加氧酶 BphAE 的底物选择特异性，将其结构与其他联苯双加氧酶的结构进行对比，发现 BphAE 的第 280～283 号氨基酸位于催化口袋的入口，其中 Ser283 在底物结合的过程中有位置变化，证明其对催化过程起作用，而其他联苯双加氧酶在这个位置大多是甲硫氨酸（methionine，Met），用 Met 取代 Ser283 显著增加了 BphAE 对联苯、2,3′,4,4′-四氯联苯、2,2′,6,6′-四氯联苯和 2,3′,4,4′,5-五氯联苯的选择特异性（Li et al.，2020）。此外，为了提高来自阴沟肠杆菌*（*Enterobacter cloacae*）的 β-内酰胺酶（β-lactamase，BLA）的热稳定性，比对了 38 个同源物的序列，确定了 29 个与其他内酰胺酶不同的氨基酸，用这 29 个位置的寡核苷酸混合物构建了组合文库。从这个文库中筛选出 90 个随机分离株，鉴定出 15 个热稳定性显著增强的突变体。通过序列和稳定性数据的统计分析，确定了 11 个对热稳定性有改善作用的突变和 8 个使蛋白质更不稳定的突变。重组这 11 个稳定突变构建第二代改组文库，鉴定出热稳定性进一步增强的 BLA 突变体，其 T_m 值比野生型 BLA 高 9.1℃，共包含 8 个点突变（Amin et al.，2004）。

8.2　单细胞层面——线路组装

8.2.1　线路标准化、高效化

当在分子层面上获得了高效元件后，研究人员仍然需要将这些元件组装到细胞中，才能执行复杂的生物功能。将来自不同宿主的元件集成在同一个宿主中，面临着兼容性问题，同时不同的元件之间也需要设置合理的调控机制，从而确保整个线路可能实现预设功能。元件的组装并非简单粗暴的叠加，所加入的元件越多，整个线路越复杂，只有真正做到了合理设计的基因线路才是“1+1＞2”，这是合成生物学领域必须面对的一项重大挑战。通过借鉴工业生产中“模块化、标准化、系统化”的特点，研究人员可以将生物元件想象成工业元件进行处理。通过对元件的设计、组装与检验进行标准化处理，可以有效地将这些元件组装成线路以实现特定的功能（Cameron et al.，2014）。

1. 生物元件标准化

生物元件的模块化脱胎于基因的异源表达，它是指将这些基因元件改造成如电子器械中的电容、电阻、晶体管类的标准化部件。标准化的元件能够保证所构建线路的有效性与可重复性，这样即使元件的来源千差万别，研究人员依然可以通过那些通用接口去理解并组装运用这些模块。相对于电子元件，尽管生物元件的标准化定义十分宽泛，但是依然需要遵循独立性、可靠性、可调性、正交性与可组合性的原则，从而指导相关元件的模块化与标准化（Decoene et al.，2018）。通过优化密码子、启动子改造等方法，使得来自不同宿主的各类功能元件能在同一底盘细胞中有效存在并表达。同时，这些元件也能数字化地储存在各类功能元件库中，对已有的生物资源进行数字化、系统化的管理，方便研究人员根据自身的研究需求，从元件库中筛选相关元件而非从头寻找与设计新的基因。

2. 线路水平标准化

同样地，线路的设计也需要标准化的组装。随着科学技术的不断发展，DNA 组装技术也在不断进步。基于 CRISPR-Cas 系统与转座子系统开发的各类基因编辑与长片段 DNA 插入技术正在不断完善，并逐渐从单一物种拓展到链霉菌、假单胞菌及哺乳动物细胞中。例如，Sternburg 课题组基于 CRISPR RNA-guided 转座子，开发出了能够将 10 kb 长片段 DNA 插入细菌基因组的“INTERGATE”基因编辑工具（Vo et al.，2021）。无痕 DNA 编辑技术的出现使得将多种元件整合到单一细胞中变成了可能。标准化的组装技术可以简化基因编辑的步骤，并在底盘细胞上预先整合基因编辑所需的目标序列及检测模块（如抗性基因、荧光蛋白等），这使得研究人员能够方便、及时地修改设计线路。

当多个元件整合到单一细胞后，研究人员往往会从自己的实验要求出发，对相关元件的功能进行表征。但长远来看，对系统部件表征的标准化也是十分必要的。标准化的表征能够精准地反映元件的可变性，同时也能够在不同批次的实验中实现对元件检测的可重复性。结合高通量与自动化的实验设备，传统的手工操作将被标准化的机器操作所取代，主观的功能表征结果分析也将被业内通用的参数与指标所替代。这有利于整个行业对功能元件性能的理解，并加快合成生物学的系统化与标准化发展（Decoene et al.，2018）。

3. 线路水平高效化

元件的组装与线路设计往往涉及多个基因。以最简单的多环芳烃萘的天然降解途径为例，有 10 余个基因参与萘到水杨酸的降解过程。如果想要获得多能高效的工程菌，所需的功能元件数量则会成倍增长，如何协调这些基因行使其目的功能，就需要大量的调控因子去调节整个代谢网络（Xie and Fussenegger，2018），这对如何有效设计与构建线路也是一大挑战。工程学的理念再一次给了研究人员启发，尽管对于不同的线路有着不同的功能要求，元件间的组合与调控则可以借鉴传统的逻辑门。在集成电路中，与门、或门、非门和或非门这些独特的基本单元构成了复杂的集成电路网络，实现了许多功能（Dobrin et al.，2016）。因此，结合生物体内转录与翻译的各类调控因子，也可以仿照电路逻辑去构建生物逻辑门，而生物逻辑门的引入能够帮助人们更好地理解与设计多个元件的从头组装。早在 21 世纪初，来自美国麻省理工学院（MIT）的 James J. Collins 就在大肠杆菌中实现了基因表达的逻辑门构建，通过不同基因逻辑门之间的组合，实现不同元件表达的精准调控（Gardner et al.，2000）。近年来，随着对各类调控元件的不断挖掘，研究人员也有了更多的手段与选择去完成生物逻辑门的构建（Green et al.，2014）。

多个元件的整合并不意味着线路的组装完成，还需要进一步分析整条线路的功效。一条代谢通路的速度永远受限于整条代谢途径中速度最慢的一个反应，如何定位整个线路的限速步骤并对其进行优化，就是提高整条代谢通路的关键点。常规的基因组、转录组水平上对细胞的检测通常并不能直接反映生物体内代谢的真实情况，换言之，研究人员需要一种新的、能够精确描述代谢过程的方法，从而精准分析整个代谢网络的构建是否合理。随着过去 20 年高通量生物检测技术的不断发展，代谢流分析、流平衡分析应时而生。代谢流分析是指综合运用基因组学、转录组学、蛋白质组学与代谢组学来分析生物体内代谢物生成或消耗速率的一种分析方法，通过将常见物质中相关元素替换为可被检测的同位素，分析生物复杂的代谢过程中各个代谢物质的流动情况。这些被检测的分子在代谢过程中的变化水平能够有效地量化上游反应过程。然后综合传统的基因组、转录组与蛋白质组数据，代谢流分析能够最大限度地检测系统的整体代谢状况（Basler et al.，2018）。基于这些中间代谢物的变化水平，研究人员可以鉴定得到工程菌株中关键代谢途径的进展状况，确定代谢网络中的限速途径并对其进行功能修改与线路优化。计算机技术的发展让人们看到了计算机模拟的优势，如今人们也会使用计算机模拟技术对代谢网络进行流平衡分析（Tokuyama et al.，2019），二者结合可以有效实现线路的理性设计。

8.2.2 线路智能化

利用合成生物学理念设计人工菌株以智能化降解环境中的污染物，一般包括三个方面，即污染物的检测（传感模块）、污染物的矿化（降解模块）和生物安全控制（致死模块），如何使这三个模块高效运作并相互耦联是智能化改造的核心问题。

1. 环境污染物的检测

生物传感器自 1962 年首次用于检测葡萄糖以来，已逐渐用于临床医学、食品检验、环境监测、生化分析等领域（Liu et al., 2009）。全细胞生物传感器一般是指以微生物细胞作为载体，利用胞内单一或系列酶系的反应将输入信号经过“处理”后，通过信号传导装置（一般是指基于转录因子的变构调控蛋白）输出某种信号（一般是可供定量检测的信号，如荧光、比色参数、生物发光等）以反映输入信号强度。根据检测需求的不同，可替换响应不同底物（即环境污染物）的调控蛋白来实现传感器功能的切换，也可通过定点突变、改变启动子或核糖体结合位点（ribosome binding site，RBS）等手段来改善传感器的动态范围和敏感性，使其具备实际可操作性。

1）环境污染物生物传感器检测

多环芳烃（polycyclic aromatic hydrocarbon，PAH）和二噁英（polychlorodibenzo-p-dioxin，PCDD）等持久性有机污染物（persistent organic pollutant，POP）广泛存在于环境中，具有免疫毒性、细胞毒性和致畸致癌的特点。萘作为结构最简单的多环芳烃，其降解菌株的挖掘及降解机理的解析已较为明晰，调控蛋白 NahR 可响应水杨酸盐和萘，从而激活下游 *nah* 和 *sal* 操纵子中相关基因的转录，因此 NahR 被视为萘和水杨酸盐全细胞传感器的核心元件（Schell and Sukordhaman，1989）。重金属对细胞具有高毒性，以砷的检测为例，来自枯草芽孢杆菌（*Bacillus subtilis*）的阻遏蛋白 ArsR，当亚砷酸盐离子存在时，能够诱导 *ars* 启动子表达 β-半乳糖苷酶，从而将砷的浓度转化为 pH 的下降信号，检出限为 5 μg/L（Aleksic et al., 2007）。有机磷农药具有神经毒性，环境中的痕量残留都会导致农村地区中毒患者高于 15%的死亡率，但有机磷农药难以直接被生物传感器检测，通常通过有机磷水解酶水解为下游产物后，进一步激活相应的转录调控蛋白从而得以检测，如对氧磷和对硫磷可水解生成 4-硝基苯酚，进而激活相应的调控基因和下游报告基因的表达。

2）环境污染物生物传感器的改造

针对环境污染物分布广、种类多、浓度低的特点，相应的生物传感器应具备以下特性：①高灵敏度，污染物浓度由低到高转变时，输出信号速度的变化应该迅速（De Paepe et al.，2007）；②高动态范围，即存在污染物与不存在污染物时基因表达水平差异大（Dietrich et al.，2013）；③低检测限，能够响应并输出可检测的信号的污染物浓度较低（Cheng et al.，2018）；④低响应时间，即传感器处于污染物存在的环境中时，能迅速输出稳定的检测信号（Madar et al.，2011）；⑤线性范围大，即能够通过输入信号-输出信号标准曲线得到待检测污染物浓度的范围较大。基于以上要求，我们通常使用四种方式来改造所需传感元件。第一，启动子、复制子和 RBS 的工程化以调整 Hill 系数。动态范围、灵敏度和检测范围通常依赖于调控蛋白和污染物浓度，通过调整调控蛋白在转录层面或翻译层面的表达强度，从而改善其剂量依赖特性。例如，通过调整不同强度的启动子，可筛选出一种基于恶臭假单胞菌KT2440氧代脯氨酸调节蛋白OplR的高灵敏度戊内酰胺和己内酰胺传感器（Thompson et al.，2019）。第二，基于蛋白质工程改变传感器特异性。生物传感器响应于特定的底物，这通常是由调控蛋白的底物结合口袋特异性决定的，通过随机诱变或理性设计，改变活性中心的氨基酸残基，可以改变传感器的底物特异性，如通过饱和突变将尿酸响应蛋白 HucR 转变为响应莽草酸（Li et al.，2017）。第三，计算机辅助设计（图 8-5）。污染物浓度、调控蛋白表达强度、调控

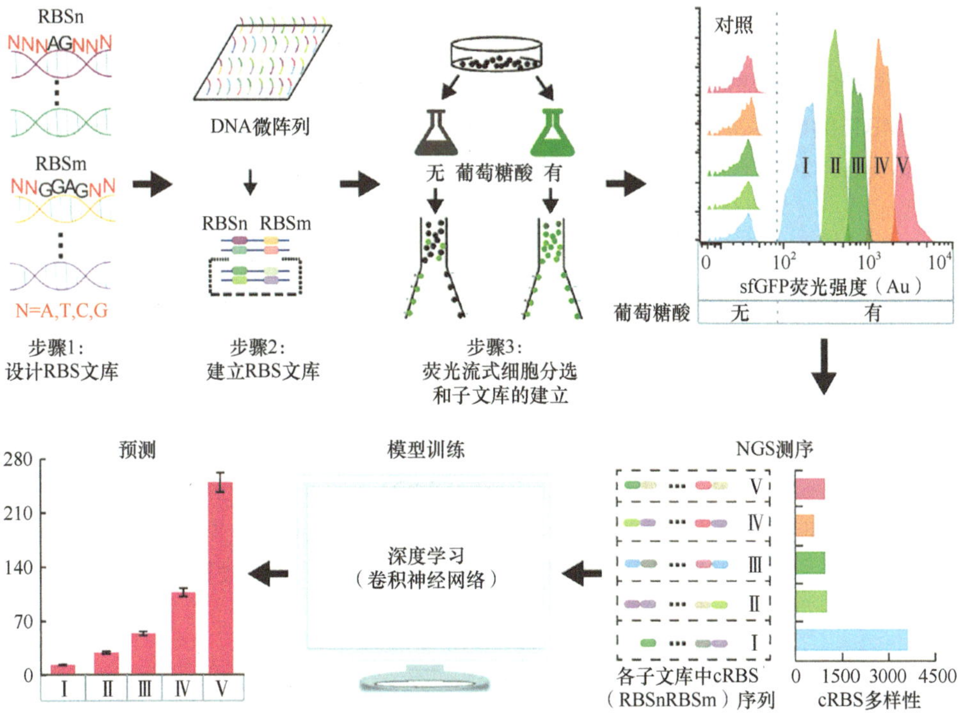

图 8-5　计算机辅助设计指导传感器的优化和改造工作流程图（Ding et al.，2020）

蛋白结合位点等多种因素交叉影响着生物传感器的表型，通过深度学习和机器学习等算法，可以挖掘大量已知生物传感器中的隐藏规则和本质，从而指导生物传感器的设计与改造（Ding et al.，2020）。第四，通过优化培养基改善细胞对目标污染物的吸收和触发，或通过水解标签加速传感器状态的改变，从而减少传感器的响应及切换时间，以达到“实时监测”的目的（Gupta et al.，2017）。

2. 环境污染物的降解

随着环境污染情况的加重，传统上通过“菌株筛选—功能强化”流程获得降解菌株的方法存在周期长、底物谱窄、生态占位能力弱的问题。随着基因编辑手段的发展，尤其是 CRISPR 等一系列革命性的大片段整合技术的成熟，工程化构建具有多底物降解谱的超级降解工程菌已提上日程。

目前，在不同的菌株中有丰富的 PAH 降解基因被发现，例如，在恶臭假单胞菌（*Pseudomonas putida* strain 7）的质粒上鉴定出的、由 3 个操纵子组成的萘降解基因簇，分别为降解萘到水杨酸的酶、降解水杨酸至三羧酸循环的酶和调控蛋白 NahR（Dunn and Gunsalus，1973）。根据与典型 *nah* 基因簇核苷酸序列的同源性高低，萘降解基因分为“类 *nah* 基因”与“非 *nah* 基因”，前者包括同源性＞90% 的 *P. aeruginosa* strain PaK1 的 *pah* 基因、*P. putida* strain NCIB9816 的 *ndo* 基因、*Pseudomonas* sp. strain C18 的 *dox* 基因；后者包括因操纵子排列顺序不同而导致的氨基酸序列同源性低的 *Ralstonia* sp. strain U2 的 *nag* 基因、*Rhodococcus* sp. strain NCIMB12038 的 *nar* 基因、*Mycobacterium* sp. strain PYR-1 的 *nid* 基因等（Kanaly and Harayama，2010）。对复合污染降解体系进行理性设计，通过设计污染物的标准化代谢节点（如邻苯二酚、原儿茶酸等），实现不同污染物经由设计的标准化代谢节点进入细胞中心代谢途径完成矿化。利用代谢模型模拟复合污染物降解过程中底盘细胞代谢产物动态变化情况，并优化代谢网络效能、平衡代谢流、避免中间产物的毒性效应，可提高底盘细胞中集成化体系的适配性与稳定性。

3. 工程菌株的生物安全控制

合成生物学的一个主要目标是设计与构建具有新功能和生物学行为的遗传修饰生物体（genetically modified organism，GMO），然而，有意或无意释放遗传修饰生物体可能会对环境造成危害，这既存在细胞层面对土著微生物的损伤或抑制，也存在基因层面可能发生的基因水平转移，因此通过一定手段控制工程微生物的生存状态一直是研究的热点。

1）生物安全控制的标准

什么是好的生物安全控制系统？是否存在一个公认的“参数”以描述该系统的好坏？这一直是科学家在探究的问题。一个好的生物安全控制系统一般具有两大特征：有效性和稳定性。前者是指在特定条件下有效地减少在环境中能够复制、存活的工程菌株，美国国立卫生研究院指出，工程微生物逃逸率低于每 10^8 个细胞逃走 1 个被认为是可接受的（Wilson，1993）；后者是指菌株长期工作于某一环境中时，需要重复调节自身状态，由于持续性的代谢负担和遗传毒性压力，胞内的 DNA 重组或随机突变可能会破坏其中的生物安全控制系统，如何严格地监管、保障系统的工作状态并设置额外的人工干预机制，是科学家需要考虑的问题。

2）常用的生物安全控制策略

最常见的生物安全控制方法之一是改造工程化菌株，使其生长和生存依赖于外源供应的特异代谢底物，例如，通过表达非天然 tRNA 和氨酰-tRNA 合酶，使工程菌的蛋白质合成必须依赖于某种非编码氨基酸，从而降低其逃逸率，但这种方法的效能也被大量的基因组编辑所阻碍（Mandell et al.，2015）。另一种方法具有更强的灵活性，即使用人工基因回路完成生物安全控制，在特定情况下（如细胞密度高、目标污染物消耗殆尽等）激活下游毒性基因的表达，使菌株无法复制或被裂解。最近报道的一种称为密码开关的线路，通过工程化变构转录因子使其响应多个信号，从而达到只有特定的信号组合时菌株才能生存的目的（Chan et al.，2016）（图 8-6）。抗生素耐药菌株的泛滥是工程菌株基因水平转移导致的结果之一，为了最大限度地减少在质粒或其他可移动 DNA 元件中编码的基因的释放，毒素-抗毒素配对系统或条件复制起点的使用可减少此类事件发生的概率。当发生基因水平转移时，因为缺少宿主菌株的抗毒素基因或复制相关蛋白，相关基因处于沉默状态或接收基因转移的菌株被毒素基因杀死，但这一方法不适用于染色体 DNA 上的基因水平转移（Diago-Navarro et al.，2010；Yagura et al.，2006）。除上述方法外，特异性靶向切除外源功能基因、减少工程菌的随机突变、监测生物安全系统的完整性、拓展 DNA 层级的营养缺陷型、多种生物安全控制手段组合等策略也已开始被研究和使用。

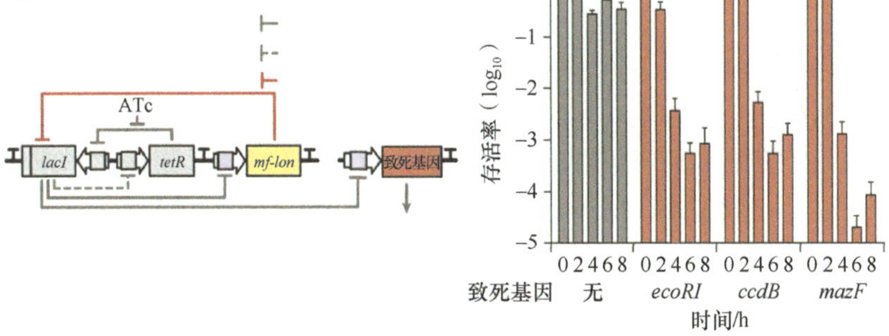

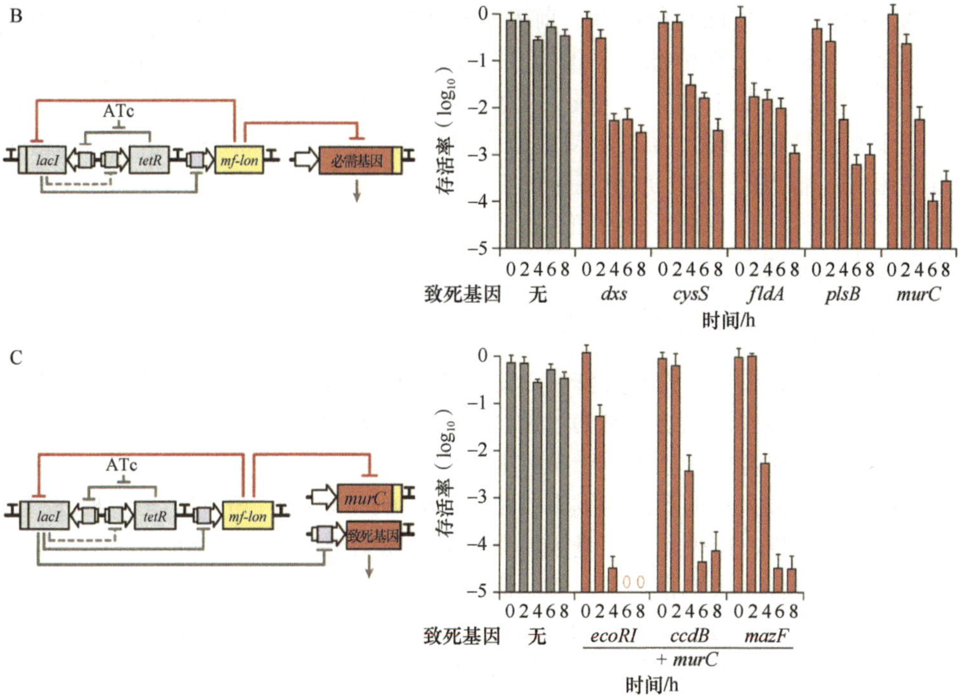

图 8-6 'Deadman'致死线路示意图及其致死效率（Chan et al.，2016）

4. 多模块的耦联

以上三大模块（污染物的检测、污染物的矿化和生物安全控制）执行三种不同的功能，传统的线路正交控制，往往需要添加不同的化学污染物[如 IPTG（isopropyl-beta-D-thiogalactopyranoside）、四环素、阿拉伯糖等]或给予不同的物理条件（光照、温度、pH 等），但这并不符合实际环境的使用需求。在降解污染物的过程中，我们期望工程菌在投入环境后，可在一定时间内通过可读信号获取相应污染物浓度信息，随后污染物迅速降解，当菌株完成工作后亦可自发性死亡，减少对土著生态的破坏。以 PAH 为例，为了耦联这三大过程，我们往往有以下几种策略。

（1）耦联传感与降解：由于传感器需要一定的响应时间，因此降解的开始与传感器稳定的信号输出应该存在一定时间上的先后关系，我们可以利用平台期启动子控制降解模块的开启。平台期启动子是依赖于 σ^S 因子、响应渗透压胁迫或代谢胁迫的一类启动子，表现为在菌体达到平台期附近时开启转录（Miksch et al.，2005）。通过这一元件，我们可以从时间上将这两大过程分隔开。另外，由于上游底物相应调控蛋白的缺失，许多调控蛋白的结合底物是下游代谢产物（如水杨酸等），我们也可以将降解与传感的先后顺序改变，先进行污染物的降解，再使用中间代谢产物传感器反向表征污染物的浓度（Sun et al.，2017）。

（2）耦联降解与致死：通常我们以污染物的存在为“生存信号”、污染物的降解完成为“死亡信号”，因此，致死线路的关键在于如何在这两种状态之间切换。根据致死线路设计原理的不同，我们一般有两种方法：当污染物消耗殆尽时，停止生存信号的发出，即在毒素-抗毒素系统中，当工程菌完成任务后，不再表达生存信号（即抗毒素蛋白）；当污染物存在时，工程菌不发出死亡信号，而污染物消耗殆尽时，工程菌主动发出死亡信号（表达毒性蛋白等）。

8.3 多细胞层面——体系重构

8.3.1 概述

随着合成生物学在分子层面和单细胞层面研究的不断深入，越来越多的研究人员意识到单一菌株的局限性，开始在多细胞层面尝试体系重构，由此衍生出了新的研究领域——合成微生物组（Großkopf and Soyer，2014；Shong et al.，2012；Teague and Weiss，2015；Villarreal et al.，2017）。通过引入多组学、生物信息学和新型检测技术，选择或合理设计新的人工多细胞体系，并不断迭代优化，从而能够获得可以执行特定功能的、更加高效稳定的人工合成微生物组（即人工微生物群落）。这一领域的研究成果对于理解和调控自然群落、揭示群落相互作用的分子机制具有重要意义，也为微生物技术在环境修复领域的应用指明了新的方向（Foo et al.，2017）。

目前构建人工合成微生物组主要遵循四条原则。①操控细胞间相互作用。可以通过人为设计菌株之间的代谢相互作用来赋予人工合成微生物组特定功能，或使其完成特定的任务。②保持空间协调。通过改变环境和人为设计群体行为，可以在空间上协调人工合成微生物组。③保持鲁棒性和稳定性。可以通过加强菌株之间的代谢或非代谢（如抗生素拮抗）相互作用来维持人工合成微生物组的鲁棒性和稳定性。④确保生物遏制。采用营养缺陷策略或自毁策略，可以确保人工合成微生物组的生长和功能处于一个理想的状态（Alnahhas et al.，2020）。在上述四大原则的基础上，针对环境中群落演化预测困难、复杂环境中应用困难等问题，提出了设计-构建-测试-学习（DBTL）周期的概念，显著优化了合成微生物组的开发过程（Lawson et al.，2019）。

目前，合成微生物组的设计思路主要有两种，即“自上而下”和“自下而上”。“自上而下”的设计思路旨在通过优化环境变量（基质浓度、温度、pH、营养源、氧化还原能力等），驱动天然菌群或人工预混菌群获得目标功能。“自下而上”的设计思路则完全不同，主要通过理性设计来从头构建菌株之间的代谢网络，从而获得可执行特定功能的人工合成微生物组。研究人员在设计阶段，需要根据自身的研究目标和科研条件，在这两种设计思路中选择合适的一种，并遵循上述四大原则构建人工合成微生物组（Johns et al.，2016）。基于这些原则和设计思路，国内外研究人员已经进行了深入探索，并取得了一系列令人振奋的成果，极大地推动了合成微生物组研究的发展。

8.3.2 “自上而下”的设计思路

“自上而下”的设计思路是两种思路中相对简单的方法，并且已经在环境领域成功应用于废水处理（Nielsen et al.，2010）、纤维素降解（Puentes-Tellez and Falcao Salles，2018）、生物制氢（Wang et al.，2019）等方面。使用这一方法进行研究，只需要一个来自原位环境的天然功能菌群，或者几个分选菌株构成的人工预混菌群。在这个初始菌群的基础上，可以建立一个生态系统模型，然后通过优化环境变量，获得一个具有期望功能和更高效率的人工合成微生物组。在这个过程中，研究人员可以借助四种方法或者技术来完成实验：微生物多样性分析、高通量分选技术、生态建模和数学建模。

1. 微生物多样性分析

正所谓“理解是创造的基础”，想要开发和利用微生物近乎无限的代谢潜力，研究人员必须先对原位环境的微生物群落结构有所了解。随着组学方法的飞速发展，越来越多的研究人员参与到这项基础而重要的工作中来。环境领域的工作者已经对土壤、水体、活性污泥等环境样本的微生物群落进行了大量研究。例如，周集中和Noah Fierer组织了全球范围样本的微生物群落解析项目，周集中从六大洲23个国家的269个污水处理厂采集了1200多个活性污泥样本（Wu et al.，2019），而Noah Fierer分析了六大洲237个地点的土壤样本（Delgado-Baquerizo et al.，2018）。他们从海量的数据中提炼出了一份“期望清单”（the most wanted list），这可以大大缩小相关领域研究人员的筛选范围并提高筛选精度，从而节省大量的资金和时间成本。通过引入多组学技术，研究人员开始尝试更有挑战性的工作，例如，通过宏基因组数据挖掘潜在的功能基因，或者通过宏基因组学和代谢组学分析鉴定重要化合物。这些研究无疑可以进一步揭示自然群落之间的相互作用，但考虑到涉及的技术门槛和成本，目前还没有多样性分析那么普遍。特别是在具有极其复杂的群落结构和污染物组成的场景下，通过多样性分析对功能菌株进行预测、识别和分类，依然是非常有效和经济的研究手段。

2. 高通量分选技术

天然功能菌的分选是微生物学研究的基础。在筛选高效菌株方面，与荧光激活细胞分选技术相比，传统的菌种富集分选方法存在效率低、耗时长的缺陷。这里，我们介绍一种能够在原位快速识别和高通量分选功能菌株的新型分选方法，即表面增强拉曼光谱结合稳定同位素探测（surface-enhanced Raman spectroscopy combined with stable isotope probing，SERS-SIP）技术。拉曼光谱可以根据分子化学键的振动动力学来表征物质的化学结构和组成信息，当结合稳定同位素技术时，随着细胞中含同位素化合物的加入，化合物分子中的化学键的振动频率将会降低，相关拉曼振动峰的红移与化合物中稳定同位素同化量呈线性相关，因此能直接揭示细胞的功能特征（Wang et al.，2016）。SERS-SIP 技术不仅可以定性地识别功能微生物，还可以通过波峰位移定量地表征微生物的活性，并且增强拉曼光谱红移对含特定元素化合物的选择性，从而缩短了样品制备、检测和分析的时间，增加了其实际应用的潜力（Cui et al.，2017，2019; Li et al.，2019; Yang et al.，2019）。此外，与质谱技术相比，拉曼光谱具有非破坏性的特点，结合单细胞分选技术，可对拉曼光谱检测到的微生物进行特殊分选和进一步培养（Berry et al.，2015）。

3. 生态建模和数学建模

"自上而下"的设计思路最重要的部分就是优化天然或预混菌群，以获得所需的功能和效率指标。因此，需要将初始菌群视为一个完整的生态系统，并优化其物理、化学和生物过程。例如，研究人员建立了一个用于强化生物除磷的植物生态系统模型，该模型包括特定有机物质的碳代谢流、参与转化的优势种群、物种间相互作用，以及控制物种生存和活性的关键因子（Nielsen et al.，2010）。这类模型可以直观地反映整个系统的输入输出、代谢流及各种环境因素，为初始菌群的优化带来了极大便利。研究人员还可以通过将功能/效率指标直接与物种或物理化学条件（pH、温度、氧含量等）偶联（Nikel and de Lorenzo，2013），使用数学建模来模拟化学和生化过程，并不断迭代优化。数学建模的相关内容将在"自下而上"一节中更详细地介绍。

8.3.3　"自下而上"的设计思路

相比于更加侧重宏观层面的"自上而下"设计思路，"自下而上"的设计思路主要是通过设计并重构菌群中的代谢网络，从而合成一个全新的人工菌群。这种设计思路所涉及的技术方法与上文提及的大相径庭，包括细胞间通信机制解析、生物遏制、数学建模和机器学习等，下面将逐一介绍。

1. 细胞间通信机制解析

在上文所述的四个原则中，前三个原则（操控细胞间相互作用、控制空间协调、保持鲁棒性和稳定性）或多或少都与细胞间通讯有关。而在"自下而上"的方法中，研究人员必须从头设计细胞间的通信系统，从而确保合成微生物组的稳定高效。这与“自上而下”的方法是完全不同的，“自上而下”将整个菌群视为一个生态系统，并从宏观尺度进行整体优化。目前，已经有大量天然菌株的通讯机制被报道，包括：互利交换，如小分子传输和电子转移等（Guo et al.，2014；Xavier，2011）；竞争关系，如营养竞争、积累有毒中间体等（Bauer et al.，2018；Balagadde et al.，2008）；信号分子介导的群体感应等。基于上述研究成果，研究人员已经完成了许多令人惊喜的实际案例（Cavaliere et al.，2017；McCarty et al.，2019）。例如，对营养缺陷型菌株的研究催生出了互利系统的设计，即通过互相提供对方生存所必需的化合物，从而确保两者可以同时稳定存在。在此基础上，生物合成高成本氨基酸（包括甲硫氨酸、赖氨酸、异亮氨酸、精氨酸等）会给个体带来更高的代谢负担。如果两株菌能相互提供一种特定的高成本氨基酸，就能显著降低个体代谢负担，促进整个合成微生物的相互生长，这一发现极大地推进了互利系统的研究（Mee et al.，2014）。除了互利系统以外，还可以依据已有菌株的通讯机制，通过空间分隔（Amor et al.，2017）、群体感应（Alnahhas et al.，2020）、代谢途径分割等方法保持合成微生物组的稳定（Zhou et al.，2015）。

2. 生物遏制

由于“自下而上”的设计思路必然涉及基因编辑，而环境修复场景通常是开放系统，因此使用“自下而上”的设计思路构建合成微生物组，必须考虑潜在的生物安全风险。目前主要用两种方法来实现生物遏制：营养缺陷（Mandell et al.，2015）和致死开关（Cai et al.，2015；Chan et al.，2016）。通过设计依赖非天然氨基酸的营养缺陷型菌株，可以有效地遏制人工菌株在天然环境中的存活能力，并且这种策略对突变和水平基因转移具有很强的抵抗能力。例如，将詹氏甲烷球菌（*Methanocaldococcus jannaschii*）的 tRNA 和氨酰-tRNA 合成酶编码基因导入没有 TAG 密码子和释放因子 1 的大肠杆菌中，使得改造后的菌株在没有添加特定的非自然氨基酸的情况下无法生存，从而大大降低了改造菌株在环境中的存活能力（Mandell et al.，2015）。而致死开关，如 James J. Collins 设计的 “deadman”和“passcode”开关，以及 Jef D. Boeke 设计的“safeguard”开关，不仅能够确保工程菌株无法在自然环境中生存，而且能够以独特的方式消除目标基因，从而在细胞和基因水平上保证环境安全（Cai et al.，2015；Chan et al.，2016）。

3. 数学建模

“自下而上”的方法是一种基于理性设计的构建方式，需要尽可能地考虑能够直接影响合成微生物组结构和功能的因素，因此对 DBTL 循环中“Build”和“Learn”这两个阶段有着更高的要求。采用数学建模的方式对合成微生物组进行描述，定量分析不同因素的影响，从而对其时空动态演替过程进行准确预测。

目前，最常用的群落生态学描述模型是 LVPM（Lotka-Volterra pairwise model）和 LVMM（Lotka-Velterra mechanistic model ）。LVPM 只能将菌株之间的关系归类为正面作用和负面作用两类，而没有关注菌株之间的相互作用机制。该模型已被广泛应用于原位微生物群落的互作关系分析，并可用于预测合成微生物组的时空动态变化。例如，通过 LVPM 描述了不同氨基酸缺乏菌株之间的相互作用，这与共培养实验的结果一致（Mee et al.，2014）。另一项研究通过 LVPM 模拟了微生物群落中合作关系的稳定性，发现合作关系可能不是自然选择的最优策略（Oliveira et al.，2014）。需要指出的是，由于 LVPM 不涉及互作机制，这使得它在某些情况下并不适用，尤其是菌株间存在代谢产物交换时（Momeni et al.，2017）。在这种情况下，可以采用考虑了相互作用机制的 LVMM。例如，在描述一个由特定信号分子调控的合成微生物组时，LVMM 可以将整个系统分为不同的部分，如信号分子的产生和扩散、酶的合成和降解、菌株的生长等。通过各部分之间的相关性和对各过程的精确模拟，可以准确预测群落的振荡过程和鲁棒性。此外，对于代谢产物交流活跃的合成微生物组，LVMM 还可以全面模拟底物代谢、中间产物代谢、细胞生长的情况，实现对菌群演替过程的准确预测。

4. 机器学习

“学习”阶段是 DBTL 周期中的最后一个阶段，也是开启下一轮循环不可或缺的关键阶段。在 DBTL 循环中，“测试”阶段主要生成训练数据，然后利用这些数据建立相应的预测模型，通过机器学习完成合成微生物组的效率优化（Oyetunde et al.，2018；Tran et al.，2008）。机器学习主要包括有监督学习和无监督学习。有监督学习依靠预先标记的输入数据集（测试数据）进行分析训练，以实现所需的功能。常见的模型包括随机森林（random forest）、神经网络（neural network）和支持向量机（support vector machine）。例如，神经网络模型在木糖醇生产优化和雷帕霉素抗生素合成研究中都起到了很好的效果（Pappu and Gummadi，2016；Sinha et al.，2014）。而无监督学习是基于未标记的输入数据集（测试数据）进行分析训练，提取未知和隐藏的特征来实现所需的功能。常用的模型包括 k-均值、层次聚类分析和数据降维。无监督学习在分类和预测方面具有很大的潜力，已被成功用于提高大肠杆菌中柠檬烯的产量（Alonso-Gutierrez et al.，2015）。

编写人员：胡海洋　徐昭勇　崔浩天　刘　欢　颜思程　许　平
单　　位：上海交通大学

参考文献

曹立雪. 2018. 驯服进化的力量: 酶和结合蛋白的定向进化及噬菌体展示技术——2018 年诺贝

尔化学奖简介.首都医科大学学报, 39(5): 770-777.
乔沛. 2016. 通过定向进化和半理性设计提高顺式环氧琥珀酸水解酶的热稳定性的研究. 浙江大学硕士学位论文.
Aleksic J, Bizzari F, Cai Y, et al. 2007. Development of a novel biosensor for the detection of arsenic in drinking water. IET Synthetic Biology, 1(1): 87-90.
Alnahhas R N, Sadeghpour M, Chen Y, et al. 2020. Majority sensing in synthetic microbial consortia. Nature Communations, 11: 3659.
Alonso-Gutierrez J, Kim E M, Batth T S, et al. 2015. Principal component analysis of proteomics (PCAP) as a tool to direct metabolic engineering. Metabolic Engineering, 28: 123-133.
Amin N, Liu A D, Ramer S, et al. 2004. Construction of stabilized proteins by combinatorial consensus mutagenesis. Protein Engineering, Design and Selection, 17(11): 787-793.
Amor D R, Montanez R, Duran-Nebreda S, et al. 2017. Spatial dynamics of synthetic microbial mutualists and their parasites. PLoS Computational Biology, 13: 1005689.
Arnold F H. 1993. Protein engineering for unusual environments. Current Opinion in Biotechnology, 4(4): 450-455.
Balagadde F K, Song H, Ozaki J, et al. 2008. A synthetic *Escherichia coli* predator–prey ecosystem. Molecular Systems Biology, 4: 187.
Barwinska-Sendra A, Garcia Y M, Sendra K M, et al. 2020. An evolutionary path to altered cofactor specificity in a metalloenzyme. Nature Communications, 11(1): 2738.
Basler G, Fernie A R, Nikoloski Z. 2018. Advances in metabolic flux analysis toward genome-scale profiling of higher organisms. Bioscience reports, 38(6): BSR20170224.
Batstone D J, Puyol D, Flores-Alsina X, et al. 2015. Mathematical modelling of anaerobic digestion processes: applications and future needs. Reviews in Environmntal Science and Biotechnology, 14: 595-613.
Bauer M A, Kainz K, Carmona-Gutierrez D, et al. 2018. Microbial wars: Competition in ecological niches and within the microbiome. Microbial Cell, 5(5): 215-219.
Berry D, Mader E, Lee T K, et al. 2015. Tracking heavy water (D_2O) incorporation for identifying and sorting active microbial cells. Proceedings of the National Academy of Sciences of the United States of America, 112(2): E194-E203.
Bersellini M, Roelfes G. 2017. Multidrug resistance regulators (MDRs) as scaffolds for the design of artificial metalloenzymes. Organic and Biomolecular Chemistry, 15(14): 3069-3073.
Bosma T, Damborský J, Stucki G, et al. 2002. Biodegradation of 1, 2, 3-trichloropropane through directed evolution and heterologous expression of a haloalkane dehalogenase gene. Applied and Environmental Microbiology, 68(7): 3582-3587.
Boyken S E, Chen Z, Groves B, et al. 2016. *De novo* design of protein homo-oligomers with modular hydrogen-bond network-mediated specificity. Science, 352(6286): 680-687.
Buchholz F, Angrand P O, Stewart A F. 1998. Improved properties of FLP recombinase evolved by cycling mutagenesis. Nature Biotechnology, 16(7): 657-662.
Burke A J, Lovelock S L, Frese A, et al. 2019. Design and evolution of an enzyme with a non-canonical organocatalytic mechanism. Nature, 570(7760): 219-223.
Cadwell R C, Joyce G F. 1992. Randomization of genes by PCR mutagenesis. Pcr Methods and Applications, 2: 28-33.

Cai Y Z, Agmon N, Choi W J, et al. 2015. Intrinsic biocontainment: Multiplex genome safeguards combine transcriptional and recombinational control of essential yeast genes. Proceedings of the National Academy of Sciences of the United States of America, 112: 1803-1808.

Cameron D E, Bashor C J, Collins J J. 2014. A brief history of synthetic biology. Nature Reviews Microbiology, 12(5): 381-390.

Cavaliere M, Feng S, Soyer O, et al. 2017. Cooperation in microbial communities and their biotechnological applications. Environmental Microbiolog, 19: 2949-2963.

Chan C, Lee J W, Cameron D E, et al. 2016. 'Deadman' and 'Passcode' microbial kill switches for bacterial containment. Nature Chemical Biology, 12: 82-86.

Chen K, Arnold F H. 1993. Tuning the activity of an enzyme for unusual environments: Sequential random mutagenesis of subtilisin E for catalysis in dimethylformamide. Proceedings of the National Academy of Sciences of the United States of America, 90(12): 5618-5622.

Cheng F, Tang X L, Kardashliev T, 2018. Transcription factor-based biosensors in high-throughput screening: Advances and applications. Biotechnology Journal Healthcare Nutrition Technology, 13(7): 1700648.

Cheng F, Zhu L, Schwaneberg U. 2015. Directed evolution 2.0: improving and deciphering enzyme properties. Chemical Communications, 51(48): 9760-9772.

Chica R A, Doucet N, Pelletier, J N, et al. 2005. Semi-rational approaches to engineering enzyme activity: Combining the benefits of directed evolution and rational design. Current Opinion in Biotechnology, 16(4): 378-384.

Cho C M, Mulchandani A, Chen W. 2002. Bacterial cell surface display of organophosphorus hydrolase for selective screening of improved hydrolysis of organophosphate nerve agents. Applied and Environmental Microbiology, 68(4): 2026-2030.

Crameri A, Raillard S A, Bermudez E, et al. 1998. DNA shuffling of a family of genes from diverse species accelerates directed evolution. Nature, 391(6664): 288-291.

Cui L, Yang K, Zhou G, et al. 2017. Surface-enhanced raman spectroscopy combined with stable isotope probing to monitor nitrogen assimilation at both bulk and single-cell level. Analytical Chemistry, 89: 5793-5800.

Cui L, Zhang D, Yang K, et al. 2019. Perspective on surface-enhanced raman spectroscopic investigation of microbial world. Analytical Chemistry, 91: 15345-15354.

De Paepe B, Peters G, Coussement P, et al. 2017. Tailor-made transcriptional biosensors for optimizing microbial cell factories. Journal of Industrial Microbiology and Biotechnology, 44(4-5): 623-645.

Decoene T B, De Paepe J, Maertens P, et al. 2018. Standardization in synthetic biology: An engineering discipline coming of age. Critical reviews in biotechnology, 38(5): 647-656.

Delgado-Baquerizo M, Oliverio A M, Brewer T E, et al. 2018. A global atlas of the dominant bacteria found in soil. Science, 359: 320-325.

Diago-Navarro E, Hernandez-Arriaga A M, López-Villarejo J, et al. 2010. ParD toxin-antitoxin system of plasmid R1-basic contributions, biotechnological applications and relationships with closely-related toxin-antitoxin systems. FEBS Journal, 227(15): 3097-3117.

Dietrich J A, Shis D L, Alikhani A, et al. 2013. Transcription factor-based screens and synthetic selections for microbial small-molecule biosynthesis. Acs Synthetic Biology, 2(1): 47-58.

Ding N, Yuan Z, Zhang X, et al. 2020. Programmable cross-ribosome-binding sites to fine-tune the dynamic range of transcription factor-based biosensor. Nucleic Acids Research, 48(18): 10602-10613.

Dobrin A, Saxena P, Fussenegger M. 2016. Synthetic biology: Applying biological circuits beyond novel therapies. Integrative Biology, 8(4): 409-430.

Drienovska I, Cotchico L A, Vidossich P, et al. 2017. Design of an enantioselective artificial metallo-hydratase enzyme containing an unnatural metal-binding amino acid. Chemical Science, 8(10): 7228-7235.

Dunn N W, Gunsalus I C. 1973. Transmissible plasmid coding early enzymes of naphthalene oxidation in *Pseudomonas putida*. Journal of Bacteriology, 114(3): 974-979.

Eigen M, Gardiner W. 2013. Evolutionary molecular engineering based on RNA replication. Pure and Applied Chemistry, 56(8): 967-978.

Fersht A R. 1979. Fidelity of replication of phage phi X174 DNA by DNA polymerase III holoenzyme: Spontaneous mutation by misincorporation. Proceedings of the National Academy of Sciences of the United States of America, 76(10): 4946-4950.

Foo J L, Ling H, Lee Y S, et al. 2017. Microbiome engineering: Current applications and its future. Biotechnology Journal, 12: 1-9.

Gardner T S, Cantor C R, Collins J J. 2000. Construction of a genetic toggle switch in *Escherichia coli*. Nature, 403(6767): 339-342.

Ghislieri D, Green A P, Pontini M, et al. 2013. Engineering an enantioselective amine oxidase for the synthesis of pharmaceutical building blocks and alkaloid natural products. Journal of the American Chemical Society, 135(29): 10863-10869.

Green A A, Silver P A, Collins J J, et al. 2014. Toehold switches: *de-novo*-designed regulators of gene expression. Cell, 159(4): 925-939.

Großkopf T, Soyer O S. 2014. Synthetic microbial communities. Current Opinion in Microbiology, 18: 72-77.

Guo L, He X, Shi W. 2014. Intercellular communications in multispecies oral microbial communities. Frontiers in Microbiology, 5: 328.

Gupta A, Reizman I, Reisch C R, et al. 2017. Dynamic regulation of metabolic flux in engineered bacteria using a pathway-independent quorum-sensing circuit. Nature Biotechnology, 35(3): 273.

Hall Z W, Lehman I R. 1968. An *in vitro* transversion by a mutationally altered T4-induced DNA polymerase. Journal of Molecular Biology, 36(3): 321-333.

Hassani L, Nourozi R. 2014. Modification of lysine residues of horseradish peroxidase and its effect on stability and structure of the enzyme. Applied Biochemistry and Biotechnology, 172(7): 3558-3569.

Hassani L. 2012a. Chemical modification of horseradish peroxidase with carboxylic anhydrides: Effect of negative charge and hydrophilicity of the modifiers on thermal stability. Journal of Molecular Catalysis B-Enzymatic, 80: 15-19.

Hassani L. 2012b. The effect of chemical modification with pyromellitic anhydride on structure, function, and thermal stability of horseradish peroxidase. Applied Biochemistry and Biotechnology, 167(3): 489-497.

Jesse D B, Michelle M M. 2005. Evolving strategies for enzyme engineering current opinion in structural. Biology, 15(6): 447-452.

Johns N I, Blazejewski T, Gomes A L, et al. 2016. Principles for designing synthetic microbial communities. Current Opinion in Microbiology, 31: 146-153.

Kanaly R A, Harayama S. 2010. Advances in the field of high-molecular-weight polycyclic aromatic hydrocarbon biodegradation by bacteria. Microbial Biotechnology, 3(2): 136-164.

Kikuchi M, Ohnishi K, Harayama S. 2000. An effective family shuffling method using single-stranded DNA. Gene, 243(1): 133-137.

Kolev J N, Zaengle J M, Ravikumar R, et al. 2014, Enhancing the efficiency and regioselectivity of P450 oxidation catalysts by unnatural amino acid mutagenesis. ChemBioChem, 15(7): 1001-1010.

Kourist R, Hohne M, Borascheuer U T. 2009. Directed evolution and rationales design. Chemie in Unserer Zeit, 43P(6): 132-142.

Kumamaru T, Suenaga H, Mitsuoka M, et al. 1998. Enhanced degradation of polychlorinated biphenyls by directed evolution of biphenyl dioxygenase. Nature Biotechnology, 16(7): 663-666.

Lawson C E, Harcombe W R, Hatzenpichler R, et al. 2019. Common principles and best practices for engineering microbiomes. Nature Reviews Microbiology, 17: 725-741.

Li C F, Du M F, Cheng B, et al. 2014. Close relationship of a novel *Flavobacteriaceae* α-amylase with archaeal α-amylases and good potentials for industrial applications. Biotechnology for Biofuels, 7(1): 18.

Li H Z, Bi Q F, Yang K, et al. 2019. D_2O-isotope-labeling approach to probing phosphate-solubilizing bacteria in complex soil communities by single-cell raman spectroscopy. Analytical Chemistry, 91: 2239-2246.

Li H, Liang C N, Chen W, et al. 2017. Monitoring *in vivo* metabolic flux with a designed whole-cell metabolite biosensor of shikimic acid. Biosensors and Bioelectronics, 98: 457-465.

Li J, Min J, Wang Y, et al. 2020. Engineering *Burkholderia xenovorans* LB400 BphA through site-directed mutagenesis at position 283. Applied and Environmental Microbiology, 86(19): e01040-20.

Lim S J, Oslan S N. 2021. Native to designed: microbial -amylases for industrial applications. Peer J, 9: e11315.

Liu T, Wang Y, Luo X, et al. 2016. Enhancing protein stability with extended disulfide bonds. Proceedings of the National Academy of Sciences of the United States of America, 113(21): 5910-5915.

Liu Y, Teng H, Hou H, et al. 2009. Nonenzymatic glucose sensor based on renewable electrospun Ni nanoparticle-loaded carbon nanofiberpaste electrode. Biosensors and Bioelectronics, 24(11): 3329-3334.

Madar D, Dekel E, Bren A, et al. 2011. Negative auto-regulation increases the input dynamic-range of the arabinose system of *Escherichia coli*. BMC Systems Biology, 5: 111.

Mandell D J, Lajoie M J, Mee M T, et al. 2015. Biocontainment of genetically modified organisms by synthetic protein design. Nature, 518(7537): 55-60.

Manfred T R, Jose D C. 2007. Iterative saturation mutagenesis (ISM) for rapid directed evolution of functional enzymes. Nature Protocols, 2(4), 891-903.

McCarty N S, Ledesma-Amaro R. 2019. Synthetic biology tools to engineer microbial communities for biotechnology. Trends Biotechnol, 37: 181-197.

Mee M T, Collins J J, Church G M, et al. 2014. Syntrophic exchange in synthetic microbial communities. Proceedings of the National Academy of Sciences of the United States of America, 111(20): E2149- E2156.

Miksch G, Bettenworth F, Friehs K, et al. 2005. Libraries of synthetic stationary-phase and stress promoters as a tool for fine-tuning of expression of recombinant proteins in *Escherichia coli*. Journal of Biotechnology, 120(1): 25-37.

Momeni B, Xie L, Shou W. 2017. Lotka-Volterra pairwise modeling fails to capture diverse pairwise microbial interactions. Elife, 6: e25051.

Nielsen P H, Mielczarek A T, Kragelund C, et al. 2010. A conceptual ecosystem model of microbial communities in enhanced biological phosphorus removal plants. Water Research, 44: 5070-5088.

Nikel P I, de Lorenzo V. 2013. Engineering an anaerobic metabolic regime in *Pseudomonas putida* KT2440 for the anoxic biodegradation of 1, 3-dichloroprop-1-ene. Metabolic Engineering, 15: 98-112.

Nwagu T N, Aoyagi H, Okolo B, et al. 2020. Citraconylation and maleylation on the catalytic and thermodynamic properties of raw starch saccharifying amylase from *Aspergillus carbonarius*. Heliyon, 6(7): e04351.

O'Maille P E, Bakhtina M, Tsai M D. 2002. Structure-based combinatorial protein engineering (SCOPE). Journal of Molecular Biology, 321(4): 677-691.

Oliveira N M, Niehus R, Foster K R. 2014. Evolutionary limits to cooperation in microbial communities. Proceedings of the National Academy of Sciences of the United States of America, 111(50): 17941-17946.

Ostermeier M, Nixon A E, Benkovic S J. 1999. Incremental truncation as a strategy in the engineering of novel biocatalysts. Bioorganic and Medicinal Chemistry, 7(10): 2139-2144.

Oyetunde T, Bao F S, Chen J W, et al. 2018. Leveraging knowledge engineering and machine learning for microbial bio-manufacturing. Biotechnology Advances, 36: 1308-1315.

Packer M S, Liu D R. 2015. Methods for the directed evolution of proteins. Nature Reviews Genetics, 16(7): 379-394.

Pappu J S M, Gummadi S N. 2016. Modeling and simulation of xylitol production in bioreactor by *Debaryomyces nepalensis* NCYC 3413 using unstructured and artificial neural network models. Bioresour Technol, 220: 490-499.

Polizzi K M, Bommarius A S, Broering J M, et al. 2007. Stability of biocatalysts. Current Opinion in Chemical Biology, 11(2): 220-225.

Puentes-Tellez P E, Falcao Salles J. 2018. Construction of effective minimal active microbial consortia for lignocellulose degradation. Microbial Ecology, 76(2): 419-429.

Quijano-Rubio A, Yeh H W, Park J, et al. 2021. *De novo* design of modular and tunable protein biosensors. Nature, 591(7850): 482-487.

Schell M A, Sukordhaman M. 1989. Evidence that the transcription activator encoded by the *Pseudomonas putida* nahR gene is evolutionarily related to the transcription activators encoded by the Rhizobium nodD genes. Journal of Bacteriology, 171(4): 1952-1959.

Segaud N, Drienovska I, Chen J, et al. 2017. Artificial metalloproteins for binding and stabilization of a semiquinone radical. Inorganic Chemistry, 56(21): 13293-13299.

Shaw B F, Schneider G F, Bilgiçer B, et al. 2008. Lysine acetylation can generate highly charged enzymes with increased resistance toward irreversible inactivation. Protein Science, 17(8): 1446-1455.

Shen H, Fallas J A, Lynch E, et al. 2018. *De novo* design of self-assembling helical protein filaments. Science, 362(6415): 705-709.

Shong J, Jimenez Diaz M, Collins C H. 2012. Towards synthetic microbial consortia for bioprocessing. Current Opinion in Biotechnology, 23: 798-802.

Sinha R, Singh S, Srivastava P. 2014. Studies on process optimization methods for rapamycin production using *Streptomyces hygroscopicus* ATCC 29253. Bioprocess and Biosystem Engineering, 37: 829-840.

Stemmer W P. 1994. Rapid evolution of a protein *in vitro* by DNA shuffling. Nature, 370(6488): 389-391.

Sun Y, Zhao X, Zhang D, et al. 2017. New naphthalene whole-cell bioreporter for measuring and assessing naphthalene in polycyclic aromatic hydrocarbons contaminated site. Chemosphere, 186: 510-518.

Teague B P, Weiss R. 2015. Synthetic communities, the sum of parts. Science, 349: 924-925.

Thompson M G, Pearson A N, Barajas J F, et al. 2019. Identification, characterization, and application of a highly sensitive lactam biosensor from *Pseudomonas putida*. ACS Synthetic Biology, 9: 53-62.

Tokuyama K, Toya Y, Shimizu H. 2019. Prediction of rate - limiting reactions for growth - associated production using a constraint - based approach. Biotechnology Journal, 14(9): 1800431.

Tournier V, Topham C M, Gilles A, et al. 2020. An engineered PET depolymerase to break down and recycle plastic bottles. Nature, 580(7802): 216-219.

Tran L M, Rizk M L, Liao J C, et al. 2008. Ensemble modeling of metabolic networks. Biophysical Journal, 95: 5606-5617.

Turner N J. 2009. Directed evolution drives the next generation of biocatalysts. Nature Chemical Biology, 5(8): 567-573.

Ugwumba I N, Ozawa K, Xu Z, et al. 2011. Improving a natural enzyme activity through incorporation of unnatural amino acids. Journal of the American Chemical Society, 133(2): 326-333.

Villarreal F, Contreras-Llano L E, Chavez M, et al. 2017. Synthetic microbial consortia enable rapid assembly of pure translation machinery. Nature Chemical Biology, 14(1): 29-35.

Vo P L H, Ronda C, Klompe S E, et al. 2021. CRISPR RNA-guided integrases for high-efficiency, multiplexed bacterial genome engineering. Nature Biotechnology 39(4): 480-489.

Vorobieva A A, White P, Liang B, et al. 2021. *De novo* design of transmembrane β barrels. Science, 371(6531): eabc8182.

Wade H. 2010. MD recognition by MDR gene regulators. Current Opinion in Structural Biology, 20(4): 489-496.

Wang C H, Lu L H, Huang C, et al. 2020. Simultaneously improved thermostability and hydrolytic pattern of α-amylase by engineering central β strands of TIM barrel. Applied Biochemistry and Biotechnology, 192(1): 57-70.

Wang S, Tang H, Peng F, et al. 2019. Metabolite-based mutualism enhances hydrogen production in a two-species microbial consortium. Communications Biology, 2: 82.

Wang Y, Huang W E, Cui L, et al. 2016. Single cell stable isotope probing in microbiology using Raman microspectroscopy. Current Opinion in Biotechnology, 41: 34-42.

Wilson D J, 1993. Guidelines for research involving recombinant DNA molecules (NIH Guidelines). Accountability in Research, 3(2-3): 177-185.

Wu L, Ning D, Zhang B, et al. 2019. Global diversity and biogeography of bacterial communities in wastewater treatment plants. Nature Microbiology, 4: 1183-1195.

Xavier J B. 2011. Social interaction in synthetic and natural microbial communities. Molecular Systems Biology, 7: 483.

Xiao Y, Shao K, Zhou J, et al. 2021. Structure-based engineering of substrate specificity for pinoresinol-lariciresinol reductases. Nature Communications, 12(1): 2828.

Xie M Q, Fussenegger M. 2018. Designing cell function: assembly of synthetic gene circuits for cell biology applications. Nature Reviews Molecular Cell Biology, 19(8): 507-525.

Xu C, Lu P, El-Din T, et al. 2020. Computational design of transmembrane pores. Nature, 585(7823): 129-134.

Yagura M, Nishio S Y, Kurozumi H, et al. 2006. Anatomy of the replication origin of plasmid ColE2-P9. Journal of Bacteriology, 188(3): 999-1010.

Yang K, Li H Z, Zhu X, et al. 2019. Rapid antibiotic susceptibility testing of pathogenic bacteria using heavy-water-labeled single-cell raman spectroscopy in clinical samples. Analytical Chemistry, 91: 6296-6303.

Yusuf M, Baroroh U, Hasan K, et al. 2017. Computational model of the effect of a surface-binding site on the *Saccharomycopsis fibuligera* R64 α-amylase to the substrate adsorption. Bioinformatics and Biology Insights, 11: 1177932217738764.

Zaccai N R, Chi B, Thomson A R, et al. 2011. A *de novo* peptide hexamer with a mutable channel. Nature Chemical Biology, 7(12): 935-941.

Zhao H, Giver L, Shao Z, et al. 1998. Molecular evolution by staggered extension process (StEP) *in vitro* recombination. Nature Biotechnology, 16(3): 258-261.

Zhou K, Qiao K, Edgar S, et al. 2015. Distributing a metabolic pathway among a microbial consortium enhances production of natural products. Nature Biotechnology, 33: 377-383.

第 9 章　污染物的微生物修复

环境中污染物的修复有多种方式，包括物理修复、化学修复和生物修复等手段。物理修复和化学修复通常对环境损害较大，尤其是对环境中生存的各类生物不友好，同时还有成本高、专一性不强、修复效率低和修复后易再活化等缺点。生物修复是通过生物体把有害物质分解或转化成毒性较低甚至无毒物质的处理方法，理论上来说，其具有效率高、环境友好、专一性强和成本低等优势。在生命漫长的进化过程中，自然界已经创造出了各类生物，它们能够在污染环境中生存，具备分解或转化污染物的能力。在这些生物中，微生物由于其分解或转化污染物的能力强，且数目多、分布广，可以适应自然界中各类环境，是最常用于污染物修复的生物类群。将微生物应用于环境污染物的修复，即微生物修复，是解决污染问题的一个重要途径。同时，近年来合成生物学技术尤其是合成基因组技术的发展，使得人类已经具备了合成细菌及简单的单细胞真核生物（如酵母）等微生物基因组的能力。利用细胞与基因线路设计、基因组合成和定量合成生物学等使能技术，对微生物进行定向改造或合成，打破了自然进化的局限性，可使微生物具有更强大的污染物修复能力。

9.1　污染物修复的常用微生物

污染物是指进入环境后可导致环境污染并对人类造成危害的物质。例如，一些工业和农业化学品，在生产、储存、运输和使用过程中被释放或泄漏到环境中，造成广泛的环境污染。大多数污染物不是在环境中自然产生的，属于外来化学物质，被称为“生物异源物质”或“外源物质”（xenobiotics）。生物异源物质的产生和释放途径主要包括：①化学和制药工业生产的、广泛的异源物质和人造聚合物；②纸浆和造纸漂白工业释放的、天然的和人造的卤代芳香化合物；③矿物燃料的意外泄漏；④集约农业释放的大量化肥和农药；⑤采矿活动释放的重金属（Hashmi et al.，2017）。这些生物异源物质的释放对生态系统的各个组成部分（主要包括空气、水和土壤）都产生了不利影响，促使全球科学家开发各种方法来解决这一生态系统的威胁。幸运的是，这个地球上广泛存在着它最早的居民——微生物。微生物具有代谢潜能多样性和高遗传适应性，因而能够降解几乎所有自然形成或人为产生（生物异源物质）的有机化合物，并且能够隔离或转化一些重金属。因此，污染物的微生物修复，即依靠微生物（细菌、真菌和藻类）的能力来降低污染物浓度和（或）它们的毒性，是一种环境友好且低成本的策略（图 9-1）（Anno et al.，2021；Brar et al.，2017）。一些微生物代谢生物异源物质的作用已被公认是一种有效地清除有毒有害物质的手段。本章简要叙述了污染物修复常用的微生物（细菌、真菌和藻类）（表 9-1）及常用的生物修复策略。

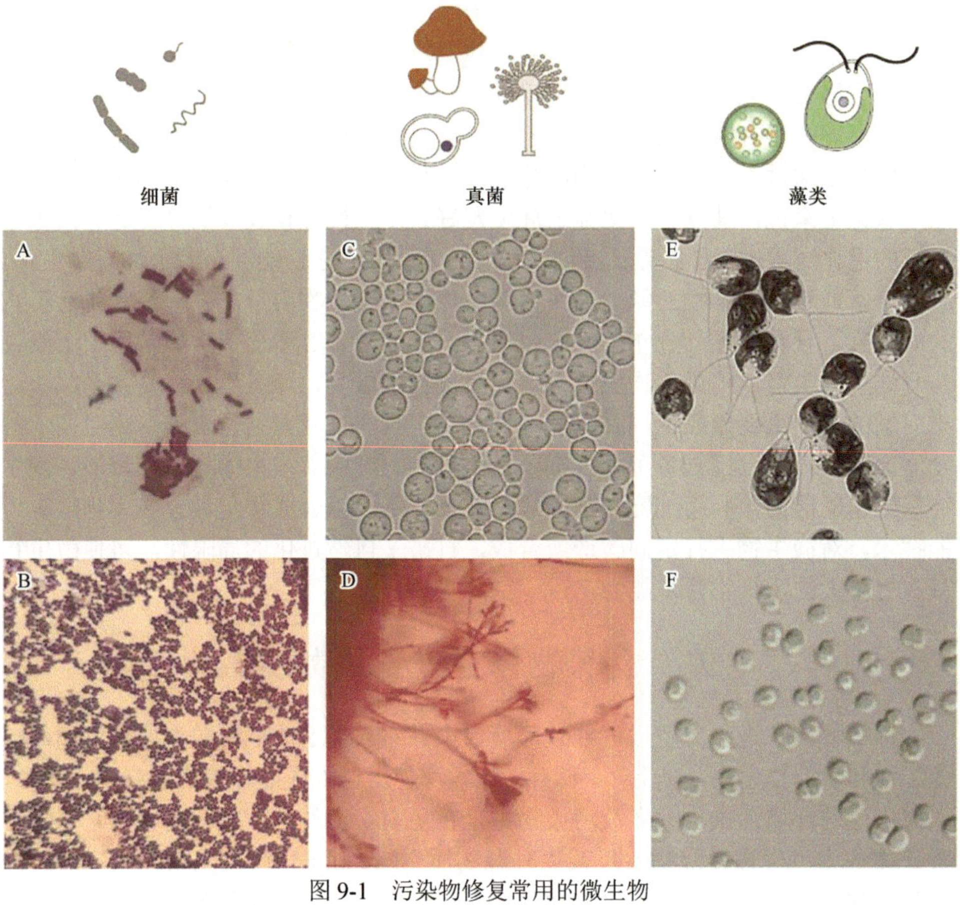

图 9-1　污染物修复常用的微生物

A. 杆菌；B. 球菌；C. 酵母；D. 霉菌；E. 衣藻；F. 蓝藻

9.1.1　细菌

细菌是一类非常微小（0.5～5 μm）的原核生物，其在地球上分布范围最广、个体数量最多，广泛参与生物地球物质循环。细菌对众多的生物异源物质有很强的降解能力。近年来，随着基于基因工程和合成生物学的生物修复技术的发展，细菌在污染物修复和环境保护方面得到广泛应用。

表 9-1 常用于污染物修复的微生物及其所降解或转化的污染物

污染物	合成染料	石油烃（脂肪烃、芳香烃）	多环芳香烃	农药	重金属
细菌	普西诺无氧芽孢菌（*Anoxybacillus pushchinoensis*）、好热黄无氧芽孢杆菌（*Anoxybacillus flavithermus*）（Gursahani and Gupta，2011）；乳杆菌属（*Lactobacillus*）（Elbanna et al.，2010）；波茨坦短芽孢杆菌（*Brevibacillus borstelensis*）、赤红球菌（*Rhodococcus ruber*）（Hadad et al.，2005）	不动杆菌属（*Acinetobacter*）、假单胞菌属（*Pseudomonas*）、产碱杆菌属（*Alcaligenes*）、伯克霍尔德菌属（*Burkholderia*）、节杆菌属（*Arthrobacter*）、产黄菌属（*Flavobacterium*）（Mishra et al.，2001）；罗尔斯通氏菌属（*Ralstonia*）、鞘氨醇单胞菌属（*Sphingomonas*）、甲烷螺菌属（*Methanospirillum*）（Ficker et al.，1999）；盐单胞菌属（*Halomonas*）、迪茨氏菌属（*Dietzia*）（Somee et al.，2018）	产碱杆菌（*Alcaligenes* sp.）（Don and Pemberton，1981）、节杆菌（*Arthrobacter* sp.）（Pignatello et al.，1983）、少动鞘氨醇单胞菌（*Sphingomonas paucimobilis*）（Habe and Omori，2003）、醋酸钙不动杆菌（*Acinetobacter calcoaceticus*）、反硝化产碱菌（*Alcaligens denitrificans*）、分枝杆菌（*Mycobacterium* sp.）、恶臭假单胞菌（*Pseudomonas putida*）、荧光假单胞菌（*Pseudomonas fluorescens*）、洋葱伯克霍尔德氏菌（*Burkholderia cepacia*）、红球菌（*Rhodococcus* sp.）（郭楚玲等，2000）；盐生赭杆菌（*Ochrobactrum halosaudis*）、嗜麦芽窄食单胞菌（*Stenotrophomonas maltophilia*）、木糖氧化无色杆菌（*Achromobacter xylosoxidans*）、盐生中根瘤菌（*Mesorhizobium halosaudis*）（Jamal and Pugazhendi，2018）	诺卡菌属（*Nocardia*）、假单胞菌属（*Pseudomonas*）（Mirgain et al.，1995）；无色杆菌属（*Achromobacter*）、黄杆菌属（*Flavobacterium*）（Aislabie and Lloyd-Jones，1995）；分枝杆菌（*Mycobacterium* sp.）（Sutherland et al.，2002）；恶臭假单胞菌（*Pseudomonas putida*）（Benezet and Matusumura，1973）；真养产碱杆菌（*Alcaligenes eutrophus*）（Don and Pemberton，1981）	假单胞菌属（*Pseudomonas*）、象细菌（*Pseudomonas mesophilica*）、肠杆菌（*Enterobacter* sp.）（Sinha and Khare，2011）；乳杆菌（*Lactobacillus* sp.）（Prasad and Jha，2010）；大肠杆菌（*Escherichia coli*）（Wang et al.，2012）；节杆菌（*Arthrobacter* sp.）、蜡样芽孢杆菌（*Bacillus cereus*）、枯草芽孢杆菌（*Bacillus subtilis*）、柠檬酸杆菌（*Citrobacter* sp.）、耐金属亲铜菌（*Cupriavidus metallidurans*）、蓝细菌（*Cyanobacteria* sp.）、阴沟肠杆菌（*Enterobacter cloacae*）、黄色考克氏菌（*Kocuria flava*）、芽孢八叠球菌属细菌（*Sporosarcina ginsengisoli*）、链霉菌（*Streptomyces* sp.）、生枝动胶菌（*Zoogloea ramigera*）（Amit et al.，2018；Ayangbenro and Babalola，2017；Gupta and Singh，2017）；沼泽红假单胞菌（*Rhodopseudomonas palustris*）（Bai et al.，2009）

续表

污染物	合成染料	石油烃（脂肪烃、芳香烃）	多环芳香烃	农药	重金属
真菌	球孢白僵菌（*Beauveria bassiana*）(Gola et al.，2018)；革孔菌（*Coriolopsis* sp.）(Munck et al.，2018)；炭球菌（*Daldinia concentrica*）、多形炭角菌（*Xylaria polymerpha*）（Bankole et al.，2018)；黑曲霉（*Aspergillus niger*）（Li et al.，2019）	枝孢菌（*Cladosporium*）、曲霉菌属（*Aspergillus*）、小克银汉霉属（*Cunninghamella*）、青霉菌属（*Penicillium*）、镰刀菌属（*Fusarium*）、毛霉菌属（*Mucor*）（Amend et al.，2019)；弯孢霉菌属（*Curvularia*）、内脐蠕孢属（*Drechslera*）、毛双孢菌属（*Lasiodiplodia*）、根霉菌属（*Rhizopus*）、木霉菌属（*Trichoderma*）(Balaji et al.，2014；Chang et al.，2016；Lladó et al.，2013）	土赤壳属（*Ilyonectria*）、毛壳菌属（*Chaetomium*）、赤霉菌属（*Gibberella*）、异茎点霉属（*Paraphoma*）、裂壳属（*Schizothecium*）、刺毛四枝孢属（*Tetracladium*）、灵芝属（*Ganoderma*）、背芽突霉属（*Cadophora*）、外瓶霉属（*Exophiala*）、杯梗孢属（*Cyphellophora*）、德福里斯孢属（*Devriesia*）、亚隔孢壳属（*Didymella*）、丰屋菌属（*Plenodomus*）、拟棘壳孢属（*Pyrenochaetopsis*）、鬼笔属（*Phallus*）、鬼伞属（*Coprinellus*）、癣囊腔菌属（*Plectosphaerella*）、壳针孢菌属（*Septoriella*）、韧伞属（*Hypholoma*）（Galazka et al.，2020)；聚多曲霉菌（*Aspergillus sydowii*）、枝孢菌（*Cladosporium* sp.）、总状毛霉菌（*Mucor racemosus*）、桔青霉菌（*Penicillium citrinum*）、哈茨木霉菌（*Trichoderma harzianum*）（Birolli et al.，2018）	白囊耙齿菌(*Irpex lacteus*)、*Lenzites betulinus*、射脉菌（*Phlebia* sp.）（Wang et al.，2018)；黑曲霉菌（*Aspergillus niger*）、产黄青霉（*Penicillium chrysogenum*）、枝状枝孢菌（*Cladosporium cladosporioides*）、斜卧青霉菌（*Penicillium decumbens*）、哈茨木霉菌(*Trichoderma harzianum*）、青霉菌（*Penicillium frequentans*）、裂褶菌（*Schizophyllum commune*）、毛栓菌（*Trametes hirsuta*）、绿木霉菌（*Trichoderma virens*）(Bisht et al.，2019a；Bisht et al.，2019b)；无根根霉菌（*Rhizopus arrhizus*）(Russo et al.，2019)；层出镰刀菌（*Fusarium proliferatum*）（Bhatt et al.，2020）	球孢白僵菌（*Beauveria bassiana*）(Gola et al.，2016)；苏格兰白僵菌（*Beauveria caledonica*）(Fomina et al.，2005)；平菇（*Pleurotus ostreatus*）(Bharath et al.，2019)；柱孢犁头霉（*Absidia cylindrospora*）、深褐毛壳（*Chaetomium atrobrunneum*）、白蜡多年卧孔菌（*Perenniporia fraxinea*）、晶粒鬼伞（*Coprinellus micaceus*）（Albert et al.，2019)；刺柄犁头霉（*Absidia spinosa*）、淡紫紫霉（*Purpureocillium lilacinum*）、马昆德拟青霉（*Metarhizium marquandii*）、头束霉菌(*Cephalotrichum nanum*)(Ceci et al.，2020)；香菇（*Lentinus edodes*）(Rani et al.，2021)；毛霉菌属（*Mucor*）(Tewari et al.，2005)、根霉菌属（*Rhizopus*）(Bai and Abraham，2001)、炭黑曲霉（*Aspergillus carbonarius*）（Ascheh and Duvanjak，1995)、黑曲霉（*Aspergillus niger*）(Kapoor et al.，2001；Srivastava and Thakur，2005)、酿酒酵母(*Saccharomyces cerevisiae*)(Lin et al.，2005)、灰霉菌(*Botrytis cinerea*)(Akar and Tunali，2005)、粗糙脉孢菌(*Neurospora crassa*)（Tunali et al.，2005)、黄孢原毛平革菌(Phanerochaete chrysosporium)(Say et al.，2001)、风尾菇（*Pleurotus pulmonarius*）(Bayramoglu et al.，2002；Bayramoglu et al.，2005)；尖孢镰刀菌（*Fusarium oxysporum*）(Ahmad et al.，2002）

续表

污染物	合成染料	石油烃（脂肪烃、芳香烃）	多环芳香烃	农药	重金属
藻类	粘球藻（*Gloeocapsa* sp.）、席藻（*Phormidium* sp.）、无囊藻（*Aphanotheca* sp.）、（Sasikala and Sudha，2014）；水华鱼腥藻（*Anabaena flosaquae*）、小球藻（*Chlorella vulgaris*）、多变鱼腥藻（*Anabaena variabilis*）、球囊藻（*Sphaerocystis schroeteri*）、肥沃鱼腥藻（*Anabaena fertilissima*）、脆席藻（*Phormidium fragile*）、水棉藻（*Spirogyra* sp.）、颤藻（*Oscillatoria* sp.）、马尾藻（*Sargassum* sp.）、球等鞭金藻（*Isochrysis galba- na*）、钝顶螺旋藻（*Spirulina platensis*）（Mustafa et al.，2021）	螺旋藻属（*Spirulina*）（El-Sheekh and Hamouda，2014）；小球藻属（*Chlorella*）（Kalhor et al.，2017）；水棉属（*Spirogyra*）（Nweze and Aniebonam，2009）；栅藻属（*Scenedesmus*）（El-Sheekh et al.，2013）；颤藻属（*Oscillatoria*）（Chavan and Mukherji，2008）；绿球藻属（*Chlorococcum*）（Semple et al.，1999）；集胞藻属（*Synechocystis*）（Patel et al.，2015）；月芽藻属（*Selenastrum*）（Chan et al.，2006）；微拟球藻（*Nannochloropsis oculata*）、球等鞭金藻（*Isochrysis galbana*）（Ammar et al.，2018）	衣藻属（*Chlamydomonas*）、小球藻属（*Chlorella*）、栅藻属（*Scenedesmus*）、月芽藻属（*Selenastrum*）、集胞藻属（*Synechocystis*）（Lei et al.，2002）；中肋骨条藻（*Skeletonema costatum*）、菱形藻（*Nitschia* sp.）（Hong et al.，2008）；海洋蓝藻（*Agmenellum quadruplicatum*）、原型微鞘藻（*Microcoleus Chthonoplastes*）、皮状席藻（*Phormidium corium*）（Ghasemi et al.，2011）	水蕴藻（*Elodea canadensis*）（Olette et al.，2008）；四尾栅藻（*Scenedesmus quadricauda*）（Olette et al.，2010）；莱茵衣藻（*Chlamydomonas reinhardtii*）（Jin et al.，2012；Zhang et al.，2011）；布朗单针藻（*Monoraphidium braunii*）（Gattullo et al.，2012）；四角盘星藻（*Pediastrum tetras*）、纺锤纤维藻（*Ankistrodesmus fusiformis*）、咖啡双眉藻（硅藻）（*Amphora coffeaeformis*）（Moro et al.，2012）；念珠藻（*Nostoc muscorum*）、钝顶螺旋藻（*Spirulina platensis*）（Ibrahim et al.，2014）；绿球藻（*Chlorococcum* sp.）、栅藻（*Scenedesmus* sp.）（Sethunathan et al.，2004）	沟鹿角菜（*Pelvetia canaliculata*）（Girardi et al.，2014）；球形鱼腥藻（*Anabaena sphaerica*）（Abdel-Aty et al.，2013）；裂片石莼（*Ulva fasciata*）、石莼（*Ulva lactuca*）（El-Sheekh et al.，2020）；绿球藻（*Chlorococcum* sp.）、色球藻（*Chroococcus* sp.）、鼓球藻（*Desmococcus* sp.）、蓝纤维藻（*Dactylococcopsis* sp.）、衣藻（*Chlamydomonas* sp.）（Sivasubramanian et al.，2010）；浒苔属（*Enteromorpha*）、刚毛藻属（*Cladophora*）（Ben-Chekroun and Baghour，2013；Al-Homaidan et al.，2011）；小球藻（*Chlorella vulgaris*）、梭形裸藻（*Euglena acus*）、弯尾扁裸藻（*Phacus curvicauda*）（Abirhire and Kadiri，2011）；小球藻属（*Chlorella*）、栅藻属（*Scenedesmus*）、刚毛藻属（*Cladophora*））、螺旋藻属（*Spirulina*）、颤藻属（*Oscillatoria*）、鱼腥藻属（*Anabaena*）（Perales-Vela et al.，2006）；泥炭藓（*Sphagnum moss*）（Khan et al.，2008）；莱茵衣藻（*Chlamydomonas reinhardtii*）、海水小球藻（*Chlorella salina*）、耐热性小球藻（*Chlorella sorokiniana*）、绿球藻（*Chlorococcum* spp.）、隐秘小环藻（*Cyclotella cryptica*）、三角褐指藻（*Phaeodactylum tricornutum*）、紫球藻（*Porphyridium purpureum*）、丰富栅藻（*Scenedesmus abundans*）、四尾栅藻（*Scenedesmus quadricauda*）、水棉藻（*Spirogyra* spp.）、钝顶螺旋藻（*Spirulina platensis*）、杆状裂丝藻（*Stichococcus*

续表

污染物	合成染料	石油烃（脂肪烃、芳香烃）	多环芳香烃	农药	重金属
藻类					*bacillaris*）、小毛枝藻（*Stigeoclonium tenue*）（Brinza et al.，2007）；扁藻（*Tetraselmis* spp.）（Kumar et al.，2015）；小单岐藻（*Tolypothirx tenuis*）、真枝藻（*Stigonema* spp.）、软席藻（*Phormidium molle*）、盐生隐杆藻（*Aphanothece halophytica*）（Tüzün et al.，2005）

污染物修复常用的细菌种类多样，包括假单胞菌属（*Pseudomonas*）和埃希氏杆菌属（*Escherichia*）等好氧细菌，以及脱硫肠状菌属（*Desulfotomaculum*）和互营杆菌属（*Syntrophobacter*）等厌氧细菌。例如，假单胞菌属可以完全或部分矿化重金属六价铬（Cr）、重金属二价镉（Cd），以及降解有机磷农药、杀菌剂、芳香族或脂肪族烃类、酚类和染料（Joe et al.，2011；Poornima et al.，2010）。鞘氨醇单胞菌属（*Sphingomonads*）在降解人造聚合物和芳香族化合物等生物异源物质方面具有很高的效率。铜绿假单胞菌（*Pseudoomonas aeruginosa*）、黏质沙雷氏菌（*Serratia marcescens*）等细菌能分解在土壤中极难降解的增塑剂邻苯二甲酸酯类等污染物。

合成染料经常用于各种工业，如食品、纺织、制药、化妆品、照相、造纸、制革和塑料行业等。大多数染料具有较强的细胞毒性、诱变性，甚至对动物和人类具有致癌性（de Lima et al.，2018）。合成染料可以被嗜热的普西诺无氧芽孢菌（*Anoxybacillus pushchinoensis*）降解（Gursahani and Gupta，2011）。另外，多种乳酸菌可以在厌氧和好氧条件下有效地降解偶氮染料（Elbanna et al.，2010）。波茨坦短芽孢杆菌（*Brevibacillus borstelensis*）和赤红球菌（*Rhodococcus ruber*）能够以聚乙烯作为唯一碳源使之降解（Hadad et al.，2005）。奇异变形杆菌（*Proteus mirabilis*）、铜绿假单胞菌和微球菌属（*Micrococcus*）通过产生一种称为“微生物混凝土”的代谢副产物，可以进一步用于建筑结构的修复和重建（Reddy and Yang，2011）。

石油是由多种碳氢化合物组成的，主要包括烷烃类、环烷烃类和芳香烃类物质。某些微生物能够利用石油烃作为唯一碳源加以降解，从而达到修复原油污染的目的。脂肪烃是原油的主要组分，不动杆菌属（*Acinetobacter*）等能降解石油烃中的脂肪烃类物质（Mishra et al.，2001），假单胞菌属等可以降解芳香烃。值得注意的是，在石油烃中，多环芳烃（polycyclic aromatic hydrocarbon，PAH）是最早被认知的致癌物，对人体危害大，并且结构复杂，高分子质量的 PAH 尤其难以降解。能够降解 PAH 的细菌种类包括产碱杆菌（*Alcaligenes* sp.）（Don and Pemberton，1981）、节杆菌（*Arthrobacter* sp.）（Pignatello et al.，1983）等。蓝细菌（*Cyanobacteria*）也常被用于石油衍生物的生物修复（Bordenave et al.，2009；Raeid，2011）。芽孢杆菌（*Bacillus* sp.）被报道具有降解苯并咪唑化合物和石油泄漏物的能力（Amin，2010；Owolabi et al.，2011）。

农药广泛用于精耕细作的农业区，是地表水污染的重要来源（Kloeppel et al.，1997；Olette et al.，2010）。由质粒编码的分解代谢序列已被证明广泛存在于农药微生物降解过程中（Somasundaram and Coats，1990）。诺卡菌属（*Nocardia*）和假单胞菌属在有氧条件下利用莠去津除草剂作为碳、氮和能量的唯一来源，通过矿化三嗪环代谢莠去津，有助于对莠去津的生物修复，特别是在农药含量很高的环境中（Mirgain et al.，1995）。无色杆菌属（*Achromobacter*）等能够利用羧呋喃

（一种氨基甲酸酯农药）作为生长基质，从而使得该农药能够被微生物降解（Aislabie and Lloyd-Jones，1995）。常用的农药硫丹、六六六和2, 4-二氯苯氧乙酸可以分别被分枝杆菌（*Mycobacterium* sp.）（Sutherland et al.，2002）、真养产碱杆菌（*Alcaligenes eutrophus*）（Don and Pemberton，1981）和恶臭假单胞菌（*Pseudomonas putida*）降解（Benezet and Matusumura，1973）。

造成环境污染的重金属如铅（Pb）、铬（Cr）、镉（Cd）、汞（Hg）、铜（Cu）、镍（Ni）、锡（Sn）和锌（Zn）等，可以通过细菌的转化作用减毒，主要方法包括将游离的金属离子转化为沉淀物、降低其在自然界中的迁移率，以及通过氧化或者还原反应改变金属离子价态以达到降低毒性的目的。例如，一些细菌能够将Mn^{2+}氧化为Mn^{4+}、Sn^{2+}氧化为Sn^{4+}，从而降低其毒性。研究表明，一种耐Hg的肠杆菌（*Enterobacter* sp.）不仅表现出对Hg的生物积累，同时还可以将Hg^{2+}转化为含Hg的纳米颗粒，而以纳米颗粒形式存在的Hg是不能再蒸发回周围环境中的，从而克服了Hg修复过程的主要缺点。该菌株可用于环境废水中重金属的生物积累，以及开发纳米颗粒的生物合成方法（Sinha and Khare，2011）。从海洋环境中分离得到的恶臭假单胞菌SP1菌株是一种低毒力菌株，对$HgCl_2$具有一定抗性；同时，它对其他金属化合物$CdCl_2$、$CoCl_2$、$CrCl_3$、$CuCl_2$、$PbCl_2$和$ZnSO_4$，以及抗生素氨苄青霉素（ampicillin）、卡那霉素（kanamycin）、氯霉素（chloroamphenicol）和四环素（tetracyclines）也具有很高的抗性。分离得到的恶臭假单胞菌SP1能挥发几乎100%的总Hg，对$HgCl_2$污染具有较强的生物修复潜力（Zhang et al.，2011）。大肠杆菌或其他亚硒酸盐还原微生物被认为可用于污染废水中Hg的生物修复，是能够同时去除Hg^{2+}和亚硒酸盐的有前景的候选微生物（Wang et al.，2018）。此外，还有一些细菌具有潜在的重金属生物转化能力。

9.1.2 真菌

真菌是真核生物，属于典型的异养型微生物，在生态系统的营养循环中发挥重要作用。真菌包括酵母等单细胞真菌和蕈菌等多细胞真菌，以及其他人们所熟知的菌菇类。一些真菌在单细胞酵母和多细胞形式之间交替，这取决于它们所处的生命周期阶段。全球大约有150万种真菌，可能是地球上最多样化的真核生物群体。真菌广泛分布于包括湖泊、沙漠、南北极地区、高盐土壤、岩石与矿物表面及洞穴等在内的各种陆地生态系统和极端环境中（Hawksworth，2001），具有重要的生态环境意义。真菌由于其栖息地的多样性，以及具有不同的形态和代谢能力，是生态系统中很好的污染物分解者。因此，真菌在污染物修复常用的微生物中占有重要地位。

真菌具有强大的生物修复能力，能够降解和固定多种有机污染物与重金属，将其储存在细胞的不同部位，或通过真菌菌丝进行转运。真菌相关的植物修复能够增加寄主植物对重金属的吸收。由于菌根真菌与植物根系共生生长，因而具有很强的耐药性及降解土壤中有毒金属和有机化合物的能力（Kumar，2017）。

与其他微生物不同的是，真菌还可以利用几种细胞外氧化还原酶降解木质纤维素和其他有机污染物（Devi et al.，2020；Singh et al.，2020），例如，担子菌门（Basidiomycetes）和子囊菌门（Ascomycetes）具有降解枯木、纸张和纸浆废水中的木质纤维素材料的潜力。此外，一些菌根真菌如尖顶羊肚菌（*Morchella conica*）可以自然地生物降解有机污染物（Bennet et al.，2002）。其中，白腐真菌（white-rot fungi，WRF）是一种能够在木质纤维素基质中广泛降解木质素（一种异构多酚聚合物）的担子菌（Pointing，2001）。这些真菌以自然界中丰富的木质纤维素为主要营养物质，并且能忍受各种环境条件，如不同的温度、pH 和湿度（Maloney，2001）。生防菌哈茨木霉菌（*Trichoderma harzianum*）（一种生物杀菌剂）自身能产生纤维素分解酶，这种酶被广泛用于纤维素的降解（El-Bondkly et al.，2010）。真菌生物体还可以通过吸附作用，从水溶液中吸收相当数量的有机污染物（Kurnaz and Buyukgungor，2009）。

塑料难以自然降解，在自然界的积累会导致塑料污染（Jenkins et al.，2019）。从红树林、白骨壤根际土壤中能分离出许多聚乙烯降解真菌菌株，它们生长在海岸带环境中的塑料垃圾倾倒场附近。其中，土曲霉菌（*Aspergillus terreus*）和聚多曲霉菌（*Aspergillus sydowii*）置于含有聚乙烯的溶液中，在环境温度下连续振荡 60 天，显示出生物降解聚乙烯的潜力（Sangale et al.，2019）。另外，从大蜡螟的肠道中分离出了另一种聚乙烯降解真菌黄曲霉菌（*Aspergillus flavus*），该菌株可将高密度聚乙烯降解成微塑料颗粒，进而回收了两种漆酶样多铜氧化酶，亦用于聚乙烯的生物降解（Zhang et al.，2020）。

利用真菌降解染料的主要机制包括生物吸附、酶降解或两者的结合过程。研究发现，利用球孢白僵菌（*Beauveria bassiana*）对一些工业染料如士林蓝（indanthrene blue）、雷马素红（remazol red）和活性黄 3RS（Yellow 3RS）等进行了生物修复，获得了高达 88%～97%的工业染料脱色率（Gola et al.，2018）。丝状真菌革孔菌（*Coriolopsis* sp.）的生物膜可以用于处理棉花蓝（cotton blue）和结晶紫（crystal violet）（Munck et al.，2018）。部分真菌已被证明能够使西巴克隆亮红 3B-A（cibacron brilliant red 3B-A）染料有效脱色（Bankole et al.，2018）。通过体外试验证明了黑曲霉菌（*Aspergillus niger*）对酸性蓝 40（acid blue 40）、酸性橙 56（acid orange 56）和甲基蓝（methyl blue）等染料具有良好的修复能力，生物吸附效率高达 98%（Li et al.，2019）。此外，还有一种新型真菌毛双孢菌（*Lasiodiplodia* sp.），具有在较宽泛的温度和 pH 范围内降解孔雀石绿（malachite green）的能力。

许多真菌菌株如丛枝菌根（*Arbuscular mycorrhiza*）和一些蘑菇,被用于石油污染的生物修复。凤尾菇（*Pleurotus pulmonarius*）是一种可食用的腐菌，以其降解原油的能力而闻名（Olusola and Anslem，2010）。利用真菌木质素降解酶，如木质素过氧化物酶、漆酶和锰过氧化物酶，可降解石油和石油污染物；枝孢菌属（*Cladosporium*）等不同属的真菌可参与脂肪烃降解，以及更难降解的芳香烃分解（Amend et al.，2019）。此外，还有弯孢霉菌属（*Curvularia*）、内脐蠕孢属（*Drechslera*）、毛双孢菌属（*Lasiodiplodia*）、根霉菌属（*Rhizopus*）、木霉菌属（*Trichoderma*）等均可以降解芳香烃（Balaji et al.，2014；Chang et al.，2016；Lladó et al.，2013）。多环芳烃降解的主要真菌候选者包括土赤壳属（*Ilyonectria*）、毛壳菌属（*Chaetomium*）、赤霉菌属（*Gibberella*）等（Galazka et al.，2020）。研究聚多曲霉菌（*Aspergillus sydowii*）、枝孢菌（*Cladosporium* sp.）等不同海洋真菌在人工海水中最佳生长条件下对蒽的降解发现，在 21 天的孵育后，枝孢菌对蒽的生物降解效率最高（71%），对其他多环芳烃具有不同的生物降解效率，如蒽酮（100%）、苊（78%）、芴（70%）、硝基芘（64%）、芘（62%）、荧蒽（52%）、菲（47%）和蒽醌（32%）（Birolli et al.，2018）。

利用真菌将各种有害农药生物转化为无毒或低毒的形态是一个新兴的研究热点（Rudakiya et al.，2019）。通过固定土壤中的白腐真菌白囊耙齿菌（*Irpex lacteus*）、射脉菌（*Phlebia* sp.）等菌株，验证了真菌对毒死蜱的有效生物降解（Wang et al.，2020）。多菌灵（methyl-benzimidazol-2-ylcarbamate，MBC）是一种在环境中不易降解的苯并咪唑类农药，但是利用真菌黑曲霉菌（*Aspergillus niger*）和产黄青霉（*Penicillium chrysogenum*）可以降解水样中 89%的 MBC。一些耐农药的真菌菌株，如枝状枝孢菌（*Cladosporium cladosporioides*）、白囊耙齿菌、斜卧青霉菌（*Penicillium decumbens*）等能够有效降解硫丹和毒死蜱，其中枝状枝孢菌对毒死蜱具有最高的降解效率（Bisht et al.，2019a; 2019b）。研究哈茨木霉菌（*Trichoderma hamatum*）和无根根霉菌（*Rhizopus arrhizus*）对 DDT 的耐受性，结果发现 DDT 的存在促进了真菌细胞中活性氧的形成，证明了这些真菌能有效修复 DDT 污染的土壤（Russo et al.，2019）。从受污染农田分离出来的新型真菌菌株层出镰刀菌（*Fusarium proliferatum*），利用丙烯菊酯作为唯一的碳源和能量来源，可完全降解农药丙烯菊酯（50 mg/L）（Bhatt et al.，2020）。

真菌能耐受有毒金属，可将其隔离在菌丝内，同时还能分泌各种代谢产物来螯合金属离子。真菌可用于重金属 Pb、Cd、Cu、Zn、Cr、Ni、砷（As）、金（Au）、铁（Fe）、铀（U）、锰（Mn）等一系列有毒金属污染的治理。利用其生物积累特性，致病真菌球孢白僵菌可应用于重金属 Pb、Cu、Zn、Cd、Cr 和 Ni 的修复（Gola et al.，2016）。将平菇（*Pleurotus ostreatus*）用于修复城市固体废物污染的土壤，25 天后能够有效去除 Pb（68%）和 Ni（81.25%）（Bharath et al.，2019）。研究发现多种真菌分离株对 Cu、Cd 和 Pb 具有金属耐受性和生物吸附能力（Albert et al.，2019）。其中，柱孢犁头霉（*Absidia cylindrospora*）对 Cd（45%）和 Pb（65%）的生物吸附效率最高，对 Cu 的生物吸附效率为 35%。深褐毛壳（*Chaetomium atrobrunneum*）和白蜡多年卧孔菌（*Perenniporia fraxinea*）对 Cu、Cd 和 Pb 的生物吸附率均达 42%以上。令人惊奇的是，晶粒鬼伞（*Coprinellus micaceus*）能够 100%地吸附 Pb。在另一项研究中，四种土壤腐生性真菌，包括刺柄犁头霉（*Absidia spinosa*）、淡紫紫霉（*Purpureocillium lilacinum*）、马昆德拟青霉（*Metarhizium marquandii*）和头束霉菌（*Cephalotrichum nanum*）都能够耐受和积累 As，可作为 As 污染土壤生物修复的潜在候选者（Ceci et al.，2020）。香菇（*Lentinus edodes*）也被发现有很大的潜力去除水中含量达 100～337 mg/g 的有毒金属 Hg（Rani et al.，2021）。此外，毛霉菌属（*Mucor*）（Tewari et al.，2005）、根霉菌属（*Rhizopus*）（Bai and Abraham，2001；Prakasham et al.，1999；Sag et al.，2001）、炭黑曲霉（*Aspergillus carbonarius*）（Ascheh and Duvanjak，1995）等真菌对重金属 Cr、Cd、Cu、Pb、Au、Fe、U 等的生物吸附已被广泛研究。酿酒酵母（*Saccharomyces cerevisiae*）也可用于重金属 Au、Mn、Cu、Co、Pb 和 U 的生物吸附（Lin et al.，2005；Parvathi et al.，2007）。

9.1.3　藻类

藻类包括原核生物的蓝藻和真核自养的原生生物。藻类分布广泛，主要为水生，也有部分种类可生活于土壤、雪甚至温泉中。由于对环境具有很强的适应性，藻类在有机污染物和重金属的生物修复中的应用逐渐得到重视。藻类作为水生生态系统中微生物群落的重要成员，已被用于降解废水中有毒和难降解污染物，其不仅可以修复废水中存在的磷酸盐、硝酸盐、氨等有机和无机污染物，还可以吸附并降解重金属和抗生素等持久性污染物（Olguıń，2003；Schwarzenbach et al.，2006）。绿藻对外源性有机物质的积累/降解研究从环境角度来看具有重要意义（Jin et al.，2012）。藻类也有能力通过植物螯合蛋白和金属硫蛋白的作用，与重金属形成复合物，并将它们转移到液泡中，从而超积累各种重金属（Suresh and Ravishankar，2004）。由于藻类具有光合作用的能力（Khalili et al.，2015），它们可以很容易地捕获二氧化碳气体，并形成重要的副产物，如脂类、维生素和碳水化合物（Kurano et al.，1995）。集胞藻（*Synechocystis* sp.）和栅藻（*Scenedesmus* sp.）通过生物吸附可以去除水中的双氯芬酸，吸附量分别为 28 mg/g 和 20 mg/g（Coimbra et al.，2018）。集胞藻属、粘球藻属（*Gloeocapsa*）和栅藻属（*Scenedesmus*）等藻类是常用的处理废水的微藻（Sunday et al.，2018）。

近年来，藻类在有色废水的生物修复中的应用引起了人们极大的兴趣。比较不同来源的藻类发现，粘球藻、席藻（*Phormidium* sp.）和无囊藻（*Aphanotheca* sp.）对 12 种活性染料及偶氮染料的脱色效果最好。培养 20 天后，无囊藻对蓝色 MEZRL 和橙色 M2R 的脱色率分别为 83%和 90%；培养 10 天后，无囊藻对海军蓝 M3R 和红酸原油的去除率分别为 69%和 59%。只有颤藻（*Oscillatoria* sp.）能够去除橙色 ME2RL，但在其孵育早期也没有明显的去除效果（Sasikala and Sudha，2014）。此外，水华鱼腥藻（*Anabaena flosaquae*）等也是纺织工业有色废水生物修复常用的微藻（Mustafa et al.，2021）。

石油烃类化合物在环境中的积累会对许多水生生态系统的稳定性产生负面影响，也会给动物和人类健康带来问题。目前发现的石油降解藻类都是需氧的，如螺旋藻属（*Spirulina*）等（El-Sheekh and Hamouda，2014）。除此之外，还有一些微藻通过自身产生的酶能够降解有害的有机化合物，如将石油烃类化合物转化为毒性较低的化合物（Davies and Westlake，1979）。早在半个世纪前就有研究发现，9 种蓝藻、5 种绿藻、1 种红藻、1 种褐藻和 2 种硅藻能在光自养条件下氧化萘等芳香族化合物，这表明藻类普遍具有降解萘的能力（Cerniglia et al.，1980）。最近有报道利用绿色微藻如集胞藻属处理 7 天，芘的降解效率可达 34%～100%（Lei et al.，2002）。类似地，中肋骨条藻（*Skeletonema costatum*）和菱形藻（*Nitschia* sp.）可以有效地去除菲和荧蒽（Hong et al.，2008）。此外，绿色微藻小球藻（*Chlorella vulgaris*）在原油污染水体修复中表现出很强的潜力，其生物修复效率为 88%～94%（Kalhor et al.，2017）。另一项研究报道了 5 种蓝藻能够将炼油厂废水中不同烃类化合物的浓度降低 24%～92%（Al-Hussieny et al.，2020）。目前人们已经从淡水生态系统中鉴定出许多能够在受污染环境中去除烃类化合物的微藻物种，还发现海洋生态系统中的微藻物种也能够有效地去除烃类化合物。有研究报道，海洋蓝藻（*Agmenellum quadruplicatum*）、原型微鞘藻（*Microcoleus chthonoplastes*）和皮状席藻（*Phormidium corium*）能够去除菲（Ghasemi et al.，2011）。另一种从墨西哥海岸环境中分离出来的席藻在 10 天内可分别从海水中去除约 45%的十六烷和 37%的柴油，表明这种藻类也具有去除烃类化合物的能力（Morales and Paniagua-Michel，2013）。微拟球藻（*Nannochloropsis oculata*）和等鞭金藻（*Isochrysis galbana*）被认为是去除污染海水中烃类化合物的最有前途的候选藻类（去除率约为 80%）（Ammar et al.，2018）。

农药污染是环境和生物面临的最严重的问题之一，除草剂在农业中的广泛使用给水生生态系统带来了健康风险（Moro et al.，2012）。一项研究显示，四尾栅藻（*Scenedesmus quadricauda*）可有效地从培养基中去除 2 种杀菌剂[达灭芬（dimethomorph）和嘧霉胺（pyrimethanil）]及 1 种除草剂[异丙隆（isoproturon）]（Olette et al.，2010）。莱茵衣藻（*Chlamydomonas reinhardtii*）表现出很强的积累和降解除草剂扑草净（prometryne）的能力（Jin et al.，2012），并且对除草剂氟草烟（fluroxypyr）也有类似的生物积累能力（Zhang et al.，2011）。藓类念珠藻（*Nostoc muscorum*）、钝顶螺旋藻（*Spirulina platensis*）和米腥藻（*Anabaena oryzae*）可生物降解马拉硫磷，降解效率分别为 91%、54%和 65%（Ibrahim *et al.*，2014）。此外，绿球藻（*Chlorococcum* spp.）和栅藻能够降解液体介质及土壤中的硫丹（Sethunathan et al.，2004）。

藻类在调控湖泊和海洋中的金属离子浓度方面发挥着重要作用（Sigg，1987）。藻类细胞壁中具有潜在的金属离子结合位点，能够从环境中富集有毒金属离子（Imamul Huq et al.，2007；Shamsuddoha et al.，2006）。同时，藻类能够在不改变自身生理状态的情况下形成重金属和细胞蛋白质的复合物（Priatni et al.，2018），这种有机金属络合物可从细胞质中进一步移动到液泡内，从而减轻其对细胞的毒性作用（Leong and Chang，2020）。目前，藻类已用于 Cu、Zn、Pb、Cd、铝（Al）、Fe、Ni、As、Cr、钒（V）、U、钴（Co）和 Mn 等一系列有毒金属污染的治理。研究表明，大型藻类沟鹿角菜（*Pelvetia canaliculata*）表面存在硫酸基和羧酸基官能团，是其能够对水体中 Zn 和 Cu 离子污染进行修复的原因（Girardi et al.，2014）。同样地，淡水藻类球形鱼腥藻（*Anabaena sphaerica*）表面的羧基、羟基、氨基和羰基被证明在吸附重金属 Pb 和 Cd 离子中起重要作用（Abdel-Aty et al.，2013）。在不同培养条件下，裂片石莼（*Ulva fasciata*）和石莼（*Ulva lactuca*）对 Cd 离子均有吸附能力（El-Sheekh et al.，2020）。目前已发现藻类可以从水中超积累 As（Imamul Huq et al.，2007；Shamsuddoha et al.，2006），这种藻类的超积累特性可用于含砷污水灌溉水稻的修复。在重金属修复和降解过程中发挥作用的藻类还有绿球藻、色球藻（*Chroococcus* sp.）、鼓球藻（*Desmococcus* sp.）等。另外，在砷污染的藻类修复中发现了一个与芦笋根共生的藻群，该藻群已被鉴定（Mirza et al.，2010a；2010b）。据报道，颤藻、小球藻、梭形裸藻（*Euglena acus*）和弯尾扁裸藻（*Phacus curvicauda*）对 Zn、Al、Fe、Cu 和 Cd 离子具有生物富集作用。其中，颤藻对 Zn、Fe、Cu 和 Cd 离子的生物富集能力最强，对水中金属离子的浓缩系数分别为 0.306、0.302、0.091 和 0.276；而对 Al 的生物富集能力最强的是弯尾扁裸藻和梭形裸藻，浓缩系数为 0.439（Abirhire and Kadiri，2011）。研究发现，常见藻类绿藻刚毛藻属（*Cladophora*）、小球藻和栅藻属等及其联合体能有效地去除 Zn、Cu 和 Mn 离子（Perales-Vela et al.，2006）。另一项研究显示，泥炭藓（*Sphagnum moss*）能去除 Cu 和 Ni 离子（Khan et al.，2008）。

微藻对多价金属的亲和性使它们在去除废水中有毒金属离子方面具有潜在的应用价值。海洋微藻能够吸附多种有毒金属（Fe、Co、Cu、Mn、Ni、V、Zn、As、Cd、Pb 和 Al 等），其中小球藻和栅藻是吸附去除有毒金属离子的首选微藻（Brinza et al.，2007）。同样地，也有研究报道了小球藻、栅藻和三角褐指藻（*Phaeodactylum tricornutum*）去除 Cd、U 和 Cu 离子的能力（Perales-Vela et al.，

2006）。另一项研究也表明，微藻莱茵衣藻、钝顶螺旋藻、不同栅藻、扁藻（*Tetraselmis* spp.）和小球藻等均能有效去除 Cd 离子（Kumar et al.，2015）。有研究比较了多种微藻对不同价态 Cr[如 Cr（Ⅲ）、Cr（Ⅳ）和 Cr（Ⅵ]的去除能力，发现小球藻和螺旋藻（*Spirulina* spp.）是潜在的候选者，其中螺旋藻对 Cr（333 mg/g）表现出较强的吸附能力（Doshi et al.，2007）。综上，莱茵衣藻、小球藻、栅藻等可作为应用于各种有毒金属修复技术的潜在候选者（Kumar et al.，2015）。此外，小单歧藻（*Tolypothirx tenuis*）和真枝藻（*Stigonema* spp.）等也具有很强的重金属修复潜力（Tüzün et al.，2005）。

9.2 有机污染物的高效降解

9.2.1 有机污染物的分类、危害及污染修复方法

有机污染物是指环境中直接或间接对生态系统造成不良影响的有机物质，根据来源可分为天然有机污染物和人源有机污染物两大类。其中，由于人为因素带来的有机污染物普遍存在于食品、药物、添加剂、塑料、油漆、农药和其他工业产品的生产及加工过程中，通过工业废水、城市废水、农业灌溉、垃圾渗滤液、大气沉降等多种方式排放到环境中，成为环境中有机污染物的主要来源（Ali et al.，2021）。在人类活动频繁的沿海海水水域和沉积物中，主要存在石油类污染物（Bao et al.，2012）；而在地下水、地表水、河流及底泥等淡水区域，主要存在卤代烃、烷烃、多环芳烃、有机农药等有机污染物（Han and Currell，2017）。环境中的有机污染物被生物摄入后，产生致突变、致畸形、致癌变和干扰内分泌等效应，严重威胁着生态环境和人类的健康（Adithya et al.，2021）。

各种各样的物理、化学或生物过程，经常被用来削减有机污染物。目前常用的修复方法包括：物理方法，如高温分解、电动混凝、膜过滤分离、辐照、土壤置换和玻璃化等；化学方法，如臭氧化、离子交换、芬顿反应、固定化、电化学破坏、浸出、使用不同的吸附剂（如活性炭、泥炭、粉煤灰、木屑和纳米材料等）进行吸附（Robinson et al.，2001；Sharma et al.，2018）。然而，这些方法通常具有破坏性大、不可持续和成本高等缺点。相对而言，生物修复是一种新兴的、经济的、被广泛认可的削减污染物的方法。

生物修复是利用植物、动物或微生物的特性，通过吸收和降解等方式原位去除污染物的技术（Giovanella et al.，2020）。该方法省略了物理和化学修复技术的中间转移与运输等环节，成本低、无二次污染，近年来成为人们关注的热点（Zhuo and Fan，2021）。其中，微生物在有机污染物的修复过程中起着至关重要的作用。

9.2.2　有机污染物的微生物修复机制和方法研究

目前，微生物已经广泛应用于有机污染物的修复。与植物不同，微生物通常能够降解和矿化大量不同的污染物。微生物修复是一种环境友好且低成本的策略，它依赖于微生物（包括细菌、真菌和微藻）降低污染物浓度和（或）其毒性的能力。当前大多数微生物修复研究工作通过直接检测污染物及其降解产物，或通过间接检测微生物在降解过程中的代谢产物等，以评估去除有机污染物的动力学来解释该过程的效率，例如，评估污染物降解菌株的生长反应、降解代谢物的生成、氧气的消耗或二氧化碳的演变等（Cledera-Castro et al.，2004；Combourieu et al.，2004；Esteve-Nunez et al.，2005；Gea et al.，2004；Pandey et al.，2009；Pieper et al.，2002）。此外，除了检测污染物的去除效果，还应该监测具有降解污染物能力的微生物的环境归趋，以最大限度地实现微生物在自然条件下的持续修复。目前，多种分子技术已被用于微生物群落结构和功能的研究，如宏基因组、转录组、蛋白质组和微阵列等（Truu et al.，2009）。同时，稳定同位素技术也成功应用于微生物修复研究，能够在微生物群落结构和功能之间建立联系（Uhlik et al.，2009）。

利用微生物进行环境有机污染物修复涉及不同的机制。①生物吸附，被认为是一个被动过程。通过该方法，微生物能够去除芳香族化合物和农药等有机污染物。据报道，螯合/络合、吸附、静电吸引、表面沉淀和离子交换等作用均参与了微生物的生物吸附过程（Bilal et al.，2018；El Hameed et al.，2015），因此，微生物细胞表面上的结合基团会显著影响其吸附污染物的效率（Ata et al.，2012）。例如，微藻细胞包含的硫酸多糖、糖类，以及细胞间隙和细胞壁上的纤维基质，均可以帮助吸附废水中的有机污染物。此外，微藻的细胞壁上还均匀存在几个结合位点，如 OH^-、SO_4^{2-}、NH_2^-和 COO^-官能团。由于其表面性质和吸附能力，微藻可作为生物吸附剂处理废水（Bilal et al.，2018；Boruah et al.，2017）。②生物积累，被认为是一个主动的过程。在这个过程中，活的微生物通过细胞表面吸收养分和物质（包括污染物）（Ratte，1999）。微生物随后根据有机污染物的类型进行积累或代谢，即其在微生物细胞内转移并从污染地去除的过程（Yan et al.，2022）。除细菌外，真菌因其能够产生降解有机污染物的特定酶而被广泛研究，例如，芳香族化合物的真菌修复可通过细胞色素 P450 系统和环氧化物水解酶进行。过去几年，真菌（尤其是白腐真菌）对多环芳烃的降解得到了广泛的研究（Kadri et al.，2017）。白腐真菌生物降解主要依赖于木质素降解系统，涉及细胞外木质素修饰酶，该酶可使许多结构上与木质素相似的难降解有机污染物矿化（Kumar and Chandra，2020）。③生物降解，是指有机污染物被微生物通过生物降解过程转化为能量或氮、碳等营养元素的过程。生物降解包括将有机化合物分解成结构更小的、简单的有机或无机化合物。完全生物降解过程是指有机化合物完全氧化为无机化合物，即 CO_2 和 H_2O，这一过程即已知的“矿化”（Goyal and Basniwal，2017）。例如，微藻通过代谢作用对有机污染物进行生物降解，即积累污染物后通过转化或矿化降解污染物（Wang et al.，2019a）。另有研究表明，无论是真核微藻还是蓝藻，都能将萘降解为安全浓度的四氢二醇、4-羟基-4-四酮和 1-萘酚（Rawat et al.，2011）。

随着对微生物代谢途径认识的增加及合成生物学技术的进步，生物修复领域有了新的发展。基于环境合成生物学技术，有目的地重新设计和改造现有微生物，构建新的、能够高效降解某一特定有机污染物或同时降解多个有机污染物的细胞株，是环境污染物生物修复的重要途径。

9.2.3 基于环境合成生物学的功能微生物对有机污染物的高效降解

石油烃是海洋环境中广泛分布的有机污染物之一，其对沿海地区的污染给生态系统和人类健康带来了重大威胁。污染水生环境的石油烃主要由三类化合物组成：烷烃、烯烃和芳烃（Farrington and Takada，2014）。目前最有效的去除石油烃等有机污染物的修复方法为基于微生物类群（细菌、真菌、藻类）的高效降解方法。细菌在海洋环境中能高效降解石油烃类物质是由于它们的嗜盐特性，该特性使它们能够在不同水平的盐度胁迫下工作（Khalid et al.，2021）。据报道，由盐单胞菌属（*Halomonas*）、迪茨氏菌属（*Dietzia*）和节杆菌属（*Arthrobacter*）组成的嗜盐菌联合体能够降解 40%的柴油（Somee et al.，2018）。此外，盐生赭杆菌（*Ochrobactrum halosaudis*）、嗜麦芽窄食单胞菌（*Stenotrophomonas maltophilia*）、木糖氧化无色杆菌（*Achromobacter xylosoxidans*）和盐生中根瘤菌（*Mesorhizobium halosaudis*）组成的嗜盐菌联合体，可有效降解菲、芴和芘（Jamal and Pugazhendi，2018）。为了加速海洋生态系统中石油泄漏的生物修复，研究人员开发了一种新材料作为油气碎屑细菌（*Hydrocarbonoclastic bacteria*）的可能载体，即利用膨化的黍稷、海藻酸钙和壳聚糖组成载体，该载体具有多孔结构，是可生物降解的，并且可以漂浮在被石油污染的海水上。在近海海水中进行的现场实验表明，大部分石油烃类化合物（98%）在 24 h 内就能从海水表面去除（Luo et al.，2021）。藻类-细菌混合系统的协同作用可能与藻类光合作用过程产生的氧气有关，因为产生的氧气可以促进细菌氧化污染物，从而能够去除烃类污染物（Das and Deka，2019）。这种补充氧可以减少异养烃降解过程中可能出现的缺氧问题，通常影响细菌介导的修复过程（Al-Hussieny et al.，2020）。细菌-微藻协同作用还涉及微藻分泌出支持细菌生长的分泌物，可能会加速其降解油脂的活性（Mcgenity et al.，2012）。另外，微藻亦可受益于细菌介导的微量元素、营养物质和促生长因子生物有效性的增加（Amin et al.，2009；Kazamia et al.，2012；Mcgenity et al.，2012）。例如，在藻类和细菌组成的淡水群落中，芘降解菌既可以通过植物激素的供应促进微藻的生长，又可以受到微藻活性的刺激而加速烃类的降解（Luo et al.，2014）。此外，从微藻中提取配方酶和（或）将微藻制成产品，将成为石油烃类生物修复的新选择。例如，从红藻衍生的新型生物炭展示了修复酚类化学品污染的海洋沉积物的可能性，该生物炭能够在碱性 pH 条件下产生反应性自由基（Hung et al.，2020）。

有研究报道，通过 3D 打印生物膜中的特效杆菌 （*Diaphorobacter* sp.）菌株 LR2014-1 和恶臭假单胞菌菌株 KT2440，能够将利谷隆转化为 3,4-二氯苯胺并进一步完全降解。进而，以电活性菌希瓦氏菌 *Shewanella. oneidensis* MR-1 为对象，基于 3D 生物打印平台还构建了具有高菌浓度和优良胞外电子传递能力的 3D 人工电活性生物膜，实现了对甲基橙和硝基苯等毒害性有机污染物的强化去除（刘双江等，2021）。基于以上环境合成生物学改造的微生物实现了对有机污染物的高效降解，因此，研究人员认为开发与漆酶表达相关的生物合成真菌簇也很有希望，例如，增强漆酶表达相关途径的基因在异源宿主酵母中的表达（Asemoloye et al.，2020）。到目前为止，表达针对特定污染物降解的真菌酶用于污染地点的生物降解，是一种极具潜力的微生物修复技术。然而，该方法的应用仍处于起步阶段，还需要进行优化。

基于环境合成生物学技术改造的微生物亦用于降解农药等难降解污染物。例如，在已发现的有机氯农药降解菌的基础上，将细胞色素 $P450_{cam}$ 突变基因导入五氯酚降解菌鞘氨醇单胞菌 ATCC39723（*Sphingomonas chlorophenolium* ATCC39723）中（Cai and Xun，2002；Dai and Copley，2004），使其在原有功能上进一步实现六氯苯酚的完全降解（Yan et al.，2006）。另一项研究评估了真菌辅助藻类培养用于修复污水中农药的可能性。通过研究微藻小球藻和丝状真菌黑曲霉及其形成的生物小球对 38 种农药的去除作用，发现生物小球处理显著降低了 17 种农药的浓度。与对照组[农药浓度为（66.6±1.0）g/L]相比，微藻处理对农药浓度没有显著影响，而真菌处理降低至（59.6±2.0）g/L，生物小球处理降低至（56.1±2.8）g/L。因此，真菌辅助藻类培养形成的生物小球为去除废水中的有机污染物提供了一种可能性，且真菌在其中发挥了主要作用（Hultberg and Bodin，2018）。

9.3 有毒金属的定向转化

9.3.1 有毒金属的分类、危害及污染修复方法

重金属是地壳和土壤的天然成分。虽然对重金属没有明确的定义，但在大多数情况下，密度是决定性因素。传统上，重金属被定义为原子序数大于 20 的金属

性质元素（Jing et al.，2007；Srivastava，2007），是指原子密度大于 4 g/cm^3，或是水密度 5 倍或以上的一组金属和类金属的物质，大约有 53 种化学元素属于重金属的范畴（Duruibe et al.，2007；Herrera-Estrella and Guevara-Garcia，2009）。然而，在生态学意义上，任何导致环境污染或不能被生物降解的金属或类金属都可以被认为是重金属（Herrera-Estrella and Guevara-Garcia，2009）。其中一些金属是植物生长所必需的微量元素，如 Zn、Cu、Mn、Ni、钼（Mo）和 Co；而其他金属则具有已知或未知的生物学功能和毒性，如 Hg、Cd、As 和 Pb（Gaur and Adholeya，2004）。Herrera-Estrella 和 Guevara-Garcia （2009）提出了一个生态学观点，即重金属是一种导致环境污染的金属或类金属元素，在低浓度时它们没有任何重要功能并且是有毒的，如 Pb 和 Hg；在高浓度时有重要功能并且对有机体是有害的，如 Cu 和 Mo。Wang 和 Chen（2009）将关注的重金属分为三类：有毒重金属，如 Hg、Cd、As、Pb、Zn、Cu、Ni、Co、Cr、Sn 等；贵金属，如钯（Pd）、铂（Pt）、银（Ag）、Au、钌（Ru）等；放射性核素，如 U、钍（Th）、镭（Ra）、镅（Am）等。

工业化和城市人口的迅速增长影响了地表水的质量，在各种类型的水污染中，有毒金属因其毒性、持久性、抗生物降解性，以及能在食物链中积累放大而最为危险（Mendoza et al.，1998），对许多生命有机体具有严重的威胁。尽管重金属对生态环境具有负面影响，但它们仍然作为工艺流程中的重要材料被大量应用于各种行业，如采矿、电镀、冶炼、塑料、纺织和油漆等（Abdel Ghani and El-Chaghaby，2014）。因此，通常情况下工业和城市废水均含有大量有毒金属，这也是自然水源污染的主要来源之一（Cheng et al.，2014），尤其是沉积物中的 Hg（Guzzi and La Porta，2008）、Cd（王志芳等，2019）和 Pb（He et al.，2009；Tong et al.，2000）等有毒金属，对生态环境和人类健康造成重大威胁（Chen et al.，2018）。

针对有毒金属可能的危害，需要发展合适的污染修复技术。去除有毒金属的常规方法包括化学沉淀法（氢氧化物沉淀法、碳酸盐沉淀法和硫化物沉淀法等）、化学氧化或还原法、石灰混凝法、离子交换法、反渗透法、溶液萃取法、蒸发回收法、胶结法、吸附（含活性炭）、电沉积、反渗透和电渗析等（Ahalya et al.，2003；Ahluwalia and Goyal，2003；Gray，1999；Khan et al.，2008；Rai et al.，1998；Rich and Cherry，1987；Zhou and Haynes，2010；2011；Zvinowanda et al.，2009）。然而，这些传统方法往往效率较低或成本昂贵，特别是当溶液中的金属含量较高（如 1～100 mg/L）时（Nourbakhsh et al.，1994）。生物修复方法相对于传统消除方法通常更加环保并具有可持续性，其中，微生物修复效率高、周期短、便于利用基因工程技术进行改造（Chojnacka，2010；Coimbra et al.，2018；Dangi et al.，2019），因而具有重要的环境合成生物学研究意义和良好的应用前景。

9.3.2 有毒金属的微生物修复机制和方法研究

微生物修复法因其效率高、成本低和环境友好的特点，被认为是解决有毒金属污染的重要途径。本节将从微生物细胞外部、细胞表面和细胞内部三个方面，综述有毒金属胁迫下微生物的修复机制与修复方法。

（1）细胞外部沉淀机制：微生物通过释放某些物质使环境条件发生改变，从而沉淀环境中的有毒金属离子，以降低有毒金属的毒性。例如，从海绵石斛中分离到一株蜡样芽孢杆菌（*Bacillus cereus*），可以产生胞外多糖絮凝剂，能够去除该菌生长环境中的有毒金属（Sajayan et al.，2017）。

（2）细胞表面吸附机制：微生物通过细胞表面的某些物质（细胞壁和胞外聚合物等）与有毒金属离子发生作用，将有毒金属离子固定在细胞表面。其机制主要包括以下几种。①离子交换机制，即微生物通过其表面的离子与环境中有毒金属离子发生交换来固定有毒金属（Ye et al.，2013）。电子显微镜及 χ 射线能量色散分析表明，微藻上大多数金属吸附位点位于其细胞表面，通过离子交换进行吸附似乎是微藻细胞吸收有毒金属离子的主要方式（高达 90%），如螺旋藻、小球藻（*Chlorella* sp.）和衣藻（*Chlamydomonas* sp.）等（Maznah et al.，2012；Monteiro et al.，2012；Chojnacka et al.，2005）。②表面络合机制，即微生物表面物质（蛋白质、脂类和多糖等）的化学基团（羧基、氨基和巯基等）与有毒金属离子形成金属配合物，并固定在细胞表面。例如，通过观察 Cd 在蜡样芽孢杆菌细胞内外的沉积及分布发现，在 Cd 浓度为 150 mg/L 时，菌体细胞壁及表面有沉淀物附着，细胞壁上参与 Cd 络合的基团主要有羟基、氨基、酰基和羧基（刘红娟等，2009）。③氧化还原机制，即微生物在有毒金属胁迫下对外界作出反应（如分泌氧化酶等），使有毒金属离子从毒性高的价态转化为毒性低的价态，并固定在细胞表面。例如，生活在高 As 污染河流沉积物中的 As 氧化菌，具有将细胞表面的 As（Ⅲ）氧化为毒性较低的 As（Ⅴ）的能力（Valenzuela et al.，2009）。④无机微沉淀机制，主要指微生物使有毒金属离子转化为毒性较低的沉淀物，并积累在其细胞表面上（Li et al.，2011）。例如，通过低温扫描电子显微镜和 χ 射线吸收光谱分析，发现苏格兰白僵菌（*Beauveria caledonica*）能够溶解包含 Cd、Cu、Pb、Zn 等的矿物，并且将它们转化为草酸盐晶体沉淀，所得的沉淀物通常附着在菌丝体表面（Fomina et al.，2005）。

（3）细胞内部解毒机制：当有毒金属进入到细胞内部时，微生物做出一系列反应以降低有毒金属的毒害。其机制主要包括以下几种。①隔离/分隔机制，即微生物通过某些蛋白质（如金属螯合肽或金属硫蛋白等）直接与有毒金属离子络合，并将其存储在细胞内的某一区域（如液泡），即隔离/分隔作用，从而达到解毒的目的（Sinha et al.，2013）。通过研究海水小球藻（*Chlorella salina*）对三种金属（Zn、

Co 和 Mn）的去除，发现液泡中的金属离子浓度高于细胞质中的（Monteiro et al.，2012）。基于显微镜和 χ 射线分析，发现金属与金属硫蛋白的复合物被运输进入藻类液泡，使细胞质中的有毒金属浓度降至最低，这种机制可被视为藻类的解毒机制（Shanab et al.，2012）。②转运机制，即微生物通过阻渗、外排或减少运输来抵抗有毒金属的毒害。利用功能基因组学、生物信息学和生物化学等方法，证明了两种藻类模型[莱茵衣藻和蓝裂藻（*Cyanidioschizon merolae*）]中潜在的金属转运蛋白参与有毒金属转运（Hanikenne et al.，2005）。③转化机制，即微生物可以通过细胞内部的甲基化和氧化还原作用降低有毒金属离子的毒性（Giovanella et al.，2015）。例如，葡萄球菌属（*Staphylococcus*）和蜡样芽孢杆菌 Pj1（*Bacillus cereus* Pj1）可以表达 Hg 抗性蛋白 MerA，将 Hg 离子还原为挥发性的 Hg 单质，从而能够释放到体外（Baldi et al.，2012；Santos-Gandelman et al.，2014）。

目前的研究已经证明，多种微生物可以通过以上一种或多种修复机制和方法对有毒金属污染进行修复，展示了利用微生物修复有毒金属污染的巨大潜力和广阔应用前景。

9.3.3 基于环境合成生物学的功能微生物对有毒金属的定向转化

有毒金属污染是全球性环境问题，世界卫生组织公布的引起重大公共卫生安全问题的 10 种化学品中有 4 种为有毒金属，包括 Hg、Cd、As 和 Pb。其中，Hg、Cd 和 As 是重要的有毒金属污染物。我国是 Hg 的生产、使用与排放大国，2017 年《关于汞的水俣公约》正式实施，我国同时面临环境保护和国际履约的双重压力。影响我国农用地土壤环境质量的首要污染物是 Cd，耕地 Cd 的点位超标率达 7%。我国有将近 2000 万人由于地下水污染而处在 As 暴露之下，人体摄入的无机 As 大约有 60%是来自于大米，而水稻富集的 As 大多来自于含有 As 的土壤和灌溉水。Hg、Cd 和 As 污染对环境和人类健康造成了巨大危害，因此，建立和完善污染场地有毒金属 Hg、Cd、As 的修复技术，是我国环境保护和人民健康的重大需求。微生物具有将有毒金属转化为低毒/无毒形态的巨大潜力，而合成生物学是将工程学原理应用于分子生物学和系统生物学，能够创造具有改良生物功能的生物体系。本节主要介绍如何利用环境合成生物学手段构建的功能微生物将有毒金属定向转化为无毒/低毒形态，从而达到对有毒金属 Hg、Cd 和 As 的环境修复。

1. 汞

汞（Hg）是一种危害性非常大的环境污染物，属于长期存在于环境中的生物积累性毒素。汞的存在形态包括金属 Hg、无机 Hg 和有机 Hg，其中有机 Hg 毒性高，金属 Hg 和无机 Hg 毒性低。将水稻中不同金属硫蛋白异构体 OsMT1、OsMT2、OsMT3 和 OsMT4 与谷胱甘肽-*S*-转移酶（GST）融合，并通过大肠杆菌异源表达这些重组元件，检测其保护大肠杆菌细胞免受 Hg 毒性的能力及其 Hg 积累特性，发现 GST-OsMT1、GST-OsMT2、GST-OsMT3 和 GST-OsMT4 的异源表达增强了 *E. coli* 细胞对 Hg 的耐受性及结合能力（Shahpiri and Mohammadzadeh，2018）。

在大肠杆菌的外膜上表达耐 Hg 菌株铜绿假单胞菌 PA1 的羧酸酯酶 E2（carboxylesterase E2）发现，由于该元件可以吸收并积累 Hg 离子，改造后的菌株可用于检测水样中 Hg 离子的浓度（Yin et al.，2016）。先敲除大肠杆菌生物被膜的淀粉样蛋白编码基因 *cgA*，然后再将带有 Hg 离子响应的启动子 P_{mer} 元件、调控元件 MerR 和淀粉样蛋白编码基因 *csgA* 的质粒转进大肠杆菌突变株中，其生物被膜在环境中出现一定浓度的 Hg 后即会启动荧光蛋白，并在膜的表面自组装纳米纤维，能够实现 Hg 离子的吸附（Tay et al.，2017）。

不同种类的细菌对 Hg 的摄取被认为是能量依赖性的，而半胱氨酸能够增强这种摄取。利用 χ 射线吸收光谱（XAS）研究了有氧呼吸大肠杆菌中外源性半胱氨酸、细胞代谢、细胞定位和 Hg（Ⅱ）配位之间的关系。结果发现，半胱氨酸诱导的硫化物生物合成可促进颗粒 HgS 的形成和溶解（Thomas et al.，2018；Thomas and Gaillard，2017）。另一项研究报道了一株耐 Hg 肠杆菌，该菌株表现出一种新的 Hg 生物积累与含 Hg 纳米颗粒同时合成的性质，并且纳米颗粒是可回收的。该菌株可用于环境废水中有毒金属 Hg 的生物积累，以及开发纳米颗粒生物合成的绿色工艺（Sinha and Khare，2011）。

研究人员利用转基因方法进一步增强了微藻的特异性和对有毒金属的结合能力，以用于有毒金属处理，尤其是废水和沉积物中的有毒金属处理（Rajamani et al.，2007）。这些策略包括重金属诱导应激效应的酶的过度表达，以及细胞表面和细胞质中高亲和力重金属结合蛋白的表达（Rajamani et al.，2007）。例如，用编码 Hg 还原酶（MerA）的巨大芽孢杆菌（*Bacillus megaterium*）菌株 MB1 和 *merA* 基因转化的真核微藻小球藻（*Chlorella* sp.）藻株 DT，促使 Hg 离子还原为挥发性 Hg 单质。*merA* 基因成功整合到基因工程株的基因组中，并在功能上表达以促进 Hg 离子的去除（Huang et al.，2006）。

2. 镉

镉（Cd）是典型的有毒金属，通常以二价阳离子或与其他元素的化合物形式存在。在耐金属贪铜菌（*Cupriavidus metallidurans*）菌株 CH34 表面展示植物螯合素（PC）蛋白的融合蛋白 SS-EC20sp-IgAβ，增强了该菌株固定外部环境中 Cd 及其他有毒离子的能力（Biondo et al.，2012）。在大肠杆菌中过表达植物螯合肽合成元件 PCS，提高了该菌株对 Cd、Cu、Na 和 Hg 的耐受性及富集能力（Li et al.，2014）。在铜绿假单胞菌表面整合一种 Cd 特异性结合蛋白，使得该菌株对 Cd 具有较强的富集能力（Tang et al.，2018）。在莱茵衣藻中异源表达蚕豆 P5CS 元件，能够催化脯氨酸合成过程，这种经过环境合成生物学改造的衣藻能在重金属浓度高得多的环境中生长（Siripolandulsil et al.，2002）。此外，由于脯氨酸可以消除重金属中毒过程中产生的自由基，这种改造后的衣藻细胞的 Cd 结合能力比野生型增加了 4 倍。这些结果为工程 PC 生物合成提高大肠杆菌金属离子含量提供了基础。另外，淡水蟹 （*Sinopotamon henanense*）的金属硫蛋白基因被整合并在大肠杆菌中表达，可以增强对重金属 Cd 的结合能力（Ma et al.，2019）。

生物被膜的胞外基质可以调节细胞的金属吸附特性（常璐等，2021）。例如，假单胞菌属细菌的生物被膜能有效保护相关细菌和植物根际菌免受 Cd 的伤害（Chakraborty and Das，2014；Karimpour et al.，2018）。研究发现，在 Cd 胁迫下，铜绿假单胞菌的相关金属运输蛋白编码基因上调，使胞质中 Mg 离子和 Zn 离子含量增加，通过与 Cd 离子竞争，减少 Cd 离子对酶的结合，达到减毒的目的（Zeng et al.，2012）。最近，研究人员以恶臭假单胞菌为模式生物，证实了生物被膜胞外基质上的巯基结合位点对于 Cd 的结合和解毒有重要作用（Yu et al.，2020）。去除 Cd 离子效率最高的是大肠杆菌生物膜（94.85%）和黏杆菌（*Bacillus adhaerens*）生物膜（97.85%）（Grujić et al.， 2017）。

除此之外，研究人员还报道了一种低成本、绿色、可再生的微生物乳杆菌（*Lactobacillus* sp.）和酿酒酵母对 Cd 定向转化生成毒性小的 CdS 纳米颗粒的生物修复方法（Prasad and Jha，2010）。另一项研究通过基因工程在大肠杆菌中构建了一个好氧硫酸盐还原途径，用于生成硫化氢，并证明了该途径在 Cd 沉淀中的效用。为了设计该途径，对同化硫酸盐还原途径进行了修改，使半胱氨酸过量产生，过量的半胱氨酸被半胱氨酸脱硫酶转化为大量的硫化氢，然后与水溶液中的 Cd 反应生成 CdS（Wang et al.，2010）。研究发现，紫色非硫细菌沼泽红假单胞菌（*Rhodopseudomonas palustris*）菌株 TN110 可通过生物合成 CdS 纳米颗粒来生物修复 Cd，并同时具有固定氮的能力（Sakpirom et al.，2019）。此外，还有许多微生物具有生物合成 CdS 纳米颗粒的能力，包括肺炎克雷伯氏菌（*Klebsiella pneumoniae*）（Holmes et al.，1997）、产气克雷伯氏菌（*Klebsiella aerogenes*）（Holmes et al.，1995）、光滑念珠菌（*Candida glabrata*）（Dameron et al.，1989）、裂殖酵母（*Schizosaccharomyces pombe*）（Kowshik et al.，2002）、尖孢镰刀菌（*Fusarium oxysporum*）（Ahmad et al.，2002）、三角褐指藻（Scarano and Morelli，2003）等。

3. 砷

砷（As）属于剧毒性类金属元素，按其形态主要分为无机 As 化合物和有机 As 化合物，且无机 As 化合物的毒性普遍大于有机 As 化合物。微生物对 As 甲基化和挥发能达到降低环境中的 As 毒害及修复 As 污染环境的目的（王培培等，

2018），具有广阔的应用前景。

利用沼泽红假单胞菌的 *arsM* 基因对一株土壤细菌假单胞菌 KT2440（*Pseudomonas putida* KT2440）进行了基因工程改造，KT2440 工程菌在 48 h 内能将水体中 25 μmol/L 的 As（Ⅲ）或 As（Ⅴ）转化为五价有机砷。与野生型菌株相比，将该工程菌株应用于 As 污染土壤修复，As 的挥发能力提高了 9 倍（Chen et al.，2014）。此外，细菌和藻类联合修复的手段也有一定前景。将来源于莱茵衣藻的 As 甲基化酶基因通过接合方法导入根瘤菌的染色体上，使根瘤菌获得了较强的 As 甲基化能力，并能够进一步将甲基化的 As 挥发产生无机 As 气体，证明了共生体在 As 胁迫条件下的作用，为生物修复有毒金属 As 提供了一定的技术支持（曹婷婷，2015）。

除了土壤修复，微生物还可以处理工业污水和堆肥。例如，枯草芽孢杆菌（*Bacillus subtilis*）菌株 168 是一种可在高温下生长但不能甲基化和挥发 As 的细菌菌株，通过基因工程改造表达了嗜热红藻（*Cyanidoschyzon merolae*）中的亚砷酸钠腺苷甲硫氨酸甲基转移酶（CmarsM）基因，该基因工程枯草杆菌 168 在 48 h 内能将培养基中的大部分无机 As 转化为二甲基砷酸盐和三甲基砷氧化物，并使大量二甲基砷和三甲基砷挥发。As 甲基化和挥发速率随温度从 37℃到 50℃逐渐增加。当接种到 50℃堆肥的 As 污染有机肥料中时，改造菌株显著增强了 As 挥发（Huang et al.，2015）。此外，还有多株 As 甲基化基因工程菌株，如大肠杆菌 AW3110 菌株（Ke et al.，2019）、鞘氨醇单胞菌（*Sphingomonas desiccabilis*）（Liu et al.，2011）、病研所芽孢杆菌（*Bacillus idriensis*）（Liu et al.，2011）、枯草芽孢杆菌（*Bacillus subtilis* 168）（Huang et al.，2015）、酿酒酵母（*Saccharomyces cerevisiae*）（Verma et al.，2016）和豌豆根瘤菌（*Rhizobium leguminosarum*）等（Zhang et al.，2017）。这些 As 甲基化微生物工程菌均能不同程度地使水体或土壤中的 As 排出体外，为环境有毒金属 As 污染修复提供了一定的理论参考。

9.4 展　　望

目前，环境污染问题日益严峻。与传统的物理修复和化学修复相比，微生物修复具有诸多优势，尤其是生态友好性，可望在有机污染物和有毒金属等的修复方面得到广泛应用。而利用环境合成生物学技术对微生物进行定向改造甚至重构，必将大大增强微生物的修复能力和应用潜力。为了实现微生物修复的广泛应用，未来还需在一系列瓶颈问题上取得突破。

9.4.1 污染物生物降解和转化机制解析

理解生物对污染物的降解和转化过程，尤其是其分子机制，是实现微生物修复的重要前提。当前，人类对各类污染物生物降解和转化机制的了解程度相差较大，对于一些新污染物的生物转化机制更不清楚。因此，未来应重点开展微生物对污染物的降解转化研究，明晰各类污染物降解和转化的分子途径。在此基础上，发现并利用各类污染物降解转化相关的基因元件和回路，建立相应的元件和回路资源库，为开展微生物的环境合成生物学改造和重构奠定基础。

9.4.2 微生物修复相关环境合成生物学底盘生物的发展

目前，环境合成生物学研究仍主要集中于大肠杆菌、酿酒酵母和蓝藻等少数几种微生物底盘生物。在人类无法实现对生物体系的大幅改造和重构之前，考虑到各类污染物所处环境的多变性，少数几种底盘生物显然无法满足需求。细菌、藻类和原生动物等微生物本身在自然生态系统中处于不同层级，对不同环境的适应能力不同，加上其数目多、分布广、多样性极高等显著的特点，具有作为污染物微生物修复相关的环境合成生物学底盘生物的潜力。因此，从这些微生物中发掘和发展各类底盘生物，会对污染物的微生物修复广泛应用起到重要作用。

9.4.3 微生物修复技术的发展

微生物修复的广泛应用必定需要依赖于微生物修复技术的发展。从污染物的角度，精细的污染物形态分析和示踪技术的发展是理解污染物生物降解及转化机制的基础；从环境合成生物学的角度，高通量的元件筛选和功能验证、细胞与基因线路设计、基因组合成和定量合成生物学等通用使能技术，以及新发展底盘生物中的基因编辑、大片段 DNA 合成和装配等技术是改造并提高微生物修复能力的关键；从应用角度，微生物的大规模培养、场地的工程化实施和污染物的生物有效性评价等技术的发展是微生物修复走向广泛应用的重要条件；另外，生物安全防控与风险评估等技术也是发展微生物修复的重要支撑。

编写人员：涂家薇　韦　薇　熊　杰　缪　炜
单　　位：中国科学院水生生物研究所

参考文献

曹婷婷. 2015. 假单胞菌砷甲基转移酶功能研究及转基因根瘤菌的构建和应用. 南京农业大学硕士学位论文.

常璐, 黄娇芳, 董浩, 等. 2021. 合成生物学改造微生物及生物被膜用于重金属污染检测与修复. 中国生物工程杂志, 41(1): 62-71.

郭楚玲, 郑天凌, 洪华生. 2000. 多环芳烃的微生物降解与生物修复. 海洋环境科学, 19: 24-29.

刘红娟, 张慧, 党志, 等. 2009. 一株耐镉细菌的分离及其富集 Cd 的机理. 环境工程学报, 3(2): 367-371.

刘双江, Corvini P F X, Rabaey K. 2021. 面向有机污染物消除的"微生物、植物、电"多效耦合作用机制及低能耗型修复技术. 生物工程学报, 37(10): 3405-3410.

王培培, 陈松灿, 朱永官, 等. 2018. 微生物砷甲基化及挥发研究进展. 农业环境科学学报, 37(7): 1377-1385.

王志芳, 肖俊, 罗永巨. 2019. 水环境镉污染对养殖鱼类的影响研究进展. 广西科学院学报, 35(3): 12-17.

Abdel-Aty A M, Ammar N S, Ghafar H H A, et al. 2013. Biosorption of cadmium and lead from aqueous solution by fresh water alga *Anabaena sphaerica* biomass. Journal of Advanced Research, 4: 367-374.

Abdel-Ghani N T, El-Chaghaby G A. 2014. Biosorption for metal ions removal from aqueous solutions: a review of recent studies. International Journal of Environmental Science And Technology, 3: 24-42.

Abirhire O, Kadiri M O. 2011. Bioaccumulation of heavy metals using microalgae. Asian Journal of Microbiology, Biotechnology and Environmental Sciences, 13: 91-94.

Adithya S, Jayaraman R S, Krishnan A, et al. 2021. A critical review on the formation, fate and degradation of the persistent organic pollutant hexachlorocyclohexane in water systems and waste streams. Chemosphere, 271: 129866.

Agrawal S, Adholeya A, Barrow C J, et al. 2018. Marine fungi: An untapped bioresource for future cosmeceuticals. Phytochemistry Letters, 23: 15-20.

Ahalya N, Ramachandra T V, Kanamadi R D. 2003. Biosorption of heavy metals. Research Journal of Chemistry and Environment, 7: 71-79.

Ahluwalia S S, Goyal D. 2003. Microbial and plant derived biomass for removal of heavy metals from waste water. Bioresource Technology, 98: 2243-2257.

Ahmad A, Mukherjee P, Mandal D, et al. 2002. Enzyme mediated extracellular synthesis of CdS nanoparticles by the fungus, *Fusarium oxysporum*. Journal of the American Chemical Society, 124: 12108-12109.

Aislabie J, Lloyd-Jones G. 1995. A review of bacterial-degradation of pesticides. Austalian Journal of Soil Research, 33(6): 925-942.

Akar T, Tunali S. 2005. Biosorption performance of *Botrytis cinerea* fungal by-products for removal of Cd (II) and Cu (II) ions from aqueous solutions. Minerals Enginnering, 18: 1099-1109.

Albert Q, Baraud F, Leleyter L, et al. 2019. Use of soil fungi in the biosorption of three trace metals (Cd, Cu, Pb): Promising candidates for treatment technology. Environmental Technology, 41(24): 3166-3177.

Al-Homaidan A A, Al-Ghanayem A A, Areej A H. 2011. Green algae as bioindicators of heavy metal pollution in Wadi Hanifah Stream, Riyadh, Saudi Arabia. International Journal of Water Resources and Arid Environments, 1(1): 10-15.

Al-Hussieny A A, Imran S G, Jabur Z A. 2020. The use of local blue-green algae in the bioremediation of hydrocarbon pollutants in wastewater from oil refineries. Plant Archives, 20: 797-802.

Ali S, Anjum M A, Nawaz A, et al. 2021. Role of reactive nitrogen species in mitigating organic pollutant-induced plant damages// Hasanuzzaman M, Prasad M N V.(eds) Handbook of Bioremediation : Physiological, Molecular and Biotechnological Interventions. London : Academic Press: 493-503.

Amend A, Burgaud G, Cunliffe, et al. 2019. Fungi in the marine environment: Open questions and unsolved problems. mBio, 10: 1-15.

Amin G A. 2010. A potent biosurfactant producing bacterial strain for application in enhanced oil recovery applications. Journal of Petroleum and Environmental Biotechnology, 1: 104-110.

Amin S A, Green D H, Hart M C, et al. 2009. Photolysis of ion–siderophore chelates promotes bacteria-algal mutualism. Proceedings of the National Academy of Sciences, 106(40): 17071-17076.

Amit P, Ajay K, Hu Z. 2018. Adverse effect of heavy metals (as, Pb, Hg, and Cr) on health and their bioremediation strategies: A review. International Microbiology, 21(3): 97-106.

Ammar S H, Khadim H J, Mohamed A I. 2018. Cultivation of *Nannochloropsis oculata* and *Isochrysis galbana* microalgae in produced water for bioremediation and biomass production. Environmental Technology and Innovation, 10: 132-142.

Anno F D, Rastelli E, Sanone C, et al. 2021. Bacteria, fungi and microalgae for the bioremediation of marine sediments contaminated by petroleum hydrocarbons in the Omics Era. Microorganisms, 9: 1-22.

Ascheh D, Duvanjak Z. 1995. Adsorption of copper and chromium by *Aspergillus carbonarius*. Biotechnology Progress, 11: 638-642.

Asemoloye M D, Tosi S, Daccò C, et al. 2020. Hydrocarbon degradation and enzyme activities of *Aspergillus oryzae* and *Mucor irregularis* isolated from nigerian crude oil-polluted sites. Microorganisms, 8: 1912.

Ata A, Nalcaci O O, Ovez B. 2012. Macro algae *Gracilaria verrucosa* as a biosorbent: A study of sorption mechanisms. Algal Research, 1: 194-204.

Ayangbenro A S, Babalola O O. 2017. A new strategy for heavy metal polluted environments: A review of microbial biosorbents. International Journal of Environmental Research And Public Health, 14(1): 94.

Bai H J, Zhang Z M, Guo Y, et al. 2009. Biosynthesis of cadmium sulfidenanoparticles by photosynthetic bacteria *Rhodopseudomonas palustris*. Colloids and surfaces B: Biointerfaces, 70: 142-146.

Bai R S, Abraham T E. 2001. Biosorption of Cr (VI) from aqueous solution by *Rhizopus nigricans*. Bioresource Technology, 79: 73-81.

Balaji V, Arulazhagan P, Ebenezer P. 2014. Enzymatic bioremediation of polyaromatic hydrocarbons by fungal consortia enriched from petroleum contaminated soil and oil seeds. Journal of Environmental Biology, 35: 521-529.

Baldi F, Gallo M, Marchetto D, et al. 2012. Seasonal mercury transformation and surficial sediment detoxification by bacteria of Marano and Grado lagoons. Estuarine, Coastal and Shelf Science, 113: 105-115.

Bankole P O, Adekunle A A, Govindwar S P. 2018. Biodegradation of a monochlorotriazine dye, cibacron brilliant red 3B-A in solid state fermentation by wood-rot fungal consortium, *Daldinia concentrica* and *Xylaria polymorpha*: Co-biomass decolorization of cibacron brilliant red 3B-A dye. International Journal of Biological Macromolecules, 120: 19-27.

Bao L J, Maruya K A, Snyder S A, et al. 2012. China's water pollution by persistent organic pollutants. Environmental Pollution, 163: 100-108.

Bayramoglu G, Çelik G, Yalçin E, et al. 2005. Modification of surface properties of mycelia by physical and chemical methods: Evaluation of their Cr (VI) removal effeciencies from aqueous medium. Journal of Hazardous Materials, 119: 219-229.

Bayramoglu G, Denizli A, Bekaþ S, et al. 2002. Entrapment of *Lentinus sajor-caju* into Ca-alginate gel beads for removal of Cd (II) ions from aqueous solution: Preparation and biosorption kinetics analysis. Microchemical Journal, 72(1): 63-76.

Ben-Chekroun K, Baghour M. 2013. The role of algae in phytoremediation of heavy metals: A review. Journal of Materials and Environmental Science, 4: 873-880.

Benezet H J, Matusumura F. 1973. Isomerization of γ-BHC to α-BHC BHC in the environment. Nature, 243: 480-481.

Bennet J W, Wunch K G, Faison B D. 2002. Use of Fungi Biodegradation Manual of Environmental Microbiology. Washington, DC: ASM 960-971.

Bharath Y, Singh S N, Keerthiga G, et al. 2019. Mycoremediation of contaminated soil in MSW sites//Ghosh S. (eds) Waste Management and Resource Efficiency. Singapore: Springer: 321-329.

Bhatt P, Zhang W, Lin Z, et al. 2020. Biodegradation of allethrin by a novel fungus *Fusarium proliferatum* strain CF2, isolated from contaminated soils. Microorganisms, 8: 593.

Bilal M, Rasheed T, Sosa-Hern′andez J E, et al. 2018. Biosorption: An interplay between marine algae and potentially toxic elements—A review. Marine Drugs, 16 (2): 65.

Biondo R, Da Silva F A, Vicente E J, et al. 2012. Synthetic phytochelatin surface display in *Cupriavidus metallidurans* CH34 for enhanced metals bioremediation. Environmental Science and Technology, 46: 8325-8332.

Birolli W G, Santos D D A, Alvarenga N, et al. 2018. Biodegradation of anthracene and several PAHs by the marine-derived fungus *Cladosporium* sp. CBMAI 1237. Marine Pollution Bulletin, 129: 525-533.

Bisht J, Harsh N S K, Palni L M S, et al. 2019a. Bioaugmentation of endosulfan contaminated soil in artificial bed treatment using selected fungal species. Bioremediation Journal, 23: 196-214.

Bisht J, Harsh N S K, Palni L M S, et al. 2019b. Biodegradation of chlorinated organic pesticides endosulfan and chlorpyrifos in soil extract broth using fungi. Remediation Journal, 29: 63-77.

Bordenave S, Goni-Urriza M, Caumette P, et al. 2009. Differential display analysis of cDNA involved in microbial mats response after heavy fuel oil contamination. Journal of Microbial and Biochemical Technology, 1: 1-4.

Boruah P K, Sharma B, Hussain N, et al. 2017. Magnetically recoverable Fe_3O_4/graphene nanocomposite towards efficient removal of triazine pesticides from aqueous solution: Investigation of the adsorption phenomenon and specific ion effect. Chemosphere, 168: 1058-1067.

Brar A, Kumar M, Vivekanand V, et al. 2017. Photoautotrophic microorganisms and bioremediation of industrial effluents: Current Status and Future Prospects. 3 Biotech, 7: 18.

Brinza L, Dring M J, Gavrilescu M. 2007. Marine micro and macro algal species as biosorbents for heavy metals. Environmental Engineering and Management Journal, 6: 237-251.

Cai M, Xun L Y. 2002. Organization and regulation of pentachlorophenol-degrading genes in *Sphingobium chlorophenolicum* atcc 39723. Journal of Bacteriology, 184(17): 4672-4680.

Ceci A, Spinelli V, Massimi L, et al. 2020, Fungi and arsenic: Tolerance and bioaccumulation by soil saprotrophic species. Applied Sciences, 10(9): 3218.

Cerniglia C E, Van Baalen C, Gibson D T. 1980. Metabolism of naphthalene by the cyanobacterium *Oscillatoria* sp. strain JCM. Microbiology, 116: 485-494.

Chakraborty J, Das S. 2014. Characterization and cadmium-resistant gene expression of biofilm-forming marine bacterium *Pseudomonas aeruginosa* JP-11. Environmental Science and Pollution Research, 21: 14188-14201.

Chan S, Luan T, Wong M, et al. 2006. Removal and biodegradation of polycyclic aromatic hydrocarbons by *Selenastrum capricornutum*. Environmental Toxicology and Chemistry: An International Journal, 25: 1772-1779.

Chang Y T, Lee J F, Liu K H, et al. 2016. Immobilization of fungal laccase onto a nonionic surfactant-modified clay material: Application to PAH degradation. Environmental Science and Pollution Research, 23: 4024-4035.

Chavan A, Mukherji S. 2008. Treatment of hydrocarbon-rich wastewater using oil degrading bacteria and phototrophic microorganisms in rotating biological contactor: Effect of N: P ratio. Journal of Hazardous Materials, 154: 63-72.

Chen J, Sun G X, Wang X X, et al. 2014. Volatilization of arsenic from polluted soil by *Pseudomonas putida* engineered for expression of the arsM arsenic (III) S-adenosine methyltransferase gene. Environmental Science and Technology, 48: 10337-10344.

Chen L, Zhou S, Shi Y, et al. 2018. Heavy metals in food crops, soil, and water in the Lihe River Wastershed of the Taihu Region and their potential health risks when ingested. Science of the Total Environment, 615: 141-149.

Cheng H X, Li M, Zhao C D, et al. 2014. Overview of trace metals in the urban soil of 31 metropolises in China. Journal of Geochemical Exploration, 139: 31-52

Chojnacka K, Chojnacki A, Górecka H. 2005. Biosorption of Cr^{3+}, Cd^{2+} and Cu^{2+} ions by blue-green algae *Spirulina* sp.: Kinetics, equilibrium and the mechanism of the process. Chemosphere, 59: 75-84.

Chojnacka K. 2010. Biosorption and bioaccumulation the prospects for practical applications. Environment International, 36: 299-307.

Cledera-Castro M, Santos-Montes A, Izquierdo-Hornillos R. 2004. Comparison of the performance of conventional microparticulates and monolithic reversed-phase columns for liquid chromatography separation of eleven pollutant phenols. 25th International Symposium on Chromatography. Paris, FRANCE: Elsevier Science Bv: 57-63.

Coimbra R N, Escapa C, V′azquez N C, et al. 2018. Utilization of non-living microalgae biomass from two different strains for the adsorptive removal of diclofenac from water. Water, 10(10): 1401.

Combourieu B, Besse P, Sancelme M, et al. 2004. Evidence of metyrapone reduction by two *Mycobacterium* strains shown by h-1 nmr. Biodegradation, 15: 125-132.

Dai M H, Copley S D. 2004. Genome shuffling improves degradation of the anthropogenic pesticide pentachlorophenol by *Sphingobium chlorophenolicum* ATCC 39723. Applied and Environmental

Microbiology, 70: 2391-2397.

Dameron C T, Reese R N, Mehra R K, et al. 1989. Biosynthesis of cadmium sulphide quantum semiconductor crystallites. Nature, 338: 596-597.

Dangi A K, Sharma B, Hill R T, et al. 2019. Bioremediation through microbes: Systems biology and metabolic engineering approach. Critical Reviews in Biotechnology, 39: 79-98.

Das B, Deka S A. 2019. Cost-effective and environmentally sustainable process for phycoremediation of oil field formation water for its safe disposal and reuse. Scientific Reports, 9: 15232.

Davies J S, Westlake D W S. 1979. Crude oil utilization by fungi. Canadian Journal of Microbiology, 25: 146-156.

de Lima D P, dos Santos E D A, Marques M R, et al. 2018. Fungal bioremediation of pollutant aromatic amines. Current Opinion in Green and Sustainable Chemistry, 11: 34-44.

Devi R, Kaur T, Kour D, et al. 2020. Beneficial fungal communities from different habitats and their roles in plant growth promotion and soil health. Microbial Biosystems, 5: 21-47.

Don R H, Pemberton J M. 1981. Properties of six pesticide degradation plasmids isolated from *Alcaligenes paradoxus* and *Alcaligenes eutrophus*. Journal of Bacteriology, 145: 681-686.

Doshi H, Ray A, Kothari I L. 2007. Bioremediation potential of live and dead spirulina: Spectroscopic, kinetics and SEM studies. Biotechnology and Bioengineering, 96: 1051-1063.

Duruibe J O, Ogwuegbu M O C, Egwurugwu J N. 2007. Heavy metal pollution and human biotoxic effects. International Journal of Physical Sciences, 2(5): 112-118.

El Hameed A H A, Eweda W E, Abou-Taleb K A, et al. 2015. Biosorption of uranium and heavy metals using some local fungi isolated from phosphatic fertilizers. Annals of Agricultural Sciences, 60: 345-351.

Elbanna K, Hassan G, Khider M, et al. 2010. Safe biodegradation of textile azo dyes by newly isolated lactic acid bacteria and detection of plasmids associated with degradation. Journal of Bioremediation and Biodegradation, 1: 110-118.

El-Bondkly A M, Aboshosha A A M, Radwan N H, et al. 2010. Successive construction of ß-glucosidase hyperproducers of *Trichoderma harzianum* using microbial biotechnology techniques. Journal of Microbial and Biochemical Technology, 2: 70-73.

El-Sheekh M M, Hamouda R A, Nizam A A. 2013. Biodegradation of crude oil by *Scenedesmus obliquus* and *Chlorella vulgaris* growing under heterotrophic conditions. International Biodeterioration and Biodegradation, 82: 67-72.

El-Sheekh M M, Hamouda R A. 2014. Biodegradation of crude oil by some cyanobacteria under heterotrophic conditions. Desalination and Water Treatment, 52: 1448-1454.

El-Sheekh M, El-Sabagh S, Abou Elsoud G, et al. 2020. Efficacy of immobilized biomass of the seaweeds *Ulva lactuca* and *Ulva fasciata* for cadmium biosorption. Iranian Journal of Science and Technology, Transactions A: Science, 44 (1): 37-49.

Esteve-Nunez A, Rothermich M, Sharma M, et al. 2005. Growth of Geobacter sulfurre-ducens under nutrient-limiting conditions in continuous culture. Environmental Microbiology, 7: 641-648.

Farrington J W, Takada H. 2014. Persistent organic pollutants (POPs), polycyclic aromatic hydrocarbons (PAHs), and plastics: Examples of the status, trend, and cycling of organic chemicals of environmental concern in the ocean. Oceanography, 27: 196-213.

Ficker M, Krastel K, Orlicky S, et al. 1999. Molecular characterization of a toluene degrading methonogenic consortium. Applied and Environmental Microbiology, 65: 5576-5585.

Fomina M, Hillier S, Charnock J M, et al. 2005. Role of oxalic acid over-excretion in toxic metal mineral transformations by *Beauveria caledonica*. Appl Environ Microbiol, 71: 371-381.

Galazka A, Grzdziel J, Gazka R, et al. 2020. Fungal community, metabolic diversity, and glomalin-related soil proteins (GRSP) content in soil contaminated with crude oil after long-term natural bioremediation. Frontiers in Microbiology, 11: 1-17.

Gattullo C E, Bährs H, Steinberg C E W, et al. 2012. Removal of bisphenol A by the freshwater green alga *Monoraphidium braunii* and the role of natural organic matter. Science of the Total Environment, 416: 501-506.

Gaur A, Adholeya A. 2004. Prospects of arbuscular mycorrhizal fungi in phytoremediation of heavy metal contaminated soils. Current Science, 86: 528-534.

Gea T, Barrena R, Artola A, et al. 2004. Monitoring the biological activity of the composting process: Oxygen uptake rate (our), respirometric index (ri), and respiratory quotient (rq). Biotechnology Bioenginerring, 88: 520-527.

Ghasemi Y, Rasoul-Amini S, Fotooh-Abadi E. 2011. The biotransformation, biodegradation, and bioremediation of organic compounds by microalgae. Journal of Phycology, 47: 969-980.

Giovanella P, Costa A P, Schffer N, et al. 2015. Detoxification of mercury by bacteria using crude glycerol from biodiesel as a carbon source. Water Air and Soil Pollution, 226: 224.

Giovanella P, Vieira G A L, Ramos Otero I V, et al. 2020. Metal and organic pollutants bioremediation by extremophile microorganisms. Journal of Hazardous Materials, 38: 121024.

Girardi F, Hackbarth F V, De Souza S M G U, et al. 2014. Marine macroalgae *Pelvetia canaliculate* (Linnaeus) as natural cation exchanger for metal ions separation: A case study on copper and zinc ions removal. Chemical Engineers Journal, 247: 320-329.

Gola D, Dey P, Bhattacharya A, et al. 2016. Multiple heavy metal removal using an entomopathogenic fungi *Beauveria bassiana*. Bioresource Technology, 218: 388-396.

Gola D, Malik A, Namburath M, et al. 2018. Removal of industrial dyes and heavy metals by *Beauveria bassiana*: FTIR, SEM, TEM and AFM investigations with Pb (II). Environmental Science Pollution Research, 25: 20486-20496.

Goyal P, Basniwal R K. 2017. Environmental bioremediation: Biodegradation of xenobiotic compounds//Hashmi M, Kumar V, Varma A. (eds) Xenobiotics in the Soil Environment. Soil Biology, vol 49. Cham: Springer International Publishing: 347-371.

Gray N F. 1999. Water Technology. NewYork: John Wileyand Sons, Inc: 473-474.

Grujić S, Vasić S, Čomić L, et al. 2017. Heavy metal tolerance and removal potential in mixed-species biofilm. Water Science & and Technology, 76(4): wst2017248.

Gupta S, Singh D. 2017. Role of genetically modified microorganisms in heavy metal bioremediation//Kumar R, Sharma A, Ahluwalia S. (eds) Advances in Environmental Biotechnology. Singapore: Springer: 197-214.

Gursahani Y H, Gupta S G. 2011. Decolourization of textile effluent by a thermophilic bacteria *Anoxybacillus rupiensis*. Journal of Petroleum and Environmental Biotechnology, 2: 111-117.

Guzzi G, La Porta C A M. 2008. Molecular mechanisms triggered by mercury. Toxicology, 244: 1-12.

Habe H, Omori T. 2003. Genetics of polycyclic aromatic hydrocarbon metabolism in diverse aerobic bacteria. Bioscience Biotechnology and Biochemistry, 67: 225-243.

Hadad D, Geresh S, Sivan A. 2005. Biodegradation of polyethylene by the thermophilic bacterium *Brevibacillus borstelensis*. Journal of Applied Microbiology, 98: 1093-1100.

Han D M, Currell M J. 2017. Persistent organic pollutants in China's surface water systems. Science of the Total Environment, 580: 602-625.

Hanikenne M, Krämer U, Demoulin V, et al. 2005. A comparative inventory of metal transporters in the green alga *Chlamydomonas reinhardtii* and the red alga *Cyanidioschizon merolae*. Plant Physiology, 137(2): 428-446.

Hashmi M Z, Kumar V, Varma A. 2017. Xenobiotics in the Soil Environment. Cham: Springer International Publishing.

Hawksworth D L. 2001. The magnitude of fungal diversity: The 1.5 million species estimate revisited. Mycological Research, 105: 1422-1432.

He K M, Wang S Q, Zhang J L. 2009. Blood lead levels of children and its trend in China. Science of the Total Environment, 407: 3986-3993.

Herrera-Estrella L R, Guevara-Garcia A A. 2009. Heavy metal adaptation. eLSEn cyclopedia of Life Sciences. Chichester: John Wiley and Sons, Ltd.: 1-9.

Holmes J D, Richardson D J, Saed S, et al. 1997. Cadmium-specific formation of metal sulfide Q-particles' by *Klebsiella pneumoniae*. Microbiology, 143: 2521-2530.

Holmes J D, Smith P R, Evansgowing R, et al. 1995. Energy-dispersive X-ray-analysis of the extracellular cadmium-sulfide crystallites of *Klebsiella aerogenes*. Archives of Microbiology, 163: 143-147.

Hong Y W, Yuan D X, Lin Q M, et al. 2008. Accumulation and biodegradation of phenanthrene and fluoranthene by the algae enriched from a mangrove aquatic ecosystem. Marine Pollution Bulletin, 56: 1400-1405.

Huang C C, Chen M W, Hsieh J L, et al. 2006 Expression of mercuric reductase from *Bacillus megaterium* MB1 in eukaryotic microalga *Chlorella* sp. DT: An approach for mercury phytoremediation. Applied Microbiology And Biotechnology, 72(1): 197-205.

Huang K, Chen C, Shen Q, et al. 2015. Genetically engineering *Bacillus subtilis* with a heat-resistant arsenite methyltransferase for bioremediation of arsenic-contaminated organic waste. Applied and Environmental Microbiology, 81(19): 6718-6724.

Hultberg M, Bodin H. 2018. Effects of fungal-assisted algal harvesting through biopellet formation on pesticides in water. Biodegradation, 29 (6): 557-565.

Hung C M, Huang C P, Hsieh S L, et al. 2020. Biochar derived from red algae for efficient remediation of 4-nonylphenol from marine sediments. Chemosphere, 254: 126916.

Ibrahim W M, Karam M A, El-Shahat R M, et al. 2014. Biodegradation and utilization of organophosphorus pesticide malathion by cyanobacteria. BioMed Research International, 2014: 392682.

Imamul Huq S M, Abdullah M B, Joardar J C. 2007. Bioremediation of arsenic toxicity by algae in rice culture. Land Contamination and Reclamation, 15(3): 327-334.

Jamal M T, Pugazhendi A. 2018. Degradation of petroleum hydrocarbons and treatment of refinery wastewater under saline condition by a halophilic bacterial consortium enriched from marine environment (Red Sea), Jeddah, Saudi Arabia. 3 Biotechnology, 8: 276.

Jenkins S, Quer A M I, Fonseca C, et al. 2019. Microbial degradation of plastics: new plastic degraders, mixed cultures and engineering strategies//Jamil N, Kumar P, Batool R. (eds) Soil Microenvironment for Bioremediation and Polymer Production. John Wiley & Sons, Ltd: 213-238.

Jin Z P, Luo K, Zhang S, et al. 2012. Bioaccumulation and catabolism of prometryne in green algae. Chemosphere, 87: 278-284.

Jing Y, He Z, Yang X. 2007. Role of soil rhizobacteria in phytoremediation of heavy metal contaminated soils. Journal of Zhejiang University Science, 8: 192-207.

Joe J, Kothari R K, Raval C M, et al. 2011. Decolorization of textile dye remazol black b by *Pseudomonas aeruginosa* CR-25 isolated from the common effluent treatment plant. Journal Bioremediation Biodegradation, 2: 118-125.

Kadri T, Luan T, Wong M, et al. 2017. Biodegradation of polycyclic aromatic hydrocarbons (PAHs) by fungal enzymes: A review. Journal of Environmental Sciences, 51: 52-74.

Kalhor A X, Movafeghi A, Mohammadi-Nassab A D, et al. 2017. Potential of the green alga *Chlorella vulgaris* for biodegradation of crude oil hydrocarbons. Marine Pollution Bulletin, 123: 286-290.

Kapoor A, Viraraghavan T, Cullimore D R. 2001. Removal of heavy metals using the fungus *Aspergillus niger*. Bioresource Technology, 70: 95-104.

Karimpour M, Ashrafi S D, Taghavi K, et al. 2018. Adsorption of cadmium and lead onto live and dead cell mass of *Pseudomonas aeruginosa*: A dataset. Data in Brief, 18: 1185-1192.

Kazamia E, Czesnick H, Van Nguyen T T, et al. 2012. Mutualistic interactions between vitamin B_{12}-dependent algae and heterotrophic bacteria exhibit regulation. Environmental Microbiology, 14: 1466-1476.

Ke C, Xiong H, Zhao C, et al. 2019. Expression and purification of an ArsM-elastin-like polypeptide fusion and its enzymatic properties. Applied Microbiology and Biotechnology, 103: 2809-2820.

Khalid F E, Lim Z S, Sabri S, et al. 2021. Bioremediation of diesel contaminated marine water by bacteria: A review and bibliometric analysis. Journal of Marine Science Engineering, 9: 155.

Khalili A, Najafpour G D, Amini G, et al. 2015. Influence of nutrients and LED light intensities on biomass production of microalgae *Chlorella vulgaris*. Biotechnology and Bioprocess Engineering, 20: 284-290.

Khan M A, Rao R A K, Ajmal M. 2008. Heavy metal pollution and its control through non conventional adsorbents (1998-2007): A review. Journal of International Environmental Application Science, 3: 101-141.

Kloeppel H, Koerdel W, Stein B. 1997. Herbicide transport by surface runoff and herbicide retention in a filter strip rainfall and runoff simulation studies. Chemosphere, 35: 129-141.

Kowshik M, Deshmukh N, Vogel W, et al. 2002. Microbial synthesis of semiconductor CdS nanoparticles, their characterization, and their use in the fabrication of an ideal diode. Biotechnol and Bioengineering, 78: 583-588.

Kumar A, Chandra R. 2020. Ligninolytic enzymes and its mechanisms for degradation of lignocellulosic waste in environment. Heliyon, 6: e03170.

Kumar K S, Dahms H U, Won E J, et al. 2015. Microalgae-a promising tool for heavy metal remediation. Ecotoxicology and Environmental Safety, 113: 329-352.

Kumar V V. 2017. Mycoremediation: A step toward cleaner environment// Prasad R. (eds) Mycoremediation and Environmental Sustainability. Cham: Springer: 171-187.

Kurano N, Ikemoto H, Miyashita H, et al. 1995. Fixation and utilization of carbon dioxide by microalgal photosynthesis. Energy Conversion and Management. 36 (6-9): 689-692.

Kurnaz S U, Buyukgungor H. 2009. Assessment of various biomasses in the removal of phenol from aqueous solutions. Journal of Microbial and Biochemical Technology, 1: 47-50.

Lei A P, Wong Y S, Tam N F Y. 2002. Removal of pyrene by different microalgal species. Water Science and Technology, 46: 195-201.

Leong Y K, Chang J S. 2020. Bioremediation of heavy metals using microalgae: Recent advances and mechanisms. Bioresource Technology, 303: 122886.

Li H, Cong Y, Lin J, et al. 2014. Enhanced tolerance and accumulation of heavy metal ions by engineered *Escherichia coli* expressing *Pyrus calleryana* phytochelatin synthase. Journal Basic Microbiology, 55: 398-405.

Li L, Hu Q, Zeng J H, et al. 2011. Resistance and biosorption mechanism of silver ions by *Bacillus cereus* biomass. Journal of Environmental Sciences, 23: 108-111.

Li S, Huang J, Mao J, et al. 2019. *In vivo* and *in vitro* efficient textile wastewater remediation by *Aspergillus niger* biosorbent. Nanoscale Advances, 1: 168-176.

Lin Z, Wu J, Xue R, et al. 2005. Spectroscopic characterization of Au^{3+} biosorption by waste biomass of *Saccharomyces cerevisae*. Spectrochim Acta Microbiology, 40: 535-539.

Liu S, Zhang F, Chen J, et al. 2011. Arsenic removal from contaminated soil via biovolatilization by genetically engineered bacteria under laboratory conditions. Journal of Environmental Sciences, 23(9): 1544-1550.

Lladó S, Covino S, Solanas A M, et al. 2013. Comparative assessment of bioremediation approaches to highly recalcitrant PAH degradation in a real industrial polluted soil. Joural of Hazardous Materials, 248-249: 407-414.

Luo Q, Hou D, Jiang D, et al. 2021. Bioremediation of marine oil spills by immobilized oil-degrading bacteria and nutrition emulsion. Biodegradation, 32: 165-177.

Luo S, Chen B, Lin L, et al. 2014. Pyrene degradation accelerated by constructed consortium of bacterium and microalga: Effects of degradation products on the microalgal growth. Environmental Science and Technology, 48: 13917-13924.

Ma W, Lia X F, Qi W G, et al. 2019. Tandem oligomeric expression of metallothionein enhance heavy metal tolerance and bioaccumulation in *Escherichia coli*. Ecotoxicology and Environmental Safety, 181: 301-307.

Maloney S. 2001. Pesticide degradation//Gadd G. Fungi in Bioremediation. Cambridge: Cambridge University.

Maznah W O W, Al-Fawwaz A T, Surif M. 2012. Biosorption of copper and zinc by immobilised and free algal biomass, and the effects of meta lbiosorption on the growth and cellular structure of *Chlorella* sp. and *Chlamydomonas* sp. isolated from rivers in Penang. Malaysian Journal of Environmental Sciences, 24(8): 1386-1393.

Mcgenity T J, Folwell B D, Mckew B A, et al. 2012. Marine crude-oil biodegradation: A central role for interspecies interactions. Aquatic Biosystems, 8: 10.

Mendoza C A, Cortes G, Munoz D. 1998. Heavy metal pollution in soils and sediments of rural developing district 063, Mexico. Environmental Toxicology and Water Quality, 11: 327e333.

Mirgain I, Green G, Monteil H. 1995. Biodegradation of the herbicide atrazine in groundwater under laboratory conditions. Environmental Technology, 16(10): 967-976.

Mirza N, Mahmood Q, Pervez A, et al. 2010a. Phytoremediation potential of *Arundo donax* L. in arsenic contaminated synthetic wastewater. Bioresource Technology, 101: 5815-5819.

Mirza N, Pervez A, Mahmood Q, et al. 2010b. Phytoremediation of arsenic (As) and mercury (Hg) contaminated soil. World Applied Sciences Journal, 1(8): 113-118.

Mishra S, Jyot J, Kuhad R C, et al. 2001. Evaluation of inoculum addition to stimulate *in situ* bioremediation of oily sludge contaminated soil. Applied Environmental Microbiology, 67: 1675-1681.

Monteiro C M, Castro P M L, Malcata F X. 2012. Metal up take by microalgae: Under lying mechanisms and practical applications. Biotechnology Progress, 28(2): 299-311.

Morales A R, Paniagua-Michel J. 2013. Bioremediation of hexadecane and diesel oil is enhanced by photosynthetically produced marine biosurfactants. Journal of Bioremediation and Biodegradation, 1: 1-5.

Moro C V, Bricheux G, Portelli C, et al. 2012. Comparative effects of the herbicides chlortoluron and mesotrione on freshwater microalgae. Environmental Toxicology and Chemistry, 31: 778-786.

Munck C, Thierry E, Gräßle S, et al. 2018. Biofilm formation of filamentous fungi *Coriolopsis* sp. on simple muslin cloth to enhance removal of triphenylmethane dyes. Journal of Environmental Management, 214, 261-266.

Mustafa S, Bhatti H N, Maqbool M, et al. 2021. Microalgae biosorption, bioaccumulation and biodegradation efficiency for the remediation of wastewater and carbon dioxide mitigation: Prospects, challenges and opportunities. Journal of Water Process Engineering, 41(3): 102009.

Nourbakhsh M, Sağ Y, Özer D, et al. 1994. Acomparative study of various biosorbents for removal of chromium (VI) ions from industrial waste-water. Process Biochemistry, 29: 1-5.

Nweze N, Aniebonam C. 2009. Bioremediation of petroleum products impacted freshwater using locally available algae. Biological Research, 7: 484-490.

Olette R, Couderchet M, Biagianti S, et al. 2008. Toxicity and removal of pesticides by selected aquatic plants. Chemosphere, 70: 1414-1421.

Olette R, Couderchet M, Biagianti S, et al. 2010 Fungicides and herbicide removal in *Scenedesmus* cell suspensions. Chemosphere, 79: 117-123.

Olguıń E J. 2003. Phycoremediation: Key issues for cost-effective nutrient removal processes. Biotechnology Advances, 22: 81-91.

Olusola S A, Anslem E E. 2010. Bioremediation of a crude oil polluted soil with *Pleurotus pulmonarius* and *Glomus mosseae* using *Amaranthus hybridus* as a test plant. Journal of Bioremediation and Biodegradation, 1: 111-118.

Owolabi R U, Osiyemi N A, Amosa M K, et al. 2011. Biodiesel from household/restaurant waste cooking oil (WCO). Journal Chemical Engineering and Process Technology, 2: 112-118.

Pandey J, Chauhan A, Jain R K. 2009. Integrative approaches for assessing the ecological sustainability of *in situ* bioremediation. FEMS Microbiology Reviews, 33: 324-375.

Parvathi K, Nareshkumar R, Nagendran R. 2007. Biosorption of manganese by *Aspergillus niger* and

Saccharomyces cerevisiae. World Journal Microbiology Biotechnology, 23: 671-676.

Patel J G, Kumar J I N, Kumar R N, et al. 2015. Enhancement of pyrene degradation efficacy of *Synechocystis* sp. by construction of an artificial microalgal-bacterial consortium. Cogent Chemistry, 1: 1064193.

Perales-Vela H V, Peña-Castro J M, Cañizares-Villanueva R O. 2006. Heavy metal detoxification in eukaryotic microalgae. Chemosphere, 64: 1-10.

Pieper D H, Pollmann K, Nikodem P, et al. 2002. Monitoring key reactions in degradation of chloroaromatics by *in situ* h-1 nuclear magnetic resonance: Solution structures of metabolites formed from *cis*-dienelactone. Journal Bacteriology, 184: 1466-1470.

Pignatello J J, Martinson M M, Steiert J G, et al. 1983. Biodegradation and photolysis of pentachlorophenol in artificial freshwater streams. Applied Environmental Microbiology, 46: 1024-1031.

Pointing S. 2001. Feasibility of bioremediation by white rot fungi. Applied Microbiology Biotechnology, 57: 20-33.

Poornima K, Karthik L, Swadhini S P, et al. 2010. Degradation of chromium by using a novel strains of *Pseudomonas* species. Journal of Microbial and Biochemical Technology, 2: 95-99.

Prakasham R S, Merrie J S, Sheela R, et al. 1999. Biosorption of chromium (VI) by free and immobilized *Rhizopus arrhizus*. Environmental Pollution, 104(3): 421-427.

Prasad K, Jha A K. 2010. Biosynthesis of CdS nanoparticles: An improved green and rapid procedure. Journal of Colloid and Interface Science, 342(1): 68-72.

Priatni S, Ratnaningrum D, Warya S, et al. 2018. Phycobiliproteins production and heavy metals reduction ability of *Porphyridium* sp. IOP Conference Series: Earth and Environmental Science, 160 (1): 012006.

Raeid M M A. 2011. Unraveling the Role of Cyanobacterial Mats in the Cleanup of Oil Pollutants Using Modern Molecular and Microsensor Tools. New Delhi: World Congress on Biotechnology.

Rai L C, Tyagi B, Rai P K, et al. 1998. Interactive effects of UV-B and heavy metals (Cu and Pb) on nitrogen and phosphorus metabolism of a N2-fixing cyanobacterium *Anabaena doliolum*. Journal of Experimental Botany, 39(3): 221-231.

Rajamani S, Siripornadulsil S, Falcao V, et al. 2007. Phycoremediation of heavy metals using transgenic microalgae. Advances in Experimental Medicine and Biology, 616: 99.

Rani L, Srivastav A L, Kaushal J. 2021. Bioremediation: An effective approach of mercury removal from the aqueous solutions. Chemosphere, 280(1-3): 130654.

Ratte H T. 1999. Bioaccumulation and toxicity of silver compounds: A review. Environ Toxicol Chem, 18: 89-108.

Rawat I, Kumar R R, Mutanda T, et al. 2011. Dual role of microalgae: phycoremediation of domestic wastewater and biomass production for sustainable biofuels production. Applied Energy, 88: 3411-3424.

Reddy N, Yang Y, 2011. Plant proteins for medical applications. Trends Biotechnol, 29(10): 490-498.

Rich G, Cherry K. 1987. Hazardous Waste Treatment Technologies. NewYork: Pudvan Publishers.

Robinson T, McMullan G, Marchant R, et al. 2001. Remediation of dyes in textile effluent: A critical review on current treatment technologies with a proposed alternative. Bioresource Technology, 77(3): 247-255.

Rudakiya D M, Tripathi A, Gupte S, et al. 2019. Fungal bioremediation: A step towards cleaner environment. In: Advancing Frontiers in Mycology and Mycotechnology. Springer, Singapore: 229-249.

Russo F, Ceci A, Pinzari F, et al. 2019. Bioremediation of dichlorodiphenyltrichloroethane (DDT)-contaminated agricultural soils: Potential of two autochthonous saprotrophic fungal strains. Applied Environmental Microbiology, 85: e01720-e01719.

Sag Y, Yalçuk A, Kutsal T. 2001. Use of mathematical model for prediction of the performance of the simultaneous biosorption of Cr (VI) and Fe (III) on *Rhizopus arrhizus* in a semi-batch reactor. Hydrometallurgy, 59: 77-87.

Sajayan A, Kiran G S, Priyadharshini S, et al. 2017. Revealing the ability of a novel polysaccharide bioflocculant in bioremediation of heavy metals sensed in a *Vibrio* bioluminescence reporter assay. Environmental Pollution, 228: 118-127.

Sakpirom J, Kantachote D, Siripattanakul-Ratpukdi S, et al. 2019, Simultaneous bioprecipitation of cadmium to cadmium sulfide nanoparticles and nitrogen fixation by *Rhodopseudomonas palustris* TN110. Chemosphere, 223: 455-464.

Sangale M K, Shahnawaz M, Ade A B. 2019. Potential of fungi isolated from the dumping sites mangrove rhizosphere soil to degrade polythene. Scientific Reports, 9(1): 5390.

Santos-Gandelman J F, Cruz K, Crane S, et al. 2014. Potential application in mercury bioremediation of a marine sponge-Isolated *Bacillus cereus* strain Pj1. Current Microbiology, 69(3): 374-380.

Sasikala C, Sudha S. 2014. Phycoremediation of textile dying effluents with algal species from aquatic origin. Scrutiny International Research Journal of Microbiology Biotechnology, 2: 7-18.

Say R, Denizli A, Arica M Y. 2001. Biosorption of cadmium (II), Lead (II) and Copper (II) with the filamentous fungus *Phanerochaete chrysosporium*. Bioresource Technology, 76: 67-70.

Scarano G, Morelli E. 2003. Properties of phytochelatin-coated CdS nanocrystallites formed in a marine phytoplanktonic alga (*Phaeodactylum tricornutum* Bohlin) in response to Cd. Plant Science, 165(4): 803-810.

Schwarzenbach R P, Escher B I, Fenner K, et al. 2006. The challenge of micropollutants in aquatic systems. Science, 313(5790): 1072-1077.

Semple K T, Cain R B, Schmidt S. 1999. Biodegradation of aromatic compounds by microalgae. FEMS Microbiology Letters, 170: 291-300.

Sethunathan N, Megharaj M, Chen Z L, et al. 2004. Algal degradation of a known endocrine disrupting insecticide, alpha-endosulfan, and its metabolite, endosulfan sulfate, in liquid medium and soil. Journal of Agricultural and Food Chemistry, 52: 3030-3035.

Shahpiri A, Mohammadzadeh A. 2018. Mercury removal by engineered *Escherichia coli* cells expressing different rice metallothionein isoforms. Annals of Microbiology, 68(3): 145-152.

Shamsuddoha A S M, Bulbul A, Imamul Huq S M. 2006. Accumulation of arsenic in green algae and its subsequent transfer to the soil–plant system. Bangladesh Journal of Microbiology, 22 (2): 148-151.

Shanab S, Essa A, Shalaby E. 2012. Bioremoval capacity of three heavy metals by some microalgae species (Egyptian isolates). Plant Signaling and Behavior, 7(3): 392-399.

Sharma P K, Balkwill D L, Frenkel A, et al. 2000. A new *Klebsiella planticola* strain (Cd-1) grows anaerobically at high cadmium concentrations and precipitates cadmium sulfide. Applied

Environmental Microbiology, 66(7): 3083-3087.

Sharma S, Tiwari S, Hasan A, et al. 2018. Recent advances in conventional and contemporary methods for remediation of heavy metal-contaminated soils. 3 Biotech, 8(4): 216.

Shen L, Bao N, Prevelige P E, et al. 2010. *Escherichia coli* bacteriatemplated synthesis of nanoporous cadmium sulfide hollow microrods for efficient photocatalytic hydrogen production. Journal of Physical Chemistry C, 114(6): 2551-2559.

Sigg L. 1987. Surface chemical aspects of the distribution and fate of metal ions in lakes// Stumm W (ed.)Aquatic Surface Chemistry. New York: Wiley Inter Science: 319-348.

Singh T, Bhatiya A K, Mishra P K, et al. 2020. An effective approach for the degradation of phenolic waste: Phenols and cresols// Singh P, Kumar A, Borthakur A. (eds) Abatement of Environmental Pollutants. Elsevier: 203-243.

Sinha A, Khare S K. 2011. Mercury bioaccumulation and simultaneous nanoparticle synthesis by *Enterobacter* sp. cells. Bioresource Technology, 102(5): 4281-4284.

Sinha A, Kumar S, Khare S K. 2013. Biochemical basis of mercury remediation and bioaccumulation by *Enterobacter* sp. EMB21. Applied Biochemistry and Biotechnology, 169 (1): 256-267.

Siripornadulsil S, Traina S, Verma D P S, et al. 2002. Molecular mechanisms of proline-mediated tolerance to toxic heavy metals in transgenic microalgae. Plant Cell, 14(11): 2837-2847.

Sivasubramanian V, Subramanian V V, Muthukumaran M. 2010. Bioremediation of chromesludge from an electroplating industry using the micro alga *Desmococcus olivaceus*—A pilot study. Journal of Algal Biomass Utilization, 3: 104-128.

Somasundaram L, Coats R. 1990. Influence of pesticide metabolites on the development of enhanced biodegradation//Racke K D, Coats J R (eds) Enhanced Biodegradation of Pesticides In The Environment. Washington: American Chemical Society.

Somee M R, Shavandi M, Dastgheib S M M, et al. 2018. Bioremediation of oil-based drill cuttings by a halophilic consortium isolated from oil-contaminated saline soil. 3 Biotech, 8: 229.

Srivastava S, Thakur I S. 2005. Isolation and process parameter optimization of *Aspergillus* sp. for removal of chromium from tannery effluent. Bioresource Technology, 97: 1167-1173.

Srivastava S. 2007. Phytoremediation of heavy metal contaminated soils. J Dept Appl Sci Hum, 6: 95-97.

Sunday E R, Uyi O J, Caleb O O. 2018. Phycoremediation: An eco-solution to environmental protection and sustainable remediation. Journal of Chemical Environmental and Biological Engineering, 2: 5.

Suresh B, Ravishankar G A. 2004. Phytoremediation—A novel and promising approach for environmental clean-up. Critical Reviews in Biotechnology, 24: 97-124.

Sutherland T D, Horne I, Russell R J, et al. 2002. Isolation and characterization of a *Myobacterium* strain that metabolizes the insecticide endosulfan. Journal of Applied Microbiology, 93: 380-389.

Tang X, Zeng G M, Fan C Z, et al. 2018. Chromosomal expression of CadR on *Pseudomonas aeruginosa* for the removal of Cd (II) from aqueous solutions. The Science of the Total Environment, 636: 1355-1361.

Tay P, Nguyen P, Joshi N. 2017. A synthetic circuit for mercury bioremediation using self-assembling functional amyloids. ACS Synthetic Biology, 6(10): 1841-1850.

Tewari N, Vasudevan P, Guha B K. 2005. Study on biosorption of Cr (VI) by *Mucor hiemalis*. Biochemical Engineering Journal, 23: 185-192.

Thomas S A, Gaillard J F. 2017. Cysteine addition promotes sulfide production and 4-fold Hg (II)-S coordination in actively metabolizing *Escherichia coli*. Environmental Science and Technology, 51(8): 4642-4651.

Thomas S A. Rodby K E, Roth E W, et al. 2018. Spectroscopic and microscopic evidence of biomediated HgS species formation from Hg (II) -cysteine complexes: Implications for Hg (II) bioavailability. Environmental Science and Technology, 52(17): 10030-10039.

Tong S, Vonschirnding Y E, Prapamontol T. 2000. Environmental lead exposure: A public health problem of global dimensions. Bulletin of the World Health Organization, 78 (9): 1068-1077.

Truu M, Juhanson J, Truu J. 2009. Microbial biomass, activity and community composition in constructed wetlands. Science of the Total Environment., 407: 3958-3971.

Tunali S, Kiran I, Akar T. 2005. Chromium (VI) biosorption characteristics of *Neurospora crassa* fungal biomass. Minerals Engineering, 18: 681-689.

Tüzün İ, Bayramoglu G, Yalcin E, et al. 2005. Equilibrium and kinetic studies on biosorption of Hg(II), Cd(II) and Pb(II) ions onto microalgae Chlamydomonas reinhardtii. Journal of Environmental Management, 77: 85-92.

Uhlik O, Jecna K, Leigh M B, et al. 2009. DNA-based stable isotope probing: Alink between community structure and function. Science of the Total Environment., 407: 3611-3619.

Valenzuela C, Campos V, Yanez J, et al. 2009. Isolation of arsenite-oxidizing bacteria from arsenic-enriched sediments from Camarones River, Northern Chile. Bulletin of Environmental Contamination and Toxicology, 82 (5): 593-596.

Verma S, Verma P K, Meher A K, et al. 2016. A novel arsenic methyltransferase gene of *Westerdykella aurantiaca* isolated from arsenic contaminated soil: Phylogenetic, physiological, and biochemical studies and its role in arsenic bioremediation. Metallomics, 8: 344-353.

Wang C L, Clark D S, Keasling J D. 2010. Analysis of an engineered sulfate reduction pathway and cadmium precipitation on the cell surface. Biotechnology and Bioengineering, 75(3): 285-291.

Wang J, Chen C. 2009. Biosorbents for heavy metals removal and their future. Biotechnology Advances, 27(2): 195-226.

Wang L, Xiao H, He N, et al. 2019. Biosorption and biodegradation of the environmental hormone nonylphenol by four marine microalgae. Scientific Reports, 9: 5277.

Wang X, He Z, Luo H, et al. 2018. Multiple-pathway remediation of mercury contamination by a versatile selenite-reducing bacterium. Science of The Total Environment, 615: 615-623.

Wang X, Song L, Li Z, et al. 2020. The remediation of chlorpyrifos-contaminated soil by immobilized white-rot fungi. Journal of the Serbian Chemical Society, 85: 130.

Yan C C, Qu Z Z, Wang J N, et al. 2022. Microalgal bioremediation of heavy metal pollution in water: Recent advances, challenges, and prospects. Chemosphere, 286: 131870.

Yan D Z, Liu H, Zhou N Y. 2006. Conversion of *Sphingobium chlorophenolicum* ATCC 39723 to a hexachlorobenzene degrader by metabolic engineering. Applied and Environmental Microbiology, 72(3): 2283-2286.

Ye J S, Yin H, Peng H, et al. 2013. Copper biosorption and ions release by *Stenotrophomonas maltophilia* in the presence of benzo[a]pyrene. Chemical Engineering Journal, 219: 1-9.

Yin K, Lv M, Wang Q N, et al. 2016. Simultaneous bioremediation and biodetection of mercury ion through surface display of carboxylesterase E2 from *Pseudomonas aeruginosa* PA1. Water Research, 103: 383-390.

Yu Q, Mishra B, Fein J. 2020. Role of bacterial cell surface sulfhydryl sites in cadmium detoxification by *Pseudomonas putida*. Journal of Hazardous Materials, 391: 122209.

Zeng X X, Tang J X, Liu X D, et al. 2012. Response of *P. aeruginosa* E1 gene expression to cadmium stress. Current Microbiology, 65(6): 799-804.

Zhang J, Gao D, Li Q, et al. 2020. Biodegradation of polyethylene microplastic particles by the fungus *Aspergillus flavus* from the guts of wax moth *Galleria mellonella*. Science of the Total Environment, 704: 135931.

Zhang J, Xu Y, Cao T, et al. 2017. Arsenic methylation by a genetically engineered Rhizobium-legume symbiont. Plant and Soil, 416: 259-269.

Zhang S, Qiu C B, Zhou Y, et al. 2011. Bioaccumulation and degradation of pesticide fluroxypyr are associated with toxic tolerance in green alga *Chlamydomonas reinhardtii*. Ecotoxicology, 20: 337-347.

Zhou Y F, Haynes R J. 2011. Acomparison of inorganic solid wastes as adsorbents of heavy metal cationsinaqueous solution and their capacity for desorption and regeneration. Water, Air, and Soil Pollution, 218: 457-470.

Zhou Y F, Haynes R J. 2010. Sorption of heavy metals by inorganic and organic components of solid wastes: significance to use of wastes as low-cost adsorbents and immobilizing agents. Critical Reviews in Environmental Science and Technology, 40: 909-977.

Zhuo R, Fan F F. 2021. A comprehensive insight into the application of white rot fungi and their lignocellulolytic enzymes in the removal of organic pollutants. Science of the Total Environment, 778: 146132.

Zvinowanda C M, Okonkwo J O, Shabalala P N, et al. 2009. A novel adsorbent for heavy metal remediation in aqueous environments. International Journal of Environmental Science and Technology, 6(3): 425-434.

第 10 章 合成生物学在废弃物资源化中的应用

基于对“资源—产品—废弃物”这一单向流动的传统经济发展模式的反思，为克服资源短缺、环境污染等问题，实现经济可持续发展，以“减量化（reducing）、无害化（non-hazardous treatment）、资源化（recycling）”为原则，以资源节约和循环利用为核心，力图接近或实现“资源—产品—再生资源”物质闭环流动（closing materials cycle）的循环经济，是解决全球资源环境与经济发展之间矛盾的重要途径（王明远，2005）。

废弃物资源化以实现资源的循环利用是循环经济的一项重要内容，是指采用各种工程技术方法和管理措施，从废弃物中回收、生产有用的物质和能源。废弃物主要包括生活垃圾、工业废弃物和农业废弃物。生活垃圾是指人们日常生活产生的废弃物，如餐厨垃圾、废弃包装和废弃金属等。工业废弃物是指各种工业生产活动中排放的工业废渣和粉尘等。农业废弃物是指农业生产、加工和养殖等活动排放的废弃物，如农作物秸秆、畜禽粪便和农膜等。

10.1 废弃物处置与资源化利用

人们日常生活和工农业生产等过程中排放大量的废弃物，会带来环境污染问题。因此，废弃物处置对于社会经济发展和生态环境文明具有重要影响。固体废弃物的处理方式包括压实、破碎、焚烧、热解、填埋和生物处理等，不同处理方式各有利弊。例如，废弃物中污染物未经过有效降解或者无害化处理会存在环境风险，有些废弃物处置方式会引发大气污染和地下水污染等二次污染。因此，废弃物处置需要实现减量化、无害化和资源化。减量化包括从源头降低废弃物的排放，以及通过压缩、加热或冷却降低废弃物的体积等。无害化是指通过一定的处理使有害组分不对环境产生危害。资源化是指通过不同方法从废弃物中回收有价值组分，以及利用废弃物生成其他能源和高价值化合物等。废弃物的资源化利用可以实现变废为宝，缓解环境污染和资源短缺等问题，是实现可持续发展的重要途径。

微生物处理废弃物是废弃物资源化的有效途径。在人为排放的废弃物中含有大量的有机质，这些有机质可以为微生物的生长和生存提供原料及能量。微生物可以直接利用各种废弃物中的生物质等进行新陈代谢活动，从而实现废弃物中有价值资源回收、清洁能源生产、高价值化合物的生成及污染物降解。相较于其他废弃物处理方式，采用微生物处理的方式对废弃物进行资源化利用，其成本较低、可行性高、环境友好，是废弃物资源化发展的重要选择。

在微生物废弃物资源化利用中，微生物对废弃物中底物的利用能力和转化效率低，是影响微生物处理废弃物产业发展的重要瓶颈。目前，合成生物学方法成为提高微生物资源化利用的重要手段。随着研究人员对微生物的代谢通路和机制的深入研究，采用合成生物学手段对微生物进行代谢改造，通过构建新的代谢途径、敲除竞争性途径和过表达关键酶相关基因等策略可以构建高效工程菌，提高微生物在废弃物资源化利用中可利用底物种类、底物利用效率和能量/产品的产率等。因此，合成生物学手段定向改造的工程菌在废弃物的资源化利用中展现出了广阔的应用前景。

10.2　废弃物合成生物学资源化利用的策略——回收与转化

采用微生物进行废弃物资源化的策略主要包括资源回收和能量/化合物转化。一方面，微生物可以回收废弃物中有价值的资源，如矿产资源和油脂等；另一方面，微生物以废弃物为底物进行新陈代谢活动，可以将废弃物中的化学能转化为电能，还可利用废弃物生产燃料和其他高附加值化合物。通过环境合成生物学手段精细调控微生物的代谢通路，可以提高微生物对底物的利用率和生物能源/化合物的产率，拓展微生物在废弃物资源化中的应用。其中，通过环境合成生物学方法在微生物体内引入新的底物代谢途径或者对已有底物代谢途径进行改造的策略，已被广泛应用于废弃物的微生物资源化研究，该手段可以提高微生物可利用底物的种类和底物利用率，以及微生物对不同废弃物的适应和利用能力，从而推进废弃物资源化利用中微生物更广泛的应用。另外，基于不同资源化利用策略和不同废弃物类型，合成生物学手段可以应用于废弃物的资源回收、生物产能、生物燃料和其他高值化合物生产等各个领域微生物的代谢工程研究，在废弃物资源化利用的诸多领域展现出广阔的应用前景。

从废弃物中回收有价值的资源进行资源再生，可以节约大量资源和生产成本，降低环境污染，是清洁生产和可持续发展的重要内容。矿产资源是不可再生资源，电子垃圾等废弃物中含有大量的金属资源，填埋等处理方式会造成严重的浪费，而采用焚烧法、热解法和化学溶剂浸出法对废弃物中的金属进行回收的成本高且会产生二次污染。采用微生物进行金属回收的方法成本低且环境友好，是一种具有良好应用前景的技术。基于微生物对金属矿物的溶解机制，通过环境合成生物学手段对微生物进行代谢工程改造，可以增强微生物对金属的溶出能力，提高微生物对重金属的抗性和生存能力，并通过表面展示技术将金属结合肽等展示在微生物表面，用于金属的吸附和回收。另外，环境合成生物学在微生物采油技术方面也展现出良好的应用前景。通过在微生物体内增强或者抑制特定基因的表达，提高微生物的耐热性及底物利用能力，促进微生物体驱油剂的合成与外排，提高微生物驱油剂的乳化活性和润湿性等，可以增强微生物对油脂的回收能力，这些重组工程菌有望应用于废弃物中油脂的原位回收及原油采收。此外，经环境合成生物学改造的微生物，也可以用于其他矿产资源的回收利用。

微生物可以利用废弃物中的有机物或无机物进行新陈代谢，将化学能转化为电能，或者将底物转化为生物燃料和其他高附加值产物等。利用微生物燃料电池（microbial fuel cell，MFC），产电活性菌可将废弃物中的化学能直接转化为电能。MFC 已经有诸多应用，但是并非所有微生物均具有产电活性，阳极微生物利用的底物种类有限，且胞外电子传递效率低，这些都成为制约 MFC 发展的重要瓶颈。近些年，采用合成生物学方法，可以在产电微生物中构建或者改进底物代谢途径和胞外电子传递途径，提高胞内还原能力和电子释放能力，进而提高产电微生物对废弃物的利用效率和能力，增强胞外电子转移能力，提高微生物利用废弃物产电的能力（Feng et al.，2018；Yang et al.，2015）。另外，采用废弃物生产生物燃料，可以降低对粮食等原料的需求和生产成本，对于可再生能源的开发和利用有重要意义。目前，利用环境合成生物学方法对发酵菌株的底物代谢途径进行代谢改造，可以增加发酵菌株的可利用底物种类，提高废弃物中生物燃料的产率，并为生物燃料的低成本生产提供了方向。

目前，微生物对废弃物资源化利用主要包括对废弃物中有价值资源的回收，以及利用废弃物进行转化。环境合成生物学方法被广泛应用于废弃物中资源的回收，以及生物能源、生物燃料和其他高价值化合物生产等领域微生物的代谢改造，促进了微生物在废弃物资源化利用中的应用。环境合成生物学方法的使用，是实现废弃物资源化利用的重要手段，具有广阔的应用前景。

10.3 废弃物的合成生物学回收

10.3.1 金属的回收

随着人类社会工业化进程加快，电子制造业不断扩增，每年产生大量的固体电子废弃物。研究表明，每年大约有 1700 万台计算机被丢弃，由于含有大量的金属成分，这些被丢弃的计算机（即电子垃圾）将会对生态环境及人体健康造成严重损害（Arshadi and Mousavi，2015）。作为电子产品核心部件的印刷线路板（printed circuit board，PCB），其组成成分复杂，其中金属的含量占 40%左右，包括铜、铁、锡、镍、铅、锌、银、金等多种金属成分（Gu et al.，2017）。因此，废弃 PCB 又被称为“城市矿山”，从 PCB 中回收金属具有巨大的经济价值。传统的 PCB 回收方法包括焚烧法、热解法和化学溶剂浸出法（Flandinet et al.，2012；Long et al.，2010；Petter et al.，2014）。焚烧法和热解法在处理过程中会产生大量有毒气体，再次污染环境。化学溶剂浸出法则易受温度、浓度、pH 和氧化还原电位等因素影响，同时也会造成二次污染。近年来，利用微生物从 PCB 中回收金属，作为一种绿色、环境友好的回收方法成为了研究热点。除了“城市矿山”，微生物浸出也在自然矿石尤其是一些低品位矿石的金属冶炼中展现出巨大的潜力。微生物浸出法主要是利用微生物自身的代谢过程，对废弃物中的金属成分进行氧化或者还原，以离子的形式从固体废弃物上脱离进入水溶液（Fu et al.，2016）。目前已知的、可用于金属浸出的微生物主要分为两类（王莉莉，2018）：①化能自养型微生物，主要包括嗜酸性的硫氧化细菌、铁硫氧化细菌等，它们通过对 Fe^{2+}或者还原态硫化物的氧化，从而促进金属矿物溶解，释放金属离子；②化能异养型微生物，主要为真菌，通过自身代谢过程产生的有机酸、氨基酸等代谢产物溶解金属矿物。目前，以嗜酸性铁、硫氧化细菌为典型的嗜酸氧化菌，已被用于工业规模的采矿过程。然而，工业使用的嗜酸氧化菌种大都是从自然界分离驯化而来，存在生长缓慢、氧化能力差，以及对某些金属离子缺乏抗性等缺陷，因此通过环境合成生物学改造这些野生菌株，使其具有更高的金属回收能力是必然趋势。利用重组微生物回收固体废弃物及工业废水中金属的流程如图 10-1 所示。近些年，利用环境合成生物学手段改造微生物进行金属回收的相关研究如表 10-1 所示。

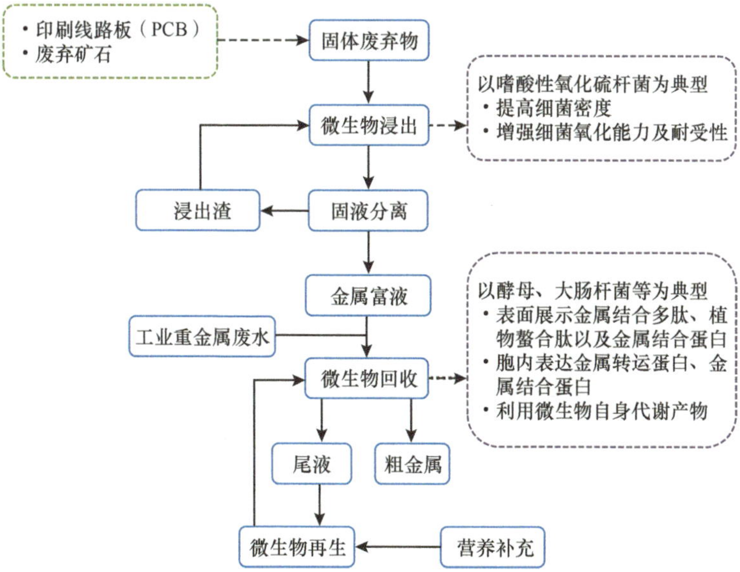

图 10-1　利用重组微生物回收固体废弃物及工业废水中的金属流程图

表 10-1 用于金属回收的微生物及环境合成生物学调控手段

金属	微生物	调控策略	金属形态转化	回收效率	参考文献
Cd、Zn	酿酒酵母	利用α-凝集素为载体表面展示金属结合肽（CP2肽和HP3肽）	Cd^{2+}、Zn^{2+}→结合肽-金属离子螯合物	载体蛋白为黏附糖蛋白α-凝集素；CP2肽引入增加了30%的Cd^{2+}吸附，HP3肽吸附Zn^{2+}的能力提高20%	Vinopal et al.，2007
Cu	酿酒酵母	利用α-凝集素为载体表面展示组氨酸多肽	Cu^{2+}→结合肽-金属离子螯合物	吸附铜能力提高3～8倍，后续利用EDTA洗脱回收Cu^{2+}	Kuroda et al.，2001
Cu	酿酒酵母	利用α-凝集素为载体表面展示组氨酸6肽，同时利用铜离子诱导启动子过表达细胞聚集有关的锌指转录因子	Cu^{2+}→结合肽-金属离子螯合物	对Cu^{2+}的吸附增加了2.5倍，同时诱导细胞团聚便于收集	Kuroda et al.，2002
Cd	酿酒酵母	利用α-凝集素为载体表面展示金属硫蛋白	Cd^{2+}→金属硫蛋白-金属离子螯合物	Cd^{2+}积累提高约2倍	Wei et al.，2016
Cd	酿酒酵母	利用α-凝集素为载体表面展示串联重复的金属硫蛋白	Cd^{2+}→金属硫蛋白-金属离子螯合物	金属硫蛋白串联重复数量越多，吸附量越多，抗性越强（4个重复序列的细胞显示出提高5.9倍的吸附和回收率，8个重复序列的细胞显示出提高8.7倍的吸附和回收率）	Kuroda and Ueda，2006
Pb	酿酒酵母	利用α-凝集素为载体表面展示Pb^{2+}结合肽	Pb^{2+}→原位生成的含铅颗粒	Pb^{2+}结合能力提高5倍	Kotrba and Ruml，2010
Au	大肠杆菌	利用Lpp-ompA为载体表面展示金特异性结合蛋白GolB	Au^{3+}→Au^{3+}-金结合蛋白复合物 Au^{3+}→Au^{0}（同时存在金的还原）	细胞对Au^{3+}结合容量提高一倍	Yan et al.，2018
Cd	大肠杆菌	利用Lpp-ompA为载体表面展示植物螯合肽	Cd^{2+}→结合肽-金属离子螯合物	每毫克干重细胞可吸附60nmol Cd^{2+}，优于周质表达	Bae et al.，2000
Cd	大肠杆菌	利用Lpp-OmpA为载体表面展示多肽（His-Ser-Gln-Lys-Val-Phe）	Cd^{2+}→结合肽-金属离子螯合物	细胞在含有1.2mmol/L Cd^{2+}的培养基中仍有活性	Mejare et al.，1997
Cr	大肠杆菌	利用Lpp-OmpA为载体表面展示或胞内表达金属吸附蛋白ChrB	Cr^{6+}→吸附蛋白-金属离子螯合物	表面展示较胞内表达可更有效吸附Cr^{6+}，但更易受pH和离子强度的影响；表面展示吸附解吸附过程可逆，因此生物吸附剂可循环使用	Zhou et al.，2020

续表

金属	微生物	调控策略	金属形态转化	回收效率	参考文献
Pb	大肠杆菌	利用 OmpC 为载体表面展示 Pb^{2+}结合肽（Thr-Asn-Thr-Leu-Ser-Asn-Asn）	Pb^{2+}→结合肽-金属离子螯合物	每克干重细胞可吸附 526 μmol 的 Pb^{2+}	Nguyen et al.，2013
Mn、Co	大肠杆菌	利用 OmpC 为载体表面展示 Mn/Co 结合肽	Mn^{2+}、Co^{2+}→结合肽-金属离子螯合物	每克干重细胞可吸附 1235.14μmol 的 Mn^{2+} 及 379.68μmol 的 Co^{2+}	Maruthamuthu et al.，2018
Ni、Fe、Zn	大肠杆菌	利用 OmpC 为载体表面展示金属结合肽	Ni^{2+}、Fe^{3+}、Zn^{2+}→结合肽-金属离子螯合物	每克干重细胞可吸附 13.8μmol 的 Zn^{2+}、35.3μmol 的 Fe^{3+} 及 9.9μmol 的 Ni^{2+}，吸附能力提高了 3～6 倍	Cruz et al.，2000
Cu	大肠杆菌	利用 OmpC 为载体表面展示 Cu 结合蛋白 CusSR	Cu^{2+}→结合肽-金属离子螯合物	每克干重细胞可吸附 92.2μmol 的 Cu^{2+}	Ravikumar et al.，2011
Cd、Ni	大肠杆菌	利用 CS3 菌毛为载体表面展示组氨酸 6 肽	Cd^{2+}、Ni^{2+}→结合肽-金属离子螯合物	每毫克细菌干重细胞结合 656.2nmol 和 276.5nmol 时的 Cd^{2+}和 Ni^{2+}	Saffar et al.，2007
Ni	大肠杆菌	利用鞭毛为载体表面展示肽库	Ni^{2+}→结合肽-金属离子螯合物	筛选肽对 Ni^{2+}的结合优于组氨酸多肽	Dong et al.，2006
Cd	大肠杆菌	利用菌毛为载体表面展示镉结合基序（cbm）和镉结合 β 基序（cbβm）	Cd^{2+}→结合肽-金属离子螯合物	对 Cd^{2+}的结合提高了 8～16 倍	Eskandari et al.，2015
Hg	大肠杆菌	利用冰核蛋白为载体表面展示汞结合蛋白 MerR	Hg^{2+}→金属结合蛋白-金属离子螯合物	Hg^{2+}吸附提高 6 倍，特异性好，对 pH、离子强度、其他金属离子、螯合剂不敏感	Bae et al.，2002
W	大肠杆菌	胞内过表达钨转运蛋白	钨酸盐→蛋白-金属螯合物	W^{6+}的累积量是野生型的 5.64 倍，同时也增加了钼酸盐和铬酸盐的累积	Coimbra et al.，2019
Cd	大肠杆菌	表达锰转运基因（mntA）和金属硫蛋白基因	Cd^{2+}→金属硫蛋白-金属离子螯合物	Cd^{2+}积累提高了 6 倍（每克干重细胞可积累 21.5μmol 的 Cd^{2+}）；在膜反应器实验中，Cd^{2+}由进水浓度 1mg/L 下降至出水浓度 0.2mg/L	Kim et al.，2005
Ni	大肠杆菌	过表达高特异性镍转运蛋白和金属硫蛋白	Ni^{2+}→金属硫蛋白-金属离子螯合物	最大 Ni^{2+}富集容量增加了 5 倍以上，而且对 pH、离子强度的变化及其他共存重金属离子的影响都呈现出更强的适应性	邓旭等，2003

续表

金属	微生物	调控策略	金属形态转化	回收效率	参考文献
Au	紫色色杆菌	胞内表达促进氰根离子合成的 *hcnABC* operon	$4Au^0+8CN^-+O_2+2H_2O \rightarrow 4Au(CN)_2^-+4OH^-$	在 0.5%（*m/V*）矿浆密度下，Au^{3+} 的最高回收率为 30%，而野生型细菌的回收率为 11%	Natarajan et al.，2015
Au	紫色色杆菌	胞内表达促进氰根离子合成的 *hcnABC* operon	$4Au^0+8CN^-+O_2+2H_2O \rightarrow 4Au(CN)_2^-+4OH^-$	与野生型相比，该菌株产生更多（70%）氰化物，并从电子废弃物中回收 2 倍以上的金	Tay et al.，2013
Au	大肠杆菌	胞内表达根瘤菌酪氨酸酶（产生真黑素用于合成金属纳米颗粒），表面展示金结合肽（吸附纳米金）	Au^{3+}→金纳米颗粒	电子显微镜可观察到 20 nm 左右的金纳米颗粒的形成	Tsai et al.，2014

通过表达来源于大肠杆菌的磷酸果糖激酶编码基因 *pfkA*，使嗜酸性氧化硫杆菌（*Acidithiobacillus thiooxidans*）从自养型变为异养型，可以利用葡萄糖进行生长，细菌密度明显提高（Tian et al.，2003）。氧化硫杆菌氧化 Fe^{2+} 主要是通过 Fe^{2+} 电子传递系统。普遍认为微生物中 Fe^{2+} 的电子传递途径为 Fe^{2+}→细胞色素蛋白 Cyc2→铜蓝蛋白 Rusticyanin→细胞色素蛋白 Cyc1→细胞色素 c 氧化酶 $aa_3 \rightarrow O_2$（Brasseur et al.，2004）。在嗜酸性氧化硫杆菌中过表达铜蓝蛋白 Rusticyanin、细胞色素蛋白 Cyc1 和细胞色素蛋白 Cyc2 的编码基因后，重组嗜酸性氧化硫杆菌的 Fe^{2+} 氧化活性提高了 41.41%（Liu et al.，2011）。元素 S（0）的氧化是嗜酸硫杆菌（*Acidithiobacillus* spp.）在金属硫化物浸出过程中的一个关键步骤，通过在嗜酸性氧化亚铁硫杆菌（*A. ferrooxidans*）中过表达硫双加氧酶（sulfur dioxygenase，SDO），可使嗜酸性氧化亚铁硫杆菌 ATCC 23270 中双加氧酶活性增强 2.5 倍，可能会增强生物浸矿的效率（Wang et al.，2014）。

在生物浸矿过程中，随着金属矿物的溶解，溶液中的重金属离子浓度随着浸出时间的延长而不断增加（Watkin et al.，2009），因此，提高浸矿微生物的重金属抗性，也是提高金属回收效率的关键。通过基因组编辑技术，在嗜酸性氧化硫杆菌中将编码铜转位 ATP 酶（copper-translocating ATPase）的 *copA* 基因在基因组上进行倍增，构建了能够稳定遗传的高效抗铜的嗜酸性氧化硫杆菌基因工程菌（*A. thiooxidans* $copA_{At}$）。与野生型相比，该工程菌的铜生物浸出效率显著提高（文晴，2015）。将大肠杆菌质粒 pUM3 上的抗砷基因簇片段引入嗜酸性喜温硫杆菌（*A. caldus*）中，可使重组嗜酸性喜温硫杆菌的抗砷能力从 10 mmol/L 提高到 45 mmol/L（Zhao et al.，2005），从而实现对砷含量高的废弃物浸出。将嗜酸性氧化硫杆菌中的抗汞基因（*merCA*）转入到嗜酸性喜温硫杆菌中，使汞对嗜酸性喜温硫杆菌生长的最大抑制浓度从 5 μg/L 提高到 22.5 μg/L，构建了能够对汞含量高的废弃物进行浸出的重组菌株（陈丹丹，2006）。

生物浸矿过程可将金属离子从金属氧化物或硫化物中解离到水溶液中，因此会产生大量高浓度重金属废水。另外，很多其他工业过程如电子制造业、钢铁制造业等均会产生重金属废水，这些重金属废水的排放会造成严重的水体污染，因而，重金属废水回收也是当前环境领域的研究热点（李红艳，2020）。传统的回收方法包括物理法和化学法。物理法主要包括吸附法、离子交换法及膜分离法等。化学法主要包括化学氧化还原法、化学沉淀法及电化学法等。传统的物理、化学回收方法受环境制约大、修复成本高，同时会影响土壤和水体理化性质而造成二次污染。微生物回收方法作为一种低成本、高效率且环境友好的新型处理基础逐渐受到大家的认可。然而天然微生物回收重金属能力有限，通过环境合成生物学方法进行微生物改造、构建更加高效的可用于重金属废水回收的工程微生物，是微生物废水处理的目标。

10.3.1.1　微生物表面展示技术用于废水中重金属回收

表面展示技术是利用基因工程手段将靶蛋白或肽段（如金属结合短肽、金属硫蛋白、植物螯合肽）与作为载体蛋白的微生物外膜蛋白，通过 C 端融合、N 端融合和夹心融合等途径以融合蛋白的形式呈现在细胞表面（路延笃等，2006）。酿酒酵母（*Saccharomyces cerevisiae*）的表面展示是近年来发展非常成熟的蛋白质表面展示技术，主要利用 α-凝集素将与之融合表达的外源蛋白展示在酿酒酵母细胞表面。利用 α-凝集素将金属结合肽 N-Ser-(Gly-Cys-Gly-Cys-Pro-Cys-Gly-Cys)$_2$-Gly-C（CP2 肽）展示在酿酒酵母表面可以增加 30%的 Cd^{2+}吸附，表面展示 N-Ser-(Gly-His-His-Pro-His)$_3$-Gly-C（HP3 肽）可增加 20%的 Zn^{2+}吸附（Vinopal et al.，2007）。在酿酒酵母表面展示金属结合肽（组氨酸 6 肽），同时胞内表达自聚集转录因子，可使酿酒酵母细胞在吸附 Cu^{2+}的同时使细胞团聚，更加便于回收（Kuroda et al.，2001；2002）。在酿酒酵母表面展示金属硫蛋白以及串联重复的金属硫蛋白序列均可提高对 Cd^{2+}的吸附效率，金属硫蛋白串联重复数量越多、吸附量越大，酿酒酵母对 Cd^{2+}的抗性越强（Kuroda and Ueda，2006；Wei et al.，2016）。通过 α-凝集素将 Pb^{2+}结合肽展示在酿酒酵母细胞表面，细胞对铅的结合能力提高了 5 倍，同时结合的 Pb^{2+}在细胞表面原位生成了含铅纳米颗粒，实现了对铅的钝化（Kotrba and Ruml，2010）。

大肠杆菌（*Escherichia coli*）也是表面展示技术常用的宿主菌。大肠杆菌常用的表面展示载体蛋白为外膜蛋白，如 Lpp-OmpA、OmpS、OmpC、鞭毛蛋白及冰核蛋白（ice nucleation protein，INP）等（向红英等，2019）。利用金诱导型启动子 P_{golB} 表达表面展示载体 Lpp-OmpA 与金伴侣蛋白 GolB 的融合蛋白，可实现大肠杆菌对

Au^{3+}特异性的吸附，同时使吸附量提高了一倍（Yan et al.，2018）。也有研究以Lpp-OmpA为载体，将植物螯合肽（EC20等）、人工合成的金属结合肽及铬酸盐抗性基因等分别展示在大肠杆菌表面，提高了其对Cd^{2+}和Cr^{4+}的吸附能力（Bae et al.，2000；Mejare et al.，1997；Zhou et al.，2020）。以外膜蛋白OmpC为载体，在大肠杆菌表面展示Pb^{2+}结合肽（ThrAsnThrLeuSerAsnAsn）、Mn/Co结合肽、多聚组氨酸金属结合肽及铜结合蛋白，分别提高了大肠杆菌对Pb^{2+}、Mn^{2+}/Co^{2+}、Zn^{2+}/Fe^{3+}/Ni^{2+}及Cu^{2+}的吸附能力（Cruz et al.，2000；Maruthamuthu et al.，2018；Nguyen et al.，2013；Ravikumar et al.，2011）。以大肠杆菌菌毛或者鞭毛蛋白为载体，在细胞表面展示组氨酸6肽，每毫克细菌干重细胞可以分别结合656.2nmol的Cd^{2+}和276.5nmol的Ni^{2+}（Saffar et al.，2007）。除了组氨酸，精氨酸在镍结合中也起重要作用，在细胞表面展示随机肽库，筛选到的多肽结合能力优于组氨酸6肽（Dong et al.，2006）。另外，利用菌毛展示镉结合基序（cbm和cbβm），可使细胞对镉的结合能力提高8～16倍（Eskandari et al.，2015）。利用大肠杆菌的INP蛋白对汞结合蛋白MerR进行表面展示，细胞对汞的吸附提高了6倍，而且特异性好，对pH、离子强度、其他金属离子、螯合剂等均不敏感（Bae et al.，2002）。

10.3.1.2 胞内表达金属转运蛋白促进废水中重金属回收

将所需重金属选择性地转运至细胞内进行累积也是重金属回收的一个重要策略。在大肠杆菌中特异性地表达来源于可疑亚硫酸杆菌（*Sulfitobacter dubius*）的钨转运蛋白（TupBCA），可使大肠杆菌对W^{6+}的累积能力提高5.64倍，同时也增加了对钼酸盐和铬酸盐的累积（Coimbra et al.，2019）。过表达锰转运蛋白（MntA）和金属硫蛋白，可以增强大肠杆菌对Cd^{2+}的累积能力，共表达高特异性的镍转运蛋白（NixA）及金属硫蛋白，使细胞对Cd^{2+}的积累提高了6倍，最终在膜反应器实验中达到了80%的Cd^{2+}回收效率（Kim et al.，2005）。同时，重组细胞对Ni^{2+}的累积容量较野生型增加了5倍多，而且对pH、离子强度的变化及其他共存重金属离子的影响均呈现出更强的适应性（邓旭等，2003）。

10.3.1.3 细菌自身代谢促进废水中重金属回收

传统的湿法金提取工艺中常用到高浓度的危险氰化物，而许多细菌如巨大芽孢杆菌（*Bacillus megaterium*）、紫色色杆菌（*Chromobacterium violaceum*）等天然具有产生氰化物的能力。在紫色色杆菌中过表达氰化氢合成基因簇（*hcnABC*），可提高重组细菌从电子废弃物中回收金的能力（Natarajan et al.，2015；Tay et al.，2013）。将来源于埃特里根瘤菌（*Rhizobium etli*）的酪氨酸酶（MelA）转入大肠杆菌中，重组大肠杆菌能产生可结合金属的真黑色素，同时结合表面展示的金结合多肽，该重组大肠杆菌可合成金纳米颗粒从而达到回收金的目的（Tsai et al.，2014）。

10.3.2　油脂的回收

作为重要的能源与化工原料，各国对石油的需求呈增加趋势。通常，油田经历一次、二次开采作业以后，仍有大量原油资源存储于地下，通过三次采油提高石油采收率势在必行（赵田红等，2005）。同时，生产生活过程中产生的废弃油脂（可占食用油消费总量的 20%～30%）也对环境及人类健康造成威胁，将废弃油脂回收资源化是保护环境、节约能源的重大需求（郭晓亚等，2010）。

表面活性剂作为一种化学驱油剂，可显著提高原油或者油脂采收率，极具发展潜力（边紫薇，2021）。表面活性剂可通过降低油-水界面张力以及油-岩石相互作用，使其从毛细孔道中驱替出来，将残余油变为可流动油。表面活性剂可进一步与碱、聚合物构成三元复合体系，具有极高的驱油效率。近十几年来，随着三次采油需求的增加，微生物强化采油（microbial enhanced oil recovery）技术获得了极大发展。微生物采油是在原油开采过程中，利用地下微生物原位繁殖产生代谢物（如生物表面活性剂、生物聚合物等），降低油藏黏度，进而提高石油的开采效率（Mukherjee et al.，2006）。相对于化学驱油，微生物采油具有流程精简、成本低、应用范围广、环境友好等优势。类似的技术也可应用于废弃油脂的回收。微生物采油依赖于高产微生物菌株的使用（Mukherjee et al.，2006）。早期通过转座子（Koch et al.，1991）、化学诱变剂（Lin et al.，1998）、辐射（Iqbal et al.，1995）等手段，筛选出了具有增强生物表面活性剂产生特性的突变微生物（Mukherjee et al.，2006）。合成生物学的发展为开发合成生物表面活性剂等驱油剂的高效微生物提供了新的技术方法与思路。近些年，应用合成生物学技术合成微生物驱油剂的相关研究如表 10-2 所示。所合成的驱油剂包括生物表面活性剂（如鼠李糖脂、表面活性素）和水不溶性胞外多糖等。鼠李糖脂（rhamnolipid）由 β-糖苷键连接的 1-2 分子鼠李糖残基组成的亲水基团和 1～2 个 β-羟基脂肪酸单元组成的疏水基团组成，有多种同类物与同系物，具有优异的表面活性和稳定性，低毒、可生物降解、生物相容性好（张嵩元和汪卫东，2021）。表面活性素（surfactin）具有极强的表面活性，在 10 mg/L 浓度下即可将水的表面张力由 72 mN/m 降低至 27 mN/m，且具有耐高温（121℃）、pH 适应范围广泛、临界胶束浓度低等优点，在强化采油应用方面具有较好的前景。

表 10-2　微生物驱油剂合成及其环境合成生物学调控手段

合成产物	基质	微生物	调控策略	产物产率	参考文献
鼠李糖脂	乳糖培养基	铜绿假单胞菌	异源表达大肠杆菌 *lacZY* 基因	可利用乳糖合成鼠李糖脂	Koch et al.，1988
鼠李糖脂	葡萄糖培养基	恶臭假单胞菌	异源表达 *rhlAB*，并进行启动子优化	鼠李糖脂的产量可高达 0.6g/L	Ochsner et al.，1995

续表

合成产物	基质	微生物	调控策略	产物产率	参考文献
鼠李糖脂	甘油培养基	铜绿假单胞菌	敲除 *pslAB* 基因，阻断胞外多糖合成途径 敲除 *phaC1DC2* 基因，阻断 PHA 合成途径	双基因敲除突变株鼠李糖脂产量提高了 69.7%，为 21.5 g/L	Lei et al.，2020
鼠李糖脂	甘油培养基	铜绿假单胞菌	利用组成型启动子 P_{oprL} 增强 *rhlAB* 基因簇的表达	鼠李糖脂的产量可高达 21 g/L	Zhao et al.，2015a
鼠李糖脂	原油	铜绿假单胞菌	增加 *rhlAB* 拷贝数	鼠李糖脂产量为 17.3 g/L，可将水的表面张力由 72.92 mN/m 降至 26.15 mN/m	He et al.，2017
鼠李糖脂	大豆油	铜绿假单胞菌 大肠杆菌	转座子介导的基因组插入 *rhlAB* 基因簇	铜绿假单胞菌鼠李糖脂产量可高达 1.8 g/L，填砂模型中油的回收率可达 42%	Wang et al.，2007
鼠李糖脂	棕榈油厂废水	大肠杆菌	异源表达 *rhlA* 和 rhlB 基因	鼠李糖产量可高达 318.42 mg/L	Suhandono et al.，2021
鼠李糖脂	LB 培养基	铜绿假单胞菌	异源表达 *rhlAB* 基因	与野生型相比，油回收效率提高了 7.5 倍	Kryachko et al.，2013
鼠李糖脂	甘油培养基	施氏假单胞菌	异源表达 *rhlAB* 基因	鼠李糖脂产量为 3.12 g/L，岩心驱替实验中油脂回收效率增加了 15.7%	Zhao et al.，2014
鼠李糖脂	甘油培养基	施氏假单胞菌	异源表达 *rhlAB* 基因	鼠李糖产量为＞136 mg/L，同时可将硫酸盐还原菌的细胞数从 10^9 降低到 10^5，H_2S 的浓度降低至＜33.3 mg/L	Zhao et al.，2016
nC14-表面活性素	无机盐培养基	枯草芽孢杆菌	强化 *bte* 基因，用不含 RBS 的强启动子 P_{veg} 替换乙偶姻脱氢酶的编码基因 *acoABCL* 的原始启动子 Paco	表面活性素中 nC14 组分高，且发酵液中乙偶姻积累少	Li et al.，2021
生物表面活性剂	大豆蛋白胨培养基	枯草芽孢杆菌	异源表达 GFP 蛋白	GFP 监控细菌丰度与活性表面活性剂产量提高	Neves et al.，2007
表面活性素	玉米芯水解液和谷氨酸钠废水	枯草芽孢杆菌	过表达 *sfp*、*bte* 和 *yhfL* 基因，敲除 *fadE* 基因	表面活性素的产量可达 2g/L	Hu et al.，2020
表面活性素	无机盐培养基	枯草芽孢杆菌	基因组表达 *sfp* 基因	增强了其对疏水性液体（如正十六烷）的生物利用度和降解	Lee et al.，2005
生物表面活性剂酯酶复合物	橄榄油	大肠杆菌	异源表达 *sfp*、*sfp0* 和 *srfA* 基因	将水的表面张力降至 30.7 mN/m	Sekhon et al.，2011
水不溶性胞外多糖	LB 培养基	阴沟肠杆菌	电转入嗜热杆菌基因组 DNA	54 ℃胞外多糖的产量可达 8.83 g/L，油脂回收效率提高	Sun et al.，2011

目前已报道的、可利用环境合成生物学手段调控微生物驱油剂合成的底盘生物主要包括铜绿假单胞菌（*Pseudomonas aeruginosa*）（He et al.，2017；Koch et al.，1988；Wang et al.，2007）、恶臭假单胞菌（*Pseudomonas putida*）（Ochsner et al.，1995）、大肠杆菌（Kryachko et al.，2013；Sekhon et al.，2011；Suhandono et al.，2021；Wang et al.，2007）、枯草芽孢杆菌（*Bacillus subtilis*）（李霜等，2021；Neves et al.，2007）、阴沟肠杆菌（*Enterobacter cloacae*）（Sun et al.，2011）、施氏假单孢菌（*Pseudomonas stutzeri*）（Zhao et al.，2016；2014）等。这些底盘生物中的代谢途径复杂，驱油剂合成途径可能会与其他代谢途径（如糖代谢等途径）竞争底物。为实现更高的驱油剂产量，需要利用环境合成生物学手段对细胞内的代谢途径进行调控。由于铜绿假单胞菌（又称绿脓杆菌）是一种机会性感染细菌，可导致动植物的疾病，在工程应用上受到一些限制，因此可考虑采用一些更易工程化的微生物作为底盘生物。由于油藏地为缺氧环境，为便于微生物的原位应用，厌氧条件下的微生物驱油剂合成十分重要（Zhao et al.，2015b）。因此，在选择底盘生物时，需要多方面的考虑。

铜绿假单胞菌无法利用乳糖为碳源进行生长和生物表面活性剂的合成，可通过导入来源于大肠杆菌的 *lacZY* 基因，合成促进乳糖吸收与分解的 β-半乳糖苷透性酶和 β-半乳糖苷酶，使其在含有乳清等低成本材料的糖基培养基上生长并合成生物表面活性剂如鼠李糖脂（Koch et al.，1988）。将嗜热土杆菌全基因组 DNA 电转入阴沟肠杆菌中，对转化子进行随机扩增多态 DNA（random amplification of polymorphic DNA，RAPD），结果表明，部分阴沟肠杆菌基因组中融合了耐热基因片段，使其可在 54℃下高效生产胞外多糖（达 8.83 g/L）（Sun et al.，2011），微生物的耐热特性将有助于其在油脂回收中的实际应用。在合成生物表面活性剂的枯草芽孢杆菌中异源表达绿色荧光蛋白（green fluorescent protein，GFP），以监控枯草芽孢杆菌的丰度与活性，可更好地指导生物表面活性剂的生产（Neves et al.，2007）。意外的是，表达 GFP 的枯草芽孢杆菌的表面活性剂合成能力也增加了 2 倍以上，在采油作业中具有一定的应用潜力（Neves et al.，2007）。通过基因敲除分别阻断 Psl 和 PHA 的合成途径，铜绿假单胞菌突变体的鼠李糖脂产量分别提高了 21%和 25.3%；同时阻断 Psl 和 PHA 的合成，铜绿假单胞菌双突变菌株的鼠李糖脂产量增加了 69.7%（可达 21.5 g/L），表明通过选择性阻断代谢旁路以增加糖基和脂肪酸前体的数量，可以显著提高鼠李糖脂的产量。*rhl* 相关基因的导入可促进底盘生物鼠李糖脂的合成（He et al.，2017；Koch et al.，1988；Kryachko et al.，2013；Suhandono et al.，2021；Wang et al.，2007；Zhao et al.，2015a；Zhao et al.，2014）。其中，*rhlAB* 基因导入可促进单鼠李糖脂的合成，而 *rhlABC* 则可提高双鼠李糖脂的生产（Kryachko et al.，2013；Suhandono et al.，2021）。也有研究认为，仅向某些底盘生物（如大肠杆菌）导入 *rhlAB* 基因不足以使重组菌株有效生产鼠李糖脂（Kryachko et al.，2013）。可考虑同时导入 *estA* 基因，促进转运蛋白 EstA 的合成，从而提高鼠李糖脂的合成与外排（Kryachko et al.，2013）。将来自枯草芽孢杆菌的脂肽类合成酶基因 *sfp*、*sfp0* 和表面活性素的合成基因 *srfA* 分别导入大肠杆菌，重组菌株中生物表面活性剂生成和酯酶活性增加了 2 倍（Sekhon et al.，2011）。多重序列比对显示了生物表面活性剂与酯酶基因之间的相似区域和保守序列，进一步证实了两者之间的共进化关系，提示生物表面活性剂的产生与酯酶活性之间可能存在关联（Sekhon et al.，2011）。以枯草芽孢杆菌为底盘，过表达 *sfp*、*bte* 和 *yhfL* 基因，可促进 4′-磷酸泛乙烯基转移酶、中链酰基载体蛋白硫酯酶和脂肪酰基辅酶 A 连接酶表达，增加前体脂肪酰辅酶 A 的供应；敲除 *fadE* 基因，去除胞内酰基辅酶 A 脱氢酶，从而有助于表面活性素的合成（Hu et al.，2020）。同时，强化 *bte* 基因（编码合成中链长 C14 酰基的酰基载体蛋白硫酯酶 BTE），可将重组体合成表面活性素中具有更强驱油活性的 nC14 组分占比提高 6.4 倍（占总表面活性素的 55%～60%），具有更多 nC14 表面活性素的产物有更好的乳化能力、润湿性及更好的驱油应用潜力（李霜等，2021）；与此同时，用不含核糖体结合位点（ribosome binding site，RBS）的强启动子 P_{veg} 替换乙偶姻脱氢酶的编码基因 *acoABCL* 的原始启动子 P_{aco}，强化表达乙偶姻脱氢酶编码基因，使得发酵体系中乙偶姻的积累量从 18.2 g/L 下降到 3 g/L 左右，减少发酵液中乙偶姻的积累（李霜等，2021）。由于乙偶姻可抑制表面活性素的驱油活性，因此，降低乙偶姻含量后的表面活性素发酵液的乳化能力、洗油能力及润湿性等驱油参数得到显著改善。除了驱油剂合成，重组施氏假单胞菌也可通过对硫酸盐还原菌的抑制、降低 H_2S 产生等途径，提高重组微生物的营养利用效率（Zhao et al.，2016）。

微生物产驱油剂的异位应用无疑将提高驱油剂在生产和运输方面的成本。目前的大部分研究尚局限于在实验室培养基中进行驱油剂的微生物合成，但也有部分研究实现了原油（He et al.，2017）或其他油脂（Sekhon et al.，2011；Suhandono et al.，2021；Wang et al.，2007）中重组微生物的有效生长与驱油剂合成。这种油脂基质中微生物的原位培养与驱油剂合成较异位培养更为简便，也降低了能耗，有望在将来直接用于石油与废弃油脂的微生物原位回收。

10.3.3 磷的回收

磷（P）存在于核酸、磷脂、脂多糖和蛋白质等物质中，因此它是所有生物体的最基本组成成分。然而，全球储备的高质量磷矿石非常有限，且仍在快速消耗中。由于肥料中大量使用磷元素，从长远的农业可持续发展角度讲，磷的回收和循环利用将成为必然（Abelson，1999）。另外，每年大量含磷废水的排放，可导致湖泊、海洋中浮游植物的富营养生长，影响生态环境。因此，开发从废水中回收磷的有效方法非常必要（Cordell et al.，2009）。据估计，从废水中回收磷可以满足全球磷需求的 15%～20%（Mihelcic et al.，2011）。传统的磷回收方法主要包括化学沉淀、物理吸附等。铁或者铝盐常用于化学沉淀方法，然而这种方法需要使用大量的化学试剂，导致二次化学污染（Katz and Dosoretz，2008）。常用的物理吸附剂如粉煤灰、赤泥、处理过的木制品及黏土等，吸附能力有限且化学稳定性差，通常需要进行化学修饰来提高吸附能力（Benyoucef and Amrani，2011）。目前，生物工艺进行磷回收的应用日益广泛，这一过程也被称为生物强化除磷（enhanced biological phosphorus removal，EBPR）（Oehmen et al.，2007）。EBPR 过程主要依赖于多种可以进行磷累积的微生物，其也被称为聚磷菌（polyphosphate accumulating organism，PAO）。PAO 可以在厌氧-有氧交替环境下从废水中摄取超过自身代谢需求的磷元素，最终以聚磷酸的形式存储在细胞内（Zhou et al.，2010）。已有研究将含有 PAO 的活性污泥用于废水磷回收，回收率可以达到 80%～90%（Morse et al.，1998）。然而到目前为止，仍未能在活性污泥中分离出纯种的 PAO，因此无法对 PAO 进行基因改造。利用常用的基因工程菌株如大肠杆菌、假单胞菌等进行改造，增强其摄入磷的能力，已成为可代替的选择之一。在大肠杆菌中表达磷酸盐结合蛋白，并将其定位在细胞周质空间中，在低浓度磷酸盐（0.2～10 mg/L）条件下，可实现＞94%的磷酸盐回收效率，证明这种重组大肠杆菌可以用于低浓度磷酸盐的生物回收工艺（Choi et al.，2013）。在趋磁螺菌（*Magnetospirillum gryphiswaldense*）中过表达聚磷酸激酶基因（*ppk*），在处理含磷废水时，重组菌株积累聚磷酸的能力是野生型的 9 倍（Zhou et al.，2017）。同样，在恶臭假单胞菌 KT2440 中过表达 *ppk*，也同样提高了重组假单胞菌的磷回收能力（Du et al.，2012）。同时，将重组菌株加入到序批式生物膜反应器中，100 h 以后，磷的回收效率达到了 75%～81%，证明序批式生物膜反应器与重组菌株的联合作用，完全可以达到之前含 PAO 活性污泥的同等处理效果（Du et al.，2012）。

10.4　利用废弃物合成高附加值产物

10.4.1　利用废弃物进行微生物产电

利用废弃物产电有多种方法，其中 MFC 受到了广泛的关注和研究。MFC 基于微生物的生成代谢，可以将有机物的化学能转化为电能，反应条件温和，原料来源广泛，而且环境友好。目前，MFC 技术已经应用于处理各种废水（如生活废水、工业废水、农业畜禽废水）和固体废弃物（如生活垃圾、畜禽粪便、厨余垃圾等）。该技术可以降解污染物，实现绿色产能，减少废弃物的环境污染，具有广阔的应用前景。

MFC 通常由阳极室和阴极室组成，其主要产电过程如下：首先，在阳极室内，底物在微生物作用下氧化，产生电子和质子；然后，微生物产生的胞内电子传递到阳极表面，通过外电路传递到阴极，阳极产生的质子迁移到阴极表面，这些电子和质子在阴极表面与电子受体发生反应，从而产生电流。MFC 的阳极微生物主要通过以下两种机制实现电子从细胞内到阳极的传递：①直接电子传递机制，是指微生物在电极表面形成生物膜，电子通过呼吸链和 C 型细胞色素蛋白逐步传递到细胞外膜，然后通过细胞膜直接接触或者纳米导线传递，将电子传递到阳极表面；②间接电子传递机制，是指微生物利用其初级代谢产物（如 H_2、H_2S）、次级代谢产物（如核黄素、吩嗪类物质、绿脓菌素）和外源可溶性氧化还原介体（如可溶性醌、中性红）等作为电子穿梭体，将细胞内的电子传递到细胞表面，与阳极电极进行电子交换。

在 MFC 产电过程中，微生物对底物的氧化过程和电子传递是 MFC 的关键限速步骤，其中，胞外电子传递效率低是影响微生物燃料电池应用的关键瓶颈。在 MFC 研究中，随着对微生物产电机制、电子传递机制和代谢通路等的深入研究，采用合成生物学手段和代谢工程技术进行 MFC 阳极微生物的改造，构建高效产电的工程菌，可以提高 MFC 的产电性能，推动其产业应用。目前，研究人员采用合成生物学和代谢工程策略从以下几个方面改造阳极微生物来提高 MFC 的产电性能。

（1）通过调控电子穿梭体、纳米导线、导电细胞色素和生物膜的形成或传递等相关通路，提高胞外电子传递效率。目前，一些研究通过过表达或者异源表达参与电子穿梭体合成的关键基因，可以提高胞外电子传递效率（Feng et al.，2018；Yang et al.，2015；Yong et al.，2011）。例如，在奥奈达希瓦氏菌（*Shewanella oneidensis*）中异源表达枯草芽孢杆菌中编码核黄素合成的基因，使该菌的黄素分泌量提高 25.7 倍，MFC 的最大输出功率和内向电流分别提高 13.2 倍和 15.5 倍（Yang et al.，2015）。在铜绿假单胞菌中表达不同的群体感应相关基因，也可以影响电子穿梭体的合成和传递，其中过表达 Rhl 群体感性系统的 *rhl* 基因，可以使菌株的最大电流提高 1.6 倍（Yong et al.，2011）。此外，通过调控生物膜的生成厚度、化学组成和表面性质等，可以调控电子传递效率。例如，在 *S. oneidensis* 外膜表达与金结合的肽段和大肠杆菌外膜蛋白的相关基因，可以增强细菌与金电极的接触（Kane et al.，2013）。

（2）增加阳极微生物的可利用底物种类，提高底物利用效率，可以实现废弃物的有效资源化利用。通过合成生物学手段，在细菌体内表达其他底物相关的转运蛋白或者代谢途径，进而使不同阳极微生物可以利用葡萄糖、二糖和多糖等作为底物（Aso et al.，2019；Chen et al.，2017；Choi et al.，2014）。例如，作为阳极微生物的大肠杆菌无法利用低聚糖和多糖，通过基因重组技术将牛链球菌的 α-

淀粉酶定位到大肠杆菌的细胞膜上可以使大肠杆菌利用淀粉。

（3）通过强化胞内还原能力的再生，抑制其他电子消耗途径，或者引入其他新途径，提高胞内可释放电子水平和电子池容量。底物氧化产生的电子传递给氧化型烟酰胺腺嘌呤二核苷酸（nicotinamide adenine dinucleotide，NAD）NAD^+形成还原型 NADH，还原型 NADH 随后释放的电子逐步传递到胞外（Surti et al.，2021）。通过在阳极微生物体内过表达 NAD 合成酶基因 *nadE*（Yong et al.，2014），异源表达 NADH 再生相关的甲酸脱氢酶（Han et al.，2016），可以提高胞内 NADH 浓度水平，增强细胞内的 NAD^+/NADH 库，进而提高 MFC 的输出功率。

（4）表达全局转录因子，通过调控多种途径提高产电微生物的产电性能。例如，将耐辐射球菌（*Deinococcus radiodurans*）的全局转录因子 *irrE* 导入到具有产电活性的模式生物铜绿假单胞菌，可以促进吩嗪类电子穿梭体的产生，降低细胞内的阻力，同时提高细菌抗性，调控生物膜的形成，使电子穿梭体显著增加，MFC 内阻降低，功率密度提高 71%，从而提高细菌胞外电子传递效率，促进电量传输（Luo et al.，2018）。

采用多种合成生物学策略和手段相结合，可以有效提高 MFC 的产电效率。以奥奈达希瓦氏菌为例，研究人员采用增强纳米导线合成和黄素合成途径来调控电子胞外传递、提高 3′, 5′-环腺苷酸（cAMP）信使的合成，以及抑制电子竞争途径的表达等策略，使该菌的峰值输出电流提高为对照组的 1.5～2.5 倍，功率密度提高达 5.5 倍（Li et al.，2021）。将改造后的菌株应用于甲基橙和含铬废水等污水，污染物的反应速率可分别提高 18.5 倍和 5.5 倍。换言之，这些合成生物学手段显著提高了该菌的胞外电子转移能力和污水处理能力（Li et al.，2021）。

10.4.2　利用废弃物进行微生物产氢/气

微生物利用废弃物为底物进行新陈代谢，可以制得氢气和甲烷等气体。其中，氢气作为一种可持续清洁能源，其能源密度远高于传统能源，不产生温室效应气体和污染物，可以帮助有效应对化石燃料的短缺和污染等问题。微生物和藻类等产氢生物，可利用富含碳水化合物的废水（如造纸废水、饮料废水）、农业秸秆、淀粉和污泥等进行产氢。这些生物可以直接利用一些废弃物产氢；对于生物无法直接利用的废弃物，可以进行预处理后再产氢，如采用木质素脱除和酶解等预处理方法将秸秆等植物来源的废弃物转化为生物可以利用的糖类（如半纤维素）进行产氢。生物产氢的条件温和，环境友好，在节约产氢成本的同时，可实现废弃物的资源化。基于反应底物和生物种类的不同，生物产氢主要包括光发酵、暗发酵、生物光解和微生物电解等途径。微生物产氢是生物产氢的最重要组成。产氢微生物主要包括梭菌属、肠杆菌属、芽孢杆菌属、嗜热乳酸菌、克雷伯菌属和大肠杆菌等，其中梭菌属、肠杆菌属和芽孢杆菌属的氢气产率较高（Sivaramakrishnan et al.，2021）。

微生物光发酵和暗发酵两种发酵产氢途径均具有广阔的应用前景。首先，光发酵途径是指光合生物（如藻类和光合细菌）在厌氧条件下，利用一些有机或者无机电子供体，将电子传递给电子受体 NAD^+和氧化型黄素腺嘌呤二核苷酸（flavin adenine dinucleotide，FAD）FAD^{2+}等，在不含 N_2 的条件下，固氮酶催化电子和质子不可逆地结合生成氢气，该过程消耗大量 ATP。一些革兰氏阴性菌可以光发酵产氢，如嗜硫红杆菌、球形红假单胞菌和荚膜红假单胞菌等（Sivaramakrishnan et al.，2021）。光发酵产氢与光照强度有关，需要足够的光照，且要求底物具有良好透光性，因此，可以利用的废弃物有限，并且成本相应增加。另外，光发酵也面临光能转化率和产氢能力偏低的问题。

微生物发酵产氢的另一重要途径是暗发酵途径，是指兼性厌氧和专性厌氧的产氢菌将底物氧化生成质子和电子，在氢酶的作用下，质子被还原为氢气。在暗发酵过程中，有机物氧化产生的氢质子和电子传递给 NAD^+或氧化型烟酰胺腺嘌呤二核苷酸磷酸（nicotinamide adenine dinucleotide phosphate，NADP）$NADP^+$，NADH 或 NADPH 在氢酶的作用下将电子提供给质子，生成氢气。但是体内 NAD^+或 $NADP^+$有限，需要 NADH 或 NADPH 的再生。NAD^+和 $NADP^+$的再生可通过 NADH 或 NADPH 还原代谢中间物来实现，因此存在不同的发酵类型和代谢途径。厌氧发酵包括丁酸型发酵途径、混合酸型发酵途径和 NADH 途径，其中丙酮酸脱氢酶体系和甲酸裂解酶体系是暗发酵的两个重要体系。微生物暗发酵产氢途径无须光源，可以利用废水和废弃物等复杂底物，其产氢能力高于光发酵，可持续稳定地产氢，而且菌种易保存，是目前生物产氢的首要选择，有较好的应用前景。相较于其他微生物产氢途径，暗发酵途径环境友好且成本更低。但是，不同微生物的暗发酵产氢能力差异大，也存在产氢活性低的问题，同时暗发酵过程产生的有机酸、呋喃化合物和 H_2S 等副产物会影响暗发酵反应（Elbeshbishy et al.，2017）。

微生物发酵产氢面临的主要问题是如何提高氢气产率和增加可利用的底物种类。基于产氢微生物的不同产氢机制，通过环境合成生物学提高微生物产氢能力是解决这一问题的重要手段（Hallenbeck and Ghosh，2009；Srirangan et al.，2011）。通过代谢工程改造微生物体内的产氢途径，可以提高产氢效率以及增加底物种类，推动微生物产氢的发展与应用。目前，针对微生物产氢的代谢改造策略主要包括以下几个方面。

（1）对产氢过程中的氢酶等关键酶进行改造。氢酶在微生物发酵产氢过程中发挥重要的作用，分为吸氢酶、放氢酶和双向氢酶。通过调控菌株中的各种氢酶，可以提高微生物的产氢能力（Zhao et al.，2017；2010）。目前，针对氢酶的代谢改造主要包括将已知基因序列的氢酶在微生物体内同源或者异源表达，或者敲除微生物体内的吸氢酶基因。例如，在大肠杆菌和产气肠杆菌（*Enterobacter aerogenes*）中异源表达集胞藻（*Synechocystis* sp.）的氢酶基因（*hoxEFUYH*），可以提高氢酶的活性，抑制吸氢酶的活性，促进 NADH 产氢途径，使两种菌株的氢气产率分别提高 95%和 88%（Song et al.，2016；Zheng et al.，2012）。

（2）在微生物体内改造或构建产氢途径以提高产氢能力，改造底物代谢途径以增加可利用底物。通过表达多种产氢途径，可以提高微生物的产氢能力（Hallenbeck and Ghosh，2012）。改造产氢微生物的 NADH 产氢途径相关基因，如果表达 NAD 合成酶基因 *nadE* 提高胞内 NAD(H)库，可以提高产氢能力（Wang et al.，2013）。另外，在微生物体内构建新的底物代谢途径来增加微生物可利用的底物种类，或者在可以降解多糖等复杂生物质的微生物体内表达产氢途径，从而提高微生物产氢发酵的底物种类和适用范围。例如，研究人员在大肠杆菌体内同时表达 YdbK 依赖的丙酮酸产氢途径和 α-淀粉酶，使该菌可以利用淀粉产氢（Akhtar and Jones，2009）；另外，基因改造的大肠杆菌实现了以甘油和蔗糖等为底物产氢（Ganesh et al.，2012；Maeda et al.，2007；Penfold and Macaskie，2004）。

（3）敲除竞争性途径的相关基因，抑制其关键酶等生物分子的表达，提高产氢代谢。例如，通过敲除大肠杆菌的琥珀酸生成和乳酸生成途径的关键基因，可以抑制琥珀酸和乳酸生成等代谢途径，使葡萄糖代谢流更多地流向甲酸氢裂解途径，提高氢气的产率（Maeda et al.，2007；Yoshida et al.，2006）。类似地，敲除集胞藻中的硝酸盐同化途径相关基因，可以使更多的电子流向氢酶，促进氢气的生成（Baebprasert et al.，2011）。

采用代谢改造提高微生物的产氢能力也面临一系列的问题。基因改造的细菌生长习性等存在明显差异，需要比较不同工程菌的生活习性、培养条件和其他产氢条件，结合不同的底物预处理手段等提高微生物的产氢性能和底物利用效率。单一的基因改造往往难以得到理想的结果，而将以上多种不同代谢改造策略进行结合，则可以有效提高微生物的产氢能力。目前，一些研究同时采用多种代谢改造策略，可以有效提高微生物的产氢效率，并将其应用于废弃物产氢（Song et al.，2016；Taifor et al.，2017；Yasin et al.，2013）。作为一种模式菌株，大肠杆菌产氢过程中的相关研究较为深入（Akhtar and Jones，2008；Hallenbeck and Ghosh，2009）。例如，对于大肠杆菌（*E. coli* BW25113），通过多种代谢改造策略调控甲酸氢裂解途径可以显著提高氢气的产量，其主要代谢改造策略包括：敲除抑制甲酸氢裂解途径的基因 *hycA* 和过表达促进该途径的基因 *fhlA*、敲除吸氢酶的基因（*hyaB* 和 *hybC*）、敲除富马酸还原酶编码基因（*frdC*）和乳酸脱氢酶编码基因（*ldhA*）来抑制琥珀酸和乳酸合成等竞争途径，并通过 *fdnG*、*fdoG*、*narG*、*focA*、*focB*、*poxB* 和 *aceE* 等基因改造使葡萄糖代谢更多地生成甲酸，减少其他抑制途径（Zheng et al.，2012）。研究结果表明，敲除 7 个基因的 *E. coli* BW25113 *hyaB hybC hycA fdoG frdc ldhA aceE* 改造菌株具有最好的葡萄糖产氢能力，其以葡萄糖为底物的产氢能力提高 4.6 倍（Zheng et al.，2012）。随后，将该基因改造的大肠杆菌应用于油棕榈叶汁和城市污泥产氢，产氢效率可以提高 200 倍，最高可达 1.5 mol H_2/mol 葡萄糖；另外，采用淀粉酶和纤维素酶预处理城市污泥，可以将该菌株的产氢能力提高 8 倍（Yasin et al.，2013）。该研究结果表明，经代谢改造的工程菌可以有效利用废弃物产氢，具有良好的应用前景。

10.4.3 其他高附加值化合物

根据联合国最近的报告，预计未来 30 年全球人口将增加 20 亿，从目前的 77 亿增加到 2050 年的 97 亿。人口的急剧增加导致对一切消耗品的数量和质量需求都在增加。据报道，全球每年消耗（1.2～1.3）×10^{11} t 自然资源（Song et al.，2015），大量废弃物的产生是不可避免的。废弃物有各种来源，包括农业废弃物（植物种植、农副产品加工和动物养殖废物）、工业废弃物（制造、工业过程和建筑场地废物）和城市废弃物（家庭、餐馆、商店、市场、学校、医院、废水处理厂废物）等（Ozturk et al.，2017）。除了明显的环境后果，废弃物的管理也会造成一定的经济负担。估算显示，到 2025 年，全球固体废弃物管理成本将从每年的 205.4 亿美元增加到近 375.5 亿美元（Nizami et al.，2017）。因此，将废弃物回收利用并转化为高附加值产品具有很好的前景。这些可回收的废料包括：①富含糖的衍生物（制糖/果汁厂和制糖工业产生的富含糖的副产品）；②含有三酰甘油和脂肪酸的原料（食用和非食用废油、粗甘油和工业废水）；③纤维素原料（木质纤维素生物质水解物、玉米浆、果皮和秸秆）。这些废物原料，如玉米芯、专用能源作物、稻草、木片，都是常见的可再生生物质资源，每年全球产量稳定供应约 1500 亿 t。废弃物的转化首先具有双重的环境优势：一方面，通过转化生成的生物基产品可替代石油基产品，降低石油基产品合成过程造成的环境污染；另一方面，生成的生物基产品具有生物可降解特性且相对无毒（Hahn-Hagerdal et al.，2006）；此外，目前一些高附加值产品的生产需使用粮食作为原料，利用废弃物生产高附加值产品可能会缓解食品或其他生物基产品之间日益加剧的冲突（Godfray et al.，2010）。

废弃物转化为高附加值产品的最重要步骤为解聚。例如，对秸秆废弃物来说，植物细胞壁对酶促反应及微生物具有天然抗性（Balan，2014），因此废弃物转化过程一般需要进行预处理。预处理是废弃物处理中最昂贵和最烦琐的步骤（Jha and Kumar，2019）。一般预处理方法包括物理、化学、生物或这些方法的组合。物理和化学预处理方法最大的缺点就是大量的能源利用，这最终会增加生产成本。生物预处理具有环境友好、无毒、耗能低，以及没有抑制性预处理降解产物等优点，是近年来的研究热点（Sharma et al.，2019；Tu and Hallett，2019）。通常，用于废弃物预处理的生物包括细菌、真菌和酶。事实上，酶的价格较为昂贵。据报道，在整个生物乙醇生产链中，酶的成本最高（占总成本的 40%）（Arora et al.，2015）。作为替代方案，无须添加酶即可将生物质一步转化为目标最终产品的生物炼制工艺具有巨大的潜能（Dessie et al.，2018）。例如，柳枝稷或水稻秸秆可通过丝状真菌的深层发酵直接降解，无须额外的预处理（Wang et al.，2017）。在这个过程中，微生物通过自身代谢过程可以产生高浓度的酶用于目标产品的产生。然而，在自然界中筛选具有这些特征的微生物十分困难，限制了相关研究的进展。随着合成生物学的发展，大大提高了对微生物代谢网络的解析以及成熟基因编辑工具的开发，因此人工定制微生物用于废弃物的转化已经成为可能（Olson et al.，2012）。本章将详细讨论合成生物学在废弃物向高附加值产物转化过程的应用（表 10-3）。

表 10-3　利用环境合成生物学手段改造微生物利用废弃物生产高附加值产物

产物	原料	细菌	调控策略	产量/（g/L）	参考文献
生物丁醇	淀粉	酪丁酸梭菌	过表达 α-葡糖苷酶	16.2	Yu et al.，2015
生物丁醇	工业甘油废液	大肠杆菌	调节糖酵解、糖异生、TCA 途径中的代谢流	6.9	Saini et al.，2017
生物丁醇	稻草水解液	大肠杆菌	过表达 *fdh1* 基因以及建立共培养体系	5.8	Saini et al.，2016
生物丁醇	柳枝稷	大肠杆菌	过表达纤维素酶、木聚糖酶、β-葡萄苷酶和木二糖酶	0.028	Bokinsky et al.，2011
生物丁醇	脂肪酸	大肠杆菌	重构 β-氧化途径以及下游的丁醇合成途径	2.05	Dellomonaco et al.，2010
生物丁醇	CO_2	嗜热蓝细菌	引入丁醇合成途径	0.836	Liu et al.，2019
中长链 PHA	工业甘油废液	恶臭假单胞菌	敲除 *phaZ* 基因	1.94	Poblete-Castro et al.，2014
中长链 PHA	木质素（来源于玉米秸秆）	恶臭假单胞菌	敲除 *phaZ*、*fadBA1* 和 *fadBA2* 基因；过表达 *phaG*、*alkK*、*phaC1* 和 *phaC2* 基因	0.12	Salvachua et al.，2020
中长链 PHA	D-木糖以及 D-纤维二糖	恶臭假单胞菌	过表达 *BglC* 基因	0.8	Dvořák et al.，2020
中长链 PHA	CO_2	紫色非硫红色螺杆菌	表达来源于恶臭假单胞菌 KT2440 中的中长链 PHA 合成基因	0.07	Heinrich et al.，2016
短链 PHA	奶酪乳清、5% 大豆油和水解玉米淀粉	大肠杆菌	过表达 *phaCAB* 基因	0.23	Fonseca and Antonio，2006
短链 PHA	乳清和玉米浆	大肠杆菌	表达来源于固氮菌 FA8 的 PHA 合成基因簇	51.5	Li et al.，2007
短链 PHA	木质纤维素水解液	大肠杆菌	表达来源于假单胞菌 B14-6 的 PhaP 蛋白	3.15	Nikel et al.，2006
短链 PHA	淀粉	盐单胞菌	表达 α-淀粉酶和葡萄糖苷酶基因	5.1	Lin et al.，2021

10.4.3.1 生物燃料

在“碳达峰、碳中和”的背景下，环境友好型生物燃料的生产已经成为国内外研究的热点。丁醇（C_4H_9OH）因其较高的能量密度和热值已经成为汽油的潜在替代品（Atsumi et al.，2008）。同时，丁醇的弱亲水性、挥发性、吸湿性和腐蚀性使其安全性更高，有利于市场推广与应用。尽管丁醇展示出了其作为汽油替代品的巨大潜能，但其发酵生产过程仍存在诸多问题，主要体现在：①以粮食类作物为原料的发酵成本高，可占总发酵成本的70%以上；②发酵转化率低，主要受制于发酵菌株的代谢活性以及对丁醇的抗性。因此，利用废弃物作为发酵原料，以及利用环境合成生物学方法对发酵菌株进行代谢改造，可以降低丁醇的发酵成本，促进生物丁醇的应用。

丁醇工业发酵中常用的菌株为梭状芽孢杆菌属（*Clostridia*），胞内丁醇合成途径主要为 ABE （acetone-butanol-ethanol）途径（Dai et al.，2012；Jones and Woods，1986）。一般来说，生物丁醇发酵的底物是以葡萄糖、蔗糖为主的易生物利用糖，对其他糖类物质的利用能力较弱。固体的餐厨废弃物及不可食用农作物（如木薯）中富含的大量淀粉等多糖及双糖，属于不易被微生物利用的糖类。通过在酪丁酸梭菌（*Clostridium tyrobutyricum*）中过表达两种胞外 α-葡糖苷酶编码基因（*aglu* Ⅰ和 *aglu* Ⅱ），使得不能利用淀粉和麦芽糖的酪丁酸梭菌，能够以麦芽糖和淀粉为底物生产丁醇，其丁醇的产量分别达到 17.2 g/L 和 16.2 g/L（Yu et al.，2015）。

近年来，有不少研究利用合成生物学技术将梭状芽孢杆菌的合成代谢途径转移到了其他的微生物（如大肠杆菌）中（Atsumi et al.，2008）。甘油是生物柴油生产过程中的废弃物，也可作为工业原料用于丁醇的发酵。大肠杆菌自身的甘油代谢能力弱于葡萄糖代谢，通过过表达 *aceEF-lpdA**、*zwf*、*pgl* 以及 *UdnA* 等基因在大肠杆菌中重新调配了糖酵解、糖异生及三羧酸循环途径中的代谢流，增强了大肠杆菌厌氧甘油分解途径。最终的基因重组菌株可以利用 20 g/L 的工业甘油废弃液生产 6.9 g/L 的丁醇（Saini et al.，2017），证明了利用廉价的工业废液生产丁醇的可能性。

木质纤维素是农业和林业废弃物中最重要的组成成分，也是发酵工业中重要的第二代原料。以木质纤维素为底物生产生物柴油是实现碳循环的理想途径。然而，木质纤维素水解后会形成戊糖（主要是木糖和阿拉伯糖）和己糖（主要是葡萄糖、果糖、半乳糖和甘露糖）的混合物。而细菌本身的碳源分解抑制机制（carbon catabolite repression，CCR）导致细菌不能同时利用戊糖和己糖，降低了碳源转化率。通过破坏丙酮丁醇梭菌（*C. acetobutylicum*）中磷酸糖转移酶系统编码酶Ⅱ的 *glcG* 基因可以缓和 CCR，大大增加了葡萄糖存在情况下戊糖的利用率，提高了丁醇的产量（Xiao et al.，2011）。通过在丁醇生成菌大肠杆菌中过表达甲酸脱氢酶基因（*fah*）以及构建大肠杆菌乙酸-丁酸内循环共培养体系，可使大肠杆菌直接将纤维素水解液转化为丁醇，其产量可达 5.8 g/L（Saini et al.，2016）。通过在大肠杆菌中过表达纤维素酶、木聚糖酶、β-葡萄糖苷酶和木二糖酶，可使大肠杆菌直接利用柳枝稷进行丁醇的生产，然而丁醇产量很低，仅为 0.028 g/L（Bokinsky et al.，2011）。因此，纤维素的降解仍然是微生物利用其发酵生产丁醇的限制步骤。脂肪酸是餐厨废弃物中的重要组成成分，通过在大肠杆菌中重构 β-氧化途径及下游的丁醇合成途径，最终的重组菌可以利用棕榈酸生产丁醇，产量可达 2.05 g/L（Dellomonaco et al.，2010）。同时，利用环境合成生物学技术，在嗜热蓝细菌（*Synechococcus elongatus* PCC 7942）中也构建了丁醇合成路径，使得嗜热蓝细菌可以利用 CO_2 为碳源生产丁醇（Liu et al.，2019）。

10.4.3.2　生物塑料

高柔性石油基塑料（聚乙烯、聚丙烯）已成为我们日常生活中广泛使用的商品。然而，石油基塑料在自然界中的分解需要 20～100 年的时间，造成了许多环境问题，如回收和焚烧释放有毒气体导致的空气污染、海洋塑料累积对海洋生态的影响等（Sirohi et al.，2020）。因此，基于生物基的可降解塑料的使用在过去几十年中一直被提倡，以减少传统塑料的生产。聚羟基烷酸酯（polyhydroxyalkanoate，PHA）是一种可生物降解塑料，并可作为多种细菌属的碳源和能量来源。PHA 具有与传统塑料相似的特性，同时具有生物降解性和生物相容性，90 天内可实现 100%生物降解，最终降解产物为二氧化碳和水（Chen and Hajnal，2015）。目前，PHA 的工业生产主要是由纯细菌或重组细菌进行发酵生产（Chen and Jiang，2018）。然而，微生物发酵使得 PHA 的生产成本比传统塑料高 4～9 倍，从而限制了 PHA 的工业应用（Fauzi et al.，2019）。其中，发酵底物糖的成本是其商业推广的主要限制因素，据估计，生产 1 t PHA 需要 3 t 葡萄糖。因此，利用可回收废弃物为底物进行 PHA 的生产意义重大，对 PHA 生产成本控制具有重要的贡献。

常见的 PHA 天然合成菌株有罗氏真养菌（*Ralstonia eutropha*）、假单胞菌（*Pseudomonas* sp.）、盐单胞菌（*Halomonas* sp.）等。近年来，通过基因工程技术将来源于罗氏真养菌的 *phaCAB* 基因导入大肠杆菌中，构建可以生产 PHA 的重组大肠杆菌（Chen and Wu，2005）。已有报道利用野生的 PHA 合成菌株，以城市废水、固体废弃物、奶酪、乳清、废食用油、甘蔗糖蜜、废咖啡渣等废弃物进行 PHA 的生产，但野生型菌株对废弃物利用的效率低是限制大规模生产的最主要因素。因此，利用基因工程改造原始发酵细菌以提高废弃物的利用率或者增强合成 PHA 的性能是最近的研究热点。中长链 PHA 合成模式菌株恶臭假单胞菌 KT2440 可以利用工业廉价废弃甘油为碳源合成中长链 PHA，PHA 的产量可达其细胞干重的 34%；通过敲除恶臭假单胞菌 KT2440 中的 *phaZ* 基因，干扰了恶臭假单胞菌 KT2440 中 PHA 的降解途径，使 PHA 的产量提高到细胞干重的 47%，此项工作通过抑制 PHA 的降解，提高了废弃物向中长链的转化效率（Poblete-Castro et al.,

2014)。在恶臭假单胞菌 KT2440 中敲除 *phaZ*、β-氧化途径中的 *fadBA1* 和 *fadBA2* 基因，为了增加通向中长链 PHA 合成途径的碳代谢流，过表达 *phaG*、*alkK*、*phaC1* 及 *phaC2* 基因，使得最终的重组菌株恶臭假单胞菌 KT2440 可以利用木质素（来源于玉米秸秆）生产中长链 PHA，78 h 的发酵试验中 PHA 的产量可达 116 mg/L（Salvachua et al.，2020）。通过基因组编辑技术，在恶臭假单胞菌 EM42 中引入来源于褐色喜热裂孢菌（*Thermobifida fusca*）的编码胞内 β-葡萄苷酶的基因 *BglC*，以纤维素水解液中的两种重要的糖（D-木糖和 D-纤维二糖）为碳源，实现了胞外 D-木糖酸和胞内中长链 PHA 的共生产，其中胞内中长链 PHA 的产量为 0.8 g/L（Dvořák et al.，2020）。在紫色非硫红色螺杆菌（*Rhodospirillum rubrum*）S1 中导入来源于恶臭假单胞菌 KT2440 的编码 3-羟基酰基载体蛋白（ACP）的基因硫酯酶基因（*phaG*）、中链脂肪酸辅酶 A（CoA）连接酶基因（PP_0763）和中长链 PHA 合成酶基因（*phaC1*），可使紫色非硫红色螺杆菌 S1 利用废气 CO_2 为碳源生产中长链 PHA，通过优化启动子，使用强启动子 P_{cooF} 可提高中长链 PHA 的产量，最终紫色非硫红色螺杆菌 S1 中中长链 PHA 的产量可达 0.07 g/L（Heinrich et al.，2016）。

乳清、脂肪和油等农业副产品最有潜力作为 PHA 生产的低成本碳源。重组大肠杆菌（*E. coli* DH10B）（pBHR71）可以利用奶酪乳清、5%大豆油和水解玉米淀粉进行细胞生长及 PHA 的合成，其细胞密度可达 1.02 g/L，PHA 的产量为 0.23 g/L（Fonseca and Antonio，2006）。通过敲除重组大肠杆菌中的 *ptsG* 基因，可以解除大肠杆菌中的碳分解代谢抑制机制（CCR），使得大肠杆菌可以同时利用混合碳源中的木糖及葡萄糖，PHA 产量可达 0.25 g/L（Li et al.，2007）。将来源于固氮菌（*Azotobacter* sp.）FA8 的聚 3-羟基丁酸酯（PHB）合成基因簇转入大肠杆菌中，得到的重组大肠杆菌 K24K 能够以乳清和玉米浆为碳源及氮源合成 PHB，在实验室规模的反应器中，24 h 的 PHB 产量可达 51.5 g/L（Nikel et al.，2006）。聚羟基烷酸酯颗粒结合蛋白（PhaP）可以促进细胞生长和聚羟基丁酸酯的合成。在重组大肠杆菌中过表达来源于来自北极土壤假单胞菌（*Pseudomonas* sp.）B14-6 的 PhaP 蛋白（$PhaP_{ps}$），可提高木质纤维素类生物糖基抑制剂的耐受性。过表达 $phaP1_{Ps}$ 的重组大肠杆菌在三种木质纤维素水解液中生物量及 PHB 产量均明显增加，其中，以大麦秸秆为碳源时，PHB 的产量可高达 3.15 g/L（Lee et al.，2021）。通过在盐单胞菌（*Halomonas bluephagenesis*）中引入来源于地衣芽孢杆菌（*Bacillus lichenifomis*）的 α-淀粉酶编码基因（amyL），并根据盐单胞菌自身的密码子使用频率对 *amyL* 基因进行密码子的优化，筛选有效的信号肽序列将 α-淀粉酶分泌到细胞外，以提高淀粉的降解效率（Lin et al.，2021）。最终得到的重组盐单胞菌 TN04 在染色体和质粒上均表达 α-淀粉酶和葡萄糖苷酶基因，在玉米淀粉为碳源的摇瓶发酵试验中，生长到约每升 10 g 细胞干重时，其中 PHB 的含量占 51%（Lin et al.，2021）。

10.5 展　望

近年来，国内外研究人员在微生物对废弃物资源化的利用方面开展了大量工作。采用微生物进行废弃物资源化的策略主要包括废弃物回收和向高附加值产物的转化，这些工作充分证明了基于环境合成生物学的改造是提高废弃物资源化的有效途径。然而，废弃物种类多、成分复杂，相关领域仍然面临着回收/转化菌种及酶匮乏、转化机制不明晰、回收/转化效率低等一系列瓶颈问题亟待突破。尽管使用廉价基质和成本效益高的回收途径在一定程度上降低了转化和回收成本，但只有开发真正的超级工程菌株，才能在废弃物回收和转化方面取得真正的突破。因此，未来针对废弃物资源化利用的研究仍需集中于开发新型、高效的重组菌株。

（1）提高酶的异源表达效率。高浓度的酶催化剂是实现废弃物回收和转化的关键。在异源基因的过表达过程中，蛋白质的错误折叠及自聚集可导致酶的催化效率降低。随着合成生物学的发展，通过密码子优化技术提高异源基因对底盘生物的适配性、利用蛋白质工程提高蛋白质的结构稳定性，以及通过翻译后修饰工程提高蛋白质的糖基化程度，均将促进异源酶的高效表达。

（2）明晰废弃物解聚机制。废弃物的充分解聚是其回收及转化的先决条件，例如，在固体废弃物 PCB 的金属回收过程中，金属离子的溶解是其回收的关键；在木质纤维素向高附加值产品的转化过程中，木质素的解聚是转化的限速步骤。在明确废弃物解聚的小分子单体或者寡聚物后，可通过高通量的数据发掘，筛选降解途径的靶点基因，然后利用成簇规律间隔短回文重复（clustered regularly interspaced short palindromic repeat，CRISPR）等基因编辑技术，解析其降解路径，进而利用环境合成生物学技术提高降解效率，设计并构建降解产物到高附加值化学品的合成路径，建立废弃物的资源化利用途径。

（3）构建混合多菌/酶体系。针对结构复杂的废弃物的转化，单一的微生物往往难以实现目标。为减轻微生物代谢的压力，可以将转化过程构建在多个底盘生物中，由它们协同完成整个转化过程。例如，在木质纤维素的生物降解过程中，混菌多酶体系已经取得了良好的效果。

（4）构建废弃物回收/转化的人工代谢途径。随着基因组、转录组、蛋白质组及代谢组研究方法的迅速发展，人们可以通过调控及转化元件的人工挖掘和工程化组装，构建人工的废弃物回收/转化通路；进一步通过体内定向进化及高通量筛选平台，提高人工回收/转化通路的效率。在底盘细胞中组装自然界并不存在的人工代谢通路，可能会对宿主自身的代谢产生一定的影响，利用系统生物学中的建模、模拟预测等策略对底盘细胞进行设计与重构，提高异源代谢通路与底盘细胞的适配性，最终提高废弃物的回收/转化效率。

编写人员：郭瑛瑛[1] 刘艳伟[1] 向玉萍[1,2] 阴永光[1] 蔡 勇[3] 江桂斌[1]
单 位：1. 中国科学院生态环境研究中心
2. 西南大学
3. 美国佛罗里达国际大学

参 考 文 献

边紫薇. 2021. 我国稠油油田微生物采油进展综述. 石油地质与工程, 35: 73-79.

陈丹丹. 2006. 抗汞载体的构建及在喜温硫杆菌中的表达. 山东大学硕士学位论文.

邓旭, 李清彪, 卢英华, 等. 2003. 基因工程菌大肠杆菌 JM109 富集废水中镍离子的研究. 生物工程学报, 19: 343-348.

郭晓亚, 慈冰冰, 于晶露, 等. 2010. 废油脂的利用及我国生物柴油的生产状况. 现代化工, 30(10): 6-8.

李红艳. 2020. 重金属废水污染治理方法探究. 资源节约与环保, (9): 89-90.

李霜, 胡仿香, 余定华, 等. 2021. 强化 nC14-surfactin 组分的基因工程菌及其构建方法和应用. 中国, CN202011390286.0.

路延笃, 黄巧云, 陈雯莉, 等. 2006. 细菌表面展示技术及其在环境重金属污染修复中的意义. 生态与农村环境学报, 22(4): 74-79.

王莉莉. 2018. 废弃印刷线路板中铜的分离提纯工艺研究. 南京理工大学硕士学位论文.

王明远. 2005. "循环经济"概念辨析. 中国人口·资源与环境, 15: 13-18.

文晴. 2015. 嗜酸性氧化硫硫杆菌高效无痕基因敲除/整合体系建立及其铜抗性机制研究. 山东大学博士学位论文.

向红英, 王菊芳, 杨愈丰, 等. 2019. 细菌表面展示技术研究新进展. 生物化学与生物物理进展, 46: 162-168.

张嵩元, 汪卫东. 2021. 基因工程微生物合成鼠李糖脂表面活性剂的研究进展. 微生物学报, 61: 3059-30 75.

赵田红, 郑国华, 李少庆, 等. 2005. 三次采油用表面活性剂的研究现状与趋势. 化学工程师, (11): 32-34.

Abelson P H. 1999. A potential phosphate crisis. Science, 283: 2015-2019.

Akhtar M K, Jones P R. 2008. Engineering of a synthetic hydF-hydE-hydG-hydA operon for biohydrogen production. Analytical Biochemistry, 373(1): 170-172.

Akhtar M K, Jones P R. 2009. Construction of a synthetic YdbK-dependent pyruvate: H_2 pathway in *Escherichia coli* BL21(DE3). Metabolic Engineering, 11(3): 139-147.

Arora R, Behera S, Kumar S. 2015. Bioprospecting thermophilic/thermotolerant microbes for production of lignocellulosic ethanol: A future perspective. Renewable and Sustainable Energy Reviews, 51: 699-717.

Arshadi M, Mousavi S M. 2015. Enhancement of simultaneous gold and copper extraction from computer printed circuit boards using *Bacillus megaterium*. Bioresource Technology, 175: 315-324.

Aso Y, Tsubaki M and Long B H D, et al. 2019. Continuous production of D-lactic acid from cellobiose in cell recycle fermentation using beta-glucosidase-displaying *Escherichia coli*. Journal of Bioscience and Bioengineering, 127(4): 441-446.

Atsumi S, Cann A F, Connor M R, et al. 2008. Metabolic engineering of *Escherichia coli* for 1-butanol production. Metabolic Engineering, 10(6): 305-311.

Bae W, Chen W, Mulchandani A, et al. 2000. Enhanced bioaccumulation of heavy metals by bacterial cells displaying synthetic phytochelatins. Biotechnology and Bioengineering, 70(5): 518-524.

Bae W, Mulchandani A, Chen W. 2002. Cell surface display of synthetic phytochelatins using ice nucleation protein for enhanced heavy metal bioaccumulation. Journal of Inorganic Biochemistry, 88(2): 223-227.

Baebprasert W, Jantaro S, Khetkorn W, et al. 2011. Increased H_2 production in the cyanobacterium *Synechocystis* sp. strain PCC 6803 by redirecting the electron supply via genetic engineering of the nitrate assimilation pathway. Metabolic Engineering, 13(5): 610-616.

Balan V. 2014. Current challenges in commercially producing biofuels from lignocellulosic biomass. ISRN Biotechnology, 2014: 463074.

Benyoucef S, Amrani M. 2011. RETRACTED: Adsorption of phosphate ions onto low cost Aleppo pine adsorbent. Desalination, 275(1-3): 231-236.

Bokinsky G, Peralta-Yahya P P, George A, et al. 2011. Synthesis of three advanced biofuels from ionic liquid-pretreated switchgrass using engineered *Escherichia coli*. Proceedings of the National Academy of Sciences USA, 108(50): 19949-19954.

Brasseur G, Levican G, Bonnefoy V, et al. 2004. Apparent redundancy of electron transfer pathways via bc(1) complexes and terminal oxidases in the extremophilic chemolithoautotrophic *Acidithiobacillus ferrooxidans*. Biochimica et Biophysica Acta-Bioenergetics, 1656(2-3): 114-126.

Chen G Q, Hajnal I. 2015. The 'PHAome'. Trends in Biotechnology, 33(10): 559-564.

Chen G Q, Jiang X R. 2018. Engineering microorganisms for improving polyhydroxyalkanoate biosynthesis. Current Opinion In Biotechnology, 53: 20-25.

Chen G Q, Wu Q. 2005. Microbial production and applications of chiral hydroxyalkanoates. Applied Microbiology and Biotechnology, 67(5): 592-599.

Chen Y, Yin Y G, Shi J B, et al. 2017. Analytical methods, formation, and dissolution of cinnabar and its impact on environmental cycle of mercury. Critical Reviews in Environmental Science and Technology, 47(24): 2415-2447.

Choi D, Lee S B, Kim S, et al. 2014. Metabolically engineered glucose-utilizing *Shewanella* strains under anaerobic conditions. Bioresource Technology, 15: 459-66.

Choi S S, Lee H M, Ha J H, et al. 2013. Biological removal of phosphate at low concentrations using recombinant *Escherichia coli* expressing phosphate binding protein in periplasmic space. Applied Biochemistry and Biotechnology, 171(5): 1170-1177.

Coimbra C, Branco R A, Morais P V. 2019. Efficient bioaccumulation of tungsten by *Escherichia coli* cells expressing the *Sulfitobacter dubius* TupBCA system. Systematic and Applied Microbiology, 42(5): 126001.

Cordell D, Drangert J O, White S. 2009. The story of phosphorus: Global food security and food for thought. Global Environmental Change-Human and Policy Dimensions, 19(2): 292-305.

Cruz N, Le Borgne S, Hernandez-Chavez G, et al. 2000. Engineering the *Escherichia coli* outer membrane protein OmpC for metal bioadsorption. Biotechnology Letters, 22(7): 623-629.

Dai Z, Dong H, Zhu Y, et al. 2012. Introducing a single secondary alcohol dehydrogenase into butanol-tolerant *Clostridium acetobutylicum* Rh8 switches ABE fermentation to high level IBE fermentation. Biotechnology for Biofuels, 5(1): 44.

Dellomonaco C, Rivera C, Campbell P, et al. 2010. Engineered respiro-fermentative metabolism for the production of biofuels and biochemicals from fatty acid-rich feedstocks. Applied and Environmental Microbiology, 76(15): 5067-5078.

Dessie W, Zhu J R, Xin F X, et al. 2018. Bio-succinic acid production from coffee husk treated with thermochemical and fungal hydrolysis. Bioprocess and Biosystems Engineering, 41(10): 1461-1470.

Dong J, Liu C, Zhang J, et al. 2006. Selection of novel nickel-binding peptides from flagella displayed secondary peptide library. Chemical Biology and Drug Design, 68(2): 107-112.

Du H W, Yang L Y, Wu J, et al. 2012. Simultaneous removal of phosphorus and nitrogen in a sequencing batch biofilm reactor with transgenic bacteria expressing polyphosphate kinase. Applied Microbiology and Biotechnology, 96(1): 265-272.

Dvořák P, Kováč J, de Lorenzo V. 2020. Biotransformation of d-xylose to d-xylonate coupled to medium-chain-length polyhydroxyalkanoate production in cellobiose-grown *Pseudomonas putida* EM42. Microbial Biotechnology, 13(4): 1273-1283.

Elbeshbishy E, Dhar B R, Nakhla G, et al. 2017. A critical review on inhibition of dark biohydrogen fermentation. Renewable and Sustainable Energy Reviews, 79: 656-668.

Eskandari V, Yakhchali B, Sadeghi M, et al. 2015. Efficient cadmium bioaccumulation by displayed hybrid CS3 pili: Effect of heavy metal binding motif insertion site on adsorption capacity and selectivity. Applied Biochemistry and Biotechnology, 177(8): 1729-1741.

Fauzi A H M, Chua A S M, Yoon L W, et al. 2019. Enrichment of PHA-accumulators for sustainable PHA production from crude glycerol. Process Safety and Environmental Protection, 122: 200-208.

Feng J, Qian Y, Wang Z, et al. 2018. Enhancing the performance of *Escherichia coli* inoculated microbial fuel cells by introduction of the phenazine-1-carboxylic acid pathway. Journal of Biotechnology, 275: 1-6.

Flandinet L, Tedjar F, Ghetta V, et al. 2012. Metals recovering from waste printed circuit boards (WPCBs) using molten salts. Journal of Hazardous Materials, 213: 485-490.

Fonseca G G, Antonio R V. 2006. Use of vegetable oils as substrates for medium-chain-length polyhydroxyalkanoates production by recombinant *Escherichia coli*. Biotechnology, 5(3): 277-279.

Fu K B, Wang B, Chen H Y, et al. 2016. Bioleaching of Al from coarse-grained waste printed circuit boards in a stirred tank reactor. Selected Proceedings of the Tenth International Conference on Waste Management and Technology, 31: 897-902.

Ganesh I, Ravikumar S, Hong S O. 2012. Metabolically engineered *Escherichia coli* as a tool for the production of bioenergy and biochemicals from glycerol. Biotechnology and Bioengineering, 17: 671-678.

Godfray H C, Beddington J R, Crute I R, et al. 2010. Food security: The challenge of feeding 9 billion people. Science, 327(5967): 812-818.

Gu W H, Bai J F, Dong B, et al. 2017. Catalytic effect of graphene in bioleaching copper from waste printed circuit boards by *Acidithiobacillus ferrooxidans*. Hydrometallurgy, 171: 172-178.

Hahn-Hagerdal B, Galbe M, Gorwa-Grauslund M F, et al. 2006. Bioethanol: the fuel of tomorrow from the residues of today. Trends in Biotechnology, 24(12): 549-556.

Hallenbeck P C, Ghosh D. 2009. Advances in fermentative biohydrogen production: The way forward? Trends in Biotechnology, 27(5): 287-297.

Hallenbeck P C, Ghosh D. 2012. Improvements in fermentative biological hydrogen production through metabolic engineering. Journal of Environmental Management, 95: S360-S364.

Han S, Gao X Y, Ying H J, et al. 2016. NADH gene manipulation for advancing bioelectricity in *Clostridium ljungdahlii* microbial fuel cells. Green Chemistry, 18(8): 2473-2478.

He C, Dong W, Li J, et al. 2017. Characterization of rhamnolipid biosurfactants produced by recombinant *Pseudomonas aeruginosa* strain DAB with removal of crude oil. Biotechnology Letters, 39(9): 1381-1388.

Heinrich D, Raberg M, Fricke P, et al. 2016. Synthesis gas (syngas)-derived medium-chain-length polyhydroxyalkanoate synthesis in engineered *Rhodospirillum rubrum*. Applied and Environmental Microbiology, 82(20): 6132-6140.

Hirose N, Kazama I, Sato R, et al. 2021. Microbial fuel cells using alpha-amylase-displaying *Escherichia coli* with starch as fuel. Journal of Bioscience and Bioengineering, 132: 519-523.

Hu F, Liu Y, Lin J, et al. 2020. Efficient production of surfactin from xylose-rich corncob hydrolysate using genetically modified *Bacillus subtilis* 168. Applied Microbiology and Biotechnology, 104(9): 4017-4026.

Iqbal S, Khalid Z M, Malik K A 1995. Enhanced biodegradation and emulsification of crude oil and hyperproduction of biosurfactants by a gamma ray induced mutant of *Pseudomonas aeruginosa*. Letters in Applied Microbiology, 21(3): 176-179.

Jha A, Kumar A. 2019. Biobased technologies for the efficient extraction of biopolymers from waste biomass. Bioprocess and Biosystems Engineering, 42(12): 1893-1901.

Jones D T, Woods D R. 1986. Acetone-butanol fermentation revisited. Microbiology Reviews, 50(4): 484-524.

Kane A L, Bond D R, Gralnick J A. 2013. Electrochemical analysis of *Shewanella oneidensis* engineered to bind gold electrodes. ACS Synthetic Biology, 2(2): 93-101.

Katz I, Dosoretz C G. 2008. Desalination of domestic wastewater effluents: Phosphate removal as pretreatment. Desalination, 222(1-3): 230-242.

Kim S K, Lee B S, Wilson D B, et al. 2005. Selective cadmium accumulation using recombinant *Escherichia coli*. Journal of Bioscience and Bioengineering, 99(2): 109-114.

Koch A K, Kappeli O, Fiechter A, et al. 1991. Hydrocarbon assimilation and biosurfactant production in *Pseudomonas aeruginosa* mutants. Journal of Bacteriology, 173(13): 4212-4219.

Koch A K, Reiser J, Kappeli O, et al. 1988. Genetic construciton of lactose utilized strains of *Pseudomonas aeruginosa* and their application in biosurfactant production. Bio Technology, 6(11): 1335-1339.

Kotrba P, Ruml T. 2010. Surface display of metal fixation motifs of bacterial P1 type ATPases specifically promotes biosorption of Pb^{2+} by *Saccharomyces cerevisiae*. Applied and Environmental Microbiology, 76(8): 2615-2622.

Kryachko Y, Nathoo S, Lai P, et al. 2013. Prospects for using native and recombinant rhamnolipid producers for microbially enhanced oil recovery. International Biodeterioration and Biodegradation, 81: 133-140.

Kuroda K, Shibasaki S, Ueda M, et al. 2001. Cell surface engineered yeast displaying a histidine oligopeptide (hexa-His) has enhanced adsorption of and tolerance to heavy metal ions. Applied Microbiology and Biotechnology, 57(5-6): 697-701.

Kuroda K, Ueda M, Shibasaki S, et al. 2002. Cell surface engineered yeast with ability to bind, and self-aggregate in response to, copper ion. Applied Microbiology and Biotechnology, 59(2-3): 259-264.

Kuroda K, Ueda M. 2006. Effective display of metallothionein tandem repeats on the bioadsorption of cadmium ion. Applied Microbiology and Biotechnology, 70(4): 458-463.

Lee H S, Lee H J, Kim S H, et al. 2021. Novel phasins from the Arctic *Pseudomonas* sp. B14-6 enhance the production of polyhydroxybutyrate and increase inhibitor tolerance. International Journal of Biological Macromolecules, 190: 722-729.

Lee Y K, Kim S B, Park C S, et al. 2005. Chromosomal integration of sfp gene in *Bacillus subtilis* to enhance bioavailability of hydrophobic liquids. Applied Microbiology and Biotechnology, 67(6): 789-794.

Lei L, Zhao F, Han S, et al. 2020. Enhanced rhamnolipids production in *Pseudomonas aeruginosa* SG by selectively blocking metabolic bypasses of glycosyl and fatty acid precursors. Biotechnology Letters, 42(6): 997-1002.

Li F H, Min D, Cheng Z H, et al. 2021. Systematically assessing genetic strategies for engineering electroactive bacterium to promote bioelectrochemical performances and pollutant removal. Sustainable Energy Technologies and Assessments, 47: 101506.

Li R, Chen Q, Wang P G, et al. 2007. A novel designed *Escherichia coli* for the production of various polyhydroxyalkanoates from inexpensive substrate mixture. Applied Microbiology and Biotechnology, 75(5): 1103-1109.

Lin S C, Lin K G, Lo C C, et al. 1998. Enhanced biosurfactant production by a *Bacillus licheniformis* mutant. Enzyme and Microbial Technology, 23(3-4): 267-273.

Lin Y, Guan Y, Dong X, et al. 2021. Engineering *Halomonas bluephagenesis* as a chassis for bioproduction from starch. Metabolic Engineering, 64: 134-145.

Liu W, Lin J, Pang X, et al. 2011. Overexpression of rusticyanin in *Acidithiobacillus ferrooxidans* ATCC19859 increased Fe(II) oxidation activity. Current Microbiology, 62(1): 320-324.

Liu X F, Miao R, Lindberg P, et al. 2019. Modular engineering for efficient photosynthetic biosynthesis of 1-butanol from CO_2 in cyanobacteria. Energy and Environmental Science, 12(9): 2765-2777.

Long L S, Sun S Y, Zhong S, et al. 2010. Using vacuum pyrolysis and mechanical processing for recycling waste printed circuit boards. Journal of Hazardous Materials, 177(1-3): 626-632.

Luo J M, Wang T T, Li X, et al. 2018. Enhancement of bioelectricity generation via heterologous expression of IrrE in *Pseudomonas aeruginosa* inoculated MFCs. Biosensors and Bioelectronics, 11: 723-31.

Maeda T, Sanchez-Torres V, Wood T K. 2007. Enhanced hydrogen production from glucose by metabolically engineered *Escherichia coli*. Applied Microbiology and Biotechnology, 77(4): 879-890.

Maruthamuthu M K, Selvamani V, Nadarajan S P, et al. 2018. Manganese and cobalt recovery by surface display of metal binding peptide on various loops of OmpC in *Escherichia coli*. Journal of Industrial Microbiology and Biotechnology, 45(1): 31-41.

Mejare M, Ljung S, Bulow L. 1997. Selection of cadmium specific hexapeptides and their expression as ompA fusion proteins in *Escherichia coli*. The FASEB Journal, 11(9): 1155.

Mihelcic J R, Fry L M, Shaw R. 2011. Global potential of phosphorus recovery from human urine and feces. Chemosphere, 84(6): 832-839.

Morse G K, Brett S W, Guy J A, et al. 1998. Review: Phosphorus removal and recovery technologies. Science of the Total Environment, 212(1): 69-81.

Mukherjee S, Das P, Sen R. 2006. Towards commercial production of microbial surfactants. Trends in Biotechnology, 24(11): 509-515.

Natarajan G, Tay S B, Yew W S, et al. 2015. Engineered strains enhance gold biorecovery from electronic scrap. Minerals Engineering, 75: 32-37.

Neves L C M D, Miyamura T T M O, Kobayashi M J, et al. 2007. Production of biosurfactant by a genetically modified strain of *Bacillus subtilis* expressing green fluorescent protein. Annals of Microbiology, 57(3): 377-381.

Nguyen T T L, Lee H R, Hong S H, et al. 2013. Selective lead adsorption by recombinant *Escherichia coli* displaying a lead binding peptide. Applied Biochemistry and Biotechnology, 169(4): 1188-1196.

Nikel P I, de Almeida A, Melillo E C, et al. 2006. New recombinant *Escherichia coli* strain tailored for the production of poly(3-hydroxybutyrate) from agroindustrial by-products. Applied and Environmental Microbiology, 72(6): 3949-3954.

Nizami A S, Rehan M, Waqas M, et al. 2017. Waste biorefineries: Enabling circular economies in developing countries. Bioresource Technology, 241: 1101-1117.

Ochsner U A, Reiser J, Fiechter A, et al. 1995. Production of *Pseudomonas aeruginosa* phamnolipid biosurfactants in heterologous hosts. Applied and Environmental Microbiology, 61(9): 3503-3506.

Oehmen A, Lemos P C, Carvalho G, et al. 2007. Advances in enhanced biological phosphorus removal: From micro to macro scale. Water Research, 41(11): 2271-2300.

Olson D G, McBride J E, Shaw A J, et al. 2012. Recent progress in consolidated bioprocessing. Current Opinion in Biotechnology, 23(3): 396-405.

Ozturk M, Saba N, Altay V, et al. 2017. Biomass and bioenergy: An overview of the development potential in Turkey and Malaysia. Renewable and Sustainable Energy Reviews, 79: 1285-1302.

Penfold D W, Macaskie L E. 2004. Production of H_2 from sucrose by *Escherichia coli* strains carrying the pUR400 plasmid, which encodes invertase activity. Biotechnology Letters, 26(24): 1879-1883.

Petter P M, Veit H M, Bernardes A M. 2014. Evaluation of gold and silver leaching from printed circuit board of cellphones. Waste Management, 34(2): 475-482.

Poblete-Castro I, Binger D, Oehlert R, et al. 2014. Comparison of mcl-poly(3-hydroxyalkanoates) synthesis by different *Pseudomonas putida* strains from crude glycerol: citrate accumulates at high titer under PHA-producing conditions. BMC Biotechnology, 14: 962.

Ravikumar S, Yoo I-K, Lee S Y, et al. 2011. Construction of copper removing bacteria through the integration of two-component system and cell surface display. Applied Biochemistry and

Biotechnology, 165(7-8): 1674-1681.

Saffar B, Yakhchali B, Arbabi M. 2007. Development of a bacterial surface display of hexahistidine peptide using CS3 pili for bioaccumulation of heavy metals. Current Microbiology, 55(4): 273-277.

Saini M, Chiang C J, Li S Y, et al. 2016. Production of biobutanol from cellulose hydrolysate by the *Escherichia coli* co-culture system. FEMS Microbiology Letters, 363(4): 8.

Saini M, Wang Z W, Chiang C J, et al. 2017. Metabolic engineering of *Escherichia coli* for production of n-butanol from crude glycerol. Biotechnology for Biofuels, 10: 173.

Salvachua D, Rydzak T, Auwae R, et al. 2020. Metabolic engineering of *Pseudomonas putida* for increased polyhydroxyalkanoate production from lignin. Microbial Biotechnology, 13(3): 813.

Sekhon K K, Khanna S, Cameotra S S. 2011. Enhanced biosurfactant production through cloning of three genes and role of esterase in biosurfactant release. Microbial Cell Factories, 10: 49.

Sharma H K, Xu C B, Qin W S. 2019. Biological pretreatment of lignocellulosic biomass for biofuels and bioproducts: An overview. Waste Biomass Valori, 10(2): 235-251.

Sirohi R, Pandey J P, Gaur V K, et al. 2020. Critical overview of biomass feedstocks as sustainable substrates for the production of polyhydroxybutyrate (PHB). Bioresource Technology, 311: 123536.

Sivaramakrishnan R, Shanmugam S, Sekar M, et al. 2021. Insights on biological hydrogen production routes and potential microorganisms for high hydrogen yield. Fuel, 291: 120136.

Song Q B, Li J H, Zeng X L. 2015. Minimizing the increasing solid waste through zero waste strategy. Journal of Cleaner Production, 104: 199-210.

Song W L, Cheng J, Zhao J F, et al. 2016. Enhancing hydrogen production of *Enterobacter aerogenes* by heterologous expression of hydrogenase genes originated from *Synechocystis* sp. Bioresource Technology, 216: 976-980.

Srirangan K, Pyne M E, Chou C P. 2011. Biochemical and genetic engineering strategies to enhance hydrogen production in photosynthetic algae and cyanobacteria. Bioresource Technology, 102(18): 8589-8604.

Suhandono S, Kusuma S H, Meitha K. 2021. Characterization and production of rhamnolipid biosurfactant in recombinant *Escherichia coli* using autoinduction medium and palm oil mill effluent. Brazilian Archives of Biology and Technology, 64: e21200301.

Sun S, Zhang Z, Luo Y, et al. 2011. Exopolysaccharide production by a genetically engineered *Enterobacter cloacae* strain for microbial enhanced oil recovery. Bioresource Technology, 102(10): 6153-6158.

Surti P, Kailasa S K, Mungray A K. 2021. Genetic engineering strategies for performance enhancement of bioelectrochemical systems: A review. Sustainable Energy Technologies and Assessments, 47: 101332.

Taifor A F, Zakaria M R, Yusoff M Z M, et al. 2017. Elucidating substrate utilization in biohydrogen production from palm oil mill effluent by *Escherichia coli*. International Journal of Hydrogen Energy, 42(9): 5812-5819.

Tay S B, Natarajan G, Rahim M N B A, et al. 2013. Enhancing gold recovery from electronic waste *via* lixiviant metabolic engineering in *Chromobacterium violaceum*. Scientific Reports, 3: 2236.

Tian K L, Lin J Q, Liu X M, et al. 2003. Conversion of an obligate autotrophic bacteria to heterotrophic growth: Expression of a heterogeneous phosphofructokinase gene in the chemolithotroph *Acidithiobacillus thiooxidans*. Biotechnology Letters, 25(10): 749-754.

Tsai Y J, Ouyang C Y, Ma S Y, et al. 2014. Biosynthesis and display of diverse metal nanoparticles by recombinant *Escherichia coli*. RSC Advances, 4(102): 58717-58719.

Tu W C, Hallett J P. 2019. Recent advances in the pretreatment of lignocellulosic biomass. Current Opinion in Green and Sustainable Chemistry, 20: 11-17.

Vinopal S, Ruml T, Kotrba P. 2007. Biosorption of Cd^{2+} and Zn^{2+} by cell surface engineered *Saccharomyces cerevisiae*. International Biodeterioration and Biodegradation, 60(2): 96-102.

Wang H, Liu S, Liu X, et al. 2014. Identification and characterization of an ETHE1-like sulfur dioxygenase in extremely acidophilic *Acidithiobacillus* spp. Applied Microbiology and Biotechnology, 98(17): 7511-7522.

Wang J, Yu W.Y, Xu L, et al. 2013. Effects of increasing the NAD(H) pool on hydrogen production and metabolic flux distribution in *Enterobacter aerogenes* mutants. International Journal of Hydrogen Energy, 38(30): 13204-13215.

Wang Q, Chen L, Yu D, et al. 2017. Excellent waste biomass degrading performance of *Trichoderma asperellum* T-1 during submerged fermentation. Science of the Total Environment, 609: 1329-1339.

Wang Q, Fang X, Bai B, et al. 2007. Engineering bacteria for production of rhamnolipid as an agent for enhanced oil recovery. Biotechnology and Bioengineering, 98(4): 842-853.

Watkin E L J, Keeling S E, Perrot F A, et al. 2009. Metals tolerance in moderately thermophilic isolates from a spent copper sulfide heap, closely related to *Acidithiobacillus caldus*, *Acidimicrobium ferrooxidans* and *Sulfobacillus thermosulfidooxidans*. Journal of Industrial Microbiology and Biotechnology, 36(3): 461-465.

Wei Q, Zhang H, Guo D, et al. 2016. Cell surface display of four types of solanum nigrum metallothionein on *Saccharomyces cerevisiae* for biosorption of cadmium. Journal of Microbiology and Biotechnology, 26(5): 846-853.

Xiao H, Gu Y, Ning Y, et al. 2011. Confirmation and elimination of xylose metabolism bottlenecks in glucose phosphoenolpyruvate dependent phosphotransferase system deficient *Clostridium acetobutylicum* for simultaneous utilization of glucose, xylose, and arabinose. Applied and Environmental Microbiology, 77(22): 7886-7895.

Yan L, Sun P, Xu Y, et al. 2018. Integration of a gold specific whole *E. coli* cell sensing and adsorption based on BioBrick. International Journal of Molecular Science, 19(12): 3741.

Yang Y, Ding Y Z, Hu Y D, et al. 2015. Enhancing bidirectional electron transfer of *Shewanella oneidensis* by a synthetic flavin pathway. ACS Synthetic Biology, 4(7): 815-823.

Yasin N H M, Fukuzaki M, Maeda T, et al. 2013. Biohydrogen production from oil palm frond juice and sewage sludge by a metabolically engineered *Escherichia coli* strain. International Journal of Hydrogen Energy, 38(25): 10277-10283.

Yong X Y, Shi D Y, Chen Y L, et al. 2014. Enhancement of bioelectricity generation by manipulation of the electron shuttles synthesis pathway in microbial fuel cells. Bioresource Technology, 152: 220-224.

Yong Y C, Yu Y Y, Li C M, et al. 2011. Bioelectricity enhancement via overexpression of quorum sensing system in *Pseudomonas aeruginosa* inoculated microbial fuel cells. Biosensors and

Bioelectronics, 30(1): 87-92.

Yoshida A, Nishimura T, Kawaguchi H, et al. 2006. Enhanced hydrogen production from glucose using ldh and frd inactivated *Escherichia coli* strains. Applied Microbiology and Biotechnology, 73(1): 67-72.

Yu L, Xu M, Tang I C, et al. 2015. Metabolic engineering of *Clostridium tyrobutyricum* for n-butanol production from maltose and soluble starch by overexpressing alpha-glucosidase. Applied Microbiology and Biotechnology, 99(14): 6155-6165.

Zhao F, Cui Q, Han S, et al. 2015a. Enhanced rhamnolipid production of *Pseudomonas aeruginosa* SG by increasing copy number of rhlAB genes with modified promoter. RSC Advances, 5(86): 70546-70552.

Zhao F, Mandlaa M, Hao J, et al. 2014. Optimization of culture medium for anaerobic production of rhamnolipid by recombinant *Pseudomonas stutzeri* Rhl for microbial enhanced oil recovery. Letters in Applied Microbiology, 59(2): 231-237.

Zhao F, Shi R, Zhao J, et al. 2015b. Heterologous production of *Pseudomonas aeruginosa* rhamnolipid under anaerobic conditions for microbial enhanced oil recovery. Journal of Applied Microbiology, 118(2): 379-389.

Zhao F, Zhou J D, Ma F, et al. 2016. Simultaneous inhibition of sulfate-reducing bacteria, removal of H_2S and production of rhamnolipid by recombinant *Pseudomonas stutzeri* Rhl: Applications for microbial enhanced oil recovery. Bioresource Technology, 207: 24-30.

Zhao J F, Song W L, Cheng J, et al. 2010. Heterologous expression of a hydrogenase gene in *Enterobacter aerogenes* to enhance hydrogen gas production. World Journal of Microbiology and Biotechnology, 26(1): 177-181.

Zhao J F, Song W L, Cheng J, et al. 2017. Improvement of fermentative hydrogen production using genetically modified *Enterobacter aerogenes*. International Journal of Hydrogen Energy, 42(6): 3676-3681.

Zhao Q, Liu X M, Zhan Y, et al. 2005. Construction of an engineered *Acidithiobacillus caldus* with high efficiency arsenic resistance. Wei Sheng Wu Xue Bao, 45(5): 675-679.

Zheng H, Zhang C, Lu Y, et al. 2012. Alteration of anaerobic metabolism in *Escherichia coli* for enhanced hydrogen production by heterologous expression of hydrogenase genes originating from *Synechocystis* sp. Biochem Eng J, 60: 81-86.

Zhou X, Li J, Wang W, et al. 2020. Removal of chromium (VI) by *Escherichia coli* cells expressing cytoplasmic or surface displayed ChrB: A comparative study. Journal of Microbiology and Biotechnology, 30(7): 996-1004.

Zhou Y P, Lisowski W, Zhou Y, et al. 2017. Genetic improvement of *Magnetospirillum gryphiswaldense* for enhanced biological removal of phosphate. Biotechnology Letters, 39(10): 1509-1514.

Zhou Y, Pijuan M, Oehmen A, et al. 2010. The source of reducing power in the anaerobic metabolism of polyphosphate accumulating organisms (PAOs) - A mini-review. Water Science Technology, 61(7): 1653-1662.

第 11 章　污染物生物修复应用示范

随着人类社会的工业化进程加快，越来越多的化学品（如石油产品、有机溶剂、农药等）得到日益广泛的使用，从而引发了严重的环境（空气、水体及土壤）污染问题。相应地，公众对受到污染的环境是否会影响人类及生态安全的担忧与日俱增；同时，人口的激增凸显土壤等自然资源的稀缺性，污染环境的修复与再利用逐渐被提上日程。美国国家环境保护局自 20 世纪 80 年代初即设立了超级基金，专门应对污染环境的修复。

与早先的物理、化学修复技术不同，生物修复技术被普遍认为是一类低消耗、高效率和环境友好的污染环境修复技术，其主要依赖细菌、真菌、植物及动物的自然代谢过程来降解并去除环境中的污染物，从而降低污染物的毒性甚至使其完全无害化。目前，生物修复技术有多种分类方法。根据生物修复过程中所利用的生物种类，可分为微生物修复、植物修复与动物修复；根据被修复的污染环境，可分为大气生物修复、土壤生物修复与水体生物修复；根据修复过程中人工干预的程度，可分为自然生物修复与人工生物修复，人工生物修复又可根据修复的实施方法分为原位修复与异位修复（朱遐，2006）。

11.1　石油污染生物修复应用示范

一般认为，污染环境的生物修复研究始于 20 世纪 70 年代，即 1972 年的美国的 Ambler 油管泄漏事件。在那次事件中，由于输油管道破裂，约 3000 桶高辛烷汽油泄漏到一个由高度碎片化的大理石构成的地下含水层。通过物理方法处理后，仍有 1000 桶左右汽油残留在地下水层中。随后，石油公司采用了原位生物刺激法，即向污染区域注入营养物质（氮、磷）和氧气，通过刺激土著微生物的活性来加速污染石油的降解，最终取得成效。经估算，有 70%～90%的残余汽油是被微生物降解的。

事实上，在此之前，已经有研究人员发现，尽管土著微生物能够降解多年来通过各种方式泄漏到海洋中的石油，营养物质（如氮和磷）的含量不足可能是限制微生物降解效率的因素；相应地，通过同步添加氮和磷，可将海水中的土著微生物对石油的降解效率从 3%提高到 70%，矿化率从 1%提高到 42%（Atlas and Bartha，1972）。自此以后，生物修复就逐渐成为减轻海洋石油泄漏所致污染的选项之一（Ronald and Atlas，1995）。其中，发生于 1989 年美国阿拉斯加的埃克森-

瓦尔迪兹号油轮泄漏事件，给生物修复提供了绝佳的应用示范机会（Atlas and Bragg，2009；Atlas and Hazen，2011）。泄漏发生之后，首先通过物理方法处理，随后采用生物修复方法。1989 年到 1990 年间，美国政府在威廉王子峡湾的污染海岸线分 2237 次投放了 10 777 磅（1 磅约为 453.59 g）氮肥。紧接着，研究人员进行了大量实验室和现场试验工作，以分析和评估生物修复所产生的效应，结果均显示生物修复富有成效（Bragg et al.，1992）。2001 年至 2003 年期间，美国国家海洋和大气管理局在威廉王子峡湾地区的 114 个点进行了 4982 次随机采样分析，发现 97.8%的点已经没有原油或者轻质原油残留（Short et al.，2002；Short et al.，2004）。经过估算，约 70%的多环芳烃通过生物修复得到有效降解（Atlas and Bragg，2009）。必须指出的是，仍然有一小部分采样点中存在中度甚至重度地下原油残留，推测是由于岩石或卵石的存在使得生物修复难以企及，或是这些区域的原油处于某种不同的形态，土著微生物难以降解。

后期亦有研究结果显示，除了氮、磷等营养成分的缺乏之外，氧气的缺乏也是阻碍土著微生物降解污染原油的限制因素（Boufadel et al.，2010）。随后，研究人员通过现场试验，发现人为注入氧气也可加速威廉王子峡湾区域污染原油的降解（Boufadel et al.，2016）。

2010 年，美国墨西哥湾发生油井爆炸，导致约 8 亿升原油泄漏到离海岸线约 77 km、离海平面约 1.5 km 深处的深海（Atlas and Bragg，2009）。为了防止泄漏的原油发生爆炸并危及海面污染处理船只的安全，美国政府在原油泄漏点使用了大量的分散剂，导致泄漏出的原油在深海形成云团般的缕流。科学家们对这些深海缕流进行了跟踪分析，发现其中的磷酸根离子、氧气浓度比正常海水中的低，铵离子浓度略微升高但硝酸根离子浓度显著上升，显示了细菌具有较高的代谢活性（Hazen et al.，2010）。缕流中细菌的浓度（10^5 CFU/mL）显著高于缕流外海水中的细菌浓度（10^3 CFU/mL）。通过 16S rRNA 微阵列分析，从缕流中检出了分属 62 个菌门的 951 个细菌亚种，但仅有伽马变形菌门的 16 个亚种在缕流中显著富集，其中海洋螺菌纲的 3 个种占据统治地位。缕流中，烷烃的半衰期为 1.2～6.1 天。原油泄漏期间，缕流中多环芳烃的浓度随泄漏点的距离迅猛下降，在几乎各个方向上，距离泄漏点 24～32 km 内，多环芳烃的含量均降到 1.0 μg/L 以下（Boehm et al.，2011）。多环芳烃含量的下降，在很大程度要归功于微生物的降解（Boehm et al.，2011）。此外，这些深海缕流被发现同样能够降解气态化合物（Valentine et al.，2010）。在原油泄漏的早期，丙烷与乙烷是微生物呼吸的主要驱动力；新鲜形成的缕流中，氧气含量的急剧降低约有 70%是丙烷与乙烷的微生物降解造成的。

与 1989 年的阿拉斯加原油污染不同，2010 年的墨西哥湾原油污染的自然衰减速度非常快。泄漏点被封堵以后不到 3 周，海水中的原油可检出量已经大幅度下降（Team，2011）。当然，这一情况是多种因素造成的，如污染原油的种类不同、离海岸的距离不同；但不可否认，微生物降解在其中起到了重要作用。

在上述两个石油污染生物修复案例中，分别采用了生物刺激与自然衰减两种不同的方法，均取得了显著效果。我国在石油污染生物修复方面的研究起步虽然晚于欧美国家，但在采用生物强化方法处理石油污染方面却有成功的案例。

2010 年 7 月 16 日，位于大连新港附近的中石油的一条输油管道因违规操作发生爆炸，导致大量原油泄漏至附近海域。在利用传统物理方法进行处置后，进而采用前期分离的 3 株海洋石油降解菌（2 株食烷菌，1 株海杆菌）组成降解菌群，制备了降解菌剂，在大连碧海山庄海滩选点进行了潮间带与潮上带油污生物修复试验（郑立等，2012）。结果显示，在为期 12 天的潮间带油污生物修复试验中，喷洒降解菌剂进行处理后，C/17 和 C/18 藿烷的降解率与自然风化处理组相比分别提高了 40%和 30%，同时总烷烃和总芳烃的降解率分别提高了 80%和 72%。此外，在为期 85 天的潮上带油污生物修复试验中，虽然喷洒降解菌剂进行处理后 C/17 和 C/18 藿烷的降解率与自然风化处理组相比仅略有提高，但总烷烃和总芳烃的降解率分别提高了近 30%和 20%。

我国在石油烃污染场地和土壤的生物修复方面亦有成功案例。东营金岛环境工程有限公司通过与山东省科学院生态研究所、山东迈科珍生物技术有限公司合作，针对不同石油及多环芳烃污染场地和土壤的特异性，采用场地特异功能微生物，结合生物堆、菌剂固定化技术与植物修复，开发了新的生态堆修复技术与相应的产品（山东省科学院生物研究所，2010；山东省科学院生物研究所和胜利油田胜利勘察设计研究院有限公司，2012；梁玉海等，2016；迈科珍生物技术有限公司，2019）。该技术的优势在于，通过微生物组学和高通量的筛选技术，可以快速筛选出适用于不同场地的污染物高效降解微生物组合（7 天，10 000 个菌种）；通过生物胶包埋技术，实现了降解微生物菌剂的缓释，可对石油烃污染物进行长期、高效降解；集成了生物刺激、生物强化、植物与根际修复等多种生物修复技术；生态堆上可以种植具备污染物降解能力的能源植物，能够产生二次经济价值。该技术已经在我国胜利油田（2012～2013 年）进行了应用推广。多次实践的结果显示，采用该技术，可在 9～18 个月内将油泥或者土壤中的石油含量从 50 000 μg/g 降低到中国的耕地石油污染物含量限制标准（500 μg/g），降解效率达到 90%以上。采用该技术进行石油烃、多环芳烃等污染土壤的修复，费用为 200～500 元/t，经济实用。

2015～2016 年期间，中国科学院烟台海岸带研究所陈令新团队受委托（项目名称：渤海湾中部公共海域沉积物现场微生物修复；项目编号：QDZC20150420-002），对渤海湾中部公共海域沉积物中的石油污染进行生物修复（Hu et al.，2015；Zhang et al.，2016；陈令新等，2016；中国科学院烟台海岸带研究所，2015，2016，2019，2020a，2020b，2020c；中国科学院烟台海岸带研究所和国家海洋局北海环境监测中心，2016，2023）。他们首先通过前期工作筛选了适用于海洋沉积物环境中石油污染修复的高效降解菌株，在此基础上开发了菌剂加工方案，并研制了适用于海洋沉积物石油污染修复的菌剂。随后，他们通过模拟海水环境进行的菌剂投放和菌株逸散存活试验，拟定了修复菌剂投放方案与投放量，研制了修复菌剂的投放方法。与此同时，他们还研发了用于海洋石油污染降解菌剂投放的跟踪监测系统，并制订了修复后续跟踪监测方案，最终完成了大范围开阔海域中海洋沉积物石油污染修复的工程示范。在该示范项目研究中，从修复菌剂开发到相应投放方法、设备与方案研发，以及后期跟踪监测方案的确定，全部具有自主知识产权，全链条涵盖了实验室研究到海洋工程应用的进程。通过该工程示范项目，总共投放石油污染降解菌剂 368 t，治理海域 0.67 km^2。项目研究团队在菌剂投放后进行了两次跟踪监测，对治理海域沉积物及海水中的石油污染情况、生物多样性情况等进行了跟踪监测，结果显示修复效果显著，90%的监测站点的沉积物中石油类污染物含量不高于 300 μg/g，并确保了石油修复菌剂没有对环境产生二次污染。

11.2 重金属污染生物修复应用示范

重金属污染多数情况下与采矿业相关。美国宾夕法尼亚州小镇帕默顿（Palmerton）重金属污染修复是最著名的案例之一，具体可见于美国国家环境保护局的相关报告（EPA，1996，2002，2007，2011）。帕默顿锌堆污染点位于宾夕法尼亚州卡本县利哈伊河谷附近，该河谷矿产资源极其丰富。1898～1981 年间，矿业公司在帕默顿镇行政区内持续运转锌熔炉。原本建造的两个锌熔炉分别位于利哈伊河谷的东、西两侧，正好是阿夸什克拉溪汇入利哈伊河的地方。东侧的工厂位于小镇行政区的最东端、阿夸什克拉溪南侧的蓝山山脚。沿着蓝山山脚，紧挨着东侧工厂有一个闷烧炉渣堆（Cinder Bank）。该废渣堆有大约 2.5 英里（1 英里约为 1.61 km）长，占地约 200 英亩（1 英亩约为 0.00405 km^2）。西侧工厂位于小镇行政区的最西端、利哈伊河的北岸。由于废渣堆对人类健康与环境的威胁，这个污染点于 1983 年被美国国家环境保护局列入国家优先处理的污染点清单。进一步的调查结果显示，整个帕默顿地区的重金属含量普遍超标。在接近 100 年的时间段内，锌熔炉散发出大量的锌、铅、镉和二氧化硫，导致蓝山上约 2000 英亩的树木落叶、帕默顿镇整个行政区及河谷的重金属沉积物污染，以及约 3200 万 t 炉渣的大量堆积。这个巨大的废物渣堆对浅层含水层以及流跨小镇汇入利哈伊河的阿夸什克拉溪造成了严重污染。早期，将并未完全冷却的炉渣直接倾倒在这个废渣堆是非常普遍的做法。因此，这个废渣堆内部有相当多的部位会继续燃烧。蓝山表层土样本的监测数据显示，镉的含量为 364～1300 μg/g，铅的含量为 1200～6475 μg/g，锌的含量为 13 000～35 000 μg/g。由于重金属被有机物质结合，这阻止了它们的向下迁移，所以大多数重金属被包含在 6～10 英寸（1 英寸为 2.54 cm）

的顶层土壤中。

由于整个污染点占地面积太大，并且情况复杂，美国国家环境保护局将整个污染点划分为 4 个操作单元。操作单元 1 主要处理蓝山北坡一块面积约为 2000 英亩的裸露非居住土地。美国国家环境保护局于 1987 年 9 月 4 日发布了针对操作单元 1 的决定记录（record of decision），选用的修复方案为在山坡上抛洒活性污泥/石灰（草碱）/粉煤灰混合物，同时用草种和树种进行植被重建。具体的操作方案包括 5 个步骤：①修路；②施用石灰与草碱，石灰的用量为 10 t/英亩，草碱的用量为 132 磅/英亩（1 磅=0.454 kg）；③施用污泥与粉煤灰，污泥的用量为 105 t（湿重）/英亩，粉煤灰的用量为 57.5 t/英亩；④在目标区域种草；⑤施用覆盖物以保护种子，确保种子发芽。由于种种原因，1991～1995 年间只完成了约 850 英亩山坡地的处理。在这 850 英亩的土地上进行的草被建设工作非常成功，但树木种植未能获得成功。后期，由于公众对污水污泥的使用持不同意见，以堆肥替代了污水污泥，用量基本相当；陆续又采用修订后的植物修复方法对操作单元 1 中约 400 英亩土地进行了修复，使得修复总面积在 2007 年最终达到了约 1300 英亩。整个修复过程使用了近 30 万 t 土壤调节剂，耗资超过 1000 万美元。迄今为止，其他三个操作区的修复工作尚在继续进行。

随着改革开放的持续深入，中国的工业化进程同样出现了飞速增长，也同样面临严重的重金属污染问题。由于起步晚，我国在重金属污染修复的早期方法学研究（如物理、化学方法）及其应用方面明显落后于欧美国家。但在科技含量更高的生物修复领域，得益于国家对生物学、环境科学等基础学科研究的持续性支持，我国在重金属污染的植物修复方面取得了长足进展，并开始实际应用。我国幅员辽阔，可利用植物资源丰富，以此为依托，研究人员对可富集、转化乃至解毒重金属的植物种类进行了系统性和规模化的筛查，发现蜈蚣草（中国科学院地理科学与资源研究所，2003）、景天（浙江大学，2004）、龙葵（中国科学院沈阳应用生态研究所，2008）等重金属超富集植物，随后进行了系统性、持续性的跟进研究，其中蜈蚣草和景天已经在砷、镉污染修复中得到实际应用。

2001 年，中国科学院地理资源与科学研究所陈同斌团队通过自行建立的超富集植物筛选鉴定方法，发现了第一种能够超富集重金属砷的植物蜈蚣草，从此开创了利用该植物进行砷污染土壤修复的新途径（中国科学院地理科学与资源研究所，2003）。首先，他们对全国 1000 多个土壤和植物进行了系统调查分析和盆栽实验，从中发现蜈蚣草对重金属砷具有超强生物富集能力，富集系数为 1.6～80，转运系数大于 1，植株地上部的含砷量可比普通植物高出 10 万倍。随后，他们创建了测定活体植物内化学元素浓度和形态的微区定位新方法（Chen et al.，2005），并在此基础上阐明了蜈蚣草中砷的迁移、转化过程，同时解析了该植物砷富集、解毒的关键分子机制（Huang et al.，2004）。此外，他们还进一步探明了从土壤到超富集植物中砷的生物地球化学循环过程和修复机理，并创建了土壤污染概率预报模型和修复效率评价的新方法（Zeng et al.，2021）。在上述研究积累的基础上，他们开发了砷、铅等重金属污染土壤的植物修复技术，获得了一系列发明专利（中国科学院地理科学与资源研究所，2005，2007，2008；云南省环境科学研究院，2007），并在云南个旧、广西环江和湖南郴州示范成功，砷、铅修复效率为 8%～12%，修复周期 3～5 年（陈同斌，2012）。基于陈同斌团队的研究成果，另一团队结合自行筛选的重金属低吸收、高抗性甘蔗品种，进一步开发了甘蔗—蜈蚣草间作植物阻隔安全种植技术，采用这种间作方式所获得的甘蔗，砷含量比单独种植对照组显著降低，符合国家制糖业食品安全和生产能源乙醇的要求，从而能够快速恢复复垦区农业生产，为有色金属矿山的生态保护提供了新的思路，并受到当地政府的重视（宁平等，2011）。

同一时期，研究人员发现了一种原生于我国的锌镉共超积累植物——东南景天（浙江大学，2004）。与国际研究较多的锌镉共超积累植物遏蓝菜相比，东南景天修复能力强、生物量大、适应性广，且易于管理。随后，研究人员开发了东南景天对不同程度重金属污染农田土壤的化学辅助修复技术，明确了有机肥料和螯合剂等促进化学辅助修复的作用，从而建立了基于东南景天的化学-植物联合修复方法。基于此结果，研究人员还创建了重金属轻/中度污染土壤中东南景天的边生产边修复模式，并建立了镉污染土壤最佳修复效率的管理技术体系。这一研究成果（“重金属镉铅铜污染土壤植物修复与资源化技术”）已经被多家研究机构或公司采用（浙江大学，2005）。基于该发现，国内陆续筛选到了其他种类的景天，如八宝景天。近期，中节能大地环境修复有限公司报道了一例八宝景天－小麦轮作修复重金属污染土壤的工程案例（陆英等，2020）。该案例采用了八宝景天－小麦轮作的植物修复模式，同时采取了施加重金属活化剂、钝化剂、复合肥等配合措施，提高八宝景天的生物量及其对锌、镉的吸收量。经过三轮修复后，污染土壤中锌、镉的去除率分别为 14.65%和 48.7%，小麦籽粒中锌、镉的去除率分别为 44.05%和 42.7%，达到修复目标要求。

11.3 含氯有机化合物污染生物修复应用示范

含氯有机化合物是非常重要的化工原料，被广泛应用于农药、医药、合成材料、机械和木材防腐等行业，可通过多种途径流失到环境中，危害生态环境。许多含氯有机化合物化学性质极为稳定，难以被降解。在目前发布的持久性有机污染物清单中，含氯有机化合物占据了很大比例。

多氯联苯曾经是全球范围内应用最广的含氯有机化合物之一，总产量超过 100 万 t，约 1/3 流入了环境。迄今为止，采用生物修复方法来处理多氯联苯所致环境污染的案例不多。美国国家环境保护局设立的超级基金支持的污染点清除项目中，与多氯联苯相关的项目大多采用物理方法。例如，轰动一时的纽约哈德逊河多氯联苯污染（EPA，2012）采用的是物理修复方法，即采用机械挖掘多氯联苯聚集的河底底泥，脱水处理后运往指定地点，污染严重的底泥的后续处理方案目前尚不得而知；而纽约州的格拉斯河、威斯康星州的福克斯河多氯联苯污染修复（EPA，2013，2014a），则都采用了客土覆盖法。但也有采用生物修复的案例，如得克萨斯州的法国有限公司污染点修复（EPA，1995a）。

法国有限公司污染点位于哈里斯县，早先是一个占地面积约为 22.5 英亩的工业垃圾存放点。整个污染点位于圣哈辛托河的百年洪泛区，过去经常遭遇洪水。1966～1971 年期间，周边区域内的石油化工企业将约 7000 万加仑（1 加仑约为 3.785 L）的工业废物倾倒在该存放点。这些废物包括罐底垢物、酸洗用酸、炼油厂与石油化工厂的不合格产品等。大多数废物被沉积在一个面积为 7.3 英亩的无防渗漏层深坑中，其土壤和焦油一样的污泥中含有多种高浓度的含氯有机化合物，如多氯联苯（616 mg/kg）、五氯酚（750 mg/kg）。在 1979 年的一次洪灾中，洪水漫过防护堤并造成决口，导致受污染的污泥被排出到附近的沼泽中。1982 年，美国国家环境保护局修复了防护堤，将受污染的污泥泵回原来的污染坑。随后，美国国家环境保护局找出了大约 90 个潜在的责任主体。1984 年，法国有限公司同意实施修复工作。最初，美国国家环境保护局选择的修复方法为通过焚烧去除污泥与受影响的底土中的污染物，预计花费 7500 万～12 500 万美元。随后，法国有限公司尝试其他更为经济的技术选项。1987 年，该公司在深坑中一个 0.6 英亩的区域进行了生物修复的可处理性中试研究，获得良好结果。1988 年的决定记录中，用原位生物修复方法替代了焚烧法。最终采用的修复方法为原位浆相修复方法，该方法通过曝气、pH 控制和添加营养物质来刺激土著微生物对有机污染物进行生物氧化。焦油样污泥和底土必须分别进行处理，因为污泥会包裹在土壤颗粒外面，所形成的混合物的重力增加，从而加速沉降并影响处理效率。修复过程中，通过构建一个南北走向的桩板墙将整个污染坑划分为两个处理单元 E 和 F，以实现连续修复，同时减少修复过程中的空气散发。每个处理单元可以处理约 6 万立方米的混合液体，处理过程中的溶氧量可以维持在 2 mg/L，每个处理单元的需氧量约 2500 磅/h。整个生物修复流程的主要组分包括一个 MixFlo 曝气系统、一个液态氧供应系统、一个化学物料供料系统，以及配套的挖泥和混合设备。为了降低修复过程中的气体散发，法国有限公司选择了一个使用纯氧而不是空气的曝气系统。一般情况下，为了达到特定的溶氧浓度，使用空气的曝气系统需要大量空气，这会导致大量含有有机污染物的空气被散发出去。MixFlo 系统的转换效率显著高于使用空气的曝气系统（90% vs 30%），结合纯氧使用，有效降低了处理过程中尾气和空气的排放。MixFlo 系统通过一个两阶段的流程来溶解氧气。在第一个阶段，从修复区域抽水并增压，随后注入纯氧，所获得的双相混合物流经一个管道压缩器后，60%左右的氧气溶解入水。在第二个阶段，氧气/水混合物通过一个液体/液体喷射器被重新注入修复区域；这个排放装置通过从修复区域吸入的无氧水来消散第一个阶段获得的氧气/水混合物中的泵能，将溶氧水与无氧水混合，随后将重新获得的混合物排放到修复区域；在这个阶段，可以将 75%的剩余氧气溶解入水。修复过程中，加压后的氧气通过 8 个管道压缩器注入混合液体，混合液体则通过安放在两个泵船上的泵来进行加压处理。每个处理单元中通过喷射器形成的循环流动模式得到了三个悬浮安装的自动循环搅拌器的辅助支持。在这个 Mixflo 曝气系统中，通过构建一个双循环模式，即将混合液体流经喷射器来获取氧气，随后在污染坑中循环并通过生物修复流程消耗所获取的氧气，将氧气分散到处理单元的整个液体混合体当中。对焦油样污泥和底土采用不同装备进行挖掘与剪切搅拌，以满足后续生物修复的需求。修复过程中，需要采用一个简易间歇系统用于控制混合液体 pH 和营养化学条件所需的化合物，通过该系统在污染坑的不同位置添加了约 1500 加仑的化合物溶液，包括石灰、尿素和磷酸氨。在确认达到了污泥和底土的污染修复目标之后，再采用反向渗透方法来处理污染坑中的表层水；总共处理了约 4000 万加仑的表层水，随后排入附近的圣亚辛托河。随后，对污染坑进行脱水处理，并用清洁土壤进行回填。修复过程中产生的残余固体与卵石石灰以 5∶1 的比例混合后进行稳定化处理。最后在场地上种植草坪和原生植被。修复工程从 1992 年 1 月进行到 1993 年 11 月，共计修复了约 30 万 t 受到严重污染的底土和污泥，修复后多氯联苯在底土和污泥中的含量降低了 99%（从最初的 616 mg/kg 降低到 3.4 mg/kg）。整个修复工程总共花费了 4900 万美元，其中与污染土壤和污泥处理相关的直接费用为 2690 万美元，远低于环保署最初推荐的修复方案的预算。

三氯乙烯是一种非常好的溶剂，可作为金属表面处理剂，以及脂肪、油、石蜡的萃取剂和衣物干洗剂。该化合物是最为常见的地下水污染物之一，对中枢神经系统有麻醉作用，亦可引起肝、肾、心脏、三叉神经损害。对于三氯乙烯污染地下水的生物修复技术相对成熟，在美国国家环境保护局的超级基金修复案例中出现的频率比较高。例如，1990 年确立的帕克卫生填埋场污染点是一个有代表性的案例。该污染点位于佛蒙特州喀里多尼亚县林登维尔镇西南部的一个丘陵地区，占地约 25 英亩。有一条溪流从东北到西南方向横穿整个场地，汇入一条大的溪流，随后流入位于场地西南部约 1/4 英里处的帕苏姆西奇河。从 1972 年到 1992 年，该场地被作为卫生垃圾填埋场。1985 年，佛蒙特州环保机构发现，早在 1983 年以前，已经有不受控制的工业垃圾被大量倾倒在该填埋场，总计约有 1 330 300 加仑的液体工业废物，以及 688 900 kg 的固体、半固体和液体工业废物。这些废物中包括废弃油脂、镀液、脱脂剂、油漆污泥、冷却油、氢氧化钠、三氯乙烯和三氯乙烷污泥。1979～1984 年，佛蒙特州环保机构在常规地下水监测过程中发现，填埋场附近的地下水和溪流都含有含氯挥发性有机物；到 1984 年，这些污染物的浓度已经超过了联邦政府设立的标准。1990 年，该场地被确认为美国国家环境保护局的超级基金修复场地。根据 1995 年的决定记录（EPA，1995b），需要关注的污染物包括四氯乙烯、三氯乙烯、二氯乙烯、苯等有机化合物，以及铬、锰等重金属。美国国家环境保护局最初选择的地下水修复方案是通过地下水抽取/处理/排放来进行污染源控制；抽取的地下水通过空气清洗和颗粒活性炭抛光（或等效方法）来去除污染物。这种处理方式需要通过碳酸盐/氢氧化物沉淀对污染地下水进行预处理，处理过的地下水随即排入帕苏姆西奇河。然而，最初的修复方案并未达到预期目标，1995～1999 年修复期间，该场地地下水中的污染物缕流并未明显减弱；污染物缕流下游的地下水中，挥发性有机污染物的浓度随时间不断增加（EPA，2004）。2003～2004 年，美国国家环境保护局测试了两种新的修复方法：一种是通过原位生物修复技术（如注入营养物质）增强填埋场下游区域的地下水中含氯脂肪烃污染物的自然衰减/生物降解，推荐的营养物质包括乳酸钠（有机碳源物质）、氮和磷；另一种是通过零价铁可渗透反应墙被动拦截上游被挥发性有机物污染的缕流，同时有效降低污染源区地下水中的含氯挥发性有机污染物含量。两种方法都被证明富有成效。基于上述测试结果，美国国家环境保护局对原有的修复方案进行了如下调整：在污染源区采用零价铁可渗透反应墙对含氯挥发性有机物污染的地下水进行处理；下游的污染缕流则采用营养物增强的生物降解方法进行处理。2011 年，美国国家环境保护局对营养物增强的生物降解方法进行了微调，采用了缓释营养物质，包括乳酸钠、酵母提取物、营养成分、重量比 60%的乳化豆油及表面活性剂。数据显示，零价铁可渗透反应墙与营养物质增强的生物降解方法都起到了预期的作用（EPA，2014b）。另有监测数据显示，反应墙下游区域的相关监测井中，地下水的挥发性有机污染物含量明显低于上游区域，说明反应墙的建立的确有效降低了地下水中挥发性有机污染物的量。多个生物降解相关监测井的三氯乙烯含量呈现出总体下降的趋势；顺式 1,2-二氯乙烯的含量起初会有所增加，随后会下降，同时氯乙烯的含量增加；这些数据说明生物降解部分正常工作。需要指出的是，在 2013 年 10 月的监测数据中，仍然可以发现部分监测井中的三氯乙烯、四氯乙烯等污染物含量远远超出现有标准。

鉴于含氯有机化合物的难以降解，研究人员尝试在添加普通营养物质及氧气以外，通过添加共代谢基质来刺激土著微生物的降解能力，并进行了多次现场试验（EPA，2000a）。例如，针对美国爱德华空军基地附近地下水层中的三氯乙烯（用于保养航天飞机发动机）污染问题，尝试在原位曝气法（注入氧气或者过氧化氢）的基础上，往地下水层中注入甲苯，以此提高土著微生物对三氯乙烷等含氯有机污染物的降解效率；经过约一年时间的处理，地下水中三氯乙烯含量下降了约 80%（McCarty et al.，1998）。西屋电气则针对美国能源部在南卡罗来纳州萨凡纳河设立的工作站点的有机溶剂污染问题，在原位曝气法（注入氧气和营养物质）的基础上，往地下水层中添加甲烷，以此提高土著微生物对三氯乙烷和四氯乙烷的降解能力；经过约一年时间的处理，地下水中三氯乙烷与四氯乙烷的含量均降低到检测线以下（Westinghouse Savannah River Company，1998）。这些方法均显示出了良好的实际应用潜力。

同样是四氯乙烯、三氯乙烯等含氯脂肪烃污染物造成的地下水污染，位于新泽西州坎伯兰县的冰岛硬币洗衣店污染点采用了另一种新的技术，即原位强化厌氧生物修复技术（EPA，2014c）。该技术在注射井内注入乳化植物油造成厌氧环境，之后进一步原位注入脱卤拟球菌，促进上述含氯有机污染物的降解；同时，还结合了屏障的建设，防止污染缕流迁移与扩散。从美国国家环境保护局发布的该污染点第一个五年回顾报告所提供的初步数据来看，经过 7 年（2007～2014 年）的处理，污染物的浓度显著降低，并且没有出现污染缕流的扩散问题。

11.4 农药污染生物修复应用示范

伴随现代农业的发展，农药的使用量一直居高不下，种类也极其繁杂，流入环境（特别是农药厂周边的土壤、地下水），造成严重的环境污染问题；农药在农产品中的残留则直接关系到人类的食品安全。相应地，农药污染环境的修复和农药在农作物中的残留等问题的解决逐渐被提上日程。随着城市的扩展，污染严重的农药生产企业都已陆续外迁。鉴于土地资源的稀缺性，这些企业外迁后的厂址必然要重新利用，但在此之前，必须对已经污染的土壤进行修复。美国北卡罗来纳州阿伯丁杀虫剂垃圾场的污染修复就是典型案例（EPA，2008）。

该污染点位于美国北卡罗来纳州穆尔县，包括 5 个独立的区域，即农药生产区、双子区、第六航路区、麦基弗垃圾场区及 211 线路区，均属于阿伯丁溪的集水区。其中，农药生产区自 20 世纪 30 年代中期到 1987 年，有三家不同公司在此持续生产农用杀虫剂，包括滴滴涕、艾氏剂、狄氏剂、七氯、六六六、林丹、异狄氏剂酮、氯丹和毒杀芬等；双子区和第六航路区主要作为粉尘、废物、杀虫剂包装袋与容器等的堆放点。在长达半个世纪的生产过程中，泄漏的杀虫剂造成了城市土壤和地下水的大面积污染。地下水是阿伯丁居民饮用水的唯一水源，而该市地下水大面积被农药公司生产过程中泄漏的各种农药所污染，严重影响了整个城市的供水。鉴于这种状况，1989 年 3 月，美国国家环境保护局将其列入了国家优先处理的污染点清单。在修复过程中，该污染点被划分为 5 个操作单元，其中操作单元 3 涵盖了农药生产区、双子区与第六航路区的地下水污染修复，操作单元 5 涵盖了 211 线路区的地下水、麦基弗垃圾场区的地下水/地表水及沉积物中的污染修复。在 1993 年发布的决定记录中，操作单元 3 的地下水污染修复主要采用泵取-处理方法：受污染的地下水经泵出后，先进行均衡、中和等预处理；通过凝固/絮凝/沉淀、污泥分离、脱水和异位处置去除无机污染物；通过气提-尾气焚烧-酸性气体洗涤去除有机污染物；通过活性炭吸附来进行后处理；将处理过的地下水经渗滤池、注射井等排入公共处理厂或者阿伯丁溪；对被污染的沉积物与表层水对环境的影响进行持续监控。这一修复方案的不足之处在于，对挥发性不佳的六六六及其结构类似物等杀虫剂的去除，还是主要依靠自然衰减，这会导致需要极长的周期才能达到最初设立的修复目标。经估算，需要 13～55 年才能将农药生产区/双子区的六六六及其结构类似物的浓度降低到最初设立的目标。然而，对整个污染点的地下水进行机械抽取/处理成本太高。因此，自 1997 年起，美国国家环境保护局对最初的修复方案进行了修订，决定仅在污染热点区（即污染物浓度最高的区域）进行地下水泵取，而在污染缕流的外围实施植物修复，通过植物修复促进污染物的去除。1998 年 3～4 月期间，在双子区和第六航路区都设置了植物修复地带，修复地带位于地表水和处理后地下水的排放位置之间。两个亚种的杂交杨树[*Populus maximowiczii*×*P. trichocarpa*（NE Clone 41）和 *P. charcowiensis* ×*P. incrassata*（NE Clone 308）]被种植在修复带。双子区种植了 2000 株，第六航路区种植了 1500 株。大多数杨树品系广泛生长于北半球的温带和寒冷地区。杂交杨树生长迅速，易于扦插繁殖，比普通杨树更能忍耐极端环境，适合用于修复受石油烃、含氯有机溶剂、重金属、杀虫剂等污染的土壤和地下水。杂交杨树的种植深度为 1.5～12 英尺（1 英尺=30.48 cm），树木的根系可以接触到毛细水带，完全依赖地下水作为生长水源，从而吸收受污染的地下水（EPA，2000b）。这种抽取作用在杨树的根系周围诱导形成了一个水截获带。因此，植物修复带的最初目标是减少受污染地下水流入佩奇湖和高尔夫球场湖。设置植物修复带的第二个潜在优势在于发生在杨树根际的生化活动。根际是植物根系周围直接毗邻于根部表面的区域，这个区域内微生物的活性通常比较高。换言之，植物根系与其相邻的环境形成并维持了一个有利的栖息地，可以促进细菌和真菌的繁殖，后者则可矿化通过植物抽取地下水而被截获到根际的污染物质。在项目执行过程中，发现采用杨树来吸取污染的地下水，成本远低于最初选定的机械抽取净化方法。茎流测量数据表明，1998 年春季种植的 3500 株杂交杨树，在 1999 年生长季节通过树木的吸取作用，蒸发了约 1.5 万 m^3 的地下水。1999 年，美国国家环境保护局决定继续采用植物修复方法来修复麦基弗垃圾场区的地下水污染（EPA，1999）。随后的地下水监测数据显示，这种结合植物修复、受监控的污染物自然衰减方法完全可以替代常规机械抽取/处理技术。2003 年 9 月，美国国家环境保护局对农药生产区、双子区和第六航道区地下水的修复方案进行了进一步修正，终止了最初的机械抽取/处理方法，而改为采用受监控的自然衰减方法；同时，鉴于该污染点的土壤、地下水污染状况已经显著好转，美国国家环境保护局将其从国家必须优先处理的污染点中删除。需要指出的是，经过 10 年的修复，仍然有相当数量的污染物，特别是六六六及其结构类似物，在该污染点的浓度仍然超过相关标准，需要继续采用受监控的自然衰减方法进行处理。

我国因农药生产企业外迁、关闭导致的受污染场地修复事件同样不少，因生物修复方法大多周期长，在公开可查阅的信息中鲜有生物修复相关的内容，但在农药污染土壤修复及农作物中农药残留的清除方面则有成功案例。

南京农业大学是国内最早从事土壤、农作物中残余农药微生物降解的科研单位之一，其下属生命科学院微生物系围绕这一问题已经进行了长达数十年的系统性、持续性研究。李顺鹏团队经过多年工作，从受污染的环境中筛选、鉴定了数百种农药高效降解菌株，并建立了相应的降解基因与菌株资源库；同时，他们对农药的微生物降解分子机制、污染环境中降解菌的分子生态等进行了大量的探索工作，从而为后续的降解菌株基因工程改造奠定了良好基础；在此基础上，他们或直接采用原始降解菌株，或采用改造后的菌株经工业化大规模发酵制成菌剂，利用微生物产生的酶类进行农药残留的原位修复；建立了田间操作规程，进行了现场试验、示范与后续应用；发表了多篇研究论文，申请了相关专利，获得多项成果（Zhang et al.，2005；崔中利等，2002；范丙全，2005；顾立锋等，2006；蒋建东等，2013；李顺鹏等，1996，2003，2011；南京农业大学，2000，2006；刘智等，2003；邱珊莲等，2004，2005；万方浩，2005；王世明等，2003；王永杰等，1999；张瑞福等，2004，2005）。自 1999 年起，李顺鹏团队即开始在江苏省南京市江宁区土桥镇实际应用团队研发的农药菌剂，经过 3 年的连续应用，该镇生产的无公害大米经中国绿色食品测试中心检测，无农药残留，达到出口标准，获得绿色食品证书，当地水稻种植户因此受益。

2009～2012 年期间，通过与浙江省丽水市土肥植保站合作，李顺鹏团队开发的“农药残留微生物降解技术”在当地的茶叶种植区进行了示范推广（李小荣等，2014）。茶叶是丽水市农业领域的主导产业之一，随着贸易全球化的进展，该市的茶叶种植面积迅速扩大，随之而来的是病虫害发生情况逐年加重，导致农药的使用量逐年增大。近年来，欧美国家等主要出口对象提高了茶叶中重金属、农药残留量的检出标准，加大了检验力度，对该市的茶叶出口造成了不利影响，茶叶及其种植环境中的农药残留问题亟待解决。因此，丽水市土肥植保站与南京农业大学微生物学系开展合作，引进后者开发的农药残留微生物降解技术在茶叶种植区域进行示范推广，期望通过该示范项目的实施，能够有效清除种植土壤及茶叶中的农药残留，从而保证茶叶生产安全、提高茶叶品质、增强茶叶产品的国内外竞争力、促进对外贸易。通过该项目的支持，在丽水市松阳县建立了 1000 亩（1 亩约为 666.67 m^2）茶园示范基地，其中核心示范区 200 亩。随后，基于南京农业大学的降解菌株资源库，结合示范区内的农药使用具体情况，筛选出两个适用的降解菌株，最终选择 *Sphingobium* sp. LFJS3-9 菌株制备了相应的降解菌剂，并明确了其在茶叶上应用的最佳时间、用量和浓度，同时制定了相应的技术操作规程。项目执行期间，累计辐射推广应用茶叶及其种植土壤中残留农药降解菌剂及相关配套技术达到 3.5 万亩，病虫害年减少 5 次，农药施用量减少 23.5%。千亩技术示范基地平均亩增经济效益 648.2 元，两年累计新增效益 129.64 万元，总体达到了项目预期目标。

11.5 展　　望

目前普遍认为生物修复技术对环境友好、经济实惠，在污染环境修复中的实际应用逐年增加 （EPA，2020）。在可公开查阅的信息中，我们不难发现，多数生物修复案例依赖于污染环境中的土著微生物群落或者本土植物/根际微生物，修复能力与修复效率均有待进一步提高。采用合成生物学新理论、新方法对其进行改造，是污染环境生物修复领域的新方向与未来发展趋势。迄今为止，国内外在污染物降解微生物的基因工程改造方面已经做了大量的探索性工作。例如，我国西北大学的研究人员前期从石油污染的土壤中筛选获得了石油烃降解菌 *Acinetobacter* sp. BS3，烷烃降解能力强，但芳香烃降解能力差；他们随后将恶臭假单胞菌来源的芳香烃降解相关基因插入染色体，从而获得能够同时高效降解烷烃与芳香烃的工程菌株 *Acinetobacter* sp. BS3-C23O，制备了固定化菌剂，进行了石油污染土壤生物修复室内模拟实验与井场初步原位修复实验，取得了不错的修复效果，石油烃类污染物降解率超过 80%（谢云，2014）。清华大学的研究人员在生物滞留池中筛选得到土著优势菌 *Pseudomonas* sp. GLB3 的基础上，通过合成生物学手段，成功构建了可受 IPTG 诱导自毁、降解多环芳烃的工程菌株 *Pseudomonas* sp. GLEKB，随后的模拟生物强化修复试验结果显示，该重组菌株在模拟生物滞留池中可保持稳定的生长优势地位，3 个月内芘的降解率达到 70.5%，同时该重组菌株可被 IPTG 诱导自毁（刘梁，2017）。南京农业大学的研究人员将两个不同来源的有机磷降解基因插入乐果降解菌 *Paracoccus* sp. L3 的染色体，获得了广谱且不带外源抗性基因的有机磷农药降解工程菌株 *Paracoccus* sp. L3-mpd-oph，可高效降解 17 种有机磷农药，并具有良好的遗传稳定性（李荣，2010）。

尽管经合成生物学手段改造的工程菌株代表了污染环境生物修复的未来发展方向，但它们的实际应用尚处于初始阶段。在绝大多数情况下，污染环境中，微生物生长条件恶劣，同时存在多种污染物，多数污染物化学结构复杂，性质稳定；这些污染物的清除，非某一种微生物可以独立完成，而必须由多种微生物协同完成。即便是相对比较容易被微生物降解的石油烃，现有的研究数据也充分表明，其降解是由污染环境中的微生物菌群落共同完成的。经合成生物学改造后的微生物，能否、如何融入原有的土著微生物群落并发挥预期的作用尚未可知、可控。

此外，近年来生物安全的概念逐渐深入人心，在污染环境中引入人工改造的微生物，扩散后是否会影响生态环境，也是人们关注的另一个问题。学界与公众在上述方面的疑虑，最终会影响国内外针对工程菌株在环境中的实际应用的相关立法。

在2010年美国墨西哥湾石油泄漏事件后，污染物及其降解微生物的分子生态学研究已经逐渐成为主流（Zhang et al.，2018）。随着大量新研究手段的引入，从分子生态学水平阐明污染物转化、降解分子机制，将为污染物降解微生物群落中引入适当的人工改造微生物奠定可靠基础。同样地，目前已经有一些技术手段可以让人工改造的微生物存活一定时间后自行消亡（中国科学院动物研究所，2012）；通过合成生物学手段改造，精细控制目标工程菌的存活时间，使其在完成使命后自行消亡理论上是可行的。换而言之，随着生物学研究的持续发展，上述问题最终将会得到解决，基于合成生物学的生物修复方法也将逐渐扩宽在环境污染修复中的应用。

随着人类社会的发展和进步，自然界势必需要接触并且适应更多由人类制造的、基于自然界但原本不存在于自然界的物质，我们可以通过各种方式探究这一适应过程，并采用合理的手段适当地推动这一过程，最大限度地维持人与自然界的和睦相处。基于合成生物学的生物修复符合发展趋势，值得我们进一步开发和完善。

编写人员：邓教宇　徐锦添　彭仲婵
单　　位：中国科学院武汉病毒研究所

参 考 文 献

陈令新, 盛彦清, 胡晓珂, 等. 2016. 渤海中部公共海域沉积物现场微生物修复项目-1. 山东省, 中国科学院烟台海岸带研究所, 2016-1-16

陈同斌, 雷梅, 韦朝阳, 等. 2012. 砷超富集植物与砷污染土壤的植物修复机理. 北京市, 中国科学院地理科学与资源研究所, 2012-12-30.

崔中利, 张瑞福, 何健, 等. 2002. 对硝基苯酚降解菌P3的分离、降解特性及基因工程菌的构建. 微生物学报, (1): 19-26.

范丙全, 李顺鹏, 吴海燕, 等. 2005. 多种功能新型微生物肥料的应用基础及关键技术研究. 北京市, 中国农业科学院农业资源与农业区划研究所, 2005-10-15.

顾立锋, 何健, 黄星, 等. 2006. 多功能降解菌 *Pseudomonas putida* KT2440-DOP的构建与降解特性研究. 微生物学报, (05): 763-766.

蒋建东, 何健, 洪青, 等. 2013. 化学除草剂微生物降解菌种资源发掘及代谢机制. 江苏省, 南京农业大学, 2013-01-17.

李荣. 2010. 水胺硫磷与乐果的降解途径、水解酶基因的克隆表达及基因工程菌的构建. 南京农业大学博士学位论文.

李顺鹏, 崔中利, 沈标, 等. 2003. 农药残留微生物降解技术的研究与应用. 江苏省, 南京农业大学, 2003-06-01.
李顺鹏, 何健, 蒋建东, 等. 2011. 化学农药的微生物降解机制. 江苏省, 南京农业大学, 2011-10-01.
李顺鹏, 沈标, 魏社林, 等. 1996. 甲基对硫磷降解菌的生态效应及应用. 土壤学报, (4): 380-384.
李小荣, 黄星, 陈银方, 等. 2014. 农药残留微生物降解技术在茶叶上示范推广. 浙江省, 丽水市土肥植保站.
梁玉海, 刘雪梅, 王加宁, 等. 2016. 生态堆修复系统及工程示范. 山东省, 东营金岛环境工程有限公司, 2016-07-16.
刘梁. 2017. 构建基因工程菌降解生物滞留池中多环芳烃的研究. 清华大学博士学位论文.
刘智, 张晓舟, 李顺鹏. 2003. 利用甲基对硫磷降解菌 DLL-E4 消除农产品表面农药污染的研究. 应用生态学报, (10): 1770-1774.
陆英, 肖满, 张文辉, 等. 2020. 八宝景天-小麦轮作修复重金属污染土壤的工程案例. 环境生态学, 2(8): 74-81.
迈科珍生物技术有限公司. 2019. 一种修复有害有机物和/或重金属污染基质的方法: CN105344709B.
南京农业大学. 2006. 六六六农药残留降解菌及其生产的菌剂: CN1276972C.
南京农业大学. 2000. 一种农药残留降解菌剂及其生产方法: CN96106317.3.
宁平, 刘晓海, 王海娟, 等. 2011. 土壤重金属污染植物修复技术及示范工程. 云南省, 昆明理工大学, 2011-02-26.
邱珊莲, 崔中利, 樊奔, 等. 2004. 甲基对硫磷降解菌 GFP 标记菌株的构建. 应用与环境生物学报, 10(6): 778-781.
邱珊莲, 崔中利, 王英, 等. 2005. 甲基对硫磷降解菌 DLLBR 在青菜及根际土壤中的定殖研究. 土壤, (1): 100-104.
山东省科学院生物研究所, 胜利油田胜利勘察设计研究院有限公司. 2012. 一株醋酸钙不动杆菌及其培养方法与应用: CN101914470B.
山东省科学院生物研究所. 2010. 一种石油污染土壤修复固体菌剂及其制备方法和应用: CN101597576B.
万方浩, 谢明, 李顺鹏, 等. 2005. 稻麦轮作田农药污染控制技术研究. 北京市, 中国农业科学院农业环境与可持续发展研究所, 2005-12-09.
王世明, 崔中利, 李顺鹏. 2003. UASB 反应器处理 PTA 废水的研究. 环境污染与防治, 25(4): 237-239.
王永杰, 李顺鹏, 沈标, 等. 1999. 有机磷农药广谱活性降解菌的分离及其生理特性研究. 南京农业大学学报, (2): 45-48.
谢云. 2014. 高效石油烷烃降解菌及原油降解基因工程菌构建研究. 西北大学博士学位论文.
云南省环境科学研究院. 2007. 超富集植物修复铅污染土壤的应用及其方法: CN1887457A.
张瑞福, 崔中利, 何健, 等. 2004. 甲基对硫磷长期污染对土壤微生物的生态效应. 农村生态环境, (4): 48-50.
张瑞福, 蒋建东, 代先祝, 等. 2005. 环境中污染物降解基因的水平转移(HGT)及其在生物修复中的作用. 遗传, (5): 845-851.
浙江大学. 2004. 镉污染土壤的植物原位修复方法: CN1555672A.
郑立, 崔志松, 高伟, 等. 2012. 海洋石油降解菌剂在大连溢油污染岸滩修复中的应用研究. 海洋学报(中文版), 34(3): 163-172.
中国科学院地理科学与资源研究所. 2009. 一种砷富集植物蜈蚣草的安全焚烧方法: CN100494782C.
中国科学院地理科学与资源研究所. 2003. 一种治理砷污染土壤的方法: CN1397390A.
中国科学院地理科学与资源研究所. 2005. 一种修复砷污染环境的方法: CN1217753C.
中国科学院地理科学与资源研究所. 2008. 一种砷污染水体修复方法和装置: CN100384760C.
中国科学院动物研究所. 2012. 一种用于降解农药的基因工程菌及其应用: CN102465109A.
中国科学院沈阳应用生态研究所. 2008. 一种利用茄科植物修复镉污染土壤的方法: CN100371093C.
中国科学院烟台海岸带研究所, 国家海洋局北海环境监测中心. 2016. 拖曳式自主深度水下观测系统: CN205574243U.
中国科学院烟台海岸带研究所, 国家海洋局北海环境监测中心. 2023. 一种拖拽式自主深度水下观测系统: CN107344605B.
中国科学院烟台海岸带研究所. 2015. 一种深水区水下药剂投放的工程装备: CN105036502A.
中国科学院烟台海岸带研究所. 2016. 深水区水下药剂投放的工程装备: CN204939225U.
中国科学院烟台海岸带研究所. 2019. 一种降解石油的复合菌剂及其制备方法与应用: CN105733976B.
中国科学院烟台海岸带研究所. 2020a. 一种石油降解菌株及分离方法, 石油降解菌剂及其制备方法与应用: CN105505812B.
中国科学院烟台海岸带研究所. 2020b. 一种开放海域沉积物污染的修复方法: CN106698672B.
中国科学院烟台海岸带研究所. 2020c. 一种沙福芽孢杆菌及在修复开放海域污染物中的应用: CN106754473B.
朱遐. 2006. 生物修复的研究和应用现状及发展前景. 生物技术通报, (05): 30-32.
Atlas R M, Bartha R. 1972. Degradation and mineralization of petroleum in sea water: Limitation by nitrogen and phosphorous. Biotechnology and Bioengineering, 14(3): 309-318.
Atlas R, Bragg J. 2009. Bioremediation of marine oil spills: when and when not—the Exxon Valdez experience. Microbial Biotechnology, 2(2): 213-221.
Atlas, R M, Hazen T C. 2011. Oil biodegradation and bioremediation: A tale of the two worst spills in U.S. history. Environmental Science and Technology, 45(16): 6709-6715.
Boehm P D, Cook L L, Murray K J. 2011. Aromatic hydrocarbon concentrations in seawater: Deepwater horizon oil spill. International Oil Spill Conference Proceedings, (1): abs371.
Boehm P D, Cook L L, Barrick R, et al. 2011. Preliminary water column PAH exposure assessment: Weathering of oil in the water column, and evidence for rapid biodegradation. Paper presented at Gulf Oil Spill Focused Topic SETAC Meeting. Pensacola Florida.
Boufadel M C, Geng X L, Short J W. 2016. Bioremediation of the Exxon Valdez oil in Prince William Sound beaches. Marine Pollution Bulletin, 113(1-2): 156-164.
Boufadel M C, Sharifi Y, Van Aken B, et al. 2010. Nutrient and oxygen concentrations within the sediments of an Alaskan beach polluted with the Exxon Valdez oil spill. Environmental Science and Technology, 44(19): 7418-7424.
Bragg J R, Prince R C, Wilkinson J B, et al. 1992. Bioremediation for Shoreline Cleanup Following the 1989 Alaskan Oil Spill. Exxon Company Houston, Texas, 42p.
Chen T, Huang Z, Huang Y, et al. 2005. Distributions of arsenic and essential elements in pinna of

arsenic hyperaccumulator *Pteris vittata* L. Science China-Life Sciences, 48(1): 18-24.
EPA. 1995a. Cost and Performance Report: Slurry-Phase Bioremediation at the French Limited Superfund Site. Crosby, Texas. https://clu-in.org/products/costperf/BIOREM/French.htm [2024-02-15]
EPA. 1995b. EPA Superfund Record of Decision: Parker Sanitary Landfill OU 1. https://semspub.epa.gov/work/01/9350.pdf [2024-02-15]
EPA. 1996. Five-Year Review Report For Palmerton Zinc Pile Superfund Site. https://semspub.epa.gov/work/03/140961.pdf [2024-02-15]
EPA. 1999. EPA Superfund Record of Decision: Aberdeen Pesticide Dumps OU 5. https://nepis.epa.gov/Exe/ZyPDF.cgi/10002IMW.PDF?Dockey=10002IMW.PDF [2024-02-15]
EPA. 2000a. Engineered Approaches to In Situ Bioremediation of Chlorinated Solvents: Fundamentals and Field Applications. https://www.epa.gov/sites/default/files/2015-04/documents/engappinsitbio.pdf [2024-02-15]
EPA. 2000b. The Bioremediation and Phytoremediation of Pesticide-contaminated Sites. https://nepis.epa.gov/Exe/ZyPDF.cgi/10002UOV.PDF?Dockey=10002UOV.PDF [2024-02-15]
EPA. 2002. Second Five-Year Review Report For Palmerton Zinc Pile Superfund Site. https://semspub.epa.gov/work/03/471064.pdf [2024-02-15]
EPA. 2004. First Five-Year Review Report For Landfill Superfund Site. https://semspub.epa.gov/work/01/204902.pdf [024-02-15]
EPA. 2007. Third Five-Year Review Report For Palmerton Zinc Pile Superfund Site. https://semspub.epa.gov/work/03/2084964.pdf [2024-02-15]
EPA. 2008. First Five-Year Review Report For Aberdeen Pesticide Dump Superfund Site For Operable Units 1, 3, 4, and 5. https://semspub.epa.gov/work/HQ/179736.pdf [2024-02-15]
EPA. 2011. Palmerton Zinc Pile Palmerton, Carbon County, Pennsylvania Superfund Case Study. https://www.epa.gov/sites/default/files/2018-02/documents/palmertonzinccasestudy-2-2011_0.pdf [2024-02-15]
EPA. 2012. First Five-Year Review Report For Hudson River Pcbs Superfund Site. https://www.epa.gov/sites/default/files/2020-01/documents/hudson-river-fyr-6-2012.pdf [2024- 02-15]
EPA. 2013. Grasse River Superfund Site Cleanup Decision Announced. https://archive.epa.gov/epa/sites/production/files/2017-03/documents/factsheet_alcoa_4-2013.pdf [2024-02-15]
EPA. 2014a. Five-Year Review Report For Fox River Nrda/Pcb Releases Superfund Site. https://semspub.epa.gov/work/05/461778.pdf [2024-02-15]
EPA. 2014b. Third Five-Year Review Report For Parker Landfill Superfund Site. https://semspub.epa.gov/work/01/567594.pdf [2024-02-15]
EPA. 2014c. First Five-Year Review Report Iceland Coin Laundry Superfund Site. https://semspub.epa.gov/work/02/202864.pdf [2024-02-15]
EPA. 2020. Superfund Remedy Report 16th Edition. Office of Land and Emergency Management. https://www.epa.gov/sites/default/files/2020-07/documents/100002509.pdf [2024-02-15]
Hazen T C, Dubinsky E A, DeSantis T Z, et al. 2010. Deep-sea oil plume enriches indigenous oil-degrading bacteria. Science, 330(6001): 204-208.
Hu X, Wang C, Wang P. 2015. Optimization and characterization of biosurfactant production from marine *Vibrio* sp. strain 3B-2. Frontiers in Microbiology, 6: 976.

Huang Z, Chen T, Lei M, et al. 2004. EXAFS study on arsenic species and transformation in arsenic hyperaccumulator. Science China-Life Sciences, 47(2): 124-129.

McCarty P L, Goltz M N, Hopkins G D, et al. 1998. Full-scale evaluation of *in situ* cometabolic degradation of trichloroethylene in groundwater through toluene injection. Environmental Science and Technology, 32(1): 88-100.

Ronald M, Atlas. 1995. Petroleum biodegradation and oil spill bioremediation. Marine Pollution Bulletin, 31: 178-182.

Short J W, Lindeberg M R, Harris P M, et al. 2004. Estimate of oil persisting on the beaches of Prince William Sound 12 years after the Exxon Valdez oil spill. Environmental Science and Technology, 38(1): 19-25.

Short J W, Lindeberg M R, Harris P M, et al. 2002. Vertical oil distribution within the intertidal zone 12 years after the Exxon Valdez oil spill in Prince William Sound, Alaska. Environment Canada: 57-72.

Team O S A. 2011. Summary Report for Sub-Sea and Sub-Surface Oil and Dispersant Detection: Sampling and Monitoring. http://www.restorethegulf.gov/sites/default/files/documents/pdf/OSAT_Report_FINAL_17DEC.pdf[2024-02-15]

Valentine D L, Kessler J D, Redmond M C, et al. 2010. Propane respiration jump-starts microbial response to a deep oil spill. Science, 330(6001): 208-211.

Westinghouse Savannah River Company. 1998. Methane Enhanced Bioremediation for the Destruction of Trichloroethylene Using Horizontal Wells. Technology Catalog Site Remediation Profiles. July 1998.

Zeng W, Wan X, Lei M, et al. 2021. Influencing factors and prediction of arsenic concentration in *Pteris vittata*: A combination of geodetector and empirical models. Environmental Pollution, 292(Pt A): 118240.

Zhang H, Wang C, Zhao R, et al. 2016. New diagnostic ratios based on phenanthrenes and anthracenes for effective distinguishing heavy fuel oils from crude oils. Marine Pollution Bulletin, 106(1-2): 58-61.

Zhang S, Hu Z, Wang H. 2018. A Retrospective review of microbiological methods applied in studies following the deepwater horizon oil spill. Frontiers in Microbiology, 9: 520.

Zhang X Z, Cui Z L, Hong Q, et al. 2005. High-level expression and secretion of methyl parathion hydrolase in *Bacillus subtilis* WB800. Applied and Environmental Microbiology, 71(7): 4101-4103.